国家林业和草原局普通高等教育"十三五"规划教材
高等院校园林与风景园林专业规划教材

园林苗圃学

(第 2 版)

成仿云　主编

中国林业出版社
·北京·

内容简介

本书立足于广义园林苗圃学的概念，建立了该学科完整的内容体系。全书由 13 章组成，系统论述了园林苗木生产与经营全过程，即苗木产业链所涉及的基本知识与技术体系，包括了园林苗木的种质资源、繁殖特性与原理、繁殖技术与方法、园林苗圃建设、管理和经营以及相关的行业规范、标准等，并将苗木繁殖生产过程规范化系统管理的经营意识贯穿于始终。

本书视野开阔、资料翔实，其内容与本学科国内外动态与最新成果以及苗圃业发展需要解决的生产实践问题紧密结合，具有系统、科学、新颖、实用、清晰等特点，除作为园林与观赏园艺等专业的教材外，还可供与苗木产业与植物繁殖相关的各类专业人员参考。

图书在版编目（CIP）数据

园林苗圃学/成仿云主编. —2 版. —北京：中国林业出版社，2019.11（2024.7 重印）
国家林业和草原局普通高等教育"十三五"规划教材　高等院校园林与风景园林专业规划教材
ISBN 978-7-5219-0198-6

Ⅰ.①园… Ⅱ.①成… Ⅲ.①园林－苗圃学－高等学校－教材 Ⅳ.①S723

中国版本图书馆 CIP 数据核字（2019）第 170542 号

中国林业出版社

策划编辑：康红梅	**责任编辑**：康红梅　田苗　田娟			**责任校对**：苏梅	
电话：83143551	**传真**：83143516				

出版发行	中国林业出版社（100009　北京市西城区德内大街刘海胡同 7 号）
	E-mail: jiaocaipublic@163.com　电话：（010）83143500
	https://www.cfph.net
经　　销	新华书店
印　　刷	北京中科印刷有限公司
版　　次	2012 年 2 月第 1 版（共印 3 次）
	2019 年 11 月第 2 版
印　　次	2024 年 7 月第 3 次印刷
开　　本	850mm×1168mm　1/16
印　　张	27
字　　数	646 千字
定　　价	66.00 元

未经许可，不得以任何方式复制或抄袭本书之部分或全部内容。

版权所有　侵权必究

高等院校园林与风景园林专业规划教材编写指导委员会

顾　问　孟兆祯
主　任　张启翔
副主任　王向荣　包满珠
委　员　(以姓氏笔画为序)

弓　弼　　王　浩　　王莲英　　包志毅
成仿云　　刘庆华　　刘青林　　刘　燕
朱建宁　　李　雄　　李树华　　张文英
张建林　　张彦广　　杨秋生　　芦建国
何松林　　沈守云　　卓丽环　　高亦珂
高俊平　　高　翅　　唐学山　　程金水
蔡　君　　戴思兰

《园林苗圃学》编写人员

主　　编　成仿云

编写人员（以姓氏笔画为序）

　　　　　　于晓南（北京林业大学）
　　　　　　田　青（甘肃农业大学）
　　　　　　成仿云（北京林业大学）
　　　　　　吕长平（湖南农业大学）
　　　　　　张宝鑫（北京市园林科研所）
　　　　　　张彦广（河北农业大学）
　　　　　　陆秀君（沈阳农业大学）
　　　　　　范燕萍（华南农业大学）
　　　　　　金　飚（扬州大学）
　　　　　　赵林森（西南林业大学）
　　　　　　钟　原（北京林业大学）
　　　　　　袁　涛（北京林业大学）
　　　　　　阎永庆（东北农业大学）
　　　　　　鞠志新（吉林农业科技学院）

主　　审　陈俊愉（北京林业大学）

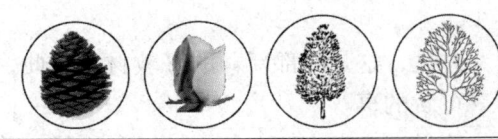

序

园林植物是风景园林必不可少的基本素材,园林苗圃是培育各类型园林苗木的基地。因此,园林苗圃是风景园林业的武器库,是风景园林建设的物质保证。

但是,园林苗圃长期并不为风景园林教研单位所重视,认为这只是播种、育种的小作坊,与风景园林业引以为豪的艺术性和科学性搭不上界。因此,在我校园林系和园林学院阶段,都曾有学生毕业后分配到苗圃工作而拒不接受,认为是被蔑视了,是改了行。这是风景园林界部分人士认识上的偏差,亟待改正才是。

成仿云教授等主编的《园林苗圃学》是一部丰富多彩、新颖而又理论联系实际的高校教材,同时还是风景园林界人士的重要参考书。尤其是在风景园林不久前刚被国家列为一级学科,园林苗圃将会大展宏图,发挥出重要的基础作用。故此教材的出版既是风景园林界的一个喜讯,又平添一支强劲的生力军。

我认为,本书具备以下几项优点与特色,即系统性、新颖性、实用性、直观性、团队性,现分述如下。

第一,系统性。全书共13章,由六大部分组成,即:①绪论(第1章)、②种质资源(第2章)、③生产设施建设与圃地管理(第3~4章)、④苗木繁殖与生产(第5~11章)、⑤苗圃经营管理(第12章)、⑥常用园林苗木的繁殖方法(第13章)。因此,本书是论述园林苗木生产繁殖的技术与理论以及苗圃的经营与管理应用的一部系统教材。

第二,新颖性。无论概念、内容、理论、技术、经营、管理哪一方面,处处理论求新向前,不断与时俱进,迎着时代前进。这从本教材内容、图表、推荐资料等方面,均可发现本教材在内容上的求新特点。

第三,实用性。园林苗圃是一门应用学科,要让学生通过学习而具备完成特定苗圃生产任务和经营管理的基本能力。故在本教材内容中,处处强调苗圃的经营功能是其核心功能,已将经营意识融入到有关章节之中。

第四,直观性。教材内容切忌文字烦琐冗长,吃力难懂。故文字简练,并多配以直观的图象照片等,即可图文并茂,一目了然。本教材在这方面的确下了功夫,收效显著。

第五,团队性。本书邀请了国内不少大学有关教师参与一些章节的编写。著者是南北英才,来自各方学校。在他们完成初稿后,成仿云教授又做了补充与整理后才完稿。因此,这是一部发扬了团队精神的专著。而由于这种团队性,也使本书增色不少。

总之,这是一部新颖的好教材,因此,此教材的出版,应是全国风景园林界一桩可喜可贺的事。

不过,全书也存在若干缺憾和不足,兹列教端,以供参改和裁处:

第一,在20世纪70~90年代,国家建设部及全国城市绿化工作会议等部门,还是对园林苗圃布局,予以适当重视,作出明确规定,促进其发展。如1982年"全国城市绿化工作会议上明确规定,城市中园林苗圃的总面积应占城区面积的2%~3%,以满足城市绿化用苗的要求"(见俞玖:《园林苗圃学》,1988)。

第二,又如建设部曾组织全国几十个城市的树种调查与规划,本人就负责4个城市,各组织二三十位教师及当地(省、市)技术人员实地调查规划,取得了具体的实效。我所主持的城市是上海、昆明、西安和哈尔滨,代表了东、南、西、北各一城市。具体全部资料存于原建设部(现住房和城乡建设部),全国不少城市俱已存档,可以借阅参改[陈俊愉:关于城市园林树种的调查和规划问题,载园艺学报6(1):51-63,1979]。又,中国园艺学会观赏园艺专业委员会曾多次召开全国种苗繁育推广研讨会,并有会议论文集出版,建议参考有关部分,可为本书增添若干资料。

陈俊愉

2011.10.27 于北京林业大学梅菊斋

第 2 版前言

《园林苗圃学》教材建设一直受到北京林业大学与中国林业出版社的高度重视，第 1 版已经发行 1 万余册，受到了许多同行老师与学生的正面评价。在接受再版任务后的几年中，笔者不断收集资料文献、征求意见，希望能够创新提高相关内容。在此过程中，我逐渐体会到一本好的课程教材，应该有完整而成熟的理论体系，能够让学生系统地掌握基本知识、充分了解科技与产业发展的前沿动态，而这一点已经在第 1 版中得到了较好的体现。因为，虽然随着苗木产业快速发展，各种苗木生产技术都在不断改进与提高，但是有关苗木生产繁殖的基本理论与技术原理并没有发生变化。因此，这次修订我们并没有做较大的修改，仅仅是在原来的基础上，修订了一些不准确的描述或错误，对个别内容进行了少量补充。由于第 1 版参编老师中，很多已经退休或不再担任本课程教学，本次修订未能征求大家意见，全部工作由本人完成并承担文责，请予谅解。

本次修订过程中得到了我校青年教师罗乐博士的全面协助，并由他对全书的植物学名进行了校对，特表示感谢。同时感谢张启翔教授、园林学院领导的指导与支持，感谢陈俊愉先生生前对苗圃学的重视及其对本人的教诲。

此外，我还想特别感谢北京林业大学八家苗圃、北京市大东流苗圃、北京市黄垡苗圃、北京市花木公司、北京安海园林集团、北京京林园林绿化工程有限公司、北京华源发苗木花卉交易市场等相关单位的苗圃，为我们充实与完善教材内容，实践与本教材课堂教学配合的苗圃学实习，多年来提供的帮助与支持！

成仿云
2019 年 10 月于北京林业大学学研中心

第1版前言

"园圃之兴废,洛阳盛衰之候也。"宋代李格非把园林喻为国家治乱兴衰的晴雨表,这一精辟论述再次为当今现实所印证。目前,我国经济社会的迅速发展极大地促进了园林绿化事业的发展,苗木作为城乡绿化与生态及环境建设重要物质基础的作用日益凸显,为我国苗木生产及其苗圃业的发展创造了条件,同时也迫切需要一本能够论述园林苗木生产及其苗圃管理的系统知识与反映国内外苗圃生产技术发展水平的书籍作为教科书,以满足为园林绿化事业与苗圃业快速发展培养合格人才的需要,并为相关业内人士提供专业参考。为此,我们在广泛参阅国内外的相关教材、专著与文献资料的基础上,并通过对国内外众多苗圃的实地考察,从生产实践中收集大量第一手材料,编撰完成本教材,旨在加强学科建设的同时,希望能对我国苗木产业的发展有所贡献。

"把教学内容与本学科的发展动态和最新成果相结合、与本学科要解决的生产实践问题相结合,通过激发学生的学习兴趣、培养学生的专业理想,来提高他们分析与解决问题的综合能力与创新意识",是本人在多年教学中探索并贯彻的一种专业课教学理念。园林苗圃学是园林专业学生必修的一门专业课,其课程内容与知识应用行业领域的特点,正好为实践这一理念提供了良机,本教材便是这种实践性活动的阶段性总结。本教材的主要特点,概括起来有二:

其一是内容的系统性、科学性与新颖性。本教材基于园林苗圃学是"论述园林苗木生产繁殖的技术与理论以及园林苗圃的经营与管理的一门应用学科"这一广义概念的界定,建立了该学科完整的内容体系,系统论述了园林苗木生产与经营全过程,即苗木产业链所涉及的基本知识与技术体系,包括园林苗木的种质资源、繁殖特性与原理、繁殖技术与方法,园林苗圃建设、管理和经营,以及相关的行业规范、标准等。在不同章节具体内容中,通过对基本概念与技术原理的阐述,并结合对国内外学科动态与最新成果的介绍,使其具有科学性与新颖性。全书由六大部分共13章组成:①绪论(第1章),讲述园林苗圃学的基本概念、学习内容与要求及其与苗圃产业的关系等;②园林苗木种质资源(第2章),介绍苗木资源与苗圃繁殖材料的获取途径与方式;③园林苗圃及繁殖生产设施建设与圃地管理(第3~4章),讲述进行苗木生产必需的硬件建设与维持正常生产的管理知识;④园林苗木繁殖与生产(第5~11章),讲述苗木繁殖生产的各种技术、方法与原理,是本书最核心的内容;⑤园林苗圃的经营管理(第12章)，重点介绍园林苗圃的生产、技术、成本与销售等项目内容的管理；⑥常见园林树木的繁殖方法(第13章)，简要介绍各种园林树木的繁殖方法。

其二是编写的目的性、实用性与经营意识。园林苗圃学是一门应用学科，学习的目的归根结底是要为苗圃产业发展服务，是要通过学习使学生"能够完成或指导完成特定园林苗木生产任务并具备经营管理园林苗圃的基本能力"。在市场经济环境下的苗圃产业链体系中，苗木繁殖生产技术的应用和生产活动，以及在苗木繁殖生产中遇到的一切技术应用问题，都要服从于苗圃经营发展的目标，都必须通过完善其自身的技术体系加以解决。为此，本教材在明确学习的目的性以及相关技术内容的实用性的同时，非常强调园林苗圃的经营功能是其核心功能，并将经营意识融入相关的章节中。经营意识是一种对苗木繁殖与生产过程进行标准化、规范化系统管理的意识，诸如不同生产环节的技术标准与规范、产品分级与产品标注等，它是现代苗圃产业人员必须具备的专业素质，是保证苗木产品质量、提高苗圃竞争力的保证。

此外，本书还选编了大量的图片资料与文字描述配合，以便帮助读者更加直观与清晰地理解相关问题或了解现实场景，这主要是考虑到有关内容的技术性与实践性强，以弥补大多数读者因没有条件实际接触这些内容而给学习与理解带来的困难。

本教材邀请了全国有关院校老师参与部分章节的编写，在初稿完成后，本人又进行了反复补充与整理才最后定稿。具体编写人员及编写分工如下：第1~2章成仿云，第3章成仿云、袁涛，第4章成仿云、于晓南，第5章金飚、范燕萍、成仿云，第6章赵林森、成仿云，第7章田青、阎永庆、张彦广、成仿云，第8~9章成仿云、张宝鑫、鞠志新，第10章成仿云、钟原、吕长平，第11章成仿云、陆秀君，第12章成仿云，第13章成仿云、钟原。

在编写过程中，始终得到了陈俊愉院士与张启翔教授的指导与支持，尤其是耄耋之年的陈俊愉院士对初稿认真审阅，提出了宝贵的修改意见并欣然作序；同时，本书编写得到了北京林业大学教务处、园林学院以及中国林业出版社的大力支持，许多研究生参与了查找资料、校录文字、整理图片的工作，在此一并表示衷心的感谢。

本教材曾被列入国家"十五"重点教材建设计划，但由于种种缘故拖延至今才得以付梓，主要原因是我个人总觉得有些内容的力道不足而迟迟未能脱稿，为此谨向有关作者、读者以及关心本教材的领导与朋友们致歉。即使如此，鉴于本人学力与精力的局限，本书难免存在疏漏或谬误之处，敬请各位同仁与广大读者不吝指正。

成仿云

2011.8 于北京林业大学

目录

序
第 2 版前言
第 1 版前言

第 1 章 绪 论 (1)
1.1 园林苗圃与苗圃产业发展 (1)
1.1.1 园林苗圃及其功能 (1)
1.1.2 国内外苗圃产业发展历史及现状 (5)
1.2 "园林苗圃学"课程及其学习 (9)
1.2.1 园林苗圃学的概念与内容体系 (9)
1.2.2 园林苗圃学的学习与实践 (10)
1.3 相关专业组织 (11)
复习思考题 (13)

第 2 章 园林苗木种质资源 (14)
2.1 园林苗木种质资源概述 (14)
2.1.1 种质资源概念 (14)
2.1.2 园林苗木种质资源的类型 (15)
2.2 我国园林苗木种质资源及其特点 (17)
2.2.1 我国园林苗木种质资源 (17)
2.2.2 我国园林苗木种质资源的特点 (18)
2.3 园林苗木种质资源引进与创新 (24)
2.3.1 园林苗木种质资源的引进 (25)
2.3.2 园林苗木种质资源的创新 (31)
复习思考题 (34)

第3章 园林苗圃规划设计与建立 (36)

3.1 园林苗圃的布局与选址 (36)
3.1.1 园林苗圃的合理布局 (36)
3.1.2 园林苗圃用地的选择 (37)

3.2 园林苗圃建立前的市场调查 (39)

3.3 园林苗圃类型及其特点 (40)
3.3.1 按苗木规格划分 (40)
3.3.2 按苗木种类划分 (41)
3.3.3 按苗木培育方式划分 (41)

3.4 园林苗圃的特色与定位 (42)
3.4.1 苗圃规模的确定 (42)
3.4.2 树种及品种的选择 (43)
3.4.3 苗木生产的长短线结合 (43)

3.5 园林地栽苗圃规划设计 (44)
3.5.1 准备工作 (44)
3.5.2 规划设计的主要内容 (44)
3.5.3 规划设计图绘制与说明书编写 (50)

3.6 园林地栽苗圃的建立 (51)
3.6.1 圃路的施工 (51)
3.6.2 灌溉渠道的修筑 (52)
3.6.3 排水沟的挖掘 (52)
3.6.4 防护林的营建 (52)
3.6.5 土地平整 (52)
3.6.6 土壤改良 (52)

3.7 园林苗圃苗木生产设施与设备 (53)
3.7.1 园林苗圃苗木生产设施 (53)
3.7.2 园林苗圃苗木生产设备 (75)

复习思考题 (81)

第4章 圃地管理与苗木抚育 (82)

4.1 土壤管理与施肥 (82)
4.1.1 土壤改良 (82)
4.1.2 施肥 (90)

4.2 水分管理 (98)
4.2.1 水分性质调节 (98)
4.2.2 灌水 (99)

4.2.3　排水 …………………………………………………………………… (101)

4.3　除草管理 ……………………………………………………………………… (102)

　　4.3.1　中耕除草 ……………………………………………………………… (102)

　　4.3.2　化学除草 ……………………………………………………………… (103)

4.4　病虫害防治 …………………………………………………………………… (113)

　　4.4.1　病害及其防治 ………………………………………………………… (113)

　　4.4.2　虫害及其防治 ………………………………………………………… (115)

　　4.4.3　病虫害防治原则与措施 ……………………………………………… (117)

4.5　越冬防寒 ……………………………………………………………………… (119)

　　4.5.1　冻害原因及其表现 …………………………………………………… (119)

　　4.5.2　苗木的防寒措施 ……………………………………………………… (120)

复习思考题 …………………………………………………………………………… (122)

第5章　园林苗木种子生产 ……………………………………………………… (123)

5.1　种子和果实的结构与形成 …………………………………………………… (124)

　　5.1.1　种子的结构与形成 …………………………………………………… (124)

　　5.1.2　果实的发育与形成 …………………………………………………… (125)

5.2　结实规律及其影响因素 ……………………………………………………… (126)

　　5.2.1　生命周期与结实 ……………………………………………………… (126)

　　5.2.2　结实周期与结实间隔期 ……………………………………………… (127)

　　5.2.3　影响结实的因素 ……………………………………………………… (128)

5.3　种实的成熟与采集 …………………………………………………………… (129)

　　5.3.1　良种基地的建立 ……………………………………………………… (129)

　　5.3.2　种子的生理成熟与形态成熟 ………………………………………… (130)

　　5.3.3　种实成熟期的特征及其确定 ………………………………………… (132)

　　5.3.4　种实的脱落与采种期 ………………………………………………… (133)

　　5.3.5　种实采集 ……………………………………………………………… (134)

5.4　种实的调制 …………………………………………………………………… (135)

　　5.4.1　不同类型种实的调制 ………………………………………………… (135)

　　5.4.2　净种与种子分级 ……………………………………………………… (136)

　　5.4.3　种子登记 ……………………………………………………………… (137)

5.5　种子的贮藏与运输 …………………………………………………………… (138)

　　5.5.1　影响种子寿命的因素 ………………………………………………… (138)

　　5.5.2　种子贮藏的方法 ……………………………………………………… (139)

　　5.5.3　种子包装与运输 ……………………………………………………… (141)

5.6　园林树木种子的品质检验 …………………………………………………… (142)

5.6.1　种子批与样品 …………………………………………………………………… (142)
　　5.6.2　取样方法 ……………………………………………………………………… (144)
　　5.6.3　送检样品的检验 ………………………………………………………………… (145)
5.7　园林树木种子的休眠与解除 ……………………………………………………………… (147)
　　5.7.1　种子休眠及其类型 ……………………………………………………………… (147)
　　5.7.2　种子休眠的原因及其解除方法 ………………………………………………… (147)
复习思考题 ……………………………………………………………………………………… (150)

第6章　园林苗木播种繁殖与培育 …………………………………………………………… (151)
6.1　播种繁殖技术 ……………………………………………………………………………… (151)
　　6.1.1　播前土地准备与整理 …………………………………………………………… (151)
　　6.1.2　播前种子准备与处理 …………………………………………………………… (154)
　　6.1.3　播种时期 ………………………………………………………………………… (159)
　　6.1.4　苗木密度与播种量 ……………………………………………………………… (161)
　　6.1.5　播种方法及播种技术 …………………………………………………………… (163)
6.2　播种苗的年生长发育与抚育 ……………………………………………………………… (166)
　　6.2.1　1年生播种苗的年生长 ………………………………………………………… (166)
　　6.2.2　留圃苗的年生长 ………………………………………………………………… (169)
6.3　播种苗的抚育管理 ………………………………………………………………………… (170)
　　6.3.1　出苗前的管理 …………………………………………………………………… (170)
　　6.3.2　苗期的抚育管理 ………………………………………………………………… (171)
复习思考题 ……………………………………………………………………………………… (174)

第7章　园林苗木的营养繁殖与培育 ………………………………………………………… (175)
7.1　营养繁殖及其应用 ………………………………………………………………………… (175)
　　7.1.1　营养繁殖的类型与生理基础 …………………………………………………… (175)
　　7.1.2　营养繁殖的应用 ………………………………………………………………… (176)
7.2　分株繁殖与分株苗培育 …………………………………………………………………… (177)
　　7.2.1　分株繁殖及其特点 ……………………………………………………………… (177)
　　7.2.2　分株的方法与分株苗培育 ……………………………………………………… (178)
7.3　压条繁殖与压条苗培育 …………………………………………………………………… (179)
　　7.3.1　压条繁殖及其特点 ……………………………………………………………… (179)
　　7.3.2　压条生根的原理及压条时期 …………………………………………………… (180)
　　7.3.3　压条繁殖苗圃（床）的建立 …………………………………………………… (181)
　　7.3.4　压条繁殖的方法 ………………………………………………………………… (182)
　　7.3.5　压条后的管理 …………………………………………………………………… (187)

7.4 扦插繁殖与扦插苗培育 (188)
7.4.1 扦插繁殖及其特点 (188)
7.4.2 扦插繁殖的种类及方法 (190)
7.4.3 扦插生根的类型与机理 (195)
7.4.4 影响扦插成活的因素 (200)
7.4.5 插条的选择及插穗剪取 (207)
7.4.6 插穗处理与促进生根的方法 (209)
7.4.7 扦插季节及其配套技术与管理 (211)
7.4.8 扦插苗的年生长发育特点与抚育管理 (217)
7.4.9 扦插苗的收获与处理 (219)

7.5 嫁接繁殖与嫁接苗培育 (220)
7.5.1 嫁接概述 (220)
7.5.2 嫁接成活的原理及影响因素 (225)
7.5.3 砧木与接穗的相互影响与选择 (232)
7.5.4 嫁接的时期及准备工作 (234)
7.5.5 嫁接的类型与嫁接方法 (235)
7.5.6 嫁接后的管理 (247)

复习思考题 (249)

第8章 园林苗木移植与大苗培育 (250)
8.1 苗木移植 (251)
8.1.1 苗木移植的目的与作用 (251)
8.1.2 移植成活的原理与移植的类型 (253)
8.1.3 移植准备工作 (254)
8.1.4 移植密度与次数 (256)
8.1.5 移植时间 (257)
8.1.6 移植方法与技术 (258)
8.1.7 移植后期管理与移植质量标准 (261)
8.1.8 移植苗的抚育 (262)

8.2 苗木整形修剪 (262)
8.2.1 整形修剪及其目的与意义 (262)
8.2.2 整形修剪的原理与生理作用 (263)
8.2.3 整形修剪的时期 (264)
8.2.4 整形修剪的方法 (264)
8.2.5 苗木整形修剪的要求 (266)

8.3 大苗培育技术 (267)

8.3.1 落叶乔木 …………………………………………………………… (267)
8.3.2 常绿乔木（松柏类） …………………………………………… (271)
8.3.3 花灌木类 ……………………………………………………… (272)
8.3.4 藤木类 ………………………………………………………… (273)
8.3.5 绿篱及特殊造型苗木 ……………………………………………… (273)
复习思考题 ……………………………………………………………………… (273)

第9章 园林苗木出圃 …………………………………………………………… (275)
9.1 出圃前苗木调查 ………………………………………………………… (275)
9.1.1 调查目的、时期与内容 ……………………………………… (275)
9.1.2 调查方法 ……………………………………………………… (276)
9.2 苗木出圃的要求与质量规格 …………………………………………… (277)
9.2.1 苗木出圃的基本要求 ………………………………………… (277)
9.2.2 苗木出圃的质量要求 ………………………………………… (277)
9.2.3 各类苗木产品规格质量标准 ………………………………… (278)
9.2.4 苗木质量与规格的相关术语 ………………………………… (283)
9.3 苗木出圃前的准备工作 ………………………………………………… (284)
9.3.1 出圃苗木统计造册 …………………………………………… (284)
9.3.2 出圃工具、材料、机械准备 ………………………………… (284)
9.3.3 提前掘苗、备苗待售 ………………………………………… (284)
9.3.4 提前断根 ……………………………………………………… (285)
9.4 起苗 ……………………………………………………………………… (285)
9.4.1 起苗季节 ……………………………………………………… (285)
9.4.2 起苗方法 ……………………………………………………… (287)
9.5 苗木分级、检疫、包装与运输 ………………………………………… (290)
9.5.1 苗木分级 ……………………………………………………… (290)
9.5.2 苗木检疫和消毒 ……………………………………………… (293)
9.5.3 苗木包装与运输 ……………………………………………… (294)
9.6 苗木假植和贮藏 ………………………………………………………… (296)
9.6.1 苗木假植 ……………………………………………………… (296)
9.6.2 苗木贮藏 ……………………………………………………… (297)
复习思考题 ……………………………………………………………………… (299)

第10章 园林苗木的微繁殖（组织培养）与培育 ……………………………… (300)
10.1 微繁殖概述 ……………………………………………………………… (301)
10.1.1 微繁殖（组织培养）技术发展简史 ………………………… (301)

10.1.2　组织培养的原理 …………………………………………………… (302)
　　10.1.3　组织培养类型及微繁殖的基本方法 …………………………… (304)
　　10.1.4　微繁殖的特点及应用 …………………………………………… (306)
10.2　微繁殖（组织培养）的基本设施设备 …………………………………… (308)
　　10.2.1　基本设施条件 …………………………………………………… (308)
　　10.2.2　主要仪器设备 …………………………………………………… (309)
10.3　培养基的组成及配制 ……………………………………………………… (311)
　　10.3.1　培养基的成分 …………………………………………………… (311)
　　10.3.2　培养基的配制 …………………………………………………… (312)
10.4　微繁殖（组织培养）技术及其流程 ……………………………………… (316)
　　10.4.1　无菌培养的建立（阶段Ⅰ） …………………………………… (316)
　　10.4.2　增殖与继代培养（阶段Ⅱ） …………………………………… (319)
　　10.4.3　生根诱导与培养（阶段Ⅲ） …………………………………… (319)
　　10.4.4　驯化与移栽（阶段Ⅳ） ………………………………………… (321)
复习思考题 ………………………………………………………………………… (324)

第11章　园林苗木的容器育苗与栽培 …………………………………………… (325)

11.1　容器育苗发展历史与现状 ………………………………………………… (326)
　　11.1.1　国外容器育苗发展简史 ………………………………………… (326)
　　11.1.2　国内容器育苗发展简史 ………………………………………… (328)
　　11.1.3　容器育苗技术的发展历程 ……………………………………… (328)
11.2　容器苗栽培管理的特点 …………………………………………………… (329)
11.3　容器育苗与栽培苗圃的规划设计 ………………………………………… (330)
　　11.3.1　圃地选择 ………………………………………………………… (331)
　　11.3.2　功能区规划设计 ………………………………………………… (331)
11.4　容器育苗与栽培的生产资材与设施 ……………………………………… (335)
　　11.4.1　容器 ……………………………………………………………… (335)
　　11.4.2　基质 ……………………………………………………………… (340)
　　11.4.3　苗床 ……………………………………………………………… (345)
　　11.4.4　肥料 ……………………………………………………………… (346)
　　11.4.5　其他 ……………………………………………………………… (346)
11.5　容器育苗技术 ……………………………………………………………… (347)
　　11.5.1　大田容器育苗技术 ……………………………………………… (347)
　　11.5.2　大棚及温室容器育苗技术 ……………………………………… (351)
　　11.5.3　工厂化容器育苗技术 …………………………………………… (354)
11.6　容器栽培技术 ……………………………………………………………… (355)

  11.6.1　容器苗移植栽培 ……………………………………………………… (357)
  11.6.2　裸根容器苗移植栽培 …………………………………………………… (362)
 11.7　容器苗规格及销售 …………………………………………………………… (363)
  11.7.1　容器苗的规格 …………………………………………………………… (363)
  11.7.2　容器苗的销售与运输 …………………………………………………… (366)
 复习思考题 …………………………………………………………………………… (367)

第 12 章　园林苗圃经营管理 …………………………………………………………… (369)
 12.1　园林苗圃经营管理的目标 …………………………………………………… (369)
 12.2　园林苗圃经营管理机构配置 ………………………………………………… (371)
  12.2.1　经营管理机构的组成 …………………………………………………… (372)
  12.2.2　苗圃经营者及其素质要求 ……………………………………………… (373)
 12.3　园林苗圃生产管理 …………………………………………………………… (374)
  12.3.1　生产管理的任务与内容 ………………………………………………… (374)
  12.3.2　生产计划管理 …………………………………………………………… (374)
  12.3.3　生产指标管理 …………………………………………………………… (382)
 12.4　园林苗圃成本管理 …………………………………………………………… (384)
  12.4.1　成本核算的目的与意义 ………………………………………………… (384)
  12.4.2　成本项目的构成 ………………………………………………………… (384)
  12.4.3　项目成本的核算 ………………………………………………………… (385)
  12.4.4　成本控制的过程 ………………………………………………………… (385)
 12.5　苗圃技术档案的建立 ………………………………………………………… (387)
  12.5.1　苗圃技术档案的内容 …………………………………………………… (387)
  12.5.2　建立苗圃技术档案的要求 ……………………………………………… (391)
 12.6　园林苗圃销售管理 …………………………………………………………… (392)
  12.6.1　销售管理的原则 ………………………………………………………… (392)
  12.6.2　销售管理的内容 ………………………………………………………… (393)
  12.6.3　销售策略与促销 ………………………………………………………… (394)
 复习思考题 …………………………………………………………………………… (396)

第 13 章　常见园林苗木繁殖方法 ……………………………………………………… (397)
 复习思考题 …………………………………………………………………………… (407)

参考文献 ………………………………………………………………………………… (408)

跋——圃园同根，园圃相济 …………………………………………………………… (411)

第1章 绪 论

【本章提要】 苗圃产业是本世纪全球最有发展潜力的行业领域之一,其快速发展使园林苗圃及其园林苗圃学的概念与内容正在发生着深刻的变化。本章主要论述园林苗圃的现代概念及其功能,苗圃产业的发展简况,以及园林苗圃学的基本概念、内容体系、学习目的和要求等,并介绍了国内外与苗圃产业发展相关的专业组织机构。

园林苗木作为园林绿化建设的物质基础、改善环境的重要途径和丰富生物多样性的主要因素,在城镇建设中起着至关重要的作用。因此,随着全球城市化发展以及对改善人居生态环境的强烈企求,园林苗木即园林绿化材料的生产和供应,自然成了城市园林绿化的重要基础环节,得到了持续加强与发展。我国城市建设日新月异,社会主义新农村、美丽中国建设正在掀起高潮,园林绿化是城乡建设的重要组成部分,是物质文明、精神文明与生态文明的重要标志之一,直接关系着人们的生存环境与生活质量。以园林苗圃为基础、园林苗木生产为核心、园林苗木经营为龙头的园林苗圃产业,在我国已经从传统的农业中脱离出来,并随着国民经济快速增长、城镇化进程加快、重大项目(如奥运会、高速路等)建设投入力度加强、房地产业与旅游业兴起、民众收入的提高和环境意识的觉醒等,开始步入快速发展的轨道,表现出广阔的发展前景。同时,园林苗圃学也不断充实与发展,逐渐形成了较为完整的内容体系,发展成为园林学科中一门成熟的分支学科。学习园林苗圃学的主要目的是要系统掌握园林苗木生产的技术和原理,以及园林苗圃经营管理的基本知识,最终使学习者能够完成或指导完成特定园林苗木生产任务,并具备经营管理园林苗圃的基本能力。

1.1 园林苗圃与苗圃产业发展

1.1.1 园林苗圃及其功能

1.1.1.1 园林苗圃的基本概念

从传统意义上讲,苗圃(nursery)是指生产苗木的场所或场圃,根据其生产性质和功能可划分为果树苗圃、森林苗圃、园林苗圃、实验苗圃和其他专类苗圃等。随着市场经济和苗圃产业(nursery industry)(有时称为植物繁殖产业,plant propagation industry)的不断发展,现代苗圃的主体正在成为以生产苗木为主的经营实体,既包括生产场圃,也包括与之相配套的或者独立的各种类型的温室、组培实验室和微灌系统等生产设施或机构(图1-1、图1-2),还包括生产技术管理和苗木营销体系等,如苗木工厂就是最典型的现代苗圃。因此,苗圃就是以生产经营各种植物苗木为主的实体企业。

园林苗圃(landscape nursery)则是指为了满足城镇园林绿化建设的需要,专门生产和经营园林景观绿化苗木的机构,在现阶段我国社会主义现代化建设中,既是城市园林绿化的基础建设之一,又可以是独立的生产经营企业。因此,园林苗圃一方面必须根据城市发展和绿化建设的需要,在城建、园林和绿化等有关部门的支持和引导下发展;另一方面又必须健全适应市场经济的生产、管理体制,通过加大科技投入、改进生产技术、调整种植结构和降低生产成本等手段,提高苗木的品质,在市场竞争中

图1-1　传统地栽苗圃中,不使用其他设施,直接在圃地培育苗木,是我国最普遍的苗木生产方式

A. 中间苗床为女贞水播后覆盖保墒,苗床左右分别为女贞与白蜡播种苗(山东菏泽)　B. 扦插苗培育,前面为'紫叶'小檗,后面为'金叶'女贞(浙江萧山)

图1-2　应用设施栽培技术是现代园林苗圃产业发展的主要特点之一

A. 塑料棚与荫棚结合进行容器栽培,为苗木提供更好的生长条件(美国威斯康辛州Klehm苗圃)　B. 利用现代化温室进行穴盘扦插育苗,实现种苗生产与繁殖的专业化、标准化、规模化与商品化(中国浙江森禾种业)

求生存、谋发展。在目前园林绿化苗木生产与供应产业化,即园林苗圃产业(landscape nursery industry)(也可称为园林绿化苗木产业,landscape greening plant industry)已经形成的历史条件下,园林苗圃已经开始摆脱传统观念的束缚,成为园林苗圃产业链条中最基础也是最关键的一环,必须对它的理论内涵和实际功能有新的、更为准确的认识,才能正确引导园林苗圃的健康发展,充分发挥它在城镇园林绿化和园林苗圃产业发展中的重要作用。

从经济社会的法律与存在形式上讲,园林苗圃的性质是企业,但从其推动园林绿化建设的实际作用分析,它又是在园林苗圃产业中组织与实施园林苗木生产、经营以及产品与技术创新和推广的基本单位,是专门为城镇园林绿化建设生产植物材料的机构,是园林苗圃产业和城镇园林绿化建设赖以发展的基础。如果把园林苗圃产业比作一棵大树,那么园林苗圃就是构成大树和维持大树生长必需的千千万万个细胞;如果把园林绿化建设比作一座高楼大厦,那么园林苗圃就是修建大厦必需的钢筋水泥的生产车间。由此可见,对园林苗圃产业及园林绿化建设来说,园林苗圃的基础地位是不容置疑的。就像陈俊愉院士曾说的,"园林苗圃是风景园林业的武器库,是风景园林建设的物质保证。"

不论生产方式和生产技术发生多大的改变,园林苗木的生产始终离不开园林苗圃。园林苗圃作为一个集约化管理的生产单位,通过内部人力、物力和财力的合理分配与使用,实现合理利用土地或其他育苗生产设施,提高单位面积产量,取得最大的生产效益。虽然目前我国园林苗圃的所有制形式、规模、产品种类、管理水平和生产目的等不尽相同,但在绝大多数情况下,都应该视为一个具有利润和经济效益追求的经营单位,独立承担各种经济和社会责任。从国际上看,园林苗圃产业发展已与知识创新和知识产权密不可分,生产和开发具有独立知识产权的新产品(苗木新品种)和新技术,已成为我国园林苗圃产业发展必须面对的现实。由于园林苗圃在资源、人才、设施、管理和市场信息等方面的诸多优势,具备产品与技术创新的基本条件,可以独立地进行自主创新活动,通过培育新品种、开发新技术,增强自身参与市场竞争和持续发展的能力。"十三五"国家科技创新规划中,已明确提出了要更加健全以企业为主体、市场为导向的技术创新体系,对于园林苗圃产业来讲,就是要激发与发挥有条件的园林苗圃的作用。同样,一个新品种或一项新技术从研究开发成功到在生产中推广应用,仍然有大量工作要做。如何把科技成果转化为现实生产力,是我国科技推广中需要解决的重要课题。就园林绿化行业而言,园林苗圃自然是科技成果示范、推广和应用的最佳途径。

1.1.1.2 园林苗圃的功能

随着我国园林绿化事业及园林苗圃产业的发展,园林苗圃已经从原来单一的生产功能向生产、经营、科技创新与示范推广、生态与环境教育等为一体的复合功能方向发展,成为重要的生产、研发和科普教育基地,在完成自身发展目标的同时,客观上还发挥着社会或公益的功能。

(1) 生产功能是园林苗圃的基础功能

园林绿化归根结底需要园林苗木，园林苗圃产业发展的首要任务也是促进园林苗木的生产。如果没有园林苗圃的苗木生产，园林绿化建设就会成为"无米之炊"，园林苗圃产业发展也就成了"空中楼阁"。因此，园林苗圃首要的目的和任务是要为城市园林绿化提供各种类型和规格的苗木，即园林绿化的植物材料，这也是园林苗圃建设和发展的基础。只有把生产搞好了，培育出大量优质的园林绿化苗木，才能谈得上经营与发展。然而，由于园林苗木生产繁殖的周期较长，投资与风险较大，因此，其生产也一定要在总体经营计划的指导下进行，从苗木品种与规格、繁殖技术、市场供应等各方面综合考虑，避免盲目跟风，以免造成不必要的损失。

(2) 经营功能是园林苗圃的核心功能

在市场经济条件下，园林苗圃作为参与市场竞争的经济实体单位，追求和创造经济效益是其存在和发展的基础。园林苗圃生产是一种集约化管理的过程，充分调动和合理安排人、财、物，优化资源配置，降低生产成本，提高生产效益，增强产品的市场竞争力，是其经营管理的主要任务。尤其对于规模大、设施先进、技术要求高的现代化苗圃，育苗繁殖有计划、生产操作有规范、苗木质量有标准、引进推广有目标，把经营理念贯穿于苗圃管理的每个环节，是实现经营目标的必要条件。同时，对于许多苗圃来说，生产出的各种苗木，并不完全等同于商品，必须通过产品销售的过程，才能实现经营目标。因此，建立营销团队，通过建立诚信、创造品牌、加强宣传等各种方式，按照市场经济规则销售产品、创造经济效益，是任何一个园林苗圃除了生产之外必须面对和加强的核心工作。从很大意义上而言，产品的销售经营是一个园林苗圃发展的龙头，生产、管理和产品与技术开发最终都要为这一目标服务。园林苗圃这种以经营为核心的功能只能依靠苗圃自身来承担并完成。

(3) 新产品和新技术研发与推广功能是园林苗圃的创新功能

产品与技术的创新是产业不断发展的动力，园林苗圃产业高投入、高效益和高风险以及对种质资源和环境的依赖性强等特点，使其对新品种和新技术的渴求更为强烈。园林苗圃为了自身发展，必须不断调整生产苗木的品种结构，并通过改进培育技术来提高苗木产量与质量。一方面，园林苗圃可以根据自己拥有的资源与人才情况，独立地培育新品种或开发新技术，从而形成具有自己独立知识产权的产品或技术；另一方面，园林苗圃也可以从大专院校、科研院所等专门研究机构，以及从国外或其他企业或个人合法获得科研成果或新品种与新技术，利用自己的生产管理和经营体系进行引种、示范与推广。肯定园林苗圃的创新功能，对促进我国园林苗圃产业的发展以及科技成果的转化有特殊的积极作用。

(4) 生态、教学和科普示范功能是园林苗圃的辐射功能

一个园林苗圃在发挥上述基本的内在功能、追求经济效益的同时，也主动或自然地衍生出各种不同的辐射功能，产生巨大的社会效益。首先，园林植物具有改善生态环境的作用，位于城市近郊的园林苗圃，在向城市提供苗木的同时，也在改善城市生态环境中发挥着一定作用。在北京和上海等城市建设中，已把环城及近郊的绿化和生态建设作为城市绿化建设和改善城市生态环境的重要内容，园林苗圃可作为这一系统工程的组成部分，发挥它的生态功能。其次，有些园林苗圃还可以作为引种驯化新品种、研究改进苗木生产技术、培训技术人员和学生参观、实习的基地，作为示范性苗圃和科研与生产、生产与市场之间的连接，在园林植物新品种和繁殖育苗新技术推广及普及中发挥重要作用。如原北京园林局东北旺苗圃、北京市园林绿化局小汤山苗圃等，一直在周边地区大专院校有关教学实习中发挥着重要作用；浙江森禾公司的容器栽培苗圃，每年有来自全国各地的大量参观者和学习者，对促进园林苗木容器育苗和容器栽培知识的普及和技术的应用产生了积极作用。然而，一些大专院校的教学苗圃和科研单位的试验苗圃，则是以单一的科普示范、教学和试验研究为主，并不具备一般园林苗圃的生产和经营功能，因此，这类苗圃不是园林苗圃产业的主体，而只能作为它的必要补充，同样是苗圃产业和园林绿化事业发展不可缺少的组成部分。最近几年，随着乡村振兴战略的实施，一些位于偏僻区域的苗圃，因其景观优美、空气质量好，逐渐成为人们旅游休闲或从事自然体验活动的场所，随之各地出现了许多"苗木小镇"，使园林苗圃的功能得到了进一步拓展。

1.1.2 国内外苗圃产业发展历史及现状

1.1.2.1 中国苗圃产业的发展与现状

花卉及园林苗木的种植最早是作为农业生产的一部分逐渐发展的，园林植物栽培与古代园林的产生与发展相伴，是农业文明发展的产物。早在我国的殷商时期，甲骨文中就出现了"园""圃""囿"等字样。"园"就是栽培果树、经济林木与观赏植物的场所，是栽培蔬菜瓜果的地方。"圃"通常是在村旁或屋旁的空地上，四周筑以藩（fan）篱或砌以围墙，其内植果树、蔬菜、花木之类的植物，在其中能够休息与赏玩，故可认为是一种早期的园林形式。"囿"是以游憩为目的的又一种园林形式，以后发展为以种植观赏花木为主的园苑。因此，可以这样认为，园林苗圃在我国古代早就随着园、囿等古代园林的发展而出现了。从诗经时代到秦汉的发展，根据各种具体的史料记载可以肯定，苗圃已经随着园林规模与苗木栽培技术的发展而变得普及。到了唐宋时期，园林花卉种植栽培已经成为社会生活的重要内容之一，促进了古代花卉业的发展，形成了专业的花农与专门出售花卉的场所"花市"，并通过明清时期的继承与发展，我国传统的花卉及园林苗木种植技艺更臻于完善，形成了有异于西方各国的、独具中华文化特征的园林植物及栽培与应用传统（舒迎澜，1993）。

毫无疑问，我国园林苗圃的发端及苗木生产的技术水平，在农业文明高度发达的古代强于西方国家。但到了近现代，植物激素、塑料大棚、智能温室，以及喷雾与灌溉等各种现代科学技术成果，都先被西方发达国家成功地应用在苗木生产中，使苗木生产的技术、设施甚至生产观念都发生了重大改变（Mason，2004），形成了一个欣欣向荣的现代苗木产业领域。而我国在20世纪实行改革开放政策，发展社会主义市场经济以来，苗圃产业才开始萌芽并发展，其整体水平还落后于发达国家。

产业是指把资源通过人类经营转变为产品和经济价值的生产行业，其基本特征表现在生产经营活动和创造经济价值两个方面。从规模、专业化的从业人员及其社会经济功能方面等产业形成的标志考虑，目前我国的园林苗圃产业已经形成了一个专门的产业，它是改革开放后的40年间快速发展起来的。借助园林绿化市场的不断发展，我国的苗木产业规模从小到大，从恢复发展到巩固提高，再到调整转型，产品质量、栽培技术与创新能力不断提高，苗木种类、生产方式不断得到调整，经营流通手段更加多样、完善，已初步形成了一个现代化的新型产业体系，并在国家环境生态建设与城乡园林绿化建设的推动下持续发展。

我国的园林苗圃产业从无到有，经历了一个漫长而又短暂的过程。中华人民共和国成立后，苗圃建设进入了第一个高潮，但都是以公有制形式存在，隶属于各地的园林绿化管理部门，由于计划经济体制和政策的影响，难以形成产业。1978年，国家有关部门首次提出了发展城市园林，自主发展苗木生产的设想。80年代初实行改革开放政策以来，农村实现了联产承包制，在国家机关、企事业单位和个体农民的大量参与下，苗圃产业开始萌动。但是，由于当时的发展过热及过分炒作，实际的消费市场滞后和不成熟，结果苗价暴长，所有苗木都成了繁殖"母本"，使一大批参与者遭受惨重损失，最终在80年代中期发生了对我国苗圃产业发展具有特殊意义的"龙柏烧狗肉"现象。这个现象是指20世纪70年代末，在我国重要的苗木产区之一的杭州萧山等地，龙柏小苗每株售价高达4元，不仅农民、而且城市居民在房前屋后也种植龙柏，为防止苗木被盗，人们纷纷养狗看管龙柏。其实，当时龙柏并非为市场消化，而是仅仅被作为繁殖的母本，在生产者与苗圃间倒来炒去。到1985年左右，龙柏苗的价格降到每株几毛钱，于是在房前屋后、田间地头，到处都是被砍掉的龙柏。这种类似"养狗看龙柏、龙柏烧狗肉"的教训，同样在其他苗木产区如江苏武进、河南鄢陵等地发生，是最初我国苗木生产盲目发展、苗圃产业尚未发展健全的真实反映。

1992年，在全国展开了"国家园林城市"创建活动，城市园林绿化建设的迅速发展，促进了园林苗木市场的发展。到90年代中后期，我国园林绿化市场全面启动，苗圃产业也迎来了繁荣发展的时代。在苗木产业大发展的背景下，国家林业局首批评选并命名了59个"中国花木之乡"，成为我国苗木产业发展的重要基地。进入21世纪后，尤其是我国加入世界贸易组织后，在国内外综合因素作用下，我国的园林苗圃产业进入高速发展时期，2015年生产面积已达到$30 \times 10^4 hm^2$，成为世界上苗木生产面积最大的国家。从起初的"苗贩子""倒爷"，到目前苗木经纪人队伍的形成与壮大，加上网络、展会、物流、苗木超市（大卖场）等经营与流通环节的规范化与现代化，使苗木生产更能根据市场需要进行。从传统技艺下单一的大田裸根苗生产，到容器苗、造型苗、苗圃套种、组培繁殖、保护地与温室繁殖等生产与生产技术的不断创新与发展，标志着适合我国国情的现代化苗木生产技术在苗圃产业发展中发挥着日益重要的作用。尤其是容器苗及容器栽培技术的日渐普及，明显拉近了我国苗木产业与国际先进水平的距离，是我国苗木生产从数量到质量、从简单栽培到技术创新的重大转变。

我国苗圃产业经过快速发展后，近年来进入调整转型与创新发展时期，呈现出技术更新、产品升级、提质增效与整合重组等特点，但整体上与国外发达国家的差距仍然十分显著，主要表现为盲目发展苗圃与苗木生产，生产的无序性与竞争的无序性，导致苗木价格不稳、市场无序；生产方式与经营方式落后，以分散经营、小农经济为主体的格局尚未得到根本改变；资金投入不足、技术人才缺乏，仍然是限制种植结构调整、技术升级与产品更新换代的主要障碍；新技术、新品种、新产品的研发与推广应用尚未形成有效的体制，科研与生产脱节现象严重，知识产权保护力度不够等。这些在我国苗圃产业发展中存在的种种问题，相信可以通过我国市场经济制度的不断完善与从业人员专业素质的不断提高逐渐得到解决。

1.1.2.2 国外苗圃产业的发展

(1) 欧美苗圃发展简史

在欧洲，苗圃作为繁殖植物将其移植到永久位置或者可以进行交易的场所的概念，一开始就是农业的一部分，而商业性苗圃的发展很可能是近代的事。大多数农作物如小麦、玉米等与蔬菜作物都是通过种子种植，一部分种子被保留作为下一个生长或生产周期的种源。在一些冬季寒冷的地区，为了延长生长季节，开始在冷床等保护设施内种植蔬菜与花卉，然后再移植到露地栽培。

在 16~17 世纪，法国就有大批重要的苗圃存在，最终扩展到整个欧洲。比利时的根特(Ghent)早在 1366 年就著有《园丁指南》一书，到 1598 年才建立了第一个玻璃温室；维耳莫(Vilmorin)家族在 1815 年建立了苗圃贸易(nursery business)，一直经营维持了 7 代。早期的植物育种，通常是与法国具有标志性的维克托·莱莫恩(Victor Lemoine)家族苗圃联系在一起的，他在球根秋海棠(*Begonia*)、百合(*Lilium*)、剑兰(*Gladiolus*)以及其他园林花卉育种方面成就斐然。Nickolas Hardenpont 等人则在水果尤其是梨的育种方面擅长。在英国，威奇(Veitch)家族在 1832 年开始经营苗圃，而著名果树育种家 Thomas Andrew Knight 在 1804 年创建了皇家园艺学会。

在美洲，早期的殖民者把种子、接穗与植物从欧洲带到了美国，西班牙传教士把各种植物材料带到了西海岸地区。1730 年 William 王子父子在长岛建立了第一个苗圃后，直到 19 世纪，苗圃才扩张到整个美国东部。虽然也已经开始生产观赏植物与造林树种，但早期的苗圃在很大程度上都是以选育与嫁接果树为主。

美洲太平洋西北岸苗圃产业的发展是一个独一无二的成就。在 1847 年夏，爱荷华州塞伦的 Henderson Lewelling 创建了一个旅行苗圃(travelling nursery)，把嫁接苗种植在木箱内土壤与木炭混合基质中，放在大牛车上，跨越大平原行程逾 2000 英里*，来到俄勒冈州的波特兰。结果有 350 株树苗成活，以此为基础在密尔沃基建立了苗圃，成为该地区苗圃发展的始祖。

今天欧美的苗圃产业是规模宏大而十分复杂的，不仅包括了许多为销售与扩散植物而进行苗木繁殖生产的各种团体，而且有大量涉及提供服务、销售产品等的产业团体，主要从事管理、提供咨询、进行研究与开发，或者进行教学与培训等。在这个复杂的体系(图 1-3)中，关键性的人物是植物繁殖者，即苗圃生产者(种植者)或经营

---

* 1 英里=1.6093 km。

```
业余繁殖者、爱好者
非营利性机构：树木园，植物园，研究和教学机构
种质资源库
商业性批发苗圃
  ┌ 园林植物生产者：裸根，容器
  │ 苗床植物生产者：蔬菜，花卉
  ┤ 观叶植物生产者
  │ 果树及坚果类树木苗圃生产者：根砧生产者，接穗种类
  └ 森林植物苗圃生产者：造林，圣诞树生产者，复壮苗圃
组培实验室 ┌ 商业性实验室
           └ 研究机构：公营机构，私营机构
种子生产者 ┌ 商业种子公司
           └ 持证种子种植者
```

图 1-3　与苗圃产业相关的机构与团体（Kester 等，2002）

者，他们具有完成或者指导完成特殊植物繁殖任务即苗木生产任务的知识与技能，具有经营一定规模的苗圃管理知识与能力（Kester 等，2002）。

（2）欧美苗圃产业发展现状与趋势

近几十年，苗木产业在发达国家不断成长，甚至在经济衰退期也不例外。在全球范围内，对盆栽植物的需求迅速增长，美国是最大的消费国，其次是德国、意大利与法国。盆栽植物的主要出口国是荷兰、丹麦与比利时（The Nursery Papers，No. 2001/1，NIAA，2001）。美国是世界上最大的苗圃作物生产国，根据农业部有关数据，苗圃与温室工业是美国农业发展最快的部分，1992—1997 年销售增长了 43%（ANLA website）。类似的情况也发生在其他生产中心，据报道，英国的花园业（gardening industry）自 1990 年以来一直有良好的增长（HTA website）；澳大利亚的苗圃产业也在持续扩张，尽管扩张的速度比以前有所减缓（The Nursery Papers，No. 2004/1，NGIA，2004），这与许多州限制生活用水有一定关系。目前园艺或园林发展的潮流与许多因素有关，包括家庭住房的增加、可支配收入的增加、人口老龄化以及生活方式的改变。各种媒体宣传已经点燃了人们对"花园大变身"（garden makeovers）的兴趣，导致了园林服务的增长，消费者要求立即彩化的大型植物以及更多道路铺装、室外家具以及水景设施等硬质材料。苗圃的管理常常随着公众消费方式而发生显著的改变，即使这种改变有时是暂时的。在相对较长的一段时间内，对植物类型的需求相对稳定，但在较短的时间里植物类型的变化可能非常明显（Mason，2004）。

随着社会的发展，苗圃产业已成为世界经济的一个重要组成部分。据世界经济贸易专家预测，在本世纪最有发展潜力的十大行业中，苗圃产业名列第二。先进的技术、科学的管理以及不断扩大的市场，使欧美发达国家的现代苗圃产业具备了较强的创新能力，引领着世界苗圃产业的发展方向，其发展趋势与特点主要表现为：

①苗木生产的专业化与规模化　专业化可有效降低生产成本，提高产品质量与产量；规模化可集中经营、节省投资、方便管理与新技术应用，是优化生产环节、提高

市场竞争力的必然选择。因此，发达国家的苗圃产业早已沿着专业化与规模化的方向发展。

②苗木质量的标准化是发展的必然趋势　由于市场对苗木质量的要求越来越高，只有统一的规格与标准才便于市场批量交易，同时也促进了各种专业化、规模化生产与管理技术的应用。因此，美国等苗圃产业发达国家都由相应的专业协会制订了相当规范的苗木质量标准(standards for nursery stock)，并不断完善与更新，以适应生产与交易的需要。

③苗圃生产的工厂化与管理的自动化　这是各种现代化设施与先进技术发展的结果，是科技进步在苗圃产业发展中的体现。目前，先进国家的苗木生产除了普遍应用现代化可控温室为苗木生长与生产提供优化条件外，传统的播种、嫁接、扦插以及修剪、起苗、移植等苗木繁殖、生产的过程也都大部分通过相关机械机具完成。

④苗木消费的多样化、优质化与全球化　这是因为园林苗木是一种美化绿化环境的产品，只有丰富多样的苗木(植物)种类，才能为消费者提供更多的选择；也只有各种优质化的产品，才能不断刺激与满足人们的消费欲望，促进市场的不断发展。同时，基于对市场、资源的竞争与追求经济效益与发展，苗木产品消费的全球化发展也逐渐成为人们无法回避的事实。

1.2　"园林苗圃学"课程及其学习

1.2.1　园林苗圃学的概念与内容体系

园林苗圃学是关于园林苗圃的学问，是论述园林苗木生产繁殖的技术与理论以及园林苗圃的经营与管理的一门应用学科，是服务于园林苗圃产业和城镇园林绿化建设的一门综合性学科。它以"植物学""土壤学""植物生理学""栽培学"和"树木学"，甚至"管理学"等课程为基础，是园林专业重要的专业课程之一，内容涵盖园林苗圃建立、运转与发展所必须了解的有关理论与技术，以及园林绿化行业的相关行业规范、标准与经营管理的常识。

园林苗圃学研究和论述的范畴包括了园林苗木生产与经营的全部过程，其内容基本上包括了以下4个方面。

①园林植物资源与生产繁殖材料获得(第2章)。绿化苗木生产对植物资源的依赖性很强，生产苗木的种类或品种是生产首先要面临的问题。通过引种、杂交选育、开发野生资源以及从其他科研或生产单位合法引进等途径，不断推出新优品种是生产和产业持续发展的基础。

②生产场所选择与设施建设，即苗圃(场圃)建立(第3~4章)。根据自然条件、经营条件与投资条件，选择适宜的地址，建立与获得生产所必需的土地、设施和器具等，为苗木生产奠定基础。

③苗木的繁殖生产(第5~11章，第13章)。有关苗木繁殖生产的基本理论及技术原理与要求，是学习本课程的学生必须掌握的基本知识，是园林苗圃学最关心与最

主要的内容。

④以苗木的市场化为目的的苗圃经营管理(第 12 章)。没有市场的苗木生产是盲目的，生产的苗木得不到应用是徒劳的，因此，苗木的市场化销售是体现苗木价值与发挥功能的必要环节，也是园林苗圃学应该了解与掌握的内容。这样，围绕上述 4 个方面的问题，就形成了本教材的知识体系。

1.2.2　园林苗圃学的学习与实践

园林苗圃学论述的对象与服务的行业特点，决定了它是一门实践性强、技术性强、综合性突出的学科。学习园林苗圃学的主要目的是要系统掌握园林苗木生产的技术及其原理，以及园林苗圃经营管理的基本知识，最终使学习者能够完成或指导完成特定园林苗木生产任务以及具备经营管理园林苗圃的基本能力。这里的"特定园林苗木"，是指园林苗圃中需要进行生产繁殖的园林树木种类及其品种，是根据市场需要不断变化的生产对象；"能够完成"是对通过自己独立动手、操作完成苗木生产的实际能力的要求；而"指导完成"则不仅要求具备自己"能够完成"的能力，而且还要具备灵活应用有关苗木繁殖技术与原理，指导产业工人进行生产的综合创新能力，是对专业素质的一种更高的要求。要实现这一目的，就必须通过学习与实践，使学习者逐渐具备以下几个方面的知识与技能。

①需要具备有关园林植物繁殖的专门技术知识，如萌发、嫁接、扦插、进行组织培养等。这些技艺都需要进行大量的技巧练习、实践和亲身体验才能掌握，可以认为是繁殖的艺术(art of propagation)。②需要掌握生理、化学以及有关繁殖环境生态学的基础知识，还需要具备有关园林植物生长、发育和形态变化方面的知识和洞察力。这些信息总的可以认为是繁殖科学(science of propagation)，它们大部分可以通过与植物直接接触、凭着经验逐渐获得，但是最好还是通过正规学习化学、生理学、植物学、遗传学和植物生理学等学科知识加以充实。③必须了解植物(knowledge of plants)，即了解生产繁殖的对象，包括它的生物学习性、生长繁殖规律以及最佳繁殖技术等。在很大程度上，所选择方法必须考虑适合繁殖的园林树木的种类(或品种)，以及进行繁殖与栽培的环境条件。④需要建立苗木经营的市场意识(marketing concept of nurseries)，要注意了解苗木市场与园林绿化行业发展的需要，通过在相关企业与政府部门的实际调查与实习，以及参加行业展会、讨论会等多种渠道获得相关知识。

由此可见，园林苗圃学的学习一方面要有扎实的理论知识，不仅要学好"园林树木学""栽培学"等专业课程，而且也要学好"植物学""植物生理学""生态学"和"土壤学"等专业基础课；另一方面还要有丰富的实践经验，掌握各种具体的生产繁殖技术。同时还必须留心学习与掌握园林绿化行业与苗圃产业发展的需求与相关动态，才能学以致用、触类旁通。因此，只有坚持理论联系实践的原则和方法，才能把学习、掌握生产技术和理论与具体的生产对象、生产任务以及苗木市场的需求有机地结合在一起，达到园林苗圃学的基本学习要求。

1.3 相关专业组织

除了在国家政策与政府支持下的发展外,苗圃产业在国内外的迅速发展,离不开一些专业组织的卓越贡献。这些专业组织机构致力于保障苗圃产业中种植者与销售者的利益,提供内容广泛的各种机会,如培训与发展、商业计划改进、政府政策说明与解释,以及促销、研究等。许多专业组织,主要包括相关的协会与学会,把苗圃苗木生产与技能知识的传授与传播作为组织工作的主要任务与工作目标之一,并致力于培养包括学生在内的年轻一代对苗木繁殖与苗圃产业的兴趣与认识。因此,各种行业组织是了解苗圃产业发展与学习苗圃学知识的主要途径之一。以下简要介绍一些国内外主要的专业组织,供读者查询与参考。

(1)国际植物繁殖者协会(The International Plant Propagators Society,IPPS)

IPPS(http://www.ipps.org)成立于1951年,旨在聚焦全球园艺植物成果,分享知识、信息和技术,为行业作为终生事业的人士提供指导和支持,提升该行业的认可度,并最大限度地将研究、教育和园艺知识整合为一体。目前该协会有逾2100位会员,遍布世界各地。协会在世界各地举行国际董事会议并向会员介绍不同的繁殖生产实践技术、新的植物种类等。每个地区都举办年会,论文发表在《联合汇编》(*Combined Proceedings*)中,该出版物的发行仅限会员和图书馆。协会为会员更好地互相学习以及建立长久的组织和友谊提供了多种机会(图1-4)。

图1-4 IPPS是关注园艺植物生产的全球性团体,其使命是分享知识、信息与技巧;指导并支持事业成功,增强专业认知;以及整合研究、教育与园艺学知识使其最大化

(2)澳大利亚苗圃与园艺产业协会(Nursery and Garden Industry Association of Australia,NGIA)

NGIA(http://www.ngia.com.au)是澳大利亚苗圃与园林的最高行业协调机构,是一个协助农业及园艺的生产者、零售商及其他有关人士的官方组织,致力于提供产业方面的帮助和信息。该协会在各个省和州都设有附属机构和代表各自领域的专业组织。NGIA与各州协会代表着澳大利亚苗圃行业内的生产商、批发商、零售商、贸易联盟、咨询公司和相关媒体等的利益。

(3)英国园艺贸易协会(UK the Horticultural Trades Association,HTA)

HTA(http://www.the-hta.org.uk)成立于1899年,致力于协助英国园艺产业和其会员的发展,为会员提供大范围低成本的业务支持,并为新产品的开发提供资助。协会还为所有的会员提供了一个讨论和处理园艺产业关键问题的论坛。该协会的会员覆盖了园艺行业的各个领域，包括1600个代表企业以及2700个销售点的零售商、种植者、景观设计者、服务供应商、制造业者和园艺材料经销商。英国所有的观赏植物的种植者都是该协会的成员。

(4)美国苗圃与景观协会(American Nursery and Landscape Association，ANLA)

ANLA(http://www.anla.org)成立于1875年，是美国苗圃与园林行业的全国性贸易组织，其宗旨是比政府更强调产业的利益，并且为会员提供能够实现长期收益必不可少的独特商业知识，协会服务的对象既包括只有单一部门的企业又包括多元化的企业，主要为协会成员提供教育、研究、公共关系以及代理等服务。它为大约3200个涉足苗圃贸易(nursery business)的会员企业提供服务，主要包括批发种植商、公园中心零售商、园林企业、邮单苗圃(mail-order nurseries)和园艺社团的联合提供者。ANLA通过提供信息、举办培训会议和年会，以及出版双月刊《美国苗圃者》(*American Nurserymen*)为会员提供帮助，并通过各种途径为有关大学与研究所科研人员从事与苗圃产业发展相关的研究提供资助。《美国苗圃者》的文章包括有关繁殖和植物材料的信息。ANLA还通过各种方式为相关研究人员与学生提供研究经费与奖学金，促进与苗圃业发展相关的各领域的研究。

(5)加拿大苗圃与景观协会(The Canadian Nursery and Landscape Association，CNLA)

CNLA(http://www.canadanursery.com)成立于1992年，最初名为加拿大苗圃贸易协会，于1998年更名为加拿大苗圃与景观协会。该协会是一个全国性非营利性联盟，包括9个地区级景观和园艺协会，拥有超过3600名的会员。CNLA主要是通过各地级协会来开发项目，进行计划并形成同盟以获取持续稳定的利益。协会每年在夏天和冬天举行两次会议。

(6)国际园艺学会(International Society for Horticultural Science，ISHS)

ISHS(http://www.ishs.org)于1864年发起，1959年正式成立。是由园艺科学家、教育工作者、附属机构人员和产业成员组成的国际性学会，现在它有来自150个国家的逾7000位成员。它每四年资助一次国际园艺大会，也资助了许多专题研究和专题会议，会议汇编发表在《园艺学报》(*Acta Horticulture*)中。此外还发行《园艺快报》(*Scripta Horticulturae*)以及每年发行4期《园艺纪事》(*Chronica Horticulturae*)。

(7)英国皇家园艺协会(Royal Horticultural Society，RHS)

RHS(http://www.rhs.org.uk)成立于1804年，最初是以伦敦园艺学会为名成立的，1861年更名为英国皇家园艺协会。它是世界领先的园艺组织和英国领先的非营利性园艺机构之一。RHS以帮助人们共同分享对植物的热忱，鼓励对园艺事业做出卓越贡献以及启发对园艺有浓厚兴趣的人为目标，致力于推进园艺事业，提高园艺工作。该协会通过组织花展和建立向公众开放的模型花园来推广园艺事业。协会发行(*The Garden*)(月刊)、(*The Plantsman*)(旬刊)和(*The Orchid Review*)以及年报(*Hanburyana*)等刊物，并自国际植物登录机构成立以来拥有一些种类栽培植物的登录权。

(8)美国园艺学会(American Society for Horticultural Science，ASHS)

ASHS(http://www.ashs.org)会员包括了对园艺感兴趣的科学家、教育工作者、附属机构人员和企业成员。该组织每年举办全国性和地区性的年会,出版系列科学刊物《美国园艺学会会刊》(Journal of American Society for Horticultural Science)、《园艺科学》(HortScience)和《园艺技术》(HortTechnology)。它包括许多涉及所有繁殖领域的工作小组。

(9) 中国花卉协会(Chinese flowers association,CFA)

CFA(http://www.chinaflower.org)成立于1984,是由花卉及相关行业的企事业单位和个人为达到共同目标而自愿组成的全国性非营利性行业组织。其宗旨是在政府主管部门的指导下,宣传花卉业在两个文明建设中的地位和作用;组织协调全国花卉科研、推广、生产、销售,促进行业内的分工与合作;维护和增进会员的合法权益;协助政府组织开展行业调研、人才培训、展览展销、信息交流、经验推广等活动,提高花卉业产业化水平,推动花卉业持续健康发展;发展农村经济、调整农业结构、增加农民收入服务。中国花卉协会现有分支机构包括月季、茶花、兰花、桂花、荷花、杜鹃花、牡丹芍药、梅花蜡梅、蕨类植物、零售业、盆栽植物11个分会,以及花卉产业化促进委员会和花文化委员会两个专业委员会。

其他有关的国内外组织有美国种子贸易协会(American Seed Trader Association,ASTA)、官方种子认证机构协会(美国)(Association of official Seed Certifying Agencies,AOSCA)、加拿大种子贸易协会(Canadian Seed Trade Association,CSTA)、国际植物组织培养协会(International Association for Plant Tissue Culture,IAPTC)、离体生物学学会(Society for in vitro Biology)、国际种子检验协会(International Seed Testing Association,ISTA)、日本园艺学会及中国园艺协会等。

复习思考题

1. 如何从传统与现代意义上理解苗圃在概念与内容上的差异?
2. 什么是园林苗圃?试论述园林苗圃在促进园林绿化建设以及园林绿化技术进步中的重要作用。
3. 园林苗圃的主要功能是什么?如何发挥园林苗圃在生产、经营、创新与示范过程中的作用?
4. 简述我国现代园林苗圃产业发展的过程以及"龙柏烧狗肉"现象带来的思考。
5. 对比中外苗圃产业(园林苗木生产)发展的简史及其对我们的启示。
6. 简析世界苗圃产业发展的主要特点与趋势,以及对我国苗圃产业发展的借鉴意义。
7. "园林苗圃学"的概念与基本内容是什么?为什么说它是一门综合性的、理论与实践必须紧密结合的课程?
8. "园林苗圃学"课程学习的主要目的是什么?试述达到学习目的需要掌握的知识与技能。
9. 为什么说苗木繁殖的技术与理论是园林苗圃学最重要的内容?
10. 了解国内外与苗木生产及苗圃产业直接相关的主要专业组织的基本情况。

第 2 章
园林苗木种质资源

【**本章提要**】种质资源是园林苗圃发展的基石之一，本章从种质资源的基本概念入手，在介绍园林苗木种质资源的基本类型及我国园林苗木种质资源特点的基础上，讲述园林苗木种质资源引种与培育的原理、方法与需要注意的问题，包括植物新品种登录与保护的基本程序等。

丰富而优良的园林植物材料是园林绿化美化的物质基础，它们通常又可称为园林植物种质资源，是生物遗传资源的重要组成部分。园林植物一般分为木本的园林树木与草本的园林花卉两大类，苗木的繁殖与生产实际上就是对园林树木资源的开发与利用。苗圃内生产树种或品种的丰富程度是决定苗圃发展方向与发展速度的主要因素之一，在决定苗圃的四大基石(品种、技术、资材与营销)中，品种即种质资源发挥着最重要的作用。能否生产出受市场欢迎的优质苗木，是苗圃生产与管理的主要目的之一，而这一切都是从选择生产繁殖的树种(或品种)开始的。因此，对园林苗木种质资源的了解与掌握，是进行苗木生产与发展苗圃产业的必要前提，自然是园林苗圃学必须涉及的内容。通过本章的学习，希望读者能够做到：①充分理解种质资源对园林苗木生产及其苗圃经营管理的重要性，以及我国丰富的园林植物资源与园林文化特色为苗木产业发展创造的有利条件；②辩证分析与思考园林植物种质资源流失、保护与创新、发展的关系；③掌握园林树木引种、育种的原理、方法与程序，建立正确的新品种保护意识。

2.1 园林苗木种质资源概述

2.1.1 种质资源概念

种质资源是具有一定种质或基因的生物类型，也就是由亲代遗传给子代的遗传物质，因此常常包含了物种与基因两个层面。根据《中华人民共和国种子法》(以下简称《种子法》)第74条规定：种质资源是指选育新品种的基础材料，包括植物的栽培种、野生种的繁殖材料以及利用上述繁殖材料人工创造的各种植物的遗传材料。可见，种质资源从内容上而言，可以是野生的、栽培的或者人工创造的。本章论述的园林苗木种质资源，就是指可用来进行苗木生产的、具有绿化美化功能的木本植物资源即园林树木，也即园林乔灌木的总和，主要包括野生资源与栽培资源两大部分，可以是植物分类学上的种以及种下或种内的亚种或变种，也可以是这些种或亚种（变种）所包含的所有品种、品系。从苗圃生产的角度而言，任何一种园林苗木种质资源，都是可以用于繁殖与生产，具有相对稳定一致的景观观赏性状，以及能够产生经济效益的生产资料。它们是苗圃苗木生产的对象与内容，在苗木产业不断发展、市场竞争越来越激烈的情况下，对苗木种质资源的掌控，常常成为关系苗木生产与苗圃经营能否取得成效与持续发展的关键之一。

2.1.2　园林苗木种质资源的类型

园林树木是指在园林中栽培应用的木本植物（woody plants），其与草本植物（herbs）的主要区别在于有木质的茎，其每年的生长都发端于地上老枝的芽，都是寿命较长的多年生植物。从植物学角度出发，木本植物实际上包括乔木（trees）与灌木（shrubs）两类，有时还从灌木中分出一类称为半灌木（half-shrubs）或亚灌木（sub-shrubs）（指枝条由于上部木质化程度低而每年要部分枯死的灌木类型，如牡丹），而灌木也包括园林中单类的藤木。不论是乔木还是灌木，生态习性都包括常绿（evergreen）与落叶（deciduous）两大类。从树木种质资源利用与苗木生产的实际出发，可按树种的生物学特性（主要是生长习性或者生活型）分为乔木、灌木、藤木与竹类4种基本的苗木资源类型。

图 2-1　乔木树种在园林绿化中的重要地位不可替代，是苗木生产的永恒主题
A. 白皮松（*Pinus bungeana*）（北京颐和园），是我国华北及西北南部常绿乔木乡土树种的代表
B. 欧洲七叶树（*Asculus hippocastanum*）（奥地利维也纳街头），是欧美广泛用作行道树与庭院绿化的落叶乔木

图 2-2 灌木种类繁多，应用形式丰富，景观与生态效果兼顾，在我国园林苗木生产中应大力开发更多新种类

图示 '金叶' 桧（英国邱园）

①乔木　树体高大（一般高 6m 以上），分枝位置距地面较高，主干明显（图 2-1）。可细分为伟乔（>30m），大乔（20~30m），中乔（10~20m）及小乔（6~10m）等。常为单干型苗木，主要用作庭荫树、行道树、园景树、防护树等。但是，有关乔木与灌木的区分，很难制定一个严格的标准。对于那些树体高度未达到 6m 标准的乔木，但却明显有粗壮主干或干型的树木，我们常常也认为其是乔木。

图 2-3 紫藤是原产于我国的著名藤木，在东西方园林中颇受欢迎

图为维也纳街头的紫藤应用

②灌木　树体矮小（<6m），分枝靠近地面，主干不明显；其中树体矮小而茎干自地面生出多数，且无明显主干而呈丛生状的称为丛生型灌木，枝与干均匍地生长、与地面接触部位可生出不定根而呈现匍匐状的称为匍地型灌木，可用作园景、观花、植篱、地被、林丛与屋基种植等（图 2-2）。一些丛木型灌木，当生长年代久远时，也可能形成高大的中央主干，其高度也可能超过一般灌木，但我们仍然视其为灌木。

③藤木　枝干不能直立，须缠绕或攀附于其他支持物向上生长。根据其攀附方式可分为缠绕型［如葛藤（*Pueraria lobota*）、紫藤（*Wisteria sinensis*）等］（图 2-3）、蔓条（钩刺）型［如木香（*Rosa banksiae*）、藤本月季（Climbing Roses）等］、卷须型［如葡萄（*Vitis vinifera*）、铁线莲（*Clematis*）

等］、吸附型［如凌霄（*Campsis grandiflora*）、爬山虎（*Parthenocissus tricuspidata*）等］，主要用于垂直绿化、地被与特殊造景等。

④竹类（常称竹子） 是我国园林中常见的园林植物材料，也常作为园林苗木大量生产，因此可以看做是乔木、灌木与藤木之外的另一类特殊的园林苗木资源。

在苗木生产与园林应用中，有时为了追求特殊的观赏效果，常常可以人为地将一些灌木培养成为乔木或乔木状，如单干树状的月季、紫斑牡丹（*Paeonia rockii*）、榆叶梅（*Prunus triloba*）、紫薇，甚至紫藤有时也可培育成树状；有些树木在通常情况下为灌木，或在园林中作为灌木应用，但在适宜的环境中自然生长，也可以成为小乔木或中等乔木，尽管这可能需要数十年甚至上百年的时间，如山茶属（*Camellia*）与杜鹃属（*Rhododendron*）的某些植物。

2.2 我国园林苗木种质资源及其特点

2.2.1 我国园林苗木种质资源

我国不仅是世界重要的生物多样性中心之一，拥有丰富的野生植物资源，同时，中部和西部山区及附近平原，被苏联植物学家瓦维洛夫认为是栽培植物最早和最大的独立的起源中心，有着极其多样的温带和亚热带植物。据不完全统计，我国仅种子植物就有2.5万种以上，其中以乔灌木树种为主体的物种，占全球的比例甚高（表2-1）。我国的园林树木资源也十分丰富，原产于中国的木本植物多达8000种，其中乔木树种约2500种。我国不仅是许多著名园林花木的分布中心，如山茶、丁香（*Syringa*）、杜鹃花、绣线菊等，而且也特产许多著名的园林植物，如银杏（*Ginkgo biloba*）、水杉（*Metasequoia glyptostroboides*）、水松（*Glyptostrobus pensilis*）、珙桐（*Davidia involucrata*）、牡丹（*Paeonia suffruticosa*）、梅花（*Prunus mume*）、蜡梅（*Chimonanthus praecox*）

表2-1 中国园林植物木本部分属占世界总数的百分比（顾万春，2005，略有改动）

属名	学名	中国种数	世界总种数	中国种数占世界总种数比(%)	属名	学名	中国种数	世界总种数	中国种数占世界总种数比(%)
蜡梅	Chimonanthus	4	4	100	蜡瓣花	Corylopsis	21	30	70
银杏	Ginkgo	1	1	100	椴树	Tilia	35	50	70
牡丹	Paeonia	7	7	100	紫藤	Wisteria	7	10	70
泡桐	Paulownia	9	9	100	木犀	Osmanthus	27	40	67.5
山茶	Camellia	195	220	88.6	爬山虎	Parthenocissus	10	15	66.7
猕猴桃	Actinidia	53	60	88	含笑	Michelia	40	60	66.7
丁香	Syringa	27	32	84.4	溲疏	Deutzia	40	60	66.7
油杉	Keteleeria	10	12	83.3	海棠	Malus	24	37	64.9
石楠	Photinia	45	55	82	栒子	Cotoneaster	60	95	62
刚竹	Phyllostachys	40	50	80	绣线菊	Spiraea	65	105	62
蚊母	Distylium	12	15	80	南蛇藤	Celastrus	30	50	60
四照花	Dendrobenthamia	9	12	75	杜鹃花	Rhododendron	530	900	58.8
槭树	Acer	150	205	73	蔷薇	Rosa	95	200	47.5
花楸	Sorbus	60	85	71					

等。目前，我国一般大城市在绿化中应用的园林树种仅200~300种，而中小城市约100种（张天麟，2005），显然，我国园林树种资源可利用的空间相当大，这为苗木产业发展提供了机会。目前我国苗木生产与园林应用的主要树种见第13章。

2.2.2 我国园林苗木种质资源的特点

我国幅员辽阔，自然生态环境复杂多样，形成了极为丰富的野生植物资源；同时，伴随着悠久的栽培历史而孕育出发达的"园林文化"以及创造出种类繁多、各具特色的栽培变种与地方品种，从而形成了我国园林苗木种质资源独有的特点与特色，这是发展中国特色苗木产业的重要基础。

（1）花木栽培历史悠长、文化积淀深厚

一部花木栽培史，就是一部花木文化史。我国古代园林对名花嘉木的欣赏与赞美是中华园林的一大特色，有关园林花木栽培、改良以及应用的历史经验与成就，大部分都被文献记载而传承，成为我国园林文化（或者花文化、花木文化）的主要内容之一。

中国是世界上最早从事园林植物栽培种植的国家，早在公元前11世纪商代出土的甲骨文中，就有"圃""林""草""花""果"等字样。至公元前11至前7世纪西周的《周礼·天官·大宰》书中有"园圃毓草木"的词句，当时还设置"囿人"专管花木栽培。《夏小正》中也记录了（四月）"囿有杏"，表明杏在园囿栽培，四月结果。据今3000年前的《诗经》中就用"桃之夭夭，灼灼其华"（《周南·桃夭》）描述桃之特征与风姿；在《诗经》记载有130多种植物，其中不少与园林花卉有关，如"松柏芃芃""绿竹猗猗""花如桃李""杨柳依依"等。

秦上林苑"植有橘、橙、榛、枇杷、柿子、柰（今之苹果）、厚朴、枣、杨梅、樱桃、棠梨、栎、楮、枫树、木兰、黄栌和女贞等"，可见园林规模与栽培技术已达到一定水平。自西汉起，养花种树之风盛行于官府及富户门第，杨雄在《蜀都赋》中有"被以梅樱，树以木兰"的记载。魏晋南北朝时期，先后有《南方草木状》《竹谱》《魏王花木记》与《齐民要术》等著作传世，对花木的记载不断增多。

进入唐宋时期，我国对园林花木收集、引种、布置与栽培逐渐进入一个相当发达的水平，许多花木，如牡丹、玉兰（*Magnolia denudata*）、梅花、石榴（*Punica granatum*）等不仅成为诗歌词赋吟咏的题材，孕育出高度发达的花文化，也直接推动了植物造景与园林建设，如陕西蓝田（王维辋川别业）、开封（寿山艮岳）以及《洛阳名园记》广泛应用植物造景，"洛中园圃，花木有至千种者"，花木成为园林特色的重要组成部分。后来，经过明清时期的发展，不仅《群芳谱》《园冶》与《花镜》等均记载与描述了种类繁多的园林花木及其应用，而且花木文化与诗词歌赋、绘画艺术等不同文化形式交融发展，成为中华文化宝库中的一朵奇葩。如"岁寒三友"的青松、翠竹、梅花，是冬季园林的主要植物景观；"四君子"的梅、兰、竹、菊，分别比喻君子的领先、幽静、谦虚、坚贞等不同的品质；"玉堂富贵"中的玉兰、海棠（*Malus spectabilis*）、牡丹、桂花（*Osmanthus fragrans*），则是吉祥的谐音；牡丹喻意富贵，梅花喻意坚贞，松柏喻意长寿等。这些通过花木配置来营造园林景观并创造出独有的文化意境的表达方式，已经完全定格在中华文化发展史上，同样也永远成了我们在园林绿化中应用花木的指引。

（2）观赏性状丰富，抗性与适应性突出

我们的祖先不仅驯化栽培与应用了许多生态与景观效果皆优的树种，如侧柏（*Platycladus orientalis*）、梧桐（*Firmiana simplex*）、柳树（*Salix* spp.）、榆树（*Ulmus pumila*）、臭椿（*Ailantuus altissima*）等，更是通过人工选育，创造出了大批色彩纷呈、馨香醉人、形态奇特、花期长且多季开花的以"花"传世的著名花木，使我国园林苗木资源具有了观赏性状丰富、抗性与适应性突出的优点。

我国花木资源的观赏性状十分丰富，表现在早花种类多，如梅花、蜡梅、瑞香、香荚蒾、玉兰、迎春、连翘和桃花等，都是具有早花特性的优良花木资源，有些甚至能在冬季露地开花，确实不可多得；连续开花或多次开花者多，如月季花、香水月季（*Rosa odorata*）、'四季'桂（*Osmanthus fragrans* 'Semperflorens'）、'常春'二乔玉兰（*Magnolia* × *soulangeana* 'Semperflorens'）、'宫粉二度'梅（*Prunus mume* 'Gongfen Erdu'）、'傲霜'牡丹（*Paeonia suffruticosa* 'Ao Shuang'）等，均在春、秋开两季花或春夏秋开三季花，而紫薇、扶桑等花期长达1~3个月，有效地延长了园林植物的观赏期，提高了栽培应用的价值；花有芳香者多，如"国色天香"的牡丹，"暗香浮动"的梅花，以及桂花、蜡梅、米兰（*Aglaia odorata*）、茉莉（*Jasminum sambac*）、栀子（*Gardenia jasminoides*）、瑞香（*Daphne odora*）和玫瑰（*Rosa rugosa*）等，这些众多的著名花木无不以香著称，成为非常重要的香花资源；特殊花色者多，如牡丹、梅花、山茶等虽然品种繁多、花色丰富，但缺乏黄色，而大花黄牡丹（*Paeonia ludlowii*）、黄牡丹（*Paeonia delavayi* var. *lutea*）、'黄香'梅（*Prunus mume* 'Flacescens'）与金花茶（*Camellia nitidissima*）等，恰恰就是纯黄色花的宝贵资源；特异观赏性状者多，如罗汉松（*Podocarpus macrophyllus*）因成熟种子恰如身披袈裟（红色假种皮）的小罗汉而倍添魅力，珙桐（*Davidia involucrata*）、四照花（*Dendrobenthamia japonica* var. *chinesa*）等在盛开之时，硕大的白色苞片随风飘舞，满树如万千鸽子振翅飞翔，成为誉满全球的名花嘉木（图2-4）。

我国花木资源中，不同种类对各种逆境环境有各自独特的适应性，在表现出地带性分布特征的同时，也表现出特有的抗性特点，如耐旱、耐寒、耐热与抗病等。首先，如北方园林中常见的杨、柳、榆、槐、椿，就都是耐旱性很强的园林树种，如果能够有针对性地开展一些优选或者专门的育种工作，这些土生土长的树木资源，肯定会使我们的园林绿化更为节约、高效；此外，还有如丁香、胡枝子（*Lespedeza bicolor*）、锦鸡儿（*Caragana sinica*）等，都是具有很强耐旱性、值得推广应用的园林植物。其次，像棕榈科主产热带，而棕榈（*Trachycarpus fortunei*）在我国已分布到北亚热带的最北缘（秦岭南坡），是棕榈属乃至棕榈科中最耐寒的一种；青岛崂山的'耐冬'山茶（*Camellia japonica* 'Naidong'）是分布于青岛崂山及附近岛屿上的野生山茶种群及由其衍生的栽培群体（王奎玲等，2011），是山茶抗寒育种的重要亲本。再如常见盛夏开花的紫薇、石榴、合欢（*Albizia julibrissin*）、栾树（*Koelreuteria paniculata*）、木槿（*Hibis-*

图 2-4　珙桐又称为中国鸽子树，被威尔逊誉为最美的树。与四照花，皆因美丽的苞片闻名遐迩，成为著名的园林植物
A. 维也纳大学植物园　B. 美国宾夕法尼亚州 Sworthmore 学院校园

cus syriacus）等，都是耐热性很强的优良花木资源；另外，如白榆对榆树腐烂病（荷兰病）有很强的抗性，是北美榆树抗病育种的主要基因资源，木香、玫瑰可作为月季抗黑斑病、抗白粉病的种质资源。同时，不得不提及的就是我国园林树木中古老孑遗的珍稀种类甚多，如银杏、苏铁（Cycas revoluta）、水杉、银杉（Cathaya argyrophylla）、白豆杉（Pseudotaxus chienii）、金钱松（Pseudolarix amabillis）、珙桐、连香树（Cercidiphyllum japanicum）等。

总之，无论是从花期、花色、花型、花香等形态观赏性状而言，还是从抗旱、抗寒、耐热、抗病等生理生物学性状而言，我国园林树木的种质资源都非常丰富而富有特色。不过可以肯定的是，现在已经发现和被利用的种质资源，只是我国植物资源宝库中很少的一部分，大量更加优异、更加独特的种质资源还需要我们进一步开发利用。

(3) 众多种类走出国门，"园林之母"当之无愧

我国丰富的植物资源以及悠久的植物栽培应用历史，奠定了我国具有世界上独一无二的园林植物资源的基础，很早就引起了国外众多植物学家与植物采集家（或称为植物猎人，plant hunter）的极大兴趣。欧洲人最早在 17 世纪中叶就开始在中国采集植物标本。经初步统计，从 17 世纪中叶到 20 世纪的 400 年间，外国人在我国的采集者包括传教士、外交官、商人与学者有记录的约 316 人，采集植物标本逾 121 万份之多。我国植物中 70% 以上种类的模式标本是由外国人采集的，保存于世界各大标本馆，对我国植物科学的发展起了十分重要的作用。同时，也伴随着我国的植物资源，尤其是园林植物资源走出国门，为世界园林及花卉产业的发展作出了重要贡献，这从另外一个侧面也反映了我国园林植物资源流失或者说被列强国家肆意掠夺的事实。

我国的许多园林植物，如牡丹、梅花、茶花等，早在七八世纪就传入了日本。而在19世纪之后，欧美大量引种的成果，才真正使我国的园林植物在世界范围内得到了最广泛的传播，同时也使中国成为当之无愧的世界"园林之母"而得到了公认。欧美在引种中国原产植物的过程中，除了航海、贸易的发展之外，有一大批植物猎人在中国盗取植物及种子，其中最著名的包括罗伯特·福琼（Robert Fortune）（英国园艺学家，1843—1861年间4次来华，引种了190种活植物，其中120种是欧洲人以前所没有见到的）、亨利·威尔逊（E. H. Wilson）（图2-5）（英国园艺学家，1899—1918年5次来华，在中国11年，共采集植物标本65 000份，700余种）、乔治·福礼士（G. Forrest）（英国爱丁堡植物园采集员，1904—1931年7次来华，带走了大量珍贵的野生植物和栽培品种，最后在云南腾冲辞世）、约瑟夫·洛克（J. F. Rock）（美籍奥地利人，于1922—1949年在中国长期居住达27年，在云南、四川、甘肃、青海等地先后组织进行了5次动植物采集活动，是著名的植物学家、博物学家与我国纳西文化研究的权威）等。

图2-5 亨利·威尔逊（Ernest Henry Wilson）（1876—1930）
自幼喜爱植物，16岁时在索利赫尔（Solihull）当地的一个苗圃做学徒园丁，后到了伯明翰（Birmingham）植物园，因植物学成绩优异而获得了女王奖（the Queen's Prize）。1897年开始在邱园工作，后来受雇于威奇公司（the firm of James Veitch & Sons）到中国采集植物，开始了他一次又一次的中国之旅，成了世界知名的中国植物通

英国皇家植物园（简称邱园）（Royal Botanical Gardens, Kew）是世界上引种植物最多的植物园（图2-6），根据邱园引种植物名录统计在欧洲园林中的植物种类及其原产地，发现在引种的226种松杉植物中，中国（含北亚、华东、华西和喜马拉雅）原产的有99种，占43.8%；在3887种耐寒乔灌木中，原产于中国的有1666种，占42.9%；在7068种耐寒草本植物中，原产于中国的有1040种，占14.7%。目前在英国爱丁堡皇家植物园中，就有中国原产的活植物1500多种，其中杜鹃花属种类最多，达306种，较多的有枸子属56种、蔷薇属32种、小檗属（*Berberis*）30种，较少的有桦木属（*Betula*）9种、溲疏属9种、丁香属9种、山梅花属（*Philadelphus*）8种。德国Mariana统计，原西德现有植物的50%也来源于中国；荷兰40%的园林植物源自中国；意大利塔兰托（Taranto）植物园引种中国的观赏植物有230属约1000种；在苏联栽培的1957种木本植物中，针叶树原产于东亚者40种，占总数166种的24%；阔叶树原产于东亚者620种，占总数1791种的34%（俞德浚，1962）。

美国与我国在地理纬度和植物区系等方面很相似，美国引种栽培的园林植物在1500种以上。美国加利福尼亚州有70%以上的园林植物引自我国，其中大部分是从欧洲经大西洋间接引种的，如牡丹等；也有一部分是从中国经太平洋直接引种的，如金花茶等。

图 2-6　英国皇家植物园（邱园）

始建于 1759 年，以鼓励与传播全球范围以科学研究为基础的植物保护、促进人类生活品质为目标，是世界上最著名的植物园之一。邱园的性质始终明确为研究机构，是一个公益性单位，它栽培与引种保存的大量植物，被不断地繁殖推广、应用。从植物园获得优良的植物繁殖材料，是许多中小型园林苗圃调整生产结构、推陈出新的最有效与可靠的途径。国内应大力提倡公立植物园在促进园林植物新品种引种驯化、保存展示以及推广应用中发挥重要作用。图为邱园维多利亚（Victoria）大门

> **威尔逊眼中的"园林之母"**　《中国——园林之母》（*China, Mother of Gardens*），是英国人威尔逊 1929 年出版的一本记录他采集、引种中国植物过程的专著，也是人们对中国园林植物为丰富世界园林做出了不朽贡献的客观评价。由于自己的采集经历与切身体会，威尔逊认为世界园林艺术深深地受惠于原产于中国的植物，所以他恰当地称中国为"园林之母"，对中国植物对世界尤其是欧洲园林的贡献做了精辟论述。他指出："对中国植物的巨大兴趣及其价值的认可，繁多的种类固然是一个方面，然而人们更注重观赏性和适应性都很强的植物。正是这些植物在装点和美化着世界温带地区的公园与庭院。我在华的工作，就是通过各种方法发现与引进各种各样的新植物到欧洲、北美和其他地方。但在我工作之前，中国植物的价值已众所周知并享有盛誉。下列事实突出地表明了这一点：'在整个北半球温带地区的任何地方，没有哪个园林不栽培数种源于中国的植物'。我们的香水月季、多花蔷薇、各种菊花、杜鹃花、茶花、温室报春、牡丹、芍药等，以及由这些植物培育出来的众多品种，它们的野生种仍可以在华中与华西找到。当然，我们还可以列举出许多美丽的花有同样的情况。中国还是柑橘、柠檬、枸橼、桃、杏，以及'欧洲核桃'的故乡。"
>
> "园艺界深深地受益于东亚，这种受益将随着时间的迁移而增长。"他还写道，"许多原先称为印度或毛利斯杜鹃的花及其他许多美丽的鲜花，其实原产于中国。诚然，我们已经改良和发展了大部分引进的植物，以至于难以识别它们的本来面目。确实，中国现在需要从我们这里寻求新培育出来的植物类型与品种；但是倘若没有早先从中国来的船来品，我们的园林与花卉资源将会是何等可怜！"威尔逊通过对客观事实的描述而得出中国是园林之母的睿智论断，已经得到了世界园林花卉界的广泛认同。

在欧美著名的观赏树木中，银杏、水杉、珙桐、木兰、泡桐、樱花（*Prunus serrulata*）和多种松柏类，全部或大部分来自我国。在观赏灌木中，六道木（*Abelia*）、醉鱼草（*Buddleja*）、小檗、枸子、连翘（*Forthysia*）、金缕梅（*Hamamelis*）、八仙花（*Hydrangea*）、猬实（*Kolkwitzia*）、山梅花、石楠、火棘（*Pyracantha*）、杜鹃花、绣线菊、丁香、锦带花（*Weigela*）等属原产于中国。草本花卉中，乌头（*Aconitum*）、射干（*Belamcanda*）、翠菊（*Callistephus*）、菊花（*Dendranthema*）、飞燕草（*Delphinium*）、石竹（*Dianthus*）、龙胆

(*Gentiana*)、萱草(*Hemerocallis*)、百合(*Lilium*)、绿绒蒿(*Meconopsis*)、报春花(*Primula*)、虎耳草(*Saxifraga*)等属也原产于中国。这些原产于中国的园林植物随处可见，来自中国的事实也是众所周知的。

(4) 洋树不断归化中华，南北园林尽添新彩

在我国植物资源大量输出的同时，国外许多优秀的种或品种不断引入我国，成为我国园林植物种质资源的有机组成部分，在园林绿化尤其是花卉生产中发挥着越来越重要的作用。

我国引种植物的历史悠久，陆路引种从西汉张骞开始到元代末年(134—1368)。主要通过丝绸之路和中亚、远东国家进行活跃的物质交流。从明代起海运畅通，新大陆的发现，到中华人民共和国成立之前(1368—1948)，美国一些区系的观赏植物也相继引入我国。特别是19世纪中叶以后，我国从国外引进的植物种类大大增加，如桉树于1884年引入，刺槐于1877年引入南京，湿地松和火炬松从1933—1946年在我国亚热带地区有少量引种。除我国较早的几个植物园引种外，不少种类为华侨、留学生、外国传教士、洋商、外交使节等带入，因此，引种地区多为沿海大城市，并多为零星栽培，或偶见于庭园、植物园。中华人民共和国成立后，我国植物引种工作逐步发展，主要在植物园和科研院所及高等院校进行。但随着改革开放与市场经济的发展，相关的国内外企业也加入到这一行列，使我国的园林植物引进与苗木花卉产业发展以及提高市场竞争力密切联系起来，成为这一时代的特征。

近20年来，我国从国外引进了大量的园林植物种和品种，据20世纪90年代中期的粗略统计，当时从国外引进的观赏植物约500种4000多个品种，约占荷兰和日本商品花卉品种目录中品种总数的80%，一些品种成为我国商品花卉生产的主栽品种。在园林树木引种方面，除了历史上早已引进、已经在我国广为种植、完全被人们熟知的种类，如雪松、石榴、悬铃木(*Platanus* spp.)、广玉兰(*Magnolia grandiflora*)等以外，国家"引进国际先进技术项目"(又称"948"项目)在近期的引种中发挥了重要作用。仅北京林业大学就先后引进了丰花月季16个品种、藤本月季10个品种、现代牡丹高代杂种(牡丹革质花盘亚组与肉质花盘亚组间的远缘杂交品种)50多个，以及'金叶'连翘(*Forsythia suspensa* 'Aurea')、'金脉'连翘(*F. suspensa* 'Goldvein')、'金叶'皂荚(*Gleditsia tricanthos* 'Sunburst')、'金叶'美国梓树(*Catalpa bignonioides* 'Aurea')、'金叶'欧洲紫杉(*Taxus baccata* 'Aurea')、'金叶'雪松(*Cedrus deodara* 'Aurea')、'花叶'复叶槭(*Acer negundo* 'Variegatum')等新优花木40多种。中国林业科学研究院等单位也进行了卓有成效的引种工作，大批不同类型的国外优良苗木资源引进我国，如四倍体刺槐(*Robinia pseudoacacia*)、玫瑰品种、'美国'红栌(*Cotinus coggygria* 'Royal Purple')、红栎(*Quercus rubra*)与白栎(*Q. fabri*)等各种栎类、金叶女贞(*Ligustrum* × *vicaryi*)、'金山'绣线菊(*Spiraea* × *bumalda* 'Gold Mound')、'金焰'绣线菊(*S.* × *bumalda* 'Gold Flame')、'花叶'锦带(*Weigela florida* 'Variegata')、美国梓树(*Catalpa bignonioides*)、'紫叶'美国梓树(*C. bignonioides* 'Purpurea')、'花叶'复叶槭、'金线'柏(*Chamaecyparis pisifera* 'Filifera Aurea')、'金叶'雪松、'金叶'欧洲紫杉、'金叶'刺槐(*Robinia pseudoacacia* 'Frisia')、'金叶'皂荚、灰绿云杉(蓝粉云杉)(*Picea pungens* f. *glauca*)等数以百计的种和品种，其中已筛选出适宜各地栽培的种类在生产中推广。北京植物园在20世纪90年代引进70余种夏、秋季观赏的园林树种，筛选出40余种进行推广应用，并与美国以苗木生产著称的俄勒冈州有关苗木组织合作，建立俄勒冈苗木新品种展示园，对我国园林植物新材料的推广应用起到了积极的推动作用。此外，我国的一些苗木生产企业，对国外苗木资源的引进与生产推广已成为自身发展壮大的重要动力，如'红叶'石楠(*Photinia* × *fraseri* 'Red Robin')、'金森'女贞(*Ligustrum japonicum* 'Howardii')、'美国'红栌、'日本'红枫('紫红'鸡爪槭)(*Acer palmatum* 'Atropurpureum')、'北海道'黄杨(*Euonymus japonicus* 'Cuzhi')等一批苗木种类已被大规模推广应用，为各地园林绿化建设做出了重要贡献。但是，毋庸置疑的是，我国尚未形成完善的植物新品种引种、保存与推广的科学体系，尤其对一些大学、科研单位引进的有应用前景的园林植物新树种或品种，如何尽快推广应用或实现与苗圃产业界的共享，是需要研究解决的重要课题。

据不完全统计，我国引种栽培的外来树种约110科210属1300余种(顾万春，2005)，其中有相当一部分是园林树木，除了在我国已经众所周知、广为应用的雪松、北美鹅掌楸(*Liriodendron tulipifera*)、广玉兰、悬铃木、现代月季、凤凰木(*Delonix regia*)、石榴、大叶黄杨(*Euonymus japonicus*)、九重葛(*Bougainvillea spectabilis*)、美国地锦(*Parthenocissus quinquefolia*)、樱花等树种外，还包括了现在我国南方各地在城市街道、公园与庭院等广为种植的夹竹桃(*Nerium oleander*)，常作为行道树和庭园风景树的银桦(*Grevillea robusta*)，在长江中下游平原与珠江三角洲低湿地区常见栽培的池杉(*Taxodium ascendens*)、落羽杉(*T. distichum*)，在我国生态防护林建设中发挥了重要作用的木麻黄(*Casuarina equisetifolia*)、紫穗槐(*Amorpha fruticosa*)等。总之，在我们强调中国作为园林之母，为世界园林贡献出了大量优良的园林植物的同时，也要承认从世界各地引入我国的园林树种，同样为中国园林事业与发展作出了不可磨灭的贡献，这是交流互鉴的成果！

2.3　园林苗木种质资源引进与创新

中国园林苗木种质资源的特点、交流历史及其现状的形成，都有其复杂而特殊的自然生态与历史文化的原因与背景，是我们宝贵的精神财富与物质财富。今天，园林苗木生产所面对的是科技高速发展、市场竞争愈演愈烈、国际交流日趋频繁的新形势，产品创新成为市场竞争的主要力量，培育或引进优良新品种(种)进行繁殖生产，开发出新的苗木产品占领市场，是行业发展的要求。而新产品的开发，本质上就是种质资源的开发与利用，除了必须应用新知识和新技术外，还必须遵循相关的法律法规以及行业规范与操守。因为在市场经济发展环境下，我国园林苗木生产已经开始发展成为一个庞大的产业体系，苗圃与苗木生产的目的除了满足社会需求外，更重要而直接的动力来源于通过市场竞争不断发展与壮大自己。从苗木生产与苗圃产业发展的现实需要出发，可以把苗木的种质资源狭义地理解为园林苗木的新优品种。

2.3.1 园林苗木种质资源的引进

任何一种树种都有一定的自然分布范围，这是树种在长期进化过程中自然形成的。当它在自然分布区内生长时称为乡土树种(indigenous tree species)，当被栽种到自然分布区以外时称为外来树种(exotics)。把一种树种从原有分布区引入到新的地区栽培称为引种(introduction)，这是树木种质资源(遗传资源)在其使用范围内的迁移，是遗传资源利用的一种形式。

与育种相比，引种是一种相对而言成本低、见效快的资源开发与利用的途径，尤其是园林树木的引种长期受到国内外的普遍重视，其斐然成果已如上节内容所述，时至今日仍然方兴未艾、更为频繁。园林树木的引种，是指将野生或栽培的园林树木的种子、植株或植株的一部分从其自然分布区或栽培区迁入异地进行栽培的过程，其目的是增加迁入地区园林树木的种类与扩大引进园林树木的栽培区，以满足园林绿化对树种多样性与园林苗木生产对新优产品的需求，同时可为种质资源保存、新品种选育与苗木生产发展奠定基础。

2.3.1.1 影响引种成败的因素分析

不同树种及其品种与基因型对生态环境的适应能力各不相同，而自然界环境条件的高度复杂与多样，使人们不可能用试验的方法测定某一树种或基因型的全部适应范围。不同园林树种或基因型在适应性反应范围上有差异，在引种过程中会有不同的引种表现，这就奠定了园林树木能够不断地被引种的基础。长期实践证明，引种的成败并不是偶然现象，除了必须遵循树种生长、繁殖的基本规律外，还与植物遗传学、植物地理学、植物生态学、历史生态学以及栽培管理技术等知识和技术有关。因此，不断总结前人的经验教训、探索引种规律、改进引种技术，是提高引种成功率的保证。

(1) 气候相似性分析

在不同地区、不同国家之间远距离引种，如果原产地与引进地生态环境，尤其是气候因素一致或相似，这种引种是在树种遗传适应范围内的迁徙，引种容易成功。德国林学家马伊尔(H. Mayr)1906 在《欧洲外来园林树木》等著作中，提出了树木引种"气候相似原则"的思想，认为木本植物引种成功与否，最重要的是要看原产地与引进地气候条件是否相似。这种气候相似的理论，至今仍然被广泛接受与应用，对避免引种的盲目性有重要指导意义。但是，气候相似论在强调气候对树木生长的限制作用的同时，忽视了环境中其他因素的综合作用，以及树木随气候环境变化而产生的适应性变化，即低估了树木被驯化的可能性和人类驯化树木的能力。如刺槐在美国的自然分布区雨量充沛，年降水量达 1016~1524mm，7月平均温度 21~26.7℃，1月平均气温 1.7~7.2℃。但由于刺槐适应性强，在我国西北地区干旱少雨，降水量为 400~500mm，最高温度与最低温度都明显突破原产地的地方生长良好。换句话讲，气候相似不是绝对的，在气候条件有差异的地区间的引种，有时也能成功，而且在引种地甚至可能比原产地生长更好。这种现象的根源，可能是因为园林树木与其他各种生物一样，体内都存在一种适应性进化的机制。

(2) 综合生态因子与主导生态因子

植物在特定环境的长期影响下，形成了对某些生态因子的特定需要与适应能力，成功的引种是要在植物的适应范围内满足其对生态环境的需要。树木是多年生植物，引种必须经受引入地年气候变化以及长期周期性气候变化的考验，而这些条件不可能进行人工控制或调节。由于各种生态因子总是综合地作用于树木，而不同的生态因子并非都具有同样重要的作用，在一定时间、地点条件下，或在树木生长发育的特定阶段，这些综合性生态因子中肯定有某一因子起主导作用，是决定引种成败的关键因素。因此，对原产地与引种地综合生态因子与主导生态因子进行比较分析，是引种的重要工作内容之一。

温度是最常见的主导因子，冬季气温过低或夏季气温不足通常限制树种北移，而冬季或夏季气温过高限制树种南移。不适宜的温度对外来树种的不利影响，首先是正常生长发育的温度条件不能得到满足。临界温度是树木能忍受的最高、最低温度的极限，尤其是冬季极限低温，会造成外来树种冻害与死亡。其次是外来树种虽然能够生存，但由于温度条件不适合，影响生长发育和开花结实，从而无法实现应有的观赏和应用价值。降水量与湿度也常常是决定引种成败的关键因素之一，其他的因素还包括日照长短、风力大小、土壤条件，以及引种方式与栽培技术等。有关这些不同生态因子对园林树木引种成败的影响，更详细内容可参阅《园林植物遗传育种学》（第2版）的有关章节（程金水、刘青林，2010）。

(3) 树种适应潜力与生态型

树种在原来自然分布区的表现，有时并不能完全代表它的适应潜力。如在我国藏南地区狭域分布的大花黄牡丹，已被引种栽培到欧洲、北美与大洋洲的许多国家，而这些地区的综合气候条件并非与原产地完全相似，但有时可能还比原产地更适合其生长。另外，如原产于我国的银杏，由于适应性强而被成功引种到日本、美国中东部以及欧洲部分地区（图2-7），栽培适应区范围大为扩展。

自然分布区广的树种，在种内常常存在各种变异，形成不同的生态型。所谓植物生态型是指同一种（变种）范围内，在生物学特性、形态特征与解剖结构上等方面与当地主要生态条件相适应的植物类型。同一种园林树木长期生长在不同的气候环境中，很可能也会形成不同的生态型，它们对生态条件的适应性（抗寒性、抗旱性等）及表现出来的观赏特征各不相同，而且有时差异还是非常大的，因此，不能把某一批种质看成是整个物种的代表。由于不同种源在生长、适应性与经济性状（观赏性状）等方面表现出的差异，已经被越来越多的引种实践证明，种源的收集与试验在引种中的重要性一直受到高度重视。近年来各种分子生物学技术手段的应用，正在为种源选择提供更为科学与可靠的依据。对园林树木而言，许多情况下引种的对象是栽培品种，它们常常是在苗圃经过营养繁殖建立的无性系群体，不同品种间的各种差异可能会非常显著，因此，在引种前应掌握有关该品种育种、繁殖与栽培应用等各方面的资料，调查它在生长、抗性与观赏性方面的表现以及市场推广情况，结合引种地的实际情况与需要制订正确的引种计划。

（4）树种的历史生态条件

树种的适应潜力不仅与现代自然分布区的生态条件有关，也与古代历史生态条件有关，因此在原产地与引种地生态条件差距巨大的情况下，有些树种仍然能够引种成功。1953年苏联植物学家库里奇亚索夫根据对3000多种植物的试验分析，提出了植物引种驯化的"生态历史分析法"，认为一些植物的现代分布区是地质史上的冰川运动被迫形成的，并不一定是它们的最适生长地，如果把它们引种到别的地方，有可能生长发育得更好。许多树木在自然进化过程中，经历了极端多样的环境变化，有着丰富、复杂的生态历史，产生了广泛的适应性潜力并被后代遗传了下来。当引种地现实生态条件与引种树种历史生态条件相同或相似，特别是与该树种曾经历过的适宜历史生态条件相同或相近时，尽管两地的现实生态条件差异很大，但引种仍然可以成功。典型的例子是被誉为"活化石植物"的水杉（*Metasequoia glyptostroboides*），它在第四季冰川期之前曾广泛分布于世界各地，但在冰川期的地质变迁中几乎全部绝灭，人们只是在美国北部、日本与欧洲西部的古地层中，找到了它的化石。但后来（1946年）在我国川东、鄂西与湖南龙山县边境发现少量遗存，现在已经被引种到世界各地广泛栽培，虽然生态条件与原产地差异很大，但仍然生长良好，表明由于历史生态条件的原因，水杉具有广泛适应性的遗传潜力。

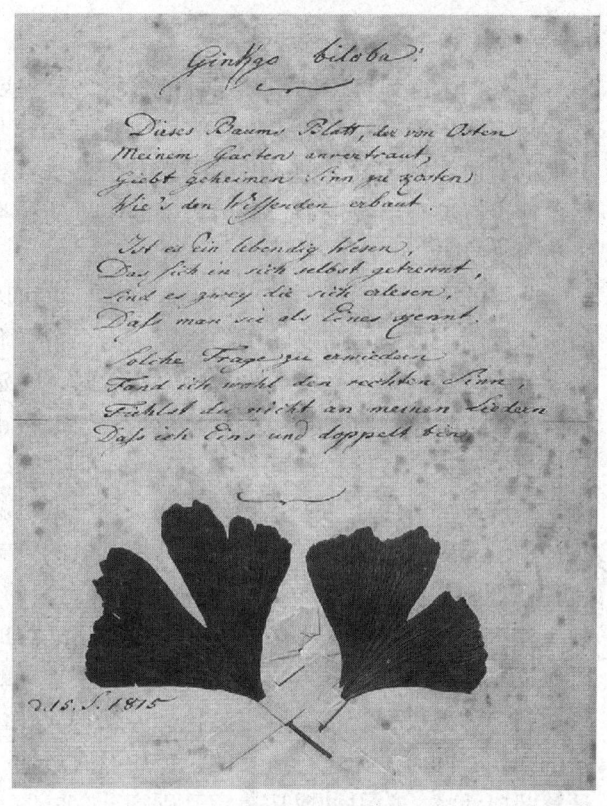

图2-7 《银杏》（歌德，1815）

歌德把从海德堡城堡花园的银杏树上摘下的叶子，作为友谊的象征，送给了玛丽安（Marianne von Willemer）。图为德国南部城市杜塞尔多夫歌德博物馆收藏的附有银杏叶的诗章。据载，该银杏树是1795年种植的，1936年时仍然伫立在那里（http://en.wikipedia.org/wiki/Gingo_biloba）

2.3.1.2 引种的程序与方法

园林树木的引种是一项复杂而系统的综合性工作，必须有计划、有目的地进行。首先在引种之前做充分的调查研究，明确引种对象与目的，通过科学分析制订可行的引种计划；然后按照引种程序，经过引进、试验、评价与推广等不同的阶段，完成引种工作，实现引种效益。

(1) 树种选择与引种材料收集

以苗木生产为目标的园林树种的引种，首先要考虑园林绿化行业与苗木产业发展的实际需要，选择绿化效果好、观赏价值高与市场发展潜力大的树种或品种。然后，再根据上述各种影响引种成败的因素分析，重点对拟引种对象的适应性及原产地的自然条件进行综合考查论证，最后再确定引进的种类，制订引进计划的具体内容，开始收集引进材料。

收集的方法可以是专门组织人员采集，也可以委托采集与交换，但现在越来越多的园林植物可以通过商业购买的途径进行。除了传统引种过程中需要注意的问题外，需要特别注意的是：采集或收集野生资源时，一定要遵守原产地或原产国有关植物保护的法律或规定；收集或购买栽培植物时，应按市场经济的规律签署正式合同，涉及品种权等知识产权保护的问题要有明确说明，以免受骗遭受损失或产生不必要的纠纷。一份详细的商业购买合同书，在某种程度上就是引种计划的具体内容。

种子与果实是园林树木引种最简便有效的方式，除了名副其实、准确鉴定树种与品种外，应从优良健壮的植株上采集饱满充实的成熟种子，采集后要进行必要的调制、置于适宜保存的环境条件下，并及时送达目的地播种。而活植物材料的收集，要以保证成活为前提。插条与接穗采集后，要立即蜡封切口并做防水包装，及时运输或带回到引种地进行繁殖；对完整植株的挖掘应在休眠期或展叶前进行，尽量减少对根系的损伤，同时，在进行适宜的包装后及时运输，有条件的话最好选用容器苗，可保证移栽成活率，为引种成功奠定基础。

(2) 检疫与登记

与其他生物引种一样，园林树木的引种也有传入病虫害的可能。因此，严格执行国家有关动植物检疫的规定，对引种材料按规定与程序进行报审，并经过检疫合格后方可引进。这是园林植物引种程序中不可或缺的一个环节，也是保证引种安全的必要措施。由于引种不当而造成巨大损失的教训，在国内外都不乏其例，应引以为戒。如榆树枯萎病在1918年在荷兰与比利时发现，后随着树苗与木材产品传入欧美各国，20世纪30年代给这些国家的榆树造成了毁灭性灾害。于70年代再次爆发，使欧洲大量榆树死亡，造成巨大的经济损失，并严重破坏了城市绿化。再如原产于美国的美国白蛾先后传入欧洲、日本与朝鲜，1979年传入我国辽东半岛，现在已蔓延到我国"三北"广大地区，严重威胁着各地的园林绿化与林业生产，造成了巨大损失。

对引进的植物材料进行登记、编号与记载，是引种过程中非常重要的工作环节。登记的项目应包括树木种类与品种名称，繁殖材料的类型、来源与数量，收到的日期与处理措施等基本内容，同时还应包括引种对象的各种性状特征以及在原产地的表现等各种相关内容。

(3) 试验、评价与推广

①观察试验　对新引进的树木品种进行初步的观察试验，主要是观察它们对引入地生态气候条件的适应性。引进树种是否能够适应引种地的各种生态与气候条件，进行正常生长，是评价与发现引种材料应用价值的前提。园林树木对新的生长栽培环境

的适应，除了树种固有的适应潜力外，还存在逐渐适应与驯化的问题。对优良观赏品种的引进，往往是利用植株或植株的一部分实现的，在引种初始阶段，首先要采取必要的栽培保护措施，设法让引进材料存活下来。有些表现很好的材料，可能由于栽培处理失当或管理措施不到位，刚开始表现并不理想，延长观察试验的年限、改进栽培管理措施，是选择优良种源最有效的办法。由于树木的生长周期较长，一般必须经过至少2年以上的生长，树种的本性才有可能逐渐表现出来，从而可以初步筛选出表现优良的树种或品种进行进一步观察研究。

②评价试验　经过初试后，对生长表现优良、有潜在价值的种类进行对比试验和区域化试验，通过综合的评价，选出适合推广应用的种类，确定其适生条件和范围。对比试验地的土壤与其他栽培条件应保持均匀一致，管理措施也要相同；试验应以当地的良种为对照，随机排列，重复设置。区域化试验应选择几个不同的土壤类型和气候条件进行，试验小区或苗木数量应该大一些，并设置较多的重复。根据对比试验和区域试验的结果，可以对引种材料进行综合评价，目的是确认其优良性状、推广价值、推广范围以及抗性、适应性等。

③栽培试验与推广　对引种成功并经过上述试验选择出的有市场应用前景的种类，要尽快建立与之相配套的生产繁殖技术，加快繁殖，尽早生产出大量优质的苗木投放市场，产生显著的社会和经济效益，服务于园林绿化建设。由于大量引种，不论是种子还是种苗，花费成本都很高。因此，园林苗圃一般在引种初试成功后，就着手进行扩繁，一方面为进一步的评价试验提供材料；另一方面，积累与总结繁殖经验和技术，为尽早研究建立适合本地气候与本单位条件的繁殖技术工艺，为推广应用优良苗木提供技术支持与种苗保障，实现引种服务于生产和促进生产的目标。

2.3.1.3　引种成功的标准

衡量一种园林树种是否引进成功，需要从引进栽培后的适应性、引种效益与繁殖能力等多方面进行综合考虑，包括能适应当地自然气候条件，不需要特殊栽培措施能够露地越冬或越夏且生长良好；保持原来的观赏性状特点与景观价值；能够按原来固有的繁殖方式进行正常繁殖并能保持其优良性状；无生态入侵、传播病原等任何不良的生态后果。

2.3.1.4　引种需要注意的问题

引种是一项科学性、系统性很强的工作，因此，在努力做到引种成功的同时，为了提高引种的长期效益与可持续发展，应该注意以下几方面的问题。

(1) 引种与引进繁殖技术结合

尽管各种园林树木的基本繁殖规律与原理是相同的，但是不同树种或品种的具体繁殖技术可能有很大差异，有些关键技术环节可能是经过反复试验研究或长期总结才得以掌握的，如果等引种成功后再研究技术，不仅会延迟引种效益的发挥，同时会丧失种苗生产参与市场竞争的宝贵时间。在现代苗圃产业技术高度发达的国家，良种往往是与良法配合的，基于品种的标准化生产技术也是现代苗木商品化生产的标志之一,因此,引种与引进繁殖技术结合,是引种工作尤其是从国外引种时首先要注意的问题。

(2) 引种与育种相结合

与育种结合是引种可持续地发挥价值的主要途径。引种丰富了当地树种多样性与进行遗传改良的种质资源,换言之就是引进与丰富了育种材料。因此,一开始就要注意选择种源的遗传多样性以及无性系品种的优良性状,引进后一方面要从中进行优选;另一方面可与乡土树种进行杂交育种,有目的地改良乡土品种。如南京林业大学把引进的北美马褂木(北美鹅掌楸)与中国马褂木(*Liriodendron chinense*)杂交,培育出的杂种马褂木,其杂种优势显著,较亲本适应性强,具有长势强、树干挺拔、冠形美观等优良特点,已经在园林绿化中推广。再如北京林业大学从美国引进牡丹远缘杂交品种后,将其与我国传统的中原牡丹品种及紫斑牡丹品种进行杂交,使我国牡丹远缘杂交育种水平迅速与国际同步。

(3) 引种不忘生态安全

引种在给人类带来丰厚利益的同时,也带来了严重的问题,如有害生物入侵,外来种威胁乡土种的生存,导致生态失调与生物多样性减少等。"严把检疫审批关,常鸣生态安全钟",是引种工作必须严格执行的程序和长期坚持的准则。

2.3.1.5 园林苗木的进出口管理与程序

园林树木种苗(种子)的国际交流即进出口,已经成为种质资源交换与种苗商业贸易的重要形式之一。我国园林树木的进出口从管理到业务指导等均归口在林木种苗种子的进出口中,具体由国家林业和草原局负责。根据《中华人民共和国种子管理条例》规定,林木种苗进出口业务应当由专业的公司进行,没有种苗进出口权的由拥有进出口权的单位代理。同时,还必须严格遵守《中华人民共和国进出口植物检疫条例》《中华人民共和国植物检疫条例》,以及《中华人民共和国进口植物检疫对象名单》等有关规定,严防带入病虫害。为此,国家林业和草原局制定了一套管理程序(图2-8),同样适合于园林树木种苗种子的进出口。

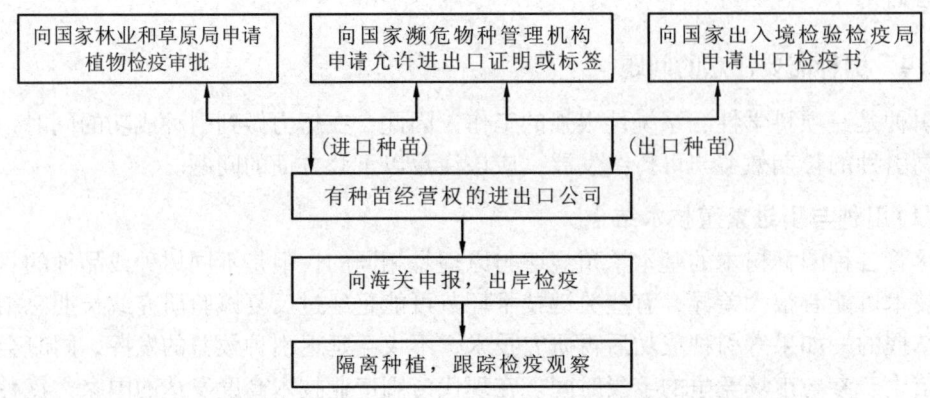

图 2-8 国家林业和草原局种苗进出口管理程序

2.3.2 园林苗木种质资源的创新

种质资源创新,这里就是指园林树木新优品种的育种,它是园林苗圃的创新功能的内容之一。各种植物育种方法,如辐射育种、单倍体育种、多倍体育种、转基因育种、分子辅助育种、原生质体育种等,都可以在园林树木中应用,但最常用的方法是选择育种和杂交育种2种。

2.3.2.1 选择育种(选种)

选择育种简称选育或选种,是指对园林树木繁殖群体中产生的遗传变异,通过观察、选择、纯化与比较鉴定等手段而获得新品种的一种育种方法。换言之,选育就是人为地从自然发生的各种变异中,选择出符合自己的需要或目标的变异类型,并加以固定、繁殖、命名和推广应用的过程。

(1) 选种的原理与目标

在自然界中,各种植物按"优胜劣汰、适者生存"的基本法则,沿着与环境相适应而有利于物种繁衍的方向进化。而选种是一种人工选择,它使植物越来越能满足人们生产应用的目标。作为使用最早的培育新品种的方法,选种为人类文明发展与社会进步作出了不朽的贡献,尤其是我国古代在园林植物选育方面,取得了举世公认的巨大成就,许多传统的名花佳木都是通过选育而很早就形成了大量的优良品种,如牡丹、梅花、山茶、月季、石榴等。时至今日,选种仍然因其方法简单、效果显著而在国内外普遍应用。

在园林植物栽培史上,最初的人工选择即选种是无意识进行的,但是随着生产的发展与科学技术水平的提高,今天的选种已经成为一种有计划、有目标的完全主动的育种活动。因此,确定选种目标是事关成败的首要问题。目前,在园林树木中,可以概括为两方面的内容:其一是观赏性状的改良,如花色、花型、花期、叶色、绿叶期、株型、干型等;其二是栽培生物学性状的改良,如抗逆性、抗病性、丰花、长势强以及适合盆栽、切花等不同生产方式等。具体到每一种树木中,面临的问题可能并不完全相同,因此选育的目标自然也应因种而异。

(2) 选种的方法与步骤

选种的方法主要有实生选种与芽变选种两种。实生选种是指从天然授粉产生的种子播种后形成的实生苗中,通过选择、对比,获得新品种的方法;芽变选种则是通过选择并固定符合育种目标的芽变(发生在植物芽分生组织中的一种体细胞突变)获得新品种的方法。

从实生苗群体中选择优良单株或变异个体,通过嫁接、扦插等繁殖后形成无性系品种,是园林树木选种最通行的方法,一个完整的选种过程,一般应包括初选、复选和决选等基本程序与步骤。初选一般是根据选育目标、通过形态性状的判断对选择对象进行目测预选,对符合要求的植株进行编号、标记,并详细观察记载植株的各种资料;复选是对初选植株再次进行比较,评选出优良变异的过程。决选是根据选种单位提供的完整资料和实物，审查鉴定并明确为可在生产中推广应用的新品种的过程。

2.3.2.2 杂交选育

杂交选育是指将基因型不同的园林树种或品种进行交配或结合，形成杂种，通过培育、选择，最终获得新品种的方法。它是培育植物新品种的主要途径，是近代育种工作最重要的方法之一。由于杂交引起基因重组，后代可组合双亲控制的优良性状，产生加性效应，并利用某些基因互作，产生超亲新个体，从而为培育选择提高物质基础。根据参与杂交的亲本的亲缘关系远近，可分为近缘杂交与远缘杂交两种主要类型。前者因亲本的遗传关系较为密切，杂交容易成功，但变异的范围也相对较小；相反，后者因为亲本间遗传关系较远，常常发生杂交不亲和与杂种败育现象，获得杂种较为困难，但同时杂种后代发生变异的幅度大，为产生优良个体创造了条件。

（1）育种目标与亲本选配

确定育种目标是杂交育种的第一要务，一个优良新品种是有许多不同优良性状的集合体，但是不同的性状很难同时在一次杂交中全部达到改良，因此，育种目标一般一次只要求解决一个重点问题。目前世界上园林苗木主要育种目标有花色、花型、香味、株型、观叶、抗病虫、抗除草剂、抗干旱、抗寒、耐热、耐盐碱、早花、晚花、四季开花等。选育目标确定以后，就要根据目标收集有关的原始材料，从中选择合适的材料作为杂交亲本。亲本选配首先要考虑选择双亲的优缺点应能互相弥补，尽量选择综合性状优良的品种（最好是当地品种）为母本，具有目标性状的品种为父本。为了使杂交后代有较大的分离范围以供选择，通常选择地理分布较远的不同生态类型作亲本，以便丰富杂种的遗传性，增强杂种优势，获得分离较大的及超越双亲的类型。一般情况下，远缘杂交是获得优良杂种、培育新品种的有效手段。如'美人'梅（*Prunus mume* 'Meiren'）是'紫叶'李（*P. cerasifera* 'Pissardii'）与宫粉型梅花品种杂交产生的，集母本'紫叶'李的紫叶和抗寒性强以及父本宫粉梅重瓣大花的特点于一身；'金阁'牡丹（*Paeonia* × *lemoneii* 'Souvenirde Maxime Cornu'）是选用黄牡丹与传统牡丹杂交产生的，金黄色的重瓣大花几乎就是双亲性状组合的结果。

（2）杂交授粉

在选择适宜杂交材料的基础上，通过去雄、套袋后适时授粉，最终获得杂交种子，是杂交选育品的基础工作内容。具体步骤包括：①母株和花朵的选择，要根据选育目标，选择生长健壮、发育良好的作为母株；②去雄，在杂交之前需将母本花中的雄蕊去掉，以保证父本的花粉能够被授粉；③套袋，去雄后要立即进行，以避免计划外植物花粉的干扰；④授粉，要在雌蕊柱头大量分泌黏液时进行，为确保成功，一般应每天授粉1次，连续重复2~3次；⑤杂交后注意观察，当柱头萎蔫后可除去套袋，在种子成熟时及时采收；⑥采收时要挂好标签，采收后要及时脱粒、贮藏或播种。

（3）杂种的选育程序

杂交获得杂种后代后，对其进行培育、选择与鉴定后，才能得到新品种。所以说获得杂种种子与杂种苗仅仅是选育品种的开始。一般园林树木从杂交种子播种到实生苗开花并表现出各种稳定的性状特征，经常需要较长的时间，同时需要占用大量的人力与物力，因此，杂种苗的早期鉴定与选择成了选育工作中很复杂的一个环节，利用各种分子标记进行辅助选择的技术正在受到越来越多的重视。

与其他植物育种一样，园林树木杂种选育的程序共包括选育、试验与推广应用3个阶段。选育阶段是指杂交获得的杂种苗经过初选后入选种圃，并以亲本或其他参照品种作对照，开花后再经复选，选出目标性状优良的单株，并进行必要的扩繁，为下一个阶段做好准备。试验阶段要进行比较试验和区域试验，是评选品种优劣的决定性阶段，可弥补选育圃中观察结果的局限性，能对供试植株或类型做出科学分析与判断，这实际就是对候选新品种进行对比研究、鉴定，决选出新品种的过程。当新品种确定后，应该具有优良的性状与表现，投入生产并推广应用，就成了育种程序中最后的阶段，即通过繁殖生产进行推广应用，这也是园林苗圃要承担的最主要的任务之一。

2.3.2.3 品种登录、审定与保护

品种登录、审定与保护是育种工作的延续，也是新品种投入生产或面向市场的重要环节。其中品种登录是对育种成果的发表，品种审定是对新品种各种性状的鉴定，品种保护主要是保护育种者的权益。三者分别从学术、行政和法律等方面，对新品种及其育种者进行制约和保护。

(1) 品种登录

品种登录由国际园艺学会及所属国际命名与登录委员会指定的登录权威完成，有关内容可从网址 http://www.ishs.org/sci/icra.htm 获得。品种登录的主要作用是防止名称混乱，便于在全世界进行交流，因此对学术研究与生产应用都有重要意义。但是，我们有必要弄清，品种登录与学术水平以及商业利益并没有必然的联系，它的作用体现在：①对于育种者来说，品种被登录就是正式发表，育成品种及其性状描述将被整个育种界和学术界公认；②对于育种界来说，品种登录年报是研究品种的基础材料，如来源、历史、性状等，也是相关育种者培育新品种的前提；③国际登录权威公布所有被认可在世界上合法流通之该种(类)的品种和品种群目录。

(2) 品种审定

品种审定实际是把育种者通过决选的品种再进一步通过国家认定的机构或权威专业委员会对其优良性状进行鉴定，从行政管理上确定品种的优良地位，以便于推广应用。根据《中华人民共和国种子管理条例》，我国农村农业部、国家林业和草原局分别设立了农作物品种审定委员会和林木良种审定委员会。园林树木由于是木本植物，可归入林木良种审定的范畴。对符合申报条件的品种，可向全国品种审定委员会或专委会提交申报材料；然后由专委会根据审定标准进行品种审定；最后由全国品种审定委员会颁发审定合格证书。对于真正有推广应用价值的园林树木新品种可申请品种保护，切实保证育种者(单位)的权益。

(3) 品种保护

品种保护也称为"植物育种者权利"(plant breeders' rights, PBR；或 plant variety rights，PVR），是授予植物新品种培育者利用其品种排他的独占权利利，是知识产权的一种形式。我国于1997年10月1日起，施行《中华人民共和国植物新品种保护条例》；1999年4月23日，加入了国际植物新品种保护联盟（UPOV），成为第39个成员国。同日，农业部及国家林业局的植物新品种保护办公室作为审查机构开始授理农业与林业植物品种权申请，标志着我国植物新品种权保护制度的正式实施。

申请植物品种权的植物新品种应该属于国家植物新品种保护名录中列举的植物属或种，国家林业局已于1999年、2000年、2002年先后发布了3批国家林木植物新品种保护目录，其中就包括园林树木。授予品种权的植物新品种应该具备新颖性、特异性、一致性和稳定性，并具有适当的名称。品种权的申请与批准都必须遵照一定的程序进行，由国家林业和草原局负责具体实施。品种权的保护期限自授权之日起，藤木（藤本植物）、林木、果树和观赏树木为20年，其他植物为15年。品种权人应于授权当年开始缴纳年费，审批机关将依法对品种权予以保护。为了减轻企业及个人负担，促进和鼓励品种创新，我国于2017年4月1日起，对涉及植物品种权申请的申请费、审查费及年费全部停征。

总之，苗木品种的推陈出新，是苗圃业发展与拓展市场的根本。在西方发达国家，许多大中型苗圃都把育种作为苗圃的主要任务之一，设置专门的机构与人员，有计划地进行系统的育种，使苗圃成为苗木新品种的原始创新地，不断向市场投放"人无我有"的苗木品种，长期以来，形成了苗圃自己的特色与核心竞争力，从而在市场竞争中立于不败之地。我国的苗圃目前基本上是通过引进外来树种或品种进行生产，通过育种获得自己有特色的新品种的苗圃尚少，这也是我国苗圃产业缺乏内在发展动力与市场秩序起伏不定的根源之一。究其原因，其一是育种的难度大、周期长，需要更强的经济与技术条件支撑，一般的苗圃企业无力为之；其二是育种不仅耗时费力，而且新品种育成后，不能得到真正有效的保护，育种单位（者）利益无法得到保障，育种积极性尚未激发出来；其三是苗圃产业在我国发展的历史短暂，普遍缺乏开发新品种的理念以及掌握育种知识和技术的专业人员。但是，随着我国苗圃产业的不断发展与市场经济的逐渐成熟，国家的相关政策与法律会不断完善，培育新品种也必将成为苗圃的重要工作之一而受到重视。

复习思考题

1. 名词解释：种质资源，园林树木，乔木，灌木，乡土树种，外来树种，引种，生态型，选种育种，品种登录，品种权。
2. 我国园林苗木资源的主要特点是什么？
3. 为什么说引进的树木资源也是我国苗木种质资源的组成部分？
4. 试从园林植物种质资源的输出与引进，分析国际交流在促进园林绿化中的重要作用。
5. 为什么说中国是"世界园林之母"？你对威尔逊为代表的植物猎人有何评价？
6. 我国园林树木资源的主要特点是什么？
7. 如何辩证分析园林树木种质资源流失与保护的关系？

8. 苗木生产为什么要先掌握种质资源？
9. 为什么要对植物引种进行检疫审批？
10. 影响园林植物引种成败的主要因素有哪些？
11. 园林植物引种的程序是什么？怎样才能算是引种成功？
12. 从影响树木引种成败的因素分析，认识有关植物学的基础研究对引种工作的重要指导意义。
13. 为什么说育种必将成为园林苗圃的重要工作内容之一？
14. 植物品种登录、审定与保护有何区别与联系？
15. 你对促进我国园林树木引种、保存与推广有什么建议与想法？

第 3 章
园林苗圃规划设计与建立

【本章提要】规划设计方案是指导园林苗圃建立的蓝图与纲领。本章详细介绍在园林苗圃建立时,进行规划设计的方法、内容及其相关知识,主要包括圃址的选择,市场调查,苗圃的类型、特点以及特色与定位,规划设计图绘制与说明书编写,以及地栽苗圃建设等;同时结合现代苗木生产与苗圃建设的需要,介绍了国内外各种园林苗圃苗木生产设施与设备的基本情况。

园林苗圃是专供城镇绿化与美化、为改善生态及居住环境繁殖各种植物材料的生产基地,既是培育园林苗木的场所,又是培育与经营园林苗木的生产单位或企业。过去,由于缺乏市场经济意识,我国的苗圃一般被当成纯粹的优良苗木生产基地;而在市场经济发展条件下,园林苗圃必然要成为一个独立的生产经营实体。因此,一个园林苗圃在建设之初,就要牢固树立经营管理的理念,努力实现经济效益最大化,从而实现持续发展的目标。

一般来说,新建一个园林苗圃(或园林苗圃企业)除了首先要考虑苗圃所处的地理位置、气候条件、土壤状况、水源水质等自然因素的影响外,还要充分调查与分析市场需求、产业发展行情,以及政策导向、政治文化环境等市场与政策因素,然后在对依托技术、投入资金等自身条件与优势有正确判断的基础上,制定科学可行的苗圃发展计划并进行建设。

3.1 园林苗圃的布局与选址

3.1.1 园林苗圃的合理布局

园林苗圃是按城市建设总体规划要求的城市绿化总任务,有计划地提供各类绿化苗木的基地,因此,是城市绿化建设的重要组成部分,是改善城市生态与人居环境的重要条件之一。各城市在园林绿化建设工作中,必须对园林苗圃的数量、用地与布局做必要的规划。由于园林苗圃是以满足城镇园林绿化用苗为目的,因此,应在城镇近郊、交通便利之处分布,最好能做到就地育苗、就地供应,这样便能做到适地适树,减少运输成本,提高成活率,达到理想的绿化效果。《城市园林育苗技术规程》规定,一个城市园林苗圃面积应占建成区面积的2%~3%,不同规模的城市,可根据实际需要建立园林苗圃，对大、中城市来说，园林苗圃的规划与布局显得更为重要。园林苗圃以距市中心不超过 20km 为宜，并在四周均匀布局。园林苗圃的规模可根据面积大小分为大、中、小 3 种类型，大型苗圃的面积在 20hm² 以上，中型苗圃在 3~20hm²，小型苗圃在 3hm² 以下，不同城市可根据各自的实际需要，大、中、小型苗圃结合，合理布局，以保证园林绿化苗木的供应。

  园林苗圃的建立与发展是一项系统工程。对一些生长缓慢的城市骨干树种及大规格苗木的规划，应该由具有一定生产能力、生产规模的国有大型苗圃来实施，这是市场调节很难快速奏效的。集体与个体的中、小型苗圃，由于资金、技术与场地的限制，只能以小规格苗木生产为主，在树种选择上也往往是市场热销什么就生产什么。因此，不同规模、不同所有制性质的苗圃互相配合与补充，形成各地既能满足城市园林绿化建设需要，又能充分发挥市场调节机能的园林苗圃布局，对城市绿化建设与园林苗木产业的发展都具有重要意义。

  随着我国园林苗木市场的繁荣，市场经济规律在园林苗圃布局中发挥了越来越重要的作用。目前，我国园林苗木生产已经出现了国有、集体、个体等各种经营形式与规模不同的苗圃共同参与的局面。在国家一些重点绿化建设工程中，如北京奥林匹克森林公园建设、上海世博园绿化等，异地苗木发挥了重要作用。根据对中国花木网、中国花木展销网等 5 家主要苗木信息网的初步调查，我国园林苗圃的分布已呈现出区域性集中分布的特点，分别围绕我国三大经济圈，即北京与渤海湾地区、上海与长江三角洲地区、珠江三角洲地区，形成了北方、东部和南方三大产区，其他地区比例很小（徐淑杰、刘青林，2008）。三大经济圈内经济的飞速发展，使得各城市有能力投入大量资金到城市绿化建设中，城市建设的快速发展带动了苗木市场的繁荣及苗圃的发展。因此，经济发展与市场变化对园林苗圃布局的调节已成为一种趋势，如何在合理规划布局当地苗圃的同时统筹与兼顾异地资源，也成了城市园林建设部门今后在园林苗圃建设中必须面对的课题。

3.1.2 园林苗圃用地的选择

  园林苗圃用地的选择即选址，实际就是对苗圃地的立地条件的选择。立地条件是园林苗圃用地选择必须首先考虑的问题，是可用来综合解释存在于土壤、气候与位置之间的所有现象的一个概念。在综合性立地条件中，"位置"发挥着最为关键的决定性作用。苗圃的位置，一方面可以指它的地理位置，必然在大范围内与特定的地理与气候条件相联系；另一方面位置的概念具体包括了在这个位置上的土壤、地形与微气候因子。在当前市场经济发展环境下，位置这个概念中，还应该包括产品销售的经济观点，以及与周围民众和政府交往的人文社会观点。只有统筹考虑土壤、气候等自然因素与交通、经营以及社会人文等因素的位置概念，才能正确评定一个场地对建立苗圃的适用性。一个不利的土壤与气候条件常常可以通过一个有利的销售位置与优良的人文环境加以弥补；同样，一个有利的土壤与气候条件，有时也可以由于一个不利的经营或人文环境而无法保证苗圃的发展。因此，在考虑到苗圃用地位置对于苗圃与顾主之间的联系具有决定性意义的同时，苗圃还必须按照自然规律，尽可能在有利的土壤与气候条件下进行生产。

3.1.2.1 位置及经营条件

适当的苗圃位置和良好的经营管理条件,有利于提高经营管理水平和经济效益。其一,需要比较方便的交通条件,要选择靠近铁路、公路或水路的地方,以便于园林苗木的出圃和材料物资的运入。其二,育苗期间,经常需要进行一些抚育管理工作,因此,苗圃地应该具有足够的活动空间。其三,设在靠近村镇的地方,以便于解决劳动力、畜力、电力等问题,尤其在春、秋苗圃工作繁忙的时候,便于补充临时性的劳动力。其四,如能在靠近有关的科研单位、大专院校、拖拉机站等地方建立苗圃,则有利于先进技术的指导、采用和机械化操作的实施。同时,还应注意环境污染问题,尽量远离污染源。

3.1.2.2 自然条件

(1) 地形、地势及坡向

苗圃地宜选择排水良好、地势平坦的开阔地带。坡度以 1°~3°为宜,坡度过大易造成水土流失,降低土壤肥力,不便于机耕与灌溉。南方多雨地区,为了便于排水,可选用 3°~5°的坡地。坡度大小可根据不同地区的具体条件和育苗要求来决定,土壤较黏重时坡度可适当大些,在砂性土壤上坡度宜小,以防冲刷。在坡度大的山地育苗需修梯田。积水的洼地、重盐碱地、寒流汇集地如峡谷、风口、林中空地等日温差变化较大的地方,都不宜选作苗圃用地。

在地形起伏大的地区,坡向的不同直接影响光照、温度、水分和土层的薄厚等,对苗木的生产影响很大。一般南坡光照强,受光时间长,温度高,湿度小,昼夜温差大;北坡与南坡相反;东西坡介于二者之间,但东坡在日出前到上午较短的时间内温度变化很大,对苗木不利;西坡则因我国冬季多西北寒风,易造成冻害。可见不同坡向各有利弊,必须根据当地的具体自然条件及栽培条件,因地制宜地选择。如在华北、西北地区,干旱寒冷和西北风危害是主要矛盾,故选用东南坡为最好;而南方温暖多雨,则常以东南、东北坡为佳,南坡和西南坡阳光直射幼苗易受日灼伤。在一个苗圃内必须具有不同坡向的土地时,则应根据树种的习性,进行合理的安排,如北坡培育耐寒、耐阴的种类,南坡培育耐旱、喜光的种类等,以减轻不利因素对苗木的危害。

(2) 水源及地下水位

苗木在培育过程中必须有充足的水分。因此,水源和地下水位是苗圃地选择的重要条件之一。苗圃地应选设在江、河、湖、塘、水库等天然水源附近,以便于引水灌溉,这些天然水源水质好,有利于苗木的生长;同时也有利于使用喷灌、滴灌等现代化灌溉技术,如能自流灌溉则更可降低育苗成本。选择水源时,尤其要注意在旱季水量是否供应充足。若无天然水源或水源不足,则应选择地下水源充足,可以打井提水灌溉的地方建立苗圃。苗圃灌溉用水其水质要求为淡水,水中含盐量不超过0.1%~0.15%。如水质不合格,必须加以改造,但水质改造技术复杂、成本高,因此,建立苗圃时,选择合格水源十分重要。

地下水位过高,土壤的通透性差,根系生长不良,地上部分易发生徒长现象,而秋季停止生长也易受冻害。当蒸发量大于降水量时会将土壤中的盐分带到地面,造成土壤盐渍化。在多雨时又易造成涝灾。地下水位过低,土壤易干旱,必须增加灌溉次数及灌水量,这样势必会提高育苗成本。最合适的地下水位一般为砂土1~1.5m,砂壤土2.5m左右,黏性土壤4m左右。

(3) 土壤

由于土壤的理化性质直接影响苗木的生长,因此,土壤与苗木的质量及产量都有密切关系。苗木适宜生长于具有一定肥力的砂质壤土或轻黏质壤土上。过分黏重的土壤通气性和排水都不良,有碍根系的生长;雨后泥泞,易板结;过于干旱易龟裂,不仅耕作困难,而且冬季苗木冻拔现象严重。过于砂质的土壤疏松、肥力低、保水力差,夏季表土高温易灼伤幼苗,移植时土球易松散。同时还应注意土层的厚度、结构和肥力等状况。有团粒结构的土壤通气性好,有利于土壤微生物的活动和有机质的分解,土壤肥力高,有利于苗木生长。土壤结构可通过农业技术加以改造,故不作苗圃选址的基本条件,但在制订苗圃技术规范时应注意这个问题。重盐碱地及过分酸性土壤,也不宜选作苗圃地。土壤的酸碱性通常以中性、微酸性或微碱性为好。一般来讲,多数阔叶树种以中性或微碱性为宜(pH值6.0~8.0),而多数针叶树种则宜在中性或微酸性的土壤中生长(pH值5.0~7.0)(表3-1)。

表3-1 部分树种适生pH值范围(孙时轩,1992)

pH值范围	适生树种
5.0~6.0	云杉属、冷杉属、日本赤松等
5.0~7.0	落叶松
5.0~8.0	卫矛属、连翘属
6.0~8.0	银杏、圆柏属、侧柏属、樟子松、油松、杨属、胡枝子属、桑属、槭树属、紫荆属、胡颓子属、榆属、白蜡属、柳属、梨属、木槿属、楸树属、葡萄属及泡桐、刺槐、山楂、苹果、紫穗槐、柽柳等

(4) 病虫害

一般地下病虫害多和有病菌感染的地方不宜作苗圃地。在选择苗圃时,一般都应先进行调查,了解当地病虫情况和感染的程度,对病虫害过分严重的土地和附近大树病虫害感染严重的地方,不宜选作苗圃地,对金龟子、蝼蛄及立枯病等主要苗木病虫尤需注意。同时要避开可能滋生大量病菌的重茬地和长期种植烟草、棉花、玉米、蔬菜、地瓜类的耕地。如果不得以非选不可,一定要在育苗前进行彻底的消毒处理。

3.2 园林苗圃建立前的市场调查

苗圃建立前的市场调查,是运用科学的方法和手段,系统地、有目的地收集、分析和研究有关市场上苗木的产供销数据和资料,并依据其如实反映的市场情况,提出结论和建议,作为建立苗圃、制订苗木生产与营销决策等苗圃发展计划的依据。调查的内容包括:①市场环境调查,主要是对苗圃所能辐射范围内的市场环境的政治、经济、文化等方面的调查,包括对国家产业发展形势与需求发展的动态;②市场需求调查,主要是对市场某类苗木的最大和最小需求量,现有和潜在需求量,不同地域的销售良机和销售潜力等进行调查;③消费者和消费行为调查,主要包括消费水平和消费习惯;④苗木产品调查,主要调查消费者对苗木质量、规格和功能等方面的评价反应;⑤价格调查,主要包括消费者对苗木价格的反应,对传统老苗木品种价格和新苗木品种价格如何定位等;⑥竞争对手的调查,主要调查竞争对手的数量、分布及其基本情况,竞争对手的竞争能力,竞争对手的苗木特性分析等。此外,调查内容还有销售渠道调查、销售推广调查以及技术发展调查等。

3.3 园林苗圃类型及其特点

在制订苗圃发展计划时,结合自身现有资源和经济条件,进行苗圃类型的定位与建设,对苗圃的经营与发展至关重要。目前在国际上,一般按苗木的种植方式,把园林苗圃主要分为地栽苗圃(field production nursery)和容器栽培苗圃(container production nursery)两种类型。另外,按苗圃的功能通常分为以零售为主的苗圃(retail production nursery)和以批发为主的苗圃(wholesale production nursery)。前者把产品直接销售给用户,而后者则把产品大量批发给园林工程部门或大的花园中心(garden center)。与此对应,我国目前的园林苗圃主要以地栽苗圃为主,销售形式以自由的零售为主。

苗圃的生产方式决定着苗圃产品类型,以此为基础便形成了苗圃经营管理的特色。我国现阶段园林苗圃还没有明确分类,但根据对浙江、福建、江苏、安徽、上海、湖南、山东等苗木生产发达地区的调查与分析,以苗木培育及销售为其唯一经营内容的园林苗圃,按照苗圃经营的主要方式及其苗木培育种类可以细分为以下几种类型(祝志勇,2005),可供苗圃建设投资时参考。

3.3.1 按苗木规格划分

①大树经营苗圃 以大树(大苗)培育为主要生产与经营产品,大树(大苗)主要是购进,苗圃的实际作用是苗木的"假植",即养根系和养树冠。大树来源主要有两种渠道,一是本地或异地自然资源的采挖;二是其他苗圃培育数年后的实生苗或无性繁殖苗的移植栽培。这类苗圃一般都在城市周边,如上海、杭州、南京、合肥、宁波、金华、南昌等城市城郊及县(市),交通方便,投资大,风险大,技术要求较高,回报率高。

②小苗经营苗圃 以小苗培育为主要经营产品,以播种、扦插、嫁接为主要繁殖方式。苗木繁殖系数高,数量大,苗木经营周转周期短,技术要求低,单株苗木价格低,经营成本及风险低。如杭州萧山、宁波柴桥、湖南浏阳等地的大量苗圃。

③大小苗木混合经营苗圃　该类型苗圃比较普遍，根据经营者的实力和条件，一部分苗圃以小苗为主，大苗为辅；另一部分以大苗为主，小苗为辅。充分利用苗圃地的空间，长短结合，比较科学、合理地利用市场、交通、土壤等资源。

④地方特色苗木兼其他品种经营苗圃　以本地区的特色、优势苗木品种为拳头产品，适度培育一些本地或外地引入的品种。苗圃苗木品种较多，苗木规格比较齐全。如宁波奉化地区的许多苗圃，以红枫、樱花为主；宁波柴桥以杜鹃花为主，江苏徐州地区以银杏为主等。

3.3.2　按苗木种类划分

①单一树种苗圃　整个苗圃专门培育某一个树种或品种，种植面积大，苗木数量多，规格齐全。如湖南、浙江、江苏等省的许多地方，这类苗圃培育的常见树种有杨树（*Populus*）、杜鹃花、银杏、红花檵木（*Loropetalum chinensis* f. *rubrum*）、红枫、樟树（*Cinnamomum camphora*）等。经营者对树种的生长习性十分了解，苗圃栽培技术比较成熟，苗木管理经验比较丰富，即苗木生产的专业化与规格化程度较高。但由于苗木价格随市场波动大，经营风险高。

②多树种经营苗圃　苗圃生产、繁殖与经营少数几个树种或品种，各树种种植面积各异，苗木规格多样。苗圃生产经营的树种或品种相对单一，有利于提高生产过程的专业化水平，降低生产成本，提高苗圃的竞争力。因此，这类苗圃通常以2~3个树种（或品种）为主要产品，而并非要生产几十种甚至更多的苗木种类，尤其是在苗圃规模较小的情况下，选择生产与经营少数市场前景广阔的苗木，如能实现订单销售，则能很好地化解市场风险。

3.3.3　按苗木培育方式划分

①大田育苗　指根据环境特点，无人为辅助设施，因地制宜地培育苗木的方式。各地区大田培育苗木面积最为广泛，是最普遍的一种栽培方式。

②容器育苗　利用各种容器装入培养基质进行苗木培育的一种方式。容器育苗节省种子，苗木产量高、质量好、成活率高。目前各地区容器育苗发展不平衡，由于它与大田地栽苗圃培育苗木的生产方式不同，在苗圃规划设计与建设、生产管理以及经营管理等诸多方面的要求也有所差异。

③保护地育苗　利用人工方法创造适宜的环境条件，保证植物能够继续正常生长和发育或度过不良气候条件的一种培育方式。如温室栽培、塑料大棚栽培等方式，在各地花卉栽培中普遍应用，但在木本植物栽培中运用较少。保护地育苗可以作为地栽苗圃或容器栽培苗圃中，苗木生产与培育的一种补充形式，发挥其重要作用。

④组织培养育苗　组培育苗是在无菌的条件下，离体培养园林植物的组织或器官，使其生长、分化、发育为独立的植株，进行苗木培育的方式。这是一种先进的育苗方式，在我国仅有少数国有大苗圃应用。组培育苗对生产设施和条件的要求高，建设及试验成本高，但育苗速度快，繁殖系数大，产量高，苗木技术含量高。在苗圃设

计与建设之初,必须明确是否需要或有必要进行组培育苗,切忌盲目上马。

3.4 园林苗圃的特色与定位

不论是地栽苗圃还是容器栽培苗圃,其建设时对特色的定位都是十分重要的。苗圃类型的选择,确定了苗圃生产管理与技术应用的方式与方向。在此前提下,如何建立一个有特色的苗圃,或者说如何对苗圃做出正确的定位,是苗圃建立时重点要考虑的问题之一。园林苗圃特色应该至少包括3个方面:一是规模(图3-1);二是树种及其品种;三是苗木生产的长短线结合。苗木生产规模在很大程度上受到经济状况的限制,而树种的选择和苗木长短线选择有着相对自由的空间,故最值得引起重视的和最容易发挥优势的应该是树种、品种的选择和苗木生产长短线搭配的确定。特色的定位是在市场调查的基础上,结合本身的实际情况(如现有资金与技术条件等)而确定的。

图3-1 可获得土地的多少要根据苗圃所处的位置与经营规模确定,土地成本是经营一个新苗圃最大的投资之一(Mason,2004)

3.4.1 苗圃规模的确定

关于园林苗圃的规模,尚无统一的标准。如前所述,习惯上园林苗圃可分为大、中、小3种规模类型。面积在20hm^{2}以上的大型苗圃,一般为综合性苗圃;面积为3~20hm^{2}的中型苗圃,多是兼顾综合性与专业性的苗圃;而3hm^{2}以下的小型苗圃,一般为生产某类苗木的专业性苗圃。

苗圃建设的规模首先应由所投资金来决定。在苗圃筹建初期,苗圃规模的大小有两种方式可供选择。一种是苗圃的规模一次到位,即一次性租用土地,开始种植一部分,以后不断扩大,直至种满整个苗圃,这种方式适合资金充足的投资者;另一种是先租一小块地,等苗木长大需移苗时再租地扩大苗圃的面积,这种方式适合资金少的投资者。以上两种方式各有利弊,应根据投资能力和苗圃的发展方向确定苗圃规模。

3.4.2 树种及品种的选择

　　树种及其品种的选择是苗圃生产经营的基础，要严格以市场调查以及行业发展的需求为依据。在具体选择树种或品种时，首先要在充分了解园林苗木地域性分布特征的基础上，突出树种的特色，选择人们喜闻乐见的优良树种与品种。园林树木具有地域性分布特征，不同树种或品种的适应性不同，而本地区园林苗木品种规划，是长期城市绿化美化经验的总结，那些常见使用的，被设计单位、行业用户以及城市居民欣赏的品种，其苗木产品必有广阔和相对持久的市场，应成为树种选择的主要依据。其次，要不断引进开发新的优良的园林苗木品种，不断更新原有的苗木产品结构。生产新优苗木品种并推向绿化市场，有一个被人们认识的过程，谁掌握了绿化苗木新优品种生产的主动权，谁就具有竞争力。如果能够获得具有知识产权的新品种进行生产，将对保持竞争优势与可持续发展发挥重要作用。总之，结合苗圃自身的技术与资金条件，选择重点生产对象，进行专业化与规模化生产，对形成特色与品牌产品有很大帮助。

3.4.3 苗木生产的长短线结合

　　苗木生产的长短线结合问题亦要选择得当。如要生产大规格乔木，不论是常绿的白皮松、油松，还是落叶的银杏、马褂木等种类都因为占地面积大，在圃时间长，资金周转慢，相对投入成本高，小型苗圃很难经营。但这些苗木又是园林绿化、美化所热销的、不可缺少的，常为大中型苗圃的主项。短线产品是指像金叶女贞、红花檵木等，在苗圃中繁殖养护周期短、繁殖率高、技术工艺简单的苗木品种，是个体与集体小苗圃热衷的苗木品种。它们以量取胜，是典型的市场调剂产品，但往往造成产大于销，低价抛售。园林绿化设计人员希望园林苗圃能够提供品种与功能多样的苗木，但是对一个苗圃而言，生产与经营品种过多，就会降低特定苗木生产与培育过程的专业化技术水平，增加成本，降低效率，以至于经济效益不见得能提高。国有大型园林苗圃应根据城市绿化发展规划，合理安排生产各类树种的比例，如常绿树、落叶树，乔木、灌木、攀缘植物等各占多少，大规格苗木、新优苗木所占比例，以便保证与满足城市绿化的需要。

　　国外发达国家的园林苗圃，经常生产与经营的苗木树种、品种比较单一，但专业化程度相当高，甚至在繁殖小苗和大苗养护上都有明确分工。这样单一品种、单一规格的规模化生产，可以降低成本，追求苗木的高品质和高效益。目前在我国苗木生产发达的地方，也出现了许多生产经营单一树种的苗圃，使苗木生产专业化水平与苗木质量均有大幅度提高。如果把这种生产方式与订单生产结合起来，便能有效规避苗圃树种单一的风险，走出适合我国国情的发展之路。

　　由于生产投入与技术管理要求较高，容器苗生产的成本相对较高，所以在容器栽培时，树种及其品种的选择显得尤为重要，在苗圃建立之时，最好是定位在较为畅销的优良树种及其品种、地栽难于管理或难于大批量繁殖生产的稀缺树种或品种。因此，生产实施前需花工夫进行市场调查，或向权威专家咨询，充分了解市场的需求，降低容器苗生产的风险，保证容器苗生产的高投入、高收益。切忌随波逐流，盲目选择。

3.5 园林地栽苗圃规划设计

苗木的产量、质量以及成本投入等都与苗圃所在地的环境条件密切相关。在建立园林苗圃时,要对圃地的各种环境条件进行全面调查、综合分析,归纳说明其主要的特点,结合苗圃类型、规模以及培育目标苗木的特性,对苗圃区划、育苗技术以及相关内容提出可行的方案,形成具体的规划说明书,在经过相关的论证与批准后,作为苗圃建设的依据。按苗木生产栽培的方式,园林苗圃分为地栽苗圃和容器栽培苗圃两种类型。目前,我国的苗木生产主要以地栽苗圃为主,容器栽培才刚刚开始起步,尚未形成规模。本节专门论述地栽苗圃规划设计的基本内容,有关容器栽培苗圃的相关内容参见本教材第11章。

3.5.1 准备工作

根据上级部门或委托单位对拟建园林苗圃的要求与苗圃的任务,进行有关自然、经济与技术条件资料和图表的收集,地形地貌踏查及调查方案确定,为规划与设计奠定基础。

①踏勘 指由设计人员会同施工和经营人员到已确定的圃地范围内进行实地踏勘和调查访问工作,概括了解圃地的现状、历史、地势、土壤、植被、水源交通、病虫害以及周边的环境。

②测绘地形图 地形图是进行苗圃规划设计的重要依据。比例尺要求为1/500~1/2000;等高距为20~50cm。与设计直接有关的山、丘、河、湖、井、道路、房屋、坟墓等地形、地物应尽量绘入。对圃地的土壤分布和病虫害情况也应标清。

③土壤调查 根据圃地的自然地形、地势及指示植物的分布,选定典型地区,分别挖取土壤剖面,观察和记载土层厚度、机械组成、酸碱度(pH值)、地下水位等,必要时可分层采样进行分析,弄清圃地内土壤的种类、分布、肥力状况和土壤改良的途径,并在地形图上绘出土壤分布图,以便合理使用土地。

④病虫害调查 主要调查圃地内的土壤地下害虫。一般采用抽样方法,每公顷挖样方土坑10个,每个面积$0.25m^2$,深10cm,统计害虫数目。并通过前茬作物和周围苗木的情况,了解病虫感染程度,提出防治措施。

⑤气象资料的收集 收集掌握当地气象资料。如生长期、早霜期、晚霜期、晚霜终止期、全年及各月平均气温、绝对最高和最低气温、土表最高温度、冻土层深度、年降水量及各月分布情况、最大一次降水量及降雨历时数、空气相对湿度、主风方向等。同时,还应向当地农民了解圃地的特殊小气候等情况。

3.5.2 规划设计的主要内容

园林苗圃的规划设计就是为了合理布局圃地,充分利用土地空间,便于生产和管理,以及实现经营和发展目标,对苗圃按功能进行分区。传统上圃地通常划分为生产用地和辅助用地两大部分，前者是指直接用来生产苗木的地块，包括播种区、营养繁殖区、移植区、大苗区、母树区、试验区等，有时还包括设施苗区；后者是指苗圃中非直接用于苗木生产的占地，包括道路、排灌系统、防风林以及办公区等，一些苗圃还包括苗木展示区（把苗圃生产的树种或品种，集中起来进行园林化配置与栽培，长久保存，供客户选购苗木时参照）、生活福利区等。根据苗圃的规模，辅助用地不超过苗圃总面积的20%~25%，一般大型苗圃为15%~20%，中型苗圃占18%~25%。

3.5.2.1 生产用地规划与育苗区配置

生产用地是根据各类苗木的育苗特性进行划分的，在一个传统的综合性园林苗圃中，通常划分出不同的育苗区，每个育苗区由不同大小与数量的生产工作区组成。耕作区是苗圃中进行育苗生产的基本单位，其长度根据机械化程度而异，完全机械化的以200~300m为宜；畜耕者以50~100m为好。宽度则根据圃地的土壤质地和地形是否有利于排水而定，排水良好者可宽，排水不良时要窄，一般宽40~100m。耕作区的方向，应根据圃地的地形、地势、坡向、主风方向和圃地形状等因素综合考虑。坡度较大时，耕作区长边应与等高线平行。一般情况下，耕作区长边最好采用南北向，以便苗木受光均匀、有利生长。

(1) 播种区

播种区指培育播种苗的生产区，是苗圃完成苗木繁殖任务的关键部分。由于幼苗对不良环境的抵抗力弱，对土壤条件及水肥管理要求较高，因此，播种区应配置在全圃自然条件和经营条件最有利的位置，要求其地势平坦、灌溉方便、土壤肥沃、背风向阳且方便管理。如为坡地，则应选择最好的坡向，坡度要小于2°。

(2) 营养繁殖区

营养繁殖区即培育扦插苗、压条苗、分株苗和嫁接苗的生产区。与播种区要求基本相同，应设在土层深厚和地下水位较高、灌溉方便的地方，但不像播种区那样要求严格。嫁接苗区，往往主要为砧木苗的播种区，宜土质良好，便于接后覆土，地下害虫要少，以免危害接穗而造成嫁接失败；扦插苗区应着重考虑灌溉和遮阴条件；压条、分株育苗法采用较少，育苗量较小，可利用零星地块育苗。同时也应考虑树种的习性来安排，如杨、柳类的营养繁殖区（主要是扦插区）可适当设于较低洼的地方；而一些珍贵的或成活困难的苗木，则应靠近管理区，在便于设置温床、荫棚等特殊设备的地区进行，或在温室中育苗。

(3) 移植区

移植区即培育各种移植苗的生产区。由播种区、营养繁殖区中繁殖出来的苗木，需要进一步培养成较大的苗木时，应移入移植区中进行培育。根据规格要求和生长速度的不同，往往每隔2~3年还要再移几次，逐渐扩大株行距，增加营养面积。所以移植区占地面积较大。一般可设在土壤条件中等，地块大而整齐的地方。同时也要根据苗木的不同习性进行合理安排。如杨、柳可设在低湿的地区，松柏类等常绿树则应设在较干燥而土壤深厚的地方，以便于带土球出圃。

(4)大苗区

大苗区是培育苗龄较大,根系发达,经过整形有一定树形,能够直接用于园林绿化的各类大规格苗木的生产区。大苗区苗木的株行距大,占地面积大,培育年限长,出圃规格高,根系发达,适应性强,对加速实现城市绿化效果意义重大。大苗出圃时,常常需要带土球出圃,因此,大苗区一般选用土层较厚、地下水位较低、地块整齐且便于出圃与运输的位置。

(5)母树区

在永久性苗圃中,为了获得优良的种子、插条、接穗等繁殖材料,需设立采种、采条的母树区。本区占地面积小,可利用零散地块,但要土壤深厚、肥沃及地下水位较低,对一些乡土树种可结合防护林带和沟边、渠旁、路边进行栽植。在森林苗圃建设中,为了保证种苗品质的一致性,常常建立专门的种子园或采穗圃,值得在园林苗圃中借鉴。

图 3-2　苗圃的展示区把苗木应用与资源保存结合

美国新泽西州的 Blue Sterling 苗圃以培育与生产针叶树新品种与苗木为特色,品种展示区(A)与办公室周围(B)种植着大量具有知识产权的苗木品种,使来这里的苗木订货商及景观设计师对其产品及其应用效果一目了然,是对苗圃产品与特色最直接而有效的展示与介绍

(6) 引种驯化与展示区

用于引入新的树种和品种，进而推广，丰富园林树种种类。可单独设立试验区或引种区，亦可将引种和试验相结合。在国外，许多苗圃设在办公区附近，或在其他便于管理的区域设置品种展示区或展示园(display garden)，把优质种质资源保存与苗木品种的展示结合在一起，效果良好(图3-2)。

(7) 设施育苗区

通过必要的设施提高育苗效率，已成为许多园林苗圃提高苗木质量与市场竞争力的重要技术与途径。因此，按照各苗圃的具体任务和要求，可设立温室、温床、大棚、荫棚、喷灌与喷雾等设施，以适应环境调控育苗的需要，近年来在我国苗圃中的应用逐渐增多，并成为育苗技术创新的主要途径。使用育苗设施，主要是通过调控生长环境条件，提高苗木繁殖的效率与效益，因此，各种设施的建设应该以能够满足完成繁殖任务为基本目标。一些地方的苗圃，建设了一批超越育苗技术实际需要的"豪华配置"的现代化温室，其浪费巨大，以后应戒之。

3.5.2.2 辅助用地的设置

苗圃的辅助用地(或称非生产用地)主要包括道路系统、排灌系统、防护林带、管理区的房屋场地等，这些用地是直接为苗木生产服务的，要求既要满足生产的需要，又要设计合理，减少用地。

(1) 道路系统

苗圃中的道路是连接各耕作区及其各类设施、保障正常育苗生产的运输通道，一般设有一、二、三级道路和环路。一级路又称为主干道，是苗圃内部和对外运输的主要道路，通常宽6~8m，其标高应高于耕作区20cm(图3-3)。主干道多以办公室、管理处为中心(一般在圃地的中央附近)，每一苗圃内部可根据具体情况设置一条或相互垂直的两条主干道。二级路又称为副道，通常与主干道垂直，与各耕作区相连接，一般宽3.5~4m，其标高应高于耕作区10cm。三级路又称为步道或作业道，是

图3-3 北京原东北旺苗圃道路与水渠的设置

A. 苗圃主干道，一般高于耕作区，其一侧为等高的二级水渠，水渠底部与两侧用水泥板建成永久性设施；圃路另一侧较大的排水渠，设置为明沟，位置低于耕作区，以方便排水　B. 使用中的灌水渠

与副道相连、沟通各耕作区的作业路，一般宽1.0~2m。小苗圃的步道可与排灌毛渠结合，以提高土地空间的利用率。环路，或称为环道，是较大的苗圃中，为了车辆、机具等机械回转方便，设置的环绕苗圃周围的道路，一般宽2~4m。

在设计苗圃道路时，要在保证管理和运输方便的前提下尽可能节省用地；中小型苗圃可不设二级路，但主路不可过窄。一般苗圃中道路的占地面积，不应超过苗圃总面积的7%~10%。

(2) 灌溉系统

苗圃必须有完善的灌溉系统，以满足苗木生产对水分的需要。主要包括水源、提水设备和引水设施，通常是与苗圃的道路系统结合设置的，是苗圃基本建设的主要内容之一。

苗圃水源主要有地面水和地下水两类。地面水指河流、湖泊、池塘、水库等，以无污染又能自流灌溉的最为理想。一般地面水温度较高，与耕作区土温相近，水质较好，且含有一定养分，有利于苗木生长。地下水指泉水、井水，其水温较低，宜设蓄水池以提高水温。水井应设在地势高的地方，以便自流灌溉；同时水井设置要均匀分布在苗圃各区，以便缩短引水和送水的距离。

提水设备现在多使用抽水机（水泵），可根据苗圃育苗的需要，选用不同规格的抽水机。引水设施包括地面渠道引水（明渠）和暗管引水（管道灌溉）两种。明渠，即土筑或水泥筑建的引水渠道，一般分为三级。一级渠道（主渠，一般宽1.5~2.5m）与二级渠道（支渠，一般宽1~1.5m）是永久性的（图3-3），由水源直接把水引出，再由主渠引向各耕作区；三级渠道（毛渠，一般宽1m左右）是临时性的。主渠和支渠是用来引水和送水的，水槽底应高出地面，毛渠则直接向圃地灌溉，其水槽底应平于地面或略低于地面，以免把泥沙冲入苗床中，埋没幼苗。管道灌溉由于用水节约、管理方便，开始为越来越多的苗圃采用，成为今后园林苗圃进行灌溉的发展方向。管道灌溉系统建设时，主管和支管均埋入地下，其深度以不影响机械化耕作为度，开关设在使用方便的地方。目前，喷灌和滴灌已经发展成为两种成熟的灌溉技术体系，喷灌是利用机械把水喷射到空中形成细小雾状进行灌溉，滴灌则是使水通过细小的滴头逐渐地渗入土壤中进行灌溉。这两种方法基本上不产生深层渗漏和地表径流，一般可省水20%~40%；少占耕地，提高土壤利用率；保持水土，不易导致土壤板结；可结合施肥、喷药、防治病虫等抚育措施，节省劳力；同时可调节小气候，增加空气湿度，有利于苗木的生长和增产。但喷灌与滴灌均投资较大，喷灌还常受风的影响，应加以注意。

(3) 排水系统

苗圃的排水系统对地势低、地下水位高及降雨量多而集中的地区更为重要。它由大小不同的排水沟组成，排水沟分为明沟和暗沟两种，采用明沟的较多（图3-3）。排水沟的宽度、深度和设置，根据苗圃的地形、土质、雨量、出水口的位置等因素确定，应以保证雨后能很快排除积水而又少占土地为原则。排水沟的边坡与灌水渠相同，但落差应大一些，一般为3/1000~6/1000。大排水沟应设在圃地最低处，直接通入河、湖或市区排水系统；中、小排水沟通常设在路旁；耕作区的小排水沟与小区步道相结合。在地形、坡向一致时，排水沟和灌溉渠往往各居道路一侧，沟、路、渠并列，既利于排灌，又区划整齐。排水沟与路、渠相交处应设桥梁。在苗圃的四周最好设置较深而宽的截水沟，以起到防止外水入侵，排除内水和防止小动物及害虫侵入的作用。一般大排水沟宽1m以上，深0.5~1m；耕作区内小排水沟宽0.3~1m，深0.3~0.6m。

(4) 防护林带和防护栏

防护林带的设置是为了避免苗木遭受风沙危害，以降低风速，减少地面及苗木水分蒸腾，创造适宜苗木生长的环境。防护林带的设置应因苗圃的大小和风害程度而异，一般小型苗圃与主风方向垂直设一条林带，中型苗圃在四周设置林带，大型苗圃除设置周围环圃林带外，还应在圃内结合道路等设置与主风方向垂直的辅助林带。如有偏角，不应超过30°。一般防护林防护范围是树高的15~17倍。

林带的结构应以乔、灌木混交半透风式为宜，这样既可减低风速又不会因过分紧密而形成回流。林带宽度和密度根据苗圃面积、气候条件、土壤和树种特性而定，一般主林带宽3~5m，株距1.0~1.5m，行距1.5~2.0m；辅助林带多为1~4行乔木。

林带的树种选择，应尽量就地取材，选用当地适应性强的乡土树种，注意到速生和慢长、常绿和落叶、乔木和灌木、寿命长和寿命短的树种相结合；亦可结合采种、采穗母树或选用有一定经济价值的树种如建材、筐材、蜜源、油料、绿肥等，以增加收益，利于生产。注意不要选用苗木病虫害的中间寄主树种和病虫害严重的树种。

苗圃中林带的占地面积一般为苗圃总面积的3%~5%。近年来，在国外为了节省用地和劳力，已有用塑料制成的防风网来防风，其优点是占地少而耐用，但投资多。

防护栏是在村庄周围或野外（尤其山区）建苗圃容易受到人、畜、野生动物等侵害，造成圃地践踏、苗木损伤时采取的防护措施。常见的形式之一是活篱笆，又称生物绿墙，是指利用在圃地周围栽植生活的苗木形成一圈保护篱。最好用生长快、萌芽力强、有刺但根系不过分扩展的低矮苗木或灌木，如枸杞(*Lycium chinense*)、椤木石楠(*Photinia davidsoniae*)、侧柏、沙棘(*Hippophae rhamnoides*)、花椒(*Zanthoxylum bungeanum*)等。一般栽植两行，株距0.3~0.5m，行距1m。另外，就是形式多样的死篱笆，可用垒石或用2m高的树干等打入地下1/4，用尼龙网或铁丝网围起来，或用竹子、树枝、条子编成篱笆。同一苗圃根据周围不同的情况，可设置不同形式的篱笆，即几种形式混合使用。如在南侧，用尼龙网等透光篱笆，北侧用防风障式的篱笆等。

(5) 办公管理区

该区包括房屋建筑和圃内场院等部分。前者主要指办公室、宿舍、食堂、仓库、种子贮藏室、工具房、畜舍车棚等；后者包括劳动集散地、运动场以及晒场、肥场等。苗圃管理区应设在交通便利，地势高燥，接近水源、电源但不适宜育苗的地方。大型苗圃的建筑最好设在苗圃中央，以便于苗圃经营管理。本区占地为苗圃总面积的1%~2%。

3.5.3 规划设计图绘制与说明书编写

3.5.3.1 规划设计图绘制

(1) 绘图前准备

在绘制设计图时首先要明确苗圃的具体位置、面积、育苗任务、苗木供应范围；要了解育苗的种类、培育的数量和出圃的规格；确定苗圃的生产和灌溉方式，必要的建筑和设备等措施，以及苗圃工作人员的编制等。同时应有建圃任务书，各种有关的图面材料如地形图、平面图、土壤图、植被图等，搜索其自然条件、经营条件以及气象资料和其他有关资料等。

(2) 设计图绘制

在各有关资料收集完整后，对具体条件进行综合分析与研究，形成具体的区划设计草案，在地形图上绘出主要路、渠、沟、林带、建筑等位置。然后，根据其自然条件和机械化条件，确定最适宜的耕作区的大小、长宽和方向，再根据各育苗区的要求和占地面积，安排出适当的育苗场地，绘制出苗圃设计草图，经多方征求意见，反复进行修改，最后确定设计方案，即可绘制正式设计图。正式设计图应根据地形图的比例尺将道路沟渠、林带、耕作区、建筑区、育苗区等按比例绘制，排灌方向要用箭头表示，在图外应列有图例、比例尺、指北方向等，同时，各功能区应加以编号，详细说明各育苗区的位置等。

3.5.3.2 规划设计说明书编写

设计说明书是园林苗圃规划设计的文字材料，它与设计图互相印证、补充、说明，是苗圃设计不可或缺的组成部分。图纸是对规划设计内容的直观表达，说明书则是对整体设计思想、依据、内容以及科学性与可行性的详细而具体的说明与论述。一份好的园林苗圃规划说明书，在很大程度上就是对一个园林苗圃的投资建议的可行性分析与论证报告，是园林苗圃建设与经营发展的重要依据与基础，其主要应包括以下8个方面的内容。

(1) 前言

说明园林苗圃的性质与任务，培育苗圃的重要性和市场需求（必要性）。

(2) 经营条件和自然条件

说明苗圃建设用地的经营条件和自然条件，并分析其对育苗生产与经营的有利或不利因素，以及相应的改造措施或应对策略。其中经营条件包括：①苗圃位置及当地居民的经济、生产及劳动力情况；②苗圃的交通条件；③动力和机械化条件；④周围的环境条件（如有无天然屏障、天然水源等）等。自然条件包括：①气候条件；②土壤条件；③水源及地下水位的情况；④圃地的地形地势特点，以及病虫害及植被情况等。

(3) 苗圃的区划

根据苗圃规模与性质，设计各类生产区与各种辅助设施或建筑的布局、面积与比例、配置等，与规划设计图的内容对应，逐一展开说明与论述。具体包括：①苗圃的规模与面积计算；②耕作区的大小；③各育苗区的配置；④道路系统的设计；⑤排灌系统的设计；⑥防护林带及篱垣的设计等。

(4) 苗木的生产结构与育苗技术

根据市场需求调查，结合苗木生长、繁殖习性，提出生产的树种与品种构成，有针对性地设计育苗技术与育苗工艺流程，甚至要制订出具体的生产技术管理计划、执行方案等。

(5) 育苗设施与机械设备选置

根据生产与技术应用的需要，提出包括建设温室、苗床、塑料大棚、荫棚等育苗设施，以及选定涉及灌溉、耕作、施肥、起苗与运输等的机械设备的计划与建议，提出具体的技术参数与规格、型号要求等。

(6) 组织管理与经营

对机构设置、经营管理模式与市场开拓计划等进行必要的说明。

(7) 投资计划与经济效益

通过对融资方案、使用计划、建设周期、年度支出、投资收益等投资与经济指标的分析，重点对育苗成本与经济效益进行详细说明，论述与论证苗圃设计与建设方案在经济上的可行性。

(8) 社会、生态效益

对苗圃建成后可能带来的社会及生态效益进行必要的分析与说明，对苗圃建设可能会带来的环境问题也要如实分析与说明，并提出环保方案。

3.6 园林地栽苗圃的建立

园林苗圃的建立，主要指兴建苗圃的一些基本建设工作，包括各类房屋的建筑与水、电、通信的引入，以及路、沟、渠的修建，防护林带的种植和土地平整等工作。房屋建设和水、电、通信的引入应在其他各项建设之前进行。水、电、通信是搞好基建的先行条件，应最先安装引入。为了节约土地，办公用房、仓库、车库、种子库等最好集中于管理区一起兴建。

3.6.1 圃路的施工

施工前先在设计图上选择两个明显的地物或两个已知点，定出主干道的实际位置，再以主干道的中心线为基地，进行圃路系统的定点安放工作，然后进行修建。圃路有土路(见图3-3)、石子路、沥青路、水泥路等不同类型，但主要为土路，施工时由路两侧取土填于路中，形成中间高两侧低的抛物线形路面，路面应夯实，两侧取土处应修成整齐的排水沟。大型苗圃中的高级主路可请建筑部门或道路修建单位负责建造。

3.6.2 灌溉渠道的修筑

灌溉系统中的提水设施即泵房和水泵的建造、安装工作,应在引水渠道修筑前请有关单位协助建造。在圃地工程中主要是修建引水渠道,施工时最重要的是渠道纵坡(落差均匀)应符合设计要求,为此需用水准仪精确测定,并打桩标清,如修筑明渠则按设计渠道宽度、高度及渠底宽度和边坡的要求进行填土,分层夯实,筑成土堤,当达到设计高度时,再在堤顶开渠,夯实即成。在渗水力强的砂质土地区,水渠的底部和两侧要求用黏土或三合土加固。现在,许多苗圃经常使用水泥预制板砌制渠底与侧面,既经久耐用,又防止水分渗漏、节约用水。修筑暗渠应按一定的坡度、坡向和深度的要求埋设。

3.6.3 排水沟的挖掘

一般先挖掘向外排水的总排水沟。排水沟与道路的边沟相结合,在修路时即挖掘修成(见图3-3)。小区内的小排水沟可结合整地进行挖掘,亦可用略低于地面的步道来代替,要注意排水沟的坡降和边坡都要符合设计要求(3/1000~6/1000)。为防止边坡下塌、堵塞排水沟,可在排水沟挖好后,种植一些杞柳(*Salix integra*)、紫穗槐等护坡树种。

3.6.4 防护林的营建

一般在路、沟、渠施工后立即进行防护林的营建,以保证开圃后尽早起到防风的作用。根据树种的习性和环境条件,可用植苗、埋干或插条、埋根等方法,但最好使用大苗栽植,以尽早起到防风作用。栽植的株距、行距按设计规定进行,应呈"品"字形交错栽植,栽后要注意及时灌水、养护以保证成活。

3.6.5 土地平整

坡度不大者可在路、沟、渠修成后结合翻耕进行土地平整,或待开圃后结合耕作播种和苗木出圃等时节,逐年进行平整,这样可节省开圃时的施工投资,而使原有土壤表层不被破坏,有利于苗木生长;坡度过大必须修梯田,这是山地苗圃的主要工作项目,应提早进行施工;总坡度不太大但局部不平者,宜挖高填低,深坑填平后,应灌水使土壤落实再进行平整。

3.6.6 土壤改良

在圃地中如有盐碱土、砂土、重黏土或城市建筑废墟地等,土壤不适合苗木生长时,应在苗圃建立时进行土壤改良工作。对盐碱地可采取开沟排水,引淡水冲碱或刮碱、扫碱等措施加以改良;轻度盐碱土可采取深翻晒土、多施有机肥料、灌冻水和雨水(灌水后)、及时中耕除草等农业技术设施,逐年改良;对砂土,最好用掺入黏土和多施有机肥料的办法进行改良,并适当增设防护林带;对重黏土则应用混沙、深耕、多施有机肥料、种植绿肥和开沟排水等措施加以改良。对城市建筑废墟或城市荒地,在清除耕作层中的各种建筑废弃物后,进行平整、翻耕、施肥,即可进行育苗。

3.7 园林苗圃苗木生产设施与设备

根据苗圃经营的目标与生产计划,以及设计的育苗技术工艺的要求,建设不同类型与不同功能的温室等育苗设施,并根据生产管理计划,选购配置所需机械设备已成为苗圃苗木繁殖栽培技术更新换代的必要条件,是苗圃建立时重要的投资与建设内容。

3.7.1 园林苗圃苗木生产设施

设施育苗与栽培已经成为园林苗圃生产不可或缺的内容,它是通过人工、机械或智能化技术,有效地改善或调控设施内温度、光照、湿度、气体等环境因素,以便在原本不适合苗木生长的季节,利用升温或保温、防寒或降温、防雨等设施设备,人为创造适宜苗木生长的小气候环境,有效地部分或完全克服外界不良环境的影响,进行苗木繁殖与生产。因此,了解当前园林苗木生产中常用到的设施类型、结构与性能等,是园林苗圃的建立与经营必须具备的知识。

3.7.1.1 苗床与苗垄

苗床是苗圃中繁殖育苗的带状或块状土地,按是否有加温条件可分为露天苗床和室内苗床两类。露天苗床用于春、夏、秋的露地育苗。室内苗床有温床和冷床两种。温床是可加温以促使种苗较快生长的苗床;通过玻璃、塑料薄膜等利用太阳热能以保温的苗床称为阳畦(冷床)。温床和阳畦多用于冬季及早春育苗,待种苗长成后移植于大田或容器栽培。在露天地栽育苗中,不同的苗木根据圃地的立地条件与苗木种类,常采用不同的作业方式。作业方式又称为育苗方式,园林苗圃中有苗床育苗和大田育苗两种方式,其特点与适用性因育苗床的不同而不同。苗床育苗又称为床作,是苗圃育苗中最常用的作业方式,常见的有高床和低床两种基本形式;大田育苗可分为高垄、低垄两种作业方式。

(1) 高床

床面高出步道的苗床称为高床(图3-4、图3-5),指整地后取步道土壤覆盖于床

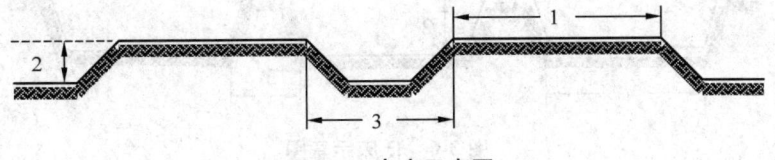

图3-4 高床示意图
1. 床面宽90~100cm 2. 床面高10~30cm 3. 步道宽30~50cm

图 3-5　高床（李国雷提供）
A. 红松高床育苗（2 年生播种苗，吉林）　B. 长白落叶松播种苗床（高床育苗结合微喷灌溉，吉林）

面，使床面高出步道的苗床。一般床面比步道高 10～30cm，床面宽 90～100cm，步道宽 30～50cm。如果使用侧方灌溉，床宽 90cm 即可；使用喷灌的高床，床面宽可大于 1m。而床的长度也因地形和灌溉方式而异，地面灌溉时长 10～20m 即可，太长灌溉不均匀；在有喷灌条件、机械化程度高时，床长可为数十米甚至 100m 以上。苗床太长时不易平整，给均匀灌水造成不便。

高床的优点是排水良好，肥土层厚，通透性好，土温较高，便于应用侧方灌溉，床面不易板结，步道可以用作灌溉和排水。但作床及以后的管理比较费工，灌溉费水。人工作床比较费工费时，可采用作床机作床。一般情况下高床适用于降水较多的南方地区，或要求排水条件好、对土壤水分比较敏感的树种。在气候较寒冷的北方地区春播也适用。常用高床育苗的种类有红松（*Pinus koraiensis*）、长白落叶松（*Larix olgensis*）（图 3-5）、杉木（*Cunninghamia lanceolata*）、马尾松（*P. massoniana*）、柳杉（*Cryptomeria fortunei*）、油松（*P. tabuliformis*）、云杉（*Picea asperata*）等针叶树和广玉兰、红叶石楠、红花檵木、'龟甲'冬青（*Ilex crenata* 'Convexa'）、金钟连翘（*Forsythia* × *intermedia*）和南迎春（*Jasminum mesnyi*）等阔叶树。

（2）低床（畦作）

低床是指床面低于步道的苗床（图 3-6）。步道即床埂，通常宽 30～35cm，高出床面 15～25cm，床面一般宽 1～1.5m，长度视具体情况而定，其方向以东西走向为好。

低床作床比较省工，灌溉方便，有利于保墒；但不利于排水，灌溉后床面容易板结，苗木出圃时起苗比较困难。适用于降水量少、雨季无积水的地区，或对土壤水分要求不严、稍有积水也无妨碍的树种。在我国华北、西北湿度不足和干旱地区育苗应

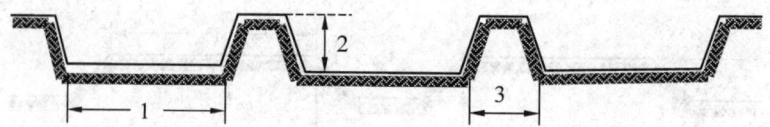

图 3-6　低床示意图
1. 床面宽 100～150cm　2. 床面高 15～25cm　3. 步道宽 30～35cm

用较广。常用低床育苗的种类有侧柏、圆柏等少量针叶树和连翘、忍冬、红瑞木、丁香、旱柳、枫杨等阔叶树。

生产中也有将两个低床之间的床埂改为低于床面的步道,合并成一个大的苗床的做法,称为低床合并式苗床,也有人称其为高低合并床。其特点是综合了低床与高床的部分优点,中间的步道可用于侧方灌溉与排水,床面不易板结,保墒性能也比较好。

(3) 高垄

高垄又称为垄作,指在高于地面的垄上播种育苗的方式,它高效、省力、经济,便于机械化生产和大面积连续作业。一般垄底宽50~80cm,垄面宽20~40cm,垄高15~20cm(图3-7),垄长可视具体情况而定。在干旱地区宜用宽垄以利于保墒,湿润地区宜用窄垄以便于排水,每垄上通常种植1~2行苗木。

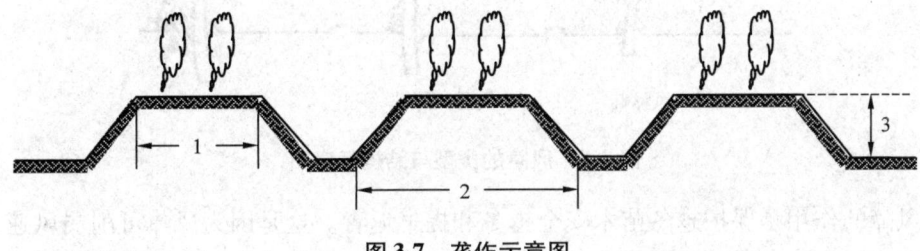

图3-7 垄作示意图
1. 垄面宽20~40cm 2. 垄底宽50~80cm 3. 垄高15~20cm

高垄具有高床的优点,肥土层厚,土壤疏松,垄的温热情况、通风透光条件均好于低床和平作,因此,苗木根系较前两者发达。因此,垄距大也便于灌溉和排水,便于机械和畜力工具生产,因此,高垄已应用在越来越多的园林苗圃中。

(4) 低垄

有时称为平垄,不作床也不作垄,将土地平整后育苗。一般在播前不必作垄,可先按规格划好垄线,播种时按线开沟播种即可。这种在土地平整后采用多行带播的育苗方式称为平作,它便于机械化作业,有利于提高土地利用率和提高单位面积产苗量。但灌、排不便,宜采用喷灌。适用范围和树种与低床相同。平作可由2~6行苗木组成一个带,有两行式、三行式、四行式、四行二组式和六行三组式等各种类型的带,可用数字化的育苗图式表示。带的宽度与带间距离取决于所使用的机具等条件。

3.7.1.2 风障、阳畦与温床

(1) 风障

风障(windbreak bed)又称为风障畦,是在立冬前在苗床向风一侧架设防风设备(篱笆),用于阻挡季候风,提高苗床内温度。风障梢端顺主风向倾斜,与地面夹角为70°~75°,风障要高出防寒苗2m,风障间距为风障高的3~5倍,过去常用芦苇、高粱秆、玉米秆、谷草等架设,现代风障还可采用塑料网、塑料薄膜和塑料板材等。

我国传统的风障有小风障畦和大风障畦之分(图3-8)。小风障畦结构简单,在栽培畦北侧垂直竖立高1~1.5m的芦苇或玉米、高粱秆等，辅以稻草等材料挡风。春季每排风障的防风有效范围约为2m。大风障畦分为完全风障畦和简易风障畦。完全风障畦由篱笆、披风、土背3个部分组成，高为1.5~2.5m，并夹附高1.5m左右的披风，披风较厚。春季防风的有效范围为10m左右。简易风障畦(或称为迎风障)只设置一排篱笆，高1.5~2.0m，防风效果较差。

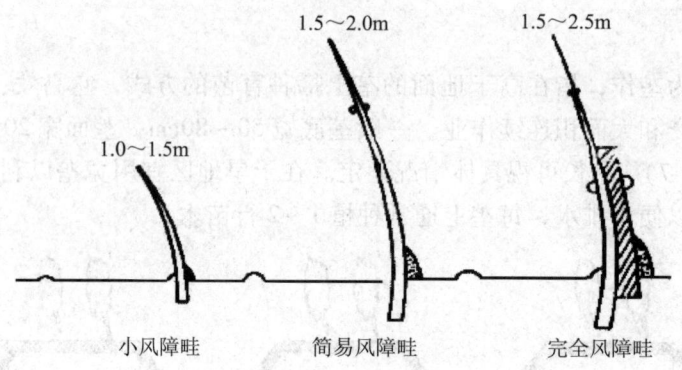

图3-8 风障的类型与结构示意图

风障的作用是保护越冬苗木安全越冬和提早返青。这是因为风障可削弱风速，稳定畦面气流，一般风障畦能削弱风速10%~25%，风速越大，防风效果越明显；风障可减少畦面有效辐射，提高土温和气温，减弱作物和土壤蒸散量，入春后当露地开始解冻7~12cm时，风障前3m内已完全解冻，比露地提早约20d，畦温比露地高6℃左右；风障还可减少冻土层厚度，在风障内距风障越近，冻土层越浅，障前3m冻土解冻时间比露地提早2~3d。

风障作用的有效范围为风障高度的8~12倍，最有效的范围是1.5~2倍。如风障高2m，有效范围为16~24m，最有效范围为3~4m。在北京等寒冷、多风地区育苗中，风障对促进苗木成活与生长有明显效果。《北京城市园林苗圃育苗规程》中规定，怕冻苗、怕风干的幼苗，要在其西北方向架设风障，风障要高出防寒苗2m，风障间距不超过25m。珍贵、繁殖小苗区应在其西北风向，种植侧柏作风障，效果好于人工搭设的风障。

(2)阳畦

阳畦(cold frame)又称为冷床，是由风障演变成的利用太阳光热保持畦温的保护设施。它将风障的畦埂增高而成为畦框，并在畦面增加防寒保温和采光覆盖物。从结构上讲，阳畦由风障、床框(池梗)、透明覆盖物(玻璃或薄膜)、覆盖物(外保温设备)等组成。床框(池梗)一般用土砌成，北高南低，北高40~60cm，南高30~40cm，畦面宽1.6~2m，玻璃窗宽60~100cm(长=畦面宽)，也可用薄膜支成拱棚，外保温覆盖物可就地取材，用稻草、小叶树等编成，用以夜间防寒保温。

传统的阳畦有两种类型，即抢阳畦和槽子畦(图3-9A，B)，它们的畦框由土、砖、木材、草等制成，覆盖油纸、塑料薄膜、玻璃等透明覆盖物和草苫、蒲苫、苇毛苫等不透明覆盖物。在此基础上对其结构与材料进行必要的改进，便产生了改良阳

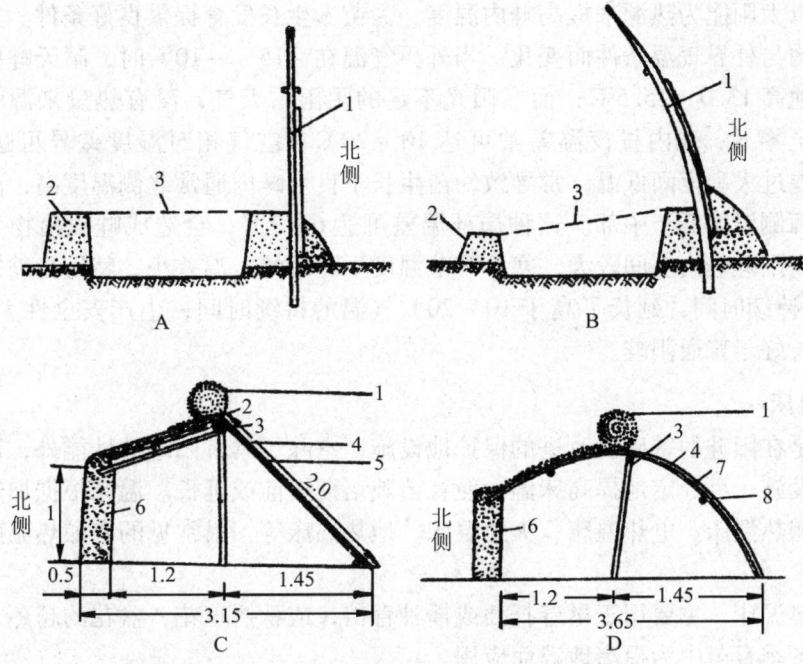

图 3-9 阳畦的不同类型（张福墁，2001）（单位：m）
A. 槽子畦　B. 抢阳畦
1. 风障　2. 床框　3. 透明覆盖物
C. 玻璃改良阳畦　D. 塑料薄膜改良阳畦
1. 草苫　2. 土顶　3. 柁、檩、柱　4. 薄膜　5. 窗框　6. 土墙　7. 拱杆　8. 横杆

畦。抢阳畦的畦框由垒土经夯实或砖砌而成，北框高南框低，风障向南倾斜，畦内在冬季可接受更多的阳光，故得此名。槽子畦的南北两框近等高，框高而厚，四框做成后近似槽形，故名槽子畦。春季太阳高度角较大，多使用这类阳畦。而改良阳畦是将阳畦畦框增高，改为土墙而成。改良阳畦由土墙（后墙、山墙）、棚架、棚顶、透明覆盖物（玻璃或塑料薄膜）、覆盖物（蒲席或草帘）5 部分组成（图 3-9 C, D），一般宽度为 6~7m，长度视栽培地块而定。与阳畦等长度的改良阳畦，栽培面积可较阳畦增加 60%。由于空间加大，扩大了栽培面积，抗低温缓冲能力加强，提高了保温防寒性能且便于操作，因而比阳畦应用更为普遍。在欧美国家的一些苗圃，传统的冷床经常是用木质框架建成，其上可覆盖玻璃、塑料薄膜等覆盖物，在苗木正常生长季节常常除去覆盖物（图 3-10）。

图 3-10　意大利 Centro Botanico Moutan 的育苗冷床

主要用于牡丹的播种育苗，这种木框架结构的苗床在欧美一些传统的苗圃中经常可以看到。在寒冷季节可加盖覆盖物，正常生长季节除去覆盖物时类似露地栽培，其功能类似小拱棚

阳畦以太阳能为热源来提高畦内温度，为苗木生长发育提供良好条件。其性能随阳畦的结构与外界气温条件而变化。当外界气温在 -15 ~ -10℃时，晴天畦内地表温度可比露地高 13.0 ~ 15.5℃；而在阳光不足的阴雨雪天气，没有热量来源时，畦内温度可降至零下。畦内昼夜温差常可达 10 ~ 20℃，空气相对湿度差异可达 40% ~ 50%。温差过大和夜间低温，常导致幼苗生长不良。畦内通常北侧温度高，南侧温度低，东西两侧温度低于中部。这种局部温差可达 6 ~ 7℃，会造成畦内植物生长不一致。而改良阳畦畦内空间较大，寒冷季节温度下降缓慢，温差小，特别是缩短了低于 5℃气温的持续时间，延长了高于 10 ~ 20℃气温的持续时间，生产安全性大大提高，苗木的生长好于普通阳畦。

（3）温床

温床是在阳畦的基础上改进的保护地设施，它除了具有阳畦的性能外，还增加了人工加温设施，可稳定地提高床温，使育苗栽培期提前或延长。温床根据加热方式不同，分为酿热温床、电热温床、火道温床、地热温床等，最常见的有酿热温床和电热温床两种。

①酿热温床　主要用于早春扦插或播种育苗，或秋播草花、盆花的越冬，也有在日光温室冬季育苗中为提高地温而应用。

酿热温床的结构　主要由床框、床坑（穴）、玻璃窗或塑料薄膜棚、保温覆盖物、酿热物 5 个部分组成。酿热温床根据透明覆盖物的种类不同可分为玻璃扇温床与薄膜温床；根据温床在地平面上的位置不同，可分为地上式、地下式和半地下式温床；根据床框所用的材料不同又可以分为土框、砖框、草框和木框温床，目前用得最多的是半地下式土框温床（图 3-11）。

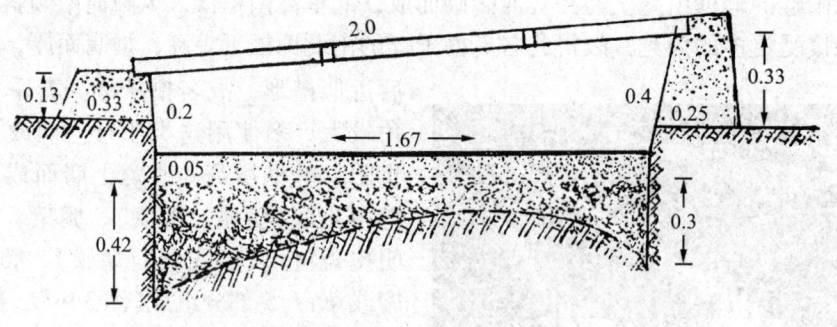

图 3-11　半地下式酿热苗床结构示意图（单位：m）

酿热温床的原理　酿热温床是指利用各种微生物分解有机质，即酿热物发酵产生的热量，进行床土下加温的苗床。酿热物的种类很多，如人畜粪便、作物秸秆、稻草、鲜草、米糠、饼渣、枯枝落叶等。酿热物的酿热原理如下：

$$碳水化合物 + 氧气 \xrightarrow{微生物} 二氧化碳 + 水 + 热量\uparrow$$

酿热物中含有各种微生物（细菌、真菌、放线菌），其中对发热起主要作用的是好气性细菌。酿热物发热的温度高低，热量能否持久，主要根据好气性细菌繁殖活动情况而定。好气性细菌繁殖和分解活动与酿热物中所含的碳、氮、氧、水分有关。碳是微生物分解有机质活动的能量来源，氮是构成微生物体内蛋白质的营养物质，氧气是好气性微生物活动的必备条件，水分多少主要对通气起调节作用。当酿热物中的碳氮比（C/N）为 20~30∶1，含水量为 70%，温度在 10℃ 以上，氧气适量时，好气性细菌繁殖活动旺盛，发热正常而持久；若 C/N 大于 30∶1，含水过多或过少，通气不足或基础温度偏低时，则发热温度低，但持续时间长；若 C/N 小于 20∶1，通气偏多，则酿热物发热温度高，持续时间短。

由于不同物质的 C/N 比、含水量及通气性不同，可将酿热物分为高热酿热物（如新鲜马粪、新鲜厩肥、各种饼肥）和低热酿热物（如牛粪、猪粪、稻草、麦秸、枯草及有机垃圾等）两类。我国北方地区早春育苗时，由于气温低，宜采用高热酿热物作酿热材料。对于低热酿热物，一般不宜单独使用，应根据情况与高热酿热物混用。各种有机物质碳氮含量如表 3-2 所列。

表 3-2　各种酿热物的碳氮含量及碳氮比（张福墁，2001）

种　类	C(%)	N(%)	C/N	种　类	C(%)	N(%)	C/N
稻　草	42.0	0.60	70	米　糠	37.0	1.70	22
大麦杆	47.0	0.60	78	纺织屑	59.2	2.32	23
小麦杆	46.5	0.65	72	大豆饼	50.0	9.00	5.5
玉米杆	43.3	1.67	26	棉籽饼	16.0	5.00	3.2
新鲜厩肥	75.6	2.8	27	牛　粪	18.0	0.84	21.5
速成堆肥	56.0	2.60	22	马　粪	22.3	1.15	19.4
松落叶	42.0	1.42	30	猪　粪	34.3	2.12	16.2
栎落叶	49.0	2.00	24.5	羊　粪	28.9	2.34	12.3

酿热温床的设置　在温室和塑料大棚未发展以前，酿热温床都是露地设置。温床建造场地要求被风向阳、地面平坦、排水良好。苗床场地四周架起风障，温床设置在风障南侧，入冬前挖好床坑，立春后开始踩入酿热物。温床床面一般宽 1.5~2.0m，长度根据需要与地块空间而定，深 30~45cm，床顶加盖玻璃或塑料膜呈斜面状以利于透光。越是寒冷地区，需踩入的酿热物越多，因此坑就要加深。在温暖地区或大棚中设置酿热温床，床坑深 20cm 即可。酿热物要分层加入，每 15cm 为一层，踏实后浇水，达到厚度（30~50cm）要求后即盖顶封闭，让其充分发酵，温度稳定后在上面铺床土 5~10cm，在进行苗木扦插或播种时，可铺 10~15cm 床土或蛭石、珍珠岩、泥炭土等其他栽培基质。

在露地设置酿热温床，因为温床面积小，四周受冻土层的影响，必然使床温四周低、中间高。为了使床温均匀，在挖坑时，将床坑底部挖成覆锅式，使四周酿热物多、中间少。我国北方设置酿热温床，多用马粪和稻草作为酿热物。马粪除碳源比适宜外，还具有透气性好、发热快、温度高的特点，与稻草搭配，持续发热时间长，且材料来源广泛。

酿热温床的性能　酿热温床是在阳畦的基础上进行了人工酿热加温，与阳畦相比,明显地改善了床内的温度条件。由于酿热加温受酿热物及方法的限制,热效应较低,而且加温期间无法调控,因此,床内温度明显受外界温度的影响。床土厚薄及含水量也影响床温。因床内南北部位接受光热的强度不同,又因床框四周耗热的影响,床内存在局部温差,即温度北高南低,中部高周围低,可以通过调整填充酿热物的厚度来调节,一般酿热物的填充厚度是:四周厚,中心薄;南面厚,北面薄。酿热物发热时间有限,前期温度高,后期温度低,所以酿热温床适合春季应用。秋凉时期,外界温度逐渐下降,不宜使用酿热温床。

②电热温床 电热温床是在阳畦、小拱棚以及大棚和温室中小拱棚内的栽培床上,做成育苗用的平畦,然后在育苗床内铺设电加温线进行加温(图3-12)。

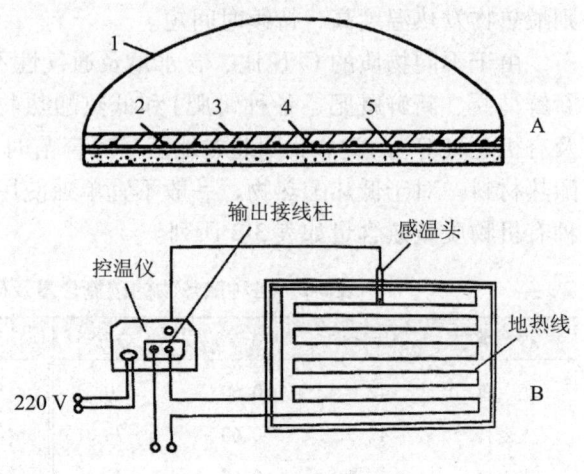

图3-12 电热温床的结构
A. 电热温床 B. 电热线布线
1. 薄膜 2. 电热线 3. 培养土 4. 隔热层 5. 土壤

电热温床的结构与制作 电热温床多在日光温室或是塑料大棚中制作。床的面积多为10m²。从床内取土,做成距床面20~25cm高的床框,踩实切齐,搂平畦面,即可铺电热线。电热线是由电热丝、塑料绝缘层、引出线盒接头组成的。电热丝是发热元件,塑料绝缘层起绝缘作用和导热作用。在产品出厂时已经标明绝缘层的表面温度。引出线为普通铜芯电线,基本不发热,接头是连接地热线和引出线的,接头一般也埋入土中,所以接头不仅要保持电流畅通,还要防水、防漏电。电加温线埋入土层深度一般为10cm左右,但如果用育苗钵或营养土块育苗,则以埋入土中1~2cm为宜。铺线拐弯处可用短竹棍隔开,不能有死弯。

电功率密度、总功率和电热线条数的确定 单位苗床或栽培床面积上需要铺设电热线的功率称为电功率密度,它应根据苗木对温度的要求所设定的地温和应用季节的基础地温以及设施的保温能力而定。根据有关试验,早春电热温床进行育苗时,其电功率密度可在70~140W/m²(表3-3)。我国华北地区冬季阳畦育苗时电功率密度以90~120W/m²为宜,温室内育苗时以70~90W/m²为宜;东北地区冬季温室内育苗时以100~130W/m²为宜。

表3-3 电热温床电功率密度选用参考值　　　　　　　　　W/m²

设定地温(℃)	基础地温(℃)			
	9~11	12~14	15~16	17~18
18~19	110	95	80	—
20~21	120	105	90	80
22~23	130	115	100	90
24~25	140	125	110	100

总功率是指育苗床或栽培床需要电热加温的总功率。总功率可以用电功率密度乘以面积来确定，即总功率(W) = 电功率密度(W/m^2) × 苗床或栽培床总面积(m^2)。电热线条数的确定可根据总功率和每根电热线的额定功率来计算，即电热线条数(根) = 总功率(W) ÷ 额定功率(W/根)，由于电热线不能剪断，因此，计算出来的电热线条数必须取整数。

布线方法 在苗床床底铺好隔热层，压少量细土，用木板刮平，就可以铺设电热线。布线时，先按所需的总功率的电热线总长，计算出或参照表3-4找出布线的平均间距，按照间距在床的两端距床边10cm处插上短竹棍(靠床南侧及北侧的几根竹棍可比平均间距小些，中间的可比平均间距大些)，然后把电热线贴地面绕好，电热线两端的导线(即普通的电线)部分从床内伸出来，以备和电源及控温仪等连接(图3-12)。布线完毕，立即在上面铺好床土。电热线不可交叉、打结、重叠；布线的行数最好为偶数，以便电热线的引线能在一侧，便于连接。若所用电热线超过两根，必须并联使用，不能串联。

表3-4 不同电热线规格和设定功率的平均布线间距　　　　　　　　　　　　　　cm

设定功率 (W/m^2)	电热线规格			
	每条长60m 400W	每条长80m 600W	每条长100m 800W	每条长120m 1000W
70	9.5	10.7	11.4	11.9
80	8.3	9.4	10.0	10.4
90	7.4	8.3	8.9	9.3
100	6.7	7.5	8.0	8.3
110	6.1	6.8	7.3	7.6
120	5.6	6.3	6.7	6.9
130	5.1	5.8	6.2	6.4
140	4.8	5.4	5.7	6.0

电热温床的原理及其设备 电热加温是利用电流通过阻力大的导体将电能转变成热能，从而使床土及苗床基质加温，并保持一定温度的一种加温方法，具有升温快、温度均衡稳定、调节灵敏等特点，并不受时间、季节限制，还可自动控制加温温度。因此，电热温床能够为植物生长创造良好的温度条件，在园林苗木繁殖尤其是扦插育苗中经常使用。

电热加温的设备主要有电热加温线、控温仪、继电器(交流接触器)、电闸盒，配电盘(箱)等。其中电热线和控温仪是主要设备(图3-12)，一般由专门的厂家生产，如上海农业机械化研究所生产的电热线和WKQ-1型控温仪。但如果电热温床面积大，电热线安装的功率超过控温仪的直接负载能力(≥2000W)时，则需要在控温仪和电热线中间安装继电器。这些设备的连接方法可参阅设施园艺学有关书籍。在现代温室中，电热加温还常常与喷雾设施结合，为苗木生长提供更好的水、温条件。

电热温床使用的注意事项 电热线只能用于床土加温，不允许作为通电使用；电热线的功率是额定的，不能截短或者接长使用；每根电热线的使用电压是220V，使用两条线时只能并联，不能串联；埋线时必须把整根线（包括接头）埋入床土下，分布要均匀，不得交叉、打结、重叠；有条件的与控温仪配套使用，可自动控制温度。

3.7.1.3 荫棚

荫棚是用来庇荫的栽培设施，其作用为防止强烈阳光直射，降低地表温度，增加贴地层空气湿度及调节苗床光照强度，它对促进许多园林树木繁殖苗成活与生长，以及移植苗成活都有很好的效果（图3-13）。

图3-13 荫棚是一种可以调节光照的半控制性繁殖设施，在园林苗圃中可用于苗木繁殖与驯化炼苗
A. 扦插苗高床繁殖　B. 容器苗炼苗

搭建荫棚时，要根据苗床或需要遮阴部位面积大小，设置临时性(plastic tents)或永久性棚架(shadehouse)，其材料可以因地制宜，覆盖材料最常用的是遮阳网。遮阳网是以聚乙烯为主要原料，通过拉丝编织而成的一种轻质、高强度、耐老化、网状的新型覆盖材料。与传统的天然覆盖材料相比，遮阳网具有轻便、省工、省力的特点，而且寿命长、成本低，利用其遮阴具有遮光降温、防止冰雹危害、防止暴雨冲刷、避免土壤板结、防旱保墒与忌避病虫害等作用，因而可以改善苗木生长的环境条件，培育优质健壮的种苗。

荫棚的庇荫效果取决于遮阳网的种类。遮阳网常按颜色分为黑色、白色、银灰色、绿色、黄色与黑白相间等种类，按透光率大小分为35%～50%，50%～65%，65%～80%和≥80%共4种类型，应用最多的是50%～65%的黑网与65%的银灰网。遮阳网的选择是荫棚栽培的关键，应根据苗木的生长习性，即生长对光强的需要，选择具有合适的遮光率的遮阳网作为覆盖材料。

遮阳网要根据天气情况、不同苗木及其生长阶段灵活使用，一般遮阴常在夏季光照最强时进行。遮阳网不能长期盖在棚架上，在温度高于30℃时，以10:00～11:00盖，下午16:00～17:00揭；气温高于35℃时全天覆盖。在撤除遮阳网前3～4d，要逐渐缩短盖网时间，使植株逐渐适应露地光照。

3.7.1.4 塑料拱棚与大棚

塑料拱棚与大棚(plastic tunnels)是以塑料薄膜聚氯乙烯、聚乙烯为主要覆盖材料，以竹木、钢材等轻便材料为骨架，搭成的拱形或其他形状的棚，是园林苗圃及园艺生产中最常见的育苗设施。虽然塑料棚的规格与尺寸很难界定，但一般可分为小拱棚、中拱棚与大棚。

(1) 小拱棚

小拱棚棚高1.0~1.5m，人无法在棚内直立行走。生产中应用最普遍的是拱圆形小拱棚，主要采用毛竹片、竹竿或直径6~8mm的钢筋等材料，弯成宽1~3m，高1.0~1.5m的弓形骨架，再用竹竿或铅丝等连成整体，覆盖0.05~0.10mm的塑料薄膜，外用压杆或压膜线等固定薄膜而成，长10~30m或更长，可根据苗圃地的实际情况而定。为了提高小拱棚的防风保温效果，除可在田间设置风障外，夜间还可在棚膜外加盖草苫等防寒物。为防止拱架弯曲，必要时在拱架下设立支柱，以加强支持能力。

小拱棚的性能主要体现在光照、温度以及湿度等环境因子的调控能力上。一般而言，小拱棚光照比较均匀，覆盖初期塑料薄膜无水滴、无污染时的透光率可达76%以上，覆盖后期透光率下降，最低也在50%以上，光照强度在5×10^4lx以上。小拱棚内的温度随外界气温的变化而变化，因此，存在季节变化与日变化。从季节变化来看，冬季温度最低、春季逐渐升高，而日变化规律则与外界相通，只是昼夜温差大于露地。小拱棚增温速度快，最大可增高20℃左右，高温季节易造成伤害；同时，小拱棚降温也很快，有草苫覆盖的半拱圆形小棚的保温能力仅6~12℃，在阴天、低温或夜间无草苫覆盖时，棚内外温度仅差1~3℃，遇寒潮时易发生冻害。小拱棚内地温的变化与气温变化相似，但不如气温变化剧烈。在密闭情况下，由于地面蒸发与植物蒸腾所散失的水汽无法逸出，棚内湿度较高，一般相对湿度可达到70%~100%；在白天通风时，相对湿度可保持在40%~60%，平均比外界高20%左右。

图3-14 不同结构的中拱棚

A. 竹竿搭建的中型拱棚骨架结构，覆盖塑料薄膜即可使用(北京市林业局小汤山苗圃)　B. 金属钢架结构的拱棚，坚固耐用，夏季覆盖遮阳网降温，冬季覆盖塑料薄膜保温，主要用于容器苗栽培(美国威斯康星州Klehm苗圃)

(2) 中拱棚

中拱棚面积与空间比小拱棚大,人可以在棚内直立行走作业,是小拱棚和大棚的中间类型。生产中常用的中拱棚主要为拱圆形结构(图3-14),一般跨度为3~6m。当跨度为6m时,以高度为2.0~2.8m,肩高1.1~1.5m为宜;当跨度为4.5m时,以高度为1.7~1.8m,肩高1.0m为宜;当跨度为3m时,以高度为1.5m,肩高0.8m为宜;长度可根据需要和地块情况而定。建造时要根据跨度大小与拱架材料强度来确定是否需要立柱,一般在用竹片或钢筋做棚架时需设立柱,用钢管时不需要立柱。按照使用材料不同,拱架可分为竹片结构、钢架结构或竹片与钢架混合结构。近年来越来越流行管架装配式中拱棚,有厂家专门生产,质量可靠,安装和建造均方便。中拱棚的性能介于小拱棚与塑料大棚之间,这里不再赘述。

(3) 塑料大棚

这里的塑料大棚是指用塑料薄膜覆盖的大型拱棚。与温室相比,它具有结构简单、建造方便、一次性投入少等优点;与中小拱棚相比,又有坚固耐用,使用寿命长,棚体空间大,有利于生产作业、苗木生长以及环境调控等优点。因此,塑料大棚是一种建设成本低、使用方便、经济效益较高且简易实用的保护地栽培设施。由于能充分利用太阳能,并能通过塑料薄膜的开闭在一定范围内调节棚内的温度和湿度,可延长育苗时间,缩短育苗期限,促进苗木生长。在我国北方地区,主要是起到春提前、秋延后的保温作用,一般春季可提前30~35d,秋季能延后20~25d,但没有加温设施的大棚不能越冬栽培;在我国南方地区,塑料大棚除了冬春季节苗木繁殖栽培外,还可铺设遮阳网,用于夏秋季节的遮阴降温和防止雨、风、雹等自然灾害。

①大棚建造及其类型 苗圃内大棚的建造应根据苗圃规划设计的要求进行,应选择便于灌排的设施建设,且背风向阳、空气流通、排水良好、没有土传病害之处。用于培育裸根苗的大棚,还要考虑土壤条件,宜选择通透性良好的砂壤土,土层厚度在80cm以上。

大棚是用竹木竿、水泥杆、轻型钢管或管材等材料做骨架,做成拉杆、拱杆及压杆,覆盖塑料薄膜而成。根据其骨架所用材料的不同,棚型结构可分为竹木结构、钢材结构和竹木、钢材、水泥构件等多种材料的混合结构。我国北方冻土层深、风雪大,多采用跨度较大、高度较高的大棚。大棚外形有拱圆形和屋脊形,结构造型有单栋和连栋两种类型(图3-15 A,B)。单栋大棚多采用拱圆形(图3-15 C),一般高2.2~2.6m,宽(跨度)10~15m,长度为45~66m,占地面积为660m²(约1亩)左右,便于管理。连栋大棚多为屋脊形相连接而成,单栋的跨度为4~12m,每栋占地面积约为1亩,连栋后占地为2~5或10亩甚至更多。连栋大棚覆盖的面积大,土地利用充分,棚内温度高,温度稳定,缓冲力强,但通风不好,高温高湿条件下易发生病害,且不便于管理,因此,常常可安装风机进行通风换气,以保证苗木正常生长(图3-16)。因此,连栋数目不宜过多,跨度不宜太大。有关各种类型大棚的结构与建造,可参阅专门的书籍。

随着塑料大棚的普遍使用与制造技术的发展,近年来国内已经开始应用薄壁钢管

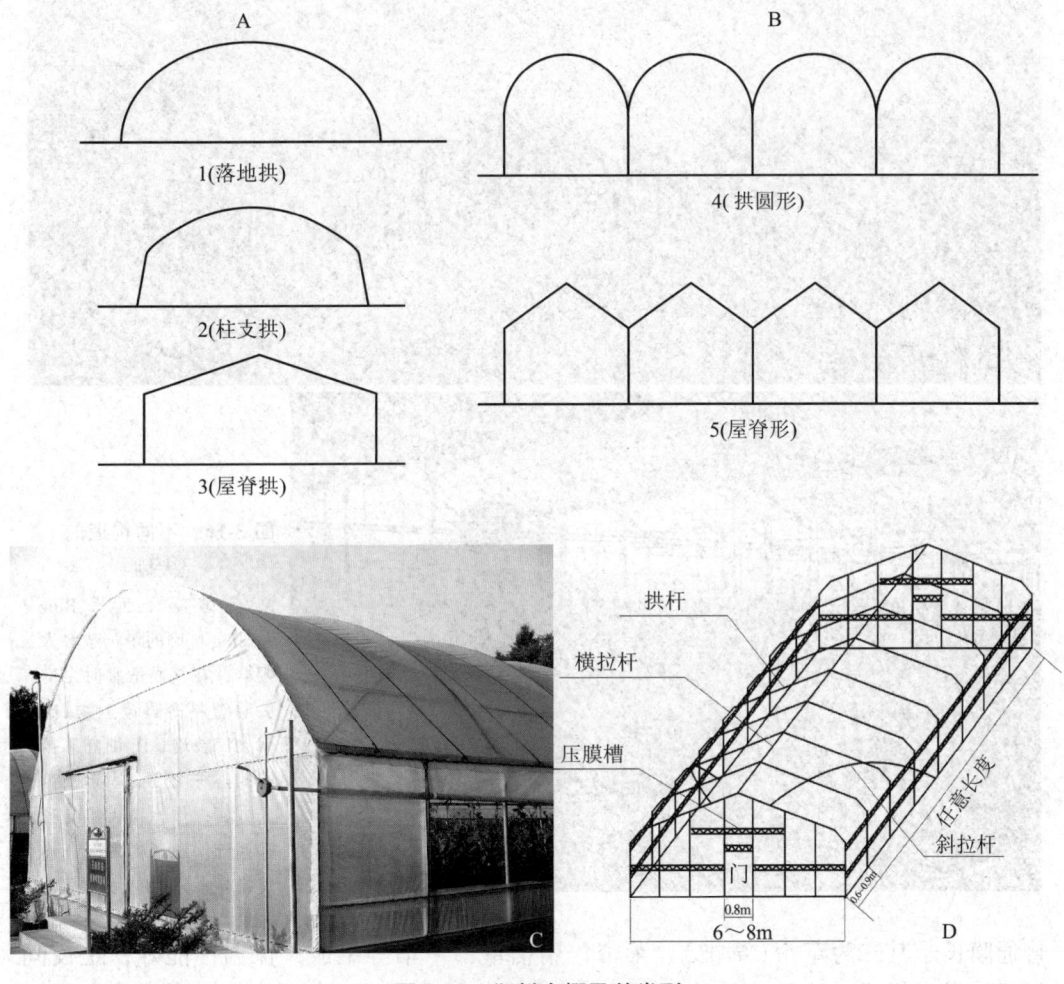

图 3-15 塑料大棚及其类型
A. 单栋大棚的形状 B. 连栋大棚通常有拱圆形与屋脊形 2 种 C. 使用中的半拱圆形单栋大棚 D. 某工厂生产组装的屋脊形大棚的结构示意图

装配式大棚。它由工厂按标准规格生产，配套供应。棚型规格有 5.4m、6m、8m 及 10m 跨度，高度有 2.4m、2.6m、2.8m 及 3.0m（图 3-15D）。这种大棚具有一定的规格标准、结构合理、坚固耐用、装卸方便、容易拆迁换地，但造价较高，使用中也常出现各种问题。同时，覆盖材料也在不断更新，有时为了提高大棚夜温，减少夜间热辐射，可采用多层薄膜覆盖，即在棚内再覆盖一层或几层薄膜，进行内防寒，俗称"二层幕"。白天将二层幕拉开，夜间再覆盖。二层幕与大棚薄膜一般间隔 30～50cm。此外大棚内还可覆盖小拱棚及地膜等，早春在大棚内加盖小棚，小棚温度可提高 2～4℃。

②大棚覆盖材料　大棚使用不同的覆盖材料，在很大程度上决定了它的光温等特性以及适用性。常见覆盖材料有多种类型：其一为塑料膜，包括普通膜与多功能长寿膜两种。前者以聚乙烯或聚氯乙烯为原料，膜厚 0.1mm，无色透明，使用寿命约为半年；后者在聚乙烯吹塑过程中加入适量的防老化料和表面活性剂制成，使用寿命比

图 3-16 不同构造的大棚

A. 美国新泽西州 Blue Sterling 苗圃的单栋塑料大棚群，在气候适宜时全部去除塑料薄膜覆盖物，类似大田栽培　B. 浙江某苗圃的连栋大棚，固定的苗床方便操作，换风机与喷雾系统保证了棚内的气体交换与水分供应

普通膜长。其二为草帘（草被）、苇帘，用稻草、芦苇等编成，保温性能好，是夜间保温材料，但透光性差，白天需要拆除或在棚内加光，管理费工。其三为聚乙烯高发泡软片，是白色多气泡的塑料软片，宽 1m，厚 0.4~0.5cm，质轻能卷起，保温性与草帘相近。其四为无纺布，为一种涤纶长丝，不经织纺的布状物，分为黑、白两种，并有不同的密度和厚度，除保温外还常作遮阳网用。其五为遮阳网，主要用于夏天遮阴、防雨、防冰雹等，也可作冬天保温覆盖用，使大棚发挥荫棚的作用。

③大棚的性能与调控　大棚的性能是由其建造结构与所使用的塑料薄膜的特性所决定的，主要体现为对温度、光照、水分以及氧气和土壤等与苗木生长相关的环境因子的调控作用。

温度　大棚最大的性能是保温与增温。棚内温度可随着外界气温变化升高或下降，并表现出明显的季节变化和昼夜温差变化。在外界气温升高、日照充足时，棚内增温快，最高可达 30℃ 以上，但当冬季保温措施不力时，棚内外夜晚的温度几乎相同。因此，大棚内存在高温及低温危害，人工控温很重要。温度高于 30℃ 时须打开天窗和侧窗，全棚通风喷水，棚外覆盖遮阳网。冬季晴天的午后室外温度下降到 25℃ 时，要及时关闭门窗保温，这样夜间最低温度可比露地高 1~3℃。但阴天时棚内夜晚温度与露地几乎相同。因此,在我国北方,大棚的主要生产季节为春、夏、秋季,通过保温及通风降温,使棚温保持在 15~30℃,以适合棚内苗木生长。塑料大棚的防寒保温性能,可使苗木生长在早春提前 20~40d,在秋冬延后 25~30d,从而大大延长了苗木的生长期,对培育优质壮苗非常有利。

光照 棚内光照因季节、天气、覆盖方式、薄膜种类及使用情况的不同而产生很大差异,新铺塑料薄膜透光率可达 80%~90%。大棚越高,棚内垂直方向的辐射照度差异越大,如棚上层与地面的辐照度之差可达 20%~30%。在冬春季节,东西向的大棚比南北向的大棚光照条件好、局部光照条件均匀。但大棚南北两侧辐照度相差达 10%~20%。不同棚型结构对棚内受光的影响很大,双层薄膜覆盖保温性能较好,但受光条件比单层薄膜盖的棚减少 1/2 左右。单栋钢材及硬塑结构的大棚受光较好,只比露地透光率减少 28%。连栋棚光照条件较差。因此,建棚时应尽量选用轻型材料并简化结构,既不影响光照,又结实耐用。另外,由于尘土、水滴吸附及老化等原因,薄膜的透光率逐渐降低。一般情况下,灰尘污染可使透光率降低 10%~20%。薄膜吸附、凝聚的水滴可使透光率减少 10%~30%。高温、低温和受紫外线也会导致薄膜老化。老化薄膜的透光率降低 20%~40%,甚至开裂破损而失去使用价值。因此,防止薄膜污染、凝聚水滴和老化是保证棚内光照条件的重要措施,选用耐高温、防老化、易除尘的长寿无滴膜,可以增强棚内受光并延长使用期。

湿度 薄膜密封性好,使棚内外空气交换受阻,棚内土壤水分蒸发和苗木蒸腾的水汽难以发散,易造成棚内较高的空气相对湿度。白天通风好时,一般空气相对湿度为 70%~80%,而在阴天和雨雪天、浇水后可达 90% 以上。而且棚内的空气相对湿度常随温度升高而下降,在夜间常可达 100%。大棚内空气湿度过大,不仅直接影响苗木光合作用和矿质营养吸收,而且湿空气遇冷后凝结成水膜或水滴附着于薄膜内表面或植株上,会造成病原体的传播。在冬春季减少灌水量,加强通风,可促进棚内高湿空气与外界交换,有效地降低棚内的相对湿度。因此,按照苗木生长繁殖的要求,保持棚内适宜的湿度,是生产管理的主要内容之一。一般情况下,棚内播种育苗的空气湿度应在 70%~80%,插条繁殖时在 85% 以上,在插条生根后,湿度可适当降低。调节湿度的方法有喷水、通风和遮阴,棚内用地热线加温,也可降低相对湿度。采用滴灌技术,并结合地膜覆盖栽培,可以减少土壤水分蒸发,大幅度降低空气湿度。

空气 由于薄膜覆盖使棚内外空气交换受限,加上植物代谢和土壤的影响,棚内二氧化碳浓度变化较大。作为光合作用的碳素来源,二氧化碳充足有利于苗木生长,其棚内最适浓度为 800~1500mg/L。日出前由于苗木的呼吸作用以及土壤中二氧化碳的释放,棚内二氧化碳浓度比棚外高 2~3 倍(330mg/L 左右);8:00~9:00 以后,随着叶片光合作用的增强,二氧化碳浓度可降至 100mg/L 以下。因此,要及时补充二氧化碳,即日出后通风换气,夏季通风时由室外补充新鲜空气即可补充苗木正常生长的需求;也可在日出后至通风前人工施用二氧化碳,浓度为 800~1000mg/L。在冬春季光照弱、温度低的情况下,施用二氧化碳后苗木生长明显加快。

低温季节时大棚经常密闭保温,氨气、二氧化氮、二氧化硫、乙烯等气体的积累会危害苗木生长。为防止有害气体的积累,棚内基肥和追肥不能使用新鲜或尚未腐熟的有机肥,严格使用碳酸铵作追肥,用尿素或硫酸铵作追肥时要掺水或穴施后及时覆土;肥料用量要适当,不可过量;低温季节也要适当通风,以便排除有害气体。尽量用热风或热水管加温,选用优质燃煤并充分燃烧;废气要排出棚外。

土壤湿度和盐分 由于受结构与空间的限制,大棚内的土壤湿度常常不均匀。棚架两侧的土壤,由于棚外水分渗透及棚膜上水滴向下流淌,湿度较大;棚中部的土壤则比较干燥。另外,大棚内因缺少雨水淋洗,土壤盐分随地下水由下向上移动,容易引起耕作层土壤盐分过量积累,造成盐渍化。因此,要注意适当深耕,施用有机肥,避免长期施用含氯离子或硫酸根离子的肥料。追肥宜淡,最好进行测土施肥。每年要有一定时间不盖膜,或在夏天只盖遮阳网进行遮阴栽培,使土壤得到雨水的溶淋。

④大棚塑料薄膜的维护与使用 目前最常用且有效的大棚覆盖材料是塑料薄膜,其维护与使用是利用大棚进行设施苗木栽培时需要注意的问题。在建棚、开闭薄膜时要避免棚膜的损伤,支架与薄膜接触处要光滑或用旧布包好。用弹簧固定棚膜时,在卡槽处应加垫一层旧报纸。注意避免新旧薄膜长期接触,否则将加速新膜的老化。在低温冰冻和高温暴晒时都会加速薄膜的老化,作支架的钢管在夏季高温时,温度可上升到 60~70℃,从而加速薄膜老化破碎。薄膜在使用过程中难免有破损,要及时用黏合剂或胶带黏补。在使用期间,当棚外气温稳定在夜间15℃,白天20℃时,即可撤除塑料薄膜,此时恰逢苗木即将进入或已经进入速生期,及时撤膜有利于促进苗木充分木质化,提高苗木抗性,培育壮苗,并可防止棚膜的老化。大棚撤膜要逐渐完成,一般是先撤四周,1~2周后再将顶部全部撤除。

3.7.1.5 温室

温室(greenhouse)是指以采光覆盖材料作为全部或部分围护结构材料,可在不适宜苗木露地生长的季节,提供苗木生长的环境条件的建筑设施。温室的类型很多,根据覆盖材料不同可分为玻璃温室、塑料薄膜温室、PC板温室;根据骨架建材不同可分为竹木温室、钢架温室、钢筋混凝土温室、铝合金温室;根据热量来源不同可分为日光温室与加温温室;根据使用功能不同可分为生产温室、科研教学温室、商业温室和庭院温室等。本节按热源类型重点介绍节能日光温室与现代化加温温室。

(1) 日光温室

日光温室(solar greenhouse)大多以塑料薄膜为采光覆盖材料,靠太阳辐射为热源,以采光屋面最大限度采光、加厚的墙体与后坡、防寒沟、草苫等最大限度保温,达到充分利用光热资源,为植物创造适宜生长环境的效果,在园艺作物与苗木生产中应用普遍。日光温室透光、保温、投资成本低、能耗少,是适合我国国情的独有的栽培设施,其性能的发挥与其建造结构与材料以及外界气候条件有关。

①日光温室结构与种类 日光温室在结构上主要由前屋面、后屋面和围护墙体3个部分组成。其中前屋面由支撑架与透光覆盖物组成,是温室的全部采光面,白天采光时段只覆盖塑料膜采光,当室外光照减弱时,及时用保温材料覆盖塑料膜,以减少室内的热量流失,并在夜间通常将前坡面用保温被、草帘、苇帘等柔性材料覆盖保温;后屋面在温室的后部顶端,采用不透光的保温蓄热材料建成,主要起保温与蓄热

作用；围护墙体为温室的后墙与侧墙，起保温、蓄热与支持的作用。此外，日光温室根据不同地区的气候特点与建筑材料差异，还包括立柱、防寒沟、防寒土等。

日光温室的种类很多，如果按墙体材料不同，可分为干打垒土温室、砖石结构温室、复合结构温室等；按后屋面长度不同可分为长后坡温室和短后坡温室；按前屋面形式分，有二折式、三折式、拱圆式、微拱式等，目前生产上推广应用的主要为有立柱的日光温室（如简易竹木结构的日光温室，图 3-17）与各种改进的无立柱日光温室（如鞍Ⅱ型日光温室，图 3-18）等，也有少量的玻璃日光温室。

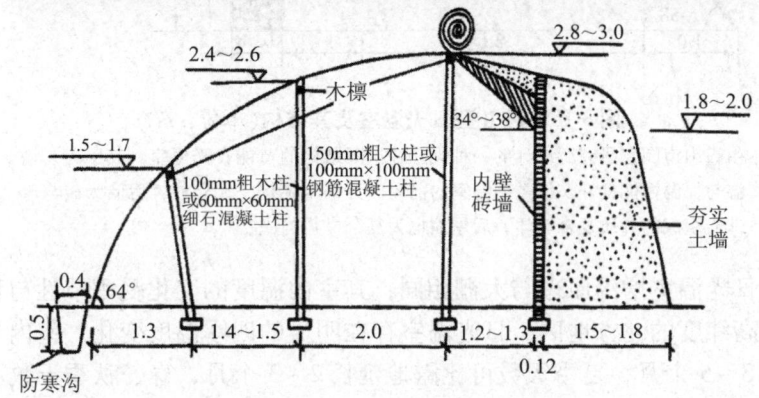

图 3-17　短后坡高后墙日光温室及其结构（单位：m）

竹木结构，夯实土墙，为一种半拱圆形的节能日光温室，由于后屋面缩短、前屋面增长，后墙与中脊高度提高，因而采光面积增大、透光量增加，尤其是增加了后墙下面的光照，使温室利用率提高

②日光温室性能

光照　由于日光温室为单屋面，前屋覆盖透明材料可透过阳光，其余部分均为不透明部分，而且温室骨架结构和建筑材料的遮阳以及屋面角度和建设方位等因素，都影响温室内的光照分布。一般北侧光照较弱，南侧较强；上部靠近透明覆盖物表面处光照较强，下部靠近地面处光照较弱；东西靠近山墙处，在午前和午后分别出现三角形弱光区，午前出现在东侧，午后出现在西侧，而中部全天无弱光区。此外，温室骨架遮阴处光照弱，无遮阴处光照较强。

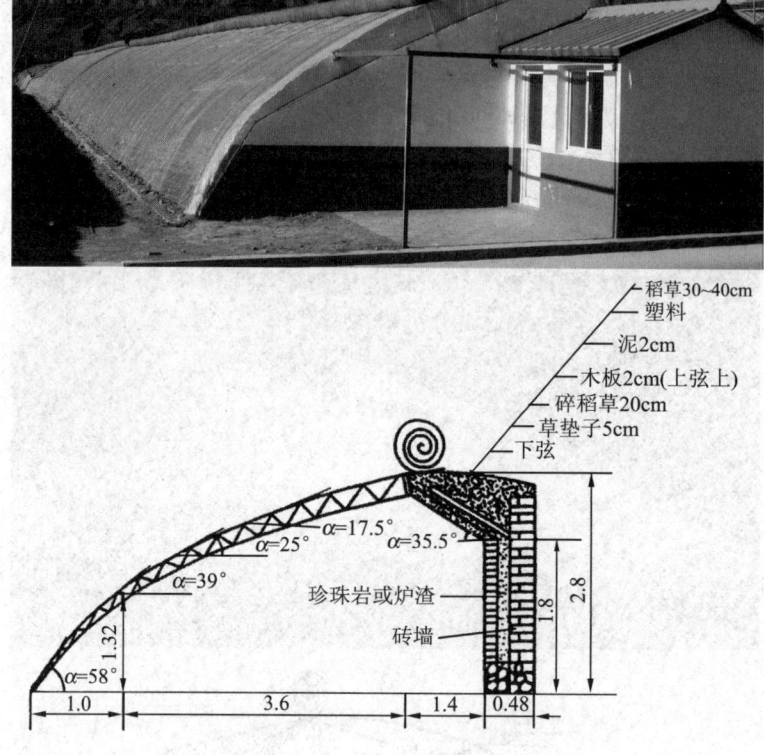

图 3-18 鞍 Ⅱ 型日光温室及其结构（单位：m）

由鞍山市园艺研究所设计的一种无立柱拱圆结构的节能日光温室，其采光、增温与保温性能良好。该类型温室的前屋面为钢架结构，无立柱，后墙为砖与珍珠岩组成的异质复合墙体，后屋面也为复合材料构成

温度 日光温室增温原理与大棚相同，其室内温度的变化受季节性与日变化的影响。通常在高纬度的北方地区，日光温室存在明显的四季温度变化，室内冬季天数可比露地缩短 3~5 个月，夏季天数可比露地延长 2~3 个月，春、秋季天数可比露地分别延长 20~30d；在北纬 41°以南地区，保温性能好的日光温室几乎不存在冬季，可以四季进行栽培。温室内气温的日变化规律与外界基本相同，即白天高、夜间低；在早春、晚秋及冬季，通常晴天最低气温出现在揭草苫后 0.5h 左右，此后温度开始上升，上午每小时平均升温 5~6℃；到 12:00 左右达到最高值（偏东温室略早于 12:00，偏西温室略晚于 12:00）；14:00 后气温开始下降，从 14:00~16:00 盖草苫时，平均每小时降温 4~5℃，盖草苫后气温下降缓慢，从 16:00 到次日 8:00 降温 5~7℃。阴天室内的昼夜温差较小，一般只有 3~5℃，晴天室内昼夜温差明显大于阴天。

空气湿度 日光温室内的空气湿度大于露地，苗木蒸腾量小、不易缺水，有利于生长发育。但空气湿度大，加上弱光的影响，会引起营养生长过旺，易发生徒长与诱发病害。因此，栽培上应特别注意防止空气湿度过大。同时，日光温室内的空气相对湿度的日变化比露地大得多，白天中午前后，温室内的气温高，空气相对湿度较小，通常为 60%~70%；夜间由于气温迅速降低，空气相对湿度也随之迅速增高，可达到饱和状态。灌水量、灌水方式、天气状况、通风量等均会影响温室内的湿度。

空气及其土壤环境　日光温室内如果不进行通风换气，其二氧化碳浓度的日变化非常显著，这与室内种植的苗木有直接关系，同时，在温室内还会产生各种有害气体，如氨气、亚硝酸气、二氧化硫、乙烯、氯气等，因此，通风换气是日光温室栽培管理的一项重要工作。由于温室内各种环境因素的改变，使日光温室的土壤环境与状况也与露地大不相同，如土壤养分转化与有机质分解加快，肥料利用率提高，湿度可用灌溉人工调节等，均表现出设施栽培的优越性。

③日光温室建设应注意的问题　主要应考虑使用地的气候与环境，重点考虑采光、保温、苗木生长和人工作业空间等问题。通过对日光温室跨度、高度，温室前、后屋面角度，温室墙体和后屋面厚度以及后屋面水平长度等各项指标进行调整来满足实际需要，具体内容可参阅专门的书籍。

(2) 现代温室

现代温室或现代化加温温室通常简称为连栋温室或连跨温室，俗称为智能温室，主要是指设施内有先进的环境控制与装配设施，能够实现计算机控制，基本上不受自然气候条件下灾害性天气和不良环境条件的影响，能够全天候进行作物生产的大型温室。在园林苗木生产中，现代温室主要用于穴盘育苗和容器栽培。

现代温室，即连栋温室，是由若干个单栋温室串联形成的大型温室，其单栋温室的屋面有半圆拱形和尖顶形，建成连栋温室时有高屋脊、低屋脊、半拱圆与锯齿形等拨弄共同的形式。连栋温室按覆盖材料不同可分为玻璃温室、PC 板温室与塑料薄膜温室，其框架均可使用镀锌钢材或铝合金材料，玻璃温室透光好、寿命长，但造价高、夏季降温难、保温性能差；PC 板温室透光率及保温性较好，但造价高，使用一段时间后透光率下降（图 3-19）；塑料薄膜温室保温性好、造价合理，但覆盖材料使用年限短，透光率不如玻璃。综合考虑各种影响，目前越来越多的生产者选用连栋塑料薄膜。目前在我国常见使用的温室主要有以下几种类型。

芬洛型玻璃温室（Venlo type）　是我国引进玻璃温室的主要形式，是荷兰研究开发而后流行全世界的一种多脊连栋小屋面玻璃温室（图 3-19）。温室单间跨度一般为 3.2m 的倍数，开间距 3m、4m 或 4m、5m，檐高 3.5~5.0m。根据桁架的支撑能力，可组合成 6.4m、9.6m、12.8m 的多脊连栋型大跨度温室。覆盖材料采用 4mm 厚的设施专用玻璃，透光率大于 92%。开窗设置以屋脊为分界线，左右交错开窗，每窗长度 1.5m，一个开间（4m）设两扇窗，中间 1m 不设窗，屋面开窗面积与地面积比率（通风比）为 19%。

芬洛型温室的主要特点为透光率高、密封性好、屋面排水效率高，以及使用灵活且构件通用性强等。由于其没有侧通风，且顶通风比仅为 8.5% 或 10.5%。在我国南方地区往往通风量不足，夏季热蓄积严重，降温困难。近年来，我国针对亚热带地区气候特点对其结构参数加以改进、优化，加大了温室高度，并加强侧顶通风，设置外遮阳和湿帘-风机降温系统，增强抗台风能力，提高了在亚热带地区的效果。

里歇尔（Richel）温室　是法国瑞奇温室公司研究开发的一种流行的塑料薄膜温

图 3-19　使用外遮阳保温幕的多脊连栋小屋面温室(北京)
A. 玻璃温室　B. PC 板温室

室，在我国引进温室中所占比重最大。一般单栋跨度为 6.4~8m，檐高 3.0~4.0m，开间距 3.0~4.0m，其特点是固定于屋脊部的天窗能实现半边屋面(50% 屋面)开启通风换气，也可以设侧窗卷膜通风。该温室的通风效果较好，且采用双层充气膜在南方冬季多阴雨雪的天气情况下，透光性受到影响。我国研发的华北型现代化温室与里歇尔温室有许多相似之处，其骨架由热浸镀锌钢管及型钢构成，透明覆盖材料为双层充气塑料薄膜。

卷膜式全开放型塑料温室(full open type)　是一种拱圆形连栋塑料温室，除山墙外，顶侧屋面均可通过手动或电动卷膜机将覆盖薄膜由下而上卷起，达到通风透气的效果。可将侧墙和 1/2 屋面或全屋面的覆盖薄膜全部卷起成为与露地相似的状态，以利于夏季高温季节使用。由于通风口全部覆盖防虫网而有防虫效果，我国国产塑料温室多采用这种形式。其特点是成本低，夏季接受雨水淋溶可防止土壤盐类积累，简易，节能，利于夏季通风降温。

屋顶全开启型温室(open-roof greenhouse)　最早是一种全开放型玻璃温室，其特点是以天沟檐部为支点，可以从屋脊部打开天窗，开启度可达到垂直程度，即整个屋面可从完全封闭直到全部开放状态。侧窗则用上下推拉方式开启，全开后达 1.5m 宽，可使室内外温度保持一致，中午室内光强可超过室外，也便于夏季接受雨水淋洗，防止土壤盐类积累，其基本结构与芬洛型相似。

(3) 现代温室的配套设备

现代温室除主体骨架外，还可根据情况配置各种配套设备以满足不同要求，从而使温室的性能能够更加适合苗木培育。

自然通风系统　依靠自然通风系统是温室通风换气、调节温室的主要方式，一般分为顶窗通风、侧窗通风和顶侧窗通风3种方式。

加热系统　加热系统与通风系统结合，可为温室内作物生长创造适宜的温度和湿度条件。目前，冬季加热多采用集中供热、分区控制方式，主要有热水管道加热和热风加热两种系统。

幕帘系统　幕帘系统包括帘幕系统和传动系统，帘幕按安装位置的不同可分为内遮阳保温幕和外遮阳保温幕（图3-19）两种。

降温系统　包括微雾降温系统和湿帘降温系统（图3-20）。微雾降温系统形成的微雾在温室内迅速蒸发，大量吸收空气中的热量，然后将潮湿空气排出室外以达到降温目的。其降温能力为3～10℃，是一种最新降温技术。湿帘降温系统是利用水的蒸发降温原理来实现降温的技术设备，在温室北墙上安装特制的疏水湿帘，在南墙上安

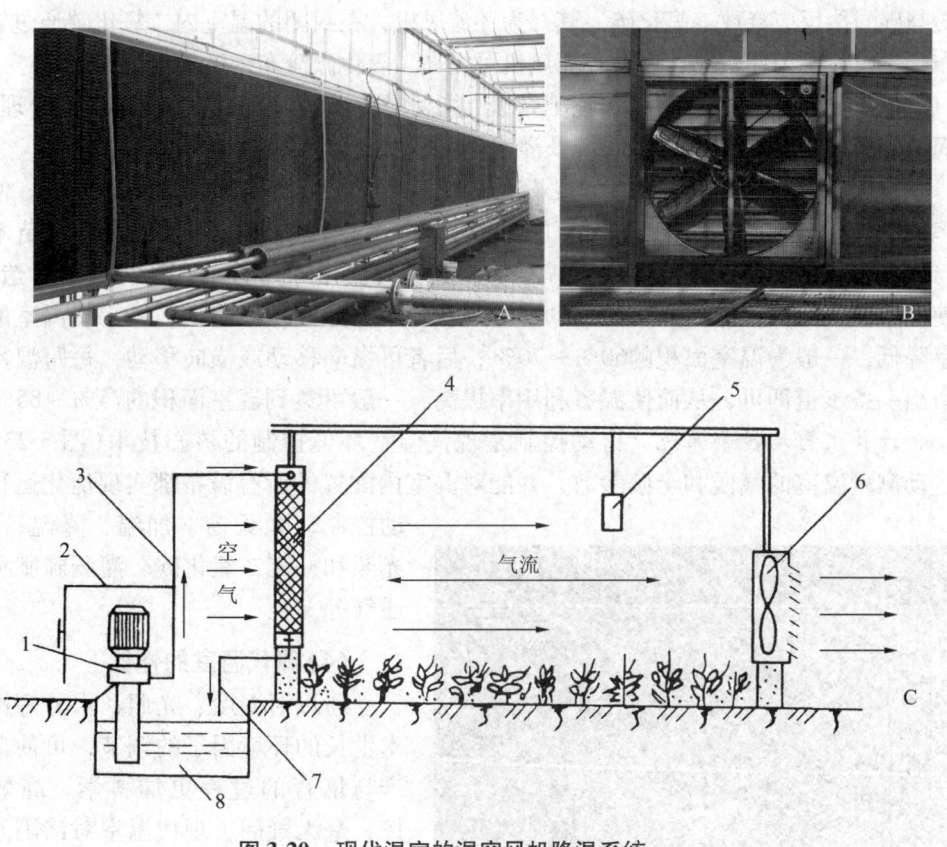

图3-20　现代温室的湿帘风机降温系统
A. 温室北侧的湿帘　B. 温室南侧的风机　C. 湿帘降温系统的工作原理
1. 水泵　2. 泄水管　3. 供水管　4. 湿帘　5. 控制装置　6. 风机　7. 回水管　8. 水池

装风扇。当需要降温时启动风扇将温室内的空气强制抽出并形成负压。室外空气在因负压被吸入室内的过程中以一定速度从湿帘缝隙穿过，与潮湿介质表面的水汽进行热交换，导致水反蒸发和冷却，冷空气流经温室吸热后再经风扇排出以达到降温目的。

图 3-21　温室内补光灯

补光系统　补光系统所采用的光源灯具要求有防潮设计，使用寿命长，发光效率高，如生物效应灯及农用钠灯（图3-21）等，悬挂的位置宜于植物行向垂直可满足弱光条件下苗木生长对光线的需要。

补气系统　补气系统包括两部分，其一为二氧化碳施肥系统，可直接使用贮气罐或贮液罐中的工业用二氧化碳，或利用二氧化碳发生器将煤油或石油气等碳氢化合物通过充分燃烧而释放二氧化碳，我国普通温室多使用强酸与碳酸盐反应释放二氧化碳。其二为环流风机，在封闭的温室内二氧化碳通过管道分布到室内，均匀性较差，启动环流风机可提高二氧化碳分布浓度的均匀性。

灌溉和施肥系统　灌溉和施肥系统包括水源、储水池及供给设施、水处理设施、灌溉和施肥设施、田间管道系统及灌水器如喷头、滴头、滴箭等。

苗床系统　苗床是苗木生产必需的设施，要求要干净、整洁，便于操作。使用最多的是高架苗床（图3-22），它除了便于管理外，良好的通气条件也有利于苗木生长与病虫害防治。苗床一般使用镀锌材料制成，有固定式与移动式两种。前者造价低、使用方便，但因苗床本身无法移动，必须在每个苗床间留出步道，结果使温室的利用率降低，一般为温室面积的60%～70%；后者可纵向移动或横向移动，每跨温室只需留出一条步道即可，从而使温室利用率提高，一般可达到温室面积的75%～85%。

计算机自动控制系统　自动控制是现代温室环境控制的核心技术（图3-23），可自动测量温室的气候和土壤参数，并能对温室内配置的所有设备都实现优化运行和自动控制，如天窗、加温、降温、加湿、光照和补充二氧化碳、灌溉施肥和环流通气等。

(4) 现代温室的性能

通过对温度、光照、水分等影响苗木生长的环境因子的调节，可使苗木生产与培育的过程更加科学、高效与可控，毫无疑问，现代温室对诸因素的调节能力超过了任何其他的栽培设施，因而是目前最先进、最完善、最高级的栽培设施。

图 3-22　移动式苗床

可充分利用温室面积，是现代温室内最常见的育苗设备，图正背面为温室湿帘

温度 提供与控制适合苗木生长的温度条件，是现代温室的最大特点与优良性能。现代温室具有热效率高的加温系统，在最寒冷的冬春季节，都能保证植物正常生长所需的温度；而在炎热季节，采用外遮阳系统和湿帘风机降温系统，可保证温室内温度达到适宜苗木生长的要求。

因此，现代温室可以完全摆脱自然气候的影响，使周年生产成为可能。

图 3-23 计算机控制系统

这是现代温室先进性的核心技术与集中体现，它可以准确调控各种环境参数，最大限度地满足苗木生长的需要，是生产高效、优质种苗的保证

光照 由于使用塑料薄膜、玻璃或塑料板材(PC 板)等透明覆盖物全面采光，透光率高，光照时间长，而且光照分布较均匀，所以全光型的大型现代温室，即便在寒冷、日照时间最短的冬季，仍然能够满足植物生长的需要。透光率较低的双层充气薄膜温室，北方地区冬季室内光照较弱，可在温室内配备人工补光设备，以保证苗木生长的光照需求。

湿度 连栋温室空间高大，通过蒸腾作用释放出大量水汽浸入温室空间，在密闭情况下，水蒸气经常达到饱和。但由于有完善的加温系统，可有效降低空气湿度，比日光温室因高湿环境给苗木生长带来的负面影响小。在炎热高温的夏季，温室内的湿帘风机降温系统，可使温室内温度降低，并保持适宜的空气湿度，照样可为苗木生长创造良好的环境条件。

气体 现代温室内二氧化碳浓度明显低于露地，在白天光合作用强时发生二氧化碳亏缺。据测定，在引进的荷兰温室中，白天 10:00~16:00 时二氧化碳浓度仅有 0.024%，不同种植区有所区别，但总的趋势一致，所以需进行二氧化碳气体施肥，以满足苗木生长需要，生产优质种苗。

土壤 为解决温室土壤的连作障碍、土壤酸化、土传病害等一系列问题，越来越普遍地采用无土栽培技术，尤其是园林苗木及花卉生产，通常使用苗床系统进行基质栽培，克服了土壤栽培的许多弊端，同时通过计算机自动控制进行施肥、灌溉等，实现了标准化、规模化的高效生产。

3.7.2 园林苗圃苗木生产设备

3.7.2.1 苗木生产设备概述

随着苗木生产机械化水平以及劳动力成本的提高，越来越多的苗圃开始使用机械，但由于各种机械价格昂贵，中小苗圃往往无法承受，在一定程度上推进了苗圃向专业化和大型化发展。虽然苗木生产与农业相似，整地、播种、施肥、松土除草、病虫害防治等都可以使用机械，但苗木生产有一些工作需要专用机械，如旋耕机、作床机、扦插机、苗木移栽机、起苗机和各种联合机等。表3-5、表3-6列举了在园林苗圃中，从土壤管理以及苗木繁殖、苗期管理直到苗木出圃过程中的主要作业及适用的机械类型。

表 3-5　园林苗圃土壤管理主要作业及适用的机械类型（顾正平等，2002）

作业内容		适用机械类型
整 地	翻耕	铧式犁、圆盘犁
	浅耕灭茬	旋耕机
	耙地	圆盘耙、钉齿耙
	平地	平地机
	镇压	镇压器
土壤处理与改良	土壤消毒　喷洒	喷雾机
	撒播	覆沙车
	土壤改良　深松	深松犁
	施有机肥	粉碎机、撒播机
	混沙	覆沙车
	开排水沟	开沟筑坝机
施 肥	捣粪	捣粪机
	运肥	装载机、撒肥车
	撒肥	撒肥车
	追肥	液肥喷洒车
播前整地	筑垄	筑垄犁
	筑床（畦）	筑床机

表 3-6　园林苗圃苗木繁殖、苗期管理与苗木出圃主要作业及适用的机械类型（顾正平等，2002）

作业内容	适用的机械类型	作业内容	适用的机械类型
种子分选	种子分选机、种子检验仪器	化学除草	喷洒车
种子发芽试验	光照发芽器（箱）	移植、截根	移植机（植苗机）、切根机
种子消毒与催芽	种子催芽设备	病虫害防治	喷雾机、诱捕器
播种	播种机、施肥播种机	苗木防寒	覆土犁、撒土机
地膜覆盖	喷洒器、地膜覆盖机	大苗移植	大苗移植机、挖坑机
扦插繁殖	切条机、插条机	起苗	起苗机
喷灌	固定式喷灌系统、移动喷灌机	假植与贮藏	单铧犁、冷藏窖
微灌	微喷灌系统、滴灌系统	包装	苗木包装机
排水	机动泵	苗木运输	汽车、挂车、冷藏车
中耕除草	铲蹚机、中耕除草机、培土机		

3.7.2.2　苗圃土壤管理机械

①旋耕机（rotary）　用于整地、翻耕，它利用旋耕刀对土壤进行旋转切削。生产中卧式旋耕机使用比较普遍。旋耕机碎土能力强，耕后土层松碎、地表平坦、作业效

率比较高。

②筑床机（seed bed formers） 在苗圃中修筑苗床时，苗床要求土壤细碎、疏松，土壤与肥料要混合搅拌均匀，床面要平整，规格要一致。常用的筑床机为旋耕式筑床机，它大多为拖拉机悬挂式，由步道犁、旋耕装置、传动箱、整形器、悬挂架等组成（图3-24）。步道犁在内侧翻垡开出步道沟，形成苗床雏形，再由旋耕装置上的凿形刀切碎土垡，并将碎土向后上方抛掷，土块与整形器的罩壳、拖板撞击后被粉碎。随之由整形器按苗床规格将疏松细碎的土壤整形成苗床。

旋耕式筑床机能一次完成多道工序，工效高，作业质量好，还可安装施肥、喷洒装置，使肥料、消毒剂、除草剂等与苗床土壤均匀混合。

3.7.2.3 播种机械

播种机按播种方法不同可分为撒播机、条播机和穴播机，包括精密播种机；还有按作业要求设计的联合作业机和免耕播种机等。

①撒播机 指将种子均匀地撒在播种地块的播种机，一般安装在农用运输车后部，由种子箱及其下方的撒布轮组成。种子箱内的种子落到撒布轮上并沿切线方向撒出，播幅可达8～12m，但作业粗放，种子不易播匀，且露于地表的种子易遭鸟兽啄食。

②条播机 指将种子按行距成行播种的机械，主要用于小粒林木种子播种，其主要的装置是排种装置和开沟器。操作时由行走轮带动排种轮旋转，种子按要求的播种量经开沟器落入沟槽内，然后由覆土镇压装置将种子覆盖压实。公元前1世纪，始于我国并沿用至今的耧，应该是世界上最早的条播机具。

③穴播机 指将种子按一定行距和穴距播在穴中的播种机。每穴可播一粒或多粒种子，分别称为单粒精播机和多粒穴播机，它们是以精确的播种量、株行距和深度进

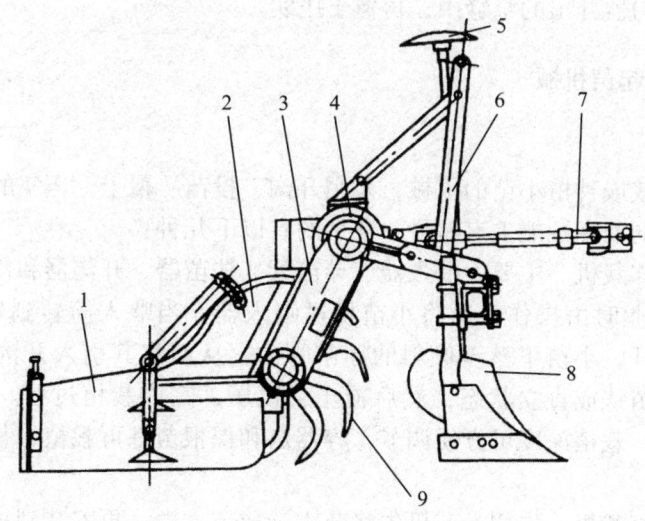

图3-24 旋耕式筑床机
1. 整形器 2. 机罩 3. 侧转动箱 4. 中央转动箱 5. 划印器 6. 悬挂架
7. 万向联轴器 8. 步道犁 9. 旋耕装置

行播种的机械,因此又称为精密播种机。可节省种子,免除出苗后的间苗作业,使每株作物的营养面积均匀。

④联合作业机和免耕播种机　如在条播机上加设肥箱、排肥器和输肥管,便可在播种时施肥。与土壤耕作、喷洒杀虫剂和除莠剂、铺塑料薄膜等项作业联合组成的联合作业机,能一次完成播前耕作、施肥、土壤消毒、开排水沟、播种、施杀虫剂和除莠剂等项作业。免耕播种机是在前茬苗木移栽后的土地上直接开出种沟播种,也称为直接播种机,可防止土壤流失,节约能源,降低作业成本,在农业生产上应用较多。

3.7.2.4　扦插机械

①切条机　是将繁殖母株的枝条截成符合规格和要求的插穗的机械。要求插穗切口平滑、不破皮、不劈裂、不分芽。切条机按切割方式不同可分为剪切式和锯切式两类。剪切式切条机由动刀片和固定刀片组成,固定刀片为帖,动刀片在其上作往复运动完成剪切动作,即插穗长度由标尺和挡块控制,可以调节。有的切条机还可自动选芽,能控制切条机的间歇动作从而完成自动选芽切条。锯切式切条机采用高速圆锯片切割插穗,结构简单,使用面很广。

②插条机　是将插穗按规定深度和株行距植入土中的机械。目前常用的栽植式插条机与植苗机相似,有开沟、分条、投条、覆土、压实等几道工序,其工作原理是按规定的行距开出窄沟,在沟内等距投入插穗,然后覆土、压实。分条装置将苗箱内的插穗按顺序单根排队,并连续准确地递给投条装置。实际生产中也可用苗卷式移栽机进行插条作业。插条前要先用专用卷苗机,将插穗单根、等距分置在双层苗木带之间卷成苗木卷,然后装到移栽机上。作业时通过橡胶圆盘,从同步释放的苗木卷中夹持插穗,投入由开沟器开出的窄缝中,再覆土压实。

3.7.2.5　种植和起苗机械

(1) 移栽机

移栽机是移栽或种植小苗的机械,采用开沟、投苗、覆土、压实的工作原理,由于投苗机构造不同而在性能上有差异。常见的有以下几种:

①导苗管式移栽机　主要由喂入器、导苗管、扶苗器、开沟器和覆土镇压轮等组成(图3-25),作业时由操作人员将小苗投进喂入器,当喂入筒转到导苗管上方时,筒下面的活门打开,小苗下落至倾斜的导苗管内,从而将其引入开沟器开出的苗沟内,扶苗器将小苗扶成直立状态,然后覆土、镇压,完成栽植过程。该机适应范围广,株距、行距、栽植深度可方便调节,容器苗和裸根苗都可栽植,栽植质量好,合格率高。

②苗木卷式移栽机　先用卷苗机先将苗木卷成苗木卷,再安装到移栽机上,通过圆盘栽植机构夹苗、送苗和投苗。生产效率比较高,与拖拉机配套方便;但需两道工序作业,结构也较复杂。该机还可用于插条作业。

③苗夹式移栽机　由弹簧苗夹、转盘、滑道等组成,弹簧苗夹安装在转盘上,转

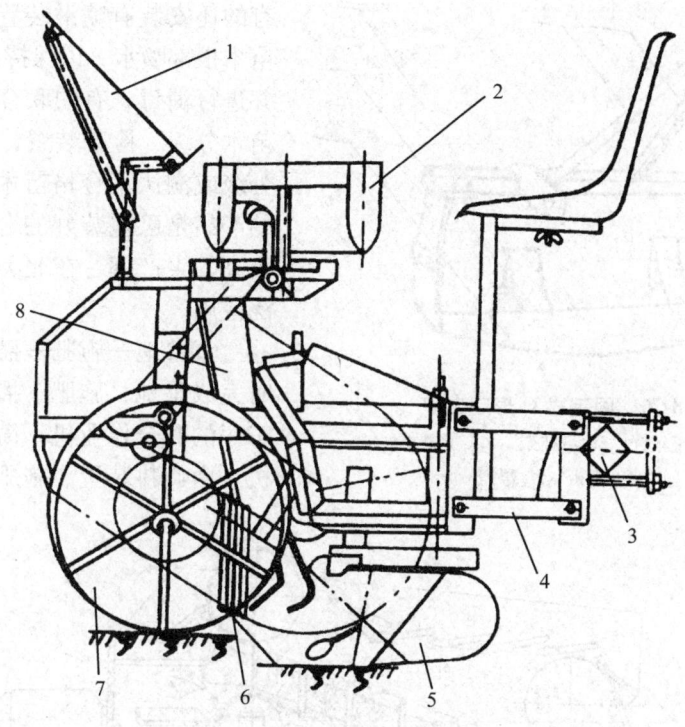

图 3-25 导苗管式移栽机
1. 苗架　2. 喂入器　3. 主机架　4. 四杆仿形机构　5. 开沟器　6. 扶苗器　7. 覆土镇压轮　8. 导苗管

盘与拖拉机前进速度相等，但方向相反，以保持栽植点的相对速度为零，使苗木呈直立状态。弹簧苗夹在通过放苗点时被滑道开，苗木垂直落入栽植沟，被覆土镇压轮覆土、压实，完成栽植作业。苗夹式移栽机使用比较普遍，还可进行植树作业。优点是投苗准确，栽植质量比较好，往苗夹放苗的时间要求不是很严格，不易漏苗；缺点是结构比较复杂，必须与具有超低档的拖拉机配套使用。

(2) 起苗机

起苗机是出圃或移栽时起挖苗木的机械。起苗时要保证苗木根系基本完整，符合国家标准对有关树种苗木质量的规定。起苗机有拖拉机悬挂式和牵引式两种，以悬挂式居多。悬挂式起苗机由起苗铲、碎土装置和机架3部分组成。常用的起苗铲是U形起苗铲（图3-26），完成切土、切根、松土等作业，适用于床作的一、二年生播种苗、扦插苗的截根和起苗。

(3) 多工序联合作业机

①起苗—收集—包装联合机　能同时完成起苗、夹苗、抖土、收集、计数、打捆和包装等多工序的联合作业机，简称为起苗联合机（图3-27）。它由起苗铲、碎土装置、苗木夹持机构、输送器、集苗箱、打捆包装机构等组成。作业时，起苗铲掘起的苗木被传送带式柔性机构夹持，一边输送一边抖落苗木根部土壤，由横向输送器送入苗箱，再

由卷苗带或打捆机构计数、打捆包装。有的还安装有喷淋装置，在装箱时向苗木根部喷水，以保持苗木根部湿润，并进行消毒，有的联合机上还安装有苗木分级、检验装置，可同时对苗木分级或淘汰不合格苗木。起苗联合机的产品是已包装好的合格苗木，具有极高的生产率，在北美和欧洲苗圃广泛使用。

② 整地—施肥—播种联合机　同时完成整地、施肥、播种、压实等多工序的联合作业机，简称为播种联合机。由旋耕装置、施肥装置、播种机

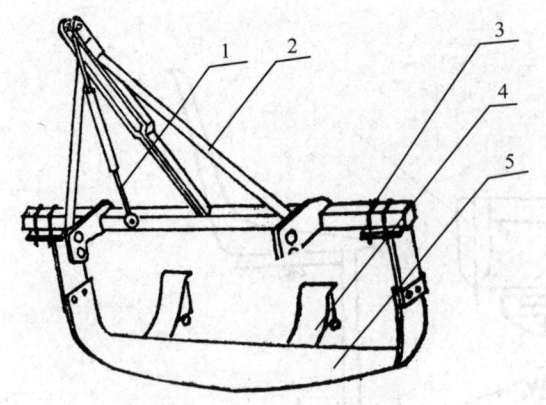

图 3-26　固定式 U 形起苗铲
1. 连接丝杆　2. 悬挂架　3. U 形螺栓
4. 碎土板　5. 犁刀

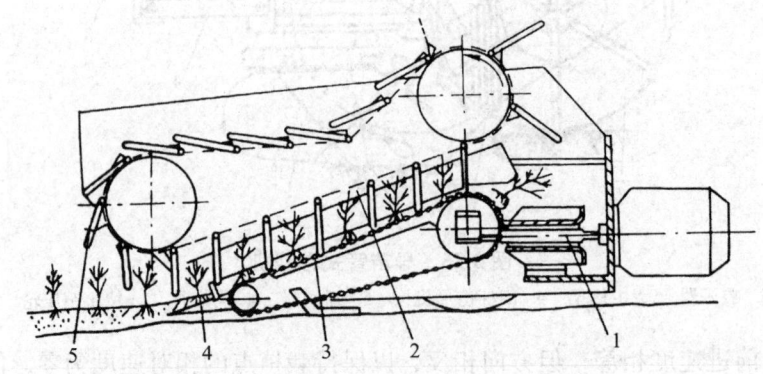

图 3-27　起苗联合机的结构与工作原理
1. 横向输送器　2. 挠性传动带　3. 链式升运器　4. 起苗铲　5. 苗木挡板

构、镇压器等组成。作业时，旋耕装置将土壤切成厚度不同的碎块，向后抛撒，当碎块碰撞到后面的护罩后下落，强烈的粉碎效应使土块更加细碎。排肥器和排种器中的肥料和种子流则掉入两侧和下面飞速向后的土壤流，并被碰撞回落的细碎土壤覆盖，最后经镇压轮压实，使肥料和种子与土壤紧密接触，完成从整地到施肥、播种、压实的全过程（图 3-28）。播种联合机生产率比较高，结构也不复杂，在我国的应用日趋广泛。

3.7.2.6　交通运输设备及其他

根据苗木生产以及苗圃经营管理的需要，配置不同类型的汽车、拖拉机、手扶拖拉机、胶轮车、电瓶车、板车等交通运输车辆，用于在生产与经营不同环节的苗木和生产物资的运输，是苗圃建设的基本投资之一，具体内容不再赘述。有些不经常使用的大型设备，如推土机、冷藏运输车等，需要时可以租借，这样可降低苗圃投资成本。

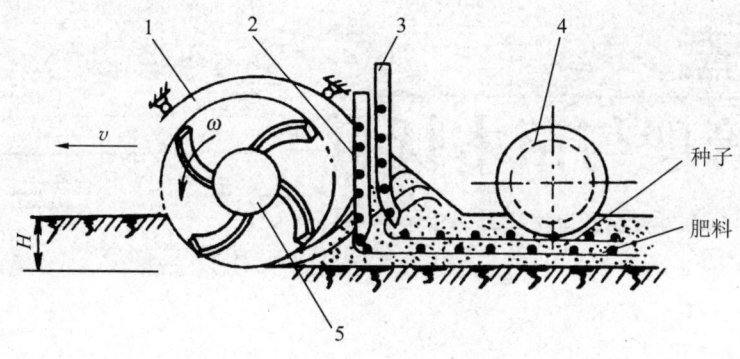

图 3-28 播种联合机工作原理
1. 播种联合机罩壳 2. 导肥管 3. 导种管 4. 镇压轮 5. 旋耕装置

复习思考题

1. 名词解释：园林苗圃，地栽苗苗圃，容器苗苗圃，耕作区，育苗区，移植区，繁殖区，辅助用地，展示区，荫棚，小拱棚，塑料大棚，日光温室，现代温室，移苗机，筑床机。
2. 园林苗圃合理布局的意义是什么？
3. 园林苗圃用地选择要注意哪些问题？如何理解选址的立地条件？
4. 为什么要在园林苗圃建立前进行市场调查？
5. 园林苗圃的类型及其经营特点是什么？如何理解它们与园林苗圃设计和建设的关系？
6. 试分析园林苗圃的规模与其生产、经营方式的关系。
7. 园林苗圃规划设计时，为什么要进行大量的准备工作？简单论述它们对苗圃规划设计的重要性。
8. 详细了解园林苗圃规划设计中生产用地与辅助用地配置的原则与内容。
9. 如何编制园林苗圃的规划说明书？试分析规划说明书对园林苗圃建设的重要性。
10. 了解园林地栽苗圃建立与建设的主要内容及其应注意到问题。
11. 试论述树种或品种选择对园林苗圃生产经营的重要性。
12. 简述苗床的基本类型、特点及其应用。
13. 了解并掌握风障与阳畦的主要类型、特点及其性能与应用。
14. 简述酿热温床与电热温床的结构、加热原理及其应用特点。
15. 简述小拱棚、中拱棚与塑料大棚的主要区别及其应用特点。
16. 掌握塑料大棚的基本类型、构造及其与大棚性能的关系。
17. 了解日光温室的基本结构、类型与性能。
18. 现代温室的主要特点是什么？了解其基本的设施与设备配置。
19. 了解园林苗圃苗木生产设备的主要类型与适用性，从苗圃生产与管理的不同角度分析苗木生产机械化的重要性与必然性。
20. 调查分析目前我国园林苗圃在规划设计与建设过程中存在的主要问题以及解决对策。

第 4 章
圃地管理与苗木抚育

【本章提要】 圃地管理与苗木抚育是贯穿苗木繁殖与培育始终的常规作业内容，是苗圃生产与管理的基础。本章主要介绍地栽苗圃圃地管理与苗木抚育的各种技术措施、原理与方法，具体包括土壤管理与施肥、水分管理、除草管理、病虫害防治与越冬防寒等内容。

园林苗圃苗木繁殖与培育，涉及从苗木种质资源即繁殖材料获取到苗木成苗出圃的整个过程。目前，国内外园林苗木培育的类型，基本上可以划分为裸根培育体系与容器苗培育体系。在裸根苗培育体系即地栽苗圃中，圃地土壤是苗木生长的主要环境之一，对土壤的一系列管理措施都不可避免地直接影响着苗木的质量与产量；同时，肥、水等影响苗木生长的其他各种栽培及环境因子，也是决定苗圃苗木生产质量与抚育水平的主要因素，构成了本章将要论述的有关地栽苗圃圃地管理与苗木抚育的主要内容。而有关容器苗培育体系中苗木抚育管理的内容将在第 11 章专门讲述。

4.1 土壤管理与施肥

地栽苗圃在苗圃建设以及建成后的苗木生产过程中，圃地土壤管理都是园林苗圃生产与管理的重要内容。提高土壤肥力（soil fertility）是土壤管理的核心问题，后者是土壤为苗木生长提供并协调水分、养分、空气与热量的能力，是土壤各种特性的综合表现。通过改良、耕作与施肥等措施，提高土壤肥力，使其发挥在苗木生产中的基础作用，是园林苗木生产与栽培必须掌握的知识与技术。由于土壤管理与施肥密不可分，本节将它们合在一起介绍。

4.1.1 土壤改良

土壤改良（soil amelioration 或 soil improvement）是指通过机械或物理、化学与生物的方法，人为改善土壤结构及其水、气、热等条件，以提高土壤肥力，使其更适合或有利于苗木的生长，为苗圃生产培育优质苗木产品奠定基础。土壤作为一个植物生长的支持体系，改良的是物理（结构）与化学成份性质。因此，土壤改良要以土壤的结构与理化性质为基础，根据实际情况选择使用不同的改良方法与措施。

4.1.1.1 土壤结构及理化性质

土壤是由固体、液体和气体组成的三相系统，其中固相颗粒是组成土壤的物质基础，占土壤总重量的85%以上。根据土粒直径的大小不同可将土粒分为粗砂(2.0～0.2 mm)、细砂(0.2～0.02mm)、粉砂(0.02～0.002 mm)和黏粒(0.002 mm以下)。这些不同大小固体颗粒的组合百分比称为土壤质地。根据土壤质地可把土壤区分为砂土、壤土和黏土三大类。在砂土类土壤中以粗砂和细砂为主、粉砂和黏粒所占比重不到10%，因此，土壤黏性小，孔隙多，通气透水性强，蓄水和保肥能力差。在黏土类土壤中以粉砂和黏粒为主，占60%以上，甚至可超过85%，其质地黏重，结构紧密，保水保肥能力强，但孔隙小，通气透水性能差，湿时黏、干时硬。壤土类土壤的质地比较均匀，其中黏砂、粉砂和黏粒所占比重大体相等，土壤既不太松也不太黏，通气透水性能良好，且有一定的保水保肥能力，是比较理想的农作土壤。

土壤结构则是指固相颗粒的排列方式、孔隙的数量和大小以及团聚体的大小和数量等。土壤结构可分为微团粒结构(直径小于0.25mm)、团粒结构(直径为0.25～10mm)和比团粒结构更大的各种结构。团粒结构是土壤中的腐殖质把矿质土粒黏结成直径为0.25～10mm的小团块，具有泡水不散的水稳性特点。具有团粒结构的土壤是结构良好的土壤，因为它能协调土壤中水分、空气和营养物之间的关系，改善土壤的理化性质。团粒结构是土壤肥力的基础，无结构或结构不良的土壤，土体坚实，通气透水性差，植物根系发育不良，土壤微生物和土壤动物的活动也受到限制。土壤的质地和结构与土壤中的水分、空气和温度状况有密切关系，并直接或间接地影响着植物和土壤动物的生活。

土壤的化学性质包括土壤酸碱度、土壤有机质、土壤中的无机元素。我国土壤酸碱度可分为5级：pH值小于5.0为强酸性，pH值5.0～6.5为酸性，pH值6.5～7.5为中性，pH值7.5～8.5为碱性，pH值大于8.5为强碱性。土壤酸碱度对土壤养分的有效性有重要影响，在pH值6～7的微酸条件下，土壤养分的有效性最好，最有利于植物生长。在酸性土壤中容易引起钾、钙、镁、磷等元素的短缺，而在强碱性土壤中容易引起铁、硼、铜、锰和锌的短缺。

土壤有机质包括非腐殖质和腐殖质两大类。后者是土壤微生物在分解有机质时重新合成的多聚体化合物，占土壤有机质的85%～90%。腐殖质是植物营养的重要碳源和氮源，土壤中99%以上的氮素是以腐殖质的形式存在的。腐殖质也是植物所需各种矿物营养的重要来源，并能与各种微量元素形成络合物，增加微量元素的有效性。土壤有机质能改善土壤的物理结构和化学性质，有利于土壤团粒结构的形成，从而促进植物的生长和养分的吸收。

植物从土壤中所摄取的无机元素中有13种对任何植物的正常生长发育都是不可缺少的，其中有大量元素氮、磷、钾、硫、钙和镁以及微量元素铁、锰、锌、铜、钼、硼和氯。植物所需的无机元素主要来自土壤中的矿物质和有机质的分解。腐殖质是无机元素的贮备源，通过矿质化过程而缓慢地释放可供植物利用的养分。土壤中必须含有植物必需的各种元素且比例适当，才能使植物生长发育良好，因此，通过合理施肥改善土壤的营养状况是提高植物产量的重要措施。

4.1.1.2 土壤改良方法

苗圃生产普遍需要透气好的肥沃腐殖土,但我国现有的腐殖土资源甚少,圃地土壤往往满足不了苗木生长的需要,常常要对盐碱土、红黏土、砂石土、板结土、黑鳅土、冷浆稻田土等进行改良,使其更适合苗木栽培与生长。土壤改良是苗圃,尤其是新建苗圃的一项重要投资成本,因为对苗木生长有长期的影响,因此应高度重视。

(1) 红黏土的改良

这类土壤多分布于半岛的山丘地,土质黏重,地板发硬,有机质肥力低,怕旱不保苗。改良方法为:施草炭,每亩 6~10t;或运客土,可往地里添加腐殖土、河底鱼塘的淤泥;还可采用深耕施肥改良,结合深耕大量施入有机质含量高的牲畜粪,每亩 5~10t。

(2) 盐碱土的改良

这类土壤盐性大,易烧苗,易涝,易旱。常用改良方法为:换土,即挖出明碱土,换上优质土;或采用砂压碱,改良暗碱土;还可通过增施有机质肥料,改良盐碱性;也可以通过其他工程、化学或生物措施进行改良。

(3) 砂石土的改良

这类土壤多分布于山地,砂多,石头多,漏水,漏肥,怕旱,土质瘠薄。改良方法为:工程改良,修梯田;客土改良,往地里大量施入黏土或河里底土,改善土壤结构,增加保水保肥能力;施肥改良,大量施有机质含量高的农家肥,改变砂土的物理性质,提高土壤肥力。

(4) 板结土的改良

土壤结构不良,不漏水,板结程度高,影响植物根系生长。改良方法为:施肥改良,增施大量有机肥料;深耕改良,加深耕层,中耕松土,改善土壤结构;灌水改良,有条件时将灌水和松土结合起来,改善土壤结构。

(5) 黑鳅土的改良

这类土壤多分布于低洼沼泽地区,地下水位高,土质黏,旱时硬、涝时泞,易遭霜冻害。改良方法为:客土改良,往地里压砂;施煤灰改良,每亩施 5~10t,也可用马粪、炕洞土;挖排水沟,降低地下水位,高垄栽培或台田种植,以及栽种抗涝植物。

(6) 冷浆稻田土的改良

这类土壤的特点是地势低洼,地下水位高,排水不良,土质黏,地温低。改良方法为:工程改良,挖沟排水,降低地下水位,提高地温;施煤灰改良,每亩施 5~10t,提高地温,熟化土壤,改善土壤的结构和理化性质;此外,可采用炉灰、石灰改良,每亩施 0.1~0.2t。

(7) 调整土壤中的 pH 值

大多数园林绿化植物,在 pH 值为中性或微酸及微碱性的土壤里生长良好。南方植物一般喜欢偏酸性土壤,而北方植物喜偏碱性土壤。苗圃土壤不符合一定的 pH 值,就需要改良土壤了。如果土壤为酸性或强酸性时,每亩施用 6~10t 草炭以增加有机质,或者每亩施石灰 0.1~0.5t 中和土壤酸性;土壤为碱性或强碱性时,应向土壤增施硫酸亚铁进行改良。

4.1.1.3 土壤耕作

(1) 土壤耕作及其作用

园林苗圃的土壤耕作是指对苗圃地进行土地平整、翻耕、耙地及镇压,又称为整地,即对土壤的深耕细作,主要是通过翻动耕作层的土壤,有效改善与提高土壤肥力,是苗圃保证实现壮苗高产的重要管理措施之一。

合理土壤耕作的主要作用包括:

①提高土壤蓄水保墒与抗旱能力　通过整地,松动土壤,增加土壤的总孔隙度,尤其是非毛管孔隙,增强了土壤的蓄水性能,切断毛细管,减少毛管孔隙,减少土壤水分的地表蒸发,从而提高了土壤蓄水保墒和抗旱能力。

②改善土壤通气性能　有利于土壤气体交换与苗木根系的呼吸,使土壤中的二氧化碳和硫化氢及氢氧化物等有害的气体排出,易于提高地温,并减小昼夜温差,有利于苗木生长。

③改善土壤结构、提高土壤肥力　翻动耕作层土壤,使深层土壤熟化,有利于恢复与创造土壤的团粒结构,增加土壤孔隙度,改善土壤结构,促进微生物的活动,加速土壤有机质的分解,为苗木提供养分。

④有利于消灭或减少病虫和杂草危害　整地能翻埋杂草种子,使病虫的卵暴露在土壤表面,能在一定程度上消灭害虫。耕作能对杂草或病虫的生活周期与环境进行干扰或破坏,起到灭除作用。

(2) 土壤耕作的内容与方法

苗圃土地耕作主要包括土地平整、浅耕灭茬、耕地、耙地、镇压与中耕等基本作业环节,因其作业对象、目的与内容不同而具有不同的特点与要求。基本要求是要及时平整,全面耕作,土壤细碎,清除草根石块,并达到一定深度。

①土地平整　是指某一作业区内局部土地的平整工作。主要目的是使圃地平坦,便于耕作和作床起垄,同时有利于灌溉和排水等育苗作业(图 4-1)。对地势不平坦的缓坡地,或经过大量带土出圃的换茬地,都必须进行平整工作,否则易造成翻耕时深浅不一或翻耕困难的后果。土地平整一般是在秋季用平整机具进行,为防止土壤水分蒸发可结合浅耕进行。所用的浅耕工具为圆盘耙、钉齿耙等,浅耕深度为 5~10cm。在地势起伏较大的圃地,常用开沟平整的方法。在地势平坦、条件优越的苗圃地,土地平整可与翻耕结合进行。

②浅耕灭茬　以减少土壤水分蒸发,消灭农作物、绿肥、杂草茬口为主要目的,

是对土壤表土的耕作措施。如果在农田或撂荒地、生荒地上新建苗圃，或者苗圃进行轮作，前茬是农作物、绿肥等，均需在作物收获后进行浅耕灭茬。浅耕的深度农田一般为4~7cm，荒地为10~15cm。浅耕一般在农作物收割后立即进行，可以防止土壤水分蒸发，消灭杂草和病虫害，切碎盘根错节的根系，减少耕作阻力，时间越早防止土壤蒸发的效果就越好。

图4-1　育苗前整地（李国雷提供）

③耕地　又称为犁地，具有整地的全部作用，是土壤耕作的主要环节，具体操作中要掌握好耕地深度与耕地时间。

耕地深度对整地的效果有很大的影响。深耕能够破坏原有的犁底层、加深松土层，在深耕的同时如能实行分层施肥，特别是施用有机肥，更能够促使深层生土熟化，增加土壤的团粒结构，为苗木根系生长提供良好环境。实践证明，耕地深度对苗木生长有明显影响，但具体深度要根据圃地条件与育苗要求来确定。如果过深，苗木根系太长，起苗时主要根系不能起出，易降低苗木质量、影响移植成活率，而且会把下层生土翻出地表，反而不利于苗木生长，同时也加大了工作量。如耕地过浅，则起不到耕地应有的作用。因此，苗圃耕地宜提倡适当深耕，以熟化耕作层土壤。一般播种苗营养根系主要分布在5~25cm，故播种区的耕地深度以20~25cm为宜；营养繁殖和移植苗的根系较长，一般在7~35cm，耕地深度以30cm左右为宜。然而，同一树种在不同气候、不同季节、不同土壤条件下，对耕地有不同的要求。在干旱地区耕作层可适当加深，而在土壤潮湿的地区，则可浅些；秋耕宜深，春耕宜浅；北方干燥土壤为了蓄水，南方黏重圃地为了改善土壤质地，盐碱地为了改善物理性质，抑制盐碱上升，都应适当深耕；砂土不宜深耕，以免引起风蚀。总之，要因地、因时、因土施耕，才能达到预期的效果。

耕地多在春秋两季进行。北方一般在浅耕后的半个月进行，秋耕能消灭病虫害和杂草，改良土壤，还能有效地利用冬季积雪，增加土壤含水量，在秋季风蚀严重的地方，可进行春耕。春耕常在土壤解冻后立即进行，耕后及时耙地，防止水分散失，冬季土壤不结冻的地区，可在冬季或早春耕作。耕地的具体时间应视土壤含水量而定，土壤含水量达到饱和含水量的50%~60%时，耕地效果好且省力。实践经验表明，用手抓一把土捏成团，在1m高处自然落下，土团摔碎，即可耕作；或者新耕地没有大的垡块，也没有干土，垡块一踢就碎，即为耕地的最好时机。

当前常用的耕地机具主要有悬挂式三铧犁（图4-2）、五铧犁、双轮双铧犁等。

④耙地　是在耕地后进行的表土耕作措施。其目的是耙碎土壤，混拌肥料，平整土地，消除杂草，破坏地表结皮，保持土壤水分，防止返盐碱等。耙地要重视质量，

图 4-2 拖拉机牵引的悬挂式三铧犁为常用的一种耕地机具

做到透、实、细、平,达到土壤平整、均匀。如果耙地质量不好,坷垃大而多,跑墒过多,土壤水分不足,不仅影响播种质量,而且幼苗常被大土块压住,以致不能出土。

耙地一般在耕地后立即进行,有时也要根据圃地的气候和土壤条件灵活掌握。冬季有积雪时,可在第 2 年早春"顶凌耙地"以积雪保墒;土壤黏重的地方,也可以在第 2 年春天耙地,通过土壤晒垡来改良土壤。春耕后必须立即耙地,否则既跑墒又不利于播种,农谚说:"贪耕不耙,满地坷垃"。耙地要耙平耙透,达到平、松、碎。耙地可用圆盘耙、钉齿耙、柳条耙等机械工具。

⑤镇压 是在耙地后,施用镇压器压平或压碎表土的作业措施。镇压可破碎土块、压实松土层,使一定深度的表土紧密,促进耕作层的毛细管作用。在干旱无灌溉条件的地区,春季耕作层土壤疏松,通过镇压能减少气态水的损失,对于土壤保墒有较好的效果。镇压可在作床或起垄后进行,或在播种前镇压播种沟或播种后镇压覆土。耙地后如果需要压碎土块,镇压可与耙地同时进行。不要镇压黏重的土壤,否则会使土壤板结,妨碍幼苗出土,给育苗带来损失。此外,在土壤含水量较高的情况下,镇压也会使土壤板结,要等土壤湿度适宜时再进行镇压。常用的机械有环形镇压器、齿形镇压器等。简易的也可以用木磙、石磙、水泥磙等。

⑥中耕 是在苗木生长期间对土壤进行的疏松作业,可克服由于灌溉和降雨等原因造成的土壤板结现象,减少土壤水分蒸发,减轻土壤返盐现象;促进气体交换,给土壤生物的活动创造适宜的条件,提高土壤中有效养分的利用率,并消灭杂草;在较黏的土壤上,能防止土壤龟裂,促进苗木的生长。

中耕必须及时,每逢灌溉或降雨后,当土壤湿度适宜时,要及时进行中耕,以减少水分蒸发和避免土壤出现板结现象。中耕的深度因苗木的大小而异。小苗因根系分布较浅,中耕宜浅;随着苗木逐渐长大,中耕的深度也应该加大。一般小苗期深 2~4cm,随着苗木逐渐长大,中耕深度应加大到 7~8cm,垄作育苗的中耕深度可达十几厘米。

中耕还经常作为一种非常有效的苗圃除草方式使用。

(3) 不同苗圃地类型土壤耕作的特点

①育苗地耕作 苗木起苗后,应及时耕翻一次,耙细耙平,以供作床。秋季起苗、秋季播种的圃地,起苗后应抓紧进行冬耕。耕后适时耙地,耙平耙细后,再浅耕一次,然后作床。春季起苗的圃地,起苗后应尽快犁耙,以减少水分蒸发。同时,为了疏松土壤,增加土壤通透性,在育苗过程中应加强中耕。

②农耕地耕作　新建苗圃或轮作后，农耕地常用于育苗。此时，应在作物秋收后立即进行浅耕灭茬，等杂草种子萌发时再进行深耕，其他作业要求与育苗地耕作相同。

③生荒地、撂荒地耕作　生荒地、撂荒地通常杂草茂密，草根盘绕，土壤较为干燥，整地方法应根据杂草的繁茂程度和生草层的厚度来决定。在多年生和一年生杂草茂密的荒地上，先割草压绿肥，浅耕灭茬，切断草根，然后深耕晒白，使土壤充分风化，次年春季再翻耕耙地，坡度大的地段要先筑成水平梯田后再进行育苗。

4.1.1.4　土壤轮作

(1) 轮作及其意义

轮作是在同一块圃地上把不同树种的苗木或其他作物按一定的顺序轮换种植的栽培方法，又称为换茬或倒茬。它是一种重要的种植模式，"轮作"的实际是土壤上生长的苗木。与轮作相反的栽培方式称为连作或重茬，是指在同一块圃地上连年培育同一树种的苗木。

与其他作物一样，苗木连作由于容易引起某些营养元素的缺乏、某些病原菌和害虫发生、根系分泌酸性物质及有毒气体产生毒害作用等，即使在正常的栽培管理条件下，也会出现生长变弱、产量降低、品质下降的现象，这种现象称为连作障碍，是作物栽培要解决的重大问题之一，同样也是苗木培育必须面对的课题。而轮作作为生物改良土壤的主要措施之一，能够调节生物与土壤间的关系。实践证明，有效克服连作障碍问题是保证苗圃高质、高效培育苗木的有效方法之一。其主要原因是：

①轮作能充分利用土壤养分。不同树种或作物从土壤中吸收的营养元素的种类和数量是不同的，如针叶树对氮的需要量比阔叶树多，但对磷的需要量却较少。

②轮作可以改良土壤结构，提高土壤肥力。起苗后，不仅留下的有机质少，而且带走大量的肥沃土壤，轮作种植农作物特别是绿肥作物，可大量增加土壤中的有机质，改良土壤结构。

③轮作可以有效地防止土壤中可溶性养分的淋失和抑制盐碱地盐碱度的上升。

④轮作是生物防治病虫害和杂草的重要措施之一。它改变了病原菌和害虫的生活环境，使它们失去了生存条件而死亡；同时，轮作改变了土壤耕作制度和杂草的生活环境，能够在一定程度上抑制杂草的滋生。

⑤轮作可以减少和调节土壤中积累的有害物质和气体，从而减少对苗木的伤害。

(2) 轮作的方法

苗圃轮作要根据育苗的任务，树种和农作物等的生物学特性，以及它们与土壤的相互关系，进行合理的安排。常见的轮作方法有以下3种。

①苗木树种间轮作　当苗圃中培育着多种树种的苗木时，要做到树种间的合理轮作。应了解各种苗木对土壤水分和养分的不同要求，各种苗木易感染的病虫害种类、抗性大小以及树种间互利与不利作用。从总体上看，轮作最好是在豆科树种与非豆科树种、深根性树种与浅根性树种、喜肥性树种与耐贫瘠树种、针叶树种与阔叶树种、

乔木与灌木之间进行，这样轮作效果更明显。

常用的苗木轮作有：在北方地区，针叶树如红松、落叶松、云杉等可以相互轮作，也可连作（利用菌根的作用）；杨、榆、黄波罗（*Phellodendron amurense*）可相互轮作；油松、白皮松与板栗（*Castanea mollissima*）、杨、柳、桦木、栎类、紫穗槐、合欢等轮作，可有效地减少松苗立枯病，且苗木生长良好。在南方地区，杉木、马尾松与白榆、刺槐轮作效果良好；油松、白皮松与合欢、复叶槭（*Acer negundo*）、皂荚（*Gleditsia sinensis*）轮作，可减少立枯病。

在进行树种间轮作时，注意不要选择有共同病虫害的树种进行轮作。油松、白皮松与白榆、刺槐、黑枣（君迁子）（*Diospyros lotus*）、侧柏等轮作，则立枯病严重，且苗木生长不良；如为了防止锈病就不应用落叶松与杨、桦木轮作；云杉不应与稠李（*Prunus padus*）轮作；圆柏不应与花椒、苹果（*Malus pumila*）、白梨（*Pyrus bretschneideri*）等轮作。

②树种与农作物轮作　农作物在收割后有大量的根系遗留在土壤中，增加了土壤的有机质，可以有效地改良土壤结构。一般阔叶树种可与豆类、小麦、高粱、玉米等轮作，松类则不宜与豆类轮作，否则易引发病虫害。南方松类可与水稻轮作。但各种苗木一般均不宜与蔬菜轮作，因为蔬菜的病虫害严重。

③树种与绿肥、牧草轮作　目前生产上常与苗木轮作的绿肥或牧草有紫云英（*Astragalus sinicus*）、苜蓿（*Medicago*）、三叶草（*Trifolium*）、紫穗槐、胡枝子（*Lespedeza bicolor*）等。紫花苜蓿每亩可固氮 13.5kg，三叶草每亩可固氮 10kg，紫云英每亩可固氮 7.5kg。因此，树种与绿肥、牧草轮作可以增加土壤中的氮素含量，增加土壤有机质，促成稳固性团粒结构的形成，改善土壤肥力条件。

(3) 轮作周期

轮作周期是指在实施轮作的育苗地上，所有的地块都能够得到相同休闲时间所需要的期限。通常轮作周期有 3 年、4 年、8 年、9 年等，一般完成一个轮作周期所需要的时间与轮作区的数量相同。为完成一个轮作周期，对育苗地与休闲地布局所做的具体安排，称为轮作制度。同一个轮作周期，可以有不同的轮作制度，在不同的轮作制度下，休闲地的数量和同一地块的休闲时间不同。根据具体情况，不同地区应根据本地区的实际情况，制订适合本地区的育苗轮作制度。轮作制度应该作为苗圃生产管理的内容，列入苗圃生产发展计划中实施。其实，轮作是用地与养地相结合的一种生物学措施，我国早在西汉时就实行休闲轮作。北魏《齐民要术》中有"谷田必须岁易""麻欲得良田，不用故墟""凡谷田，绿豆、小豆底为上，麻、黍、故麻次之，芜菁、大豆为下"等记载，指出了作物轮作的必要性，并记述了当时的轮作顺序。

4.1.1.5　土壤管理的指标与注意事项

除了土壤改良、耕作、轮作等土壤管理措施外，施肥也是十分重要的改良土壤的内容之一，将在下一节专门介绍。土壤管理是要通过一系列综合措施的实施，使土壤肥力提高，达到良好育苗地的指标：①有机质含量应在 1.5%～2.0% 及以上；②土壤容重应为 1.0～1.3g/cm^3；③土壤的三大元素含量应丰富。由于苗圃地消耗肥力较多，需要及时补充肥力；要制定苗圃地土壤养分质量标准，以作为科学施肥的依据。

表 4-1　土壤养分分级标准

级别	有机质(%)	全氮(%)	速效氮(mg/L)	速效磷(mg/L)	速效钾(mg/L)
1	>4	>0.2	>150	>40	>200
2	3~4	0.15~0.2	120~150	20~40	150~200
3	2~3	0.1~0.15	90~120	10~20	100~150
4	1~2	0.07~0.1	60~90	5~10	50~100
5	0.6~1	0.05~0.75	30~60	3~5	30~50
6	<0.6	<0.05	<30	<3	<30

表 4-1 是农业用地的土壤养分分级标准，可暂作参考。

在苗圃土壤管理中应注意以下问题：①作业区内要减少机械性碾压与践踏，减少对土壤结构的破坏；②注意增施有机肥，特别是基肥，以有效地改良土壤性质；③合理灌水，防止大水漫灌，减少土壤板结，最好用滴灌或喷灌的方法。

4.1.2　施肥

施肥是通过各种肥料用化学的措施改善土壤的肥力因素，间接地改善土壤的肥力条件，其主要目的与作用是为苗木生长提供营养元素，以及通过改良土壤提高土壤肥力，为苗木生长创造良好条件。因此，施肥是园林苗圃培育优质壮苗的重要措施之一。

4.1.2.1　苗木营养及营养诊断

（1）苗木营养

苗木在生长发育过程中，要从外界吸收多种化学元素，来维持其生命活动的需要，这些元素通常称为营养元素，简称为营养或养分。缺乏营养时，苗木将发育不良，不能健康生长，严重时甚至导致苗木死亡。

园林树木与其他植物一样，体内共有 16 种必需的营养元素，其中碳、氢、氧所占比例最大，碳元素最多，是构成苗木有机体的主要元素；其他 13 种元素包括氮、磷、钾、硫、钙、镁及铁、锰、锌、铜、氯、钼、硼，主要由土壤供给，因此也称为土壤养分，传统上是从土壤中吸收的。在植物必需的营养元素中，碳、氢、氧、氮、磷、钾、硫、钙、镁的需求量比较大，自然界储量比较多，称为大量元素；而铁、锰、锌、铜、氯、钼、硼苗木需求量较少，除铁外其他几种元素自然界储量较少，称为微量元素。植物的各种必需元素在体内都具有重要的生理作用，构成了栽培学上施肥的理论基础，具体内容可参阅植物生理学的有关章节，这里不再赘述。

在必需元素中，氮、磷、钾对苗木生长的影响最大，称为肥料三要素。在大量元素中，碳从空气中获得；氢、氧主要从空气中获得，少量从水中获得；其他营养元素主要从土壤中获得，根外追肥技术的应用，使苗木可以从叶面吸取一些营养。由此可见，施肥是为苗木生长提供营养元素的重要手段，是苗圃培育苗木不可缺少的技术措施；同时，由于可以有效改良土壤、提高肥力，施肥也是土壤管理的重要内容之一。

(2) 苗木营养诊断

苗木在生长过程中，外部形态特征是内在因素和外界环境条件的综合反映，土壤中任何一种必需营养元素缺乏或过量，都会引起苗木特有的生理病症，即缺素症。据此可判断某种元素的缺乏或过量，从而采取相应的措施。一般根据苗木的生长发育状况，是否有生长和发育障碍，形态是否异常，有无枯死等来判断苗木是否缺乏某种营养元素，即营养诊断。

通过营养诊断来确定施肥的种类与方案，是苗木培育的基本原则，常见的方法包括形态诊断、土壤诊断与叶片分析等。在生产中，常常先用形态诊断判断苗木缺乏营养元素的种类，然后再通过土壤诊断或叶片分析的方法确定具体缺素种类。形态诊断是根据土壤中缺少任何一种必要的营养元素时会引起苗木产生特有的症状，来判断某种元素缺乏或过量，从而采取相应的措施。因此，通过理论学习与仔细的实际观察，掌握各种苗木树种的特点及其生长发育规律，准确判断苗木缺素症的症状特点，是准确进行形态诊断的基础。

土壤诊断是通过化验土壤中各种营养元素的供应量，再对比苗木生产所需要元素的吸收量，诊断出营养元素的使用量。具体方法是从田间采集土壤样品带回实验室作土壤分析，测定土壤性质、酸碱度、可溶性盐含量以及速效性养分含量等，根据土壤分析资料及植株的负载量进行施肥。这种方法得到的数据可靠，但工作量大，同时由于土壤中养分供给能力与雨量、土温、土壤微生物及管理水平有关，故土壤养分含量高并不等于利用率就高，所以土壤诊断一般只能作为树体营养诊断的辅助手段。

叶片分析又称为植物组织分析，是一种先进的诊断技术，能准确反映出树体营养水平，矿物元素的不足或过剩，并能在症状出现前及早发现。各树种叶片采集方法和采集量有差异，采集后带回实验室作分析。首先洗去叶柄上的污物，烘干研碎，测定硝态氮、全磷、全钾、铁、锌、硼等元素的含量。根据叶片分析含量，对照本品种最适合的营养指标，制订施肥标准。

了解园林苗木缺素症的表现，通过施肥及时补充土壤养分，是苗木正常生长的保证。下面简要介绍一下常见营养元素缺乏的症状表现。

① 缺氮　叶小而少、变黄，苗木生长缓慢、发育不良；也会影响苗木对磷的吸收。

② 缺磷　叶片变为古铜色或紫红色，叶的开张角度小，紧夹枝条，生长受到抑制；根系发育不良，短而粗；地上部分表现为侧芽退化，枝梢短。苗木缺磷症出现缓慢，症状显现时为时已晚，因此要注意磷肥的施用和圃地土壤肥力的检测。

③ 缺钾　首先表现在老叶上，叶尖、叶缘发黄、枯干；苗木生长细弱，根系生长缓慢。

④ 缺钙　首先表现在新叶上，叶片小、淡绿色，叶尖叶缘发黄或焦枯；枝条软弱，严重时树梢和幼芽枯死；根粗短、弯曲，严重时枯萎死亡。

⑤ 缺镁　通常发生在老叶上，典型症状为叶脉间缺绿，有时会出现红、橙等鲜艳的色泽，严重时出现小面积坏死。

⑥ 缺铁　首先表现在幼叶上，叶绿素形成受阻，典型症状是叶脉间产生明显的缺

绿症状，严重时变为灼烧状。

⑦缺锰　叶片缺绿并形成小的坏死斑，幼叶和老叶都可能发生。注意要和细菌性斑点病、褐斑病等区别开来。

⑧缺锌　典型症状是节间生长受到抑制，叶片严重畸形；也常见老叶缺绿。

⑨缺硼　表现为枯梢、小枝丛生；果实畸形或落果严重；叶片变厚和叶色变深，叶片小。

4.1.2.2　肥料种类与性质

肥料的种类和分类方法很多，成分与性质差别也很大。一般根据肥料的成分性质不同可分为有机肥料、无机肥料、微生物肥料和稀土微肥4种类型，或根据施用方式不同分为基肥、追肥、种肥和叶面肥等不同的类型。

(1) 有机肥料

以含有机物为主的肥料叫做有机肥，又称为农家肥，如堆肥、厩肥、绿肥、人粪尿、家禽粪等。有机肥料含有多种元素，称之为完全肥料。因为有机质要通过土壤微生物的分解作用，才能被植物吸收利用，肥效持久，所以又称为缓效肥料，一般做基肥使用。有机肥料的优点十分突出，主要体现在：

①有机质含量高，施用后能改善土壤理化性状，增强土壤保水、保肥、供肥的能力，即能提高土壤肥力，为苗木生长提供优良土壤微环境。

②有益微生物含量高，进入土壤后，有机肥内的多种有机介质在土壤中可促进多种功能性微生物的生长，产生大量次生代谢产物，促使有机物的分解转化，直接或间接地为苗木提供多种营养和生长调节物质，促进生长。同时，在苗木根系形成的优势有益菌群能抑制有害病原菌繁衍，增强苗木抗逆抗病的能力。

③营养元素全面、肥效持久。有机肥内含有氮、磷、钾等大量营养元素和镁、锰、硼、锌等微量元素，其中氮、磷、钾总含量大于8%，在有益土壤微生物和有机胶体的作用下，使施用的各种肥料利用率提高，作用持久，能保持2~3年的时间。

④有机肥对人、畜、环境安全、无毒，是一种环保型肥料。

无机肥料无法取代有机肥料的上述作用，因而有机肥料是提高土壤肥力，提高苗圃苗木生产质量与产量不可缺少的肥料。施用有机肥不仅可以改良土壤，活化土壤中的有益微生物，更重要的是可以节省能源，减轻环境的污染。使用一些生物有机肥，不但可免去制作有机肥的传统烦琐过程，而且可为土壤提供大量的有益微生物，活化土壤养分，减少连作障碍，因此越来越受到人们的重视。有机肥对园林苗圃非常重要，长期施用单一无机化肥会对土壤肥力和结构产生不利影响，而施用有机肥能有效地改善土壤质地和结构，从而提高植物对速效肥料的利用率。

(2) 无机肥料

无机肥料又称为化学肥料或矿物质肥料，包括氮肥、磷肥、钾肥、复合肥和微量元素肥料等。大部分是工业产品，不含有机质，营养元素含量高，主要成分能溶于水或容易变为能被苗木吸收的成分，因此肥效快，属于速效肥，一般用作追肥使用。常见的无机肥料包括：

①氮肥　生产中常的有硫酸铵、碳酸氢铵、氯化铵、硝酸铵、氨水和尿素等。主要作用是促使作物的茎、叶生长茂盛，叶色浓绿。硫酸铵[$(NH_4)_2SO_4$]是速效铵态氮肥，含氮量为20%~21%，施入土壤后，铵离子很容易被植物或土壤胶体吸附，但硫酸根离子残留在土壤溶液中，长期施用易造成土壤酸性增强和板结，最好与有机肥配合施用。硝酸铵(NH_4NO_3)，含氮量为33%~35%，为速效氮肥，含有铵态氮和硝酸态氮，均易被植物吸收，不易残留在土壤中，适宜作为追肥分次施用。尿素[$CO(NH_2)_2$]，含氮量为44%~46%，含氮量高，属于中性肥料，长期施用对土壤没有破坏作用，适宜作为追肥和根外施肥。碳酸氢铵(NH_4HCO_3)，含氮量约17%，该肥料不稳定，容易分解，失去有效性，可作为基肥和追肥，应深施并覆土，立即灌溉，防止氨的挥发。

②磷肥　常用的有水溶性磷肥，如过磷酸钙；弱酸溶性磷肥，如钙镁磷肥；难溶性磷肥，如磷矿粉。主要作用是促使作物根系发达，增强抗寒抗旱能力；促进作物提早成熟，穗粒增多，籽粒饱满。过磷酸钙的主要成分是$Ca(H_2PO_4)_2 \cdot H_2O$和硫酸钙的混合物，是水溶性肥料，其中的硫酸根离子容易被土壤吸附和固定，流动性小，当年不能被植物全部利用而有一定的后效作用。重过磷酸钙主要成分是$Ca(H_2PO_4)_2 \cdot H_2O$，不含硫酸钙等杂质，比过磷酸钙稳定，吸湿性强，容易结块。

③钾肥　常用的有硫酸钾、氯化钾、草木灰等。使作物生长健壮，茎秆粗硬，增强对病虫害和倒伏的抵抗能力；促进糖分和淀粉的生成。硫酸钾(K_2SO_4)为速效肥料，施入土壤后钾离子被土壤胶体吸附，移动性较好，适宜做基肥。氯化钾(KCl)与硫酸钾相似，但对于忌氯的苗木，不要使用氯化钾。草木灰含有较多碳酸钾(K_2CO_3)和其他形式的钾，还含有部分钙、磷、镁、铁、硫等元素，被苗木吸收的方式与硫酸钾相似。

④复合肥　又称为多质化肥或多元化肥，肥料中含有2种或2种以上的化学营养元素，如磷酸二铵含有氮和磷两种元素，硝酸钾含有氮和钾2种元素。常见的还有用氮、磷和钾等制成的各种类型的复合肥等。复合肥的有效成分虽然是水溶性的，但是溶解缓慢，可长期供苗木吸收利用。

施用复合肥时，首先要注意与多种肥料配合施用。虽然大多数复合肥都是多元素的，但仍然不能完全取代有机肥，因此，复合肥应与有机肥配合施用，并尽量增加腐熟有机肥的施用量，以提高肥效和养分的利用率。其次，要掌握复合肥的特点施用。复合肥肥效长，宜作基肥；复合肥浓度差异较大，合适的浓度(施肥量)选择十分重要；复合肥配比原料不同，应注意养分成分的使用范围。不同品牌、不同浓度的复合肥所使用原料不同，生产上应根据土壤类型和苗木种类选择使用。含铵离子的复合肥，不宜在盐碱地上施用；含氯化钾或氯离子的复合肥不应在忌氯作物或盐碱地上使用；含硫酸钾的复合肥，不宜在酸性土壤中施用。否则，将降低肥效，甚至毒害作物。复合肥中含有两种或两种以上大量元素，氮表施易挥发损失或雨水流失，磷、钾易被土壤固定，特别是磷在土壤中移动性小，施于地表不易被作物根系吸收利用，也不利于根系深扎，遇干旱情况肥料无法溶解，肥效更差。因此，复合肥的施用应尽可能避免地表撒施,应深施覆土。

⑤微量元素肥料　微量元素是在自然界中含量很低的一类化学元素,有些为动植物正常生长和生活所必需的,称为必需微量元素或者微量养分。必需微量元素具有特殊专一的生物学功能,一般苗圃土壤能够满足苗木对微量元素的要求,但在有些情况下苗木也会出现微量元素缺乏的症状,这时就应进行微量元素施肥。植物必需的微量元素有锌、硼、锰、钼、铁、铜、氯 7 种,含有这些元素经过工厂制造的肥料称为微量元素肥料。如硫酸锌称为锌肥,硼砂、硼酸称为硼肥,硫酸锰称为锰肥,钼酸铵称为钼肥,硫酸铜称为铜肥,硫酸亚铁称为铁肥等。

(3) 微生物肥料

微生物肥料又称为微肥,是利用土壤中对苗木生长有益的微生物,经过培养而制成的各种菌剂肥料的总称,一般作基肥使用。微生物肥料的种类很多,按其制品中特定的微生物种类不同可分为细菌肥料(如根瘤菌肥、固氮菌肥)、放线菌肥料(如抗生菌类、5406)、真菌类肥料(如菌根真菌)等;按其作用机理不同又可分为根瘤菌肥料、固氮菌肥料、解磷菌类肥料、解钾菌类肥料等;按其制品中微生物的种类不同又可分为单纯的微生物肥料和复合微生物肥料。

微生物肥料的功效主要与营养元素的来源和有效性有关,或与植物吸收营养、水分和抗病有关,概括体现为 3 个方面:一是增加土壤肥力。如各种固氮微生物肥料,可以增加土壤中的氮素来源;多种解磷、解钾微生物的应用,可以将土壤中难溶的磷、钾分解出来,从而能为苗木吸收利用。二是产生激素类物质。许多微肥中的微生物可产生植物激素类物质,能刺激和调节植物生长,使植株生长健壮,营养状况得到改善。三是生物防治作用。由于在作物根部接种微肥后,有益微生物大量生长繁殖,限制了根际其他病原微生物的繁殖机会,或对病原微生物产生拮抗作用,从而发挥防治有害微生物、减轻苗木病害的功效。

(4) 稀土微肥

稀土元素是指化学元素周期表中的镧系元素及和镧系元素化学性质相似的钪等 17 种元素的总称。在苗木上用作肥料,因其用量少,故称为稀土微肥。对苗木的作用主有表现在能增强苗木根系的生物活性,提高苗木叶绿素含量和光合作用强度,能促进苗木对矿质元素的吸收。在生产上主要用于浸种和叶面喷施。

4.1.2.3　施肥原则与方法

苗圃施肥的目的是增加苗木营养和改良土壤,处理好土壤、肥料、水分与苗木之间的关系,正确选择施肥的种类、数量和方法。

(1) 施肥的原则

在苗圃苗木生产过程中,施肥既是一种生产技术,又是一种生产投入。在技术上,施肥要做到科学合理,选用肥料必须符合苗圃地的气候条件、土壤条件和树种本身的特性与需要,即以"看天、看地、看苗"为施肥基本原则;在生产管理上,施肥要坚持经济原则,如何以上述技术原则为依据,确定肥料的种类和施用量、施用时间和方法，以最小成本最大限度地满足苗木生长发育的需要，实现增产节资，是苗圃施肥时必须考虑的问题。因此，在确定施肥方案时要综合考察影响施肥的各种因素，一般要从以下4个方面入手。

①气候条件　确定施肥措施时，要"看天"，即考虑苗圃所在地的气候条件，如苗木生长期长短、生长期内温度变化、降水量多少及分配情况以及苗木越冬条件等。在苗木生长期内，温度与湿度都直接影响着苗木对营养元素的吸收。当温度低时，苗木吸收的养分少，尤其对氮、磷养分吸收受到限制，对钾的吸收影响小些，此时应将肥料充分腐熟。高温季节，苗木生长发育快，吸收的养分多，施量要大些。此外，气温偏高的年份第一次追肥应适当提早。在降雨量多的年份，尤其在生长末期，如果降水量偏多，施肥量大的圃地容易发生贪青，造成霜害。降水集中的月份，如华北、西北地区雨季集中在7～8月，施肥应少量勤施。在气候寒冷地区，雨水不太多，有机质分解缓慢，所用的有机肥料应充分腐熟后再用。北方降水量少的地区，土壤中含氮、磷少，而含钾较多，施肥应以氮、磷为主，钾肥宜少用或不用；而降水量多的南方，红壤和黄壤中氮、磷、钾都较少，施肥时三要素都应多些。酸性土壤中磷和钾都较少，应该增加磷、钾肥。

②土壤条件　各种土壤的立地条件影响着施肥措施，因此，施肥要"看地"，即根据土壤性质及其肥力状况合理施肥。砂性土壤质地疏松，通气性好，但保水保肥能力差，要以施有机肥料为主，宜用猪、牛粪等冷性肥料。因牛、猪粪含水量较高，分解较慢，在砂性土壤上可用腐熟程度较差的肥料，它们会在通气条件下逐渐分解腐熟，肥效比较长久。若在砂土上使用完全腐熟的有机肥料，会产生有效养分淋失和后劲不足等问题。由于砂土含细土粒少，吸收容量小，因此在施用化肥时要少量多次追肥。黏性土壤的通气条件差，比较紧实，温度较低，宜施用含水量低且分解快的"热性"肥料，如马粪、羊粪等，它们在黏性土壤上施用时应充分腐熟。黏性土壤吸收容量大，吸收保存矿质养料能力大，因此黏性土壤的施肥量可适当加大。黏土与砂土比较，每次施肥量可稍大、次数可减少。壤土的施肥可介于砂性土壤和黏性土壤之间。

大多数针阔叶树的苗木适宜在微酸性、中性的土壤上生长，如红松、落叶松、樟子松、云杉等；另外一些树种的苗木适宜在碱性的石灰性土壤上生长，如侧柏、白榆、刺槐等；而有些树种的苗木适应性广，从微酸性到微碱性土壤上都能够正常生长。酸性土壤要使用碱性肥料，碱性土壤则要使用酸性肥料。在酸性或强酸性土壤中，磷易被土壤固定，成为磷酸铁、磷酸铝，植物不能吸收，故应施用钙镁磷和磷矿粉以及草木灰或石灰等；氮肥选用硝态氮较好。在碱性土壤中氮肥以氨态氮肥（如硫酸铵或氯化铵等）效果较好；磷易被固定，磷酸三钙残留于土壤中，不易被苗木吸收，故要选水溶性磷肥，如过磷酸钙或磷酸铵等。

实践证明，要达到改良土壤结构的目的，使土壤中水、肥、气、热协调，土壤肥力提高，以便更好地满足植物生长的需要，苗圃应施大量厩肥、堆肥和绿肥，增加土壤有机质，改良土壤。

③苗木特性　不同苗木树种对各种元素的吸收是不同的，因此，施肥必须"看苗"，即根据苗木生长特点并结合树种、苗龄、生长期和密度等确定施肥措施。阔叶

树苗木一般对氮的吸收量最多,钾次之,磷最少;针叶树苗木对氮、磷都比较敏感,尤其对磷最为敏感。以枫杨为例,枫杨苗吸收的氮是栎树苗的2倍,是马尾松苗的2倍多,而吸收的磷比马尾松苗少,吸收的钾比马尾松苗多。同一树种苗木年龄大的吸收营养元素比年龄小的多,一般2~3年生移植苗比1年生苗吸收量多3~5倍。

各种苗木对氮素的要求都较高。我国东北平原的黑土和南方未经耕种、天然植被良好的土壤养分含量较多,全氮含量可以达到0.1%~0.7%,而其他地区耕作层中全氮量大多在0.1%以下,不能满足苗木生长的需要,因此苗木施氮素肥是主要的。豆科树种大多都有根瘤细菌,可以将空气中的氮素固定到土壤中,转化后为苗木所用。而磷肥在很大程度上可以促进根瘤的发展,起到以磷增氮的效应,因此,这类苗木对磷肥要求较高,而对氮肥要求较低。

就苗木种植密度而言,密度大要比密度小吸收的营养元素多,故应加大施肥量;苗木的生长阶段不同,对肥料需要量及肥料种类也不一样,幼苗期苗木对氮、磷反应敏感,故施氮、磷效果好,但浓度宜小;在速生期苗木生长量大,对氮、磷、钾需求增多,尤其是氮,其次是磷,对钾的吸收以7~9月为最多;苗木生长后期,不应再施氮肥,所谓施肥不过秋主要指施氮肥,而此时可增施钾肥,以增加钾的吸收与贮藏,加速苗木的木质化和抗逆性。

④肥料特性 要合理使用肥料,必须了解肥料本身的特性及其在不同的土壤条件上苗木的效应。例如,磷矿粉生产成本低,来源较广,后效长,在南方酸性土壤上使用很有价值,而北方的石灰性土壤就不适宜,因为磷矿粉在强酸条件下,磷容易溶解释放出来,应做基肥,颗粒越细越好,分散使用。钙镁磷肥的使用可适当集中以防被固定。氮素化肥应适当集中使用,因为少量氮素化肥在土壤中分散使用往往没有显著的增产效果。在苗圃中使用磷、钾,必须在氮素比较充足的基础上才经济合理,否则会因磷、钾无效而造成浪费。此外,施肥还应该考虑前茬的影响,前茬如果施用了有机肥料、饼肥、磷肥等,除当年外,肥效还可以延长较长时间,因此,在施肥时也要考虑到前1~2年所施肥料的数量、种类和作用,以节约用肥,降低生产成本。合适的氮、磷、钾配比对施肥是非常重要的,据相关资料,氮、磷、钾的施用比例应该用4~1:3~1:1~0。钾在北方土壤中含量较多,可以不施;但南方红壤或黄壤缺钾,钾的比例上限应当提高(孙时轩,1992)。这里提供的比例关系只是一个范围,对于不同苗木、苗木的不同年龄、不同土壤条件、不同气候条件,三者的比例应该通过科学试验来确定。

(2)施肥量

施肥量是苗圃施肥的关键内容之一,受到各种因素的综合影响,也直接关系到施肥的效果。施肥量理论上等于单位面积土地耕作层土壤中所有苗木的需要量,减去某种元素的可利用含量,再根据肥料的有效成分计算出施肥量。但在实际生产中,施肥量受土壤肥力、肥料特性、各种栽培与管理条件的复杂影响,理论值要结合实践经验灵活判断。

计算施肥量时,要先知道苗木生长所需氮、磷、钾的数量及其能从土壤中吸收的数量。再根据所选用的有机肥料和矿物质肥料所含氮、磷、钾的百分率与利用率,分别计算出所需氮、磷、钾的数量。计算方法为：

$$A = \frac{B - C}{D}$$

式中　A——对某元素所需数量，kg；
　　　B——苗木需要的数量，kg；
　　　C——苗木能从土壤中吸收的数量，kg；
　　　D——肥料的利用率，%。

　　式中各项因子变化很大，计算出来的施肥量只能作为参考。根据生产经验和研究资料，播种苗施肥量，按肥料中有效养分含量计算：阔叶树种应施氮肥 22.5～37.5kg/hm²，五氧化二磷 52.5～97.5kg/hm²，氧化钾 22.5～37.5kg/hm²。针叶树种施肥量可按上述标准将氮的施用量增加 30%～50%，磷的施用量减少 30%～50%，钾的施用量不变。移植苗的施肥量是氮 120kg/hm²，磷 150kg/hm²，钾 120kg/hm²。按照每公顷所需施用营养元素的数量和肥料中所含有的有效元素数量，即可计算机出每公顷实际应当施肥的数量。事实上，每种苗木从繁殖、移植到成品苗的生长过程中，对营养的需求与树种有密切的关系，具体的施肥量都应该根据试验结果或长期观测结果来确定，在生产管理中建立完善的施肥记录档案是非常有价值的。

(3) 施肥方法

苗圃常用的施肥方法包括施基肥、种肥、追肥与根外追肥等。

①基肥　也称为底肥，是指在播种、扦插、移植前施入土壤的肥料，目的是保证长期不断地向苗木提供养分并改良土壤等。基肥一般为有机肥，一些不易淋失的无机肥如硫酸铵、过磷酸钙等也可作基肥，兼顾改良土壤的作用。施用基肥一般是在耕地前将肥料撒于圃地，通过翻耕将其翻入耕作层中（15～20cm）。基肥要施足，一般占全年施肥量的 70%～80%。堆肥、厩肥、生石灰可在第一次耕地时翻入土中，而饼肥、草木灰等作基肥，可在作床前将肥料均匀撒在地表，通过浅耕埋入耕作层的中上部，达到分层施肥的目的。

②种肥　是指在播种时或播种前施于种子附近的肥料，一般以速效磷肥为主。种肥既能给幼苗提供养分，又能提高种子的场圃发芽率，因而能提高苗木产量和质量。苗木在幼苗期对磷很敏感，缺磷会严重影响幼苗根系和地上部分的生长，因此，施种肥能保证幼苗生长对磷的需要。常用办法是在播种沟或穴内施熏土、草木灰和颗粒磷肥（过磷酸钙），颗粒磷肥与土壤接触面积小，利于根系吸收；忌用粉状磷肥作种肥，因为它容易灼伤种子和幼苗；另外，尿素、碳酸氢铵、磷酸铵等也不能作种肥。

③追肥　是指在苗木生长发育期间施用的肥料，目的是补充基肥和种肥的不足，及时补给旺盛生长的苗木对养分的大量需要。追肥以速效肥料为主，常用尿素和碳酸氢铵、氨水、氯化钾、腐熟人类尿和过磷酸钙等，一般都要加几倍的土拌匀或加水溶解稀释后使用，施用方法有沟施、浇施和撒施。

沟施又称为条施，是在行间开沟，把肥料施在沟中，覆土浇水即可。沟施的深度原则上是使肥料能最大限度地被苗木吸收利用，具体因肥料的移动范围和苗根的深浅而异，一般要达到 5～10cm 以上。磷肥在土壤中几乎不移动，追肥要稍深，应达到

10cm 以上。根系分布深的可适当深施，根系分布浅的可浅施。浇施是将肥料溶于水后浇于苗床苗木行间根系附近，或配合灌溉实施。撒施是将肥料与数倍或十几倍的干细土混合后撒在苗行间，要严防撒到苗木茎叶上灼伤苗木。浇施和撒施的方法简单，但缺点是施肥浅且不能全部被土覆盖而降低肥效。追肥后必须盖土或松土，否则会影响肥效。以尿素为例，据试验，沟施当年苗木的利用率为45%，浇施的利用率为27%，撒施不盖土的利用率仅为14%。碳铵施后不覆盖损失更大。

④根外追肥　是指用速效性肥料或微量元素溶液直接喷洒于苗木茎叶上的施肥方法。它可避免土壤对肥料的固定与淋失，及时供给苗木所需的营养元素，用量少，见效快。喷后 0.5~2h 即开始吸收，喷后 24h 吸收达 50% 以上，喷后 2~5d 内全部吸收；节省肥料约 2/3，还可以严格按照苗木生长需要供给营养元素。一般常用尿素浓度为 0.2%~0.5%，过磷酸钙 0.5%~1.0%，硫酸钾和磷酸二氢钾 0.3%~1.0%，其他微量元素 0.2%~0.5%，宜在早晚及无风天气下进行，不宜在刮风、雨前或雨后进行。

根外追肥一般在以下情况下采用：土壤干燥，又无灌溉条件，土壤追肥效果不大；幼苗刚移植，根系生长尚未恢复；苗木缺少某种元素，而土壤追肥无效；气温高而地温低，苗木地上部分开始生长，而根系尚未正常活动。根外施肥不能代替土壤施肥，它只是一种补充施肥的方法，在苗木能够得到正常养分供应时无需使用。

⑤土壤接种　许多树种的生长都需要一定的菌根，在苗圃土壤中缺乏菌根菌的情况下，就需要人工接种。通常一定的菌种只能在一定范围的植物上起作用，所以一定要根据树种选择适当的菌种。一般接种菌根菌的方法有森林菌根土接种、菌根"母苗"接种、菌根真菌纯培养接种、子实体接种、菌根菌剂接种等。研究表明，接种菌根菌可使苗木根系吸收能力提高，苗木生长加快，特别是在贫瘠土壤中效果明显。因此，为了提高苗木产量和质量，在新播种地上培育某种苗木时要接种菌根菌，如松类与橡栎类等。

4.2　水分管理

水是植物的命脉，水分供应直接关系着苗木的生长发育及育苗的质量。适宜的土壤水分状况是苗木培育的重要条件，它不仅直接影响苗木的生理活动，而且影响土壤肥力的各种因素和土壤溶液浓度。由于水分是苗木生长发育的基本条件与构成土壤肥力的重要因素之一，因此，水分管理就是苗圃苗木生产管理的基础工作。在苗圃建设时选择好水源，建好灌水与排水设施，在苗木生产过程中掌握正确灌溉的技术方法，是培育优质壮苗的保证。

4.2.1　水分性质调节

苗木主要靠根系从土壤中吸收水分，供给其生长发育的需要。自然降水一般很难满足苗圃苗木生长对水分的需要，必须通过人工灌溉来补充土壤水分，而苗木对水分的吸收和利用与水分性质直接相关，因此，水分性质调节就成为苗圃水分管理的主要内容。

首先，水源选择至关重要。在苗圃建设前就应充分考虑到。人工灌溉的水源有多种，有条件的应尽量选择使用河水，因其酸碱性质稳定，养分含量优于井水，然后才是湖水、水库水，井水可作为辅助水源。现在越来越多的苗圃开始以井水为主要水源，因此，对水分理化性质的控制对于苗木生产越来越重要，它主要是指 pH 值和水温。

水分的含盐量和 pH 值直接影响着苗木对水分的利用和灌水的效果，灌溉水的含盐量一般要求小于 0.2%~0.3%，pH 值应为 5.5~6.5。如果含盐量过高，则不宜作为灌溉水使用，pH 值可用磷酸、硫酸、硝酸和醋酸等进行调节。灌溉水的温度同样对苗木吸收利用水分有直接影响。在水温过高或过低时，要采取建晒水池、人工加温或利用太阳能加温等措施予以调节。一般春秋灌溉的水温应高于 10~15℃，夏季不宜低于 15~20℃，但要低于 37~40℃。

此外，水中的杂质，如沙粒、土粒、草木碎片、杂草种子、病菌孢子、虫卵等，会对水质产生不同的影响，它们或者损坏、堵塞灌溉设施与设备，或者带来病虫杂草污染土壤。一般在水中有各类真菌、细菌、虫卵等时，在水中加入次氯酸钠或次氯酸钙溶液，或者向灌溉系统中注入加压氯气，用氯化消毒的方法处理水质；对水中出现的杂草、沙粒、碎物等可采用过滤的方法清除。

4.2.2　灌水

一般情况下，只靠降雨和地下水不能满足苗木生长对水分的需要，尤其是在干旱、半干旱地区，灌溉公认为是育苗的最基本条件；即使是在降水丰沛的南方各地漫长的旱季，灌溉同样是育苗必不可少的重要措施。

4.2.2.1　合理灌溉

苗木生长离不开水，但土壤含水量太高会通气不良，很快引起烂根，使苗木生长不良，甚至死亡。只有适时适量地合理灌溉，才能产生良好的效果。怎样才能做到合理灌溉呢？概括起来就是要遵循"看天、看地、看树苗"的"三看"原则。

"看天""看地"就是考虑当时当地的天气条件和土壤情况。天气较干旱，土壤水分缺乏时，灌溉次数要多一些，灌溉量也要大一些；在晴朗多风的天气，苗木及土壤的蒸腾量大，水分消耗多，应缩短灌溉的间隔时间；保水能力较差的砂土、砂壤土，可进行少量多次的灌溉；保水力强的黏土，灌溉间隔期可适当延长；低洼地和盐碱地应适当控制灌水次数。决定一块苗圃地是否应该灌水，最主要的是要看土壤的墒情，适宜苗木生长的土壤湿度为 15%~20%。

"看树苗"首先要根据树种的生物学特性进行合理灌水，如杨、柳、桦木、落叶松等幼苗较幼嫩，需水量也较多，灌溉次数要多些；白蜡（*Fraxinus chinensis*）、元宝枫（*Acer truncatum*）、榆等次之；山楂（*Crataegus pinnatifida*）、海棠、玫瑰、刺槐等阔叶落叶树，在土壤水分过多时易产生黄化现象；而油松、侧柏等一般常绿针叶树相对喜干、不耐湿，灌水量应少，灌溉次数也可适当减少；许多针叶树种比阔叶树种对水的要求少。其次，灌水时要结合苗木的特性进行，如幼苗强壮、根系发育快、抗旱能力强的苗木可适当少灌水；反之，应保持土壤湿润，增加灌溉次数。同时，还要根据苗木的生长时期进行灌溉。出苗期和幼苗期的苗弱，根系浅，对干旱敏感，灌溉次数要多，灌溉量要小；速生期苗木生长快，根系深，需水量大，灌溉次数可以减少，但每次的灌溉量要大，即灌足、灌透；苗木进入硬化期，为加快苗木的木质化，防止徒长，应减少或停止灌水；越冬苗要灌冻水。播种前应灌足底水，保证种子吸收足够的水分，促进萌发；播种后灌水易引起土壤板结，使地温降低，所以出苗前尽可能不要灌溉。

4.2.2.2 灌溉方法

以苗圃建立时建设的灌溉系统为基础，不同苗圃的灌水方式因水源与灌溉设施不同而不同，一般可分为侧方灌溉、畦灌、喷灌与滴灌等不同的方法。

(1) 侧方灌溉

侧方灌溉又称为垄灌，适用于高床和高垄作业，水沿垄沟流入，从侧面渗入床或垄中。这种方式的优点是土壤表面不易板结，能够保证土壤的通气性；缺点是用水量大，灌溉效率低，若在盐碱地区，还易造成土壤返盐。

(2) 畦灌

畦灌又称为漫灌，水在床面漫流，直至充满床面并向下渗入土壤。一般用于平床或大田平作，比较省时省工；但水及水溶性养分下渗量大，造成水、肥浪费，而且容易造成土壤板结，影响苗木生长。

(3) 喷灌

喷灌是指利用水泵加压或水的自然落差将水通过喷灌设施系统输送到苗圃地，经喷头均匀喷洒在育苗地及苗木上的灌溉方式。喷灌容易控制水量，节约用水，灌溉效率高，类似自然降雨，不易造成土壤板结；而且对地面平坦性要求不严，减少了修建水渠水道的麻烦。但在灌溉时受风的影响较大，出现灌溉不均匀的现象，故风大的地区不宜使用；基本建设投资大，设备成本较高。喷灌可配合施肥装置，同时进行施肥作业。

(4) 滴灌

滴灌是通过管道输水以水滴形式向土壤供水，利用低压管道系统将水连同溶于水中的肥料均匀而缓慢地滴到苗木根部的土壤中，是目前最先进的一种灌溉方式。滴灌可以将水直接输送到苗木的根系，具有节约用水、灌溉效率高、不影响土壤的通气性等优点；但所需管线多，建设投资成本高。

4.2.2.3 灌溉注意事项

(1) 灌溉时间

地面灌水应在早晨或傍晚，此时蒸发量小，水温与地温差异也较小。如要通过喷灌降温则宜在高温时进行。

(2) 灌溉强度

每次灌溉湿润深度应该达到主要吸收根系的分布深度。

(3) 灌溉的连续性

育苗地的灌溉工作一经开始，就要使土壤水分经常处于适宜状态，否则会容易引起较重的旱害，降低苗木质量。土壤追肥后要立即灌溉。

(4) 灌溉水质标准

灌溉水中可溶性盐分的含量，一般要求小于 0.2%~0.3%，有害盐类不应超过 0.1%~0.15%，含 Na_2CO_3 为主的灌溉水含盐量应小于 0.1%；含 NaCl 为主的水，含盐量应小于 0.2%；含 Na_2SO_4 为主的水，含盐量应小于 0.5%。

(5) 灌溉对水温的要求

春秋季灌水的水温一般应大于 10~15℃；夏季灌水的水温应大于 15~20℃。如果水温过低或过高，应采取适当措施进行调节。通常采用蓄水池蓄水以提高水温。

4.2.3 排水

在雨季或低洼地积水过多时发生渍、涝灾害，会使苗木生长停止或死亡。排水就是指在雨季由于大雨或暴雨降水集中时，为避免发生涝灾而采取的排除圃地积水的措施，是苗圃育苗生产中不可缺少的重要作业内容。例如，北方地区年降雨量的60%~70%都集中在7~8月，在此期间出现大雨或暴雨，常造成田间积水，如不及时排除，就可能造成苗木尤其是幼苗根系窒息腐烂，或长势减弱，或感染病虫害，严重影响苗木生长，降低苗木质量，甚至使苗木死亡。因此，在安排灌溉工作的同时要做好排水工作，应注意做到以下几点。

①在苗圃设计与建设时，必须根据整个苗圃地的落差，对排水系统进行统一部署与安排。要在育苗作业区的下侧留好排水沟的位置，保证每块圃地都与坡度在 0.2%~0.3% 的排水沟接通，大型圃路或多个作业区中间要设置较大的排水沟，并在苗圃的最低处留出总排水口。

②在雨季到来前，应将区间小排水沟与大、中排水沟联通，清除沟内各种杂草与杂物，以保证排水畅通，并把苗床畦口全部打开。在连续阴雨天或暴雨后，应安排专人检查排水路线，疏通排水沟，发现有积水或窝水的地块，应设法及时将水引出。

③对不耐水的苗木树种，如臭椿、合欢、刺槐、山桃(*Prunus davidiana*)、黄栌、丁香等幼苗，应采取高垄或高床播种与养护，谨防苗床或圃地积水。

④雨季过后应及时对苗床或圃地进行中耕，增加土壤通透性与土壤水分的蒸发量，以减少土壤水分含量，以利于苗木根系的呼吸作用。

⑤由于苗圃在生产中使用的一些肥料或杀虫剂等会随水排出，污染周围环境。因此，较大型的苗圃应建立专门的废水沉淀池，使苗圃排水经过沉淀处理后，再把符合环保标准的水排放出去。

4.3 除草管理

苗圃杂草与苗木争夺养分、水分,影响光照与空气流通,使苗木的生长条件恶化;同时使苗木产量降低,育苗成本增加,给苗木生产带来了许多严重的危害,是对苗圃苗木生产有重大影响的灾害现象之一。因此,杂草控制是苗圃生产中的基础性常规作业内容。在传统的人工作业条件下,要保证苗木免受杂草侵扰、正常生长,苗圃必须投入大量人力物力用于除草。如北京地区苗圃除草在4~9月,长达半年之久,约耗去全年用工的20%~30%;在杂草旺盛季节,除草耗去的工力几乎达到育苗用工的80%以上(孙锦等,1982)。由此可见,杂草控制在苗圃育苗抚育管理中的重要性非同寻常。

苗圃杂草控制是通过除草作业完成的,除草就是针对苗圃生产区杂草与苗木争夺水分、养分与光照等问题,所采取的清除杂草、保证苗木正常生长的作业措施。由于作业环境与作业对象不同,苗圃除草的方法多种多样(沈海龙,2009),常用的主要有中耕除草与化学除草两种。

4.3.1 中耕除草

中耕和除草是苗圃苗木抚育过程中的两个不同的概念,中耕是在苗木生长期间对土壤进行的疏松作业,除草则是在苗木生长期间对地上杂草的清除作业。可见中耕与除草的作业目标有所不同,但作用的对象都是苗圃土壤。在中耕除草作业中,中耕是方式、除草是目的,一般是合二为一,作为一项作业内容完成。因此,在苗圃生产管理中,中耕并不仅仅是一种土壤管理的措施,更是作为一种除草的方式应用。

4.3.1.1 中耕除草的意义

中耕除草有效地发挥了除草与土壤改良的双重作用,对抚育苗木的重要意义主要体现为两方面:其一,中耕除草保证苗木正常生长,提高抚育效率与效益。由于杂草一般都具有较强的生命力,吸收养分和水分的能力强,会与苗木争夺土壤养分、水分和阳光,大量滋生时严重影响苗木正常生长。而且很多杂草还是一些病虫害的中间寄主,大量滋生时使苗木感染病虫害的可能性增加。除草使苗木能够更有效地利用土壤养分与水分,保证了施肥、灌水的效果,并降低了染病的可能性,提高了抚育管理的效率与效益,为培养高产优质壮苗创造了条件。其二,中耕除草提高了土壤肥力,促进了苗木生长。因为中耕使土壤疏松,增加透气性,为根系的呼吸作用提供充足的氧气;增加了土壤保墒能力,因为疏松土壤可以切断毛细管,减少土壤水分散失;改善了土壤理化性质,有利于苗木的生长发育;提高了地温,早春中耕使土壤表层破碎,减少了太阳光放射,增加了土壤的吸热能力,能够在一定程度上提高地温,这对于种子提早发芽,提早扦插苗、埋条苗的生根和移植等,都是非常有利的。

4.3.1.2 中耕除草的方式

主要有人力中耕、畜力中耕、机械中耕 3 种方式，可以结合进行。

(1) 人力中耕

人力中耕是指人工直接拔除或利用锄头、镰刀等简单工具铲除或割除杂草的方法，是传统的无任何副作业的除草方法，但这种方式劳动强度大，工作效率低，只有一些小型苗圃还在采用。

(2) 畜力中耕

畜力中耕是指用畜力牵引三齿耘锄、中耕器、耙子等进行中耕除草的一种方式。这在城市苗圃中已很少见到，但在一些小型苗圃还常常使用，较人工除草省力省工，但也不能满足规模化生产的要求。

(3) 机械中耕

机械中耕是指利用各种专用除草或中耕机械、机具进行中耕除草的方式，其速度快、效率高，成为大型及现代苗圃除草的最佳选择。一般在株行距 1m 以上的大苗区，可用手扶拖拉机在苗床间进行中耕除草；在株行距较小的区域，可以用小型中耕机操作。但机械除草对苗行内苗木间的杂草无效，适合去除顺床条播时苗行间、垄间以及大苗区大苗株行间的杂草。

4.3.1.3 中耕除草的时间

繁殖苗区、小苗区，要保证 4~6 月不得有草；移植苗 5~6 月要将草除净；保养大苗区四周杂草要除净，雨季要控制草荒，应采取人工除草和化学除草相结合的方法。

4.3.2 化学除草

化学除草是指使用化学药剂（除草剂或除莠剂）防除苗圃杂草的方法。化学除草的速度快、效果好、效率高，是一种发展迅速的新技术，在农业、园艺以及苗圃生产中已广泛应用。在园林苗圃苗木生产过程中，防除杂草是一项不可替代的重要工作。由于人力成本日趋昂贵且效率较低，杂草复发率高，而化学除草不但可以节约用工 60%~80%，降低成本 40%~80%，还有除草效率高、除草效果彻底等明显优势，逐渐成为当今园林苗圃经营管理中的重要技术之一。

4.3.2.1 化学除草的特点

①技术性强、使用严格　除草剂犹如一把双刃剑，正确使用可以提高除草效率、大幅度降低除草成本；反之则会给生产造成不可估量的损失。目前生产的除草剂，根据对靶标植物的选择性不同，可以分为灭生性除草剂和选择性除草剂两类。前者如百草枯、草甘膦等几乎对大部分绿色植物都有杀伤力，使用时不能喷到苗木叶片上，而要进行涂抹或定向喷雾；后者如大杀禾、高效盖草能等仅对禾本科杂草有效，对禾本

科之外的大多数植物种类安全，茎叶喷雾安全有效且省工省时。

②化学除草持效时间长　人工除草只能起到暂时的效果，持效期短，多数情况下拔草不除根，随浇水或下雨很快便有新的杂草萌发。而化学除草持效期较长，可达几个月，甚至1年以上，在整个生长季节几乎可以不用除草，大大降低了生产管理成本。

③除草剂可与其他农药、化肥混用，起到除草灭虫、防病追肥的作用　如除草剂敌稗与杀虫剂西维因的不同比例混用，促进杂草体内酶的活性，从而增加了敌稗的药效，使杂草枯干而死，还起到灭虫的作用；在落叶松苗圃除草，可将除草醚与硫酸铵混用，不但减少工序，节省劳力，而且有增加除草效果和施肥的双重作用。如在落叶松播种育苗时使用除草醚，除了除草效果好外还能保证成苗，每亩可节约种子 1.5~2kg。

④省钱省力，使用方便，效果好，显著降低育苗成本　有关报道称，化学除草的费用仅为人工除草的1/30或1/20，而且劳动强度大大减轻。因此，只要药剂选择与使用得当，一般化学除草可有效地抑制苗地中杂草的生长，节约除草费用，降低育苗成本。

⑤高效低毒，低残毒，对人畜安全　除草剂的作用机制是抑制光合作用，干扰植物激素作用，影响植物核酸和蛋白质合成等，所以一般对动物及人畜较为安全。大部分除草剂本身并没有毒性或毒性很低，但在把除草剂原药加工成能够溶解于水便于操作使用的制剂的过程中，所使用的溶剂、分散剂等某些助剂有一定的毒性或毒性较高，如常用的溶剂甲苯、二甲苯对人体有毒。

⑥保持土壤结构　苗圃常用的除草剂，在土壤中通过淋溶、土壤吸附、光分解、微生物降解等各种途径，降解较快，土壤物理结构不被破坏，致死的杂草覆盖在土表，具有防风固沙、保墒的作用。

4.3.2.2　除草剂的种类

随着在生产中广泛使用，除草剂已成为生产增长最快的农药之一，其性质、化学结构、作用方式、施药对象、使用方法等，均多种多样。从不同的角度对除草剂进行分类，是正确认识与掌握其作用原理与施用方法的基础。

(1) 按作用方式分类

①灭生性除草剂　能够苗草不分、不加选择地杀死各种植物，如五氯酚钠、克芜踪、草甘膦等。

②选择性除草剂　能够选择性地杀死某些杂草，而对另一些杂草与苗木安全，如二甲四氯、2,4-D、西玛津、敌稗、禾草灵、茅草枯等。

除草剂的选择性不是绝对的，如五氯酚钠本身是灭生性的，但使用得当可作为选择性除草剂使用；2,4-D是选择性除草剂，但用量过大或在苗木生育期使用，又可能变成草苗不分的灭生性除草剂。因此，除草剂的选择性是在一定对象、剂量、时间、方法和条件下表现，其好坏由选择性系数（杀死或抑制10%以下作物的剂量和杀死或抑制90%以上杂草的剂量之比）所决定，系数越大越安全，一般在大于2时才可推广。

(2) 按作用性质分类

①内吸性除草剂 又称为传导性除草剂，能被杂草根、茎、叶分别或同时吸收，通过输导组织运输到植物体的各部位，破坏它的内部结构和生理平衡，从而造成植株死亡。一般药效发挥较慢，但可起到斩草除根的作用，使用时要有耐心、不急于见效，用量不宜过大，如二甲四氯、草甘膦、西玛津、阿特拉津等。

②触杀性除草剂 是指某些除草剂喷到植物上，不能内吸传导，只能杀死直接接触到药剂的那部分植物组织。杀草见效快，对杂草地下部分或有地下繁殖器官的多年生杂草效果较差，如除草醚、五氯酚钠等。

(3) 按化学结构分类

①无机除草剂 指主要由天然矿物质制成，不含有机碳素化合物，而含有铜、铁、钠等无机元素的一类除草剂，如氯酸钾、氯化钠、亚砷酸钠等；

②有机除草剂 由碳素化合物构成，主要以有机合成原料如苯、醇、脂肪酸、有机胺等制成，大致可分为酚类、苯氧羧酸类、苯甲酸类、二苯醚类、联吡啶类、氨基甲酸酯类、硫代氨基甲酸酯类、酰胺类、取代脲类、均三氮苯类、二硝基苯胺类、有机磷类、苯氧基及杂环羟基苯氧基丙酸酯类、磺酰脲类、咪唑啉酮类以及其他杂环类等。

无机除草剂的化学性质稳定，不易分解，大多数可溶于水，常为内吸性、灭生性除草剂，不但对植物危害大、危害人畜健康，而且在土壤中易流失，对环境造成一定的污染，因此，在生产上已经很少使用。有机除草剂种类多、药效高、用途广，是目前国内外主要使用的除草剂类型，不过其中也有一些因为毒害、污染等安全问题而被禁用。

此外，有时还按施药对象不同把除草剂分为土壤处理与茎叶处理两类；按施药时间不同分为播前处理、播后苗前处理、苗后处理3类；按施药方法不同分为喷雾处理与毒土处理2类；按加工剂型不同分为水剂、水溶剂、可湿性粉剂、悬浮剂、乳剂、油剂、颗粒剂、粉剂等类。

4.3.2.3 化学除草的原理

化学除草的原理是利用除草剂的内吸或触杀作用，有选择地防除田间杂草。而除草剂杀草的机理在于它能干扰或破坏杂草体内正常的生理活动，使其生长受到严重影响而死亡。

(1) 除草剂的选择性

使用除草剂的目的是除草保苗，因此，除草剂必须具有选择性，才能够安全有效地用于苗圃除草。掌握除草剂的选择性作用原理，准确选择使用除草剂的种类与方法，是化学除草获得成功的基础。除草剂种类繁多、性质各异，其选择性作用的原理也是多种多样的，基本上可以归纳为生物学与非生物学两类。

生物学选择性是指由于不同植物的生物学特性不同而对同一除草剂产生的选择

性。这种生物学特性的差异可以在不同的层次上或者说以不同的方式表现出来。在生理生化层次上,表现除草剂在不同植物体内活化反应或钝化反应的差异,即有些除草剂本身对植物体并无毒害或毒害作用很小,但在植物体内经过酶或其他物质的催化,可活化转变为有毒物质;而另外一些除草剂本身对植物是有毒害的,但在植物体内被降解而失活,结果就不会产生毒害作用。不同植物对除草剂的活化(增毒)或钝化(解毒)能力不同,奠定了生产中除草剂选择杀草的基础之一。

植物在形态表型上或生长习性上的差异也是生物学选择的主要表现之一。不同植物的形态结构差异,使其对除草剂的接触、承受与吸收有所不同,从而具有选择性。如单子叶植物不仅叶片直立、狭小、表面角质层与蜡质层较厚,而且茎秆直立、顶芽被叶鞘保护,药液喷洒后易滚落,触杀型除草剂不易伤害分生组织,不利于发挥作用,因而抗药性较强;而双子叶植物不仅叶片大而平展,而且表面角质层与蜡质层较薄、幼芽裸露,药液喷洒后易黏附,触杀型除草剂能直接作用于分生组织,利于发挥作用而产生药害。

对于缺乏生物学选择性的除草剂,可以利用非生物学选择性,主要有时差选择性与位差选择性两种。时差选择性是指除草剂虽然对苗木有毒害作用,但其药效迅速、药剂残留期短,利用施药时间不同而安全杀除杂草。如在播种前或播种后发芽前施药,可将已萌动的杂草杀除,等药效过后,再播种或幼苗出土,则对幼苗无碍。五氯酚钠的使用就是这样,它是触杀型的非选择性除草剂,在阳光下药效仅3~7d。位差选择性是指利用植物根系在土壤中分布的深浅不同以及除草剂在土壤中淋溶性大小的差异,进行杀草保苗。一般来说,苗木根系在土壤中分布较深,而多数杂草在土壤表层生长且根系较浅。根据这一特点,将除草剂施于土壤表层即可灭除杂草,如百草枯、西玛津等除草剂的使用就是基于位差选择性原理。

(2)除草剂杀草机理

植物体是一个复杂而统一的有机体,在正常生长发育情况下,体内的新陈代谢及各种生命活动处于一个统一协调的状态,一旦其中某个环节受到干扰或破坏,生命活动的过程就无法正常进行,从而使生长发育受到影响或阻断,导致植株死亡。除草剂种类繁多,杀草机理也各不相同,归纳起来有以下4种情况。

①干扰激素平衡　植物体内的各种激素物质处于动态平衡之中,对植株正常生长和发育发挥着重要的调节与控制作用。激素型的除草剂,如2,4-D,二甲四氯等,是人工合成的具有植物激素作用的物质,进入植物体内后,会打破体内各种激素的平衡,导致生长异常、植株死亡。

②干扰呼吸作用　呼吸作用是植物体最主要的生理活动之一,它为各种生命活动提供所需能量。呼吸作用发生在植物细胞内的线粒体上,是碳水化合物通过糖酵解与三羧酸循环的一系列酶的催化作用进行的氧化过程,其间通过氧化磷酸化反应,将产生的能量储存在三磷酸腺苷(ATP)中供生命活动使用。有些除草剂如五氯酚钠、地乐酚、二硝基酚等,是典型的解偶联剂,能干扰或阻止氧化磷酸化偶联反应,使二磷酸腺苷(ADP)无法形成三磷酸腺苷(ATP),从而使植物体因代谢过程无法正常进行而死亡。

③抑制光合作用 光合作用为是植物赖以生存的基础,一旦受到干扰或破坏,植株会因正常生长受到抑制而死亡。除草剂对光合作用的影响有两种方式:一是一些除草剂如均三氮苯类,主要是抑制光合作用的希尔反应,即放氧反应;二是一些除草剂如季胺盐类,主要是干扰光合作用过程的电子传递系统。这类除草剂的杀草效果,在光照条件良好、光合作用强的情况下发挥得好,在阴天弱光条件下效果差。

④干扰蛋白质合成与核酸代谢 研究表明,不同除草剂对植物体内蛋白质合成与核酸代谢的影响是不同的。有些除草剂本身就是蛋白质与核酸合成的抑制剂,可以通过直接作用于关键性酶或影响辅酶来干扰蛋白质与核酸代谢,起到杀草效果。

了解杀草机理对更好地选择及使用除草剂是非常重要的,如选择除草剂混合使用时,应使用选择具有不同杀草机理的除草剂,以增加对杂草的作用,提高药效;再如可根据杀草机理,通过控制或利用环境因素来提高药效以及对使用环境的影响。

4.3.2.4 除草剂使用方法

使用除草剂,要根据苗木生长、杂草和天气情况来确定用药种类、剂型、剂量和施药时间,同时还必须采用正确的施药方法。一般采用喷雾法与毒土法两种方法。

①喷雾法 指使用喷雾机械在一定压力下将药液均匀地洒落在杂草上或土壤表面进行杀除的方法。用于茎叶处理是在苗木生长期进行,要注意除草剂的选择性;用于土壤处理时,可在播种前将除草剂喷洒于地表,再用钉齿耙等耙地,将药剂均匀分散到 $3 \sim 5 cm$ 深的土层中。适合喷雾的除草剂剂型有可湿性粉剂、乳油及水剂等。一般要求喷洒的雾点直径在 $100 \sim 200 \mu m$ 以下。雾点过大,附着力差,容易流失;雾点过细,易被风吹走,附着量减少。

配药时需要准备的用具有水缸、水桶、过滤纱布、搅拌用具等。为了使配制药量准确、避免出错,应当定容器、定药量、定水量。药量应根据容器大小,事先用天平或较准确的小秤称量并分包,每次配制1包。在固定水桶上画定量水线,每次定量取水。把称好的药用纱布包好,用少量的水溶解,然后将纱布中的残渣除去,加入所需水量稀释,即配成药液。也可将定量的药溶于少量的水中,充分搅拌成糊状,再加入定量的水搅拌均匀,即为药液。水量以每亩 $30 \sim 50 kg$ 为宜。药水要现配现用,不宜久存,以免失效。茎叶处理时雾点要细而均匀,土壤处理时雾点可以粗些,药量也可大些。

②毒土法 指把药剂与细土混合制成毒土、均匀撒施的方法。适合用毒土法的除草剂剂型有粉剂、可湿性粉剂和乳油灯。细土一般以通过 $10 \sim 20$ 目筛子筛过较好,不要太干或过湿,以用手捏成团,松开土团自动散开为宜。土量以能撒施均匀为准,一般每亩为 $15 \sim 25 kg$。如是粉剂,可以直接拌土;如是乳油,则先用水稀释,再用喷雾器喷在细土上拌匀。如果药剂的用量较少,可先用少量的土与药剂混匀,再与全量土混合。毒土要随配随用,不宜久放;撒施毒土要求均匀一致,用量适宜。

4.3.2.5 化学除草的注意事项

(1) 正确选择除草剂

除草剂是选择性很强的农药，不同植物对药剂的敏感程度不同。因此，必须根据苗木种类与杂草种类选择有效的除草剂。除草剂的品种很多，有茎叶处理剂、灭生性除草剂等；有的适用于芽前除草，有的适用于茎叶期除草。要根据不同的苗木品种和不同时期的杂草分别选用，如针叶树种抗药性强，可选用除草醚、盖草能和果尔等；阔叶树种抗药性差，可选用圃草封、圃草净、地乐胺、扑草净等。此外，影响除草剂选择的其他因素还包括土壤类型、土壤温度、土壤 pH 值、有机质、土壤湿度、杂草或苗木是否在胁迫下生长、使用除草剂的方式、除草剂在叶片或土壤表面的保持力、流动性和喷雾量等。

在同一苗圃中，为防治同类型杂草连年使用单一除草剂，不仅会诱发杂草对该除草剂产生抗药性，而且在杀除了原先优势种群杂草的同时，促使原来次要的杂草逐渐上升为优势杂草，杂草种群发生变化，加大防除的难度。因此，可以采用除草剂混用的方法，还可循环使用。用于交替使用的除草剂品种应根据药剂性能、防除对象、安全性及成本等因素灵活选配。一般选择不同杀草谱或不同作用机理的除草剂交替使用，或是土壤处理剂与茎叶处理剂交替使用。

(2) 合理掌握使用剂量

除草剂与其他农药不同，对药液浓度没有严格要求，但对单位面积的使用量要求严格，而且要均匀施用在规定面积上。一般来说，一种除草剂的杀草效果随着用药量的大小而变化，用量小了影响除草效果，达不到除草目的；用量大了既不安全也不经济。因此，必须掌握合理的除草剂使用量。

除草剂使用量的确定，受苗木种类、苗龄以及施药时间与施药环境条件等因素的影响。不同苗木的耐药性不同，应严格按产品说明使用。一般来说，针叶树种的用药量可以大些，阔叶树种的用药量宜小些。同一苗木品种对某种药剂的抗药性，会随着苗龄增加而提高，用药量可相应加大，如防除松、杉苗圃的禾本科杂草，可每亩单独施用 23.5% 的果尔乳油 50mL，或 23.5% 的果尔乳油 30mL 与 50% 乙草胺乳油 100mL 混；若用于阔叶树种苗圃，用药量宜适当减少。对于 1 年生杂草，使用推荐用药量即可；对于多年生恶性杂草、宿根性杂草，需要适当增加用药量。

有机质含量高的土壤颗粒细，对除草剂的吸附量大，而且土壤微生物数量多，活动旺盛，药剂量被降解，可适当加大用药量；而砂壤土颗粒粗，对药剂的吸附量小，药剂分子在土壤颗粒间多为游离状态，活性强，容易发生药害，用药量可适当减少。此外，在高温多雨条件下用药量要适当减少；杂草小时采用剂量下限，杂草大时采用剂量上限。为追求除草效果随意加大剂量，或拌药不匀(撒施)、兑水过少(喷施)或重喷后局部浓度过大，容易造成植株药害。在除草剂配制上要按推荐剂量和浓度配制，按比例配制，用量具称量，以保证用量准确。

(3) 正确选择施药时间与施药方法

杂草在不同生长时期对除草剂的敏感程度不同，只有在最敏感期用药，才能达到最佳防杀效果。一般情况下，杂草在萌芽时对土壤处理型除草剂最敏感，2~3叶期对茎叶处理型除草剂最敏感。对于封闭类除草剂，务必在杂草萌芽前使用，一旦杂草长出，抗药性增加，除草效果差。对于茎叶处理类除草剂，应当把握"除早、除小"的原则。杂草株龄越大，抗药性就越强。在正常年份，杂草出苗90%左右时，杂草幼苗组织幼嫩，抗药性弱，易被杀死。苗前期宜用毒土法；速生期苗木对除草剂敏感，要特别慎用；苗木硬化期苗木虽有一定抗性，但大部分杂草已经成熟，施药的作用不大。切忌不分苗木生育期，不管杂草大小，见草就用药的做法。

正确选择施药方法并提高施药技术，是获得理想除草效果的基本条件之一。要根据除草剂的性质确定正确的使用方法，如使用草甘膦等灭生性除草剂，务必做好定向喷雾，否则就会对苗木造成伤害；使用氟乐灵则需要混土，否则容易引起光解而失效。施药均匀是施用除草剂的基本要求，必须予以保证。此外，忌在有风时喷药，以免危及相邻的植物，施药器具如喷雾器等最好专用，或用漂白粉冲洗后再使用。

4.3.2.6 苗圃主要除草剂简介

(1) 杂草萌芽前使用的常见除草剂

为封闭型除草剂，喷施在地面后借助土壤水分分布于土壤表面，形成约0.1cm厚的药膜，杂草种子萌发时接触药膜致死。在土壤中的持效期一般为30~60d，个别品种在6个月以上或更长。在黏土、壤土中易形成稳定的药膜，在砂土、砂壤土中难以形成稳定药膜，故不建议使用；对已经长出的杂草几乎没有效果。

圃草封　杂环类除草剂，在杂草种子萌发过程中，幼芽、茎和根吸收药剂后起作用。双子叶植物吸收部位为下胚轴，单子叶植物吸收部位为幼芽。杀草种类多，防除多种禾本科杂草及阔叶草，适用于绝大多数木本植物。持效期长达60~90d，适用范围广，苗木芽前、芽后1个月和大苗均可使用。对莎草科杂草无效，与果尔配合使用效果好，使用方法主要有喷雾法和毒土法。

萘丙酰草胺（敌萘胺、草萘胺、大惠利）　酰胺类选择性苗前土壤处理剂，它能降低杂草组织的呼吸作用，抑制细胞分裂和蛋白质合成，使根生长受抑制，心叶卷曲，最后死亡。可杀死多种萌芽期阔叶及禾本科杂草。禾本科杂草主要是芽鞘吸收，阔叶杂草则通过幼芽及幼根吸收。

氟乐灵（茄科宁、特福力、氟特力）　选择性播前或播后出苗前土壤处理剂，主要通过杂草的胚芽鞘与胚轴吸收。既有触杀作用，又有内吸作用。易挥发、光解，水溶性极小，不易在土层中移动，持效期较长。能防除1生年禾本科杂草及种子繁殖的多年生杂草和某些阔叶杂草，对苍耳（*Xanthium sibiricum*）、香附子（*Cyperus rotundus*）、狗牙根（*Cynodon dactylon*）防除效果较差或无效；对出土成株杂草无效。一般在杂草出土前作土壤处理均匀喷雾，并随即交叉耙地，将药剂混拌在3~5cm深的土层中。在干旱季节还要镇压，以防药剂挥发、光解，降低药效。

甲草胺（拉索、草不绿、杂草锁）　低毒，选择性内吸型芽前除草剂，可被植物幼芽吸收向上传导，苗后主要被根吸收向上传导。防除多数1年生禾本科杂草及某些双子叶杂草，如稗草（*Echinochloa crusgalli*）、马唐（*Digitaria sanguinalis*）、狗尾草（Setaira viridis)、碱茅（*Puccinellia distans*）、硬草（*Sclerochloa dura*）、鸭跖草（*Commelina communis*）、菟丝子（*Cuscuta chinensis*）等，杂草芽前施药。

果尔（乙氧氟草醚、惠尔、杀草狂、割地草） 选择性触杀型除草剂，毒性极低，无残留污染，对苗木安全；杀草谱广，可防除多种1年生窄、阔叶杂草，对多年生杂草有抑制作用，适用于针叶树和带壳出土的植物。通过干扰杂草的呼吸作用，抑制ATP的生成而使其死亡。持效期长达60~90d，适用范围广，苗木萌芽前、萌芽后一个月和幼树大苗均可使用。缺点是对禾本科杂草防除效果差，可与盖草能、草甘膦混合使用效果好。

丁草胺（灭草特、去草胺） 为酰胺类选择性内吸传导除草剂，主要通过杂草的幼芽吸收，而后传导全株而起作用。植物吸收丁草胺后，在体内抑制和破坏蛋白酶，影响蛋白质的形成，抑制杂草幼芽和幼根正常生长发育而使其死亡。在黏壤土及有机质含量较高的土壤上使用，药剂可被土壤胶体吸收，不易被淋溶，持效期可达1~2个月。芽前和苗期均可使用，主要杀除单子叶杂草，对大部分阔叶杂草无效或药效不强。

除草醚 为醚类选择性触杀型除草剂。易被土壤吸附，向下移动和向四周扩散的能力很小。在黑暗条件下无毒性，见阳光才产生毒性。温度高时效果明显，气温在20℃以下时药效较差，用药量要适当增大；在20℃以上时，随着气温升高，应适当减少用药量。除草醚可除治1年生杂草，对其种子胚芽、幼芽、幼苗均有很好的杀灭效果；对多年生杂草只能抑制而无法杀除。

乙草胺（禾耐斯） 酰胺类选择性内吸型芽前除草剂。可被植物幼芽吸收，单子叶植物通过芽鞘吸收，双子叶植物下胚轴吸收传导。在杂草出土前施药，能干扰杂草体内核酸代谢及蛋白质合成，使幼芽、幼根停止生长。如果田间水分适宜，幼芽未出土即被杀死；如果土壤水分少，杂草出土后，随土壤湿度增大，杂草吸收药剂后而起作用。广谱杀草，持效期30~50d，施药后10~20d才开始显效。

扑草净 内吸选择性除草剂，可经根和叶吸收并传导。对刚萌发的杂草效果最好，杀草谱广，可防除1年生禾本科杂草及阔叶杂草。杂草芽前或1年生杂草大量萌发初期，即1~2叶期时施药防效好，持效期长达100~180d。

（2）杂草萌芽后使用的常见除草剂

杂草出芽以后使用，除个别种类外，对萌发生长前的杂草基本无效。包括灭生性与选择性除草剂，在杂草旺盛生长期喷施，通过触杀或叶片吸收传导，影响光合作用、呼吸作用以及生物酶合成等，导致杂草死亡。

草甘膦（农达、春多多、农民乐、达利农等） 为内吸传导型广谱非选择性芽后灭生除草剂。作茎叶处理，土壤处理无效，适于苗圃步道及园林大树下喷洒。草甘膦能防除单子叶和双子叶、1年生和多年生、草本和灌木植物；能迅速被植物茎叶吸收，上下传导，对多年生杂草的地下组织破坏力很强；能连根杀死，除草彻底；对哺乳动物低毒，对鱼类没有明显影响；一旦进入土壤，很快与铁铝等金属离子结合而钝化，对土壤中的种子和微生物无不良影响；使用一次抵过多次使用其他类除草剂，省时、省工又省钱；能与盖草能、果尔等土壤处理剂混用，除灭草外，还能预防杂草危害等。主要缺点是单用入土后对未萌发草无预防作用。常见剂型有水剂、可溶性粉剂等。

草胺膦（草丁膦） 为内吸传导型广谱灭生性除草剂。作茎叶处理，土壤处理无效。用于果园、葡萄园、非耕地除草，防除森林和高山牧场的悬钩子（*Rubus*）和蕨类植物。

百草枯（克无踪、对草快、龙卷风） 为速效触杀型广谱灭生性除草剂。作茎叶处理，土壤处理无效。能杀死大部分禾本科和阔叶杂草，只对绿色组织起作用。施药0.5h就能被杂草吸收而发挥作用，见效迅速，一天黄三天死，但只能杀死地上部分。

环嗪酮（森草净、草灌净、森泰、威尔柏、林草净） 内吸传导型广谱选择性高效林地除草剂。具有芽前、芽后除草活性。可杀草，也能抑制种子萌发，用量少，杀草谱广，可除大部分单子叶和双子叶杂草及木本植物，如珍珠梅（*Sorbaria sorbifolia*）、榛子（*Corylus heterophylla*）、柳叶绣线菊（*Spiraea salicifolia*）、刺五加（*Acanthopanax senticosus*）、山杨（*Populus davidiana*）、桦木、椴树（*Tilia tuan*）、水曲柳（*Fraxinus mandshurica*）、黄波罗、核桃楸（*Juglans mandshurica*）等；持效期长，用药1次，可保持1~2年内基本无草。根、叶均能吸收，主要通过木质部传导，对针叶树根部没有伤害。药效较慢，杂草1个月，灌木2个月，乔木3~10个月。对人畜低毒，适用于常绿针叶林[如红松、樟子松（*Pinus sylvestris* var. *mongolica*）、云杉、马尾松等]幼林抚育，在造林前除草灭灌、维护森林防火线及林分改造等。

圃草净 适用于多种木本植物及移栽苗圃，草花类及木本扦插苗圃禁用。防除绝大多数5叶以下（杂草株高在10cm以下）的禾本科杂草、阔叶杂草及莎草科杂草。定向喷雾茎叶处理，尽量不要喷到苗木幼嫩叶片上，用药后24h内杂草停止生长，7~10d内变黄枯萎，10~15d死亡。喷到幼嫩叶片上后，会有叶片短期发黄或停止生长发生，追肥浇水后15d内恢复正常生长；如叶片发黄严重，可以喷施赤霉素恢复。

(3) 专门防除禾本科杂草的除草剂

该类常见除草剂有大杀禾、高效吡氟氯草灵（高效盖草能）、烯草酮（收乐通）、拿捕净、精奎禾灵（精禾草克）、吡氟禾草灵（稳杀得、精稳杀得、氟草除）、精恶唑禾草灵（威霸、骠马）、喹禾糠酯（喷特）等，只对禾本科杂草有效，对绝大多数木本植物安全，对阔叶杂草及莎草科杂草无效。防除狗牙根、铺地黍（*Panicum repens*）、芦苇（*Phragmites communis*）、白茅（碱茅）、大叶油草（地毯草，*Axonopus compressus*）、双穗雀稗（水扒根，*Paspalum paspaloides*）等多年生恶性杂草需增加用药量。

(4) 综合防除多种杂草的除草混剂

春盖果混剂 春多多、盖草能、果尔3种除草剂按一定比例混合的混合剂，一般每亩用春多多370mL、果尔56mL、盖草能39mL，混合后加水50kg定向喷雾防治。既发挥了3种除草剂各自的优越性，又克服了其各自的缺点。主要特点：在杂草旺盛期喷药，起到茎叶、土壤双重处理作用，特别适合在大苗苗圃、幼林和圃地道路、休闲地除草，达到除草、防草双重作用；对禾本科、阔叶、莎草科杂草都能防除；杀草率特别高，尤其是对恶性草防效好。

盖果混剂　盖草能、果尔两种除草剂的混合剂。一般每亩用果尔 56mL，盖草能 39mL，混合后加水 50kg 喷雾防治。适用于在大、小苗木的苗圃地（小苗需 1 个月后使用）。可防除禾本科、莎草科、阔叶等多种杂草。主要特点：可在杂草萌发初期使用，以土壤处理为主，以茎叶处理为辅，适用于在换床苗圃；对禾本科、阔叶杂草都能防除；定向喷雾对苗木安全。

克乙丁混剂　适用于幼林地、大苗地和休闲地，可同时进行茎叶和土壤处理，可防除旱地、水田、1 年生或多年生禾本科、莎草科和阔叶等多种杂草。既能杀草又能防草。一般每亩用克芜踪 235mL、乙草胺 75mL、丁草胺 150mL 混合后加水 45kg 喷雾防治。

一些苗圃常用除草剂及其使用技术如表 4-2 所列。

表 4-2　苗圃常用除草剂及其使用技术

商品名称	剂型	参考使用量	使用对象	使用方法	适用树种	备注
果　尔	24%乳油	675~900mL/hm²	广谱	茎叶、芽前土壤	针叶	触杀
盖草能	10.8%乳油	450~750mL/hm²	禾本科杂草	茎叶处理	阔叶、针叶	触杀
森草净	70%可湿性粉剂	5~50g/hm² 250~900g/hm²	广谱 广谱	茎叶、芽前土壤 步道、大苗等	阔叶、针叶（杉木、落叶松除外）	内吸
氟乐灵	48%乳油	2100mL/hm²	禾本科，小粒子阔叶杂草	芽前土壤	阔叶、针叶	触杀
敌草胺	20%乳油	1500~3750g/hm²	广谱，对多年生杂草无效	芽前土壤	阔叶、针叶	内吸
乙草胺	50%乳油	900~1125mL/hm²	广谱	芽前土壤	阔叶	触杀
草甘膦	10%水剂	100~450g/hm²	广谱	茎叶、芽前土壤	针叶	内吸
扑草净	50%可湿性粉剂	500~1500g/hm²	广谱	土壤处理	阔叶、针叶	内吸
丁草胺	60%乳油	1350~1700mL/hm²	禾本科杂草	芽前土壤		内吸
百草枯	20%水剂	100~300mL/hm²	广谱	茎叶处理	阔叶、针叶	触杀
阿特拉津	40%胶悬剂	450~750mL/hm²	阔叶杂草	茎叶处理	针叶	触杀
精禾草克	5%乳油	600~3000mL/hm²	禾本科杂草	茎叶处理	阔叶	内吸
敌草隆	25%可湿性粉剂	2750~4500g/hm²	广谱	芽前土壤	阔叶、针叶	内吸
拿扑净	12.5%机油乳油	200~400g/hm²	禾本科杂草	茎叶处理	阔叶、针叶	内吸
西玛津	25%可湿性粉剂	1500~3750g/hm²	禾本科杂草	芽前土壤	针叶	内吸
2,4-D 丁酯	72%乳油	600~900mL/hm²	对禾本科杂草无效	茎叶处理	针叶	内吸

4.3.2.7　除草剂的安全性问题

在化学除草发展为一种农林生产技术的同时，除草剂的大量使用又不可避免地带来了一系列安全问题。从 2000 年起我国禁用除草醚、二苯醚、草枯醚、茅草枯以及对人和动物有致癌影响的氟乐灵、拉索等，以及五氯酚钠、百草枯等，除草剂的安全使用已成为苗圃苗木生产必须注意的问题。

防除阔叶杂草的苗后除草剂 包括二甲四氯、2,4-D、苯达松、百草敌、使它隆、虎威、克莠灵、好事达等，其中二甲四氯、2,4-D 由于环境污染的原因，已在欧洲许多国家被禁用。2,4-D 的飘移污染，已造成大面积蔬菜、棉花、高尔夫球场的树木药害严重。

长残效除草剂 包括磺酰脲类除草剂，如绿磺隆、甲磺隆、苄磺隆、吡嘧磺隆、苯磺隆、胺苯磺隆、烟磺隆等；咪唑啉酮类的普杀特等；杂环类的快杀稗、广灭灵等。这类除草剂在土壤中的持效期太长，在用过这类除草剂的苗圃，2~3年以后种植苗木都可能受到伤害。

对土壤有毒化作用的除草剂 包括酰胺类、脲类、均三氮苯类的一些除草剂，如甲草胺、乙草胺、伏草胺、赛克津、西玛津、阿特拉津、扑草净等，均会造成土壤结构恶化、板结，影响苗木的根系发育。

毒性高或致癌的除草剂 五氯酚钠与百草枯是两种毒性很高的除草剂，在苗圃绝对禁用。拉索对动物有致癌作用，也不宜在苗圃应用，氟乐灵因致癌在欧洲被禁用。

有异味的除草剂 二甲四氯的气味对人有刺激，加上对苗木会产生药害，不宜在苗圃应用。取代脲类除草剂，如绿麦隆、异丙隆等有异味，加之是内吸传导的除草剂，会降低花卉苗木的品质，也不宜在苗圃应用。

灭生性除草剂 有草甘膦、百草枯等，虽然有些苗木对低剂量草甘膦有一定耐药性，但有时草甘膦对苗木的伤害难以从直观上明确，有时这种伤害的表现是缓慢的。如喷草甘膦难免会有飘移，会对周围敏感苗木造成伤害。

总之，在园林苗圃应用除草剂时要特别谨慎，除了要防止对苗木直接的伤害，也要防止一些可能的、潜在的、隐性的伤害。这种伤害，包括对苗木产量、品质及周围环境以及苗木生产持续稳定发展的影响。

4.4 病虫害防治

病虫害是园林苗圃经常发生的灾害性事件，常会对苗圃生产与经营带来巨大损失。因此，病虫害防治是苗圃管理与苗木抚育非常重要的技术措施，必须列入苗圃生产管理计划，投入足够的人力与物力，常抓不懈，以防后患。

4.4.1 病害及其防治

4.4.1.1 病害及其症状特征

苗木在遭受病菌和其他生物寄生或环境因素侵染的影响时，会在生理、组织结构、形态等方面发生一系列反常变化，导致产量下降、品种变劣，减产甚至死亡的现象，统称为苗木病害。苗木病害是由在病理学上被称为病原的原因引起的，一般可根据病原不同分为侵染性病害与非侵染性病害两大类。由真菌、细菌、病毒、支原体、线虫和寄生性种子植物等病原侵染致病的称为侵染性病害或寄生性病害；由环境条件不良或苗圃作业失当造成的苗木伤害称为非侵染性病害或生理病害。

在苗圃育苗上，人们习惯将苗木病害只理解为侵染性病害，它们能够繁殖、传播和蔓延，且在适宜的条件下十分迅速，常引起危害性病害发生。苗木病害的每次发生都有一定的过程，一般包括侵入期、潜伏期和发病期。侵入期是病原与寄主苗木建立寄生关系的过程，潜伏期是指从病原侵入与建立寄生关系到苗木出现明显症状所需的过程，发病期是指症状出现后病害进一步发展的时期。

苗木发病是以体内一定的病变过程为基础的，无论是哪种病害，首先病害部位会发生一些外部肉眼观察不到的生理活动的变化，细胞与组织随后也会发生变化，最后在外部形态上表现出各种不正常的特征，即症状。病害的症状具有相对稳定性，每一种病害都有自己的特点，因此在生产中可以根据症状来鉴别病害，作为防治的依据（杨子琦、曹华国，2002）。园林植物常见病害的症状主要有：

①斑点　因局部组织坏死而形成，其形状与颜色不一，常发生在叶片、果实和种子上，如大叶黄杨叶斑病。

②溃疡　因苗木树干局部韧皮部或少量木质部坏死而形成的凹陷状病斑，其周围常被木栓化愈伤组织包围，如杨树溃疡病。

③腐烂　苗木受病部位细胞与组织死亡，病原分泌酶使苗木组织细胞内物质溶解，表现为组织软化、解体，流出汁液，苗木根、茎、叶、花、果都可以发生。

④萎蔫　苗木根部腐烂或茎部坏死，使内部维管组织受到破坏、输导作用受阻，引起局部或全苗凋萎的现象，如合欢枯萎病等。由病害导致的萎蔫是不能恢复的，对育苗威胁巨大。萎蔫现象也可能由不良的栽培条件如干旱、高温或水淹等引起，有时当这些逆境或胁迫因素解除后，有可能恢复。

⑤畸形　由于病原侵入而引起苗木组织局部或全部异常形态，其表现因病害及苗木种类而异，如碧桃缩叶病、樱花丛枝病等。

⑥肿瘤　苗木根茎局部细胞异常生长形成肿胀或瘤状突起，如月季根癌病、根瘤线虫病等。

⑦黄化　苗木受害部位细胞内色素发生变化，细胞通常并不死亡，如红松根腐病引起针叶变黄，落叶松落针病的主要症状也是枝叶变黄后脱落。一些非侵染性病害，如缺氧、缺水、缺素等均可能引起苗木叶色发黄，应注意区分。

⑧花叶　受病毒侵染后，叶色变得深浅不一或形成色斑，有时会增加苗木的观赏性。

⑨粉状物（白粉、黑粉、锈斑）　病菌覆盖苗木器官表面，形成白色、黑色或锈色粉状物，如蔷薇叶与丁香叶白粉病、椴树叶与竹类叶黑粉病、杨树与落叶松叶锈病等。

⑩霉状物　染病部位出现毛霉状物覆盖，如板栗、水曲柳、核桃楸叶片上的霉菌层等。

⑪烟煤　病菌在苗木器官表面形成一层烟煤状物，如山茶烟煤病、米兰煤污病等。

⑫菌脓　染病部位渗出含有大量病菌的汁液呈胶状物，使苗木生长衰弱或芽梢枯

死，如桃流胶病、红松根腐病等。

4.4.1.2 主要病害及其防治

苗木病害根据其受害部位不同可以分为根部受害型（根部病害）、叶部受害型（叶部病害）和枝干受害型（枝干病害）。根部受害后会出现根部或根颈部皮层腐烂，形成肿瘤，受害部位有时还生有白色丝状物、紫色垫状物和黑色点状物，如苗木猝倒病、颈腐病、紫纹病、白绢病等。叶部或嫩梢受害后出现形状、大小、颜色不同的斑点，或上面生有黄褐色、白色、黑色的粉状物、丝状物、点状物等，如叶斑病、炭疽病、锈病、白粉病、煤污病等。苗期枝干受害后、病害往往在幼树和大树时期继续发病，如泡桐丛枝病、枣疯病、杨树溃疡病等。

①白粉病防治　多见于阔叶树叶片。避免苗木长期处于高温、高湿的环境，保持通风凉爽的环境；清除病枝叶，集中销毁，防止传播；用50%代森铵溶液加水1000倍，或75%百菌清加水800倍，喷洒受害叶面。

②锈病防治　锈菌是转主寄生的，苗木栽植时不能与转主寄主相邻或混栽；发病时，可用50%代森铵溶液加水1000倍，喷洒防治。代森锌、百菌清、石硫合剂也是很好的防治药剂。

③炭疽病防治　植株要合理密植，使苗木通风透光，及时清除病源，防止传播；在多雨季节，可以喷施波尔多液、代森锌、代森铵、百菌清等，进行防治。

④猝倒病（立枯病）防治　做好土壤的消毒工作，避免重茬，使用充分腐熟的有机肥；在南方苗圃，可每公顷撒施300kg生石灰消毒土壤；在北方苗圃，可用代森锌进行土壤处理，或发病后喷洒防治。

4.4.2 虫害及其防治

根据危害的部位及危害方式不同，苗圃害虫可以分为种子害虫、根部（地下）害虫、蛀干害虫、枝叶害虫等。其中种子害虫防治工作必须在种子园或采种基地进行，即加强种子检验工作，这部分内容在相关章节有论述，这里主要对其他几种虫害类型及其防治进行简要介绍。

4.4.2.1 根部（地下）害虫

这类害虫在土表下接近地面处，主要危害苗木幼芽、幼茎和根系，造成缺苗，降低苗木品质。常见的地下害虫有蝼蛄、蛴螬、地老虎等。

①蝼蛄类防治　蝼蛄终生生活在土中，是危害幼树和苗木根部的重要害虫，以成虫或若虫咬食根部或靠近地面的幼茎，使之呈不整齐的丝状残缺；也常食害刚播或新发芽的种子；还会在土壤表层开掘纵横交错的隧道，使幼苗须根与土壤脱离枯萎而死，造成缺苗断垄。在蝼蛄成虫羽化期，可以在夜晚利用灯光诱杀；危害期用毒饵诱杀，如辛硫磷0.5kg加水0.5kg与15kg煮半熟的谷子混合，夜间均匀撒在苗床上或埋入土壤中；利用马粪诱杀，在苗圃地间隔一定距离挖一小坑，放入马粪，待蝼蛄进入小坑后集中捕杀；也可引鸟类捕食，如戴胜、喜鹊等。

②蛴螬类防治　蛴螬俗称为壮地虫、白土蚕，是金龟幼虫的通称。蛴螬危害幼芽和幼根，成虫危害叶、花、果，比较难防治。许多鸟类、家禽喜食金龟的幼虫，可在成虫孵化期或结合耕地将幼虫耕出，招引鸟类和家禽来食；夜间利用灯光可以诱杀金龟成虫；化学防治可参照蝼蛄类的防治方法，还可以使用菊酯类、氧化乐果等杀虫剂。

③地老虎类防治　地老虎幼虫危害寄主的幼苗，从地面截断植株或咬食未出土的幼苗，也能咬食幼苗生长点，严重影响苗木的正常生长。利用黑光灯诱杀；用糖、醋、酒按6∶3∶1比例混合，加入杀虫剂进行诱杀；鲜草切碎后拌杀虫剂诱杀；还可以将豆饼、麦麸、油渣炒出香味，拌农药诱杀。化学防治可以参考蝼蛄和蛴螬的防治方法。

4.4.2.2　蛀干害虫

蛀干害虫钻进苗木枝干内部啃食组织，造成苗圃枝干枯死、风折等，常见危害严重的有透翅蛾、天牛、介壳虫等。

①白杨透翅蛾防治　危害各种杨、柳。成虫很像胡蜂，白天活动。幼虫蛀食茎干和顶芽，形成肿瘤，影响营养物质的运输，从而影响苗木发育。成虫活动期，可用人工合成的毛白杨性激素诱捕雄性成虫；或向虫孔注射氧化乐果、杀螟硫磷等农药稀释液，杀死幼虫；及时将受害枝干剪掉烧毁，避免传播。

②天牛类防治　如青杨天牛等，危害毛白杨（*Populus tomentosa*）、银白杨（*P. alba*）、河北杨（*P. hopeiensis*）、山杨（*P. davidiana*）、青杨（*P. cathayana*）、小叶杨（*P. simonii*）、北京杨（*P. × beijingensis*）及柳。以幼虫蛀食枝干，特别是枝梢部分，被害处形成纺锤状瘤，阻碍养分的正常运输，以致枝梢干枯，或遭风折，造成树干畸形，呈秃头状。如在幼树髓部危害，可使整株死亡。可以人工捕杀成虫，消灭树干上的虫卵；利用杀螟硫磷100倍稀释液喷洒树干，可以有效地防治幼虫和成虫；招引啄木鸟等天敌来食；集中销毁受害枝干。

4.4.2.3　枝叶害虫

枝叶害虫种类很多，可分为刺吸式口器和咀嚼式口器两大类。

①刺吸式口器害虫防治　以刺吸式口器吸取植物组织汁液，造成枝叶枯萎、枝干失水，甚至整株死亡，同时还传播病毒。吸汁类害虫个体小，发生初期危害症状不明显，容易被人们忽视。但这类害虫繁殖力强，扩散蔓延快，在防治时如果失去有利时机，很难达到满意的防治效果。常见的主要有蚜虫、螨类等。

蚜虫是一类分布广、种类多的害虫，苗圃中几乎所有植物都是其寄主。常危害榆叶梅、海棠、梨、山楂、桃、樱花、'紫叶'李等多种园林苗木，群集于幼叶、嫩枝及芽上，被害叶向背面卷曲。防治应以预防为主，注意观测蚜虫的动态，初发生时，立即剪去病枝，防止扩散；喷灌和大雨也可消灭蚜虫；危害严重时，可以用40%氧化乐果、50%杀螟硫磷等农药加水1000倍喷洒；春季，可在苗木根部开沟，将3%呋喃丹颗粒施入沟内，覆土、灌水，可有效控制蚜虫发生。

螨类又称为红蜘蛛,危害针叶树和阔叶树。防治要掌握螨类发生规律,提早进行;注意清理枯枝落叶,切断螨虫越冬栖息的场所;当危害严重时,可用40%三氯杀螨醇1000倍液或氧乐果1000倍液喷洒叶背进行防治。

②咀嚼式口器害虫防治 这类害虫种类多,以取食苗木叶片、幼芽等造成危害。常见的有尺蠖类、刺蛾类、枯叶蛾类等。

尺蠖类主要有槐尺蠖、枣尺蠖等。槐尺蠖主要危害国槐、龙爪槐等,以蛹在树下松土中越冬,翌年4月中旬羽化为成虫。夜间活动产卵,幼虫危害叶片,爬行时身体中部拱起,像一座拱桥,有吐丝下垂习性。防治以灯光诱杀成虫效果最好,也可在7月中、下旬,大部分幼虫在3龄以前,喷洒50%的杀螟松乳剂1000倍液,或75%的辛硫磷1500倍液。

刺蛾类俗称为洋辣子、刺毛虫,包括黄刺蛾、绿刺蛾、褐刺蛾、扁刺蛾,是园林苗圃主要的杂食性食叶害虫。可用800~1000倍50%的杀螟松乳液或1000倍40%的氧化乐果乳液防治,或用800倍50%敌敌畏防治,或用1000~1500倍的辛硫磷防治。

枯叶蛾类常见的有天幕毛虫、杨枯叶蛾等,危害梅、桃、李(*Prunus salicina*)、杏(*P. armeniaca*)、梨、海棠、樱桃(*P. pseudocerasus*)、核桃(*Juglan regia*)、山楂、柳、杨、榆等。幼虫在树杈处吐丝结网,白天群集潜伏于网巢内,呈天幕状,夜间分散取食。防治可结合冬季修剪,剪除有卵枝梢烧毁;在幼虫结网群居期间进行人工捕杀。

4.4.3 病虫害防治原则与措施

苗圃苗木病虫害发生与各种病原和害虫的繁衍规律及生物学习性有关,虽然有规律可循,但诱发的原因与侵染潜伏的过程常常是非常复杂或不易察觉的,因此,病虫害防治始终要坚持"预防为主,综合防治"的原则,认真做好病虫害预测预报和防治工作,一旦某种病虫害发生,要及时加以控制,以免扩大成灾,做到"治早、治小、治了"。苗圃经常性病虫害防治措施包括以下3个方面。

①栽培技术预防 采取科学、合理的栽培技术措施是苗圃病虫害防治最有效的方法,同时也符合生态原则和可持续发展的原则。通过苗圃地选择、必要的土壤和种子处理、及时耕作和抚育管理等育苗技术,在苗木生产的各个环节上把好病虫害防治关,如认真做好土壤和种苗消毒工作,种苗要经检疫才能用,防止外来病虫侵入;加强田间管理,减少滋生病虫害的条件,使苗木健壮生长,增强抗性;合理密植,适当疏剪,改善通透条件,减少病虫害的发生。这样就有可能有效地预防病虫害的发生,或阻止病虫害的蔓延。

②化学药剂防治 一旦某种苗木病虫害发生的严重程度超过防治指标,为阻止其迅速蔓延和对苗木生产造成严重损失,可采用化学药剂进行防除,以达到有效控制的目的。但要严格掌握药剂的种类、使用的浓度、时间、方法和范围(表4-3)。按照国家相关规定,禁止使用剧毒和有可能威胁人、畜健康和产生严重环境污染的产品。

表 4-3　园林苗圃主要病虫害及防治措施（张东林等，2003）

病、虫名称	主要寄主	防治适期	防治方法
立枯病	松苗、刺槐等幼苗	4~5月	提前播种；加强管理，控制水分，实行蹲苗；发病初期用200~400倍50%代森铵3 kg/m²或75%敌克松800倍液灌根
大灰象甲	接木、扦插和播种幼苗	4月下旬至5月中旬	人工捕捉成虫，喷1000倍敌百虫或3000倍溴氢菊酯
毛黄鳃金龟子	丁香、圆柏、连翘、白蜡等多种花木	4月上旬至5月上旬（成虫）；6月中旬至7月中旬（幼虫）	
华北大黑鳃金龟子	丁香、圆柏、连翘、白蜡等多种花木	5月中旬至6月下旬（成虫）；4月中旬至6月上旬（幼虫）；7月中旬至10月上旬	成虫出土交尾取食期可人工捕捉或喷药毒杀；春、夏或初秋圃场调查，若0.5头/m²蛴螬时则应进行土壤处理，每亩施50%辛硫磷0.5~0.75kg；当幼龄蛴螬孵化不久时，撒毒土再耕地，危害初期可浇灌50%辛硫磷药液，每亩0.75~1kg
铜绿丽金龟子	丁香、圆柏、连翘、白蜡等多种花木	6月中旬至7月上旬（成虫）；7月中旬至8月中旬；4月中旬至5月中旬（幼虫）	
白杨透翅蛾	杨、柳	6月上旬至7月底；10月至翌年5月	每7~10d喷1次600~800倍氧化乐果。人工合成激素诱杀；剪除虫枝及时销毁
双杉天牛	圆柏、刺柏、龙柏、翠柏、侧柏等	3月下旬至4月下旬（成虫出孔、产卵）	喷800~1000倍40%氧化乐果，1000倍50%磷胺，1000~1500倍50%敌敌畏；用柏皮芳香油剂诱杀成虫；移植苗及时移苗、灌水
松梢螟	油松、白皮松、乔松、华山松	5月中旬至9月上旬	喷800倍40%氧化乐果；从9月至翌年4月底剪除虫枝；灯光诱杀成虫
圆柏红蜘蛛	圆柏、刺柏、龙柏、侧柏	4月上旬至5月；9月	喷1000~1500倍三硫磷、800~1000倍三氧杀螨醇、800~1000倍氧化乐果、2000~3000倍克螨特
苹果红蜘蛛	苹果、梨类	4月中旬至5月上旬	
侧柏蚜虫	侧柏	4月上中旬；9~10月	喷5000~10 000倍2.5%溴氰菊酯、1000倍40%氧化乐果、1000倍25%亚胺硫磷、1500倍24.5%北农爱福丁
苹果黄蚜	苹果、海棠、梨	5~6月	
槐介壳虫	刺槐、白蜡、悬铃木、卫矛、槐	树木发芽前；6月中下旬；8月中下旬；10月中下旬	发芽前喷3°~5°Be石硫化合剂，或20号石油乳剂30倍；若虫孵化盛期，喷800倍杀螟松，或700倍马拉硫磷、800倍氧化乐果
粉虱	月季、茉莉、石榴	5~9月	喷2500~3000倍2.5%溴氰菊酯、1000倍磷胺
锈病	毛白杨	4月下旬至6月	喷250倍敌锈钠，或1000倍粉锈宁
	玫瑰	5~6月	
月季黑斑病	月季、蔷薇类	5~9月	定期喷800倍70%甲基托布津，或700倍75%百菌清，或等量式200倍波尔多液

（续）

病、虫名称	主要寄主	防治适期	防治方法
天幕毛虫	苹果、梨、桃、杨、黄刺玫等	4月下旬至6月	摘除卵块，人工捕杀初孵幼虫，喷1000~1500倍50%杀螟松等胃毒剂或触杀剂
舟形毛虫	苹果、海棠	7月下旬至8月下旬	人工摘除虫包，喷触杀剂、胃毒剂
槐尺蠖	槐、龙爪槐	10月至翌年3月；5月中下旬；6月中旬至7月上旬；8月中下旬	挖蛹；喷400~600倍苏云金杆菌、1000倍灭幼脲1号、5000倍2.5%溴氢菊酯、1000倍40%氧化乐果、1500倍50%辛硫磷；保护益鸟
柏毒蛾	圆柏、刺柏、龙柏	4月中下旬；7月上中旬	喷1000倍40%氧化乐果或马拉硫磷
刺蛾类	元宝枫、白蜡、杨、柳、核桃、榆叶梅	7月上旬至9月上旬	同槐尺蠖
杨天社蛾	杨、柳	4月至9月	小树可摘除卵块、虫包，喷药方法同槐尺蠖
柳毒蛾	杨、柳	5月中下旬；7月上旬至8月上旬	喷400~600倍苏云金杆菌、3000~5000倍2.5溴氰菊酯、1000倍50%杀螟松；堆积杂物诱杀

③生物防治　通过保护和利用捕食性、寄生性昆虫和有益真菌、细菌等微生物来防治某些病害和虫害，往往能够收到特殊效果。如用大红瓢虫可有效消灭柑橘的吹绵介壳虫，用寄生蜂可有效控制某些枝干害虫等。

在育苗生产实践中，应该综合采取各种病虫害防治手段，以栽培技术措施和生物防治措施为主，只有在万不得已的情况下才考虑使用化学药剂，以实现苗木生产的生态、健康和可持续发展。

4.5　越冬防寒

一些树种在幼苗入冬时木质化较差，尤其是秋梢部分，往往会在越冬时受冻害；早春幼苗出土或萌芽时，也易受到晚霜危害。对于不耐寒或抗寒力弱的树种，如果防寒工作没做好，则很可能使苗木因受到冻害而死亡。尤其是在北方冬季寒冷，春季风大、干旱、气温变化剧烈的地区更应做好这项工作，以尽量减少育苗损失。

4.5.1　冻害原因及其表现

幼苗产生冻害的原因有多种，主要有因生理干旱造成的干枯、地裂或冰拔等机械损伤造成的伤根和低温冻害。

①干枯　又称为干梢，主要是西北、华北等地在冬、春季节土壤冻结，苗木代谢水平较低，导致根系吸水少，而天气干旱多风，苗木地上部分大量蒸腾失水，使苗木体内失去水分平衡而发生生理干旱，枝梢干枯而死。

②机械损伤　包括地裂伤根和冻拔伤根。前者指潮湿、黏重的土壤冬季结冻后导致体积膨胀或局部开裂，可将部分苗根拉断，或使部分根系外露被风吹干致死；后者又称为冻举，指冬季低洼的土壤中水分结冰，体积膨胀抬升所产生的应力，将苗根抬起，待冰冻融解，土壤下沉，将小苗抛出土面，再经风吹日晒而使其逐渐干枯而死。多发生在东北、西北地区昼夜温度变化剧烈、土壤含水量较高的育苗地上。

③冻害　因严寒使苗木体内水分和苗木组织结冰、细胞原生质脱水，破坏了苗木体内的生理机能而导致伤害，甚至死亡。一般为秋末苗木未充分木质化之前，或早春苗木过早地发出新芽之后，遭遇伴随早、晚霜发生的低温而导致细胞内或细胞间隙结冰所致。

4.5.2　苗木的防寒措施

春季播种早的幼苗容易遭受晚霜危害，在播种当年的秋季和翌春苗木也常遭受早、晚霜危害。因此，苗木防寒工作应从提高苗木的抗寒能力和预防霜冻两方面入手。而对于苗木越冬防寒，主要采取保温防寒和防风措施，防止苗木被低温或寒风侵袭而受冻害。

(1) 增加抗寒能力

适时早播，延长生长季；到生长季后期多施磷、钾肥，减少灌水，促使苗木生长健壮和枝条充分木质化，提高抗寒能力。也可以通过夏、秋季修剪、打梢等措施，使苗木及时停止生长，使组织充实、抗寒能力增强。

(2) 预防霜冻措施

①熏烟法　在最低温度不低于 -2℃ 的情况下，在苗圃地熏烟可以预防霜冻。烟能减少地表的长波辐射，从而减少土壤热量的散失，同时烟粒还能吸收部分水蒸气，凝结成水滴放出潜热，使地表气温提高 1~2℃。常用的熏烟方法是用易燃的干草、刨花、作物秸秆等与潮湿的落叶、草根、锯末等分层交互堆起，外面盖一层土，中间插上木棒，以利于点火和出烟。发烟堆应分布在苗圃四周和内部，上风向的烟堆应密些，以利于迅速使烟布满整个育苗地。根据当地气象预报，在可能发生霜冻的夜晚，温度降至5℃左右时即应该点火发烟。

近年来，北方一些地区配制的防霜烟雾剂具有很好的防霜效果。原料采用硝酸铵、锯末和废柴油，事先将硝酸铵研碎，锯末烘干过筛，在霜冻来临之前，将硝酸铵、锯末、柴油按 2∶7∶1 的比例混合放入铁筒或纸壳筒，根据风向置于合适位置，在降霜前点燃。

②灌溉法　由于水的比热大，冷却迟缓，水汽凝结时能放出凝结热，因此，在霜冻到来之前灌溉可比对照地表的温度提高2℃左右，从而有效预防霜冻危害。除可预防霜冻危害外，灌溉法还能够使苗木免受春季干旱。但采用灌溉法预防霜冻要注意圃地排水，防止育苗地因过湿而发生冻拔。

(3) 越冬防寒措施

①埋土培土法　几乎能防止各种寒害现象的发生，对防止苗木生理干旱效果尤为

显著,因此,埋土培土是北方最好的越冬保苗方法,适用于大多数苗木。具体方法是在苗木休眠之后、土壤结冻之前,从步道或垄沟取土埋苗 3~10cm;对于较高的苗木可使其卧倒后埋土。翌春在起苗时或苗木开始生长之前分两次撤除覆土。要合理掌握埋土与撤土的具体时间,否则会延误防寒或者捂坏苗木。

②埋雪法　在东北等冬季有积雪的地区,下雪后用积雪覆盖苗木,可防止苗木遭受寒害,春季融雪后还可改善土壤水分状况。但降雪之前和融雪之后的时间内仍需预防苗木寒害。

③覆草法　冬季用麦草或落叶等覆盖物把幼苗覆盖起来,次春撤除覆盖物。覆草法可降低苗木表面的风速,预防生理干旱的发生,并且可以减少强烈的太阳辐射可能对苗木产生的伤害。

④风障法　设置防风障能够减低风速,减少苗木蒸腾,防止生理干旱;能充分利用太阳能提高风障前的地温和气温,防止或减轻苗木冻害;能增加积雪,预防春旱。

⑤假植法　结合翌春移植,在入冬前把苗木挖出,按规格分级并埋入假植沟中或在苗窖中假植。此法实际上是一种苗木的贮藏,与春季移植结合进行,不仅安全可靠,而且可提高劳动效率。

⑥暖棚法　这里讲的暖棚又称为霜棚,与荫棚相似,比苗木略高,但是除向阳面外都用较密的帘子与地面相接,多见于南方。

⑦涂白防寒　涂白指使用涂白剂涂刷苗木枝干,通过保温杀虫抚育苗木的措施(图4-3)。苗木枝干涂白全年都可进行,用于防冻应在严寒来临前进行,一般刷白高度在 1~1.5m。常用的涂白剂为硫酸铜石灰涂白剂(硫酸铜 500g,生石灰 10kg,水 30~40kg,或硫酸铜、生石灰、水按 1∶20∶60~80 的比例配制;配制时先用少量开水将硫酸铜充分溶解,再加 2/3 用量的水稀释,然后将生石灰加另 1/3 水慢慢溶化调成浓石灰乳,等两液充分溶解且温度相同后将硫酸铜倒入浓石灰乳中,并不断搅拌均匀即可使用)与石灰硫黄四合剂涂白剂(生石灰 10kg,硫黄 1kg,食盐 0.2kg,动物或

图4-3　利用涂白剂进行保温防冻和杀虫灭菌,操作简单,预防效果好,是苗圃中常用移植苗抚育措施之一

A. 槐　B. 柳

植物油 0.2kg，热水 40kg；配制时先用 40~50℃ 热水分别溶化硫黄粉与食盐，将生石灰慢慢放入 80~90℃ 水中搅动，使其充分溶化，然后将石灰乳和硫黄加水充分混合，并加入盐和油脂充分搅拌均匀即成)等。

复习思考题

1. 名词解释：团粒结构，有机肥，无机肥，养分，土壤养分，土壤改良，中耕，化学除草，毒土法，侵染性病害，生理病害，涂白。
2. 什么是连作障碍？如何理解轮作是改良土壤的重要措施？
3. 苗圃地土壤耕作的作用、方法有哪些？
4. 如何判断园林苗木缺乏某种营养元素？
5. 生产中常用的肥料有哪几种类型？有何优缺点？
6. 苗圃施肥的方法有哪些？
7. 简述苗圃水分管理的主要内容。
8. 试述苗圃合理灌溉的原则及其灌水的常用方法与特点。
9. 如何理解排水在苗圃生产管理中的重要性？
10. 说明中耕与除草的相互关系及意义。
11. 化学除草的特点有哪些？使用中应注意哪些问题？
12. 试述化学除草的原理及内吸型与触杀型除草剂杀草的特点。
13. 试述苗圃病虫害防治的重要性与必要性。
14. 除草剂有哪些种类？如何正确选用除草剂？
15. 园林苗木病害的常见症状有哪些？如何区分侵染性病害和非侵染性病害？
16. 苗圃病虫害防治的原则、措施是什么？
17. 简述苗木冻害的主要表现形式及防寒措施。

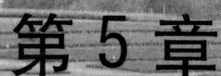

第 5 章
园林苗木种子生产

【本章提要】种子既是园林树木的繁殖器官,又是园林苗圃播种繁殖的基本生产资料,因此,种子生产是园林苗木培育的基础环节之一。本章将系统讲述园林树木种实的结构与形成,结实规律及其影响因素,种实的成熟、采集、调制、贮藏与运输,以及种子的品质检验与休眠及其解除等。

种子(seed)是植物有性生殖的产物,因此,种子繁殖又称为有性繁殖(sexual reproduction),即园林树木利用传粉、受精后形成的种子或果实进行繁殖的过程,它是园林苗木生产繁殖的主要类型之一,在国内外普遍应用。种子既是园林树木的繁殖器官,也是园林苗圃进行苗木培育的基本生产资料之一。园林树木均为多年生多次开花结实的植物(竹类除外),其中大部分是被子植物,小部分是裸子植物,其共同特征是都能形成种子并通过种子繁殖。在植物学上,种子是指种子植物特有的繁殖器官,是经传粉、受精等有性生殖过程,由雌蕊子房中的胚珠发育而形成的,其形态结构与生理机能对植物种群的繁衍具有特殊的适应性与优越性。在农业与林业生产领域,种

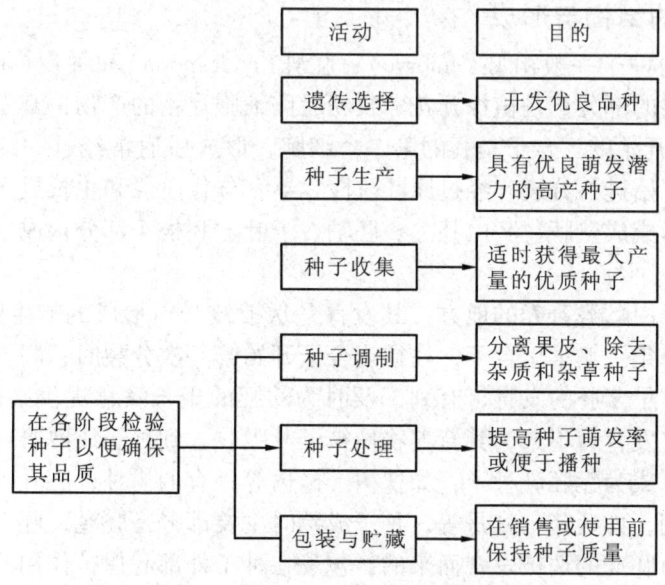

图 5-1 生产及加工商品种子(批)的程序(Kester 等,2002)

子包括凡是可利用作为繁殖材料的任何器官或器官的一部分，它既可以是植物的种子、果实等繁殖器官，也可以是具有繁殖作用的块根、块茎、鳞茎、球茎以及根条、插条和接穗等营养器官。在园林苗圃学中，种子通常指用于繁殖园林树木的种子或果实，有时称为种实（seeds and fruits）。

利用种子繁殖生产优质种苗，首先要生产具有优良遗传品质（包括观赏应用价值）与播种品质的优质种子，因为种子的品质直接决定着种苗品质与播种繁殖的效果。因此，本章将围绕着如何生产优质种子、满足苗木生产，讲述与苗木种子生产有关的基本知识与技术，这实际上涉及苗圃产业中最基础的一个环节，即商品种子的生产与加工（图5-1）。在此过程中，除遗传选择即开发新品种的内容外，其他内容包括园林树木种子生产、采集、加工、调制、贮藏、运输、处理及品质检验等，都将在本章讲述。事实上，以繁殖育苗为目的的种子生产，广义地讲，应该属于农林"种业"的范畴，是一个高科技密集，受国家有关政策大力鼓励与支持发展的行业。

5.1 种子和果实的结构与形成

被子植物在发育到一定阶段时产生花，花一般由花柄、花托、花萼、花冠、雄蕊（群）和雌蕊（群）6部分组成。当雌蕊内胚囊（雌配子体）和雄蕊内花粉（雄配子体）发育成熟时，经过开花、传粉和受精过程，形成胚珠；再由胚珠形成种子，子房形成各种各样的果实。在裸子植物中（以最常见的松属为例），在由大、小孢子叶分别组成的大孢子叶球（雌球花）和小孢子叶球（雄球花）中产生大、小孢子后，通过传粉、受精作用，最终由胚珠形成种子，珠鳞木化为种鳞，大孢子叶球形成球果。

5.1.1 种子的结构与形成

被子植物的种子一般由胚（embryo）、胚乳（endosperm）和种皮（seed coat）构成。胚是种子最主要的部分，是植株开花、授粉后卵细胞受精的产物，其发育是从受精卵即合子（zygote）开始的。合子是胚的第一个细胞，形成后通常经过一定时间的形态与生理准备后，开始进行分裂，经过原胚阶段、器官分化阶段和生长成熟阶段3个阶段的发育，最后形成成熟胚。胚由胚芽、胚轴、子叶、胚根4部分构成，播种后发育形成实生苗。

胚乳是种子内贮藏营养的地方，其发育是从极核受精形成的初生胚乳核开始的。初生胚乳核的分裂一般早于合子，往往当合子开始第一次分裂时，胚乳核已达到相当数量。胚乳发育早于胚的发育，有利于及时为幼胚的生长发育提供必需的营养物质。有的树种，胚乳发育后不久，其营养物质被子叶吸收，到种子成熟时，胚乳消失，而子叶通常发达，成为无胚乳种子，如槐树、樟树等；有的树种，胚乳则保持到种子成熟时供萌发之用，如芙蓉、牡丹等，种子成熟时主要部分是胚乳，胚占的比例很小。

种皮是指由胚珠的珠被发育而来的、包裹在种子外部起保护作用的一种结构。有些植物珠被为1层，发育形成的种皮也为1层，如胡桃；有的植物珠被有2层，相应形成内、外2层种皮，如苹果。在许多植物中，一部分珠被组织和营养被胚吸收，所以只有部分珠被成为种皮。一般种皮是干燥的，但也有少数种类是肉质的，如石榴种子的种皮，其外表皮由多汁细胞组成，是种子可食用的部分。大多数树种的种皮成熟时，外层分化为厚壁组织，内层分化为薄壁组织，中间各层分化为纤维、石细胞或薄壁组织。以后随着细胞的失水，整个种皮成为干燥坚硬的包被结构，使保护作用得以加强。在成熟种子的种皮上，常可见到种脐、种孔和种脊等结构；有些种皮上具有各种色素，形成各种花纹，如樟树；有些种皮表面有网状皱纹，如梧桐；有些种皮十分坚实，不易透水透气，与种子休眠有关，如红豆树(*Ormosia hosiei*)、紫荆(*Cercis chinensis*)、胡枝子等；有些种皮上还出现毛、刺、腺体、翅等附属物，如悬铃木、垂柳等。种皮上这些不同的形态与结构特征因树种而异，往往是鉴定种子种类的重要依据。

裸子植物种子同样由胚、胚乳和种皮3部分组成，是由裸露在大孢子叶上的胚珠发育形成的。大孢子叶类似于被子植物的心皮，只是没有闭合成为封闭的结构，常可变态为珠鳞(松柏类)、珠柄(银杏)、珠托(红豆杉)、套被(罗汉松 *Podocarpus macrophyllus*)和羽状大孢子叶(苏铁)等结构(吴国芳，1992)。胚珠由珠被、珠孔、珠心构成，其中珠被发育为种皮，珠孔残留为种孔，珠心组织中产生的卵细胞在受精后发育为胚。与被子植物不同，裸子植物在珠心内发育出雌配子体，其内形成数个颈卵器，每个颈卵器又各有一个卵细胞，所以种子常常具有多胚现象(polyembryony)，不过最后通常只有一个胚发育成熟，其余则被吸收。胚乳由雌配子体除去颈卵器的部分发育而成，为单倍体(被子植物的胚乳是双受精的产物，是三倍体)。裸子植物中，不管卵细胞是否受精并发育成胚，其胚乳都已经先胚而发育，其作用也是为胚的生长发育提供营养物质。

5.1.2 果实的发育与形成

被子植物卵细胞受精后，花的各部分都要发生显著的变化。一般花萼(少数如杜鹃花科树种的花萼宿存于果实之上)、花冠、雄蕊以及雌蕊萎谢，仅剩子房连同其中的胚珠生长。胚珠发育成为种子，子房则发育成为果实(fruit)。裸子植物的胚珠是裸露的，因此胚珠发育成的种子也是裸露的。

如果果实完全是由子房发育而来的，即为真果(true fruit)；有些树木的果实形成过程中，除子房外还有花的其他部分(如花托、花被)参与，称为假果(pseudocarp 或 false fruit)，如苹果和梨的果实主要是由花托发育而来，桑葚(*Morus alba*)和广玉兰的果实则由花序各部分共同形成等。真果外面的果皮由子房壁发育而来，通常可分为外果皮、中果皮、内果皮3层。因树木种类不同，果皮的结构、色泽、质地以及各层发育的程度变化很大，有时三层结构区分不明显，也因此而形成了各种各样的果实。在植物学上，根据构成果实的心皮数量、果皮的质地及成熟时是否开裂等的不同，将果实分为荚果、翅果、蓇葖果、蒴果、坚果、浆果、核果、梨果、聚合果和聚花果等十几种类型。从园林苗圃生产、种子采收和加工的角度，果实成熟时基本上可分为干果类(包括蒴果，荚果，翅果，坚果，蓇葖果，瘦果等)、肉果类(包括浆果，核果，梨果，肉质的聚合果，聚花果等)以及裸子植物的球果类3类。

5.2 结实规律及其影响因素

5.2.1 生命周期与结实

结实是指园林树木种子或果实发育和形成的现象，它不仅与树木生长、栽培的环境条件有关，而且与树木的个体发育规律即年周期和生命周期密切相关。不同树木每年的生长发育都随着气候的季节性变化，表现出一定的物候特征，如发芽、展叶、抽枝、开花、结果、休眠等，这种年生长变化的过程称为树木的年周期。不同的年周期组成了树种的生命周期，它是以从合子开始发育为种子为起点，经种子萌发形成植株，再经过一定时间的生长发育后开始开花、结实，直到逐渐衰老死亡的整个过程。根据阶段发育理论和植物生长发育的特点，树木的生命周期一般可划分为5个时期。

(1) 种子时期（胚胎时期）

精子与卵子完成受精作用形成的合子，是胚胎发育的第一个细胞，也是新一代植株的起点。从合子开始直到种子萌发形成幼苗之前的整个阶段，孕育着新的生命，是树木生命周期中的开端——种子时期。

(2) 幼年期

幼年期是指从种子萌发开始直到植株开始开花为止的时期，植株主要进行营养生长，积累营养物质，为随后的生殖生长（开花结实）奠定基础。树木在幼年期，发育的可塑性大，对环境条件的适应性强，枝条再生能力强。幼年期长短是树种重要的生物学特性之一，主要是由遗传特性决定的，直接决定着树木的结实年龄，如紫穗槐结实年龄一般为2~3年、牡丹为3~5年、刺槐为4~6年、云杉则为20年以上。

(3) 青年期

青年期是指开始开花结实的头3~5年，其花、果性状不十分稳定，树势生长相当旺盛、树冠相对扩大明显，又称为逐渐成熟期，是植株以营养生长为主逐渐转入与生殖生长相平衡的过渡时期。例如，牡丹实生苗在开花后，其花型、花色每年都有很大变化，直到3~5年后才逐渐趋于稳定。处于青年期的树木能形成生殖器官和性细胞，已经开始开花结实，但仍以营养生长为主，树冠的分枝增加快，冠幅扩大和根系生长均较快。

(4) 成年期

成年期从青年期结束开始，到结实开始衰退时为止。这段时间种子质量最好，种粒饱满，产量最高，是树木结实和采种的主要时期，也往往是生命周期中相对较长的一个时期。例如，紫斑牡丹的幼年期和青年期各为3~5年，但成年期常为10~20年，在栽培条件较好的情况下，还有可能长达50~60年或更长的时间。成年期树木的结果枝生长和根系生长都达到高峰，冠幅扩大趋于稳定，对养分、水分及光照的要求高，对不良环境条件的抗性强。

(5) 老年期

老年期是指植株结实量大幅度下降，生长开始衰退，并逐渐衰老死亡的时期。此时树体的各种生理活动明显减弱，新枝数量显著减少，抗性下降，易遭病虫危害，大量枝条枯死，直到全株死亡。

各种树木生命周期的基本过程是一致的，但各个时期开始的早晚和延续时间的长短是不同的；即使同一树种，在不同生长环境条件下，各个时期起始的早晚和持续的时间也会有一定的变化。除了遗传基因外，外界生长或栽培环境条件对树木开花结实的影响也十分显著。一般而言，温暖的气候、充足的光照和水肥供应不仅能够促进树木提前开花结果，而且能够提高结实的质量和产量。例如，南坡树较北坡树、孤立树较林中树结实早；良好的土、肥、水、光照条件，均能促进母树早结实、结好实。就树种的生物学习性而言，一般灌木较乔木、速生树种较慢生树种、喜阳树种较耐阴树种结实早。

5.2.2 结实周期与结实间隔期

树木进入成年期后，每年的结实量常常有很大变动，有的年份结实量大（称为丰年或大年），有的年份结实量中等（称为平年），有的年份结实量少甚至不结实（称为歉年或小年）。这种结实出现大小年交替的现象便是树木的结实周期，相邻两个大年间的间隔年数便是结实间隔期。树木结实间隔期的长短，因树种生物学特性以及生长环境条件的不同而异，例如，落叶松天然林的结实间隔期为3~5年、红松2~5年、樟树3~4年、白桦1年，而杨、柳、榆等树种几乎年年能大量结实，没有明显结实间隔期。

树木结实间隔期与树体营养状态以及外界环境因素的影响有关。开花、结实是以花芽分化为前提的，明显受制于树体营养状况。在大年大量结实的情况下，植株体内的贮藏养分被大量消耗，结果使树势减弱，严重影响了当年花芽的正常分化，直接导致第二年出现小年现象。小年树木结果量少，消耗的营养物质也就少，大量营养物质被花芽分化所用，结果次年母树的结实量随之增大，出现结实大年。不同树种的补充被消耗掉的营养物质所需时间的长短，便决定了其结实间隔期的长短。由于花芽分化、胚胎发育及其他直接关系结实成败的过程，容易受大风、霜冻、冰雹、寒冷、干旱、病虫害等自然灾害和不良栽培管理条件的影响，所以它们往往也是造成树木结实减少、出现间隔期的主要原因之一。

由此可见，结实间隔期并不是树木的固有特性，而主要是由于营养不足和不良环境因素影响造成的，因此，在园林树木种子生产中，可以通过加强抚育管理改善和防止这种现象发生，以保证种子生产的稳定供给。例如，科学修剪能有效调节营养生长和生殖生长（开花结实）的关系，减轻或消除大小年现象，达到稳产和丰产的目的；另外，加强松土、施肥、浇水、修枝以及病虫害防治等栽培管理措施，也可以有效防止或消除自然灾害的发生，为树木生长创造良好的环境条件，有助于改善树体的营养状况，达到消除或缩短结实间隔期的目的。

5.2.3 影响结实的因素

影响园林树木结实的因素很多,其内因是树种的遗传特性,外因是环境因素,它们综合起来共同影响树木的结实,包括结实年龄、结实的产量与质量以及结实间隔期等。

5.2.3.1 树木的遗传特性

树种的开花与结实习性是由自身遗传基因决定的。即使是在相同树种的不同品种间,结实规律也存在明显差异,正如桃树结实有早熟、晚熟品种,银杏有丰产品种等一样。树种的开花生物学特征,也对其结实有重要影响。如有些树种是雌雄异株,如苏铁、杨、柳、枸骨(*Ilex cornuta*)等,雌树开花时,缺少雄树或雌雄相距太远,影响授粉结实;有些树种是风媒花,如银杏,一株雄树开花,方圆5km之内的雌树均能授粉结实,合理搭配雌雄株、人工辅助授粉等能大大提高种实产量;有些树种雌雄异熟,即雌花(蕊)和雄花(蕊)不同时成熟而花期不遇,如鹅掌楸雌蕊先熟、雪松雄球花先熟等,其生物学意义是防止自花授粉,但客观上导致授粉不良,影响结实;有些园林树种在无法异花授粉的情况下,可部分自花授粉结实,但自花授粉常导致结实率低,种子质量差。因此,苗圃或种子园可采用人工辅助授粉、异花授粉等措施,以获得饱满充实的优质种子。

5.2.3.2 环境因素

影响树木结实的环境因素主要有气候条件、土壤条件、生物因素等。

(1) 气候条件

气候条件主要包括温度、光照、水分和风等。温度是影响树木开花结实的主要因素之一,不同树木的成花、开花、结实各有其一定范围的温度需求。有些树木则需要在一定时期内接受某种程度的低温和/或高温诱导才能成花,许多树木成花后仍需经过一段时期低温破除芽休眠,在适宜的温度下开花结实,如牡丹、垂丝海棠(*Malus halliana*)等。树木开花期若遇到寒流或晚霜等低温,可严重影响传粉受精,造成种实败育。在适宜生长的温度条件下,种实发育良好、充实而饱满,质优而量大。

光照是树木光合作用的能量来源,光合产物为开花结实提供所需要的养分。树木光照充足时开花结实多,光照不足时结实少,甚至不结实。因此,采种母树应留足够的光照空间以提高种实产量。光照条件好时(如在阳坡),在接受充足光照的同时,相应的温度也会提高,也有助于树木生长与结实。

水分条件充足,树木生长旺盛,通常能促进开花结实。但花期降雨过多,会影响开花授粉,阴雨天气限制昆虫活动,影响虫媒花传粉。另外,适宜的风利于风媒花的传粉,但大风易造成落花落果,导致种实减产。

(2) 土壤条件

土壤条件包括土壤养分、pH值、土壤结构和土壤水分等。一般情况下,大部分树种在深厚、肥沃、疏松、微酸性的土壤条件中生长迅速,结实多。土壤中氮营养元素供应较多时，树木营养生长旺盛甚至徒长，影响开花结实，种实产量减少。合理搭配磷、钾和其他营养元素，增施有机肥能促进种实生长发育，提高种实产量。土壤积水或板结会造成根系透气不良，影响树木生长结实，甚至导致死亡。

(3) 生物因素

昆虫能提高虫媒花树种的结实率，在花期放养蜜蜂等能提高种实产量。但有许多树木在种实发育成熟过程中会受到病菌、害虫、鸟类、鼠类等生物因素影响而减少种实产量。有些生物与树木则是协同进化的关系，如松鼠采集松科、壳斗科树种的成熟种实，埋藏于地下，促进了种子的传播和萌发；乌桕（*Sapium sebiferum*）、朴（*Celtis sinensis*）、樟等树的种子经过鸟类啄食和消化更易萌发，但客观上也造成了种实减产。对此问题，一般可采取提前采摘半熟种实进行堆藏后熟等处理措施加以解决。另外，人、畜危害以及不合理的栽培措施也会影响树木结实。

5.3 种实的成熟与采集

种实采集是种子生产最重要的环节之一，它是以优良种源为前提，以种实成熟为基础，以种实产量为目标的生产过程。品质优良的园林树木种实，除了选择优良母树以外，还必须掌握种实成熟和脱落的相关规律，做到适时采集。采集过早，种实未发育成熟，影响品质；采集过晚，种实脱落、飞散或被鸟类啄食。

5.3.1 良种基地的建立

生长健壮，绿化、美化效果好，观赏价值高的良种，是人们经过长期反复选育才获得的。通过选择优良母树，建立良种生产基地，得到品质优良、纯正的良种是培育优良苗木的基础。世界各国林木良种生产基本上经历了随意采种、母树林（即采种母树林的简称）和种子园3个发展阶段，目前我国种子园所产的种子远远不能满足当前园林事业发展的需要，所以尽管母树林是良种繁育的初级形式，但它仍是我国园林树木良种生产的主要基地。从母树林采集的种子一般千粒重大，发芽率高，育成的苗木生长整齐、迅速而健壮。

建立母树林的方法有两种。一种方法是由天然林或人工林（现有林）改建而成。在城市可利用风景区、公园的林片、林带、绿地等，选择性状优良的林分作母树林，通过疏伐、施肥、灌水、中耕、除草和保护母树等抚育管理措施，促其大量结实，以供应大量育苗所需要的种子。用这种方法建立起的良种基地收效快、费用低，各地采用较多。另一种方法是对一些速生树种用优良种苗直接营造母树林。可在苗圃划定一定的地块作为母树区，特别对一些珍贵树种，苗圃应定植一定数量的母株供采种使用。为使苗圃生产的苗木品质得到不断提高，苗圃应有计划地建立采种母树基地或种子园，一般用优树上采下的种子进行播种，选择优良的单株进行种植，加强培育管理，以保证种子供应和种子质量。不管是从现有资源中选定，还是重新营造母树林，都必须根据树种的生物学特性及种源的适应范围确定母树林的最佳地理位置。

5.3.2 种子的生理成熟与形态成熟

种子成熟是指受精卵发育成具有胚根、胚芽、胚轴和子叶的完整的种胚的过程。在种胚形成各个器官的同时，种子外部形态结构不断完善，内部发生一系列生理生化变化，不断积累营养物质，重量增加，含水量下降，内含物质硬化，种皮变硬或变色，呼吸微弱，抗逆性增强等，最后种子具备了发芽能力。

种子的发芽能力与其成熟度的关系，因树种不同而有差异。有些树木的种子越成熟，其发芽能力越强，如杨、柳等；有些种子在母树上的整个发育阶段都不具备发芽能力，甚至在形态完全成熟后也不能发芽，如银杏、冬青（*Ilex purpurea*）等；有些则是种子的发芽能力随着其成熟度的提高而提高，但是在种子完全成熟时又开始下降，表现出低—高—低的变化，如牡丹、油松等。因此，种子成熟是一个十分复杂的过程，包括了生理成熟和形态成熟两个相辅相成的方面。

(1) 生理成熟

种子在成熟过程中，当内部的营养物质积累到一定程度，种胚发育到具有发芽能力时叫生理成熟。这时的种子含水量高，内部营养物质处于易溶状态并仍然在不断积累中；种皮不够致密，保护功能较差，内部易溶物质容易渗出，不能有效防止水分散失和病菌感染；采收后易收缩干瘪，不耐贮藏保存，易丧失发芽能力。因此，仅仅生理成熟的种子是不宜采收的。但是夏季成熟的种子如榆，采后随即播种，往往发芽率较高，出苗整齐而迅速，这类种子可在生理成熟后立即采集并播种；另外，对一些种子休眠期较长的树种，如牡丹（图5-2）、椴树、水曲柳、山楂等，可以采集生理成熟的种子，采后立即进行沙藏或播种，可提高发芽率，缩短种子的休眠期。

(2) 形态成熟

种子的外部形态呈现出成熟特征时称为形态成熟。这时的种子含水量降低，内部

图 5-2　牡丹种子的生理成熟在形态成熟之前

当蓇葖果变黄即将开裂、种子蟹黄色时，种子达到生理成熟与最佳采收期(A)，采后播种的萌发率很高；当蓇葖果变干裂、种子黑色完全形态成熟时(B)采收，其播种萌发率反而较低

营养物质的积累停止，种子重量不再增加或增加很少，营养物质从易溶状态变为难溶的淀粉、脂肪、蛋白质等；种皮致密、坚硬、有光泽；种子呼吸作用微弱，抗性强，耐贮藏。因此，一般树种都应该在形态成熟时采收种子。

（3）生理成熟与形态成熟的关系

大多数园林树木的种子生理成熟在前，形态成熟在后，即种子在具备发芽能力以后，要经过一定阶段的发育才能在形态上表现出成熟的特征，如松类、柏类和牡丹的种子等；也有些树种的种子生理成熟与形态成熟的时间几乎一致，二者相差时间很短，如旱柳、泡桐（*Paulownia fortunei*）、杨、柳、木荷（*Schima superba*）、台湾相思（*Acacia confusa*）和银合欢（*Leucaena leucocephala*）等，当种子达到生理成熟后往往自行脱落，故要注意及时采收；还有少数树种的生理成熟在形态成熟之后，如银杏（图5-3），当假种皮变黄变软，种子在形态上表现出成熟的特征从树上脱落时，其内部种胚仍然很小，尚未发育完全，需要在采后经过一段时间的贮藏，种胚才能发育完全，种子具备正常的发芽能力。这种在形态成熟后，要经过一定时期贮藏才能达到生理成熟的现象称为种子的生理后熟。有生理后熟特征的种子，采收后不能立即播种，必须经过一段时间适当条件的贮藏（1~10℃层积沙藏4个月或0~5℃层积沙藏2~3个月），采用一定的保护措施，才能正常发芽。

图5-3 银杏种子的生理后熟现象

当种子达到完全形态成熟，即假种皮变黄变软并脱落（A）时采收种子，并经净种等调制加工的种子（B）并不能萌发，其原因是种子尚未达到生理成熟，因此必须经过一定时间的沙藏处理，促进其完成生理成熟后才可萌发（C）

(4) 影响种子成熟的因素

种子的生理成熟与形态成熟及其特征，是树种重要的遗传特性，同时也受栽培地气候以及立地条件和树体生理差异等因素的影响。不同树种的遗传特性决定了种实的成熟期不同，但大多数是在秋季成熟，只有少数在其他季节成熟，如柚木（*Tectona grandis*）、铁刀木（*Cassia siamea*）、圆柏（*Sabina chinensis*）等在早春，杨、柳、榆等在春末，桑、梅、杏、桃、构树（*Broussonetia papyrifera*）、檫木（*Sassafras tzumu*）等在夏季，槐、板栗、女贞（*Ligustrum lucidum*）等在深秋，而苦楝（*Melia azedarach*）、马尾松等在入冬之后。此外，有的树种在开花后要经过1年以上，到第二年秋、冬季种子才能成熟，如红松、樟子松、油松、马尾松、云南松（*Pinus yunanensis*）、柏木、圆柏、栓皮栎（*Quercus variabilis*）、麻栎、木荷、油茶（*Camellia oleifera*）等。

同一树种因栽培地区不同，种子的成熟期会出现变化。这是因为热量是树木发育的主导因子，不同地理位置的有效积温不同，自然影响种子成熟期。一般来说，同一树种在我国南方生长要比在北方生长成熟得早，如杨在浙江4月成熟，在北京5月成熟，而在哈尔滨6月成熟。但是，有些树种在南方因适宜生长期较长而延迟了种子的成熟期，表现出与上述例子相反的情况。例如，侧柏在华北9月成熟，在华东、华南则10～11月成熟；杉木在华中10月中旬至11月上旬成熟，而在华南则11～12月成熟。

同一树种在同一地区栽培，由于立地条件、环境状况、天气变化等差异，种子成熟期也有所不同。如生长在砂土和砂质壤土上的树木种子比生长在黏土和潮湿土壤上的树木种子成熟早；生长在阳坡上的树木种子比生长在阴坡上的成熟早；林缘树及孤立树比林内的树木种子成熟早；树木种子在高温干旱年份比冷凉多雨年份成熟得早。另外，同株上树冠上部和向阳面的种子比下部和阴面的成熟早；甚至在同一果穗上，由于开花授粉时间先后不一，种子成熟期也会有差异。

5.3.3 种实成熟期的特征及其确定

大部分园林树种的种子具有休眠特性，因此，种子的成熟无法用发芽试验来确定。在生产中最常用的方法是根据种实的外部形态特征来确定种子的成熟期。主要园林树种种实成熟期及其成熟的主要特征参见《中国木本植物种子》（国家林业局国有林场和林木种苗工作总站，2000），该书提供了包括绝大多数园林树木在内的我国木本植物种子的开始结实年龄、花期、种实成熟期、种子特征与质量标准等大量第一手的资料，可供查阅。虽然各种树木种实成熟阶段及其外部形态特征差异很大，在植物学上可分为许多不同的类型（曹慧娟，1992），但从苗圃学种子生产上，一般可分为以下3类（图5-4）。

(1) 球果类种子

大部分针叶树[如油松、黑松（*Pinus thunbergii*）、水杉、侧柏等]为球果类树种，成熟时球果由绿色变成暗褐色，种鳞干燥、木质化、开裂，散出种子。

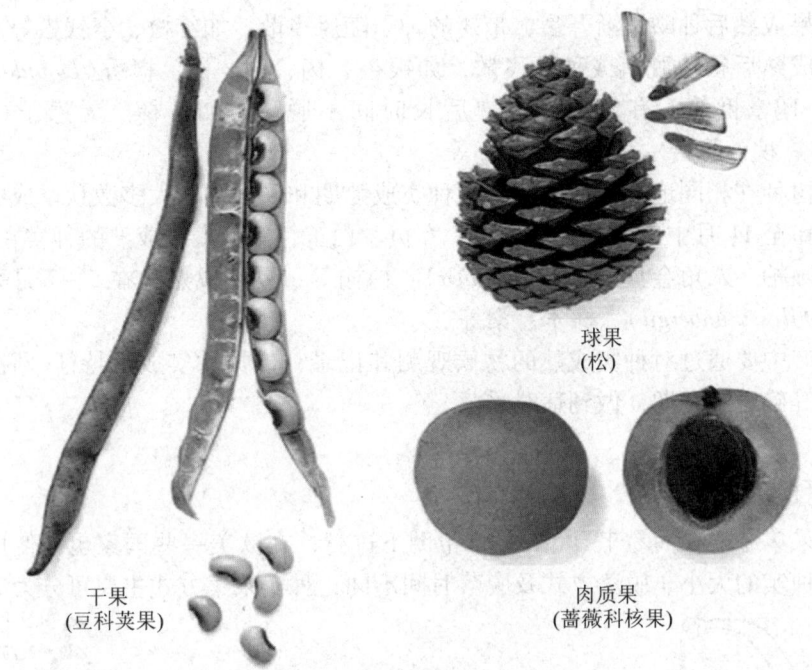

图 5-4 种实的类型

在苗圃种子生产中,各种树木的种实可大体划分为球果、干果与肉质果 3 种类型,它们不同的成熟特征奠定了其种实采收与调制方法的不同

(2) 干果类种子

包括荚果(合欢、紫荆、紫藤等豆科树种)、翅果(槭属、榆属、白蜡树属等)、蓇葖果[白玉兰(*Magnolia denudata*)、含笑(*Michelia figo*)、梧桐、牡丹等]、蒴果(紫薇、绣线菊、丁香、海桐(*Pittosporum tobira*)等]、坚果(壳斗科、胡桃等),成熟时果(种)皮干燥、木质化,变成褐色,有的开裂。

(3) 肉果类种子

包括浆果[荚蒾(*Viburnum*)、葡萄、金银木(*Lonicera maackii*)等]、核果(桃、梅、杏等)、梨果(苹果、梨、海棠等)、聚合果(桑、构、蔷薇等)及肉质假种皮包被的种子(银杏、罗汉松、红豆杉等),成熟时果(种)实变软,颜色变红、黄、紫等色,有的具香味、甜味,成熟时多能自行脱落。

除了根据形态特征外,有时用一些简单的方法也可以判断种实的成熟。如小粒种子除去杂物后,进行压磨或火烧,若压磨出现白粉或火烧时有爆破声,证明种粒饱满、种子成熟;大粒种子可切开进行观察,如发现胚乳或子叶充实坚硬、切开费力,则表明种子已成熟。

5.3.4 种实的脱落与采种期

一般种实形态成熟后,逐渐开始脱落,但脱落方式和脱落期因树种而异。多数针叶树种球果成熟后种鳞逐渐开裂，带翅的种子随风飞散，如红松、金钱松等；有些树种的种实成熟后很快脱落或种子飞散，如银杏、杨、柳、榆、枫香（*Liquidambar formosana*）、鹅掌楸等；有些种实成熟后长时间不脱落，如苦楝、无患子（*Sapindus mukorossi*）、槐、悬铃木、白蜡、女贞等。

每个树种在相同地区有大致固定的种实成熟期和采种期，大多数秋季成熟的种实在9月下旬至11月中旬采集，如樟树、女贞、白玉兰等；春季成熟的种实在2~4月采集，如圆柏、八角金盘（*Fatsia japonica*）、白榆等；夏季成熟的在5~7月采集，如红楠（*Machilus thunbergii*）、檫木、桑等。

在生产中要通过对种实成熟的物候观测和记录，依据种实成熟特征、脱落方式、天气情况等确定采种期，做到适时采收。

5.3.5 种实采集

种实采集一般在简易工具（图5-5）帮助下进行，在欧美一些国家也常使用采种机械。根据种实的大小、脱落方式及脱落时间不同，种实采集方式主要可分为2种。

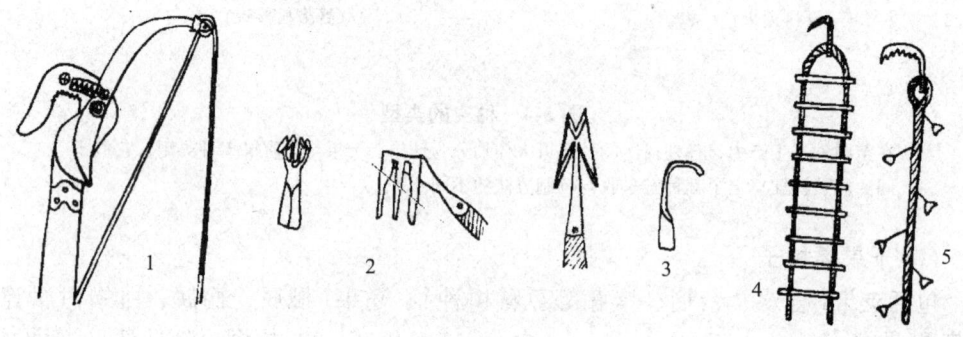

图5-5 常用人工采种工具
1. 高枝剪 2. 采种耙 3. 采种镰 4. 双绳软梯 5. 单绳软梯

（1）地面收集

种实较大的树种，种实脱落后可直接从地面收集。如栎类、板栗、薄壳山核桃（*Carya illinoinensis*）、七叶树（*Aesculus chinensis*）、油茶、油桐（*Vernicia fordii*）等。采集前将地面杂草清除干净或以塑料膜铺地，用人工或机械振动树体，促使种实脱落。地面收集种实相对安全，对树体影响小。值得注意的是，种实一旦落地就应及时拾取，否则易遭虫蛀、鼠害等，如栓皮栎、麻栎（*Quercus acutissima*）等。

（2）树上采集

对种粒小或脱落后易飞散的种子，适于树上采集，如杨、柳、榆、鹅耳枥（*Carpinus turczaninowii*）、雪松、水杉等。有些树种如枫香、鹅掌楸等种子易散失的树种宜早采，后晒干堆熟。一般种实可用竹竿击落或用高枝剪、采种钩、采种镰等各种工具采摘，球果类针叶树可用采种耙梳摘。对于高大树体可借助梯架或上树采摘，但需注意安全，采种时不要剪摘母株过多枝条，以免影响其生长。在地势平坦交通方便处采种，可利用机械如车载升降梯采集。

5.4 种实的调制

种实调制是指将采集后的种实经过干燥、脱粒、去翅、清杂、净种、分级等处理措施，获得适于贮藏、播种的纯净种子的过程。新采集的种实应及时进行调制处理，堆放过久易造成种实变质、发热、霉烂。种实调制是种子生产过程中的一道主要工艺，不同类型的种实调制方法不同，方法不当会严重降低种子品质，降低生产效益。

5.4.1 不同类型种实的调制

5.4.1.1 球果类调制

球果的种子包被在种鳞内，调制主要包括干燥、脱粒、净种及去翅的过程。

①**自然干燥脱粒** 通过翻晒使球果自然干燥脱粒的过程。选择地势高燥、通风良好、阳光充足的地方，将球果摊放在铺席、塑料或水泥场上，摊放厚度以不超过2~3个球果为宜，置于阳光下暴晒，每天翻动2~3次，夜晚堆起、覆盖，以防露、防潮。通常5~10d种鳞开裂，种子脱落；或用木棒轻击球果促使种粒脱出。

②**人工干燥脱粒** 利用球果干燥室或烘箱加热烘干球果并脱粒的过程。干燥室一般有加温、通风设备，如加热器、排风扇等。干燥球果的温度一般在35~60℃之间，不同树种球果干燥的最适温度不同：樟子松在40℃烘干48h，出种最多，发芽率最高，烘烤后仍未开裂的球果可在25~30℃的水中浸泡5~20min后再烘干脱粒（范亚奇，1983）；马尾松球果在干燥设备50~60℃烘干效果较好。温度过高、长时间高温或湿度过大都会伤害种子，应予以避免。

净种用筛选、风选或水选，去除种鳞、种翅、空瘪粒或杂物。

去翅可手工搓揉或机械去除种翅。国外有许多专用的球果种子干燥处理设备，干燥、脱粒、净种过程可全部机械化、自动化处理。

5.4.1.2 干果类调制

干果的调制主要是干燥种实，清除果皮、果翅和其他杂质，以获得纯净的种子。干果种类很多，差异较大，不同类型采用相应不同的调制方法。

(1) 蒴果类

含水量低的蒴果类，如紫薇、丁香、金丝桃（*Hypericum monogynum*）、黄杨（*Buxus sinica*）、蚊母树（*Distylium racemosum*）、木槿（*Hibiscus syriacus*）、香椿（*Toona sinensis*）、泡桐等，采集后直接摊放晾晒，蒴果开裂后，搓揉或敲打种实使种子脱出；含水量较高的蒴果类，如山茶、油茶、厚皮香（*Ternstroemia gymnanthera*）等，宜阴干脱粒，不能暴晒；种子易飞散的种实，如杨属、柳属、悬铃木属，采集后先摊晒数小时，后置于室内阴干，经常翻动，等多数蒴果开裂后，敲打搓揉脱粒。

(2) 荚果类

荚果类种实一般含水量低，如皂荚、刺槐、紫荆、合欢、锦鸡儿（*Caragana sini-*

ca)、相思树(*Acacia confusa*)等，可直接摊开暴晒至荚果开裂，未开裂种实用棍棒击打或石磙碾压，脱粒去杂净种。

(3) 翅果类

多数翅果类种实不必除去果翅，干燥后清除杂质即可，如槭属、榆属、白蜡树属、臭椿、杜仲(*Eucommia ulmoides*)等，可晒干后除杂；榆、杜仲等不能暴晒，宜阴干贮藏。

(4) 坚果类

坚果类种实含水量较高，忌堆积暴晒，粒选或水选后阴干，摊放厚度不超过20cm，经常翻动。如壳斗科、胡桃科、榛科树种。有些坚果极易虫蛀，如栎属可用50℃温水浸泡20min以杀灭潜藏的害虫。经浸泡处理的种子，要及时摊开散热并阴干，以防发热霉烂。

(5) 蓇葖果类

调制方法与蒴果类相似，含水量高的种实如牡丹、白玉兰、梧桐等，宜阴干后沙藏或播种；含水量低的种实如绣线菊、珍珠梅、风箱果等，可晒干后贮藏。

5.4.1.3 肉果类调制

肉果类种实通常肉质多汁，含有较多的果胶和糖类，很容易发酵腐烂，因而采集后要及时脱粒。调制主要是通过堆积、浸沤等过程去除果肉、取出种子，其方法因果实结构不同而有所区别。

对于核桃、山杏、山桃、银杏、贴梗海棠(*Chaenomeles speciosa*)等树种，种实采后可堆积至果皮或种皮软化后，搓去果肉或种皮，洗出或人工剥离取出种子。堆积期间可浇水盖草，经常翻动，保持湿润。对于种实肉质黏稠的树种，如桑、苦楝、黄波罗等，一般先用水浸沤，待果肉软化后，再捣碎或搓烂，然后加水冲洗，漂去果皮果肉，得到纯净的种子。对于种实细小而果肉较厚的树种，如海棠、杜梨(*Pyrus betulaefolia*)等，可将果实堆积变软后碾压、漂洗即得净种。对于种实外壳外附有蜡质或油脂的树种，如乌桕、漆树、广玉兰等，可在脱粒后用草木灰或碱水浸洗，以脱去蜡质。对于具有胶质种子的树种，如圆柏、三尖杉(*Cephalotaxus fortunei*)、榧树(*Torreya grandis*)、紫杉(*Taxus cuspidata*)等，只用水洗不能使种子与富含胶质的假种皮分离，因此，要用石磙或木棒捣碎果肉，然后再用水洗以得到纯净的种子，或用苔藓加细石与种实一同堆放起来，沤制一段时间后，揉搓除去假种皮，干燥后再贮藏。一般能供食用的肉质果，如苹果、梨、桃、杏、李等，可从果品加工厂中取得种子，再置于通风处阴干，当种子含水量达到一定的要求时便可运输、贮藏或播种。

5.4.2 净种与种子分级

5.4.2.1 净种

净种是指清除种子中的杂质和空瘪种子，如鳞片、果皮、枝叶、碎屑、土块，以及破碎空瘪种子、异类种子等，常用的方法有风选、水选、筛选、手选等。

(1) 风选

借助风力,用风选机、簸扬机或簸箕进行净种。大部分中小粒种子可用风选,如松柏类等。风选机一般由吸风道和沉降室组成,根据不同沉降位置还可进行种子分级。

(2) 水选

根据杂质和种子的不同比重、密度,将待选种子倒入水中,使杂物及空粒种子漂出,饱满种子沉于水底而选出。水选操作时间不宜过长,以避免杂物因吸水而下沉影响净种效果。水选后的种子不宜暴晒,应通风阴干。

(3) 筛选

用不同孔径的筛子,筛除与种子大小相异的杂物。一般可先用大孔筛筛除较大杂物,再用小孔筛筛除小杂物。种子清选机通常就由筛选和风选两部分组成。

(4) 手选

有些树木种子无法通过以上方法净种,只能通过手工清除种子中的杂物。如池杉、落羽杉等,手选较费工时。

5.4.2.2 种子分级

种子分级就是将某一树种的种子按种粒大小或重量进行分类,既把不同质量的种子按一定标准,分成不同等级。种子分级经常与净种同时进行,可利用筛选、风选分级,是商业生产种子的重要环节。同一种源的种子,一般粒大饱满的种子千粒重大,含营养物质多,生命力强,发芽率高,苗木生长健壮。在我国的苗木种子生产中,种子分级常被忽略,结果造成种子品质下降(不同品质的种子混杂在一起),增加了育苗管理的成本与难度。从某种角度讲,这是由对种子规格的重要性及其商品性认识不足造成的。

5.4.3 种子登记

将树种学名、采种地点和时间、调制时间和方法等信息进行登记,可作为种子贮藏、引种、交换、科研等的依据。种子登记是种子生产的重要内容(表5-1),是具有良好商业与应用价值的种子必不可少的组成部分。

表5-1 种子登记表

树种		科名	
学名			
采集时间		采集地点	
母树情况			
种子调制时间与方法		种子数量	
种子贮藏方法与条件			
采种单位		采种人	

5.5 种子的贮藏与运输

种子调制加工成为商品后,由于播种期与销售的需要,必须进行贮藏。

5.5.1 影响种子寿命的因素

种子寿命(seed longevity)是指种子保持生命力的时间,即种子成熟后,转入休眠状态一直到其丧失生命力的年限。各类植物种子的寿命有很大差异,有些树种的种子无休眠期,寿命较短,如杨、柳、桑等;有些树种的种子休眠期长,寿命也较长,如红豆树、皂荚、刺槐等。有人把深埋地下千年之久的古代莲子加以细心培育,仍能萌发,长成幼苗。种子是一个生命体,必须通过新陈代谢维持其生活状态,而它本身贮藏的营养物质有限,贮藏就是要根据树种或品种的不同要求,创造一个适宜的环境条件,控制种子的新陈代谢处于最微弱状态,以便减少营养物质的消耗,最大限度地保持种子的生活力,延长种子的寿命,达到贮藏的目的。因此,种子寿命是树种遗传性、种子的生理与解剖特性以及贮藏环境等各种内外因素综合作用的结果。

5.5.1.1 影响种子寿命的内在因素

种子寿命不仅与树种的遗传特性(基因型)有关,它决定了种子的大小、结构、形态特征、化学成分等,同时还与种子的生理解剖特性有关,如成熟度、贮藏物质多少、含水量大小、种皮的完整性等。通常大粒种子具有丰富的营养物质,种子萌发期间,幼苗出土能力较强,但种子贮藏时易脱水失去活力,因此宜湿藏,如七叶树、栎类等。细小种子则含营养物质较少,种子萌发时,幼苗出土能力较弱,种子贮藏时可干藏,如黄栌、枫香、江南桤木(*Alnus trabeculosa*)、雪柳等。有些种子的种皮比较致密,不易透气透水,种子内部新陈代谢和呼吸作用也较弱,种子生命力保持时间较长,如金合欢、火炬树等。一般情况下,含脂类、蛋白质多的种子寿命较长,如松属种子;含淀粉多的种子寿命较短,如壳斗科种子。种子含水量高,生理代谢和呼吸作用强,种子易失去活力;经过充分干燥的种子,含水量低,蛋白质、淀粉等内含物处于牢固结合状态,呼吸代谢极弱,有利于种子的贮藏和活力的保持,但含水量太低,也会使种子劣变加速;有些树木种子必须在较高含水量的贮藏条件下才能维持活力,如无患子、银杏、七叶树等。种子的成熟度越高,寿命越长;受机械损伤的种子,种皮破损,水分和氧气易进入种子内部,呼吸代谢加强,寿命缩短,加上微生物的侵入,极易造成种子霉烂。

5.5.1.2 影响种子寿命的环境因素

影响种子寿命的环境因素主要有温度、湿度、通气状况和微生物等。

(1)温度

温度与种子的生命活动密切相关。温度较高时,酶活性增加,种子呼吸作用加强,尤其在种子水分含量高时,呼吸作用产生热量又使种子温度升高,加剧了种子的生理代谢,常导致种子发热,迅速缩短种子的寿命。温度过低时,种子易遭冻害,尤其含水量高的种子在过低温度下,细胞间隙结冰,细胞膜破裂,引起种子死亡。大多数种子在0~5℃条件下代谢缓慢,能够较好地保持种子活力。

(2)湿度

由于种子有较强的吸湿能力,在相对湿度较高的环境下能吸收水分,即使是种皮致密的种子,因种脐部位孔隙较多,也能吸水。种子吸湿(水)后,含水量增加,呼吸作用加强,影响种子的寿命。一般种子贮藏以相对湿度较低为宜,相对湿度控制在50%~60%时,有利于种子保持活力。

(3)通气状况

通气状况即氧气供应情况,它直接关系到种子的呼吸作用。通气状况对种子寿命的影响程度与种子含水量有关。含水量高的种子,生理代谢旺盛,呼吸作用强,如果通气状况不好,种子进行无氧呼吸,易产生醇、醛和酸等氧化不完全的物质,对种子产生毒害。若空气不流通,呼吸作用产生的热量在种子堆中积累不散,还会加剧种子的呼吸作用,导致种子迅速死亡。含水量低的种子,呼吸作用弱,需氧量少,在不通气的情况下可长期保持活力,如白榆、钻天杨的种子在干燥密封的条件下,寿命可延长数倍。

(4)生物因素

如微生物、虫害、鼠害等也影响种子的寿命。由于种子本身带有的微生物和病菌,在一定贮藏条件下,尤其在潮湿、高温、不通风的环境中,易滋生繁殖,造成种子霉烂、变质。虫害、鼠害增加了破损种子数量,加速了种子的劣变过程。

5.5.2 种子贮藏的方法

园林苗木生产中常用的种子贮藏方法主要有干藏、湿藏两种,其他还有种子超干贮藏、超低温贮藏等新技术。

(1)干藏法

干藏法就是将种子贮藏在干燥的环境中,一般含水量低的种子可采用此法,如松科、杉科、柏科、榆科、槭树科、木槿、紫薇、梓树、枫香、丁香、连翘、金钟花、白蜡树、火炬树(*Rhus typhina*)、合欢、紫荆等植物的种子。这些种子采收后,经过调制干燥处理,装入麻袋、布袋、木箱等容器内,再置于常温、相对湿度50%以下的种子室、地窖、仓库或一般室内贮存,有条件的可放置在0~5℃低温下冷藏,效果更好。如需长期贮存种子,也可进行密封干藏,把种子放入玻璃容器、塑料袋中,加些吸湿剂如氯化钙、生石灰、木炭、硅胶等,将口封死。还可在容器中充入氮气、二氧化碳等气体,降低氧气浓度,抑制种子呼吸作用,以延长种子寿命。

(2)湿藏法

湿藏法就是将种子置于一定湿度的低温(0~10℃)环境中贮藏,这种方法可以简单地理解为各种各样的层积沙藏,沙子或其他基质材料的保水性为种子贮藏创造了适宜的湿度环境。此法适于含水量较高或干藏效果不好的种子,如银杏、红豆杉、罗汉松、栎属、木兰科、樟科、忍冬属、荚蒾属、胡桃属、苹果属、山楂属、冬青科、无患子科、女贞属、木犀属、珙桐、七叶树、银鹊树、山茱萸(*Macrocarpium officinale*)、四照花、杜英(*Elaeocarpus decipiens*)等树种。湿藏可分为室内堆藏、室外堆藏、挖坑埋藏等。室内堆藏一般用细沙与种子混合或分层铺盖,也可用珍珠岩、蛭石等基质混合。基质与种子的容积比应大于3∶1,沙层厚度不宜超过30cm,否则需经常翻动。沙子湿度以手能捏成团但不溢水为宜。现在越来越多的苗圃经常结合自己的生产条件,将沙藏的种子装入各种袋、桶、箱等,然后放在室内保存,不仅有利于保持和控制适宜的湿度,而且易搬动、便于生产(图5-6)。

图 5-6 室内种子湿藏的不同方式(Kester 等,2002)
A. 种子与沙子按比例混合后装入塑料容器中贮藏 B. 种子与沙子分层装入专门的木箱中贮藏

室外挖坑埋藏是我国传统的贮藏种子的方法(图5-7),应选择地势高燥、排水良好、背风向阳处进行,将种子与湿沙分层埋入60~90cm的贮藏坑中,坑底、坑最上层铺10cm湿沙,坑中置通气道,插草束、秸秆或枝捆至坑底。翌年再用的湿沙需经阳光暴晒或其他消毒处理。在北美的一些苗圃,经常在室外建造大型的种子贮藏箱,或使用专门容器来沙藏种子(图5-8)。

其他湿藏种子的方法还有雪藏、流水藏、井藏等。不论干藏、湿藏,都应进行定期检查,以防种子霉烂变质等。

(3)种子超干贮藏

种子超干贮藏也称超干种子贮藏(ultra-dry seed storage)或超低含水量贮存(ultra-low moisture seed storage),是指种子水分降至5%以下,密封后在室温条件下或稍微降温条件下贮存种子的一种方法。常用于种质资源保存和育种材料的保存。种子超干贮藏用降低种子水分来替代降低温度,达到相近的贮藏效果而节省

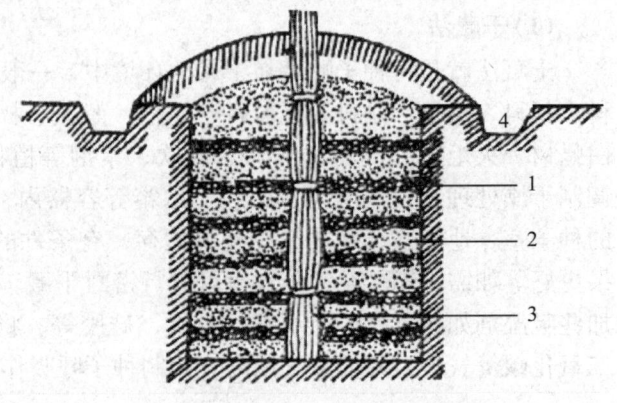

图5-7 室外露天层积埋藏种子示意图
1. 种子 2. 沙子 3. 通气杆 4. 排水沟

贮藏费用。从 20 世纪 80 年代后期开始，国内相继对许多作物种子展开超干贮藏研究并取得一些研究成果。一般的干燥方法很难将种子含水量降到 5% 以下，若采用高温烘干，则降低活力以致丧失活力。目前多采用冰冻真空干燥、鼓风硅胶干燥、干燥剂室温干燥等方法（颜传启，2001）。

（4）种子超低温贮藏

种子超低温贮藏（cryopreservation）是指利用液态氮将种子置于 −196℃ 超低温下，使其新陈代谢基本停止，不发生劣变，从而

图 5-8　种子的室外沙藏（Kester 等，2002）
图中左侧为大型木制种子贮藏箱，右侧为码放在一起贮藏种子的小型塑料箱

达到长期保持种子寿命的贮藏方法。此法在农作物和园艺作物种子中已成功运用，但许多木本树种如李属、胡桃属、榛属、咖啡属（*Coffea*）等含较高贮存类脂（如脂肪等）的种子无法用液氮贮存。有些种子与液氮接触会发生爆裂现象。目前适宜的种子含水量、冷冻和解冻技术、包装材料的选择、冷冻保护剂的选择、解冻后的发芽方法等关键技术还有待进一步研究和完善。

5.5.3　种子包装与运输

种子的包装与运输实际上是一种短期的贮藏方法，应防止高温或受冻、种子过湿发霉发热或风干死亡、机械损伤等。种子运输之前，检查包装是否结实可靠，编号并填写种子登记表，写明树种名称、重量、发运单位、联系电话等信息。

对于含水量低、适于干藏的种子，可直接用麻袋、布袋运输，包装不宜太紧或太满，以减少对种子的挤压和机械损伤。对于含水量高、适于湿藏的种子，可用锯末、苔藓、稻壳等混合、喷湿，装入袋内用木箱运输。对于极易丧失发芽力的种子，如杨、柳、榆等，可用塑料袋密封贮运。种子在冬季运输，气温低，相对安全，但需注意防冻；在夏季运输，种子易发热，风险较大，如檫木、红楠、银鹊树等夏季成熟的种子，可贮藏至秋冬季气温下降时再运输。

运输应尽量减少路上时间。运到目的地应立即检查，并根据种子类别和用途及时进行贮藏或播种处理。进行国际种子交换，邮寄种子包裹，需办理出口国的进口许可证（import permit）、出口检疫证书（quarantine），可通过空运（by air）（1 周内）、水陆路（by surface）（2 个月内）、空运水陆路（surface air lifted，SAL）（1 个月内）等方式邮寄。DHL 等迅速发展的全球速递服务，对少量种子的交流与交换十分方便。受国家保护、珍稀濒危树种的种子禁止出口。

5.6 园林树木种子的品质检验

种子检验(seed testing)是指应用科学、标准的技术方法对种子样品的质量进行正确的分析测定，评定其质量的优劣。种子检验是监测和控制种子品质的重要手段。种子品质或者种子质量(seed quality)，包括遗传品质(genetic quality)和播种品质(seeding quality)。遗传品质是与种子遗传特性有关的品质，决定于树种及其父母本；而在苗木生产中，种子品质检验主要是指园林树木种子的播种品质。因为只有了解种子的播种品质，才能合理安排诸如种子的调运、贮藏、催芽等工作，为播种育苗提供科学依据。通过检验种子的各项指标，可以确定种子的播种价值，合理使用种子，减少生产中的损失。

种子品质检验的项目包括种子识别、抽样、种子净度、种子千粒重、种子发芽能力、种子生活力、种子优良度、种子含水量、种子病虫害感染程度等。检验结束后要进行签证，即由受检单位、检验单位以及上级种子部门审批签署意见，并由检验单位填写种子检验结果登记表和"种子检验证书"，签发检验合格证等作为调拨和使用种子的依据。关于检验的标准与方法，当前在国内应该执行国家标准局（现为国家标准化管理委员会）颁布的《林木种子检验方法》（GB 2772—1999）的有关规定；在国际种子交流和贸易中，则应执行国际种子检验协会(ISTA)制定的《1996 国际种子检验规程》(International Rules for Seed Testing, 1996)。

5.6.1 种子批与样品

进行种子品质检验，首先要抽样(Sampling)，又称扦样，即抽取适当数量具有供试种批代表性的种子样品。取样工作是检验工作的重要步骤，如果样品无代表性，无论检验工作如何细致、准确，其结果也不能代表该批种子的质量。

5.6.1.1 种子批

种子批(seed lot)，简称为种批，凡属同一树种或品种，其产地的立地条件、母树龄级、采种时间、调制和贮藏方法相同，重量不超过一定限额的种子，称为种子批或一批种子。每一批种子提取一个送检样品。为了使抽样能有充分代表性，当一批种子的数量超过规定种子批的最大限额时，应划分为若干个种子批，每个种子批的重量不得超过以下限额。

①千粒重为2000g以上的特大粒种子，如核桃、板栗、油桐等，种子批的重量不超过10 000kg。

②千粒重为600~1999g的大粒种子，如杏、山桃、麻栎、油茶等，种子批的重量不超过5000kg。

③千粒重为60~599g的中粒种子，如红松、华山松(*Pinus armandii*)、樟树、沙枣(*Elaeagnus angustifolia*)等，种子批的重量不超过3500kg。

④千粒重为1.5~59.9g的小粒种子，如油松、杉木、刺槐等，种子批的重量不

超过 1000kg。

⑤千粒重不足 1.5g 的特小粒种子，如杨、泡桐、桑、桉树（*Eucalyptus*）、木麻黄等，种子批的重量不超过 250kg。

5.6.1.2 种子样品

(1) 初次样品

初次样品(primary samples)简称为初样品，直接从盛装同一批种子的不同容器中提取的每一份种子即称为一个初样品。为了使所取的种子具有最大的代表性，取样的部位分布要均匀、全面，所取数量也要基本一致。一般初次样品的取样数量，散装种子批依种子批的大小而定(表5-2)，袋装或其他容器包装的种子批依总袋数的多少而定(表5-3)。

表 5-2　散装种子批扦取的初次样品数

种子批的大小(kg)	扦取初次样品的数目
50 以下	不少于 3 个
50~500	不少于 5 个
501~3000	每 300kg 扦取一个初次样品，但不得少于 5 个
3001~21 000	每 500kg 扦取一个初次样品，但不得少于 10 个

表 5-3　袋装种子批扦取的最低样品数

种子批的容器总数	扦取的最初样品数
5 个以下	每个容器，至少扦取 5 个初次样品
6~30 个	每 3 个容器至少扦取 1 个，但不少于 10 个
31~100 个	每 5 个容器至少扦取 1 个，但不少于 10 个
100 个以上	每增加 20 个容器，至少增加扦样数 1 个

(2) 混合样品

将一个种子批中扦取的全部初次样品进行充分混合，即成为混合样品(composite samples)。它是供检验种子质量的各项指标和测定含水量用的种子样品，其数量一般应不少于送检样品数量的 10 倍。

(3) 送检样品

按国家规定的分样方法(分样器分样法、对分法和抽取法等)和要求的重量，从混合样品中抽取的供进行常规检验的种子，称为送检样品(submitting samples)。其数量要大于检验种子质量各项指标所需数量的总和，即应为净度检验样品的 4 倍以上。

(4) 检验样品

从送检样品中随机抽取一部分种子，直接供测定种子质量的某项指标，这部分种子即为检验样品(working samples)。

5.6.2 取样方法

如果是从库房和其他大量散装种子中取出样品,可在种子堆的中心和四角设5个扦样点,每点按上、中、下3层扦样,也可与种子的风选、晾晒和出入库相结合。如果是从容器中扦样,则应在每一件容器中从上、中、下等不同的部位抽取样品。冷藏的种子应在冷藏的环境中取样,并就地封装样品。一般的送检样品可用布袋包装寄送,而检验含水量的供试样品,应当用铝盒或其他隔潮容器封装。

从混合样品种取样,可根据设备条件选用下列方法。

(1)分样器分样法

目前常用的分样器为钟鼎式分样器(图5-9)。使用前先将分样器清洗干净,关好活门,将种子放入分样器的漏斗中铺平,把盛接器放在漏斗下面,再迅速打开漏斗下的活门,使种子经过分样器的内外格漏下,盛接器中的两份种子数量基本相同。注意在使用分样器正式分样前,应将种子在分样器中充分混合2~3次,使样品均匀。

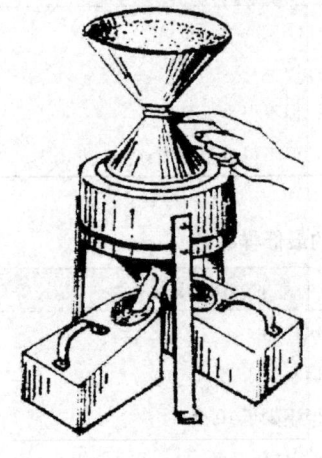
图5-9 钟鼎式分样器分样

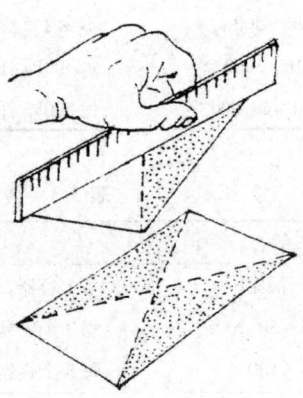
图5-10 对角线法分样

(2)对角线法(四分法或十字形分样法)

将混合样品倒在光滑的桌面上或玻璃板上,用两块分样板(直尺)从纵横两个方向将种子充分搅拌均匀,摊成正方形,其厚度为大粒种子不超过10cm,中粒种子不超过5cm,小粒种子不超过3cm。再用分样板沿两对角线把正方形分为4个三角形,取两个对角三角形的种子,即为所需的样品。如数量仍太多,可再用此法对取得的种子继续分样,分样次数依所需样品的多少而定,直到达到要求为止(图5-10)。

(3)方格取样器法

将混合样品充分搅拌均匀,倒在方格取样器的木盖里摊平,再把方格器和另一个木盖扣在种子上迅速倒置,将混合样品分成基本相等的两份,去掉1/2,把余下的种子仍用此法再继续分几次,即可得到所需数量的种子。

5.6.3 送检样品的检验

5.6.3.1 种子净度测定

种子净度(seed purity),又称为纯度,是指纯净种子的重量占供检种子重量的百分比。净度是种子质量的重要指标,也是种子分级的主要指标之一,是计算播种量不可缺少的数据。净度高,表明种子品质好,使用价值高。净度低表明种子含杂质多,品质差,价值低。杂质是指除发育正常的种子外,发育不完全的废粒、不能识别的空粒种子、已破裂但仍具有发芽能力的种子、能识别的空粒、腐坏粒、严重损伤的种子、无种皮的种子、异类种子、杂草种子、碎种子、枝叶碎片、苞片、种翅、种皮、土块、沙石等成分。

测定样品种子净度的计算公式为:

净度(%)=(纯净种子重/供检种子重)×100%

5.6.3.2 种子千粒重测定

园林树木种子的重量一般是指1000粒纯净种子在气干状态下的重量,故称为千粒重(one thousand-seed weight),以克为单位。千粒重越大,说明种粒越大越饱满。同一树种种子因母树所处的地理位置、立地条件、海拔高度、年龄、生长发育状况、采种时期以及遗传性状等因素的不同而有所变化,一般千粒重越大,种子质量越好,发芽能力也越强。在国外也常用每千克种子的粒数来反映种粒大小、重量。种子千粒重的测定方法有百粒法、千粒法和全量法。

(1) 百粒法

多数园林树木种子可采用百粒法。从纯净种子中,随机抽取100粒为1组,共取8组,即为8个重复。分别称重,根据8组的平均重量,换算出1000粒种子的重量。

(2) 千粒法

对于种粒大小、轻重极不均匀的种子可采用千粒法。将全部纯净种子用对角线法分成4份,从每份中随机取250粒共1000粒为1组,重复2次。千粒重在50g以上的可采用500粒为1组,千粒重在500g以上的可采用250粒为1组,重复2次,计算平均值。

(3) 全量法

当纯净种子粒数少于1000粒时,将全部种子称重,换算成千粒重。

5.6.3.3 种子含水量测定

种子含水量(seed moisture content)是指种子所含水分的重量占种子总重量的百分比。种子在贮藏期间,含水量的高低直接影响到种子的新陈代谢活动,进而影响其生命力。

种子含水量通常采用电热干燥法测定。将送检样品在容器内充分混合,种粒小的及薄皮种子可以原样干燥,种粒大的要从送检样品中随机取样,切开或剪碎,取测定样品。测定作2次重复,用105℃恒温烘干18h,放入有干燥剂的干燥器内,冷却20~30min后称重。

种子含水量公式为：

含水量(%) = (试样烘干前重 − 试样烘干后重)/试样烘前重 × 100%

有些含水量高的树木种子，还需采用二次烘干法。除烘干测定外，还可采用电阻式水分仪、电容式水分仪、红外线水分速测仪等仪器设备来测定种子含水量。

5.6.3.4 种子发芽能力测定

种子发芽能力(germinating ability 或 germination capacity)，是指种子在适宜条件下发芽并长成幼苗的能力。测定的目的是测定种子批的最大发芽潜力。种子发芽能力是种子播种质量最重要的指标，可直接用发芽试验来测定，常用发芽率、发芽势表示。

(1) 发芽率

种子发芽率(germination percentage 或 germination rate)是指在规定日期内，正常发芽的种子数与供试种子总数的百分比。它是种子生命力的反映，其高低说明种子质量的优劣，是计算播种量的主要因子之一。由于测定一般在实验室条件下进行，因此也称为实验室发芽率。它与在场圃环境条件下测定的场圃发芽率不同，后者一般要低于实验室发芽率，但因测定条件与生产环境条件相同，现实意义更大。

(2) 发芽势

发芽势(germination energy)是种子发芽整齐程度的指标，以种子发芽达到最高峰时种子发芽粒数占供检种子总数的百分比为标准，一般以发芽实验规定总时间的前1/3时计数，发芽势越高，种子出苗越齐。

(3) 室内发芽试验方法

从纯净种子中取出样品，用对角线法分成4组，每组取100粒种子，经过消毒浸种均匀地放入发芽器皿中。分组标记后，放在发芽箱或发芽室内，温度控制在20～25℃，一般以25℃为主。试验中保持发芽床湿润，发现种子发霉立即用水洗净、换床。种子开始发芽后按规定时间观察，统计发芽数目。不同树种种子发芽的标准不同，一般的种子是幼根长度超过种子长度的1/2，小粒种子是幼根长度大于种子长度。在种子终止发芽后，对未发芽的种子要进行解剖，按健康种子、空粒、腐烂种子、硬粒等分别统计，最后算出种子发芽率、发芽势。

值得注意的是，大部分树木种子具有复杂的休眠特性，发芽试验应该以解除休眠的种子为试材，否则试验结果无法准确表达种子批的最大发芽潜力。

5.6.3.5 种子生活力测定

种子潜在的发芽能力称为种子的生活力(seed viability)。许多园林树木种子由于处在休眠状态，无法用发芽试验鉴定其生活力，即使采用各种处理解除休眠后进行发芽试验，又因所需时间较长，实验步骤烦琐，无法在短期内迅速测定种子生活力。然而，用化学试剂染色的方法，可以快速测定种子样品，尤其是休眠期长、难以发芽的种子的生活力。常用方法有四唑染色法、靛蓝染色法、甲烯蓝法、红墨水染色法、X射线照影法、紫外荧光法等，但正式列入国际种子检验规程和我国林木种子检验规程的生活力测定方法是四唑染色法。

四唑全称2,3,5-氯化(或溴化)三苯基四氮唑,简称为四唑,英文缩写TTC,所以四唑染色法又称为TTC测定(TTC test)。四唑的水溶液无色,被种子组织吸收后,四唑盐参与活细胞的还原过程,从脱氢酶接受氢离子,产生稳定、不扩散的红色。四唑水溶液浓度一般为0.1%~1%,浓度高,染色时间短。染色的是活细胞,未染色的为死细胞。以染色的位置和比例大小判断种子有无生活力。

5.6.3.6 种子优良度测试

优良度是指优良种子占供试种子的百分比。通过对种子外观和内部状况的直接观察来鉴定其品质,具有简易快速的特点,适用于大多数树种。一般可根据种子形态、颜色、光泽、硬度、胚和胚乳的色泽、状态、气味等来确定其品质。可采用解剖法、挤压法、X射线摄影等。

5.6.3.7 种子病虫害感染程度检测

观察种子有无虫孔,然后用解剖法检查虫害情况,再用病理学上的洗涤法和分离培养法检测真菌、细菌等微生物病害。

5.7 园林树木种子的休眠与解除

5.7.1 种子休眠及其类型

园林树木的种子休眠是指在各种内因或外因,或者内外因综合作用下,种子不能立即萌发的现象,包括自然休眠(natural dormancy)和被迫休眠(enforced dormancy)两种基本类型。

自然休眠又称为熟休眠或长期休眠,是在受精之后种子发育过程中逐渐形成的一种特性,常常在胚发育和营养物质贮藏完成时建成。这类种子在成熟后的一定时期内,在适宜条件下也不能很快萌发,萌发需较长时间或经过特殊的处理,大多数园林树木的种子属于这种类型,如珙桐、红豆杉、桂花、椴树、山楂等。强迫休眠,又称为短期休眠,是指种子在调制、贮藏期间,甚至在播种之后,由于干燥、低温或高温、缺氧等不利条件产生的休眠,因此一般称为次生休眠(secondary dormancy)。属于这类种子的园林树种较少,它们的休眠是暂时的,当转移至适宜条件下就能萌发,如杨、柳、白榆等。具有自然休眠特性的种子的休眠以及破眠是播种繁殖需要研究与掌握的重要内容。一般根据休眠形成的原因不同可分为由内源因素引起的胚休眠与外源因素引起种壳休眠两种基本类型(杨期和等,2003)。

5.7.2 种子休眠的原因及其解除方法

5.7.2.1 胚休眠

(1)胚休眠的原因

胚休眠(embryo dormancy)即由种子内胚所引起的休眠,即使剥除种壳在适宜条件下播种或进行离体胚培养，种子均不能萌发，是园林树木中最常见的休眠。引起胚休眠的原因主要是胚的形态发育不完全、生理发育不成熟以及胚内化学抑制物质的存在，或是上述多种原因同时存在所致。

有些树种的种实在成熟并自然脱落时，种胚尚未发育完全，或甚至尚未分化或胚已分化完整但是形体较小。它们在发芽前，胚需先经历相当长时间的后熟期，在种子内逐渐发育完全后才能获得发芽力，如银杏、欧洲赤松(*Pinus sylvestris*)、欧洲云杉、红豆杉、白蜡树等的种子，像油棕(*Elaeis guineensis*)的种子甚至需要几年的后熟期才能萌发。另外一些树种种子中胚形态发育已完全，但是由于胚的活力较低，在生理上不成熟或存在萌发抑制物质，需在一定条件下完成生理后熟才能萌发。胚生理休眠较为复杂，可以是整个胚或胚的局部休眠（上、下胚轴，子叶），如牡丹、荚蒾等是上胚轴休眠，欧洲卫矛(*Euonymus europaea*)、欧洲白蜡(*Fraxinus excelsior*)是子叶存在抑制物质。胚中的抑制物质主要有醛类、酚类、有机酸类、植物碱类，如脱落酸、水杨酸、柠檬醛、肉桂酸、氢氰酸、芥子油、香豆素、脂肪酸等，同时还常见抑制性生长调节物质如脱落酸浓度过高，或促进萌发的生长调节物质如赤霉素、细胞分裂素和生长素等的浓度过低，抑制了相关水解酶的活性而阻碍萌发。

(2) 胚休眠解除的方法

针对引起休眠的原因，生产中常用的胚休眠解除方法主要有层积、提前采种和化学处理等。

①层积(stratification) 是处理胚休眠种子的最有效办法，常常把种子与沙土、蛭石、泥炭土和珍珠岩等介质混合，在变温或低温恒温条件下处理。变温层积通常模拟休眠种子自然条件下气温变化的规律，先暖温层积，再低温层积。如欧洲白蜡(*Fraxinus excelsior*)、刺楸(*Kalopanax septemlobus*)、冬青属、水曲柳、红松等种子先在15~25℃下层积一段时间后再经0~5℃层积，比只用0~5℃的层积效果要好。如牡丹、荚蒾的种子有上胚轴休眠现象，需要较高的温度使胚后熟或胚根长出，然后需要低温打破上胚轴休眠，胚芽就可以出土萌发。低温恒温层积对大部分生理休眠种子都适宜，如南方红豆杉、珙桐、银杏、椴树、白蜡树、榛子、栗属、栎属、樟属、七叶树、苹果、山楂、卫矛、花椒、桃和杏等，一般在0~5℃的低温下2~3个月，具体时间视树种、种皮情况和种子含水量以及外界氧气和二氧化碳浓度等因素而定。对胚体未曾全部成熟或胚体根本没有发育的种子，也可采取合适的高温处理，或供给种子以有机营养，促使早日成熟，然后再进行层积处理，促进萌发。

②提前采种(early collection of seeds) 有时是为了避免形成坚硬的种皮，如欧洲白蜡(*Fraxinus excelsior*)、栓皮槭(*Acer campestre*)和欧亚瑞香(*Daphne mezereum*)的果实在夏末秋初采集，秋季播种后翌春可萌发，不能等到果皮变成棕褐色、厚厚的种皮形成、休眠已经充分发育后再采收；藤槭(*Acer circinatum*)，在"翅"绿色而不是变干时采种才能获得稳定的萌发率，美洲椴(*Tilia americana*)最好是在果皮从绿色变灰棕色时采集并立即播种。许多果实随着成熟会产生抑制物质，并转移到种子之中，因此，较早采集可以阻断这一过程，如蔷薇科的山楂属和蔷薇属的一些种类，在果实完全成熟时种子中很可能含有高水平的化学抑制物质，因此在果实橘红色时就要采集种

子。《牡丹八书》(明·薛凤翔)记载牡丹"以黄色为时，黑则晚矣"，就是说在蓇葖果即将开裂、种子蟹黄色时采收播种(见图5-2)，可获得较高的萌发率，早采收实际上是避免了种子休眠的进一步加深。

③化学处理　研究表明，各种植物生长调节物质的含量及相对含量与种子休眠和萌发有密切关系，常用赤霉素、激动素、乙烯利、吲哚乙酸等对种子进行化学处理(chemical soak)，能够有效解除种子休眠，其中使用最多、效果最好的是赤霉素。

5.7.2.2　种壳休眠

(1)种壳休眠的原因

种壳休眠是指种子胚的外围结构，包括胚乳、种皮、果皮甚至花被、花托等或这些组织综合引起的休眠，并非单纯地指种皮引起的休眠，若将胚从包壳剥离出来，种胚就可以发芽。种壳休眠的原因可细分为物理性的、化学性的以及机械性的3类，在园林树木种子中可能是多重的，属于上述两种或两种以上的类型。

①物理性的种壳休眠　通常指由于种胚的外围结构坚硬、致密，含有蜡质、胶质或革质化，使水分和氧气不易进入，二氧化碳和其他一些化学抑制性物质不能有效排出而导致休眠，如乌桕、花椒、漆树等种皮有油、蜡质，既不通气也不透水。园林树木种子的硬实(hard seed)现象，就是典型的物理性种壳休眠，如豆科、鼠李科、无患子科的树种中常有种皮异常坚硬的种子，种皮具有发达的角质层和栅状细胞、骨状石细胞，特别是种脐的透水和透气性极弱，导致种子发芽困难。

②机械性的种壳休眠　指有些种子的种壳可以透水透气，但由于种壳坚硬，胚芽或胚根的生长不足以穿透，因而以机械的力量阻碍胚的生长，限制种子萌发。如蔷薇科李亚科核果类部分树种以及山茶科树种的种子，去除硬壳后短期内可以完成发芽，若不去壳，则播种后需要4个月以上的时间才发芽。

③化学性的种壳休眠　指种子的种皮或胚乳内含有一些酚类、醛类和脱落酸等化学物质抑制种子的发芽而引起的休眠。榛子、桃、野蔷薇(*Rosa multiflora*)和美国白蜡(*Fraxinus americana*)种壳中的抑制物质主要为脱落酸，流苏树种子上胚轴休眠主要原因是种子胚乳内含有一些水溶性且带有糖类的酚类物质，这类物质会减缓上胚轴细胞分裂的速度，使得上胚轴生长较胚根缓慢。

(2)种壳休眠的解除方法

一般可用机械损伤(mechanical scarification)、酸处理(acid scarification或acid digestion)、开水浸种(hot water soak)等方法，其目的均是要改变种皮透性，增强种子的透气透水能力，促进萌发，这是许多园林树木种子播种前必须进行的操作环节。具体参见第6章"种子催芽的方法"一节。

复习思考题

1. 名词解释：有性繁殖，种子生产，播种品质，层积，种子批，千粒重，种子含水量，发芽率，发芽势，种子活力，种子休眠，自然休眠，强迫休眠，胚休眠，种壳休眠。
2. 什么是种子？如何理解它在园林苗圃学中的概念及含义？如何区分种子、果实和种实的概念？
3. 简述园林树木种子与果实的发育与基本构造。
4. 什么是园林树木的生命周期、结实周期以及结实间隔期？它们之间有什么关系？
5. 影响树木结实的因素有哪些？
6. 什么是种子的后熟？举例说明生理成熟与形态成熟的关系。
7. 在种子生产中，根据树木种子成熟后的形态特征不同主要可分为哪几类？
8. 什么是种实调制？简述不同类型种实的调制方法。
9. 净种有哪些常用的方法？
10. 影响种子寿命的因素有哪些？
11. 种子贮藏有哪些方法？什么类型的种子适合干藏？什么类型的种子适合湿藏？
12. 简述种子品质检验的主要内容和方法。
13. 试述生产加工商品种子的主要内容与技术体系。
14. 说明园林树木种子胚休眠的原因及其解除方法。
15. 说明园林树木种壳休眠的原因及其解除方法。

第 6 章
园林苗木播种繁殖与培育

【本章提要】播种繁殖与播种苗培育是国内外园林苗圃普遍使用的苗木生产方式，成功的播种苗生产，是用品质优良的种子，采用科学的播种技术及抚育措施，有效调节种子的休眠，为种子萌发形成幼苗以及幼苗发育提供适宜的环境条件。本章主要介绍播种繁殖技术（包括播前土地准备与整理、种子的准备与处理、播种时期、苗木密度与播种量、播种方法与播种技术等），1 年生播种苗与留圃苗的年生长特点与抚育，以及出苗前后播种地与苗期的管理措施。

利用种子生产植物是农业、林业最重要的繁殖方法，其生产技术基本上可划分为露地田间播种苗生产与温室穴盘苗生产两大体系。种子繁殖因操作简便、成本低廉、繁殖系数大，以及实生苗根系发达、对外界不良生长环境的适应性强、植株寿命长等特点，在国内外园林苗木生产中普遍使用。通过种子繁殖获得的苗木称为播种苗或实生苗，它们是在特定的苗床上萌发种子后培育而成的种苗，再经过移植栽培进一步培育成大苗，或作为嫁接繁殖的砧木使用。在苗木产业体系中，一些专业繁殖的苗圃，专门培育和经营播种苗。本章讲述在我国普遍使用的露地播种繁殖及其播种苗培育，主要涉及种子萌发和幼苗生长条件的控制与管理，包括播种繁殖技术、播种苗的年生长发育特征以及出苗前后播种苗的抚育。

6.1 播种繁殖技术

6.1.1 播前土地准备与整理

在传统的大田育苗中，土壤为种子萌发和幼苗生长提供了各种必要的条件，是种苗安身立命之本。因此，播种前通过一系列的准备与整地环节，保证与改善土壤的水分、养分、空气和温热状况，并消除病虫害与杂草，为种子萌发和播种苗生长创造适宜的环境条件，是播种繁殖的基础性工作，在很大程度上决定着育苗的质量与效率，必须给予高度重视。

6.1.1.1 播种地的选择

播种用地的选择即播种区的配置,是苗圃整体布局中需重点解决好的问题。播种地首先要选择地势较高并具备排水与灌溉条件的地块,避免地势低洼或排水不利的地块,防止幼苗遭受涝灾;其次,土壤质地以中性壤土或砂土为宜,肥沃疏松、无盐化的土壤适合绝大多数树木。

6.1.1.2 播种地的耕整

(1)施基肥与洇地

播前施用的肥料常称为基肥或底肥,施足基肥可保证苗木生长所需要的主要养分,为壮苗奠定基础。一般要求施用的有机肥要充分腐熟与细碎,防止带入病虫害。有机肥除了提供养分外,还能改良土壤的理化特性,有益于苗木生长。每亩地一般施入500kg左右的有机肥,撒施后即行翻耕。

充足的水分是种子萌发的必要条件,在播种后种子发芽出土前,一般不宜灌水,以避免土面板结,影响幼苗出土。因此,播种前如果土壤含水量不足,会严重影响种子萌发成苗,使繁殖生产功亏一篑。播种前灌水洇地后,再进行土地耕整,是保持土壤水分,为种子萌发成苗创造良好条件的必要措施。必要时也可在苗床上搭建荫棚,以防晒、降温与减少蒸腾,为播种后种子萌发创造适宜的环境条件。

(2)土壤消毒

病虫害是影响苗木生长的主要因素之一,因而防治病虫害是苗圃生长管理中不可忽视的重要内容。播种前对土壤进行杀菌消毒处理,目的是消灭土壤中残存的病原菌和地下害虫,一般采用的方法有高温处理和药剂处理。

①高温处理 在方便得到大量柴草的地方,可在圃地堆放柴草焚烧,提高耕作层温度,以达到灭菌的目的,同时还能提高土壤肥力,杀死有害昆虫、土壤有害微生物及杂草种子。对于面积比较小的苗圃地,将土壤放在铁板上,在铁板下面加热,也可以起到杀菌效果。日本用特制的火焰土壤消毒机,以汽油为燃料加温,使土壤温度达到79~87℃,而不会使有机质燃烧,从而达到消毒的目的。

②药剂处理 用于土壤消毒的化学药剂种类多样,可根据实际情况选择应用。

福尔马林处理 每平方米用40%的福尔马林50mL,加水6~12L混匀,于播种前10~20d洒在圃地上,然后用塑料布或草袋覆盖起到熏蒸消毒的作用。播前1周揭开覆盖物,待药味全部散失后播种。

硫酸亚铁(黑矾)处理 通常每公顷用200~300kg,可与基肥混拌施用或制成药土施用,也可配成2%~3%的水溶液喷洒于播种地,或在播前灌底水时溶于蓄水池中。硫酸亚铁除具有灭菌作用外,还可提高土壤酸性,尤其适合北方或沿海地区的碱性土壤。

五氯硝基苯与代森锌处理 将75%的五氯硝基苯$3~5g/m^2$拌成药土撒于土壤中,可起灭菌作用;或将代森锌$3~5g/m^2$拌成药土撒于土壤中,具有杀菌作用;或将五氯硝基苯与代森锌(或敌克松)按3∶1混合配制,施用量为$3\sim5g/m^2$,配成药土撒在土壤或播种沟内。

辛硫磷处理　50%的颗粒剂,$2\sim3g/m^2$,撒于土壤或播种沟内,具有杀虫作用。

土壤消毒能防止病虫害发生,促进苗木生长,但同时也杀灭了土壤中的有益生物和病虫害的天敌,造成了生态学上的潜在问题,一旦某种病虫害发生,就有可能形成蔓延之势。因此,应该根据苗圃地的各种条件及要培育树种的特性慎重考虑是否必须采用。

(3)土壤接种

如果要培育能够形成菌根(如松类)或根瘤(如豆科)的树种的苗木,在确认土壤中不再残存不利于菌根菌、根瘤菌繁育的化学药物的前提下,对已经消毒的土壤应该进行人工接种,以发挥这些有益微生物协助吸收土壤中的水分、养分以及增强苗木生理机能的重要作用,利于苗木生长。传统接种方法是挖取生长过同一类树种,已形成菌根或根瘤的土壤,施于待育苗的圃地、苗床或播种沟内,通过土壤混合达到接种目的。目前已有许多人工分离培养的菌根菌、根瘤菌的无性系,在播种前可选择菌剂施于播种地,或待幼苗出土后通过叶面喷洒接种,幼苗生长到一定时期即可形成菌根或根瘤。

(4)整地环节与要求

苗圃整地一般可分为浅耕、耕地、耙地、镇压和中耕5个基本环节,除中耕属于播种后苗期抚育管理的内容外,其余均在播种前进行。每个环节的具体内容与方法参见本书第4章相关内容。狭义的播前整地,一般是指在作床、作垄之前,对播种地进行深耕、细耙和平整,从而使土壤保持湿润、细碎、平整、疏松,给种子萌发、幼苗出土创造良好条件,以提高场圃发芽率和便于对幼苗的抚育管理。具体要做到细致平坦、上墒下实。

①细致平坦　整好的播种地要求土碎、平坦,无石块和杂草根。在距地表10cm深度内没有较大的土块,土块越小、土粒越细越好,这样可以保证种子播种后能与土壤紧密接触,满足其萌发和发芽后对水分的需求,这对小粒种子尤为重要。播种地要求平坦,主要是为了以后水分分布均匀,灌溉或降雨后不会因土地高低不平而导致旱涝不均,影响苗木生长,从而有助于幼苗生长和抚育管理。

②上墒下实　指土壤上层疏松、下层致密,为种子萌发创造良好的土壤水分环境。上墒有利于幼苗出土,减少下层土壤水分的蒸发;下实则使种子处于毛细管水能够到达的湿润土层内,获得萌发需要的足够水分。为此,播前松土和耙地的深度不宜过深,应与种子的播种深度大致相同,土壤过于疏松时应进行适当镇压。

6.1.1.3　作床与作垄

在露地播种育苗中,有床播和垄播两种基本的育苗形式,前者称为苗床育苗,后者称为大田育苗,都要在播种前按规格要求准备好播种床和播种垄。播种床包括高床和低床,垄也有高垄、低垄之分,具体见本书第3章相关内容。

6.1.2 播前种子准备与处理

种子的质量是播种繁殖的关键，播种之前必须根据育苗计划做好充分准备，在确认其品质的基础上适法催芽、合理消毒，对促进种子萌发整齐、幼苗生长迅速和苗木规格一致、提高场圃发芽率和苗木产量与质量都有重要作用。因此，播种前的种子准备与处理是播种繁殖的第一步，也是关系到育苗效率以及育苗质量的关键环节之一。

6.1.2.1 种子准备与品质确认

不论是种植者自己生产，还是从市场购买或者由有关部门调拨，播种前都要按育苗计划准备好优质的种子。种子的品质包括遗传品质和播种品质，因此优质种子应来源于优良的母树、适宜的采集方法、科学的调制与处理、良好的包装和适宜的贮藏以及播前有效的预处理，要具备纯净、整齐、饱满、发芽率高、无病虫害等特征。

"良种出壮苗"，良种是培育壮苗的物质基础，种子在很大程度上决定着育苗成败，因此，要高度重视种子的质量。种子的花费是育苗投入中很少的一部分，绝不能因为节省开支而生产或购买质量不高的种子。有时，为了保证播种质量，播前可以对种子进行进一步的精选、分级，以便对不同规格的种子采取不同的播种和管理策略，达到最佳的育苗效果，取得最好的效益。

6.1.2.2 种子消毒

播前种子消毒，既可以杀死种子本身携带的病菌，也可以防止土壤病虫害对种子的危害，因而具有消毒与防护的双重作用，是育苗不可忽视的技术环节之一。消毒处理常在催芽和其他处理之前进行，如果催芽时间长，催芽后播种前最好再消毒一次，但如果胚根已经突破种(果)皮，则不宜再用高锰酸钾、福尔马林等药剂消毒，以免伤害胚根。

种子消毒方法有浸种与拌种处理两种，常用药剂及处理方法如下。

①福尔马林与高锰酸钾 播种前1~2d，用0.15%的福尔马林溶液浸种15~30min(不得超过1h)，取出后密闭2h，用清水冲洗后再将种实摊开阴干即可播种；或用0.5%的高锰酸钾溶液浸种2h，或用5%的浓溶液浸种30min，冲洗后阴干。适用于大多数针叶树和阔叶树种子。

②硫酸铜 用0.3%~1.0%的硫酸铜溶液浸种4~6h。

③硫酸亚铁 用0.5%~1%的皂矾溶液浸种24h，冲洗后阴干。

④退菌特 将80%的退菌特制剂稀释800倍，浸种15min。

⑤五氯硝基苯与敌克松 常将这2种药剂以3∶1的比例配合，结合播种过程施用于土壤(2~6g/m^2)；或单用敌克松粉剂拌种(用药量为种子重量的0.2%~0.5%)。对防止松柏类树种立枯病有较好效果。

⑥皂矾溶液 用5%的皂矾溶液浸种6h。

⑦赛力散 播种前20d拌种，用药量为2g/kg，拌种后密封贮藏20d后播种，适用于针叶树种子。

⑧西力生　用法及作用与赛力散相似，特别适用于松柏类树种，除了消毒之外，还有催芽效果。用药量为 1~2g/kg。

⑨升汞　一般用 0.1% 的升汞溶液浸种 15min，适用于松柏类及樟树等种实。

⑩石灰水　用 1%~2% 的石灰水浸种 24~36min，对杀灭落叶松种实病菌有较好的效果。

⑪热水　针叶树种子可用 2 倍于种实体积的 40~60℃ 热水浸泡以杀灭种皮上附着的病原微生物（种皮薄、小粒种实慎用）。

6.1.2.3　种子催芽

种子催芽是指在播种前创造适宜的环境条件、促进种子萌发的过程，是种子繁殖育苗中常用的一项技术措施。在苗木生产中，结合一定的设施栽培，催芽也经常作为一种提前育苗、延长苗木生长期的技术措施使用。园林树木种子经过吸水膨胀、萌动（激活）和发芽 3 个阶段，萌发形成幼苗。对于有休眠特性的种子，催芽可人为创造条件打破休眠，使其迅速完成发芽过程的前两个阶段；对于没有生理休眠特性的种子，通过催芽可以提高其发芽势和发芽率，缩短发芽时间，使幼苗出土整齐，提高场圃发芽率。从而节省种子、减少播种量，并有利于播种地的管理，提高苗木产量和质量。种子在催芽过程中的新陈代谢总方向与发芽过程是一致的，因此，催芽还为种子萌发创造了适宜的环境条件。

（1）水浸催芽法

水浸催芽包括浸种和催芽 2 个步骤，即先用水浸种，使种皮软化、种子吸胀并进入萌动状态，进而再在适当条件下催芽。这是一种常用的简便的催芽方法，主要用于强迫休眠的种子。

①浸种（water soak）　种子的吸水速度因种皮结构、内含物质成分、含水量高低和气温高低的不同而异，种皮薄、含水量低、温度高要比种皮厚而坚硬、含水量高和温度低时吸水快，因此，浸种水温和时间应根据树种而定（表6-1）。一般浸种时种子与水的容积比以 1:3 为宜。在将水倒入种子时要注意边倒水边搅拌，浸种时间超过 12h 要换水。

根据处理水温的不同，浸种可分为冷水浸种法、温水浸种法和热水浸种法。冷水浸种常用于大多数经过干藏的园林树木种子的播前处理，其用水量为种子体积的 3 倍，

表6-1　部分常用园林树种浸种的温度与时间

树　种	水温（℃）	浸种时间（h）
杨、柳、榆、梓、泡桐	0~30	12
悬铃木、桑、臭椿、锦带花、溲疏、侧柏	30	24
落叶松、油松、樟树、楠木、赤松	35	24
侧柏、柳杉、马尾松、杉木、柏木、文冠果	40~50	24~48
槐、君迁子、苦楝	60~70	24~72
紫藤、紫荆、刺槐、紫穗槐、合欢	80~90	24

浸种时间长短因树种、贮藏方法和贮藏期的长短而异，一般为 1~3d，种皮薄的可缩短为几小时，种皮厚的可延长到 5~7d。如只经过越冬干藏且种皮不太厚的种实，如杨、柳、泡桐、榆等小粒种子，浸种 24~48h；种皮坚硬不易透水的种子如核桃要浸种 1 周左右；经过长期贮藏的种实一般浸种 3~5d。浸种宜用流水，如在容器中用静水浸泡，要每日换水 1~2 次。从冷库中取出的种实，应在 1 周之内进行浸种，但在运输或保存过程中，要避免使种实处在高温、高湿状态。温水浸种时水温一般为 40~60℃，浸种时间与冷水相似。温水能加速种子吸胀，但不适用于种皮很薄的种子。水温的高低要根据树种，尤其是种皮结构而定。一般种（果）皮较厚的种子，如油松、赤松、黑松（*Pinus thunbergii*）、侧柏、杉木、臭椿、文冠果（*Xanthoceras sorbifolium*）等，可用 40~60℃ 的温水浸种；而元宝枫、枫杨、苦楝、川楝（*Melia toosendan*）、君迁子、紫穗槐等，可用 60℃ 左右的热水浸种。热水（70~90℃）浸种，主要用于种皮坚硬、致密、透水性很差的种实，如刺槐、皂荚、黑荆（*Acacia mearnsii*）、相思树、山桃、山杏、乌桕、樟树、椴树、栾树、漆树等种实。处理过程中把热水倒入时，要充分搅拌，使种子受热均匀；在高温浸种后还要继续用温水浸种，每天要换水 1~2 次，水温约 40℃；根据种子特性选用适宜水温，严格控制高温浸泡时间，如黑荆树种子可用 80℃ 热水浸泡 5min，而漆树种子只能浸泡 1min。对于含有硬粒的某些树种（如刺槐）的种子，为避免非硬粒种实受高温危害，采用分段或逐次增温浸种的效果更好。

②催芽　是指将浸种后已经吸胀的种子，放在适宜的环境条件中使其发芽的过程。其方法大致有两种：一为"生豆芽"法，即无间层物，把湿润的种实放入无釉的容器中，用湿润的纱布覆盖，放在温暖处催芽，每天淘洗 2~3 次，直到催芽程度达到要求为止。此法适用于少量树种的种子。二为混沙层积促芽，即把浸水后的种实，混以 3 倍湿沙（湿度为其饱和含水量的 60%），然后覆盖保湿，再将混合物放在温暖处催芽。有时，少量的种子也可放在通气、透水良好的筐、篓、蒲包或花盆里；量较大时直接堆放在地面或砖面上，种堆宜高 30~50cm，上面加盖通气良好的湿润物，每天用洁净温水淋洗 2~3 次。催芽要注意保持温度在 20~25℃，保证水分与通气状况，并随时检查发芽情况，当 1/3 以上的种子"裂嘴露白"时，即可播种。

上述方法浸种催芽都要注意，一定不能将种子置于水中时间太久；一定要确保从水中取出到播种或从播种到萌发期间种子不会再干燥。

（2）层积催芽法

层积催芽法是指在一定时间内将经过或未经过种皮处理的种子，与湿润的基质（或称间层物，如湿沙、湿泥炭、园土等）混合或分层放置，控制一定的温度、湿度和通气条件，促使种子露出胚根，达到发芽程度的方法。

层积催芽需要满足一定的环境条件，首先需要一定的低温条件。大多数的树木种子（特别是北方树种）最适温度为 2~5℃，一般下限在冰点以上稍高于 0℃，上限在 10℃ 以下；有些树种也可用 0℃ 以下温度处理；个别树种可提高到 15℃。试验表明，在许多树种中，温度对催芽的效果起着决定性作用。其次，水分是层积催芽的必要条件，干藏后层积催芽前应浸种，把种子与湿沙或湿泥炭等湿润间层物混合或分层放置,保证种子在层积期间对水分的需要。第三,要满足催芽期间种子对氧气的需求,除选用通气、保水良好的间层物外,层积催芽必须保证空气流通,如种子数量少时用秸秆作通气孔,数量较大时要设置专门的通气孔。此外,层积催芽要求的时间因树种而异(表6-2),时间过短或过长均应避免,如元宝枫种子低温层积催芽30d、15d、0d,发芽率分别为95%、72%、13.5%。

表6-2 常用园林树木种子低温层积催芽所需时间(梁玉堂,1995)

树 种	低温层积催芽时间(d)	树 种	低温层积催芽时间(d)
油松、落叶松、糖槭、湖北海棠	30	车梁木、李、甜樱桃、文冠果	90~120
杜仲、侧柏、樟子松、云杉、冷杉	30~60	榛子、黄栌、白皮松	120
黄波罗、沙枣、女贞、榉树、杜梨	60	核桃楸、板栗、松	150
白蜡树、复叶槭、山桃、山杏、桦木朴树、花椒、山定子、核桃	60~90	水曲柳、红松、酸樱桃	150~180
		山楂、圆柏、山樱桃	180~210

层积催芽方法根据处理期间的温度或使用间层物不同分为以下几种。

①低温层积催芽 通常指在2~5℃低温环境条件下进行的层积催芽,这是最简单有效的一种催芽方法。种子数量较大时,可在室外进行。根据当地的气候条件选择地势高燥、排水良好、背风向阳的地方挖层积穴,其深度原则上应在结冻层以下、地下水位以上,使种子与间层混合物经常保持催芽所要求的温度。如在北京地区一般60~80cm即可,穴底宽0.5~0.7m,最宽不超过1m,以保持混合物温度一致。层积穴长度根据种子数量而定,穴底铺10cm左右的湿沙(或其他有利于排水的铺垫物)。

在种子层积期间,要定期检查并及时调节穴内温度、湿度及通气状况,如种子催芽强度未达到要求,应视种子情况在播种前1~2周取出种子,转移到温暖处(一般15~35℃)再催芽,也可在室外换穴催芽,直到种子达到催芽强度(1/3露白)为止。

②变温层积催芽 指用高温与低温交替进行的层积催芽法,即先高温后低温,必要时再用高温进行短时间催芽。本法比低温催芽所需的时间大大缩短,主要适用于冬季土壤结冻较厚的地区。一般先用高温(15~25℃),持续较长时间;后用低温(0~5℃),持续较短时间。

该法可在室外进行,具体操作同低温层积,只是将环境温度控制得高一些;也可在室内进行,即将种子经过消毒后,用45℃温水浸种5~7d,每天换水一次,再将种子与2~3倍的湿沙混拌均匀,置于室内架好的木板上摊平,厚度20~30cm,然后再进行变温处理。高温处理时,室温度应保持在30~35℃,种沙内温度要控制在20~25℃,每隔约7h反倒一次种沙混合物,并不断喷洒温水以保持上、中、下层温度一致;经过35d左右,有1/2以上的种胚变成淡黄色时,即可转入0~5℃低温处理,并将湿度控制在60%左右,每天翻动2~3次,经过20d左右,再移到室外背风向阳处,每天翻动2~3次,勤浇水以保持种沙的湿润状态,夜间用草帘盖上。约1周后当种胚变为黄绿色,大部分种子开始裂嘴时即可播种。

③混雪催芽 在冬季积雪多而稳定的地区,以雪作间层湿润物,为种子层积创造

良好的低温、湿润和通气条件，对于樟子松、侧柏、冷杉（*Abies fabri*）、云杉等被迫休眠的种子催芽效果较好，不仅种子出苗早而整齐，发芽率高，而且幼苗生长好，出土后一段时间内的抗病性、抗寒力均有所增强。

混雪催芽一般在土壤尚未结冻之前选择地势高燥、排水良好、背风向阳的地方挖层积穴，在降雪不融化时进行埋藏。先在穴底铺上草帘和席子，再铺10cm厚的雪或冰，然后把种子与雪按1:3的比例混拌均匀堆放于穴内，上面覆盖10~20cm厚的雪或碎冰，穴上用雪堆成雪丘，最后盖上几层草帘或成捆的稻草，踩实，盖严，防止埋雪被风吹化，使种子一直处于低温状态。翌年春天播种前15~20d撤出覆盖物，将种子与雪一同取出放在室内。待雪融化后捞出种子，用清水冲洗一下，再与湿沙按1:2混合堆放，保持温度在10~15℃，每天勤翻动和浇水，3~5d后，大部分种子开始萌动，大概有1/3以上的种子开裂时即可播种。

(3) 机械损伤法

机械损伤法是指通过机械擦伤或沙粒磨损处理，改变种皮的物理性质，增加种皮透性，使水分和空气能迅速进入种子内部，进而解除以种皮障碍为主导的种子休眠，启动种胚萌发过程的一类方法。适用于种皮厚而坚硬的种子，如厚朴（*Magnolia officinalis*）、紫穗槐、合欢、刺槐、铅笔柏（*Sabina virginiana*）、山楂等树种。一般在机械处理后，还需要水浸处理或沙藏才能达到催芽的目的，因此，在某种意义上而言，机械处理是浸种或沙藏处理的前处理。如油橄榄种子剪去顶端；厚朴等种子用机械打破或擦伤硬壳，核果类取出种仁播种；石栗除去坚硬种壳等，均可促进萌发，提高萌发率。红松种子休眠，可能是坚硬的种皮造成的机械透性障碍或种皮中含有抑制物质脱落酸所致（王文章，1979），除去种皮后种子能够很快萌发；黑荆树和银荆（*Acacia dealbata*）干种子用干沙混合后，装在口袋中揉搓，或用擦果机擦伤种皮，破坏种皮蜡质层后把种子筛出，再用60~70℃热水浸种至吸胀后可播种；皂荚种皮坚硬，用石碾压破种皮即可吸水萌发。

许多物理方法都可以起到擦伤种皮的作用，欧美国家有专用的种子擦伤机或划痕机（seed scarifier）。简便易行的有用锉刀挫、锤子砸、砂纸打擦、石滚碾压、人工剥皮，以及用3~4倍的沙子与种子混合后轻捣或轻碾以划破种皮。擦伤处理简单易行，无需控制环境条件，但种子很容易因处理过度而受伤，进而因遭受病原菌危害而丧失发芽能力。因此，必须通过试验来确定所需的擦伤程度。一般而言，可以浸水观察膨胀情况或用放大镜观察种皮，一般种皮变暗但并没有太深的麻点或出现种子开裂露出内部物质即可。

(4) 化学处理法

通过采用有一定腐蚀作用的酸、碱溶液或其他化学物质处理，使坚硬、致密的种（果）皮受到一定程度的损伤，或种皮外油质或蜡质层被去除，以利于改善其对水分或空气的通透性，从而打破休眠，促进种子萌发。

①酸处理　常用硫酸浸种，又称为酸蚀处理（acid digestion）。主要是利用不同浓度的硫酸对坚硬种（果）皮适度的化学腐蚀作用以增加其透性，从而解除以种（果）皮

障碍为主的种子休眠,起到催芽的作用。

酸处理对一些种皮较厚的硬实种子以及种皮具有蜡质层或油脂层的种子的处理促萌效果明显。硫酸浸种时,要严格把握浓度和时间,防止损伤种胚。处理后应每隔一段时间取出样品检查一下,若种皮多坑凹疤痕,甚至露出胚乳,表明浸泡过度;若种皮仍有光泽,表明处理时间不够;处理得当时,种皮暗淡无光但又未呈现出很深的坑凹疤痕。另外,凡用硫酸浸过的种子,必须用清水冲洗、浸泡后再催芽或播种。

②碱或其他化学物质处理　碱性溶液或一些氧化剂、含氮化合物等化学物质,如高锰酸钾、次氯酸盐和过氧化物等,能解除种子休眠。如樟树种子的种皮通透性差,用15%的过氧化氢处理25~30min,可提高发芽率至60%左右;乌桕、漆树等种皮外有蜡质的种子,可用1%的碱或洗衣粉溶液浸泡以去除蜡质,也可用70℃左右的草木灰水(水:草木灰=10:3)浸泡种子,待水冷却后,用手搓去蜡皮或油质;漆树、乌桕、花椒、车梁木(*Conus walteri*)和黄连木(*Pistacia chinensis*)等树种的种子,用1%的苏打水溶液浸泡12h,可以去除种皮外的油质、蜡质并使其软化。

另外,大量研究表明,微量元素如铜、锰、锌、硼、钼等处理,可使种子生理生化过程加强,从而促进萌发以及其后的生长发育,提高幼苗的抗逆能力。

(5) 激素处理法

植物激素对克服种子休眠、促进萌发的重要作用,已被越来越多的研究所证明。实际上上述各种处理方法最终发挥其作用,也都是通过引起种子内部各种激素的变化而实现的,以赤霉素为代表的促进生长类激素的增多与以脱落酸为主的抑制生长类激素的减少,决定了种子的萌发。因此,在园林植物育苗生产中,经过种皮或其他各种处理后的种子,可用赤霉素、吲哚丁酸、萘乙酸、2,4-D、6-BA、苯基脲等药剂浸泡以解除休眠,促进其迅速萌发。但在处理时要把握好浓度与时间,它们可能因树种不同而有较大变化。目前,在生产中使用最多的植物激素是赤霉素。

除了上述各种方法外,还有应用 X 射线、放射性同位素、激光、超声波、磁化水、紫外线、红外线等物理因素处理种子的方法,在某些情况下也可打破种皮限制,促进萌发。

6.1.2.4　接种

许多园林苗木的根系与土壤中有益微生物形成一定的共生关系,可以促进苗木生长。因此,在生产中除了土壤接种外,也可以在播种前将有益微生物制剂加水搅成糊状拌入种子,以达到接种的目的。使用菌剂拌种后应立即播种。菌剂又称为菌肥,具体见第 4 章相关内容。

6.1.3　播种时期

播种期(sowing date)是指播种的季节和具体时间,它不仅直接影响苗木的产量、质量和抗逆性等生产指标,也影响苗木的生长期、出圃时间、土地使用以及抚育措施等生产管理过程。适宜的播种期能够改善苗木生长的环境条件和生长季节的长短,促使种子提早发芽，提高发芽率，且苗齐、苗壮、抗寒、抗旱、抗病等能力强，节省土地和人力，从而提高苗木的产量和质量。

适宜播种期主要根据不同树种的生物学特性和各地的气候条件来确定。由于种子发芽所要求的最低温度因树种而异，如油松是0~5℃，赤松、黑松是9℃，而我国幅员辽阔，树种繁多，各地树种的生物学特性和气候条件差异很大。从全国来讲，一年四季均有适宜播种的地区和树种，但大部分地区大多数树种的播种期常在春、秋两季。南方温暖地区多数种类以秋播为主；北方冬季寒冷，多以春播为主。同一地区不同树种也有不同要求，播期也有早晚之别。

确定播种期实际上是顺应自然气候变化的规律，选择最适合种子萌发的温度、水分等环境条件，总而言之，要做到适地、适树、适时。然而，在保护地育苗或设施育苗条件下，由于环境条件得到了改善，常规育苗习惯被打破，播种期不仅发生了改变，而且可根据生产需要或管理方便进行调节。

6.1.3.1 春播

春季是主要的播种季节，是园林苗木生产应用最广泛的播种季节。春播从种子播种到出苗的时间短，受风沙和鸟、兽危害的机会较少，减少了播种地的管理工作。一般春季土壤湿润，不易板结，气温适宜，利于种子萌发。如果具体时间和措施选择适当，可保证种子发芽的水分和温度条件，利于出苗整齐，增加生长时间，提高抗病、抗旱能力，提高苗木的产量、质量。但春季播种时间较短，田间作业时间紧，一旦延迟播期可能会降低苗木质量。

在确保幼苗出土后不会遭受晚霜和倒春寒低温危害的前提下，春播宜尽早进行。一般当土壤5cm深的地温稳定在10℃左右或旬平均气温为5℃时，即可播种。南方地区春播多在3月进行，有些地方2月即可开始；华北、西北地区多以3月下旬至4月中旬为好；东北，内蒙古地区一般在4月下旬左右；山东、河南等地为3月中、下旬。适当早播的幼苗出土早，延长了苗木的生长期，当炎热的夏季到来时，幼苗已具有一定的抗逆性，因此苗木质量较好。在我国北方春旱严重的地区，配合使用拱棚、地膜覆盖等措施，对提高苗木质量的效果十分显著。因此，适宜播种的起止时间，应根据当时当地的具体情况、气候、树种等因素综合确定。

6.1.3.2 秋播

除种粒很小、含水量大而易受冻害的种子之外，多数园林树木的种子都可秋播，尤其是红松、水曲柳、白蜡树、椴树等休眠期比较长，或栎类、胡桃楸、板栗、文冠果、山桃、杏、榆叶梅等大粒种子或种皮坚硬、发芽较慢的种子。

适宜秋播的地区也很广，我国华北、西北、东北等春季短暂、干旱、风沙频繁的地区更适宜秋播。但是鸟兽危害严重或冬季土壤易于冻裂，翌年春季板结或遭风蚀，晚霜严重危害的地区慎用。秋播的具体时间，因树种特性、气候条件而异，一般不宜过早，以防止播后当年秋季发芽而使幼苗遭受冻害。对休眠期长的种子可适当早播，随采随播。

秋季是仅次于春播的一个重要播种季节，其主要的优点和需要注意的问题包括：①适宜播种时间长，便于安排劳力；②休眠期长的种子播后在苗圃地土壤中自然完成催芽过程，翌春萌发早，可延长苗木的生长期；③种皮厚的种子经过冻融促其开裂，利于吸水萌发；④免去了种子的贮藏和催芽处理，也缓解了春季作业的繁忙程度；⑤种子在土壤中停留时间长，易遭鸟、兽危害；⑥早春土壤板结、风蚀等因素会影响场圃发芽率，导致缺苗断垄；⑦如春季出苗过早，幼苗易遭晚霜危害；⑧西北、华北有严重风沙危害的地区不宜秋播；⑨在冬季有冻害的地区进行秋播，要保证当年秋季不发芽；⑩在无灌溉条件且早春土壤墒情差的地区育苗，可在早秋播种，幼苗萌发出土后用土埋法越冬。

6.1.3.3 夏播

夏播一般适用于杨、柳、榆、桑、桉树、桦等于夏季成熟、相对细小、容易丧失生活力而不耐贮藏的树种种子，随采随播可省去种子贮藏的麻烦。夏播应尽量提早进行，以使苗木在冬季来临前能充分木质化、安全越冬。由于夏季气温高，土壤墒情变化大，表土易干，不利于种子萌发，在夏季干旱地区更为严重，因此，播种宜在雨后及时进行，或在播前灌溉，浇透底水以利于种子发芽。

播后要加强管理，保持土壤湿润，降低地表温度，保证幼苗顺利萌发出土，并要防止高温、强光给幼苗生长带来的不利影响。

6.1.3.4 冬播

所谓冬播实际上是春播的提早或秋播的延续，适用于冬季气候温暖、雨量充沛的南方地区。如福建、两广地区的杉木、马尾松等常在初冬种子成熟后随采随播，这样种子发芽早，幼苗扎根深，对夏季高温的抗性较强。由于提高了苗木的生长量和成苗率，也有利于增强其抗旱、抗寒、抗病等能力。

6.1.4 苗木密度与播种量

6.1.4.1 苗木密度

苗木密度(stock density)是单位面积育苗地或单位长度苗行上生长的苗木株数，它不仅直接决定了苗木产量，而且通过影响苗木之间及苗木与环境之间的相互关系而影响苗木的质量。换言之，育苗密度影响苗木的质量、合格苗的产量及育苗的经济效益，因此，在育苗一开始就应该给予高度重视。

合理的密度既要保证单株苗木生长发育健壮，又要获得单位面积(或单位长度)上最大限度的产苗量。当密度过大时，单株营养面积小，土壤养分和水分不足，枝叶互相遮挡，光照不足，通风不良，光合作用效率降低，碳水化合物合成减少，势必导致质量下降、不合格苗比率高。通常表现为苗木细弱，高径比大，叶量少，软弱多汁，干物质含量少，木质化程度低；顶芽不饱满；根系不发达，侧根和须根少；苗木分化严重等。这类苗木抗逆性差，容易感染病虫害，移植成活率低。但是当苗木密度过小时,不仅单位面积产苗量低,浪费土地,而且由于苗间空隙过大,苗床易干燥板结、滋生杂草,增加了土壤水分和养分的消耗,使苗木生长的小环境恶化,同样对苗木培育不利。

实践证明,只有密度合理,才能协调苗木产量与质量的关系,充分利用地下、地上空间的环境因子,达到丰产、壮苗、低成本的效果。所谓合理的苗木密度是指在一定的育苗技术措施和环境条件下,苗木产量和质量都较高,即合格苗数量最多的密度,也应该是育苗经济效益最高的密度。然而,合理是相对的,它与树种、苗龄、环境条件、育苗技术水平等诸多因素有关,生长快、冠幅大的树种密度宜小;针叶树的密度普遍要比阔叶树小些;同一育苗地上培育年限长的苗木密度要比培育年限短的小些;育苗地环境条件良好,以及管理条件好、育苗技术水平高时,育苗密度可稍大些。同时,确定苗木密度也应考虑对苗木抚育管理的要求,特别是育苗方式和所使用机械、机具的规格和作业幅宽。

苗木密度体现在株行距,尤其是行距的大小上,床作播种苗一般行距为 8～25cm,大田育苗 50～80cm。行距不足时影响通风透光和根系营养供应,在保证行距的前提下缩小株距是合理提高育苗密度的有效途径。据有关调查与报道,针叶树 1 年生播种苗的密度大致为 80～200 株/m²,或 250～600 株/m²(150 万～360 万株/hm²);阔叶树大粒种子和生长快的树种 1 年生播种苗的合格苗产量为 9 万～24 万株/hm²,生长速度中等的树种为 24 万～60 万株/hm²。一般要求针叶树的合格苗产量应占总产苗量(定苗密度)的 70%～80%,阔叶树种合格苗产量占总产苗量的 80%～90%。

6.1.4.2 播种量的计算

播种量是指单位面积(或单位长度)上播种种子的重量,大粒种子有时用粒数表示,它决定着播种苗的初始密度,进而影响苗木的产量和质量。播种量太大,不仅浪费种子,而且间苗的工作量大;播种量太小,则单位面积产苗量小,效益低。因此,科学计算播种量,是做好育苗计划和保证育苗生产效果的必要环节。

计算播种量主要依据单位面积或单位长度的计划产苗量,即计划达到的苗木密度、种子质量指标(净度、千粒重、发芽势)、种苗的损耗系数等因素,可用下列公式计算:

$$X = \frac{A \times W}{P \times G \times 1000^2} \times C$$

式中 X——单位面积(m²)或单位长度(m)实际所需的播种量,kg;

A——单位面积(或单位长度)的计划产苗数;

P——种子净度;

G——发芽势;

W——千粒重,g;

C——损耗系数:C 值因树种、苗圃地环境条件及育苗技术水平而异,种粒越小 C 值越大,极小粒种子(千粒重在 3g 以下)的 C 值可大于 4,如杨树种子为 10～20;中、小粒种子(千粒重在 3～700g)C 值 1～2;大粒种子

（千粒重在700g以上）的 C 值接近于1；

1000^2——将千粒重（g）换算为播种量（kg）产生的常数。

求得的单位面积（m^2）或单位长度（m）实际所需的播种量，再乘以播种总区面积或播种行总长度，便可得到实际需要的播种量。

6.1.5 播种方法及播种技术

6.1.5.1 播种方法

园林树木播种方法可分为条播、撒播和点播3种。

(1) 条播（drilling 或 drill seeding）

条播是指按照一定的行距将种子均匀地撒置在播种沟内，应用最广泛，尤其适用于中、小粒种子。其优点在于：

①操作简便　苗木有一定的行间距，便于机械化播种作业和灌溉、施肥、松土、除草、植保等苗期抚育管理工作和起苗作业的进行。

②利于生长　苗木受光相对均匀，通风条件良好，确保生长健壮。

③节省种子　比撒播用种量小。

但条播的播种行内苗木密集，分化相对比较严重，可能导致生长发育不太均匀。按照合理密度的原则，条播的行距根据树种和圃地条件而定。条播时播种行的宽度称为播幅，一般情况下为2~5cm。适当加宽播幅有利于克服条播的缺点，阔叶树种可加宽至10cm，针叶树种可加宽至10~15cm。但播幅太宽又会削弱条播的优点，而体现撒播的缺点。因为南北向苗行受光比较均匀，播种行的方向以南北为好，但也应随苗床方向而定。为利于灌溉和其他抚育措施，多将平行于苗床长边的方向作为苗行方向；但高床育苗时采用横行条播有利于侧方灌溉。

(2) 撒播（broadcast 或 broad casting）

撒播是指将种子全面而均匀地撒播于床面或垄面上的播种方法，适用于极小粒种子，如杨、柳、桉树、悬铃木、桤木（*Alnus cremastogyne*）与女贞等种子的播种。

撒播能充分利用土地，单位面积苗木产量高，但用种量较大。由于苗木密度大，易造成光照不足、通风不良、苗木长势弱、抗性低，反而减少合格苗的产量。间苗、定苗、松土、除草等抚育管理工作量大且操作十分不便。

(3) 点播

点播是指按一定的株行距将种子播于育苗地上，适用于核桃、板栗、银杏、油桐、山桃、山杏、七叶树等大粒种子或小面积圃地的播种育苗。株行距应根据种子大小与幼苗生长速度来确定，一般行距不小于30cm，株距不小于10~15cm。

点播比较节省种子，苗木间空隙较大，有利于苗木根系发育；但单位面积产苗量比较低。为利于幼苗生长，大粒种子点播时应侧放，使种子的尖端（种孔所在部位）与地面平行，覆土深度为种子横向直径的1~3倍，干旱地区可适当加厚。

6.1.5.2 播种技术

(1) 人工播种

播种质量关系到幼苗能否适时出土，合理的苗木密度也需要通过播种的各个环节才能够得以体现。人工播种最常用的条播技术流程包括划线、开沟、播种、覆土与镇压 5 个具体环节。这些工序的质量与配合，直接影响播后种子的发芽率、发芽势以及苗木生长的质量。

①划线　根据事先确定的行距和播种行的方向确定播种沟的位置，以使播种行通直，便于抚育、起苗。

②开沟　根据种粒大小与覆土厚度确定播种沟的深度。

③播种　按照预定的播种量均匀下种。小粒种子可事先与细沙混合之后再播，以保证下种均匀。

④覆土　下种后用湿润细碎的耕作层土壤（或细沙、锯末、腐殖土等）覆盖可以避免风吹、日晒和鸟兽危害，为种子萌发创造良好的环境条件。覆土厚度对种子周围的土壤水分、出苗早晚、整齐度和场圃发芽率都有很大影响，特别是明显地影响着种子萌发成苗（图 6-1）。

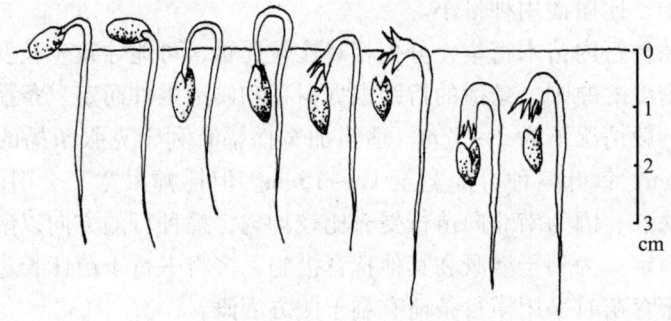

图 6-1　不同覆土深度种子萌发情况

覆土过厚会造成温度低，氧气少，不利于种子萌发，或萌发后出土困难；覆土过薄，种子易暴露或风干，因水分不足而影响发芽，且易遭鸟兽危害。覆土厚度一般可根据树种生物学特性、种子预处理、气候条件、覆土材料及播种季节等因素确定，大粒种子宜厚，小粒种子宜薄，极小粒种子以不见种子为度。子叶留土萌发的种子宜厚，子叶出土萌发的宜薄；催芽处理的种子可稍薄些，未经过催芽处理的种子可略厚些；气候较干旱时宜厚，较湿润时宜薄；小粒、极小粒种子用原土覆盖易造成覆土过厚，若用细沙、锯末、泥炭土等疏松材料覆盖则可避免；疏松的土壤覆盖宜稍厚，黏重土壤覆盖则宜薄；秋播宜厚，春播、夏播宜薄。

⑤镇压　播种、覆土后轻踩或用石磙适度镇压可使播种沟土壤与种子紧密接触，有利于保持土层中的水分，充分利用土壤毛细管水，保证种子发芽，对干旱气候条件下的疏松土壤尤其必要，但较黏重的土壤不宜镇压。

在播种过程中，为防止播种沟土壤干燥，上述各个环节应该连续进行，即边开沟、边播种、边覆土、边镇压，一气呵成。在采用点播方法播种时，可参照上述技术要点，只是将开播种沟换成为挖播种穴，同样要掌握好播种深度和覆土厚度。撒播则只进行播种和轻微的覆土，或以河沙、锯末、腐殖土覆盖。

（2）机械播种

大规模播种育苗常采用各种类型的播种器或播种机作业，可以一次性完成从开沟到下种、覆土、镇压等一系列作业环节（图6-2）。机械播种的优点表现在：①工作效率高，节省劳力，降低成本，能保证适时早播，不误农时；②开沟、播种、覆土、镇压等工序同时完成，减少播种过程中土壤水分的损失；③覆土厚度、种子分布等操作质量均一，出苗整齐，提高播种质量。

机械化播种是大面积播种育苗发展的方向，但每次使用之前应认真检查和调试播种机械的性能，如下种量、播种深度、覆土厚度等是否适宜，是否会损伤种子等，在试验的基础上加以应用。

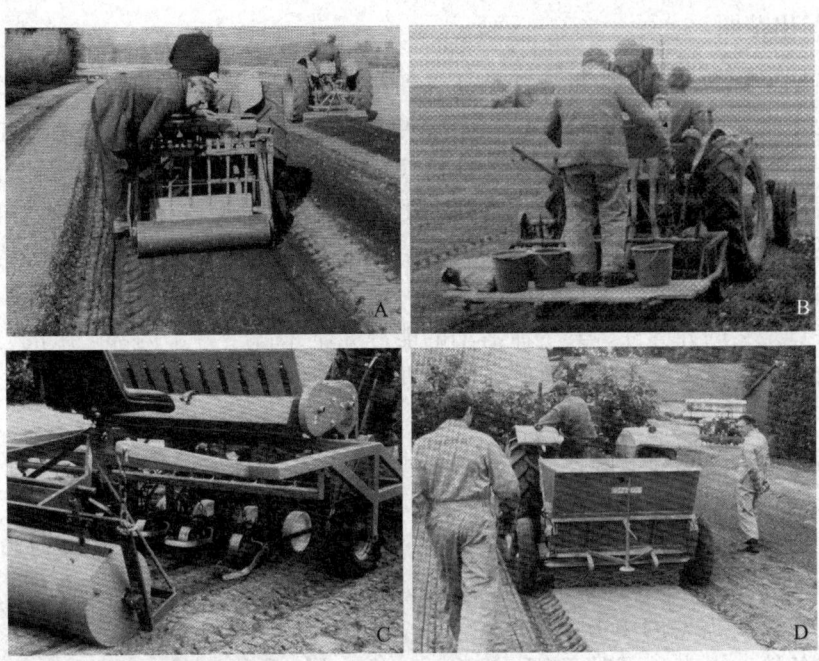

图6-2　机械播种在苗圃业发达的欧美普遍使用，各种不同类型与型号的播种机一般都是由拖拉机牵引（Macdonald，2002）

A. 在播种前先将轻耙床面（右侧苗床），再用撒播机均匀撒播种子（中间苗床），再用粗沙覆盖（左侧苗床）（英国）　B. 条播机直接在平床上播种，拖拉机轮胎正好碾压出苗床的步道（德国）　C. 拖拉机牵引的播种机，可根据种子大小调节播种密度，注意后面带有一个磙石，在播种后随即对苗床进行镇压（英国）　D. 播种机上带有沙箱，正好跨骑在苗床上，播种后随即在床面均匀铺上一层沙子保湿（丹麦）

6.2 播种苗的年生长发育与抚育

从播种开始到形成幼苗，经过生长后进入休眠期的年生长过程中，播种苗在不同时期，具有不同的生长发育特点，对环境条件的要求也各不相同。了解播种苗的年生长规律及其与外界环境条件的相互关系，是因时、因地、因苗采取相应的抚育措施，提高苗期管理水平，促进苗木生长的基础。

6.2.1 1年生播种苗的年生长

播种苗从播种开始到当年生长停止进入休眠的第一个年生长周期，一般可分为出苗期、生长初期、速生期和生长后期4个时期，每个时期不同的生长发育特点对抚育管理提出了不同的要求，同时也奠定了采取不同抚育管理措施的基础。

6.2.1.1 出苗期

出苗期又称为幼苗形成期，指从播种到幼苗出土、地上长出真叶（针叶树种脱掉种皮、地下生出侧根）为止的时期，包括种子萌发和幼芽（或子叶）出土的过程（图6-3、图6-4）。不同树木种子及其幼苗的形态各具特点（图6-4），但种子萌发及其形成幼苗的规律是一致的。种子播种后首先在土壤中吸水膨胀，随着水分吸收、酶活性加强，种子内部胚乳和子叶内的贮藏物质开始转化，分解成能被种胚所利用的简单有机物，供给种胚生长发育，形成幼根深入土层，随后胚轴伸长，幼芽逐渐出土。出苗期的突出特点是它的异养性，其生命活动的能源完全来源于种子内部贮藏的营养物质，因为幼苗地上部尚未完全形成真叶，无法进行光合作用，地下根系也正在逐渐建成之中，尚不具备正常的吸收功能。

出苗期的持续时间因树种、播种期、催芽情况和当年气候条件的不同而异，短则几天，长则一月有余或更久。出苗期的育苗措施要为种子发芽和幼苗出土创造良好的外界条件，满足种子发芽所需要的水分、温度、通气条件，提高种子的场圃发芽率。为此，必须选择适宜的播种期，做好种子催芽，覆土厚度适宜而均匀，注意保持土壤水分，防止板结。北方春播可采取地膜覆盖等措施改善播种地的温度和水分条件；夏播和秋播要采取遮阴措施以减少高温危害，加强播种地的管理，为幼苗出土创造良好的条件。

图6-3 长白落叶松（*Larix olgensis*）播种苗出苗期形态：种皮脱落、子叶开展（吉林）（李国雷提供）

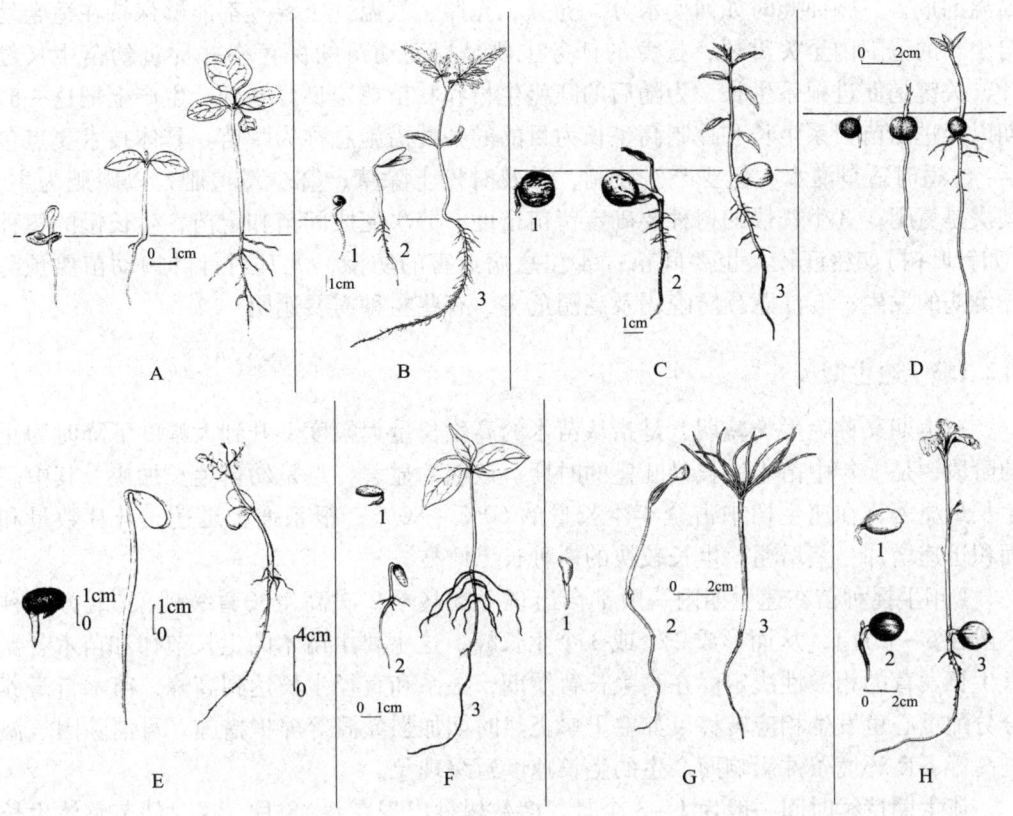

图 6-4 几种常用园林树木种子萌发与幼苗形态(国家林业局种苗总站, 2001)

A. 鹅掌楸,种子萌发后第1天、10天、30天 B. 栾树,种子萌发出土后第1天、3天、7天 C. 山桃,1~3分别为胚根伸长、初生叶出土、幼苗形成 D. 樟树,种子萌发后第4天、10天、15天 E. 槐树,发芽后第4天、7天、14天 F. 君迁子,1~3分别为幼根伸出、子叶出土、初生叶互生 G. 雪松,种子萌发后第1天、5天、12天 H. 银杏,1~3分别为幼根延伸、子叶柄伸长、幼芽生长、幼苗形成

6.2.1.2 生长初期

生长初期又称为幼苗期,是指从幼苗地上部分生出真叶、地下部分生出侧根时开始到高生长量大幅度上升时为止的时期。该时期幼苗开始从土壤中吸收养分和水分,能够进行光合作用自行制造营养,开始进入自养阶段。阔叶树种在进入该期时,长出真叶并不断增加数量、扩大面积,光合能力不断增强;针叶树种在由子叶进行光合作用的同时长出了初生叶。同时,幼苗随着侧根出现开始形成根系并快速生长,一般到该时期结束时主要吸收根系可深达10cm以上。

生长初期幼苗高生长缓慢,生长量小(植株生长量不足全年总生长量的10%左右),后期才逐渐加快。幼苗仍很幼嫩,对炎热、低温、干旱、水涝、病虫害等外界环境条件的抵抗力还较弱,易受害死亡。

生长初期的持续时间因树种不同差异较大,多数为3~6周。在水分、温度以及养分和光照等影响幼苗生长发育的环境因子中,土壤水分是幼苗生长和吸收养分的限制因子,同时,幼苗对土壤中氮、磷等矿质养料十分敏感,某些树种还常受到强光或高温的危害。因而此时如何使水分、养分、光照、气温、土温等都能够保持在适合幼苗生长的范围内至关重要，抚育的任务主要是提高幼苗的保存率并促进幼苗生长健壮，关键是促进根系生长，为随后的旺盛生长和壮苗奠定良好基础。生产上把这一时期以促进幼苗根系生长和控制高生长为目的的各种措施总称为蹲苗。具体技术要点包括：①适时适量灌水，但要严格控制，并及时松土除草；②少量追肥，以磷肥为主，其次是氮肥；③生长快的树种要确定留苗密度，分次完成间苗和定苗，生长慢的树种（如针叶树）如密度较大也要间苗；④注意病虫害的防治，尤其对针叶树幼苗要预防猝倒病的发生；⑤注意预防晚霜及高温危害，有些树种需要遮阴。

6.2.1.3 速生期

速生期又称为生长盛期，是指从苗木的高生长量大幅度上升到大幅度下降时为止的阶段，是一年中苗木生长最旺盛的时期。该期的显著特点是幼苗生长加快，其中高生长最显著，在速生树中占全年生长量的60%~80%；根系增长迅速，叶片数量和面积迅速增加，茎增粗、生长较快的树种长出侧枝。

1年生播种苗在速生期内一般都会出现1次甚至2次高生长暂缓现象（北方树种一般在6~7月），从而形成2个或3个生长峰，这主要由苗木的生长节律和苗木各器官生长发育的相关性决定。在高生长暂缓期，根系和直径生长达到高峰，苗木自身养分分配重心也发生相应转移。如在干旱炎热时期加强灌溉等养护措施，可消除因气温过高等不良环境条件影响而产生的生长速度暂缓现象。

速生期持续时间一般为1~3个月，多数树种出现在6~8月。这时幼苗整体生长非常旺盛，基本上决定了苗木的质量，因此，应加强对水、肥、光、温等的管理，以加速苗木生长和充分发挥苗木的生长潜力。具体抚育措施包括：①根据树种生长特点及时追肥、灌溉，确定合理的追肥和灌水次数；②保证充足的光照；③及时松土、除草；④针叶树等长寿慢生树在速生期前期完成定苗；⑤做好病虫害的防治工作；⑥后期为提高苗木抗性，应适时停肥、停水，使幼苗在停止生长前充分木质化，有利于越冬，特别是对播种较晚、易受早霜危害的树种更应注意及时停止追施氮肥。

6.2.1.4 生长后期

生长后期又称为硬化期，是指从苗木高生长量大幅度下降时开始到苗木进入休眠的时期。进入该期，苗木高生长量急剧下降（高生长一般仅为年生长量的5%左右），1~2周后停止生长，出现冬芽；苗木体内水分含量降低，营养物质转入贮藏状态，代谢作用减弱，逐渐完全木质化，抗寒性提高；落叶树叶片逐渐变黄变红，最后脱落进入休眠。在该阶段前期，苗木直径和根系生长还较快，可能再出现一次生长高峰；直径生长停止后根系的生长还要延续1~2个月的时间。

生长后期抚育管理的任务主要是防止苗木徒长，促进其木质化并形成健壮冬芽，以提高植株的抗性，做好必要的越冬准备。具体抚育措施包括：①停止追肥、灌溉等一切促进苗木高生长的措施；②通过截根促进苗木木质化和须根发育；③做好越冬防寒的必要准备。

1 年生播种苗各生长期的长短，首先取决于树种的生物学特性，因树种或品种不同而异；其次是环境条件的影响，如气候和土壤条件等；第三是受育苗技术措施的影响，如催芽强度、播种期早晚、覆土厚度及苗期管理等，都会使各阶段的持续期发生变化。但就某一地区的特定树种而言，其生长规律基本一致，不同时期苗木抚育管理的中心任务也是一致的，概括起来就是出苗期要提高出苗率，生长初期是在保苗的基础上蹲苗，速生期是全面促进生长，生长后期要促进木质化，提高抗性。

6.2.2 留圃苗的年生长

6.2.2.1 留圃苗的高生长类型

留在前一年的育苗苗床上继续培育的苗木，称为留圃苗或留床苗。播种苗一般留床培养 1~2 年就必须进行移植。留圃苗的生长规律与一年生苗不同，除了生长过程不同外，主要的生长表现是茎的高生长。留圃苗的高生长期在不同的树种中差异明显，表现为前期生长类型和全期生长类型两种。

(1) 前期生长类型

前期生长类型又称为春季生长类型，苗木高生长持续时间很短，在东北、华北、西北、长江流域一般 1~2 个月，而且一般每个生长期只生长 1 次。属于此类型的园林树种有银杏、白皮松、华山松、黑松、红松、云杉属、冷杉属、白蜡树、臭椿、槲栎（*Quercus aliena*）和胡桃等。高生长停止以后，叶面积逐渐增加，新生幼嫩枝逐渐木质化，形成顶芽；苗木的根系与直径会继续生长，充实冬芽并积累营养物质。

属于前期生长类型的苗木，有时在气候温暖、圃地养分状况好的情况下，当年形成的顶芽，在早秋又再次抽枝生长，即出现秋发生长或二次生长的现象。然而，二次生长的苗木部分，由于入秋后木质化不完全而易遭受冻害，既消耗了树体营养物质，还因其所形成的顶芽质量不好而影响来年生长，因此应注意防范。

(2) 全期生长类型

在整个生长季节苗木都有持续的高生长，北方树种一般持续 3~6 个月，南方树种可能持续 7~8 个月，有时达到 9 个月以上。属于此类型的园林树种有杨、榆、刺槐、落叶松、紫穗槐、槐、悬铃木、山桃、山杏、侧柏、圆柏、雪松和杜仲等。它们的高生长在整个生长期都在进行，叶生长与新生枝木质化伴随着高生长进行，到秋季时苗木充分木质化。

属于全期生长类型的苗木，在年生长周期中高生长也不是直线上升的，期间可能出现 1~2 次暂缓现象，这是因为枝条高生长的速生高峰期是与根系的速生高峰期交替进行的缘故，主要与营养供应以及气候因素的波动有关。

6.2.2.2 留圃苗的年生长特点与抚育

留圃苗的年生长过程可分为生长初期、速生期和生长后期 3 个阶段。

(1) 生长初期

生长初期是指从苗木结束休眠开始萌动到高生长量大幅度上升为止的时期。进入春季，随着气温和地温的逐渐回升，留圃苗根系首先恢复生长活动，开始吸收大量水分和养分；然后冬芽膨大，地上部分开始生长。在整个生长初期内，根系生长较快，而高生长缓慢。对于前期生长类型的苗木而言，这一时期仅持续2~3周；而全期生长类型的苗木这一时期可持续1~2个月。

留圃苗在生长初期对水、肥比较敏感，应尽早追肥和灌溉。第一次追肥的时间应在生长初期的前半期，主要追施氮肥、磷肥，对前期生长类型的苗木更应及早采取加速生长的措施。灌溉后要进行松土与除草，并创造良好的光照条件。

(2) 速生期

速生期是指从苗木高生长量大幅度上升时开始到大幅度下降时为止的时期。该期苗木的高、直径和根系的生长量都达到最大，但两种高生长类型树种苗木的速生期持续时间相差悬殊。前期生长类型树种持续期较短，北方树种一般为3~6周；全期生长类型树种与1年生播种苗的速生期相似，持续期为1~3个月，中间可能出现高生长暂缓现象。

速生期的抚育管理应采取一切加速生长的措施，尤其前期生长类型树种，这一时期持续期较短，更应及时灌溉、追肥；而全期生长类型的苗木与其1年生播种苗相似，在速生期的后期应停止施用氮肥和灌水。

(3) 生长后期

生长后期是指从苗木高生长量大幅度下降时开始到苗木进入休眠为止的时期。前期生长类型的苗木进入该期时，高生长很快就停止，逐渐形成顶芽，但叶片还在生长，叶面积不断增加，光合作用还较旺盛；茎增粗和根系生长的量还较大，并且可能会出现1~2次生长高峰。在生长后期的前半阶段，即在增粗生长高峰到来之前仍要采取一定措施促进茎的增粗和根系的生长，但措施要适当，以免引起顶芽萌发而造成异常的二次生长。而到该期的后半阶段要停止施肥、灌溉等促进生长的措施，促进干物质积累与木质化；根系也逐渐停止生长，进入休眠。这个阶段可持续3~6个月。

全期生长类型树种留圃苗生长后期的特点与其1年生播种苗相似，随着进入该期，苗木的高生长量迅速下降，同时形成顶芽。直径和根系各有一个小的生长高峰，但生长量不大，苗木逐渐木质化，之后根系也停止生长，进入休眠。抚育管理上要避免水、肥，促进木质化进程，末期还应做好越冬防寒的准备工作。

6.3 播种苗的抚育管理

6.3.1 出苗前的管理

在播种后出苗之前的各项抚育措施，目的是为种子发芽和幼苗出土创造良好条件，保证幼苗适时整齐出土，提高场圃发芽率。这一时期1年生播种苗生长发育阶段中出苗期的管理关键是调节土壤水分，以保证适宜种子萌发的水分供应。

(1) 覆盖保墒

播种后对播种地适当加以覆盖，能够保蓄土壤水分，避免因灌溉而导致的土壤板结,有利于提高土壤温度,而且还可以防止鸟、兽对种子或幼苗的危害以及防止杂草的滋生。在早春播种,覆盖对种子发芽和幼苗出土的促进作用十分明显。尤其是对于特别小粒的种子及覆土厚度在1cm左右的树种都应该加以覆盖。

覆盖材料可就地取材,用稻草、麦秆、秸秆、草帘子、草席、苔藓、锯末、谷壳、薄膜、树木枝条及泥炭或沙子(见图6-2D)等,但一定不能带有杂草种子和病原菌的材料,厚度也要适宜,过薄达不到目的,过厚既影响土温又妨碍幼苗的出土。用塑料薄膜覆盖播种地对保蓄土壤水分和提高土壤湿度的效果最为显著,但需要防止幼苗出土后受高温危害。覆盖要紧贴床面,周围用土压实。出苗期间要注意监测中午薄膜下的温度,可采取降温措施,或穿破薄膜使幼苗露出。其他材料覆盖播种地也有一定的保水效果,但提升土壤温度的作用较差;覆盖过厚又会影响出苗,一般以不见地面为宜。当幼苗大量出土进入生长初期时,为了不影响幼苗的光照和正常生长,要及时分期、分批地逐步撤除覆盖物,以便使幼苗逐渐适应外界环境,必要时可与喷水降温等措施相配合。

(2)灌溉

种子发芽要求一定的水分条件,因此,要在播种前灌足底水,保证在出苗过程中土壤墒情良好。如果在出苗期土壤水分不足,就需要适时适量地进行灌溉,补充水分,以保持土壤湿润。对于种粒细小、覆土浅的播种地可进行喷水;出苗期较短、有覆盖物的播种地可少灌或不灌。灌溉时要控制水量,严防冲刷苗床使种子裸露,尽量避免床面板结。有条件的圃地可采用喷灌,既可以提高工效,又可以有效防止土壤板结。

(3)松土与除草

播种后种子需要一段时间才能发芽出土,而播种地土壤因降雨和灌溉的影响很容易发生表层土板结现象,使土壤的通气性不良,影响种子的场圃发芽率,因此,在易板结的播种地上要适当进行松土。春季播种的种子一般经过了催芽过程,所以出苗期较短,很少需要进行除草。但在黏重的土壤上或秋季播种时,有些树木种子发芽迟缓,在幼苗形成前圃地易滋生杂草,为避免它们与幼苗争夺养分和水分,要及时除掉。除草一般应与松土结合进行,而且宜浅不宜深,以免伤及种子,影响萌发,尤其在种子已经萌发但尚未出土时要特别注意。

目前园林育苗生产中,有些苗圃采用土面增温剂对播种地进行覆盖,既省工省料,保墒作用好,能减少土壤表面盐分积累,又具有提高土壤温度,防止土壤板结、风蚀及幼苗的冻害、鸟害等功能,很值得在育苗生产中推广应用。

另外,许多园林树木种子播种后在发芽出土前后,是鸟类或鼠类啄食的对象,应注意设法预防。

6.3.2 苗期的抚育管理

苗期的抚育管理是从幼苗出土开始到起苗之前的全部抚育管理工作,主要包括土壤管理(如灌溉、施肥、松土、除草等)、苗木管理(如间苗、定苗、截根、修剪等)和苗木保护(如遮阴、防治病虫害、越冬防寒等),其中土壤管理和苗木保护主要作用于苗木生长的环境因子,而苗木管理主要作用于苗木本身。它们中每个措施或环节都会直接影响苗木的质量和产量,因此,苗期抚育的目的就是要给幼苗生长创造良好的营养和生长条件,为实现苗木速生、丰产与优质提供保障。

(1) 遮阴

部分阔叶树(如泡桐、桉树、小叶女贞、椴树、含笑等)及大部分针叶树(如落叶松、红松、樟子松、油松、云杉、侧柏、杉木、水杉等)的幼苗组织幼嫩,抵抗力弱,既不耐低温侵袭,又不能忍受高温的灼热,外界温度不适宜便会生长不良,甚至死亡。因而播种后如遇上高温或低温天气,要及时采取保护措施,以防止幼苗受到不必要的伤害。遮阴便是一种保护幼苗免受高温危害的较好措施。

遮阴不仅可以降低地表温度,防止幼苗受到日灼的危害,减少土壤水分和苗木本身水分的蒸发,节省灌水,而且在某种程度上还可以防止幼苗免受霜冻的侵袭。在我国北方降雨量少、蒸发量大、灌溉条件较差的苗圃地育苗,采取遮阴措施是很有必要的。但是遮阴后,苗木会由于光照不足而降低光合作用,制造的营养物质偏少,苗木的含水率较高,组织较松散,造成苗木质量下降。因此,遮阴措施应根据实际情况结合其他技术或管理措施选择应用。

生产上应用遮阴的方法很多,有搭建荫棚、混播遮阴及苗粮间作等形式,其中荫棚应用最广泛。由于遮阴透光度大小和时间长短影响苗木生长,为了保证苗木质量,应尽量增加透光度和缩短遮阴时间,原则上遮阴是从气温较高会使幼苗受害时开始,到苗木不易再受日灼危害时立即停止,具体时间因树种或气候条件而异。一般当苗木进入生长初期就应该开始逐步撤除,到苗木进入速生期时全部撤除。

(2) 间苗和补苗

苗木在生长过程中,其合理的生长密度也随着不断变化,同时,由于各种原因常造成苗木生长过密、过稀或分布不均,因此,需要采取间苗和补苗等抚育措施,使其密度趋于合理,并达到计划育苗密度。

①间苗 指在一定时间按要求拔除生长过密的苗木,调节幼苗密度,保证单株营养面积的作业方式,其目的在于使每株苗木都具有一定的营养与生长空间,保证单株与栽培苗木群体的协调,使苗木生长整齐、健壮,从而获得最大的单位面积合格苗产量。

间苗一般分2~3次进行,每次都宜早不宜迟,具体时间因树种、立地条件、幼苗密度和幼苗生长速度而定。立地条件好、密度大、树种生长速度较快时更应及时进行间苗。一般阔叶树宜在生长初期的前期开始第一次间苗,在10~30d后进行第二次间苗;生长初期的后期要定苗,过晚会降低苗木生长量和单位面积合格苗木数量。针叶树种生长缓慢且适于较密集的生态环境,间苗时间应比阔叶树种晚,一般在生长初期的后期开始间苗,到速生期前期再定苗。在高温危害较重的地区,宜在高温期过后定苗。

间苗的对象包括受病苗、损伤苗、弱苗、异常苗,以及过度密集生长的幼苗。间苗强度第一次要大,留苗株数通常比计划产苗量多40%左右;第二次留苗数量比计划产苗量多10%~20%。最终定苗时要使苗木均匀分布,达到合理密度,比计划产苗量多5%左右。间苗可结合除草进行，要注意保护所保留的幼苗不受伤害。如间苗后幼苗之间出现的苗根孔隙较多，应及时灌水淤塞。

②补苗　是补救缺苗断垄、弥补产苗数量不足的一项措施。特别是一些珍稀园林树种，因种子来源少，如出苗不齐、苗木过稀或缺苗时，可结合间苗工作进行补苗。补苗时期越早越好，以减少对幼苗根系的损伤，早补苗不但苗木成活率高，而且所补的幼苗在后期生长与原来苗木基本相近。补苗最好选择在阴天或傍晚进行，以减少水分的

图6-5　长白落叶松苗秋季机械截根（吉林市江密峰苗圃）
（李国雷提供）

损失，防止萎蔫；补苗后要适量浇水，必要时可进行遮阴以保证成活。

(3) 截根和移栽

①截根　又称为切根、断根，通常是指在苗木生长期间用锐利的铁铲、弓形截根刀等工具或专门的断根机械（图6-5）切断苗木主根的措施。它可以暂时减少苗木对水分的吸收，抑制苗木高生长，防止徒长，具有蹲苗的作用；对硬化期的苗木具有促进木质化的作用。因此，截根能够显著提高苗木质量（表6-3）以及移栽苗木时的成活率。

截根适用于主根发达的园林树木，如核桃、栎类、梧桐、樟树等，一般在播种后幼苗长出4~5片真叶、苗根尚未木质化时就应该进行，深度以5~15cm为宜。1年生或1年生以上播种苗，若当年不出圃，可在初秋进行，此时高生长减缓并趋于停止，但根系生长仍较旺盛，有利于切口愈合和新根的发生。留床苗也可在春季生长初期根系恢复生长而地上部分尚未开始生长之前进行。截根后要及时浇1次透水，使松起的土壤和苗根落回到原处，以防透风。

②移栽　结合间苗进行。对于一些需要集约经营的苗木，种子稀少的珍贵树种，以及生长迅速的阔叶树种（如核桃、泡桐等），通过移植幼苗既可以达到合理的密度，又不浪费所间除的幼苗，并能促进侧根和须根的发生。

表6-3　截根对1年生落叶松播种苗生长的影响

处理方法	苗木株数（m²）	一级苗数	二级苗数	主根长（cm）	侧根数（条）	侧根长（cm）	地径（cm）	苗高（cm）	100株苗木鲜重（kg）
截　根	450	359	91	15	18	25	0.45	25	0.57
未截根	450	230	220	25	13	20	0.36	30	0.45

移植一般在生长初期进行，阔叶树以幼苗长出2~5片真叶时为止，此时移植成

活率较高。对珍贵或小粒种子的树种，可进行苗床或室内盆播，待幼苗长出 2~3 片真叶后，再按一定株行距移植，移植的过程也起到了截根的作用。移植作业一般适宜在阴雨天进行，移植后及时灌水并在必要时适当遮阴。

（4）中耕除草

中耕是指在苗木生长期通过手工或机械对苗木之间的圃地土壤进行松土（浅层耕作）的措施。除了化学除草以外，通常所谓的除草是指通过手工或机械作业铲除苗间杂草，减少杂草对水分、养分的竞争。因此，在生产中通过中耕作业可同时实现松土和除草的双重目标。

中耕要在灌溉或降雨后，当土壤湿度适宜时及时进行，以减少水分蒸发，避免土壤发生板结或龟裂。幼苗因根系分布较浅，一般为 2~4cm，较大的苗木根系分布较深，可逐渐加深到 7~8cm。对于垄作式育苗可结合向垄上培土，中耕深度可达到 10cm 以上。为防止苗木徒长，促进其木质化进程，在苗木生长后期停止灌溉之后，中耕工作也应相继停止。

播种苗苗期的抚育管理，除了以上内容外，非常重要而不可缺少的还有灌溉与排水、施肥、病虫害防治以及越冬防寒等措施，具体参见第 4 章相关内容。

复习思考题

1. 什么是播种苗？为什么播种繁殖是国内外苗圃最常用的苗木繁殖技术？
2. 播种前整地的主要目的及内容是什么？
3. 试分析种子催芽、种子休眠及种子贮藏的关系。
4. 水浸催芽的主要方法与适用种子的特点是什么？
5. 简述层积催芽的原理与方法。
6. 克服种子休眠、促进萌发常用的激素有哪些？使用中应注意什么？
7. 何为适地、适树和适时播种？为什么？
8. 简述春播与秋播的特点，并分析其成为主要播种期的科学依据。
9. 如何理解合理密度与育苗产量及质量的关系。
10. 简述播种的主要方法及其主要特点。
11. 人工播种的技术内容是什么？请分析机械播种在我国的应用前景。
12. 1 年生播种苗的年生长阶段及其生长特点是什么？如何根据生长特点来提高抚育管理技术？
13. 简述苗木高生长的特点及其类型？如何根据其高生长类型制定合理的抚育管理方案？
14. 在园林树木播种繁殖出苗前进行播种地管理的目的与内容是什么？
15. 为什么要进行间苗与补苗？
16. 截根为什么能促进幼苗的生长？
17. 苗期苗木抚育的主要措施有哪些？为什么？
18. 我国在园林苗木种子生产及种子繁殖中需要改进的问题有哪些？
19. 你最了解的用种子繁殖的园林树木是什么？简述其育苗的基本过程及关键性技术。

第7章 园林苗木的营养繁殖与培育

【本章提要】营养繁殖方法多样,具有保持优良性状、拓展繁殖渠道、促进开花等特点,是园林苗木繁殖生产的主要方式。本章将系统讲述分株、压条、扦插与嫁接等各种常用营养繁殖方法的基本原理、技术与栽培措施,强调对技术原理的科学理解与技术环节的系统掌握,以便通过学习能够具备在现代产业化生产条件下进行园林苗木生产及管理的基本知识与技能。

营养繁殖(vegetative reproduction),又称无性繁殖(asexual reproduction),是利用植物营养器官(根、茎、叶)的一部分来繁殖苗木的方法,用这种方法繁殖、培育出来的苗木,称为营养繁殖苗,简称营养苗。由于营养繁殖常分为分株、压条、扦插、嫁接以及组织培养等不同方法,营养苗也根据繁殖方法不同,分别称为分株苗、压条苗、扦插苗、嫁接苗与组培苗等。营养苗不是通过两性细胞结合,而是由分生组织直接分裂的体细胞所产生的,因而能保持母株原有的特性,不会发生变异(偶然发生的芽变除外)。因此,营养繁殖在园林植物生产实践中对新品种的繁殖和保存品种优良性状有重要意义,是园林苗木生产中最主要的生产繁殖方式。

7.1 营养繁殖及其应用

7.1.1 营养繁殖的类型与生理基础

在自然界许多植物常借助块根、鳞茎、球茎、块茎、根状茎等变态器官,以及根出条、萌蘖条和匍匐茎等进行营养繁殖,这些是它们的自然属性之一。在园林苗木生产中,营养繁殖是为了获得大量优质苗木,人为有目的地在利用树木生物学习性的基础上,采用各种栽培管理措施建立的成套进行苗木繁殖的生产技术体系,主要包括分株、压条、扦插和嫁接等不同的类型,广义上讲营养繁殖也包括组织培养技术。

营养繁殖的细胞学基础是细胞的全能性,即植物的大多数生活细胞,在适当的条件下都能由单个细胞经分裂、生长和分化形成一个完整植株的能力。细胞的全能性使植物具有再生能力、分生能力和愈合能力,使生产中通过营养繁殖培育苗木成为可能。再生能力是指植物营养器官的一部分在一定条件下能分化出自己原来所没有的组织器官,最终形成与母体相同的、能够独立生活的新个体,这是扦插、压条和组织培养等繁殖方法的基础；分生能力是指有些植物能够形成诸如变态根、变态茎以及根出条、萌蘖条和匍匐茎等具有繁殖作用的器官，它们在与母体分离后，能够生长发育为新的个体，分株繁殖就是利用了这一点；愈合能力是植物体在受到外界损伤时的一种本能反应，主要是通过愈伤组织的形成和生长达到愈合伤口、保护正常生长的目的，它在嫁接繁殖中被充分利用，成为许多园林植物营养繁殖的重要基础。

7.1.2 营养繁殖的应用

从《诗经·齐风》中"折柳樊圃"的记载开始，我们的祖先早在3000多年以前就已经创造和应用营养繁殖技术了。现代的营养繁殖技术始于18世纪初的林木繁殖。20世纪20年代以来，人们便开展了有计划的植物营养繁殖工作。然而，由于受无性繁殖技术条件的限制，直到第二次世界大战以后，植物的营养繁殖才有较大的进展，从而也极大地促进了苗木产业的快速发展。我国从20世纪70年代开始，开展了对杨、榆、桉树、杉木、水杉等树种无性繁殖技术的研究。随着科学技术的飞速发展，学科领域和高新技术相互渗透，园林植物的无性繁殖也同样受到其他学科（如生理学、遗传学、分子遗传学、生物化学、遗传工程）的渗透和冲击。目前，人们已把营养繁殖的概念引申到基因保存、染色体加倍、良种选育等植物遗传改良范畴，并将单一的繁殖方法与现代各种先进设施和圃地组合配套使用，构成了多学科的营养繁殖体系。

营养繁殖作为一种园林苗木生产技术得以广泛应用，与其所具备的特点是分不开的，综合体现在：

①能保持母本的遗传性状，稳定优良基因型　营养苗是由母株营养体的一部分形成的，具有与母株相同的遗传性，可以保持母本的优良遗传性状而没有有性繁殖中的性状分离现象。许多园林树木的优良品种，播种苗往往不能或不完全能保持原有的优良性状，必须用营养繁殖法进行繁殖。另一方面，把营养繁殖不仅作为一种生产繁殖手段，而且还用于纯化、鉴别种群内的优良单株，即稳定或者固定基因型，是培育新品种不可或缺的技术。因为营养繁殖能完整地复制一个基因型，而一个基因型就可以代表一个品种。无论是播种繁殖产生的实生变异，还是芽变等其他突变产生的变异，通过营养繁殖固定并进一步扩大繁殖后，形成具有一定数量的群体，通过观察、试验与评价，就可能成为性状稳定一致、具有良好应用价值的新品种（见第2章）。

②繁殖系数大，苗木品质一致，适合规模化生产　通过建立专门的插条圃、接穗圃，可同时获得大量规格一致的繁殖材料，奠定了种苗规模化生产的基础，尤其是可以利用各种新技术与设施栽培结合，实现快速、高质、高效地繁殖苗木。营养苗在商品生产中的最大优势是其品质的一致性，苗木在规格大小、生长速度、开花时间、产品类型和其他表型特征上的一致性，奠定了产业化规模生产的基础。

③拓宽繁殖渠道，使一些观赏价值高但不结种子或种子很少的园林树木能够有效繁殖　各种原因造成的种子败育、雌蕊重瓣化或其他花器退化或变态，以及花期不育等造成的不结实，均可采用营养繁殖法繁衍后代。如重瓣碧桃、重瓣牡丹等许多优良的观赏品种，往往华（花）而不实，营养繁殖是种苗生产的必然选择。

④苗木生理成熟度高，可缩短开花结实的时间　营养繁殖使用的插条或接穗都采

自生理成熟的母树，营养苗新株的个体发育阶段是在母株该部分的基础上继续发展的，因此，可以加速生长，提早开花、结实。如紫藤的播种苗要达到令人满意的开花效果需要 7 年，而它的嫁接苗开花仅仅需要 1 年或 2 年的时间；同样，牡丹播种苗开花需要 5~7 年，而嫁接苗次年就能开花。

⑤方法多样、简便易行　不同树种可以根据各自的生物学特性与栽培条件，采用不同的营养繁殖方法。有些十分优良的园林树木种类或品种，可用十分简单的分株或硬枝扦插很好地繁殖。一些种子休眠复杂、有性繁殖烦琐的园林树木，也常采用营养繁殖。

⑥一些具有特殊造型的园林苗木生产　如树状月季、'龙爪'槐（*Sophora japonica* 'Pendula'）、'垂枝'榆（*Ulmus pumila* 'Pendula'）、什锦牡丹等，只能用营养繁殖的方法实现。

营养繁殖也有其不足之处，如营养苗（嫁接苗除外）根系常常不如播种苗健壮，抗逆性差，寿命较短；压条与分株繁殖常常繁殖系数有限，而且苗木规格较难一致；长期营养繁殖会使苗木生长势减弱、生活力下降，同时，营养繁殖会传播一些肉眼不易察觉的病毒，从而影响苗木的品质等。另外，在有些情况下，营养繁殖还具有其他潜在的危险。遗传上完全一致的树木对病害的易感性也是一样的，如大量的英国榆（*Ulmus procera*）在 20 世纪 60~70 年代被荷兰榆树病摧毁。这种树通常是用根出条繁殖生产的，在遗传上的差异很小，如果它们用种子繁殖，可能会产生遗传变异以抵御已经发生的荷兰榆树病病害。

7.2　分株繁殖与分株苗培育

7.2.1　分株繁殖及其特点

分株（division）是指利用一些园林树木能够形成根出条（根蘖）和萌蘖枝（茎蘖）的特性，把它们从母树上分割下来，或者把大的灌丛分割成若干小株，再培育成新植株的方法。用这种方法培育的苗木称为分株苗，它是最传统、最简易的营养繁殖方法之一，仍然在生产中经常使用。如臭椿、银杏、刺槐和枣等，常常从土层下根上长出不定芽，伸出地面后称为根出条（sucker），将其分割脱离母树栽培，形成新的植株；再如黄刺玫、珍珠梅、绣线菊、迎春和牡丹等花灌木，能在母树根颈（crown）部位萌发出许多萌蘖枝，形成大的株丛，这些萌蘖枝常常会产生不同程度的根系，或者用适当的堆土压条诱发产生根系，将它们挖起来分割开另行栽植，便形成新的单株，达到繁殖育苗的目的。

分株繁殖从某种意义上而言是一种自然的压条繁殖，因其分离的根出条和萌蘖枝本身都带有根系，因此，栽植容易成活，方法简便，成苗较快。然而，由于植株产生根出条和萌蘖枝的数量有限、大小不一，分株繁殖的繁殖系数低，苗木规格不统一，多适用于丛生性花灌木繁殖而不能适应现代化大面积栽培的需要。因此，分株繁殖常作为一种少量培育苗木的方法，以及对压条等其他繁殖方法的补充，在苗木生产中仍然有其用武之地。

7.2.2 分株的方法与分株苗培育

分株繁殖主要在春、秋两季进行。春季开花的树种宜在秋季落叶后进行，秋季开花的树种应在春季萌发前进行，一定要考虑到分株对母树生长开花的影响以及栽培地的气候条件。

分株繁殖基本包括切割、分离和栽培培育3个步骤，可分为分株前不起苗的侧分法和分株前起苗的掘分法。侧分法多用于分割乔木类树种的根出条，分株不需起出母树（图7-1、图7-2）；掘分法一般用于灌丛的分株，分株需全部起出母树（图7-3）。

分株繁殖时要注意，根蘖苗一定要有较好的根系，茎蘖苗除了保持较好的根系外，地上部分要根据树种和繁殖的要求，选留适当数量的枝干，可为2~3条或更多。侧分时注意不要对母株根系损伤太大，以免影响其正常生长；掘分时要尽量保留较多

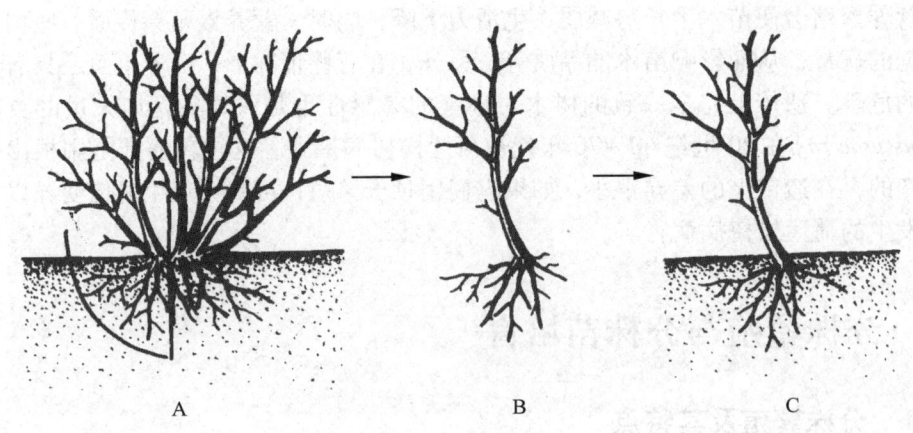

图7-1 灌丛分株（侧分法）
A. 切割　B. 分离　C. 栽植

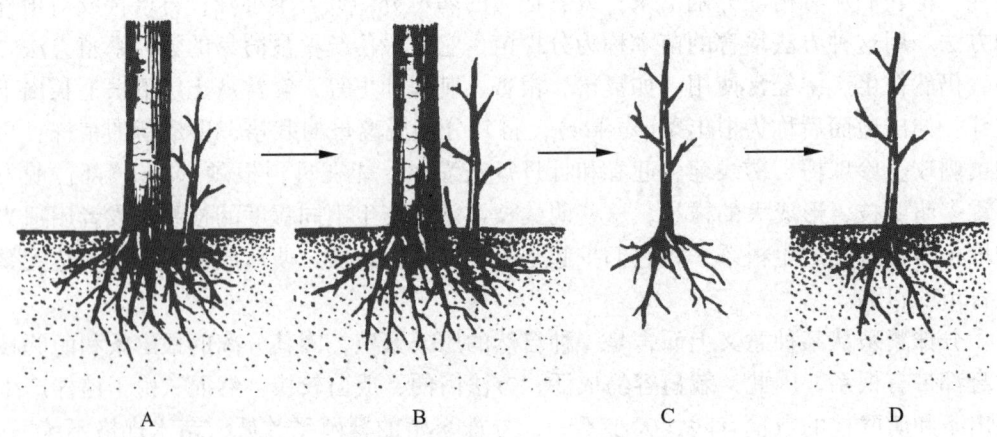

图7-2 根蘖分株（侧分法）
A. 根蘖生长　B. 切割　C. 分离　D. 栽植

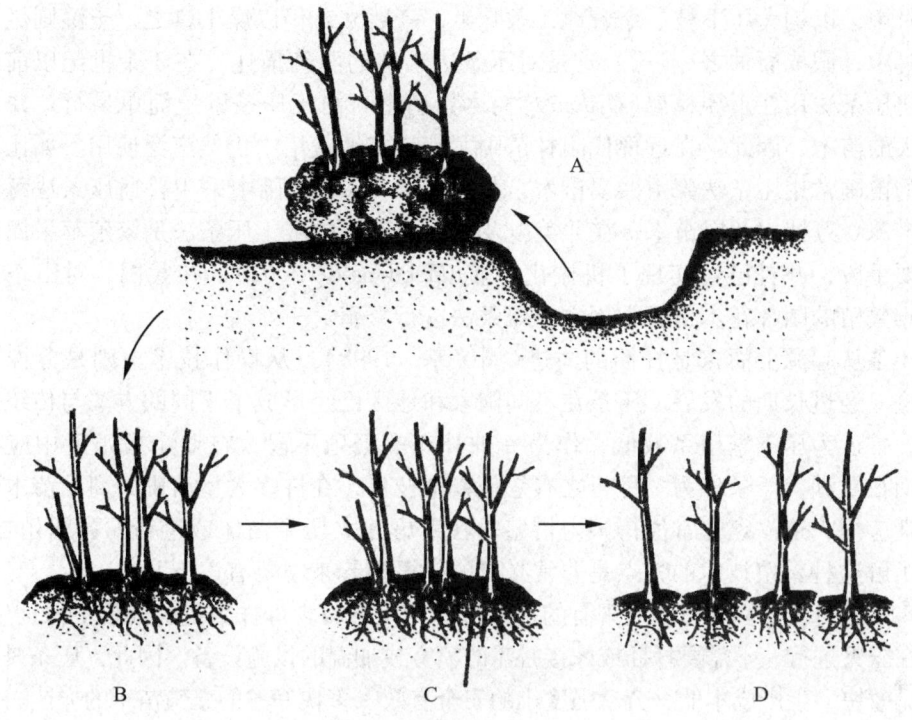

图 7-3 灌丛分株（掘分法）
A、B. 挖掘　C. 切割、分离　D. 栽植

的根，剪去太长的根或老朽的病根，以方便栽培和培育健壮的植株。分割要用锋利的刀、铣、剪或斧进行，尽量避免造成较大的创伤。当分株量较大时，对小分株苗在栽植前按繁殖要求和规格进行分级分类，可以培育出规格一致的苗木。

花灌木分株繁殖时，常对母树进行切根或平茬处理，以促进更多根蘖或茎蘖的发生，提高繁殖效率。相对于扦插苗和嫁接苗来讲，分株苗由于本身具有根系，定植后不需要特殊的管理措施，按常规进行灌溉、松土、追肥、除草与病虫害防治等即可。

7.3　压条繁殖与压条苗培育

7.3.1　压条繁殖及其特点

压条（layering）繁殖是植物营养繁殖的一种常用方法，它是利用生长在母树上的枝条埋入土中，或用其他湿润的材料包裹，促使枝条被压的部分生根，再与母株分离，成为独立的新植株，即压条苗（layers）。在自然条件下，一些树种如山毛榉科和蔷薇科悬钩子属植物等无需人为帮助也能自行压条繁殖，常春藤、台湾蔓生悬钩子（*Rubus calycinoides*）等地被植物也常通过自然压条的方式在地面匍匐生长。

作为传统的园艺技能，压条繁殖在我国很早就出现。《四民月令》载："二月尽、三月，可掩树枝。埋树枝土中，令生，二岁已上，可移种矣。"这里讲的就是把连体树埋入土中，待生根后剪断、分栽，即压条繁殖。《农桑辑要》记载："须取栽者，正月二月中，以钩弋压下枝。令着地，条叶生，高数寸，仍以燥土壅之，土湿则烂。明年正月中，截取而种之……"，这是对压条法繁殖的明确描述。在3个世纪以前，欧洲人将压条法用在了榅桲属（*Cydonia*）树木繁殖上。由于压条繁殖简单易行，并可获得较大的苗木，因此，在近现代园林苗圃尤其是露地栽培中仍然广泛使用。如比利时西部的苗圃常用压条法繁殖榛属苗木，荷兰的Boskoop苗圃中采用普通压条法每年可以生产500万株木兰属苗木，在北美以及欧洲的苗圃中堆土压条法是繁殖苹果属苗木的重要手段，并且已经实现了机械化作业（Macdonald，2002）。在我国，对山茶等一些较难繁殖的园林花木，经常用空中压条法进行繁殖。

压条从起源上而言是扦插的演进（周肇基，1998），从操作技术上则是分株繁殖的改进。经过长期的发展，压条在不同国家和地区已经形成了不同的方法与传统。在我国，常认为压条繁殖系数低，作为一种补充的繁殖手段，在业余繁殖者中应用较多。而在欧洲，压条作为一种行之有效的繁殖技术，在许多大型苗圃的商品苗木生产中长期应用，这一点非常值得国内借鉴。在考虑建立压条苗床或进行压条繁殖之前，充分了解这种繁殖技术的特点是非常必要的，概括起来主要有以下几点：

①压条育苗可以充分利用现有的苗木资源，在不减少母株数量的前提下保证生产。它可在露天进行，不需要扦插或嫁接必需的喷雾或加温的设施设备。因此，压条是一种投资见效快、生产成本低、劳动强度小的安全有效、多快好省的繁殖苗木的方法。

②在一些植物无法用扦插和嫁接繁殖时，压条提供了一种可以选择的营养繁殖途径。压条苗由于具有自生根系，因此可以保证成活并名副其实。同时，由于具有比较发达的根系和功能健全的枝叶系统，压条苗的适应性及抗性强，移植方便，成活率高。

③压条繁殖为一些专业苗圃在原位（不移动母树）扩繁一些珍稀或特殊有限苗木提供了可能，为逐渐扩大和提高繁殖数量与规模创造了条件。

④如果能够建立良好的便于机械化操作的圃地，压条繁殖同样可以用于规模化苗木生产，在短期内大量繁殖苗木。如欧美苗圃中将该技术用在杜鹃花、榛子以及矮化俄罗斯山桃'火山'（*Prunus tenella* 'Firehill'）的压条生产上，可以在短期内获得大量苗木。在露地繁殖苹果等易于堆土压条的植物时，压条繁殖也不失为一种经济、高效的无性繁殖方法。

压条繁殖技术在压条及采条时需要技术性较强的操作人员，因此，有时比其他无性繁殖手段更费人工，同时，它需要大量用地，机械收获比较困难，苗木规格较难统一，而且土传疾病、线虫、啮齿动物等对压条危害较大，田间杂草控制比较困难，诸多因素都使压条繁殖不能成为一种十分完美并在任何条件下都可应用的技术。

7.3.2 压条生根的原理及压条时期

(1) 压条生根的原理

因苗木种类繁多、繁殖操作技术各异，对不同苗木压条生根的原理的了解与认识也不尽相同，目前主要有两种观点：一是由曲枝、切割或扭枝等在茎中诱导的缢痕（constriction）效应（图7-4）。普遍认为缢痕限制了枝条中内源生长素和碳水化合物的流动，使它们在处理部位集中,从而促进了根的发生以及后续的发育。二是排除光作用于枝条的原理,这是通过软化(即排除光对已经暴露在光照中的枝条的作用)或黄化(即枝条以前没有暴露在光照之下)而实现的。排除光的作用,被认为是可以减少细胞壁中贮藏物质的量、增加枝条处理部位薄壁细胞的数量,从而有助于根的起始与发育。

基于上述原理,在生产实践中对于压条难生根或生根时间长的树种,可采用刻痕、切伤、曲枝、扭枝、缢缚、软化以及在处理部位生长素或生根粉处理等技术处理,促进压条生根。其中最常使用的方法有:

①扭枝法(twisting) 部分扭转或弯曲枝条被压部位。

②去皮法 在被压枝条的下方,刻去一块鳞片状或舌状的皮,或进行环状剥皮(girdling)。但在操作时要掌握好时间,一般宜在春季或生长季节进行,并且要掌握好剥皮的宽度。

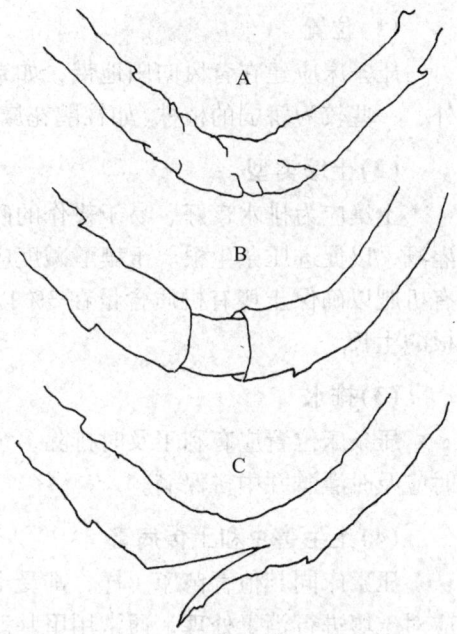

图7-4 几种常用的压条缢痕处理方法
A. 扭枝 B. 环剥 C. 刻痕

③刻痕法(creating a tongue) 在被压枝条的下部横刻或纵刻一条长割缝,深达木质部,也可在其周围作一环痕。

④缢缚法 用铅丝或绳索紧缚在被压部位。

(2)压条时期与枝条选择

压条的时期因压条方法不同而异,一般根据树木的生长状况不同可分为休眠期压条和生长期压条两类。休眠期压条在秋季落叶后或早春发芽前,利用1~2年生的成熟枝条进行,多采用普通压条法;生长期压条一般在雨季进行,北方常在夏季,南方在春、秋两季,用当年生枝条压条,多用堆土压条法或高空压条法。

压条繁殖中识别与确认原始压条材料(母株)的来源与品质是非常重要的。首先要选择品质优良、受市场欢迎的树种或品种,并选择在该树种的适生分布区域内的壮龄植株作为压条对象,它们必须具有该树种或品种典型的生长习性和观赏特征,生长健壮且无病虫害。

7.3.3 压条繁殖苗圃(床)的建立

压条繁殖是需要土地、劳动力以及植物材料的长期投资,因此,在建床之前必须考虑两方面的问题:一是确保压条法是繁殖该种植物材料最有效的繁殖方法;二是生产的苗木有良好的销路。在压条苗圃或苗床建立过程中具体应注意以下环节。

(1) 位置

压条床应建在背风向阳地带,如果附近有啮齿动物侵扰则必须修建围栏防护。另外,一些较为娇弱的植株(如杜鹃花属和山茶属)还应有塑料棚等保护设施。

(2) 土壤类型

土壤应为排水良好、易于耕作的砂质壤土,能够在春季迅速升高土温,并且易于灌溉,以促进压条生根。土壤酸碱度应为中性;土壤要保持肥沃,应施入适量绿肥和有机肥以确保土壤有机质含量在3%以上,施入足量的磷肥和适量的氮肥以促进压条根的生长。

(3) 排水

压条床位置应有利于及时排除多余水分,如果有条件应安装排水管道,夏季干旱时应及时灌溉并中耕保墒。

(4) 土生害虫和土传病害

压条床同其他育苗床一样,都受土生害虫和土传疾病的危害。因此,在建床之前应对土壤进行消毒处理,通常用甲基溴化物、甲基异硫氰酸盐以及三氯硝基甲烷进行土壤熏蒸处理。

(5) 灌溉

灌溉是压条育苗的重要环节,合理灌溉可以强健母株,保证压条的嫩枝和根系充分生长,还便于起苗时保护压条根系。灌溉方式可根据实际需要,采用常规灌溉、雾灌、喷灌和滴灌等不同形式。

(6) 机械化

压条繁殖在机械化操作上具有一定局限性,这一限制因素主要取决于苗床的坡度、土壤的类型、苗木的种类以及所采用的压条方法。通常可使用机械进行平田整地以及苗木的常规栽植。在欧美发达国家,使用特殊机械装置对苹果属植物进行堆土压条的机械化操作方式已较为普遍(详见"堆土压条法"内容)。

7.3.4 压条繁殖的方法

(1) 普通压条法

普通压条法(simple layering)是最常用的一种方法(图7-5),适用于枝条离地面近并易于弯曲的树种。压条的最佳时间为植物旺盛生长的春季或初夏。事先准备好用于压条的土壤,挖松弄细,并加入腐叶土和粗沙,混合后形成15~25cm厚的压条土层。方法是将近地面的幼年枝条压入土中,因为幼年枝比老枝生根更快,顶梢露出土面,被压部位深8~20cm,视枝条大小而定,并将枝条刻伤,促其发根。枝条弯曲时注意要顺势不要硬折。如果用木钩(枝杈也可)勾住枝条压入土中,效果更好。待其被压部位在土中生根后,再与母株分离。以紫斑牡丹(成仿云等,2005)为例,一般在春末花期过后或秋季气温凉爽之时,选健壮的2~3年生枝条向下按倒,把整枝压条埋入土中或仅把当年生枝掩埋而留老枝露在外面，但是枝梢一定要留在外面。此外，还常用石块等重物或铁钩等加以固定，在枝条下侧进行刻伤或环剥，并堆埋一小土堆，保持土壤湿润，为生根创造良好条件。一般1~2年(老枝可能3年)后压条部位形成健壮的根系，即可在秋季或初春将其与母株分离，挖出后移植成新株。

另一种常用的压条方法为法式压条法(french layering)，即将近地面的幼枝全部进行普通压条，在荷兰以及比利时等欧洲国家的苗圃中时常用来繁殖黄栌类植物（图7-6）(Macdnonald, 2002)。他们通过这种繁殖方式大大提高了压条繁殖系数。如果是枝条细长、柔软的树种，可将整个枝条平压在土内，使其各个节间都能形成新的植株。这种方法称为长枝平压法（trench layering），又称为连续压法（continuous layering）、沟压法或水平复压法，也是我国应用最早的一种压条法。在苗圃中，如迎春、连翘等灌木的繁殖常用此法，可提高繁殖数量。对于一些蔓生树种，可将枝条平压于地面，在各节上压成波浪形，称为波状压条法（serpentine layering）（图7-7）。这种方法在普通压条的基础上作了一些改变，比平压法更为简便，主要用于长茎段的植物枝条，特别是攀缘植物如铁线莲属（*Clematis*）、茉莉属、忍冬属、紫藤属、凌霄、常春藤（*Hedera helix*）和西番莲（*Passiflora caerulea*）等的压条。

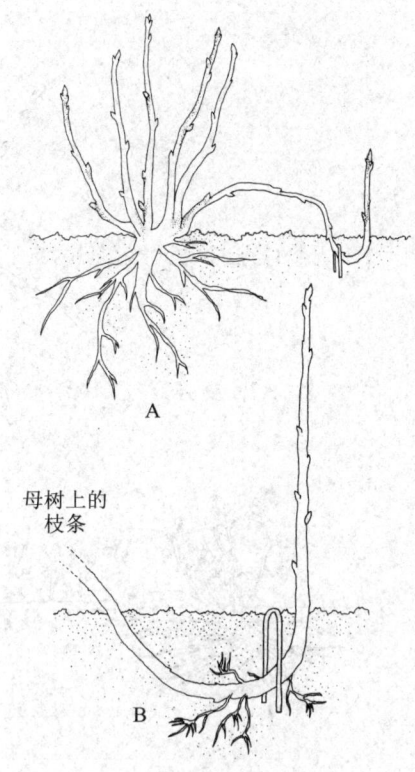

图7-5　普通压条法
A. 枝条被下拉并固定在土壤中，同时要设法使枝条顶端与地面垂直露出　B. 当形成充分根系后，就可以与母本分离、移栽，生根的时间因树种而异，一般需1~2年时间

(2) 堆土压条法

堆土压条法(mound layering)又称为直立压条法或萌蘖压条法(stool layering)，被压的枝条无需弯曲，凡分蘖性强的树种或丛生性树种均可使用。方法是在冬季先将母株老枝在距离地面20cm左右或更短处切断（乔木可于树干基部留5~6芽处剪断，灌木可自地际处剪断），春天萌发新枝长至30~40cm后，在新生枝条上刻伤或环状剥皮，并在其周围堆土埋住基部，使其生根。这样，萌发的新枝均可形成自己的新根系，最后把它们切开而形成新植株。此法繁殖量较大，也更简便，如贴梗海棠、八仙花、无花果等均可采用。

在3个世纪以前，欧洲人就使用堆土压条法来繁殖果树。在现代，欧美的许多苗圃中仍然将堆土压条法作为苹果等植物营养繁殖的主要方式。近年来，他们还进行了椴树、樱桃、李以及其他观赏植物的机械化堆土压条作业，并使之成为该类树种经济、高效的营养繁殖方式（图7-8）。下面主要以英国苗圃的实践为主，简要介绍利用

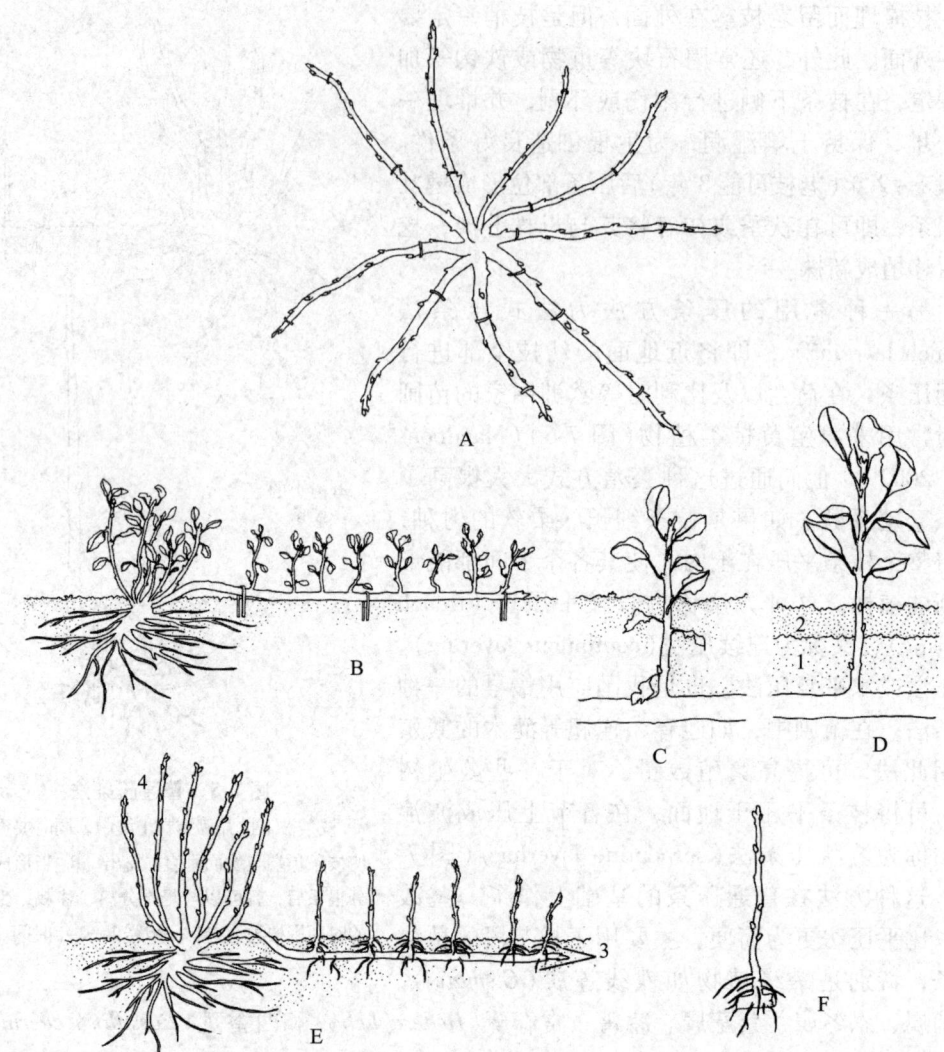

图 7-6　黄栌的法式压条或连续压条繁殖(Macdonald, 2002)

A. 种植后的第二年, 在冬季将植株的枝条下拉, 用栓钉固定于地表　B. 新枝沿压条枝均匀生长　C. 当新枝生长到 10cm 时, 移去栓钉并覆土, 使新枝直立露于地表(图示新枝发育 2~3 周后的情况)　D. 新枝在 6 月(1)与 7 月(2)两次覆土　E. 在生长 1 年落叶时, 新枝在其基部已发育出良好根系(3), 同时母株发育出旺盛的枝条, 可供次年再次进行压条(4)　F. 从母株分离压条, 剪去水平枝, 分割成单独压条苗, 可供盆栽或露地大田移栽种植

压条繁殖技术规模生产种苗的技术。

①起垄建床　在土壤和气候条件较为适宜时起垄栽植母株, 垄内株距 23~30cm, 垄向最好为南北走向, 以保证充足的光照, 并防止苗床南部过分干燥。垄间距的大小根据人工收获或机械收获确定, 一般人工收获间距为 1~1.2m, 机械收获间距为 1.8~2.4m。垄宽则根据不同的机械设定不同宽度。为避免风对植物根系的影响, 根茎高度通常为 45~60cm。

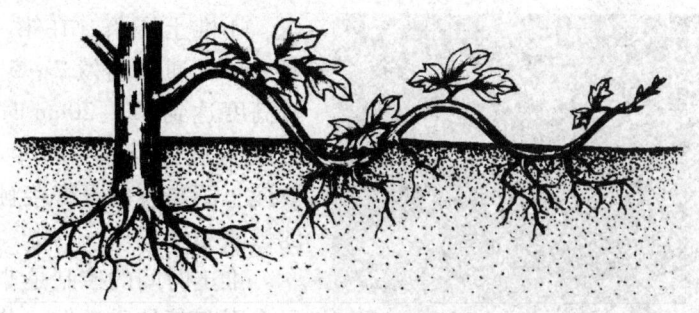

图 7-7　波状压条法：常在紫藤等蔓生树种繁殖中应用，特点是并不将枝条全部压埋在土壤中

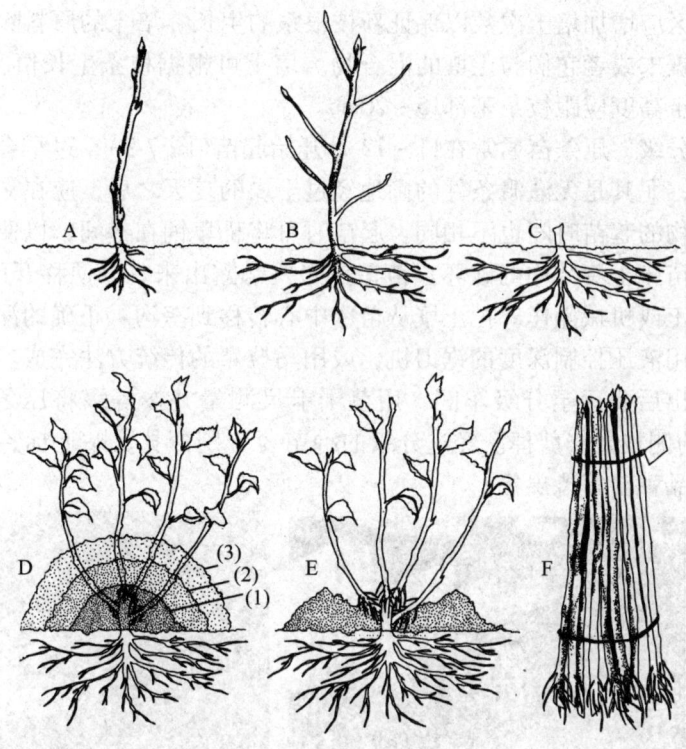

图 7-8　堆土或萌蘖压条法（Macdonald，2002）

A. 繁殖母本在休眠季节栽植，以便通过生长季节建立正常的生长　B. 生长 1 年后已经发育形成发达根系　C. 翌年 2 月平茬，以促进植株基部产生大量萌蘖　D. 分 2 或 3 个阶段培土——在萌蘖高 15～20cm 时进行(1)，在 7 月上旬(2)或 8 月上旬进行(3)，有些苗圃现在选择每隔 2 周培土一次，或"多次（培）少培"的原则进行　E. 栽培 2 年后即将收获的第一茬压条苗　F. 压条苗被分割、分级、包扎、贴上标签后冷藏，等待出圃

②母株培养　建议在压条之前母株要经历一个完整的生长季节，以便形成发育良好的根系。

③平茬　在次年 2 月，将地表土层 2.5cm 以上的主茎部分全部剪除，修剪时注意不要拉伤母株根系。这次修剪可以促进不定芽产生，并降低新枝的萌发高度。

图7-9 起苗前压条苗床上根系发达的压条苗

④堆土压条 在第一个生长季中,每个母株通常萌发2~5个新枝。当新枝高度达到15~20cm时,用潮湿的砂质壤土覆盖基部,高度为5~7.5cm。要使土壤与枝条紧密接触,以保证充足的黑暗和潮湿。

堆土时间的控制是非常关键的,太早会引起新枝受损伤,尤其土壤比较黏重时;太迟则会因为茎干木质化而导致新根不能充分发育。在降水量多、土壤侵蚀严重的地区应增加培土次数以保证新枝根系的生长。培土的原料除土壤外,还可以选用泥炭、锯末或者它们与土壤的混合物。培土可根据枝条生长情况分2~3次完成,最后的培土高度应距枝条基部15~20cm。

⑤起苗与分级 压条苗通常在11~12月开始起苗(图7-9),过早会对正在生长的根系造成损伤,尤其是无灌溉条件的圃地经过干燥的夏天之后,应在雾雨朦朦的秋天起苗。不同植物的起苗时间也不相同。起苗时可将稻草铺在垄间,以便保持干净整洁和防止机械对苗床土壤结构的破坏。苗垄首先要暴露出来,以便移开已生根的枝条,然后可以用人工或机械操作,把土壤从苗床中心转移到垄沟。正确的深度是起苗工作的关键,可以用液压控制深度的锯刀机,或用马拉犁的传统方法完成。

压条苗起出后要运至分级车间,用茎干卡尺测量并按等级将压条苗分级(图7-10),主茎上的侧枝要修剪掉。经过分级的种苗要分别捆扎,贴上标签,然后冷藏或假植,作为商品种苗等待出售。

图7-10 分级是商品苗木标准化生产的主要环节
A. 压条苗在传送带上分级 B. 用于测量苗木茎干规格的手持卡尺

(3)空中压条法

空中压条法(air layering)又称为高压法、缸(筒)法或中国压条法。常常在枝条太高太硬、不能被拉下土时采用。该法适用于所有的乔木和灌木,常用来繁殖一些珍贵树种。最佳的压条时间为春季或早夏(3~5月),可先在枝条被压处进行刻伤、环割或环剥,或用激素与生根粉或生根水进行处理,以便刺激伤口生根,然后用湿苔藓或灭菌营养土包裹，外面再用干净的聚乙烯膜包扎，在包扎膜的两端用胶带密封（图7-11）。压条生根的情况可以透过塑料薄膜观察到，生根后即可与母株分离，取下栽植，成为新的植株。

空中压条法一般包括压条处理（刻痕、环剥等）、压条（俗称吊包）和移栽等步骤，现以紫斑牡丹（成仿云、王友平，1993）为例，简要介绍具体的操作过程。

①环剥 开花期或花期刚结束时，当年生枝呈半木质化状态，在其基部第2或第3叶下方离叶柄1~1.5cm处环剥，除去形成层外的所有部分，但勿伤及木质部，以保证水分

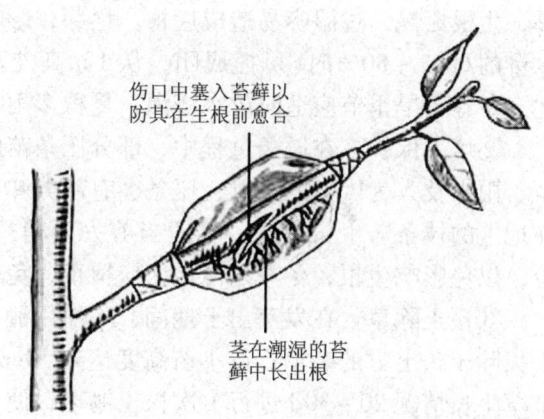

图7-11 空中压条法

压条部位刻伤可刺激生根，压条材料应选用重量轻、保湿性好的湿苔或营养基质。压条生根后从母本上剪离成为压条苗，可上盆或栽植于大田继续培养

运输不受影响。环剥宽度根据枝条的健壮程度，以1~1.5cm为宜，在环剥口两侧上方约0.5cm处，从皮层向下斜切造成更大创伤面，促进愈伤组织形成。

②激素处理 不同浓度的ABT生根粉、IBA和NAA等，以及其他根促进药剂都可使用。试验发现，50~100mg/L IBA处理的效果最好。处理时，取适量脱脂棉在上述溶液中浸泡后，轻轻缠裹在环剥口上即可。

③吊包 用塑料薄膜包于环剥部位，呈筒状，扎紧下口、封住上口即成，随即用竹竿支撑固定，防止吊包被风吹落或枝条被吹断。包的直径约8cm，高约15cm，切口应在包上部1/3处，以便发根后有足够的生长空间。包内用炉渣、煤粉、蛭石、泥炭或其他人工配制的基质填充。吊包后立即从上端用针管注水浸透基质，以后要随时观察含水情况，必要时可适量注水，切忌过干或过湿。保持基质湿润是吊包后管理的核心。一般在吊包15d后，切口不同部位有乳白色的愈伤组织突起；30d后愈伤组织布满整个切口，并在60d内迅速增大；60d后愈伤组织不再明显增大，而不定根则不断出现。

④移栽 吊包4~5个月后，从塑料膜外可见许多长达10cm以上不定根。此时正值秋季牡丹繁殖季节，剪下生根枝条，小心取掉塑料膜，然后同基质一起移栽大田，浇透水。注意松土，防止板结。进入寒冬之前，可壅土10cm左右覆埋防冻，翌年早春及时除去壅土，高压苗即能正常生长、开花。

7.3.5 压条后的管理

7.3.5.1 低压苗的管理

低压苗是指用普通压条法和堆土压条法育成的苗木，是相对于空中压条法获得的高压苗而言。以李属（*Prunus*）植物为例，压条后的管护主要包括以下几个方面：

①水分管理 压条之后保持土壤适当湿润是发芽生根的关键。土壤干燥时发芽

慢，生根更慢，过湿容易造成烂根、烂芽，影响成活率。压条后土壤含水量为田间持水量的60%~80%时(可捏成团，从1m高处落地后易散开)最适合幼苗的生长。因此，冬春干旱季节应适时放水浇灌，夏秋多雨季节应及时排水防涝。

②培土保护　在压条过程中，部分压条苗的根系裸露，应及时培土保护；由于灌溉、雨水及人为因素的影响，压条会有部分弹出地表，应经常检查重新压入土中；留在地上的枝条若生长太长，可适当剪去顶梢；如果情况良好，尽量不要触动被压部位，以免影响生根；冬季寒冷地区应覆草，免受冰霜危害。

③松土除草　在发芽出土期间，不能用锄头除草，以防挖断压条和小芽，只能用手拔除压条上方的杂草；待小苗高度达到30cm以上时可以用锄头锄草1次，以后视杂草生长情况20~30d进行1次松土锄草，使土壤疏松，通气良好，促使生根。

④施肥　根据压条生长状况，可选用喷施宝、丰收素、ABT生根粉、HC生根促进剂等植物生长调节剂喷叶，以促进压条生长与生根，压条生根后应及时在土壤施肥中适量施入尿素、磷氮钾复合肥。

⑤压条分离　时间要以根的生长情况为准，必须有良好的根群方可分割。对于较大的枝条不可一次割断，应分2~3次切割。初分离的新植株应特别注意保护，注意灌水、遮阴等；同时，应注意土传疾病、线虫、田间杂草以及啮齿类动物对植株的危害。

7.3.5.2　高压苗的管理

高位压条后的管理核心是随时注意并保证压条基质湿润，发现失水应立即补充。压条前就应注意压条基质或营养土的配制，使其具有很好的保墒性，同时要注意灭菌杀虫，如在营养土中加入0.1~0.2份呋喃丹可防止蚂蚁危害等。观察压条生根及根生长的情况，根据植物的特性、生根时间以及栽培季节，选择适宜的时间剪下压条，移栽至土中或容器中继续培育。

7.4　扦插繁殖与扦插苗培育

7.4.1　扦插繁殖及其特点

扦插(cutting)繁殖是指利用离体的植物营养器官如根、茎、叶等的一部分，在一定的外界环境条件下插入土、沙或其他基质中，经过人工培育使之发育成为一个完整而独立的新植株的繁殖方法。用扦插繁殖所得的苗木称为扦插苗，是园林树木最常见的种苗类型之一。

扦插作为植物营养繁殖方法之一，有着十分悠久的历史。我国《诗经·齐风》中有"折柳樊圃"的记载，意思是"折取柳枝做菜园(场圃)的篱笆"。柳枝极易生根，农谚道"无心插柳柳成荫"，古人用柳枝插篱笆，必然是从实践对比中发现柳易生根。此后，《战国策·魏策》载"夫杨，横树之，则生；倒树之，则生；折而树之，又生"，证明4世纪时人们已用横插、倒插、折插杨树枝条的方法对比扦插的效果，扦插技术已相当熟练。在西方，扦插繁殖是从分离、移植已生根的枝条或根出条(分株)开始的，发展为后来利用未生根的枝条扦插。古罗马人把插条浸泡在牛粪中促进生根；在中东地区，人们通过把木质茎插入土壤中，发现了繁殖葡萄、油橄榄（*Olea europaea*）和无花果（*Ficus carica*）的优良类型，保持它们的优良性状的方法。经过数千年的发展，扦插繁殖目前已经成为全世界最常见也是最重要的植物营养繁殖方法之一。

扦插繁殖方法简单，材料充足，可进行大量育苗和多季育苗，是园林树木，特别是不结实或结实稀少名贵树种或品种的主要繁殖手段之一，广泛应用于苗木生产中。扦插育苗和其他营养繁殖方法一样具有成苗快，繁殖率较高，能提早开花结实，可很好保持母本优良性状和有效解决有些树种不能用种子扩繁的难题等优点；但同时因插穗脱离母体，必须给予适宜的温度、湿度、光照等环境条件，并需采取必要的园艺设施、设备及扦插基质，辅以较为精细的管理才能保证成活，因而较播种繁殖消耗人力与物力。

扦插繁殖中，将从母树采集用来剪切插穗的枝条或根条称为插条，也称为种条或母条；将插条剪切成段用以扦插的材料称为插穗，一个插条可剪切成若干个插穗。不论是枝条还是根段都具有极性（polarity），即它们的形态学两端各具有固有的生理特性。有试验发现，把柳树的枝条挂在潮湿的空气中，不论是正挂还是倒挂，总是形态学下端（proximal end）长根、上端（distal end）长芽，而且越靠近形态学下端切口处根越长（图7-12 A，B）。这种形态学上端只长芽、下端只生根的现象，是枝条极性的一种显著表现，其产生的原因主要是生长素在茎中是极性运输的，集中在形态学下端，结果诱导了愈伤组织与根的产生，而生长素少的形态学上端则会长出芽来（潘瑞炽、董愚得，1984）。在许多树木的扦插试验中，都证明不论正插还是倒插，插穗都是在其形态学上端生芽，下端生根（图7-12 C，D）。因此，在扦插繁殖中生产中，只有插穗形态学下端插入扦插基

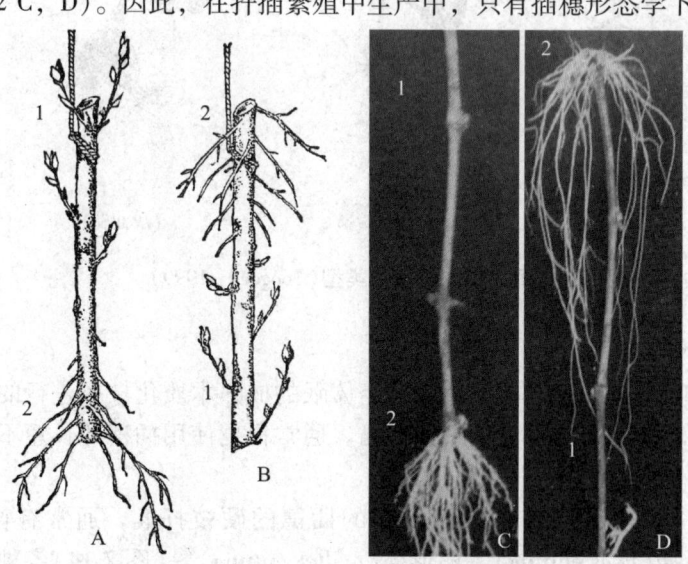

图7-12 极性是插条固有的生理特性，不论如何放置，总是在形态学上端长芽、下端生根（图示两种易生根树种插条的极性表现）

A、B. 柳枝正挂与倒挂（潘瑞炽等，1984）　C、D. 葡萄插穗正插与倒插（Kester等，2002）

（1. 形态学上端　2. 形态学下端）

质内,才能保证正常生根与发芽。有时,扦插繁殖还表现出部位效应(position effect),即扦插苗具有保持原采集部位的生长状态的特性。如在南洋杉或咖啡等树种中,扦插苗的生长方向会因采自母树的插条不同而不同,如果取自同一植株直立生长的枝条,则发育成直立生长的植株,如果取自侧向枝条,则它会继续侧向生长。

7.4.2 扦插繁殖的种类及方法

扦插繁殖中根据使用营养器官的不同,可分为枝(茎)插、根插和叶插3种基本类型,园林苗木繁殖中应用最普遍的是枝插,根插次之,而叶插多用在草本花卉繁殖中。

7.4.2.1 枝插

枝插,顾名思义就是利用一段枝条进行扦插繁殖的方法,可将枝插分为硬枝扦插(hardwood cutting)和嫩枝扦插(softwood cutting)两种类型,后者包括半嫩枝扦插(semi-ripe cutting)(图7-13)。埋条繁殖也是一种特殊的扦插方法,它是把整个插条全部埋入土中,不再剪切成较短的插穗。

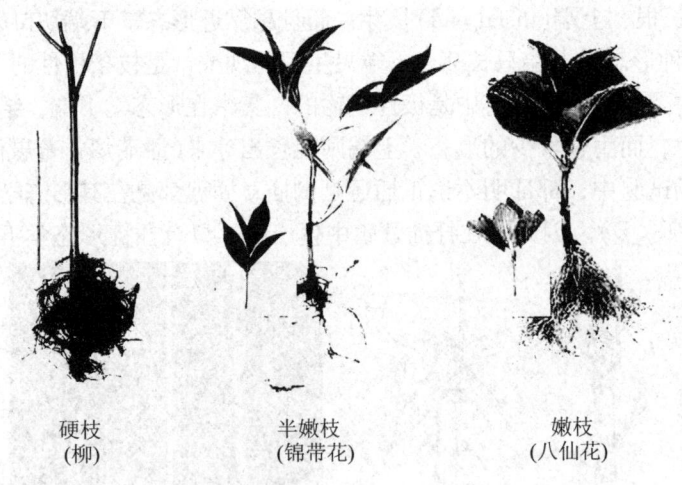

硬枝　　　半嫩枝　　　嫩枝
(柳)　　　(锦带花)　　　(八仙花)

图7-13　枝插的类型(Toogood,1999)

(1)硬枝扦插

在树木落叶后与生长之前,采用已经休眠的成熟木质化枝条进行的扦插称为硬枝扦插,简称为硬枝插,也称为休眠枝扦插。通常根据使用插穗的长短不同分为长穗插与短穗插两类。

①长穗插　指使用具有两个以上芽的插穗的硬枝扦插,通常有普通插(straight cutting)、踵形插(heel cutting)、槌形插(mallet cutting)等(图7-14)各种不同方法。

普通插　大多数园林树种可采用此法扦插繁殖(图7-13、图7-14A),通常采用保护地中插床扦插,有些树种也可采用大田畦作或垄作扦插。插穗长度应依据"粗枝梢短,细枝梢长;易生根的树种梢短,难生根的树种梢长;黏土地梢短,砂土地梢长;灌溉条件好时梢短,灌溉条件差时梢长"的原则确定,一般为10~20cm。每个插穗上应保留2~3个芽，剪口要平滑，上切口在上端芽以上1cm左右；插穗太短会因剪口干枯造成上端芽干瘪，太长会因插后露出地面部分过长，不利于插穗中水分的保持，又会浪费繁殖材料。下切口最好在插穗下端芽下方0.5cm左右，易生根的树种可剪成平口，难生根的树种，则要剪成小马蹄形。将插穗插入园土或其他基质中，入土深度为插穗长度的2/3左右为宜。插穗较短时宜直插，既避免斜插造成偏根，又便于起苗，插穗较长则多采用斜插。

踵形插 插穗基部带有一部分2年生枝条，形同踵足，这种插穗下部养分集中，容易发根，但浪费枝条，即每个枝条只能取1个插穗，适用于松柏类，以及桂花、木瓜等难成活的树种。

槌形插 基部所带的老枝条部分较踵形插多，一般长2~4cm，两端斜削，成为槌状。

割插 自插穗下部中间劈开，夹以石子等使其裂口张开。此法利用人为创伤刺激伤口产生更多愈伤组织，扩大插穗的生根面积，多用于生根困难且以愈伤组织生根的树种，如桂花、茶花、梅等。

土球插 将插穗基部裹在较黏重的土球中，再将插穗连带土球一同插入土中，利用土球保持插穗较高的水分。此法多用于阔叶常绿树和针叶树，如雪松、竹柏等。

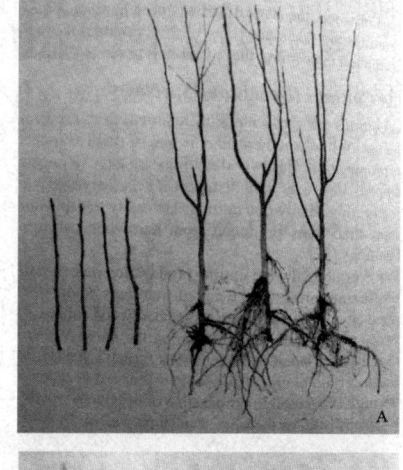
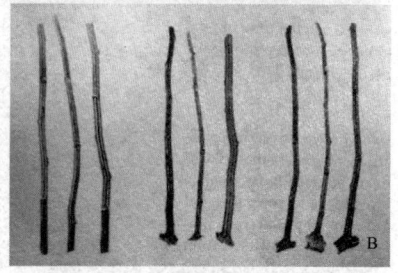

图7-14 长穗插及其插穗类型
（Kester 等，2002）

A. 榅桲（*Cydonia oblonga*）硬枝扦插，左边是早春插穗，右边是经过一夏天生长、生根形成的扦插苗　B. 几种插穗的类型，从左到右依次为普通插、踵形插和槌形插

肉瘤插 在插条从树上剪下之前的生长季，以割伤、环剥等方法使其形成瘤状愈伤组织突起，然后剪取下来进行扦插。此法工序较多，且浪费枝条，但成活率高，多用于生根困难的珍贵树种的繁殖。

长竿插 即用长枝扦插，一般用长50cm，也可用长达1~2m的1年甚至多年生枝干作为插穗，多用于易生根的树种的繁殖，如柳等。该方法可在短期内得到有主干的大苗，或直接用于绿化，减少移植次数。

漂水插 此法利用水作为扦插的基质，即将插条插于水中使其生根。水插的根较脆，过长易断，新根由白色变成浅黄色时要及时定植。

②短穗插 指使用只具有一个芽的插穗的硬枝

图7-15 美人梅单芽扦插生根
（扦插26d）（李振坚提供）

插,由于穗插短而得名,又称为单芽插(图7-15)。

短穗插较节省材料,但插穗内营养物质少,且易失水,因此,下切口斜切,扩大枝条切口吸水面积和愈伤面,有利于生根,并需要通过经常喷水来保持较高的空气相对湿度,使插穗在较短时间内生根成活。在杭州地区采用此法繁殖山茶、桂花等,只要加强管理,成活率均可达90%以上。

(2)嫩枝扦插

嫩枝扦插是指用生长旺盛的幼嫩枝或半木质化的带叶枝条作插穗来繁殖苗木的方法,又称为生长枝扦插或绿枝扦插。它适用于用硬枝扦插难于生根的树种。随着生产设施的改进,嫩枝扦插已经成为目前国内外常用的规模化繁殖园林苗木的主要技术之一,在越来越多的树种或品种中得到了应用(图7-16)。

图7-16 嫩枝扦插是国内外园林苗木规模化繁殖的主要技术之一,可在温室、塑料大棚或露地进行,其插穗生根成活的关键是设法保证环境湿度,常常根据实际情况采用不同的设施来实现
A.温室内间歇式喷雾条件下嫩枝扦插繁殖山茶 B.塑料大棚内利用小拱棚穴盘扦插繁殖金森女贞 C.温室内穴盘扦插的红叶石楠 D.露地结合小拱棚与遮阴棚高床扦插繁殖金叶大叶黄杨

嫩枝扦插的时期因地区而异,南方地区一般在春、夏、秋三季均可进行,北方地区则主要在夏季进行。最好选择阴天或无风天的早晨采条,以免插穗失水过多,影响成活。

嫩枝扦插的插穗一般从幼龄母树上选择生长健壮的当年生半木质化枝条剪截,阔叶树的枝条粗应为 0.3~0.8cm，针叶树应选择顶梢部分采条。插穗的长短应根据树种、枝条与插床基质的情况，结合考虑节省种条、扦插方便等来确定。一般带 2~4 个节，长 15~25cm。扦插时应适当摘除插穗下部的叶子以减少蒸腾，上部保留部分叶子以进行光合作用，保证营养供应，叶片较大时可剪去一半。下切口可平可斜；上切口要剪成平滑的平面。截好的插穗应立即用湿润材料包裹，以免在高温下迅速失水萎蔫。

嫩枝扦插一般于早晚在插床上进行，要遵循随采、随剪、随插的原则。基质采用疏松通气、保湿效果较好的草炭、蛭石、粗沙、砂壤土或专门的复合基质等。扦插深度为 2~5cm，如能人工控制环境条件，保持高的空气湿度，扦插深度越浅越好，可为 0.5cm 左右。扦插角度一般为直插。密度以两插穗叶片之间刚好搭接为宜，既能保持充足的光合作用，又不互相影响通风透光。嫩枝扦插要求空气湿度高，现多采用自动间隔喷雾来实现，在有遮阴的塑料棚内扦插，也可采用大盆密插、水插等方法，以保证适宜的空气湿度。此类扦插在插床上穗条密度较大，应在生根后及时移植到圃地进行栽培。

一些文献资料把嫩枝扦插分为嫩枝（指木本植物新长出的尚未木质化的幼嫩枝）扦插与半嫩枝（当年生正在生长处于开始木质化状态的嫩枝）扦插，实际上从嫩枝到半嫩枝是一个发育过程，彼此间很难划分出明确的界限。但是，由于园林树木的种类繁多，不同种类嫩枝发育的木质化程度有时与扦插的结果有密切的关系，因此，在不同时间（生长季节）采集不同发育状态的嫩枝进行扦插的技术与管理措施有一定差别，因而形成了不同的繁殖技术体系（表 7-1）。

表 7-1　不同枝插类型及其繁殖技术体系（Kester 等，2002，有改动）

类型	硬枝插（落叶树）	硬枝插（常绿树）	半嫩枝插	嫩枝插
描述	木本植物休眠或未活动状态的木质化枝条	木本植物的木质化枝条	木本植物当年生长的半木质化枝条	木本植物新生长的柔软嫩枝
繁殖季节	休眠时期：晚秋至早春	休眠时期：晚秋至冬末	晚春至夏末	春季至初夏
繁殖体系	露地扦插，温室全光间歇喷雾扦插，弥雾扦插，荫棚喷雾扦插，塑料膜覆盖扦插	全光间歇喷雾扦插，弥雾扦插，荫棚喷雾扦插，塑料膜覆盖扦插	间歇喷雾扦插，弥雾扦插，荫棚喷雾扦插，塑料膜覆盖扦插	间歇喷雾扦插，弥雾扦插，荫棚喷雾扦插
插条长度	10~76cm；至少有 2 个节，要健壮通直	10~20cm	7.5~15cm	7.5~12.5cm
化学处理	常用 2500~5000mg/L 的 IBA 或 NAA 处理；超过 10 000mg/L 便会生根困难	常用 2000mg/L 或再稍微高些的 IBA 或 NAA 处理；一般 5000~10 000mg/L 处理后会生根困难	常用 1000~3000mg/L IBA 或 NAA 处理；最大浓度为 5000mg/L	常用 500~1250mg/L IBA 或 NAA 处理；一般 3000mg/L 是极限处理浓度
示例植物	女贞、连翘、玫瑰、柳、美国梧桐、紫薇、卫矛、山茱萸、无花果、柑橘、苹果、李	杜松、云杉、紫杉、冷杉属、扁柏属、柳杉、侧柏、铁杉	冬青、海桐、杜鹃花、柑橘属、橄榄、卫矛	紫丁香、连翘、枫树、白玉兰、锦带花、苹果、桃、梨、李、流苏树、紫薇、绣线菊

(续)

类型	硬枝插(落叶树)	硬枝插(常绿树)	半嫩枝插	嫩枝插
其他特征	是最经济的扦插方法之一,露地扦插无需喷雾;当树叶自然脱落时开始进行;一般枝条中部或基部的插穗优于顶端插穗;插条可温床催根后再露地扦插,或者在春季、秋季直接露地扦插	生根很慢;温床(23~27℃)加热对生根有帮助;刻伤插穗基部可能对刺激生根有效果;保持根部具有较高的湿度非常重要	需要修剪枝叶以减少蒸腾作用;刻伤插穗对刺激生根有一定效果	生根非常快(一般2~5周);温床(23~27℃)加热对生根有帮助;需要更多的管理和器材(薄雾/浓雾);插穗要均匀一致,摘除所有花蕾;从树冠外侧枝条剪取插穗;对干旱特别敏感

(3) 埋条繁殖法

埋条繁殖法是指将剪下的1年生生长健壮的发育枝或徒长枝全部平埋于土中,使其生根、发芽,并最终形成多株小苗的一种繁殖方法。埋条繁殖是一种特殊的扦插方法,在操作技术上与压条繁殖类似,多适用于皮部易生根的树种,有时也可用于扦插生根困难的树种。埋条的时间多在春季,由于插条较长,一旦一处生根,全枝条就可以成活,从而提高了扦插的成活率。如各种杨树在生产中可采用此法进行繁殖,在悬铃木、江南槐的繁殖中均取得了较好效果。

埋条繁殖应在树木落叶后发芽前采集插条,在埋条前3~5h内进行浸水催芽处理。埋条的方法有平埋法与点埋法两种,其中平埋法是在沿南北方向制作好的低床苗床上开挖埋植沟(沟距30~40cm,沟深3~5cm,沟宽4~6cm),将枝条平放在沟内用细土覆盖,覆土厚度为1~2cm。点埋法是在一些发芽处不覆土,使芽暴露在外以利生长,其方法是每隔40cm左右的行距开一条深约3cm的沟,将枝条平放沟内,然后每隔20cm在枝条正上方堆成一个长20cm,宽、高各10cm左右的长圆形土堆,在两土堆之间裸露枝条上应有2个以上的芽。平埋法切忌覆土过厚影响幼芽出土,点埋法土堆埋好后要踏实,以防灌水时土堆塌陷。点埋法出苗整齐,株距比平埋法规则,有利于定苗,用于生根部分的枝条埋土较深,保水性较好。但点埋法比平埋法操作效率低,较为费工、费力。

7.4.2.2 根插

根插是繁殖一些枝插生根较难的树木的一种选择,它是使用植物的根作为插穗进行扦插的繁殖方法,成活的关键是根穗上要长出幼芽,进一步发育为完整植株(图7-17)。与枝插生根一样,根插生芽同样涉及器官分化的过程,其生理基础可能十分复杂,在不同植物中有不同的表现。一般而言,易产生根蘖的园林树种较易于采用根插繁殖,如香椿、泡桐、香花槐(*Robinia* × *ambigua* 'Idahoensis')、毛白杨、银白杨等。

根插繁殖时,要选择健壮的幼龄树或1~2年生苗木作为采根母树,根穗的年龄以1年生为好。若从单株树木上采根,一次采根不能太多,以免影响母树的生长。采根一般在树木休眠期进行,注意采根时不要伤及根皮,采后要及时剪截成根段并埋藏，以防失水。根穗要根据树种不同剪成不同规格，一般长15~20cm，较粗一端为0.5~2 cm。为区别根穗的形态学上、下端，可将上端剪成平口，下端剪成斜口。有些树种如香椿、刺槐、泡桐等也可用细短根段，长3~5cm，粗0.2~0.5cm。

根插一般在早春进行，扦插前平整插床，灌足底水。将根穗垂直或倾斜插入土中，务必注意形态学上、下端，不要倒插。扦插深度一般为上端与地面平，或堆10cm高的土堆。插后到发芽生根前要保持苗床基质湿润，但不要灌大水，以免因地温降低和水分过多而引起根穗腐烂。

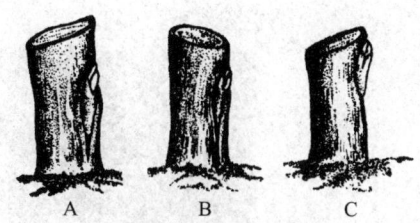

图7-17 芽接剪砧

剪砧的剪口宜在接芽以上1~2cm，留桩不宜过长，剪口断面要稍向接芽的对面倾斜，剪口应平滑，无劈裂 A.留桩过长 B.剪口倾斜方向错误 C.正确剪砧

7.4.2.3 叶插

叶插是指利用叶片的再生和愈伤能力，使其在脱离母体的情况下，再生出芽和根，经培育形成新植株的繁殖方法。叶插主要用于草本观花和观叶植物的繁殖，纯粹的叶插在园林树木育苗中很少使用，故不再赘述。

7.4.3 扦插生根的类型与机理

对枝插来说，由于已经存在潜在的地上茎系统（芽），所以只需要形成一个新的不定根系；对根插来说，就必须通过形成不定芽产生一个新的地上茎系统，以及形成新的不定根。因此，对于以枝插为主的园林苗木生产来说，插穗是否能够产生不定根便成了扦插能否成功的关键。不定根的产生依赖于一些细胞的脱分化（dedifferentiation），它是已经充分发育的细胞起始分裂、形成新的分生组织生长中心的过程。由于脱分化的特性在一些细胞和植物组织中要比其他细胞和组织明显得多，所以繁殖者必须通过栽培管理措施来提供植物再生的适宜条件，以便达到促进插穗生根的目的。因此，了解扦插生根的类型及其原理，对于理解扦插繁殖及其改进扦插技术都是十分必要的。

7.4.3.1 扦插生根的类型

根据不定根形成的部位和发生机制不同，插穗生根分为以下两种基本类型。

(1) 皮部生根型（cortex rooting type）

皮部生根型也可称为先成生根型（preformed rooting type），扦插之前在母树上插穗内就已经形成了根原始体（root initials）和根原基（root primordia），在离体扦插诱导的情况下生长、发育形成不定根，因此这类生根较快。不定根从插穗周围皮部的皮孔、节部等处长出，插穗不产生愈伤组织或产生的愈伤组织上较少生根（图7-18）。

在皮部生根型插穗中，先成根原始体通常在枝条剪离母树之前处于休眠状态，在一定的环境条件下才进一步发育形成原基，为不定根发育奠定了基础。根原始体和根

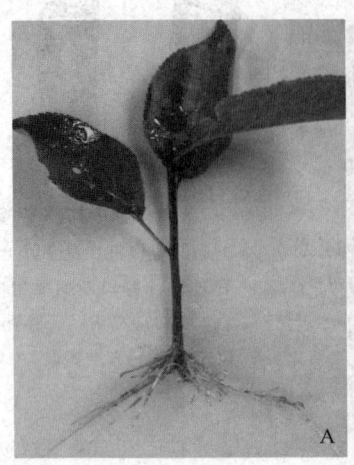 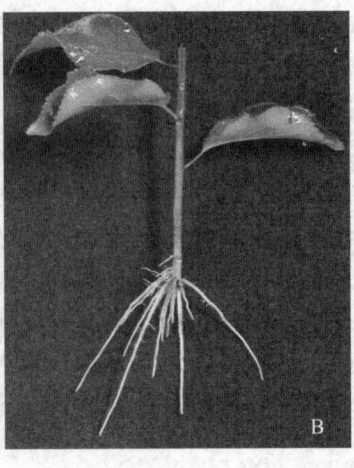

图 7-18　皮部生根型：'俏美人'梅（A）与'三轮玉蝶'梅（B）嫩枝
扦插生根（扦插后 30d）（李振坚提供）

原基在插条内产生的部位及发育的程度，在不同植物中是不同的，由此引起不定根产生的部位及过程也不完全一样，从侧芽或潜伏芽基部的分生组织、潜伏的不定根原基以及髓射线最宽处与形成层交叉点（图 7-19）等部位都有可能产生（王涛，1989）。总的来说，这种类型生根较迅速，生根面积广，为扦插易生根树种的特点。

（2）愈伤组织生根型（wound-induced rooting type）

愈伤组织生根型的插穗在脱离母树扦插之后，通过愈伤诱导才形成不定根（图 7-20）。首先，在插穗下切口的表面形成半透明、具有明显细胞核的薄壁细胞群，即愈伤组织。愈伤组织内部细胞继续分化，逐渐形成和插穗相应组织发生联系的木质部、韧皮部和形成层等组织，最后充分愈合。在适宜的温度、湿度条件下，愈伤组织中一些细胞会脱分化恢复分裂能力，不断分裂形成不同的分生组织生长中心（meristematic center）或鸟巢状的分生结节（meristematic nodule）（图 7-20）。当分生结节单极性生长时，分化为根原基，进行生长发育，形成不定根（图 7-21）。由于不定根的形成首先要形成愈伤组织，生根需要的时间长，生长缓慢，所以凡是扦插成活较难、生根较慢的树种，大多是愈伤组织生根。

有些树种插穗生根兼有上述 2 种类型，为综合生根类型，如杨、柳、葡萄、夹竹桃、金边女贞、石楠与紫斑牡丹等，它们的插穗一部分为皮部生根，另一部分为愈伤组织生根，从生产应用的角度出发，应该创造条件，设法提高皮部生根的比例，以便较快成根，获得较高的成苗率。

大量研究表明，扦插繁殖中插穗生根的 2 种基本类型，其生根过程及细胞组织学本质是不同的，明确对应为直接生根（direct root formation）和间接生根（indirect root formation）两种模式，既皮部生根一般为直接生根，生根源于维管束附近的细胞，一般为易生根树种；愈伤组织生根一般为间接生根，生根源于处于未分化细胞分裂间期的细胞，一般为难生根树种。不论哪种情况，都在当潜在的根原始体受到适宜的诱导与

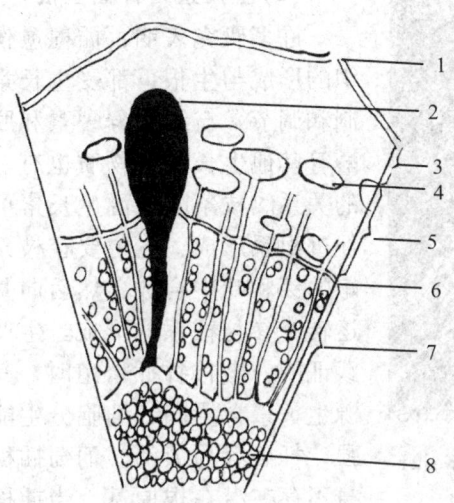 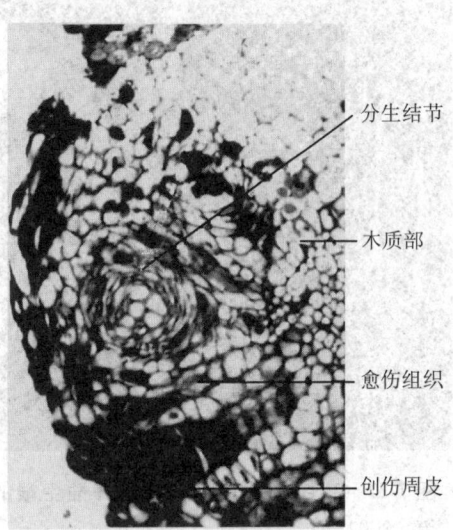

图 7-19　皮部生根型插穗的横切面示意图
1. 皮孔　2. 根原始体　3. 皮层　4. 韧皮纤维
5. 韧皮部　6. 形成层　7. 木质部　8. 髓

图 7-20　薜荔（*Ficus pumila*）愈伤组织内部根原基发生：分生结节在愈伤组织内部产生，单极生长时成为根原基，继续生长突破表皮成为不定根（Kester 等，2002）

图 7-21　愈伤组织生根型（李振坚提供）
A. '淡丰后'梅嫩枝扦插，形成愈伤组织（扦插后 25d，根原基形成，根即将出现）
B. 李嫩枝扦插苗，从愈伤组织产生大量不定根

刺激后，便会开始进行细胞分裂、分化，发育出不定根，扦插成活（Kester 等，2002）。

7.4.3.2　扦插生根的机理

根据大量的研究与实践观察，人们从不同角度对扦插生根的机理提出了很多见解，但是，由于植物种类的多样性和扦插生根的复杂性，至今对其了解比较模糊。各种观点或理论各有特点，并都有相应的证据支持。

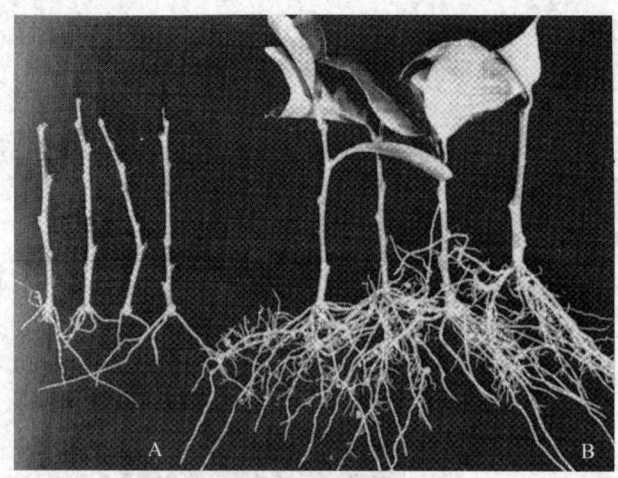

图 7-22 叶片对'里斯本'柠檬扦插生根的影响（Kester 等，2002）

两组插穗用 4000mg/L 的吲哚丁酸溶液速蘸处理后在间歇喷雾条件下均生根，但是带叶插穗（B）的生根效果明显好于不带叶插穗（A）

(1) 生长素与扦插生根

许多研究表明，插穗愈伤组织的形成与生根，都受生长素控制和调节，与细胞分裂素和脱落酸等其他生长调节物质也有一定的关系。枝条的内源生长素可以促进根系形成，它主要在枝条幼嫩的芽和叶中合成，然后向基部运转，参与根系的形成。生产实践证明，嫩枝扦插繁殖时，其内源生长素含量高，细胞分生能力强，扦插容易成活。葡萄插穗本身不存在潜在根原基，当插穗带叶扦插后，其根系非常发达，如果事先把芽和叶摘除，生根就会受到显著影响，或者根本不生根，说明叶和芽合成的重要物质影响了插穗生根。叶片对插穗生根的影响，在柠檬（*Citrus limon*）等植物中同样表现十分显著（图 7-22）。

生长素明显影响插穗生根，为利用外源生长素促进生根提供了依据，目前生产中常使用 IBA、IAA、NAA、NAD（萘乙酰胺）及广谱生根剂 ABT、HL-43 等不同的生长素处理插穗基部，既提高了生根率，也缩短了生根时间，取得了显著效果。同时，许多试验和生产实践也证实，生长素不是唯一促进插条生根的物质，还必须有另一类由芽和叶内产生的特殊物质辅助，才能导致不定根发生，这类物质即为生根辅助因子（rooting co-factors）。

(2) 生根抑制剂与扦插生根

一些内源的化学抑制物质（inhibitors）它们往往存在于较难生根的树种或较难生根的插穗中，有抑制生根的作用。如在西澳大利亚的一种观花灌木难生根的硬枝中，发现了在易生根的嫩枝中检测不到的酚类化合物，抑制了根的形成；在桉树、栎树等树种中都发现，与较易生根的类型相比，难生根的成熟枝条中含有较高的生根抑制物质。这些物质是植物体内一类对生根有妨碍作用的物质，大多数情况下属于酚类化合物。然而，并不是能在难生根的树种中普遍发现生根抑制物质，说明这些树种的生根能力是由其他机制或因素控制的。尽管如此，目前在生产中常常可采取如流水洗脱、低温处理、黑暗处理等相应的措施，来消除或减少抑制物质，对促进生根和提高扦插成活率有一定效果。

(3) 营养物质与扦插生根

插穗的成活与其体内养分，尤其是碳素和氮素的含量及其相对比率有一定的关系。C/N 比高，一般说明植物体内碳水化合物含量高，相对的氮化合物含量低，对诱导插条生根有利。低氮可以增加生根数，而缺氮会抑制生根。插穗营养充分，不仅可以促进根原基的形成，而且对地上部分增长也有促进作用。实践证明，对插条进行碳水化合物和氮的补充，可促进生根。一般在插穗下切口处用糖液浸泡（蔗糖处理效果比果糖和葡萄糖处理好）或在插穗上喷洒氮素（如尿素等），能明显提高插穗的生根率。

实践证明，凡难生根的植物插穗中，单宁（T）的含量较高。插穗生根还与其碳水化合物含量、单宁含量以及二者的比例即 C/T 比密切相关。碳水化合物含量高、单宁含量低，对插穗生根有利；单宁含量高则对生根不利（王涛，1989）。

(4) 发育状态与扦插生根

大量的试验表明，插条的生根能力与其发育状态有密切联系，尤其是随着母树年龄的增长而减弱（详见 7.4.4.1 节）。根据这一特点，对于一些稀有、珍贵树种或难繁殖的树种，可采取各种措施"返幼"（rejuvenation），来提高扦插成活率：①绿篱化采穗。将准备采条的母树进行强修剪，利用其新发生的枝条作为插条剪取插穗，可以大大提高其成活率和幼苗的生长势。②连续扦插繁殖。连续扦插 2~3 次，新枝生根能力急剧增加，生根率可提高 40%~50%。③用幼龄砧木连续嫁接。把采自老龄母树上的接穗嫁接到幼龄砧木上，反复多次连续嫁接，使其"返老还童"，再采其枝条或针叶束进行扦插，使其易生根。④用萌蘖条作插穗。通过抹头、重度修剪等措施，促使其根颈部位大量萌发新蘖，利用这些新的萌蘖枝进行扦插繁殖，可提高生根成苗的概率。⑤用幼龄苗木枝条做接穗。如用 1~2 年生的实生苗或幼树的枝条作接穗，生根率与成活率都较高。⑥黄化处理后采集插穗扦插，也能有效提高生根率（见 7.4.6 节）。

(5) 插穗的解剖结构与扦插生根

解剖学研究发现，插条中不定根的发生和生长，在一些情况下与其皮层的解剖构造相关。如果在韧皮部与皮层之间、不定根起始发生部位之外，有一至多层由纤维细胞构成的一圈环状厚壁组织时，则生根变得困难。如果没有环状厚壁组织或厚壁组织间断发生不连续，则生根变得容易。在生产实践中，采用割破皮层的方法，破坏其环状厚壁组织而促进生根。对于多数插条，采用纵向划破，可在一定程度上促进与提高扦插生根成活率（图 7-23）。

对大多数难生根的树种来说，插条的结构并不影响潜在的生根。当枝条内木质化组织鞘在一些情况下作为一种机械障碍影响根的出现时，有许多特殊的例子表明这并不是引起生根困难的初始原因。而且，生长素处理和雾插生根能明显引起皮层、韧皮部和形成层细胞的膨大与增殖，导致一圈环状厚壁组织的破裂。然而在难生根品种中，即使产生愈伤组织，仍然没有根原始体的形成。进一步研究表明，生根与根原始体形成的遗传潜势和生理状况有关，并非与阻碍根出现的环状厚壁组织的机械限制有关。

由此可见，扦插生根是一个十分复杂的问题，至今没有一种理论能够较好地解释

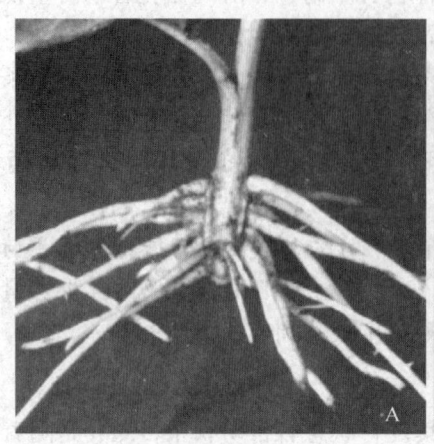
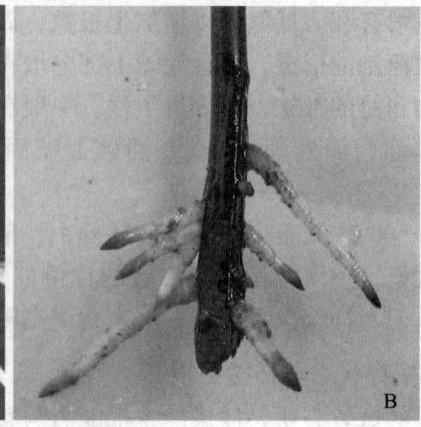

图 7-23　插穗侧面刻伤促进嫩枝扦插生根(扦插后 26d)(李振坚提供)
A. 李　B. '美人'梅

在不同植物中出现的所有问题。可以肯定，扦插繁殖中插穗是否能够生根是受树种遗传特性与栽培环境条件综合影响的结果，因此，在生产中要充分利用植物本身的特性，来克服生根困难，同时配以必要的技术措施，最大限度地提高扦插成活率。

7.4.4　影响扦插成活的因素

扦插成活的基础是插穗生根，这是一个十分复杂的生理过程。首先，扦插生根的情况因树种的生物学特性不同而异，即使是同一树种，不同品种扦插生根也会有一定差异。其次，插穗扦插后能否生根成活，除树种本身的内在因子外，还与外界环境因子有密切的关系，如扦插温度、湿度、土壤等环境条件的差异，都会对插穗的生根产生不同的影响。因此，扦插生根是插穗本身的遗传、生理、营养等因素与扦插环境的温、湿、气等外界因素相互影响、协调作用的结果。

7.4.4.1　影响插条生根的内在因素

(1) 树种的生物学特性

园林树木插穗的生根能力与树种的生物学特性有密切关系，不同树种扦插生根的难易程度有较大的差别，在生产中可分为易生根、较易生根、较难生根和极难生根 4 种类型。

① 易生根的树种　采自幼年母树上的 1～2 年生穗条，大田扦插时，一般为 5 周以内生根，生根率达 80% 以上。如大多数杨树(山杨、毛白杨等品种除外)、大多数柳树、水杉、池杉、杉木、柳杉、小叶黄杨、紫穗槐、连翘、月季、迎春、金银花、常春藤、卫矛、南天竹(*Nandina domestica*)、紫叶小檗、大叶黄杨、金银木、葡萄、穗醋栗(*Ribes* spp.)、石榴、瑞香、冬青卫矛(*Euonymus japonicus*)、栀子(*Gardenia jasminoides*)、夹竹桃、珊瑚荚蒾(*Viburnum odoratissimum*)、无花果、连翘、忍冬、枸杞、茶藨子、锦带花、红瑞木(*Cornus alba*)、小叶丁香(*Syringa pubescens* sub. *microphylla*)等。

②较易生根的树种 采自幼株上1~2年生穗条,不用或用激素处理,在沙或蛭石等特制插壤中催根,需遮阴,生根时间6~7周以内,生根率80%以上。常见的有花柏(*Chamaecyparis* spp.)、侧柏、香柏(*Thuja occidentalis*)、铺地柏(*Sabina procumbens*)、丹东桧、南方六道木(*Abelia dielsii*)、黄杨、胡颓子、火棘(*Pyracantha fortuneana*)、杜鹃花、六月雪(*Serissa japonica*)、臭椿、小檗、凌霄、木瓜(*Chaenomeles sinensis*)、溲疏(*Deutzia crenata*)、棣棠(*Kerria japonica*)、柽柳(*Tamarix chinensis*)、十大功劳(*Mahonia fortunei*)、五脉白千层(*Melaleuca quinquenervia*)、女贞、相思树、罗汉柏(*Thujopsis dolabrata*)、罗汉松、刺槐、槐、茶花、樱桃、野蔷薇、珍珠梅、石榴、水蜡树(*Ligustrum obtusifolium*)、白蜡树、悬铃木、刺五加(*Eleutherococcus senticosus*)、接骨木(*Sambucus williamsii*)、刺楸、慈竹(*Bambusa emeiensis*)、夹竹桃、金缕梅(*Hamamelis mollis*)、猕猴桃(*Actinidia chinensis*)等。

③较难生根的树种 采自幼年母株上1~2年生穗条,用激素处理后,扦插在沙、蛭石或其他基质上,需一定遮阴及喷雾保湿,生根时间仍需要5~7周以上才能生根,生根率仅在50%左右。常见的有雪松、南洋杉(*Araucaria cunninghamii*)、粗榧、扁柏、银杏、圆柏、紫杉、北美红杉(*Sequoia sempervirens*)、槭树、相思树、山茶、木麻黄、樟树、柠檬、柑橘、金雀花、金丝桃、冬青、素馨花(*Jasminum grandiflorum*)、香桃木(*Myrtus communis*)、油橄榄、山楂、胡枝子、木兰、桑、石榴、梨、刺槐、乌桕、丁香、香椿、荚蒾、榆、水曲柳、黄波罗、椴树、榛子、金钱松、日本五针松(*Pinus paviflora*)、梧桐、苦楝、臭椿、君迁子、米兰、枣树等。

④极难生根的树种 采自幼年母树上1~2年生穗条,用激素处理,在特制理想扦插基质及较适宜的培养环境中,生根时间在7~10周以上,生根率和成苗率都比较低。常见的有日本冷杉(*Abies firma*)、臭松(*A. nephrolepis*)、欧洲云杉(*Picea abies*)、鱼鳞云杉(*P. jezoensis* var. *microsperma*)、落叶松、赤松、日本五针松、美国五针松(*Pinus strobus*)、红松、樟子松、油松、马尾松、黑松、日本柳杉(*Cryptomeria japonica*)、桉树、蒙古栎(*Quercus mongolica*)、柿树、胡桃楸、黄波罗、水曲柳、白桦、日本山毛榉(*Fagus japonica*)等。

虽然插穗生根的难易程度是树种遗传特性的反映,但从另一个角度讲,又只是一个相对的说法。随着科学研究的深入和扦插技术的改进,有些很难生根的树种可能成为扦插容易生根的树种,并在生产上加以推广和应用。所以,在扦插育苗时,要注意参考已证实的资料,没有资料记载的品种,要进行试插,取得经验以后再进行大量扦插繁殖,以少走弯路,减少损失。在扦插繁殖工作中,只要在方法上注意改进,就可能提高成活率。如一般认为扦插很困难的赤松、黑松等,通过对萌芽条的培育和激素处理,在全光照自动喷雾扦插育苗技术条件下,生根率能达到80%以上。属于扦插容易的月季品种中,有许多优良品系生根很困难,如扦插时期改为秋后带叶扦插,在保温和喷雾保湿条件下,生根率也可达到95%以上。

(2)插穗的年龄

插穗的年龄是其发育状态的直观体现,与扦插生根有着十分密切的关系,它包括两层含义,即所采插穗母树的年龄和插穗本身的年龄。

①母树年龄　在一般情况下,插穗的生根能力随着母树年龄的增长而降低,母树年龄越大,插穗生根越困难,反之则生根越容易。如水杉不同树龄母树上采集的1年生插穗,在相同的扦插环境中,扦插成活率有明显差别(表7-2)。由于树木新陈代谢作用是随着发育阶段变老而减弱的,其生活力和适应性也逐渐降低;相反,幼龄母树的枝条,其生命活动能力强,扦插成活率高。所以,插条应采自年幼的母树,特别对许多难以生根的树种,选用1~2年生实生苗上的枝条,或通过各种方法获得"幼化"的插穗(见本章"发育状态与扦插生根"相关内容)。母树随着年龄的增加而插穗生根能力下降的原因,除了生活力衰退外,还伴随着生根所必需的物质减少,而阻碍生根的物质增多。随着年龄的增加,母树的营养条件可能变得越来越差,特别是在采穗圃中反复采条,地力衰竭,母体枝条内营养不足,也会影响插穗生根能力。王秋玉等(1997)对红皮云杉扦插繁殖的研究,表明插穗生根能力存在明显年龄效应,即随着年龄增加而生根率下降;同时,随着插穗年龄增加,生长素(IAA)与赤霉素(GA_3)含量下降,脱落酸(ABA)含量增加,而N、K的含量也呈下降趋势。因此,插穗生根的年龄效应有其生理基础。

表7-2　水杉不同母树年龄对1年生插穗扦插成活的影响(俞玖,1988)

母树年龄(年)	1	2	3	4	7	9
扦插数量(株)	500	500	500	500	500	500
成活率(%)	92.5	90.4	76.5	65.0	34.0	31.0

②插穗年龄　插穗年龄对生根的影响显著(表7-3)。一般以当年生枝的再生生根能力较强,嫩枝较硬枝强,这是因为嫩枝的内源生长素含量高、细胞分生能力旺盛。虽然1年生枝的再生能力较强,但有时也因树种而异。例如,杨树类1年生插条成活率高,2年生插条成活率低,即使成活,苗木的生长也较差;水杉和柳杉1年生的插条较好,基部也可稍带一段2年生枝段;而罗汉柏带2~3年生的枝段生根率高。

表7-3　水曲柳母树年龄对插穗生根的影响(沈海龙,2005)

扦插时间	调查时间	插穗年龄	平均生根率(%)
4月下旬	7月下旬	1年生	83.0
		2年生	10.5
		3年生以上	0

(3)插穗的采集部位

不同树冠部位采穗的扦插生根效果不同。有些树种在树冠上采集的插枝生根率低,而采自树根和干基部的萌蘖条和根出条的生根率较高(表7-4),这是因为它们发育阶段幼小,再生能力强,同时又靠近根系,能得到较多的营养物质。萌蘖条和根出条的生根率虽高,但数量往往有限,可根据繁殖对象的生物学特性,通过抹头、重剪和连续平茬等手段,或建立专门的采穗圃,培育充足的萌蘖条来剪取优质插穗。

表7-4　水曲柳插穗采集部位对扦插生根的影响（沈海龙，2005）

扦插时间	插穗采集部位	插穗年龄	平均生根率(%)
4月下旬	实生苗梢部	2年生	4.8
	实生苗中部	2年生	15.2
	实生苗基部	2年生	14.0

　　针叶树母树主枝与侧枝采集的插穗生根有明显差别。一般主干上的枝条生根力强，侧枝尤其是多次分枝的侧枝生根力弱，这一点在雪松等树种中表现得很明显。在生产实践中，有些树种带一部分2年生枝，即采用踵状扦插法常可以提高成活率。

　　同一枝条不同部位采集的插穗生根也不一样。由于位置不同，枝条内根原基的数量和贮存营养物质的多少不同，其插穗生根率、成活率和苗木生长量都有明显的差异。但具体哪个部位好，还应考虑植物的生根类型、枝条的成熟度等。如池杉在不同时期用枝条不同部位进行嫩枝或硬枝扦插，结果发现，嫩枝以梢段成活率最高，硬枝以基部插穗生根最好（表7-5）。一般而言，常绿树种中上部枝条较好，这些枝条生长健壮，代谢旺盛，营养充足，且新生枝光合作用强，对生根有利；落叶树种硬枝扦插以中下部枝条较好，这些枝条发育充实，贮藏养分多，为生根提供了有利条件；若落叶树种嫩枝扦插，则中上部枝条较好，由于中上部的幼嫩枝条内源生长素含量最高，而且细胞分生能力旺盛，对生根有利。

表7-5　池杉枝条不同部位对插穗生根率的影响　　　　　　　　　　%

扦插类型	采穗部位			结论
	基段	中段	梢段	
嫩枝扦插	80	86	89	梢部好
硬枝扦插	91.3	84	69.2	基部好

（4）插穗的粗细与长短

　　插穗的粗细与长短对成活率、苗木生长有一定的影响。对于绝大多数树种而言，长插条根原基数量多，贮藏的营养多，有利于插条生根。插穗长度的确定要以树种生根快慢和土壤水分条件为依据，一般落叶树硬枝插穗长宜为10～25cm，常绿树种插穗长宜为10～35cm。随着扦插技术的提高，扦插逐渐向短插穗方向发展，有的甚至用一芽一叶扦插，如茶树、葡萄采用3～5cm的短枝扦插，效果很好。

　　对不同粗细的插穗而言，粗插穗所含的营养物质多，对生根有利。插穗的适宜粗度因树种而异，多数针叶树种直径为0.3～1cm；阔叶树种直径为0.5～2cm。在生产实践中，应根据需要和可能，采用适当长度和粗度的插穗，合理利用枝条，掌握"粗枝短截，细枝长留"的原则。

（5）插穗的叶和芽

　　插穗上的芽是形成茎、干的基础。芽和叶能供给插穗生根所必需的营养物质和生长激素、维生素等，对生根有利，尤其对嫩枝扦插及针叶树种、常绿树种的扦插更为重要。插穗留叶多少要根据具体情况而定,一般留叶 2~4 片,若有喷雾装置,能定时定量保湿,则可留较多的叶片,以便加速生根。

另外,从母树上采集的插条或插穗,对干燥和病菌感染的抵抗能力较在母树上显著减弱,因此,在进行扦插繁殖时,一定要注意保持插穗自身的水分。在生产实践中,可用清水浸泡插穗下端,不仅增加插穗的水分,还能减少抑制插穗生根的一些物质。

7.4.4.2 影响插条生根的外界因素

影响插条生根的外因主要有温度、湿度、通气条件、光照和基质等。各因素之间相互影响、相互制约,扦插时必须使各种环境因子有机协调,满足插条生根的各种要求,以达到提高生根率、培育优质苗木的目的。

(1) 温度

插穗生根的适宜温度因树种而异,多数树种为 15~25℃,以 20℃左右最为适宜。树种生态习性不同,适宜生根的最适、最低及最高温度也不相同。如温带植物在 20℃左右合适,热带植物在 25℃左右合适。在同一地区,一般发芽早的要求生根温度较低,如杨、柳;发芽萌动晚的及常绿树种要求温度较高,如桂花、栀子、珊瑚树(珊瑚荚蒾)等。

不同树种插穗生根对土壤(扦插基质)温度要求也不同,一般土温高于气温 3~5℃时,对生根较为有利(表 7-6)。这样有利于不定根的形成而不适于芽的萌动,在不定根形成后芽再萌发生长。在生产上可用马粪等酿热材料或电热线等制作酿热温床或电热温床(参见第 3 章相关内容)提高地温,以提高其插穗的生根成活率。

表 7-6 土壤温度对扦插生根的影响(俞玖,1988)

树　种	土壤温度(℃)	生根天数(d)	成活率(%)
海州常山 (*Cleroderdrum trichotomum*)	15 21	40 25	50 100
常春藤 (*Hedera helix*)	15 21	24 18	80 92

插穗性质不同对温度的要求不同,硬枝扦插比嫩枝扦插要求温度低。然而,温度对嫩枝扦插显得更为重要,30℃以下有利于插条内部生根促进物质的利用,对生根有利;温度高于 30℃,会导致扦插失败。一般可采取遮阴、喷雾等方法降低插穗的温度。

(2) 湿度

在插穗生根过程中,空气的相对湿度、扦插基质湿度以及插穗本身的含水量是扦插成活的关键,尤其是嫩枝扦插,应特别注意保持适宜的湿度。其实,水分调控是扦插繁殖管理中最核心的技术措施,在很大程度上决定着扦插的成败。

①空气相对湿度　空气相对湿度对难生根树种影响很大。插穗所需的空气相对湿

度一般为90%左右。硬枝扦插可稍低一些，但嫩枝扦插的空气相对湿度一定要控制在90%以上，使插条蒸腾强度最低，防止插穗叶片萎蔫。生产上可采用喷水、间隔控制喷雾等方法提高空气相对湿度。

②基质湿度　插穗最容易失去水分平衡，因此，要求扦插基质有适宜的水分。扦插基质的湿度取决于其物理性质、扦插材料及管理水平等。根据毛白杨扦插试验，扦插基质中的含水量一般以20%～25%为宜，当含水量低于20%时，插穗生根和成活都受到影响。有报道表明，插穗由扦插到愈伤组织产生和生根，各阶段对扦插基质含水量要求不同，通常以前者为高，随后依次降低。在插条完全生根后，应逐步减少水分供应，以抑制地上部分的旺盛生长，促进新生枝的木质化，以便能更好地适应移植后的田间环境。

(3) 通气条件

插穗生根时需要氧气，所以扦插基质的透气性对插穗生根有着较大的影响。对需氧量较多的树种，更要选择疏松透气的扦插基质，同时注意浅插。如基质透气性较差，每次灌溉后要及时疏松，否则会降低扦插成活率。然而，扦插基质的氧气和水分状况常常是相互矛盾的，基质疏松透气性强时，往往保水性较差。因此，合理选择基质或用各种基质混合配制，能够协调气、水矛盾，既保水又通气的基质对绝大多数树种扦插生根是有利的。

(4) 光照

光照可以提高扦插基质的温度，促进插穗生根。对常绿树及嫩枝扦插来说，光照有利于光合作用制造养料和一些生长素类物质的合成，从而有助于生根，是必不可少的外界环境因子。但扦插过程中，强烈的光照又会使插穗干燥失水或灼伤叶片、幼芽，降低扦插成活率。生产实践中，在日照太强时可采取喷水降温或适当遮阴等措施。夏季扦插最好的方法是应用全光照自动间歇喷雾法，既保证了土壤和空气的湿度，又保证了插穗可获得较为充足的光照。

(5) 基质

插床基质的选择要能满足插穗对水分和通气条件的要求，才有利于生根。目前常用的扦插基质可分为固态、液态和气态3种类型。固态基质是生产上最常用的基质，一般有河沙、蛭石、珍珠岩、炉渣、火山灰、草炭土、炭化稻壳、花生壳等。这些基质的通气、排水性能良好。但反复使用后，颗粒往往破碎，粉末成分增加，故要定时更换。但在露地扦插时，实际上不可能大面积更换扦插基质，故通常选用排水良好的砂质壤土。液态基质是指将插穗插于水或营养液中使其生根成活，称为液插，也称为水插。液插常用于易生根的树种，用营养液作水插基质时，插穗容易腐烂，预防病害的大量发生是这类扦插的关键所在。而气态基质是指把空气造成水汽弥雾状态，将插穗吊于雾中使其生根成活，称为雾插或气插。雾插只要控制好温度和空气相对湿度就能充分利用空间，插穗生根快，缩短育苗周期。由于插穗在高温、高湿的条件下生根，炼苗就成为雾插成活的重要环节之一。

园林苗木扦插繁殖中，使用最普遍的是各种固态基质，它们不仅使用方便，而且还可以根据需要，把不同的基质按一定的配方配制成复合基质使用，更能满足特定树木插条对生根条件的要求。下面简要介绍一些常用扦插基质。

①园土　即普通的田间壤土，经过暴晒、敲松、耙细后使用。使用园土作扦插基质，一般适用于容易生根的树种，如杨、柳等速生树种的硬枝扦插，可直接在大田中进行垄作或床作扦插。

②河沙　其颗粒之间通气性好，带菌量少，导热性能好，取材容易，使用方便，夏季扦插效果较好，是目前广泛采用的生根基质之一。河沙在弥雾多湿的条件下，多余的水分能及时排出，避免因积水引起插穗腐烂，是夏季嫩枝扦插育苗的优良基质。

③蛭石　用于扦插基质的蛭石是经过焙烧而成的膨化制品，重量轻，孔隙度大，具有良好的保温、隔热、通气、保水、保肥的作用。因为经高温燃烧而成，无菌、无毒，化学稳定性好，是国内外公认的理想的扦插基质之一。

④珍珠岩　是铝硅天然化合物经过高温燃烧而成的膨化制品，具有封闭的多孔性结构，排水性能良好，与蛭石一样有很好的保温、隔热、通气、保肥等性能，是扦插育苗的良好基质。

⑤草炭土　是古代湖泊沼泽植物埋藏于地下，在缺氧条件下，分解不完全的有机物，内含大量未腐烂的腐殖质，干后黑褐色，酸性，质地疏松，有团粒结构，保水能力强。但含水量较高，通气性差，吸热能力也差，故常和其他基质混合使用。

⑥炉渣　炉渣的颗粒大小和形状不一，需要筛制后作为扦插基质。煤渣颗粒具有很多微孔，颗粒间隙大，具有良好的通透性，并具有保肥、保水、保温等性能。无毒、无菌，来源广泛，价格低廉，也是较好的扦插基质。

⑦炭化稻壳、花生壳　具有透水、通气、吸热、保温等优点，而且稻壳、花生壳经高温炭化后，不但消灭了杂菌，还能提供丰富的磷、钾元素，是冬季或早春、晚秋时期进行扦插育苗的良好基质。

⑧复合基质　在进行苗木扦插繁殖时，常常将两种或两种以上的基质混合在一起，以改善基质的理化性状，提高扦插基质的透气性和适当的持水性，有利于提高扦插的成活率。许多农副产品或农业废弃物都具有较多的矿质营养物质，有的有良好的物理性状，两者混合后，可能比单一基质的效果更好。实践证明，用1∶1的草炭土和蛭石或草炭土、蛭石和珍珠岩各1/3配方配制的复合基质，扦插效果良好。

适宜的扦插基质，应根据树种的要求以及扦插管理条件认真选择，有时需要反复试验确定，因为即使使用同样的基质和相同的扦插材料，在不同的地区和环境条件下也会有较大的差别。目前，基质已经成为包括园林苗木生产在内的园艺生产的重要物资之一，最大限度地利用可再生的环境友好型基质，是未来扦插基质发展的重大方向。另外，根据植物本身的生物学特性和其繁殖栽培需要，定向加工生产专用配方基质，也是未来扦插基质发展的方向。

7.4.5 插条的选择及插穗剪取

7.4.5.1 硬枝插条与插穗

(1) 插条的剪取时间

插条中贮藏的养分是生根发枝的主要能量来源，它与插条剪取的时间有密切关系。一般应选择枝条含蓄养分最多的时期进行剪取，即落叶树种在秋季落叶后或开始落叶时至翌春发芽前进行，此时树体仍处于休眠期，生长停滞，树液流动缓慢。

(2) 插条的选择

依扦插成活的原理，应选用优良幼龄母树上发育充实、已充分木质化的 1~2 年生枝条或萌生条；选择健壮、无病虫害且粗壮、含有较多营养物质的枝条。

(3) 插条的贮藏

北方地区采条后如不立即扦插，将插条贮藏起来待翌年春季扦插，其方法有露地埋藏和室内贮藏 2 种。露地埋藏时要选择高燥、排水良好而又背风向阳的地方挖沟，沟深一般为 50~60cm，具体埋深要根据各地的气候而定，但深度须在冻土层以下。将每 50~100 根插条捆成一捆，置于沟底，用湿沙埋好。每月应检查 1~2 次，保持适合的温湿度条件，保证安全过冬。插条埋藏后，皮部软化，内部贮藏物质开始转化，给春季插条生根打下良好基础。在室内贮藏也是将插条埋于湿沙中，要注意室内的通气透风和保持适当温度，同时堆积层数不宜过高，多以 2~3 层为宜，否则会引起假发芽或腐烂，导致插条无法使用。

在高寒地区，使用"冰封雪埋"法处理插条，有事半功倍的效果。如东北农业大学等单位对杨柳类、连翘、小叶丁香等树种的插条就常用这种方法处理，总结出一套简便可行的插条贮藏方法。具体的做法是：于封冻之前选择交通便利、取水方便的地方挖取贮藏坑待用，深度与大小可根据贮藏的插条多少而定。插条要在 11 月截取，以天气比较寒冷、浇在插条上的水能够很快凝结成冰为宜。将插条每 50~100 根为单位绑扎成捆后，平置坑中并码放整齐，第 1 层摆放好后，向插条上喷洒清水，注意一次喷水量不可太大，边浇边冻使插条周身均匀覆盖一层薄冰。第 1 层浇冰完成后，码放第 2 层插条，再对第 2 层进行浇冰，依次处理第 3、第 4 层……用这种方法处理插条可码放多层，一般码放 2~4 层较为适宜，挖坑深度不必到冻层以下。等所有的插条冰封处理完以后，在上面覆盖一层草帘或稻草等，再在稻草上面堆积一层厚厚的积雪并拍实即可。经过这样处理的插条，可以一直保存到翌年 4 月，只是开春冰雪开始融化时，要注意及时覆盖较多的草帘或稻草，以减缓冰雪融化的速度，随着气温的升高，一旦冰雪全部融化，贮藏坑内的湿度将相当大，因此，要把握好扦插的时机，及时进行扦插，以免造成插条大量腐烂。

(4) 插穗的剪截

一般长穗插条长 15~20cm，保证有 2~3 个发育充实的芽，单芽插穗长 3~5cm。

剪切时上切口距顶芽1cm左右，下切口的位置依植物种类而异，一般在节附近薄壁细胞多，细胞分裂快，营养丰富，易于形成愈伤组织和生根，故插穗下切口宜紧靠节下。下切口有平切、斜切、双面切（图7-24）以及踵状切等不同切法。一般平切口生根呈环状均匀分布，便于机械化截条，对于皮部生根型及生根较快的树种应采用平切口；斜切口与插穗基质的接触面积大，可形成面积较大的愈伤组织，利于吸收水分和养分，提高成活率，但不定根多生于斜口的一端，易形成偏根（图7-24），同时剪穗也较费工；双面切与扦插基质的接触面积更大，在生根较难的植物上应用较多；踵状切口，一般是在插穗下端带2~3年生枝段时采用，常用于针叶树的扦插。

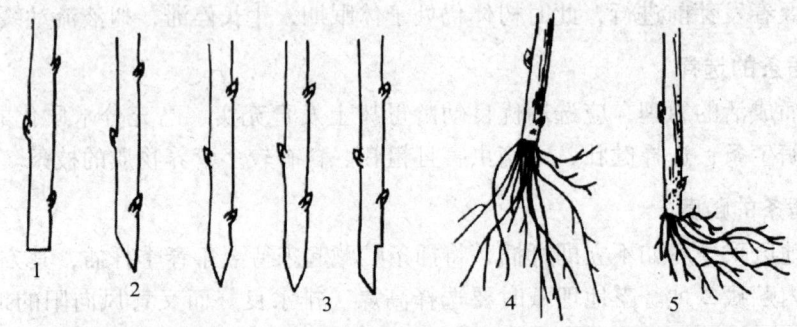

图7-24 插穗下切口形状与生根情况
1. 平切　2. 斜切　3. 双面切　4. 平切后插穗不定根均匀发生　5. 斜切后不定根偏生一侧

7.4.5.2 嫩枝插条与插穗

（1）插条的剪取时间

嫩枝扦插是随采随插，最好选自生长健壮的幼年母树，并以开始木质化的半嫩枝为最好，其内含充分的营养物质，生命力强，容易再生不定根。太幼嫩或过于木质化的插条均不宜采用。嫩枝采条应在清晨日出以前或在阴雨天进行，不可在阳光下、有风或天气很热时进行。

（2）插条的选择

实践证明，采用中上部的插条进行扦插，其生根情况大多数好于基部的插条。针叶树扦插以夏末剪取中上部半木质化的插条较好；落叶阔叶树及常绿阔叶树嫩枝扦插，一般在高生长最旺盛期剪取幼嫩的插穗进行扦插，对于大叶植物，当叶未展开成大叶时采条为宜。采条后应注意保湿，及时喷水或直接放在水桶或水箱中临时保存。对含单宁高和难生根的植物，在生长季以前对插条进行黄化、环剥、捆扎等处理，可以在较大程度上提高嫩枝扦插的成活率。

（3）插穗的剪截

插条采回后，在阴凉背风处进行剪截。一般插穗长10~15cm，带2~3个芽，保留叶片的数量可根据植物种类与扦插方法而定。下切口剪成平口或小斜口，可减少切口腐烂。使用的刀具一定要锋利，应尽量减少对插穗的损伤。

7.4.6 插穗处理与促进生根的方法

根据扦插生根的原理以及影响生根的各种内外因素,在采穗前、采穗后以及扦插后等操作环节对插穗进行各种处理,是扦插育苗技术的重要内容,已在生产中普遍应用。

7.4.6.1 采穗前处理

(1) 机械处理

在树木生长季节,将枝条基部环剥、刻伤或用铁丝、麻绳、尼龙绳等捆扎,阻止枝条上部的碳水化合物和生长素向下运输,使其在环剥和刻伤处或缢束处积累,至休眠期再将枝条从基部剪下进行扦插,能显著提高插穗的生根率。

(2) 黄化处理

黄化(etiolation)是指植株或其部分在无光环境中的发育,表现为叶片小而不开展,枝条延长,叶绿素缺乏,呈现黄色或白色等特点。一些难生根的含有油脂、樟脑、色素、松脂等抑制物质的树种,对插枝进行黄化处理后,促进插穗生根效果显著。一般是在生长季前用黑色的塑料袋将要作插穗的枝条罩住,或用遮光棚整株遮光,使其在黑暗的条件下生长,形成较幼嫩的组织,待其枝叶长到一定程度后,剪下后采穗进行扦插,生根率明显提高(图7-25)。

图7-25 欧洲丁香(*Syringa vulgaris*)黄化处理使插条幼化,生根率提高(Kester 等,2002)
A. 早春芽萌动后进行遮光处理 B. 在'Madame Lemoine'(左侧两束)与'Charles Joly'(右侧两束)中,黄化处理的插穗生根明显优于非黄化的正常插穗(箭头所示)

(3) 幼化及促萌处理

对插穗进行幼化,设法促进母树产生大量萌蘖枝采集插穗,是促进扦插生根的有效措施,但这是一个比较长的预处理过程,需要提前按计划进行。

7.4.6.2 扦插前的处理

(1) 生长素及生根促进剂处理

生长素及生根促进剂处理,是最常用的插穗处理方法,其操作简单,效率高,集约化程度高,但在使用时要正确选择生长素及生根促进剂的种类,掌握配制及使用的方法，尤其是使用浓度与处理时间长短，都要经过试验获得，否则会适得其反。

苗木扦插繁殖中常用的植物生长素有 NAA、IAA、IBA、2,4-D 等。使用的方法，一是先用少量酒精将生长素溶解，然后配置成不同浓度的药液进行处理；低浓度（如 50~200mg/L）溶液浸泡插穗下端 6~24h，高浓度（如 500~10 000mg/L）可进行快蘸处理（几秒钟到 1min）。二是将溶解的生长素与滑石粉或木炭粉混合均匀，阴干后制成粉剂，用湿插穗下端蘸粉扦插；或将粉剂加水稀释成为糊剂，用插穗下端浸蘸；或做成泥状，包埋插穗下端。处理时间与溶液的浓度随树种和插条种类的不同而异。一般生根较难的浓度要高些，生根较易的浓度要低些；硬枝扦插浓度高些，嫩枝扦插浓度低些。

生根促进剂处理是目前苗木扦插繁殖中经常使用的技术措施之一，凡是具有像内源生长素那样能促进生根的合成物质或者有利于促进内源生长素形成及抑制生长素分解的化合物，以及能通过控制叶片水分蒸发、减少叶内水分损失来增进不定根的形成或促进侧根生长的物质，都可用作生根处理剂。目前，在我国使用广泛的"ABT 生根粉"系列、"植物生根剂 HL-43"、"根宝"以及"3A 系列促根粉"等，是由不同研究单位研发的生根产品，均能有效提高很多树木的扦插生根率，对促进我国苗木生产发挥了重要作用（王涛，1988）。

(2) 洗脱处理

洗脱处理一般有温水处理、流水处理、酒精处理等，它不仅能降低枝条内抑制物质的含量，同时还能增加枝条内水分的含量，是促进插穗生根最简易的方法。

①温水洗脱处理　是将插穗下端放入 30~35℃ 的温水中浸泡几小时或更长时间，具体时间因树种而异。某些针叶枝如松树、落叶松、云杉等浸泡 2h，起脱脂作用，有利于切口愈合与生根；温水浸泡杜鹃花插穗 5h，刺槐插穗 6h，均可获得较好的生根效果。温水处理要保持处理容器的清洁，如果与生长素合并使用，需在温水处理、温度下降后再用生长素处理。

②流水洗脱处理　将插条放入流动的水中，浸泡数小时，具体时间也因树种不同而异。多数在 24h 以内，也有的可达 72h，有的树种甚至更长。流水洗脱处理对除去一些树种插穗中的抑制物质有较好的效果。

③酒精洗脱处理　也可有效地降低插穗中的抑制物质，大大提高生根率。一般使用浓度为 1%~3%，或者用 1% 的酒精和 1% 的乙醚混合液，浸泡时间为 6h 左右，如杜鹃花类。

(3) 营养处理

用维生素、糖类及其他氮素处理插条，也是促进生根的措施之一，它们往往与生长素处理结合使用时效果更显著。常用的维生素有 VB_1、VB_6、VB_{12} 和 V_C 等，对山茶、杜鹃花等有很好效果；如用 5%~10% 的蔗糖溶液处理雪松、龙柏、水杉等树种的插穗 12~24h，促进生根效果很显著；在嫩枝扦插时，在其叶片上喷洒一定浓度的尿素，也是营养处理的一种。

(4) 化学药剂处理

有些化学药剂也能有效地促进插条生根，如醋酸、磷酸、高锰酸钾、硫酸锰、硫酸镁等。如生产中用0.1%的醋酸水溶液浸泡卫矛、丁香等插条,能显著地促进生根;用0.05%~0.1%的高锰酸钾溶液浸泡插穗12h,除能促进生根外,还能抑制细菌发育,起消毒作用。

(5) 低温贮藏处理

将硬枝放入0~5℃的低温条件下冷藏一定时期,少则月余,多则数月,能使枝条内的抑制物质分解转化,有利插穗生根。北方硬枝春插,往往要在秋季剪取插穗后,进行储藏处理(见本章"插条的选择与插穗剪截"一节的有关内容)。

7.4.6.3 扦插后的处理

扦插后通过插床增温,促进插穗生根,是国内外普遍使用的技术措施。增温是通过温床实现的,作为一种保护栽培设施,在园林苗木生产中常用的温床主要有电热温床与酿热温床两种(见第3章"园林苗圃苗木生产设施"一节)。园林苗木的硬枝扦插主要在春天进行,由于春季气温变化较快且高于地温,在露地扦插时易先抽芽展叶后生根,以致降低扦插成活率;同样在秋冬季节扦插时,低温较低,不适合插穗生根。一般来说,当地温高于气温3~5℃时,有利于插穗生根。因此,在插床内铺设电热线(即电热温床)或放入生马粪(即酿热温床)等措施来提高地温,结合温室、拱棚、塑料大棚等设施的使用,不仅可创造适宜生根的温度环境,而且能大大延长适宜扦插繁殖与苗木生长的时间,从而实现促进生根、培育壮苗的目的。

7.4.7 扦插季节及其配套技术与管理

一般而言,扦插繁殖在一年四季皆可进行,但实践证明,在适宜月份扦插,生根成活率高,同时,植物不同、扦插时间不同时,生根时间也不同。因此,适宜的扦插时期,因植物的种类和特性、扦插的方法以及扦插环境或气候条件而异。随着科学技术的发展,阳畦、小拱棚、温室以及全光喷雾、苗床增温等各种传统与现代设施及技术的应用,使植物的扦插繁殖也在不断改进,扦插季节和应用范围都在不断扩大,同时各项技术措施的配套也显得更加重要。

7.4.7.1 春季扦插

春季扦插属于硬枝扦插的范畴,是利用前一年生休眠枝或经冬季低温贮藏后的枝条进行扦插,适宜大多数植物。这时插穗内营养物质丰富,生根抑制物质已经解除或转化,但在相同的条件下,容易因地上与地下部分生长不协调而引起插穗内部代谢作用失调,导致扦插失败。因而春季扦插宜早,并要创造条件,首先打破枝条下部的休眠,保持上部休眠,待不定根形成后芽再萌发生长。

(1) 露地扦插

露地扦插是春季扦插最为常用的方法,包括垄插法和床插法等。

①垄插法 一般在上一年秋天在扦插地起垄,适用于扦插易成活的树种,以及在插穗较为粗壮、扦插地墒情较好的情况下使用。插穗长度一般为15~25cm,有时更

长。每个插穗带2~4个芽，上切口为平口，在最上端芽的上面1cm左右；下切口为斜切口或平口，在最下端芽的下面0.8cm左右。一般采用垂直扦插即可，插穗较长且插壤湿度较大时，也可采用斜插法。插穗垄插的株距为15~30cm，一般速生、乔木树种株距要大些，慢生、灌木树种株距要小些。

②床插法 又称为畦插法，是在扦插之前先做插床。在低温高湿的地区多做高床，而在高温低湿的地区多做低床。床插适合于扦插较易成活但插穗较细的树种，其枝条内部储存的水分和营养都较少，床插易于灌水保墒。插穗长度稍短，一般在6~15cm之间。每个插穗带2~4个芽，上下切口均为平口即可，上截口在最上端芽上面0.8cm左右，下截口在最下端芽下面0.5cm左右。

(2) 地膜覆盖扦插法

地膜覆盖扦插法有起垄覆膜扦插与床面覆膜扦插两种。

①起垄覆膜扦插法 做垄时垄面要处理光滑，以便覆膜时能使塑料薄膜和土壤的表面充分接触，否则会造成大量杂草产生和减弱保湿增温的效果。覆盖塑料薄膜后，要用细土将薄膜压实，防止透气。起垄覆膜扦插时，一般要求将插穗的下切口切成斜面，既有利于扩大愈伤组织的形成面，又有利于插穗穿过薄膜。因利用塑料薄膜覆盖可以提高地温，保持插壤的湿度，同时如果地膜与垄面接触紧密，新出的草芽能被表面高温烤死，起到除草的作用，因而应用越来越广泛。

②床面覆膜扦插法 在插床表面上覆盖一层地膜，要求地膜与床面紧密接触，不留空隙。插穗的密度可以加密到株距10~15cm，能很好地扩大育苗量。由于这种育苗方法生产的苗木密度大，生长季后期通风透光差，很容易造成病虫害的发生。因此，除及时防治病虫害以外，在适宜移植时，应及时进行苗木的移植。

(3) 保护地扦插法

对于一些较为珍贵稀有或难生根的树种，在早春用塑料大棚、温床、冷床等保护地设施进行扦插，可提高扦插成活率。保护地设施扦插育苗具有地温高、空气湿度大、其他环境因子也易于控制等优点，不足是造价高、操作不便、费时费工和面积不宜过大等。生产中使用塑料小拱棚较多，扦插时既可采用苗床扦插，也可用起垄扦插。在拱棚内扦插时，为最大限度地利用棚内有效空间，可适当加大插穗密度，待扦插苗生长到一定高度时，要及时移植，以提高育苗效益。

7.4.7.2 夏季扦插

夏季扦插属于嫩枝扦插的范畴，是指利用当年旺盛生长的嫩枝或半木质化枝条进行的扦插。一般针叶树采用半木质化的枝条，阔叶树采用高生长旺盛时期的嫩枝。由于夏季气温高，枝条幼嫩，易引起枝条失水而枯死。所以，夏插育苗的技术关键是提高空气的相对湿度，减少插穗叶面蒸腾强度，提高离体枝叶的存活率，进而提高生根成活率。因此，夏季扦插管理是围绕着如何维持扦插环境的湿度、保证插穗成活为前提展开的。常用的方法有塑料小拱棚扦插、温室与塑料大棚内气插以及全光自动间歇喷雾扦插等。

(1) 夏季塑料小拱棚扦插

小拱棚内扦插设施和上述春季塑料小拱棚扦插设施基本相同,只是由于夏季是采用嫩枝或半木质化枝条进行扦插,插穗上带有叶片,如果光线过强,会造成叶片枯萎。因而,夏插时要在塑料小拱棚的上面覆盖一层遮阳网或竹帘,以降低棚内光照强度,但同时要保证插穗叶片进行一定的光合作用,以利于扦插成活。用于夏季嫩枝扦插的小拱棚内,如果在拱顶加装水管与喷头等喷雾设施(图 7-26),则能更好地为插穗生根创造条件,因为喷雾在保证环境湿度的同时,也有效降低棚内的温度。

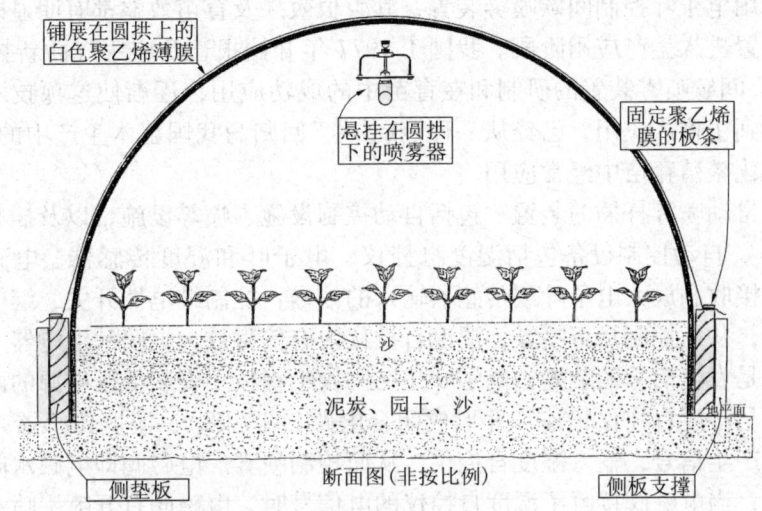

图 7-26　塑料小拱棚的结构示意图(Macdonald,2002)
悬挂在拱顶的喷雾器起到了保湿、降温的作用,与插床上基质的保水、透气作用配合,为插穗生根创造良好的条件

(2) 温室或塑料棚内气插

气插即雾插,通常采用温室或塑料棚等相对密闭的保护地设施进行,用固定架把当年生半木质化插穗直立固定,通过喷雾使其保持在高湿和适宜的温度之中,加之以一定强度的光照,从而促进插穗较快愈合并生根。气插因为插穗处于比土壤更适合的温度、湿度及光照环境条件下,所以愈合生根快,成苗率高,育苗时间短。如用常规方法比较难生根的枣树,用气插法 5d 生根率就可达到 80%;用土壤插需要 1 个多月才能生根的珍珠梅,气插后 10d 就能生根。气插法节省土地,可充分利用地面和空间进行多层扦插,其操作简便,管理容易,不必进行掘苗等操作,移植时根系不受损失,成活率高。如能够很好地运用人工方法调节外界环境条件,大大减弱外界不良环境的制约,如运用计算机自动调节温度、湿度,模拟植物生长所需的环境条件,便可以实现大量的工厂化育苗,大大提高劳动生产效率,降低单位扦插苗的生产成本。

(3) 全光自动间歇喷雾扦插

插穗在扦插后能否生根,往往需要经过较长时间才能表现出来,在这个过程中,前提是要保持插穗不失水。扦插过程中所采取的各种措施都是为了保证插穗生命活动所需的水分、营养和其他环境条件,喷雾便是这些措施中最有效的一种,在此基础上逐渐完善的全光自动喷雾扦插,已经使扦插育苗水平跃上了一个新台阶。

①全光自动喷雾扦插技术的发展　全光照自动间歇喷雾扦插是夏季露地使用最为普遍的一种嫩枝扦插的现代技术,它是以扦插繁殖理论的提高与喷雾技术的改进为基础迅速发展的。早在1941年,莱尼斯(Raines)、卡德尔(Gardher)和弗希尔(Fisher)等同时报道了应用喷雾技术可以促进插条生根。之后,赫斯(Hess)和施耐德(Schneider)曾提出应用时钟控制喷雾装置,兰亨斯(Langhens)和彼德逊(Petersen)发明了用阳光控制,特普顿(Tempeton)则提出空气湿润法。直到20世纪60年代,美国康乃尔大学发明了用电子叶控制间歇喷雾装置,其生根效果及育苗效益都有明显改善,使气插的喷雾装置进入生产应用阶段。我国于1977年开始报道并应用气插新技术,80年代"电子叶"间歇喷雾装置的研制和在育苗中的成功应用,逐渐使这项技术在我国苗木生产中得到了推广应用,已经从一种"新技术"回归为我国苗木生产中的常规技术,尤其在规模化繁殖育苗中经常应用。

②全光自动喷雾扦插的装置　包括自动控制设施、喷雾设施,以及插床与基质组成(图7-27)。自动控制设备包括湿度自控仪、电子叶和湿度传感器、电磁阀。其中湿度自控仪接收和放大电子叶或传感器输入的信号,控制继电器开关,继电器开关与电磁阀同步,从而控制是否喷雾;湿度自控仪内有信号放大电路和继电器。电子叶和湿度传感器是发生信号的装置,电子叶是在一块绝缘板上安装低压电源的两个极,两极通过导线与湿度自控仪相连,并形成闭合电路(图7-28);湿度传感器是利用干湿球温差变化产生信号,输入湿度自控仪,从而控制喷雾。电磁阀即电磁水阀开关,控制水的开关,当电磁阀接收了湿度自控仪的电信号时,电磁阀打开喷头喷水;当无电信号时,电磁阀关闭,停止喷水。全光自动喷雾装置对水源的压力要求为1.5~3.0kg/cm。喷雾喷头的种类与规格繁多,使用时应根据需要认真挑选,最好使用雾化效果较好的喷头。扦插床可根据实际条件建成不同的形状和大小,使用的材料也可因地制宜,但扦插基质应使用蛭石、珍珠岩、河沙等无土材料,主要是要保证通气与

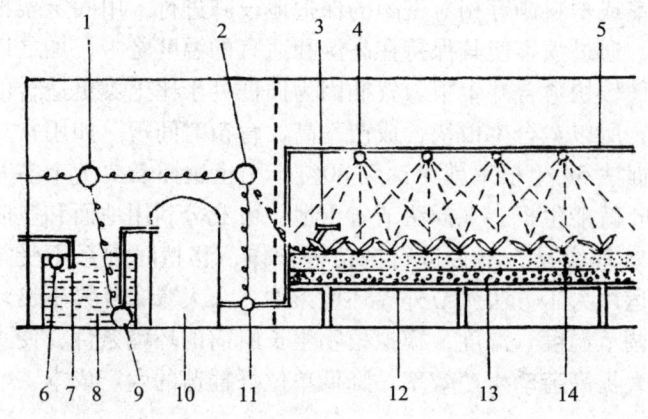

图7-27　电子喷雾系统(苗床)示意图
1. 电源　2. 继电器　3. 电子叶　4. 喷头　5. 水管　6. 浮标　7. 进水口
8. 水槽　9. 水泵　10. 高压水桶　11. 电磁阀　12. 温床　13. 低热装置
14. 基质

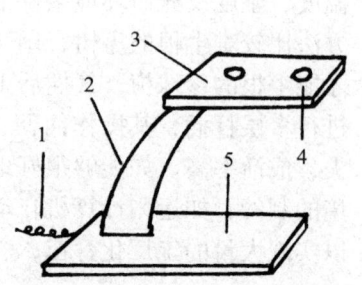

图7-28　电子叶结构示意图
1. 电源　2. 支架　3. 绝缘板
4. 电极　5. 底板

透水。

③全光自动喷雾扦插的工作原理 喷头能否喷雾,首先在于电子叶或湿度传感器输入的电信号。电子叶和湿度传感器上有两个电极,当电子叶上有水时,电子叶或湿度传感器闭合电路接通,有感应信号输入,微弱电信号通过无线电路信号逐级放大,放大的电信号先输入小型继电器,再带动一个大型继电器,在处于有电的情况下,吸动电磁阀开关处于关闭状态。当电子叶上水膜蒸发干时,感应电路处于关闭状态,没有感应信号输入小型继电器和大型继电器。大型继电器无电,不能吸下电磁阀开关,电磁阀开关处于开合状态,喷头喷水。水雾达到一定程度时,又使电子叶闭合电路接通,有感应信号输入,又经上述信号放大,继电器联动、吸动电磁阀开关关闭,这样周而复始地进行工作。

④全光自动喷雾扦插的注意事项 第一,扦插基质必须疏松通气,排水良好,防止床内积水,但又应保持插床湿润。第二,一般而言,插穗越长,所带叶片越多,生根率就随之提高,较大的插穗成活后苗木生长健壮,但太长会浪费插穗,因此,一般以15cm左右为宜。相反,插穗短小、叶片少,成活率低,苗木质量差,移栽成活率低。插穗下部插入基质中的叶片和小枝应事先剪掉。第三,自动喷雾扦插容易引起枝条内养分与激素溶脱,全光自动喷雾扦插若结合激素处理,能进一步促进插穗生根,特别是难生根的树种采用激素处理能提高生根率,增加根量且缩短生根时间。第四,全光自动喷雾扦插主要是在夏季露地进行,在其他季节可在温室等设施中进行,需要配合温床进行加温才可保证成活率。

7.4.7.3 秋季扦插

秋插属于硬枝扦插的范畴,是利用发育充实、营养物质丰富、生长已停止但未进入休眠期的枝条进行扦插。进入9~10月,日平均温度在15℃左右(白天最高与夜间最低温度分别为20℃与10℃左右),低温稳定在10℃以上;到10月中下旬,低温会降至10℃以下,基本生根条件无法满足。因此,秋插宜早,以利于物质转化完全,安全越冬,其技术关键是采取措施提高插床温度。常用的秋季扦插方法是采用塑料小拱棚保护地扦插育苗,南方地区秋季还可采用阳畦扦插育苗。

(1)塑料小拱棚扦插

塑料小拱棚扦插可以较好地保持棚内的气温,同时由于塑料薄膜的透光率高,棚内的光照条件也十分充足,为了进一步提高地温,可采用电热温床法或酿热物催根法。如果通过一定的技术措施,能够使插床的地温比棚内的气温高出3~5℃,将会较大地提高扦插成活率。秋季塑料小拱棚扦插一般在9月中下旬至10月中旬进行,许多树种都应适当早插,如月季、金银花、刺柏、圆柏等,在地温下降至10~15℃以下时当年无法生根。树种不同,生根速度不同,一般树种在扦插后1~1.5个月内即可生根。

秋季塑料小拱棚扦插的注意事项如下:

①对尚未彻底休眠的枝条插穗,尤其是阔叶树种,叶片应适当剪除1/2左右,用以控制其蒸腾强度,防止过多失水。

②扦插前期棚内湿度应给予保证，温度仍应严格控制在30℃以下。因此，适当地给叶面喷水保湿降温，以及通过遮阴降温是必要的。10月中旬以后，当棚内温度不可能升到30℃以上时，视气候条件可取消遮阴。

③插壤或基质湿度是插穗生根的关键因子之一，在扦插后灌足一次水后，只要插壤或基质有一定湿度保证，就不要急于灌水，以避免导致基质降温，影响生根。如有需要，可喷淋基质表层，要防止洇水过深。

④翌春气温回升后，原已生根的插穗发芽成苗，开始生长；尚未生根的插穗会继续生根。进入4月上旬后，棚内温度有可能升到30℃以上时，应采取降温措施，逐步放风炼苗，必要时应遮阴降温，直至插穗全部生根。5月1日以前撤棚，扦插苗留床转入正常养护或移植。

(2) 阳畦扦插

由于秋季气温逐步降低，采用阳畦扦插育苗只适用于南方秋季气温不是很低的地区。阳畦扦插要选择在地势较高、背风向阳的地方，有条件时可以在扦插基质下面加铺一层酿热物来提高地温，以利于插穗生根。

阳畦扦插的具体技术要求如下：

①阳畦结构采用半地下式，南低北高、斜面向阳。南墙和地表平，向下深30cm。北墙高50cm，高出地面20cm。扦插床南北宽约140cm，东西长视场地及规模确定。阳畦用农膜封盖，上覆蒲苫或农用保温毯。阳畦北侧、西侧可加风障。

②扦插基质以原床壤土为好，扦插后，上覆1~2cm厚的沙土，以防床面龟裂及阻断土壤毛管蒸发水分，保持插壤湿度。

③插后灌一次透水，畦面用塑料膜封闭后，要注意保持湿度，不可再浇透水，以免地温过分下降。如需要可在床内设喷头，少量喷水，补充插床湿度。

④冬季要是利用太阳能增温，一般9:00开始揭帘晒床，15:00盖苫保温。阴天盖苫保温。如此白天晒，夜晚盖，直至翌年3月中旬。床内地温可保持在10~15℃以上，基本满足生根条件。

⑤翌春地温回升，扦插苗开始正常生长发育时，要适时喷水，放风降温，控制阳畦内的气温不要上升到30℃以上，并逐渐炼苗至4月中旬，4月底前可将扦插苗移植出床。阳畦扦插苗一般不留床养护。

7.4.7.4 冬季扦插

冬季扦插也属于硬枝扦插的范畴，是利用打破休眠的休眠枝进行温床扦插。北方应在塑料棚或温室进行，在基质内铺上电热线，以提高扦插基质的温度。南方有些地区则可直接在苗圃地扦插。

(1) 露地扦插

冬季大田露地扦插与春季大田露地扦插的操作方法基本相同，只是要更注意适当控制扦插基质的湿度，因为此时气温低，土壤湿度大，会影响温度的升高，降低土壤中的含氧量，从而影响插穗愈伤组织的形成与生根。

(2) 小拱棚扦插

冬季小拱棚扦插与秋季小拱棚扦插的操作方法基本相同。在北方高寒地区使用这种小拱棚扦插方法，无论是气温还是地温都无法得到保障，因而无法采用。

(3) 温室大棚内地温增温扦插

冬季在温室大棚内进行地温增温扦插，主要是采用电热温床增温法来提高扦插基质的温度，促进插穗的生根成活。电热温床育苗技术特别适用于冬季落叶的乔灌木枝条，通过枝条处理后打捆或紧密竖插于苗床，调节最适的枝条基部温度，使伤口受损细胞的呼吸作用增强，加快酶促反应，愈伤组织或根原基尽快产生。如杨、水杉、桑、石榴、桃、李、葡萄、银杏、猕猴桃等植物皆可利用落叶后的硬枝进行温床育苗。

综上所述，因地区和树种不同，扦插方法和扦插时期有较大差别。如落叶树硬枝扦插在春、秋两季均可进行，但以春季为多，且在春季芽萌动前及早进行扦插，成活率较高。北方在土壤开始化冻时即可进行，一般在3月中下旬至4月中下旬。秋插宜在土壤冻结前随采随插，我国南方温暖地区普遍采用秋插。在北方干旱寒冷或冬季少雪地区，秋插时插穗易遭风干和冻害，故扦插后应进行覆土，待春季萌芽时再把覆土扒开。为解决秋插困难，减少覆土等越冬工作，可将插条贮藏至翌年春天进行扦插，较为安全，同时结合贮藏可进行生长素等各种促进生根的处理。落叶树的生长期扦插，即嫩枝扦插，多在夏季第一旺盛生长期终了后的稳定时期进行。生产实践证明，在许多地区，有些树种可四季扦插，如蔷薇、紫薇、石榴、栀子、金丝桃及松柏类等在杭州均可四季扦插。南方常绿树种的扦插，多在梅雨季节进行。一般常绿树发根需要较高的温度，故常绿树的插条宜在第一旺盛生长期终了，第二期旺盛生长期开始之前剪取。此时正值南方5~7月梅雨季节，雨水多，湿度较高，插条不易枯萎，易于成活。当然，塑料小拱棚、塑料大棚与温室等栽培设施，结合温床与喷雾等设备的使用，已经使扦插育苗的技术面貌焕然一新，使一些按传统技术无法进行扦插的树种、时期都得到了不同程度的突破，极大地提高了扦插繁殖的效率。

7.4.8 扦插苗的年生长发育特点与抚育管理

扦插苗从插穗扦插开始到秋季停止生长结束，在一年的生长周期中，包括成活期、幼苗期或生长初期、速生期和硬化期4个时期，各个时期的生长特点不同，奠定了抚育管理的目的与措施不同。

(1) 成活期

成活期是指自将插穗插入基质中到插穗下部生根，落叶树种插穗的上端发芽展叶，新生幼苗能够独立制造营养时为止；常绿树的插穗生出不定根时为止。在成活期，插穗还没有生根，落叶树也没有长出新叶（嫩枝扦插时带有部分原有叶片），其插穗新陈代谢能量主要来自本身所贮藏的营养物质。插穗的水分除了插穗原有的水分外，主要是下切口通过木质部导管从基质中吸收得到的。树木成活期持续的时间因树种的不同差异很大：生根快的需要2~8周，生根慢的需要3~6个月，甚至10个月左右。

成活期插穗经过愈伤、生根到展叶、发芽，形成幼苗的过程，需要适宜的温度、水分和氧气条件。通过各种设施或措施，如阳畦、地膜覆盖、塑料大棚或温室以及喷雾、加温、降温等，来满足各种扦插的需要，本质上都是通过满足插穗生根的条件来提高扦插成活率。温度，尤其是提高扦插基质的温度，往往是扦插繁殖首先要考虑的问题。生根困难的树种，在较高的温度（25～28℃）和空气相对湿度（80%～90%）环境下容易生根。但针叶树种生根需时较长，在高温高湿的环境中又必须防止插穗腐烂，经常通风降温，这对嫩枝扦插尤其必要。光线对常绿树种插穗的生根作用明显，适宜的光照对带叶的插穗促进生根作用明显，但光照过强又会使插穗水分过度蒸发，叶片干缩，不利于插穗成活。为了提高带叶插穗的成活率，一般要进行适当遮阴，在不影响成活率的前提下，透光度适当加大会加快生根速率和生根数量。采用自动电子叶间歇喷雾设施，会取得更好的效果。

（2）幼苗期或生长初期

落叶树种扦插的插穗，地上新生出幼茎，称为幼苗期；常绿树种因插穗具备已木质化的地上部分，但生长缓慢，所以称为生长初期。落叶树种幼苗期是从插穗的地下部分生出不定根，地上部分开始发芽展叶开始；常绿树种的生长初期是从地下部分已生出不定根，地上部分开始生长时起，到高生长量大幅上升时为止。

幼苗期与生长初期的生长特点是：落叶树种插穗的幼苗因地下部分已生出不定根，已能从土壤中吸收水分和无机营养，地上部分的叶子能够制造碳水化合物，所以该期前期根系生长快，根的数量和长度增加都比较快，而地上部分生长缓慢。到幼苗期的后期，地上部分生长快，逐渐进入速生期。常绿树种地上与地下部分的生长规律与落叶树相同。

幼苗期与生长初期持续的时间也因树种的不同有较大差异，一般在1～2个月之间。由于插穗已经生根，能够从基质中吸收矿质元素，因此，可开始追施氮肥和磷肥，促进幼苗生长。但是，幼苗对不良环境的抵抗力弱，应加强养护管理工作，防止过高或过低温度的危害。插穗生根时要求基质通气条件良好，所以既要适时灌溉，又要及时中耕松土。幼苗期要施用氮肥1～2次，并及时除草和防治病虫害。杨柳类乔木树种，当幼苗高达15～20cm时，要除掉插穗萌发的丛生嫩枝，选择保留最为粗壮挺直的一枝。如果在温室或塑料棚中进行嫩枝扦插，在幼苗期和生长初期的后期，应逐渐增加通风透光量，对苗木加以锻炼，使其逐步适应自然条件。

（3）速生期

扦插苗的速生期是从苗木高生长量大幅上升时开始，到高生长量大幅下降为止，因树种不同而表现出两种生长类型：全期生长型的树种，在北方的速生期为6月至8月末9月初，南方在9～10月前后；前期生长型的树种，速生期很短，到5～6月前后即结束。速生期持续的时间在北方为3～6周，在南方为1～2个月。对春季生长型即前期生长型苗木，要提前进行追肥灌溉。一般追肥1～2次，追肥深度要达到7～10cm。对杨、柳等速生树，需抹芽的要在速生期之初进行。高生长结束以后，为了促进苗木直径和根系生长，可在茎、根生长高峰之前追施氮肥，但施肥量不宜太多，以防止其秋季二次生长,影响苗木木质化与越冬时形成冻害。应及时进行灌溉,促进苗木高生长。在速生期后期应及时停止灌溉和施加氮肥。

(4) 硬化期

苗木硬化期是从苗木的高生长量大幅下降时开始,到苗木直径和根系生长都结束时为止。该期持续的时间因树种而异,大多数树种在1个月左右。硬化期的生长发育特点是:前期生长型苗木的高生长在速生期的前期已经结束,形成顶芽,到硬化期只是直径和根系进行生长,且生长量较大。而全期生长型苗木,高生长在硬化期还有较短时间的生长,而后出现顶芽。直径和根系在硬化期各有一个小的高峰,但生长量不大。因此,进入硬化期时,凡是能够促进苗木生长,不利于木质化的措施要一律停止,并在后期采取必要的越冬防寒措施。

7.4.9 扦插苗的收获与处理

扦插繁殖成功,扦插苗必须通过多次移植,才能培育为符合出圃要求的苗木。扦插苗一般经过一个生长季节生长后,就必须收获,即从原来的扦插床上或设施内起出来,经过一定的处理后再移植栽培,进一步培育。在整个苗木生产的产业链中,繁殖仅仅是苗木培育的基础环节之一。但在一些专门的繁殖苗圃,插穗生根成活后,扦插苗就要出圃,销售到其他培育大苗的苗圃;而在一些既繁殖又培育大苗的苗圃,这些过程就成了苗圃内部生产过程的不同环节。

对落叶树种的硬枝扦插苗,在落叶后休眠期从圃地裸根起苗。对速生树种而言,经过一个生长季后,扦插苗就长到足以起苗的大小;而对慢生树种来说,可能要留圃培养2年甚至3年才能够达到可以移植的大小。大多数落叶乔灌木的扦插苗在晚秋和早冬裸根收获时,在苗圃起苗与移植地点之间,超过90%的根系会受损。对裸根苗来说,采取合理的措施完成收获(起苗)、处理、贮藏、运输与种植5个步骤,应该能够解决苗木起苗移植中的各种难题(图7-29)。对一些种类的苗木而言,在起苗之前1年使用铁锹提前断根,或者使用机械断根(挖起植株,轻轻抬高,然后再连同土球放在原地),对移植是有好处的。虽然这样减缓了苗木在圃地中的生长,但它促进形成了一个更加完整的须根根系,减少了苗木移植时的风险。

起苗应该在无风的阴天进行,尽可能不要选在土壤湿的时候进行。在苗木移动时,大多数土可能要脱离根系,如果起苗少可用锹,量大时最好选用机械起苗。一旦裸根苗从地里起出,防止根系失水就变得至关重要。额外的水分损失或干燥会造成大量苗木损失。裸根苗根系失水迅速,因此,在起苗后要在合适的位置假植、冷藏或立即移栽到移植苗床上。商业苗圃经常要把苗木在整个冬季储藏几个月时间,一般是放置在冷凉、黑暗的房间或专门的贮藏库内,使用潮湿的树皮、锯末或其他材料保护根系。如果要保存更长时间,一定要在相对湿度为95%,温度为0~2℃条件下冷藏,并要妥善包装。一般而言,水分是限制移植成活的最主要的限制因素,在苗木贮藏后的处理过程中(主要在运输与移栽之前的过程),水分损失得最多,因此,在加工处理与移栽苗木过程中,要设法减少水分损失与水压降低。

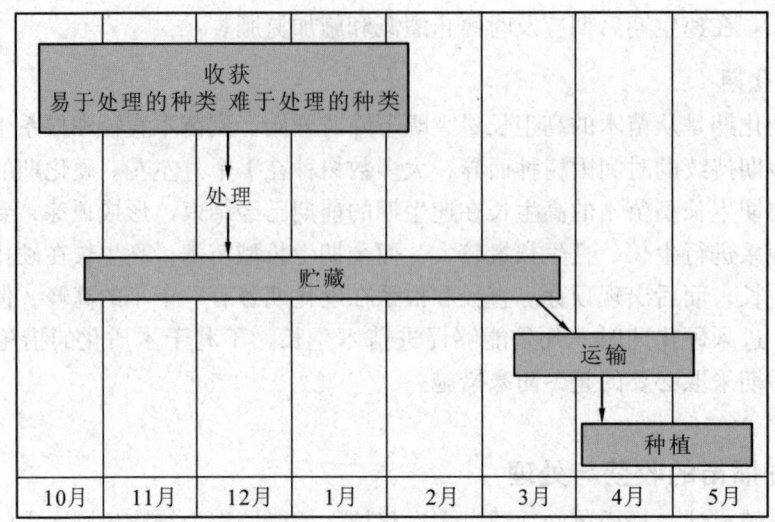

图 7-29　裸根扦插苗的加工处理程序（Kester 等，2002）
该程序也适用于播种苗、组培容器移植苗以及嫁接苗（美国俄勒冈）

除非植株非常小，否则阔叶与针叶常绿树种是不适宜像休眠期的落叶树那样进行裸根收获的。常绿树植株叶的存在，需要根系与土壤不间断地接触，因此，较大的可销售的常绿树常常可以种植在容器中或以土球苗（balled and buelapped，B&B）的形式起苗与销售。

7.5　嫁接繁殖与嫁接苗培育

嫁接（grafting）也称为接木，是指将一株植物的枝或芽接到另一株植物上，使其愈合生长，结合形成一株独立生长的新植株的技术。供嫁接用的枝或芽称为接穗或接芽（scion）；接受接穗或接芽的植株称为砧木（stock）；采用嫁接方法繁殖的苗木称为嫁接苗（graft）。常把使用枝为接穗进行嫁接的方法称为枝接（grafting），使用芽为接穗进行嫁接的方法称为芽接（budding）。在成活的嫁接苗中，下部及根系部分是砧木，上部及树冠部分是接穗，可见，嫁接苗就是人为地把两株植株部分结合起来形成的一个新的整体。如今，嫁接已成为农、林业改造植物本性、创造优质高产的一项关键技术措施，尤其是在园林苗木的繁殖生产中被普遍应用。

7.5.1　嫁接概述

7.5.1.1　嫁接的起源与发展

（1）嫁接在中国的起源与发展

嫁接技术在我国有着悠久的历史，一般认为它的发明和应用与早期对自然嫁接现象的认识及启发有关。在自然界里,经常存在自然嫁接(natural grafting)现象,即自然界邻近生长的两株树木,由于树体或枝条彼此靠近生长,在增粗过程中因相互摩擦产生伤口,经过愈合,两树连接成为一体继续生长。我国古代把这种现象称为"连理木""连理树"或"连理枝",被视为吉祥、联姻的象征,早就引起了广泛的重视:"况我连理树,与子同一身"(西汉苏武),"在天愿为比翼鸟,在地愿为连理枝"(唐白居易),"木连理,王者德泽纯洽,八方合一则生"(《宋书》),等等,就是对其高度关注的体现。据统计,一部《二十四史》记载连理木现象多达254次之多,《古今图书集成》(1726)中草木典第七卷木部记事一篇中,也多达126例之多。这种现象不仅在古代就存在(盛诚桂,1954),现在也仍然不少(图7-30)。正是这种自然现象的启示,加上扦插繁殖技术的发展,以及对半寄生植物种间关系的认识,诱发人们去联想、模仿、实践,经过数千年的创造与演进,形成了一套成熟完备的嫁接技术,为人类文明发展做出了重大贡献(周肇基,1998)。

我国的嫁接技术始于何时?《周礼·考工记》中有"橘逾淮而北为枳……次地气然也"的说法,是古人采用橘做接穗、枳做砧木,利用嫁接提高橘苗抗寒性与耐瘠薄能力的实例。《尔雅·释木》篇中"休无实李、痤接虑李、驳赤李",指的是以"无核李为砧木,以麦李为接穗,得到杂种赤李",讲的是李品种间的嫁接。考证这些嫁接繁殖的记载,可以发现中国嫁接的起源至少可以追溯到周秦时期,距今2300年以上(周肇基,1998)。

中国的嫁接技术自开始应用后,便不断演变、创新与充实完善。早在西汉《氾胜之书》,就记有"……下瓠子十颗,……既生,长二尺余,便总聚十茎一处,以布缠之五寸许,复用泥泥之。不过数日,缠处便合为一茎。留强者,余悉掐去。引蔓结子。子外之条亦掐去之,勿令蔓延。"从这一我国关于植物嫁接的最早记载,经过唐宋的发展,到明《群芳谱》与清《花镜》中对诸多花卉果木嫁接的总结与记载,可以说嫁接包含的内容十分丰富,嫁接技术已日臻成熟与完善。据对相关文献资料统计,我国古代的嫁接植物已包括了中国主要的35种果树,12种木本花卉,3种草本花卉,品种数以百、十计;10种经济林木,4种草本果蔬。按植物科属来分,分属于27科(周肇基,1998)。在这些古人的实践中,除了果树之外,嫁接在园林花木中的应用最为普遍,其方法可概括为身接、根接、皮接、枝接、靥接、搭接、贴接等多种,为现代嫁接技术的发展及应用奠定了基础。

(2)嫁接在西方的起源与发展

有人认为嫁接技术是我国古代发明后,经过小亚细亚传到欧洲的希腊、罗马,然后推广到全世界的,不过这些观点尚无可靠的历史记载。在嫁接方法上,我国自古以来多使用枝接,而日本的芽接应用得较早,因此,芽接法可能是海禁打开之后从日本传入我国的。在西方,早在古希腊时期,亚里士多德(Aristotle,前384—前322)与泰奥弗拉斯托斯(Theophrastus,前371—前287)都在他们的著作中认真讨论过嫁接。到了罗马帝国时期,嫁接已经非常普遍,嫁接方法在当时的文献中已被详细地描述,如

图 7-30　自然嫁接即连理枝的存在，启迪人类发明并完善了嫁接技术

A、B. 小叶榕的枝条彼此靠在一起，很容易自然愈合，形成各种特殊的苗木造型（广州陈村）　C. 两株圆柏长期靠在一起形成连理枝（北京故宫御花园）　D. 紫薇自然愈合形成特殊的紫薇屏风（成都都江堰）

在圣经（Epistle of the Romans）中，就讨论了"好的"与"野的"橄榄树间的嫁接。欧洲文艺复兴时期（the Renaissance period，1350—1600），人们对嫁接的兴趣再次高涨，大量的国外植物被引种到欧洲的园林中种植，并通过嫁接维持与保存。到 16 世纪，在英国广泛应用劈接（cleft grafts）与合接（whip grafts），虽然当时对形成层的性质尚不了解，但已经认识到在嫁接中必须对准形成层。由于没有嫁接蜡，繁殖者使用泥土裹封接口来促进愈合。17 世纪，英国的果园就开始种植通过芽接与嫁接繁殖的果树了。18 世纪初，靠接技术被研究报道，接着对木本植物嫁接愈合等进行了研究。大量的实践与研究逐渐积累，到 1821 年，有人描述了 119 种嫁接方法，而且这些工作在 19 世纪后期被继承与发扬下来，并对嫁接愈合进行了解剖学研究。贝雷(Bailey)于1891年在《苗圃之书》(Nursery Book)中描述与配图解释了当时在美国与欧洲通常使用的芽接与枝接的方法，这些方法除了细微区别外，与现在使用的嫁接方法已经基本相同了(Kester等，2002)。

从古代中西方嫁接起源与发展的历史来看，我国嫁接技术的发展时期与技术水平都要早于或高于西方国家。到了现代，嫁接技术的发展明显表现出中西融合并不断改进，以适应商品化生产的需要。自20世纪以来，随着塑料薄膜与蜡封接穗的应用以及栽培管理条件的改善，使嫁接技术的应用形式、范围以及效率都有了显著变化与改进，嫁接已从果树、观赏花木、经济林木扩大到瓜类蔬菜、药用植物与其他经济作物。对许多从前进行播种繁殖的植物，也经常使用嫁接繁殖来发展优良品种，促进了嫁接在商品化繁殖生产中的规模应用。

7.5.1.2　嫁接的特点与应用

嫁接在园林苗木生产中广泛应用，主要是由这种方法所具备的特点所决定的，具体体现在以下7个方面。

(1) 保持优良种性

嫁接繁殖方法是从具有优良性状的树种或品种上采穗，将其接在适宜的砧木上而形成独立生存的植株。嫁接苗的地上部分完全是接穗的继续生长发育，从而表现出采穗母株的优良性状，这正是现代苗木生产中要求苗木品质一致的基础。例如，将重瓣榆叶梅接穗嫁接在山杏、山桃或单瓣榆叶梅的实生苗砧木上，植株地上部分生长的就是重瓣榆叶梅，使重瓣性状得以保持；再如，把重瓣大花的牡丹优良品种嫁接到单瓣的'凤丹'牡丹或芍药根上，嫁接苗表现的是重瓣品种的优良性状(图7-31)。

(2) 增强抗性和适应性

有些具有优良性状的苗木种类在抗性和适应性上存在一定不足，如果选用适宜的、具有较强抗性和适应性的砧木，如野生种、乡土品种等进行嫁接，则可增强苗木的抗性与适应性。如在内蒙古呼和浩特一带，用当地的小叶杨做砧木嫁接毛白杨，可以使植株的抗寒能力增强，免受冻害；再如，我国古人利用橘、柚、枳三者的形态生理差异，用橘、柚做接穗，枳做砧木，使嫁接所得的橘、柚苗木的抗寒性与耐瘠薄能力有了提高(周肇基，1998)。

(3) 克服不易繁殖现象

许多园林花木品种，如榆叶梅、牡丹、碧桃、梅花等，因花高度重瓣而观赏价值倍增，但重瓣品种往往不结实或结实少，即使能够结实获得种子，但用种子繁殖的后代不能保持原来的观赏性状，因此不能采用播种繁殖方法；同时，有些园林植物品种扦插很难生根。这样，嫁接就成了解决这类苗木品种繁殖问题的唯一有效的方法。

(4) 扩大繁殖系数

对于一些播种繁殖容易出现变异，扦插不易生根的植物，用嫁接可以扩大繁殖系数。繁殖数量可由公式 $M = V^n$ 计算得出（M 为 1 株嫁接苗经 n 年嫁接繁殖的总数，V 为 1 株嫁接苗 1 年采得的接穗或接芽数量）。例如，将 1 个接穗嫁接成活后，经 1 年生长，如果可以采得 10 个接穗，嫁接就可得到 10 株嫁接苗，第 2 年则可采 100 个接穗，繁殖 100 株植株，以此类推，到第 5 年时可由最初的 1 个接穗，繁殖 10 万株嫁接苗。因此，嫁接是现代苗圃业常采用的苗木商品化繁殖技术之一。

图 7-31 牡丹 1 年生嫁接苗开花
嫁接砧木用单瓣'凤丹'牡丹根，一般在秋季嫁接，翌春开花，而播种苗开花需 4~5 年

（5）提早开花结实

由于接穗通常采自成龄植株，因此，与实生苗相比，嫁接苗开花结实较早。如果接穗采自已经开花结实成龄植株，往往嫁接当年就可开花（图 7-31）。同时，把幼龄的接穗嫁接到成熟砧木上，也可促进提前开花，因此，常常在园林树木育种中使用，目的是缩短对目标性状选择的时间，加快培育新品种的步伐。

（6）培育新品种

芽变是园林树木新品种培育的途径之一，当芽变产生新的具有观赏价值的性状时，可以采用嫁接方法将其固定下来，培育成为新品种。如欧阳修《洛阳牡丹记》中记载："'潜溪绯'者，千叶绯花，出于龙门山潜溪寺。……本是紫花，忽于丛中特出绯者，不过一二朵，明年移至他枝，洛人谓之转枝花。"所谓移至他枝，说的就是嫁接，明确'潜溪绯'这一优良牡丹品种（欧阳修有"二十年间花百变，最好最后潜溪绯"的名句）是选择芽变嫁接培育的结果。同样，在播种繁殖的后代中，当选择出具有优良性状的单株时，嫁接通常是进行无性系扩繁，培育新品种的主要技术手段之一。

（7）应用于园林树木养护

当一些名贵树种长势衰弱，或树木受病虫危害导致树势衰弱时，可在树旁栽植生长健壮的植株做砧木，通过桥接的方法与衰弱的树体嫁接，借助砧木的强壮根系恢复树势。当树冠发生空裸或因损伤出现缺枝时，可在空裸或缺枝部位，通过腹接的方法嫁接以填空补缺，恢复丰满美观的树冠。

此外，嫁接在园林苗木生产中还经常用于特型苗木的培育，如选用矮化砧培育矮化苗木，或选用乔化砧培育高大植株，如矮化佛手、乔化大叶黄杨（图 7-32）、龙爪槐等苗木的培育，都是利用嫁接改变苗木本来的株型、提高苗木商品应用价值的结果。当然，嫁接繁殖也有一定的局限性和不足，如嫁接必须要求砧木与接穗有较好的亲和力，使应用范围受到限制，嫁接苗寿命比实生苗短等。

图 7-32 嫁接是生产中改变株型、提高苗木观赏价值的常用技术
A. 大叶黄杨一般为低矮灌木,使用丝绵木为砧木嫁接可使其乔化,并培养为特殊的球形树冠 B. A 图局部放大,展示枝接后穗砧愈合生长的情况 C. 佛手嫁接在盆栽的柑橘砧木上,使株型矮化,培育为案头观赏佛手

7.5.2 嫁接成活的原理及影响因素

7.5.2.1 茎的构造及嫁接愈合

(1) 茎的构造

了解树木茎的构造是了解嫁接成活原理的基础。在解剖结构上,从树木茎(枝条)的横切面上大体可看到两个主要部分,即树皮和木材。前者由表皮、皮层与韧皮部构成,后者由木质部及髓构成,两者之间的接合处为形成层(图 7-33、图 7-34)。

表皮在茎的最外层,通常由一层细胞构成,对枝条起着保护作用。在茎增粗生长、表皮衰老时,由内部的皮层或更深处的韧皮部形成的木栓层,发育出周皮代替表皮起保护作用。皮层由数层生活的薄壁细胞组成,其内为由筛管、伴胞、韧皮纤维和韧皮薄壁细胞组成的韧皮部。皮层和韧皮部的薄壁细胞都具有生活的原生质体,常因受到刺激而反分化恢复分生能力,在产生愈伤组织、促进嫁接愈合中起着一定作用。在韧皮部以内,与茎中央的木质部之间,是由少数几层细胞组成的形成层,它是一种次生分生组织,具有旺盛的分裂能力。在正常情况下,形成层细胞向内分化产生次生木质部,向外分化产生次生韧皮部,使茎不断生长加粗。在嫁接繁殖中,砧木和接穗形成层之间的紧密接合往往是嫁接成活的关键之一。木质部是茎中最坚硬的部分，主要由导管和木纤维组成，对植物起到机械支撑作用，导管是根系吸收的水分和矿质元素的运输通道。髓是茎的中心部分，由生活的薄壁细胞组成，在大多数情况下，它是一种贮藏组织。在髓心形成层贴接法中，髓部薄壁细胞在嫁接愈合中发挥着重要作用。

（2）嫁接愈合成活过程

嫁接愈合是关系到嫁接是否成功的基本条件，它首先取决于砧木和接穗能否密切接合并通过形成愈伤组织很好地愈合在一起；其次是二者的输导组织是否能够互相沟通。有关枝接中嫁接愈合的全过程可以划分为以下5个阶段（图7-34）。

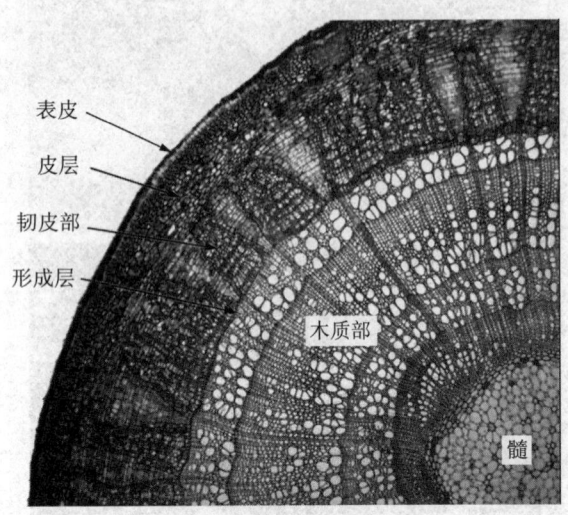

图7-33 木本植物茎的初生构造

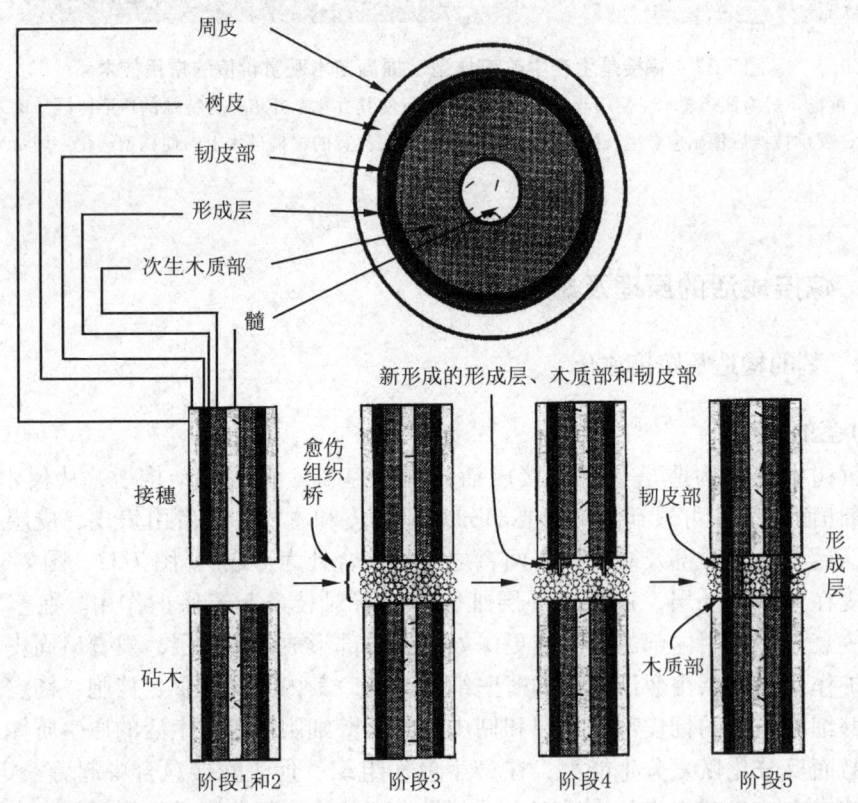

图7-34 茎的构造（茎横切面，上）与嫁接愈合的阶段（茎纵切面，下）示意图（Kester等，2002）

①砧木与接穗形成层对齐（阶段1） 最理想的状态是二者完全对齐并密接，但由于形成层很薄且砧木与接穗的大小规格很难完全一致，实际上是很难做到的，不过嫁接操作时至少要保证一部分形成层对齐并密接，因此，嫁接后使用适合的绑扎材料或方法进行绑扎是必要的措施，否则，后续的阶段就会延缓或根本不再发生。

②伤口反应与愈伤组织形成（阶段2） 砧木与接穗切伤后，其伤口部位细胞褐变死亡，并发育出创伤周皮，形成封闭层保护伤口；同时，伤口周围正常的薄壁细胞受刺激后开始分裂、生长，形成愈伤组织，从而为嫁接愈合奠定基础。愈伤组织除了来自形成层与伤口周围的细胞外，木射线、未成熟的木质部、韧皮部、韧皮射线等组织的生活细胞都有可能形成愈伤组织。

③愈伤组织桥形成（阶段3） 砧木与接穗的愈伤组织同时继续生长、发育，完全充满砧木与接穗之间的空隙，形成了愈伤组织桥，将砧木与接穗相互连接在一起。

④创伤修复木质部与韧皮部（阶段4） 在贯穿愈伤组织桥的维管形成层连接之前，一般要先分化出原始的木质部与韧皮部。创伤修复木质部的分化形成在韧皮部分化形成之前，木质部的管胞与韧皮部的筛管分子都从愈伤组织中直接分化出来，然后在中间再分化出维管形成层。例如，在月季、苹果等树种的芽接中，在愈伤组织桥内先分化出创伤形成层（wound cambium），由其活动产生新的木质部与韧皮部，即创伤修复木质部与韧皮部。

⑤维管形成层贯通与活动（阶段5） 维管形成层完全贯通愈伤组织桥，并开始进行典型的生长、分裂活动，产生新的韧皮部与木质部，使砧木与接穗紧密结实地连接在一起，形成嫁接联合体（graft union）。这一阶段应该在接穗的芽抽叶生长之前完成。

上述每个阶段经历的时间长短，因树种、接穗与砧木年龄及大小，以及环境条件等不同而异。而芽接的嫁接愈合过程与枝接有所不同，显得较为简单。图7-35表示T-型芽接的情况，当从砧木幼木质部中发育的愈伤组织细胞与T-型芽片暴露形成层和幼木质部中形成的愈伤组织细胞结合在一起时，就形成了嫁接联合体，嫁接成活。

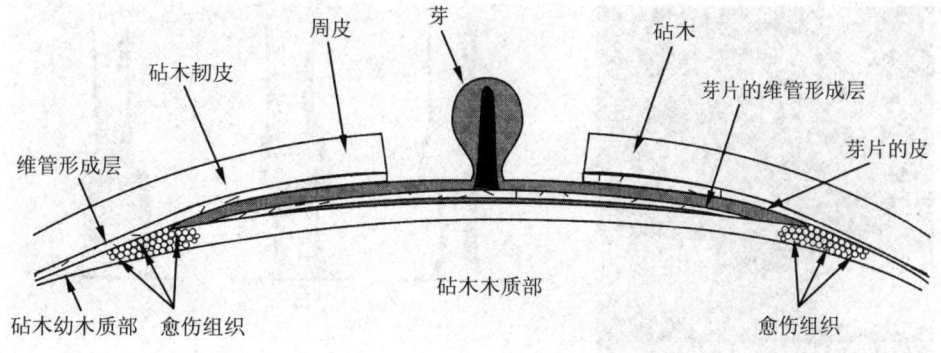

图7-35 T-型芽接中与芽片（接穗）和砧木愈合相关的组织图（Kester 等，2002）

7.5.2.2 影响嫁接成活的因素

(1) 影响嫁接成活的内因

影响嫁接成活的内因主要是指砧木与接穗双方的遗传特性、生理特性以及生活力等直接关系到嫁接亲和、愈伤组织形成与生长的内部因素,对嫁接成活有决定性影响。

①嫁接亲和力(graft compatibility) 是指砧木和接穗嫁接双方在内部组织结构、生理代谢和遗传特性上彼此相同或相近,因而能够互相结合在一起并正常生长发育的能力。与此相对应,把种种原因引起的砧木与接穗之间部分或完全愈合失败的现象称为嫁接不亲和(graft incompatibility)。亲和力是嫁接成活最基本的条件,一般认为砧木与接穗亲缘关系对其有重要影响。亲缘关系越近,嫁接亲和力越强;同属、同种、同品种间亲缘关系近的嫁接成活能力最强;同科异属间的亲和力较小,能嫁接成活并在生产上广泛应用的只有枫杨嫁接核桃等少数情况;科间嫁接在生产上很少应用。

对嫁接亲和力产生的原因至今尚不完全了解,亲和力的表现形式也复杂多样,常分为以下几种:

亲和力强 接口部位愈合良好,砧穗生长一致,不形成瘤包;嫁接苗生长发育正常、寿命较长。

后期不亲和或短期亲和 接口部位愈合良好,嫁接当时成活率很高,植株生长正常,但几年后逐渐出现生长衰退并枯死的现象。多表现在同科异属或同属异种之间的嫁接。如用壳斗科的栓皮栎(栎属)嫁接的板栗(栗属)容易出现这种现象。

半亲和(亲和力差) 接口部位愈合不良,具有明显的瘤包,或接口部位上下组细不一致,出现小脚(砧木细)或大脚(砧木粗)现象(图7-36),生长极缓慢,最终死亡。

不亲和 嫁接后接穗干枯,或暂时不干枯也不发芽,最终不能成活。

亲和力有无及其强弱是嫁接能否成功的内因,是嫁接时应首先考虑的问题。但至

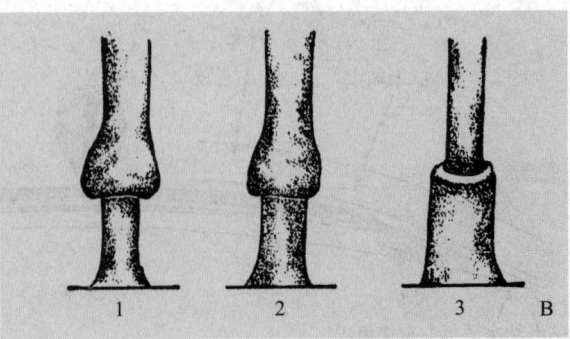

图7-36 嫁接亲和性表现
A. 柿树嫁接,亲和性强,接口愈合良好,砧穗生长一致
B. 亲和性弱,接口部位愈合异常
1. 小脚 2. 瘤包 3. 大脚

今对嫁接亲和性的判断，只能"实践出真知"，通过反复试验与大量实践获得，表7-7列举了我国常用园林树木亲和性砧穗组合，以资参考。

表7-7 我国常用园林树木亲和性砧穗组合及其特性（高新一、王玉英，2003）

树种（接穗）	砧木	嫁接目的和特性
乔松（*Pinus griffithii*）	华山松	乔松种子极少，可用嫁接繁殖
五针松（*Pinus parviflora*）	黑松	矮化，作树桩盆景
'金枝'千头柏（*Platycladua orientalis* 'Aurea'）	侧柏	保持金枝的特点
日本花柏的变种：线柏、绒柏、凤尾柏（*Chamaecy parispisifera* cvs.）	花柏	保持花柏变种的特性
'龙柏'（*Sabina chinensis* 'Kaizuca'）	圆柏或侧柏	可发展株型优良的龙柏
'翠柏'（*Sabina squamata* 'Meyeri'）	圆柏或侧柏	保持翠柏的特性
铺地柏（*Sabina procumbens*）	圆柏或侧柏	加速生长，保持铺地柏特性
圆柏（*Sabina chinensis*）	圆柏或侧柏	将不好的株型改接成美观株形
'塔形'铅笔柏（*Sabina chinensis* 'Pyramidalis'）	圆柏或侧柏	株型美，生长快
'金叶'桧（*Sabina chinensis* 'Aurea'）	圆柏	保持金叶性状
广玉兰（*Magnolia grandiflora*）	木笔、天目兰	发展广玉兰优种
山茶（*Camellia japonica*）	山茶花	发展优种
杜鹃花（*Rhododendron simsii*）	毛叶杜鹃、野杜鹃	发展优良品种，生长快，抗寒性强
桂花（*Osmanthus fragrans*）	小叶女贞	加速生长，保持优种特性
银杏（*Ginkgo biloba*）	本砧	繁殖丰产优质雌株或速生型雄株
白玉兰（*Magnolia denudata*）	紫玉兰	加速生长，保持优种特性
蜡梅（*Chimonanthus praecox*）	狗牙蜡梅或实生苗	发展优良品种
'红花'刺槐（*Robinia pseudoacacia* 'Decaisneana'）	刺槐	发展优种
球冠刺槐（*Robinia pseudoacacia* 'Umbraculifera'）	刺槐	发展优种
毛刺槐（*Robinia hsipida*）	刺槐	发展优种
'龙爪'槐（*Sophora japonica* 'Pendula'）	槐	一般采用高接得到下垂枝型
蝴蝶槐（*Sophora japonica* f.）	槐	高接，保持性状
'龙桑'（*Morus alba* 'Tortuosa'）	桑	得到垂枝型
垂枝榆（*Olmas pumila* 'Tenue'）	榆	得到垂枝型
'紫叶'李（*Prunus cerasifera* 'Atropurpurea'）	山桃、山杏	山桃砧生长旺，叶色暗紫；山杏砧生长弱，叶色鲜红
北海道黄杨（*Euonymus japonicus*）	大叶黄杨	获得抗寒直立型植株
海棠花（*Malus spectabilis*）	海棠、山荆子	发展优良观赏品种
垂丝海棠（*Malus halliana*）	西府海棠	保持品种优良特性
樱花（*Prunus serrulata*）	山樱桃实生苗	发展优良品种
榆叶梅（*Prunus triloba*）	山桃、毛樱桃	山桃砧呈乔木树冠，毛樱桃砧呈灌木树冠

(续)

树种（接穗）	砧 木	嫁接目的和特性
梅花（*Prunus mume*）	山桃、山杏	发展栽培观赏品种
'碧桃'（*Prunus persica* 'Duplex'）	山桃、毛桃	发展栽培观赏品种
挪威槭（*Acer platanoides*）	挪威槭	发展优良风景林
黄栌（*Cotinus coggygria*）	本砧	发展红叶优种
冬青（*Ilex chinensis*）	美洲冬青	发展优种
扶桑（*Hibiscus rosa-sinensis*）	本砧	发展优种，生长快
牡丹（*Paeonia suffruticosa*）	芍药	嫁接易成活，操作简便
欧洲丁香（*Syringa vulgaris*）	女贞、白蜡树、本砧	发展优良品种，加速生长
三裂荚蒾（*Viburnum trilobum*）	齿叶荚蒾实生苗	发展雪球等优种
玫瑰（*Rosa rugosa*）	各种蔷薇	加速发展良种
现代月季（*Rosa hybrida*）	白玉堂	无刺，嫁接方便，根系发达，亲和力强
	白玉堂实生苗	生长快，亲和力强
	粉团蔷薇	培养树形月季

②砧木和接穗的生理特性　砧木、接穗的生理特性是影响亲和力与嫁接成败的主要因素。在嫁接繁殖中，当砧木对水分与养分的吸收，与接穗的消耗接近，或者接穗合成的养料与砧木的需要接近时，二者亲和力强，易成活。形成层旺盛活动时期，砧木树皮容易剥离，芽接时插入接芽容易，成活率最高。若砧木和接穗的根压不同，如砧木根压高于接穗，生理活动正常，嫁接能够成活；反之，就不能成活。这是有些嫁接组合正接能成活，反接却不能成活的原因。有些植物的代谢产物，如酚类物质（单宁）、树脂等，往往对嫁接愈合有阻碍作用。如核桃、柿树等含酚类物质，遇空气即氧化变黑，影响愈伤组织形成；松柏类植物切口常流出树脂物质，也影响愈合；山桃、山杏做砧木芽接时，也常流出树胶，使砧穗隔离而不能愈合。

③砧木和接穗的生活力　只有在砧、穗保持生活力的情况下，愈伤组织才可能在适宜的条件下形成、生长，为嫁接成活创造条件。植株生长健壮，营养器官发育充实，体内贮藏的营养物质较多，嫁接就容易成活。所以，要选择生长健壮、发育良好的砧木，同时要从健壮的母树上选取发育充实的枝条剪取接穗。砧木和接穗任何一方生活力差，都会影响其形成层活动及其再生能力的发挥，使嫁接成活的可能性降低。砧木拥有天然的根系，生活力一般都较强；而接穗是切离母树的部分，如何保持其生活力，是保证嫁接成活的关键之一。反映接穗生活力的主要指标是含水量，所以在繁殖实践中，不论是在嫁接前接穗的运输和贮藏过程，还是嫁接后的管理，都要特别注意防止接穗失水。

（2）影响嫁接成活的外因

亲和力等影响嫁接成活的内因，必须在适宜的环境条件以及正确操作下才能够发挥作用，因此，各种外因同样是影响嫁接成活的重要因素。

①环境因素　环境因子对嫁接成活的影响主要是通过影响愈伤组织的形成与生长发挥作用，其中最主要的是湿度，此外还有温度、湿度、光照与空气等。

湿度　愈伤组织的形成与生长必须有一定的湿度环境，同时接穗也必须在一定的湿度条件下才能保持生活力，因此，湿度是影响嫁接成活最为重要的环境因素。一般枝接后需要3~4周、芽接需要1~2周的时间，砧木与接穗才能愈合，这段时期保证嫁接部位的湿度，是保证嫁接成活的关键。否则，愈伤组织无法生长、接穗失水干枯等会导致嫁接失败。所以，在嫁接时需要采用保湿材料绑缚、涂抹接蜡、套袋或培土等方法，保持接合部位湿润，并防止接穗失水。

温度　形成层和愈伤组织的活动需要在一定温度下才能正常进行。大多数植物在20~25℃的温度范围内，各种生理活动活跃，形成层活动旺盛，愈伤组织形成快。所以，选择温度适宜的季节进行嫁接，是保证成活的一个重要条件。有研究表明，不同树种愈伤组织生长的最适温度各异，这与树种自然萌芽、生长的最适温度有关。如物候期早的桃、杏，愈伤组织生长的最适温度较低，为20℃，物候期中的核桃、苹果、梨略高，为20~25℃，而物候期晚的枣树适合高达30℃左右的温度（俞玖，1998）。因此，在春季嫁接时，各树种的嫁接时间与次序，可根据树种物候期判断确定；而在夏、秋嫁接时，温度都能满足愈伤组织生长的需要，嫁接时间与次序要根据生长停止早晚或植株产生单宁、树脂等抑制物质的多少来确定。

光照　光照对愈伤组织的生长有明显抑制作用。在黑暗条件下，愈伤组织产生多，呈鲜嫩的乳白色，砧、穗易愈合；而在光照条件下，愈伤组织较少且外层硬化，呈浅绿色或褐色，砧、穗不易愈合。因此，在生产中，使用不透光的材料进行绑缚，或采用培土方法，在嫁接部位创造黑暗条件，有利于愈伤组织形成，提高成活率。

空气　氧气也是愈伤组织生长的必要条件之一。在嫁接繁殖中，采取各种绑缚方法或材料防止水分散失、保持湿度的同时，必须考虑到嫁接愈合对空气的需要，以免造成氧气供应不足或愈伤组织窒息死亡。在嫁接后用培土法保持湿度时，当含水量突然大于25%时会造成空气供应不足，影响愈伤组织生长，嫁接难以成活。因此，协调好保持湿度与保证空气的矛盾，是嫁接繁殖中需要注意的问题。

②嫁接技术　嫁接本身是一种技巧性很强的技艺，每个技术环节操作失当都可能对最后的结果造成致命影响。如果切削接穗时不够平滑，砧木与接穗的切削面不能紧密贴合，缝隙过大，就会使双方愈伤组织接合时间延迟，甚至不能结合；嫁接时砧木与接穗的形成层不能对准对齐，就会使嫁接成活率降低；如果砧木和接穗只有极少部分的形成层相接，虽然能成活，但在接穗生长到一定时期后，叶片增多增大，蒸腾作用增强，最后接穗仍会死亡；枝接要求接穗形态学下端与砧木形态学上端相接，如果倒置嫁接一般不能成活；绑缚方法或材料使用不当，也常造成嫁接失败。凡此等等，均说明嫁接技术的每个步骤与环节都是非常重要的。

在嫁接繁殖技术体系中，影响嫁接成活的因素不是孤立的，各种内外因素相互作用、综合影响着嫁接的结果。因此，不仅要了解单一因素的影响，还要分析各因素之间的相互关系及综合影响，才能够根据不同情况采取相应的措施，达到嫁接成活的目的（图7-37）。

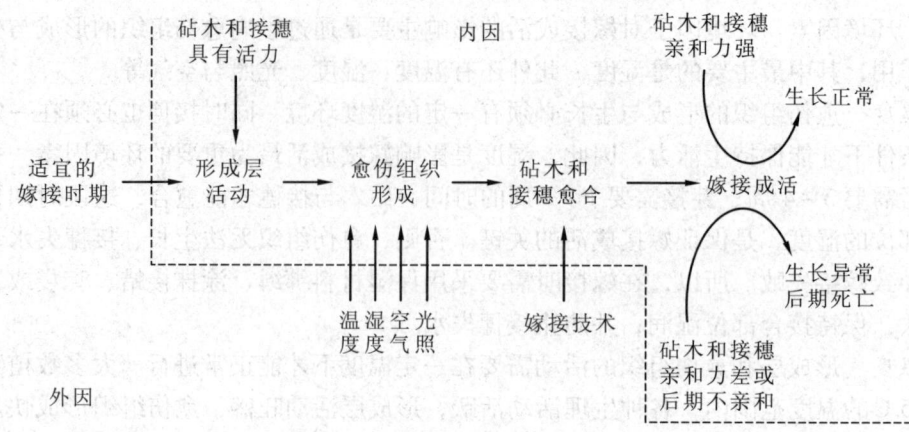

图 7-37　各种因素对嫁接成活的影响

在影响嫁接成活的诸因素中，嫁接亲和力是基础，砧木和接穗的生活力是关键，适宜的环境条件与嫁接技术是保证。无亲和力的嫁接，不论砧木和接穗的生活力多么强也不能成功；有亲和力的嫁接，如果砧木和接穗失去生活力也不能成功。在环境条件中，湿度是保证嫁接成活的主导因素，它是愈伤组织形成和保持接穗生活力的重要条件。实践证明，影响嫁接成活的湿度、温度、光照与空气以及嫁接技术等外部因素，并不具有等同或平行的作用，湿度在其中发挥着关键作用，它不仅直接影响着其他外部因素发挥作用，而且也影响砧木与接穗的生活力等内部因素发挥作用。

7.5.3　砧木与接穗的相互影响与选择

7.5.3.1　砧木与接穗的相互影响

嫁接苗是两个不同植物的结合体，砧木和接穗必然会相互发生影响，使嫁接植株表现出原来不曾有的某些特性。例如，嫁接植株优良的生产特性主要来自接穗的特性，这是砧木不曾有的；而植株的抗性表现一般来自于砧木，又是接穗不曾有的。接穗代表的栽培品种即嫁接的目标品种，是人们有目的地选择培育而成的，具有优良的生产性状。但由于它们是在优越的人工培育条件下形成的，其抗旱、抗寒、耐瘠薄和抵抗病虫害的能力往往较野生种差。相反，野生种由于长期生长在多变的环境中，一般适应性较强，能在自然条件较差的情况下生长发育。利用嫁接技术，将观赏或生产性状优良的栽培品种用作接穗，嫁接到抗性强、适应性广但观赏与栽培性状较差的砧木上，就能取其所长、弃其所短，实现砧木与接穗的优势互补，这一点在嫁接繁殖中具有普遍意义。

人们很早就发现砧木能够对嫁接植株的体型产生影响。有的砧木能使嫁接植株的株型变得高大，这种砧木称为乔化砧。例如，用山桃、山杏做砧木嫁接梅、桃，植株生长旺盛，树体高大。有的砧木能使嫁接植株体型变得低矮，这种砧木称为矮化砧，例如，寿星桃是一类枝条节间短、株丛紧密、呈矮灌木状的桃花品种，用其做砧木嫁接的桃，树体明显低矮。在一般嫁接植株上，人们往往只注意砧木对接穗的影响，事实上，由接穗发育而成的树冠对砧木的根系发育也有影响。例如，用杜梨做砧木嫁接的梨，用枫杨做砧木嫁接的核桃，其植株根系分布往往较浅，而且多分蘖。

7.5.3.2 砧木与接穗的选择与培育

(1) 砧木的选择与培育

砧木的质量是培育优质嫁接苗的基础之一，因此，砧木的选择与培育作为嫁接繁殖技术的基本内容，应予以高度重视。一般在选择砧木时，应注意掌握以下原则：与接穗有良好的亲和力，具有适应当地气候、土壤等环境条件的能力，在某一个或某几个方面的抗性表现突出，对接穗优良性状的表现有保持或增进的效果，以及易于大量繁殖。

由于播种苗具有抗性与适应性强、寿命长、易繁殖等特点，通常采用播种繁殖培育砧木。对于种子来源不足或播种繁殖困难的树种，也可采用扦插育苗方法培育；有时也采用如压条、分株等其他方法培育砧木。嫁接使用的砧木苗地径以 1~3cm 为宜，苗龄最好是 1~2 年生，生长慢的树种也可 3 年生。如果是高接，应培育成具有一定高度主干的砧木苗。培育砧木苗除正常水肥管理外，也可采用摘心方法来控制苗木高生长，以促进加粗生长，使苗木能尽早达到嫁接所要求的粗度。如果砧木苗是用于芽接或插皮接，可于嫁接前 1 个月左右，在苗木基部培土，并加强施肥灌水，促进砧木苗形成层的生长活动，以使砧木苗皮层易于剥离，既方便嫁接操作，又有利于嫁接苗成活。在商品化嫁接繁殖技术体系中，砧木的选择与培育是关系到嫁接质量与效益的关键环节之一，因此，应建立专门的砧木培育圃，按标准化要求进行生产管理。

(2) 接穗的选择、培育、采集和贮藏

接穗是嫁接繁殖的主要对象，选择接穗一般应注意掌握以下原则：接穗品种应具有稳定的优良性状，具有市场销售潜力；采穗母树应是生长健壮的成龄植株；接穗应选用树冠外围中上部的 1 年生枝条；接穗枝条应健壮充实，芽体饱满，充分木质化，匀称光滑，无病虫害。

为了保证嫁接苗的品质一致，苗圃应该建立专门的采穗圃，培养健壮、整齐的优质采穗母树。接穗的采集因嫁接方法不同而异，芽接使用的接穗一般采用当年的发育枝，宜随采随接。从采穗母株上采下的穗条，要立即剪去嫩梢，摘除叶片，以减少枝条水分散失，但应注意保留叶柄，保护腋芽不受损伤。采集的接穗枝条应及时用事先准备好的湿布包裹，以防止枝条失水。

剪采的穗条如果当天使用不完或不能及时使用，可将下端浸于清水中，置于阴凉处保存，每天换水 1~2 次，可短期保存 4~5d；若需要保存较长时期，应将枝条用湿布或其他保湿材料包裹，放在冷窖、冷库或冰箱内，于 5℃ 左右的低温环境下保存。枝接使用的接穗一般是在秋冬季节采集的休眠期枝条，供翌年春季嫁接使用。采回的穗条要先整理打捆，系挂标签，标明品种名称、数量、采集日期和地点等，并做好记录。然后采用沙藏方法（与种子、插条沙藏方法相同）进行贮藏。也可用蜡封法贮藏，即先将市售的工业石蜡切成小块，放入容器中加热溶化；把穗条切成 10~15cm 长，在蜡液中速浸（先在一端蘸一下，取出后蘸另一端），使其表面形成一层均匀的蜡膜，然后成捆装入塑料袋中，放置在0~5℃的条件下贮藏备用。

7.5.4 嫁接的时期及准备工作

7.5.4.1 嫁接的时期

嫁接时期的选择与树种生物学特性、物候期和嫁接方法均有密切关系，因此，根据树种特性，采用适宜的嫁接方法和在适宜的时期进行嫁接是保证嫁接成活的关键之一。目前在园林苗木的生产上，枝接一般在春季3~4月进行，芽接一般在夏秋季6~9月进行；但春季也可以用带木质部的芽接或夏季用嫩枝枝接。虽然随着嫁接技术的不断改进，如接穗低温贮藏、蜡封保湿处理、大棚与温室等设施应用，嫁接可以在四季进行，对嫁接时期的要求趋于不十分严格。但是为了节约生产成本并获得稳定的成活率，还是应该在合适的气候条件下进行嫁接繁殖，这样也便于遵循自然季节变化，科学利用水、气、热等环境条件，使嫁接苗培育更为经济、合理。

一般枝接最适宜的嫁接时期是春季。春季温度逐渐升高，接后砧木与接穗愈合快，成活率高，而且管理方便。在北京地区春季枝接，理论上一般以3月下旬至4月上旬最好，因为此时树液已开始流动，细胞分裂活跃，嫁接后接口愈合快，容易成活。但对含单宁较高的树种，如核桃、柿树等，嫁接时期应稍微晚些，一般在4月20日以后，即谷雨至立夏前后最为适宜。

由于树种特性和各地气候条件的差异，不同地区最适宜的嫁接时间也不同，即使同一树种在不同地区嫁接，其适宜时间也各异。均应选在最有利于形成愈伤组织的时期进行。针叶常绿树的枝接时期以夏季较为适宜，如'龙柏'(*Sabina chinensis* 'Kaizuka')、'翠柏'(*S. squamata* 'Meyeri')、'偃柏'(*S. chinensis* var. *sargentii*)、'洒金'柏(*S. chinensis* 'Aurea')等，在北京地区以6月嫁接成活率最高。

芽接可以在春、夏、秋三季进行，但以夏末秋初为最适宜。夏季芽接以使萌发的枝条在进入休眠期时能充分木质化为宜，以便安全越冬；秋季芽接则不要过早，以防止接芽当年萌发。芽接的适宜时期，要根据树种的生物学特性和当地的环境因素确定，如北京地区进行芽接，除柿树4月下旬至5月上旬，龙爪槐、江南槐（毛刺槐）等以6月上旬至7月上旬最适外，大多数树种以秋季最适，即8月上旬至9月上旬。秋季芽接，气温尚可满足愈伤组织形成的要求，使接芽与砧木愈合，又不至于使接芽当年萌发，受到冬季低温的冻害，有利于安全越冬。

7.5.4.2 嫁接工具和用品

嫁接与做手术一样，需要提前准备好各种工具（图7-38）和用品。主要包括以下几种。

①剪枝剪　用于剪截接穗和较细的砧木。

②芽接刀　芽接时用于切削接芽和在砧木上切口。芽接刀刀柄末端有一角质片，专用于撬开切口，也可用锋利的小刀代替。

③劈刀　用来劈砧木切口。刀刃用于劈开砧木；楔部用于撬开砧木劈口。

④接桑刀　枝接时用于切削接穗和在砧木上切口。因多用于嫁接桑，故名为接桑刀。

⑤手锯　用于锯较粗的砧木。

⑥绑缚材料　用于固定接穗、接芽，使接穗与砧木紧密贴合，保持接口湿度。绑缚材料多用塑料条带，也可用麻皮、蒲草、稻草、马蔺等。

⑦接蜡　用于涂接口，防止水分散失和雨水浸入，对伤口有保护作用。接蜡有液体和固体两种，制作方法不同。固体接蜡，原料是松香4份、黄蜡8份、动物油（或植物油）1份。先将动物油（或植物油）高温加热，再放入松香、黄蜡使其溶化，混合均匀，然后倒入长方形铁皮模具中，浸于冷水中凝固成

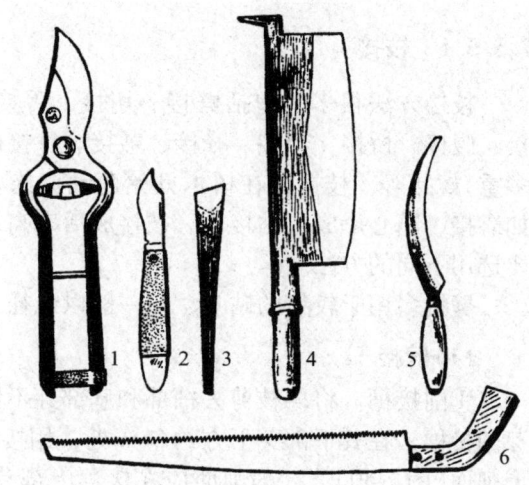

图 7-38　常用嫁接工具
1. 剪枝剪　2. 芽接刀　3. 铅笔刀
4. 劈刀　5. 接桑刀　6. 手锯

块。使用时需加热溶化，用毛笔蘸取接蜡涂抹接口。液体接蜡，原料是松香8份、动物油1份、酒精2~3份、松节油1份。将松香和动物油一同加热使其溶化，稍放冷后再缓慢注入酒精和松节油，边注入边搅拌，即成液体接蜡。使用时临时配制，不可久存，否则酒精容易挥发。

7.5.5　嫁接的类型与嫁接方法

嫁接方法多种多样，一般根据接穗的性质不同可分为枝接和芽接两大类型（俞玖，1998）（图7-39）。有时，也根据使用砧木的多少，分为单砧嫁接（只使用1个砧木嫁接，一般的嫁接多属于此类）与复砧嫁接（使用2个以上砧木嫁接，如双砧接、多砧接与中间砧接）；或根据嫁接时砧木的状况分为地接（砧木生长在土中，包括在苗圃大田与各种容器中进行嫁接）、掘接（将砧木从土中掘起，带回室内进行嫁接）以及扦插嫁接（将砧木剪下作为插条进行嫁接，然后再行扦插，使砧木生根成活）（蔡以欣，1957）。然而，不论嫁接类型如何划分，具体的嫁接方法与技术内容基本上没有很大的差别。下面按枝接与芽接两种类型，简要介绍常见的嫁接方法。

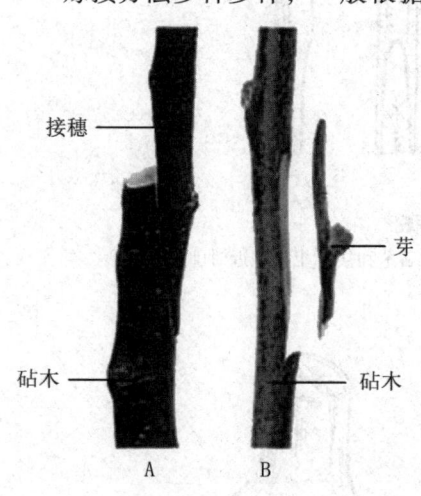

图 7-39　园林苗木嫁接的基本类型
A. 枝接　B. 芽接

7.5.5.1 枝接

枝接方法很多,包括劈接、切接、舌接、插皮接、袋接、髓心形成层贴接、靠接、腹接、桥接、合接、峰接、鞍接、榫接以及条接条、根枝嫁接(根接)、二重(或多重)嫁接等。枝接多在树木开始萌动尚未发芽前进行,也有在生长期进行枝接的,如靠接、髓心形成层贴接等。枝接成活率高,嫁接苗生长快,在生产中可根据实际需要选用不同的方法。

劈接多用于较粗的砧木,但一般以地径2~3cm的砧木为宜。劈接方法如下:

(1) 劈接

①削接穗 将穗枝剪去梢部和基部芽不饱满的部分,截成5~6cm长、含2~3个芽的接穗,在其下部芽下方约3cm处,用接桑刀或芽接刀将两侧削成2~3cm长的楔形削面(图7-40)。一般削面应在接穗上部芽的两侧下方,这样伤口离芽较远,对芽的萌发生长影响较小。如果砧木比较粗,接穗应削成偏楔形,接穗上部芽所在的一面较厚,反面较薄,以利于砧木夹持;如果砧木和接穗粗度相近,接穗可削成正楔形,这样不但利于砧木夹持,而且砧、穗两者接触面大,对愈合有利。接穗削好后要立即嫁接,以防止水分散失,并应注意勿使接穗削面沾染泥土。

②劈砧木(图7-41) 劈砧木前先清除砧木周围的土、石块、杂草。在砧木5~10cm高处剪断或锯断,断口面要用快刀削平。劈口深约3cm,注意不要让泥土落入。

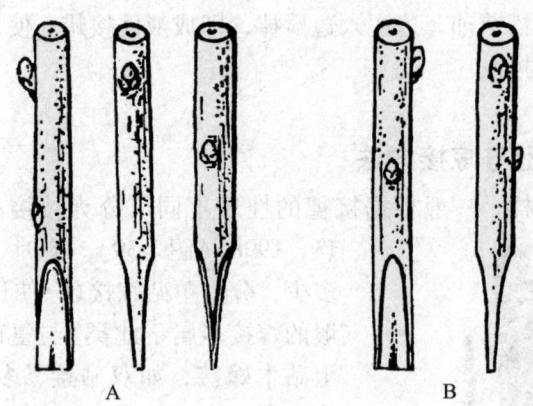

图7-40 劈接之削接穗
A. 砧木较粗时削成偏楔形,接穗的侧面、正面与反面;砧木和接穗粗度相近时削成正楔形
B. 接穗的侧面、正面

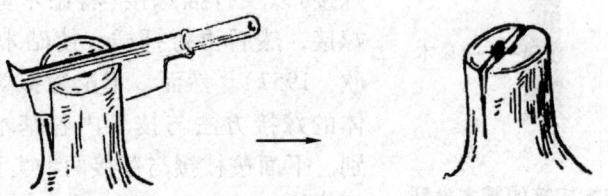

图7-41 劈接之劈砧木
横断砧木后再劈开切口,劈口位置应视砧木粗度而定

劈砧一般选择砧木断面中心位置做劈口，如果砧木较粗，劈口可选择断面的1/3处；如果砧木断面为椭圆形，劈口宜选择短轴方向，这样可使接穗夹得更紧；如果砧木较细，劈口宜选长轴方向，以加大砧木与接穗削面的接触面。

③插接穗（图7-42A）　用劈刀楔部撬开劈口，插入接穗，并使穗、砧形成层对准。如果接穗比砧木细，宜紧靠一边，保证其有一面和砧木形成层对准；粗砧木还可两边各插一个接穗，出芽后保留一个健壮的。接穗削面不宜全部插入，宜"留白"2～3mm，以利于愈合。劈接一般不绑缚；在砧木较细、夹持力不够时可绑缚。

④埋土（图7-42B）　插好接穗后，可先抹黄泥封盖劈口，以避免泥土掉入，然后用潮湿土壤把砧木和接穗全部埋上。注意砧木以下部位用手按实，接穗部分埋土稍松些，接穗上端埋土要更细更松些，以利于接穗萌芽出土。

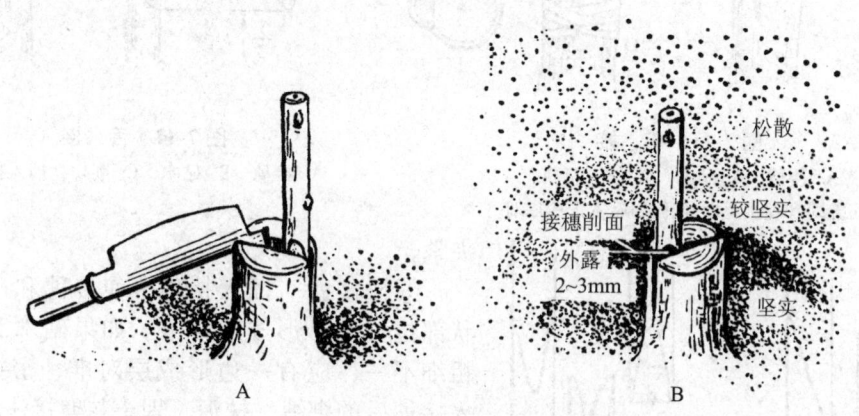

图7-42　劈接之插接穗（A）与埋土（B）
接穗插入要注意留白，埋土要注意土壤含水量适中，防止水分直接渗入接口

（2）切接（图7-43）

切接适用于地径1～2cm的砧木。切接方法如下：

①削接穗　在接穗下部芽的背面下方1cm处切削，削掉1/3的木质部，削面应平直，长约2cm，再在削面的背面下端斜削一个小削面，稍削去一些木质部。

②切砧木　在离地面5cm左右处剪断砧木，选择砧木皮厚、光滑、纹理顺的地方，在砧木直径1/5～1/4的位置带木质部垂直下切，切口深度2～3cm。

③插接穗　插入接穗，使其长削面两边的形成层和砧木切口两边的形成层对准、贴紧。如果砧木粗而接穗细，必须保证有一边的形成层对准。插接穗时上端留白2～3mm。绑缚、抹泥和埋土同劈接。

（3）舌接（图7-44）

舌接适用于地径1cm左右的砧木，并且接穗和砧木的粗细大体相同。舌接方法如下：

①削接穗　在接穗下部芽背面削成3cm左右的斜削面，然后在削面由下往上的1/3处，顺着接穗往上切开一个长约1cm的切口，形成一个舌状。

②削砧木　在砧木上部削成3cm左右长的斜削面，在削面由上往下的1/3处，顺着砧木往下切，切口长约1cm，恰与接穗的斜削面相对应，以便能够与接穗互相交叉、

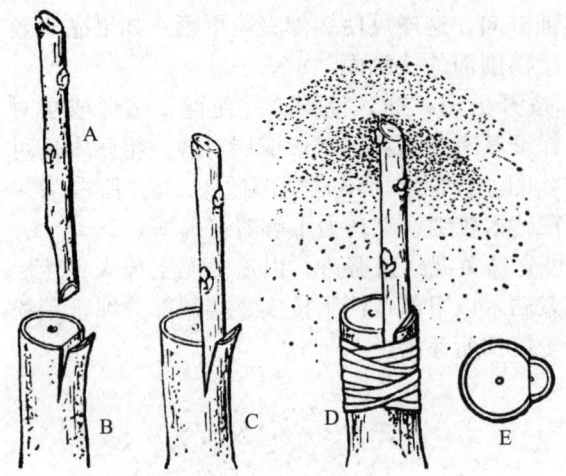

图7-43 切 接
A. 接穗 B. 砧木 C. 插入接穗
D. 绑缚和埋土 E. 接穗和砧木形成层对齐

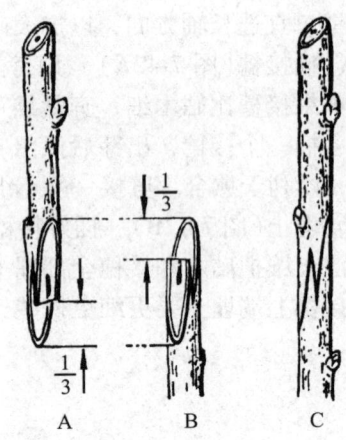

图7-44 舌 接
A. 接穗 B. 砧木 C. 削切，插入接穗

夹紧。

③插接穗　插入接穗，使接穗和砧木舌状部位交叉，形成层对准。如果砧木和接穗粗细不一，应有一边形成层对准、密接。插入接穗后的绑缚、抹泥、埋土与劈接法相同。

(4) 合接、峰接、鞍接、榫接（图7-45）

合接的方法与舌接相似，但不在削面上切成舌状，而是只将双方的斜削面接合。合接的绑缚要特别注意，防止接穗和砧木形成层对接发生偏斜。峰接、鞍接和榫接只是接合面形式不同，具体嫁接方法与舌接相同。这几种嫁接方法接穗与砧木接口的剪切，均可用专门的工具或机器完成，便于标准化操作，同时因砧木与接穗接触面大，有利用二者愈合成活，因此，在美国等园林苗木的商品化生产中使用。但由于用普通刀具较难使砧、穗切口准确铆合，在国内生产中鲜见。

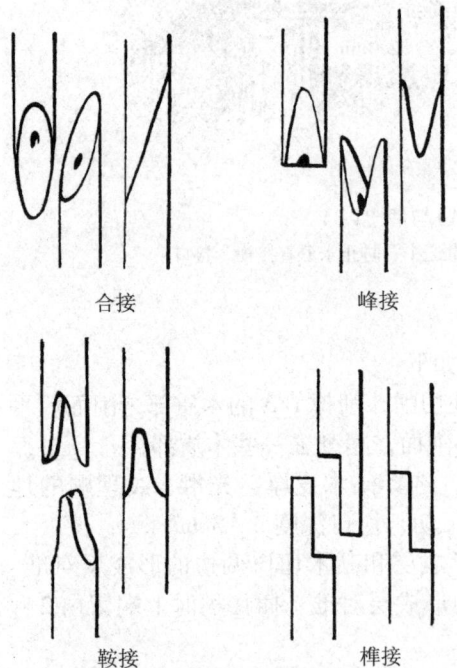

图7-45 合接、峰接、鞍接与榫接示意图

(5) 插皮接（图7-46）

一般在生长季节树液流动时期进行，便于砧木树皮剥离。适用于地径2～3cm以上的砧木。具体方法如下：

①削接穗　在接穗下部芽的背面削一个3～5cm长的削面，削面略平直并超过髓心，厚0.3～0.5cm，再在削面背后先端削一个小斜面。

②砧木开口　在砧木离地面5cm左右处剪断砧木，削平断面。在砧木皮光滑的地

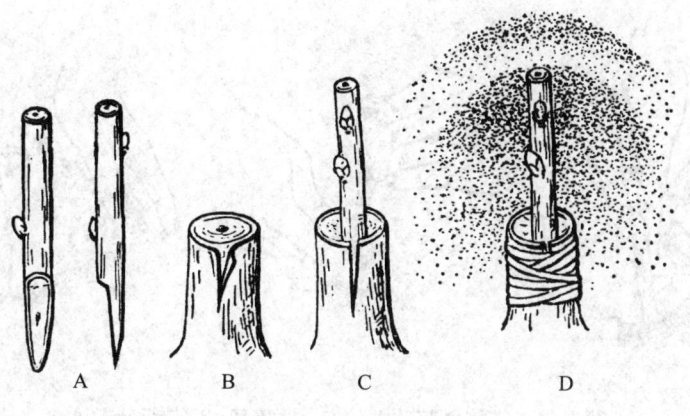

图 7-46　插皮接
A. 削接穗(正面与侧面)　B. 砧木开口　C. 插接穗　D. 绑缚和埋土

方,由上向下垂直划一刀,深达木质部,划出一个长约 1.5cm 开口,用于插入接穗。

③插接穗　把接穗的长削面朝向砧木木质部插入开口,使削面在砧木的韧皮部和木质部之间,与形成层密切贴合,并留白 2~3mm。插接穗后绑缚、抹泥和埋土与劈接法相同。

(6) 袋接

适用于地径 1.5cm 左右的砧木,宜在树液开始流动时进行。一般用于桑嫁接,现在已推广到刺槐、白榆、毛白杨等树木的嫁接。袋接成活率高,而且节省插穗,不用绑缚,操作方便。

①削接穗(图 7-47)　要求 4 刀削成:第一刀先选定一个饱满芽背面下方 1cm 处下刀,削成约 3cm 长略带弧形的斜面;第二刀将先端过长部分削去;第三、四刀分别在斜面两侧约 1/2 处顺势各修削一刀。最后从芽的上方 1cm 处截断。接穗的斜面要光滑,正看斜面稍微能看到两侧和尖端的青皮。

②剪砧木(图 7-48A)　扒开砧木根部泥土露出根的基部,用剪枝剪将砧木剪成马耳形斜面。

③插接穗(图 7-48B)　先用左手捏开砧木剪口马耳形斜面上部的皮层,使剪口上

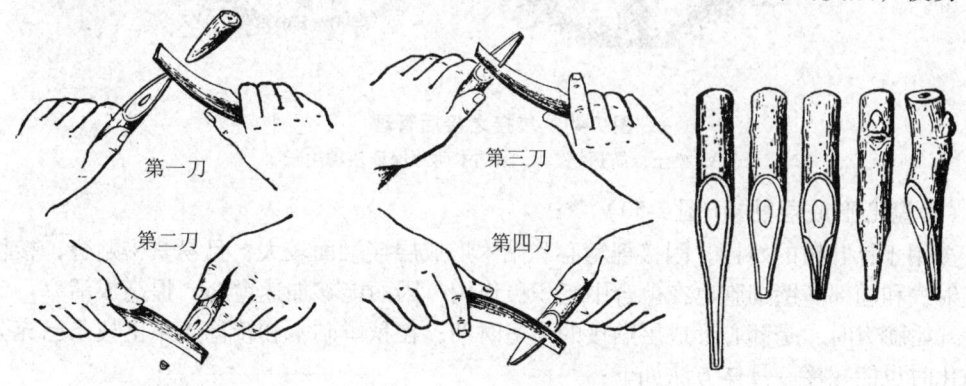

图 7-47　袋接之削接穗
削接穗用刀顺序与各刀形成接穗的形状

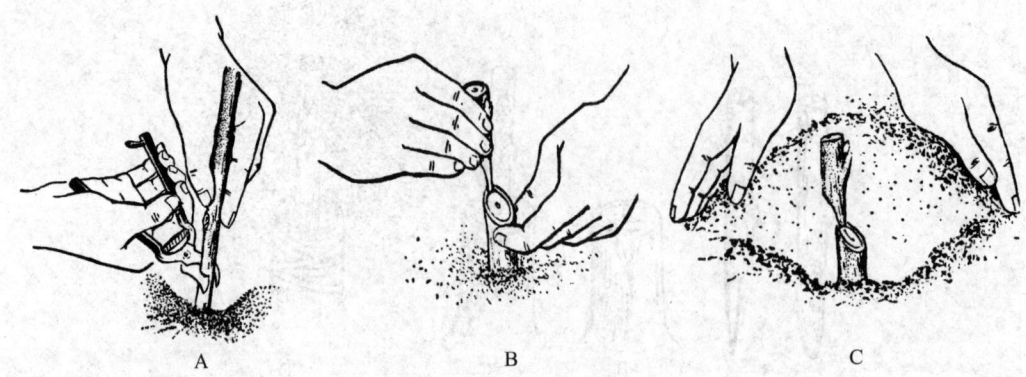

图 7-48　袋接之剪砧木(A)、插接穗(B)与埋土(C)

部一面的皮层与木质部分离成袋状,右手取接穗将削面朝外插入皮层与木质部之间,直到不能再插进为止。为防止砧木皮层破裂或接穗皮插皱,不宜用力过大,要用左手中指和无名指托住砧木皮部。

④埋土(图 7-48C)　左右两手各攥一把湿土,对挤到接口处,使泥土与接口紧密接触,然后再在四周及上面盖上细土,将接穗上端盖没 1~2cm,并培成馒头状,以防接穗干枯。

⑤管理(图 7-49)　黏土地区埋土后如遇雨天,土壤易板结而不利接穗萌芽出土,这时要用竹片轻轻挑开泥壳,再培上细土。当接穗新芽长到 20 cm 左右时,要剪除砧木萌枝。

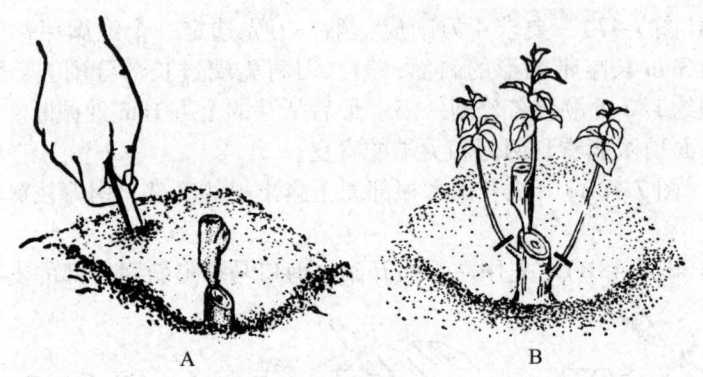

图 7-49　袋接之接后管理
A. 松土以防板结　B. 除砧木萌芽保证接穗生长

(7) 髓心形成层贴接(图 7-50)

多用于针叶树的嫁接。因接穗髓心和砧木形成层接触面较大,且易紧密贴合,接穗的髓射线和髓部薄壁细胞也在愈合中起积极作用,因而能够加速愈合,提高成活率。砧木芽开始膨大时,是髓心形成层贴接的最适时期;在秋季砧木和接穗当年生枝条已充分木质化时也能嫁接。具体方法如下:

①削接穗　从穗条上剪取 8~10cm 长的带顶芽小枝,保留近顶芽的十多束针叶,摘除其余针叶。用刀自距顶芽下方约 2cm 处,经髓心把接穗切掉 1/2~2/5,切削面

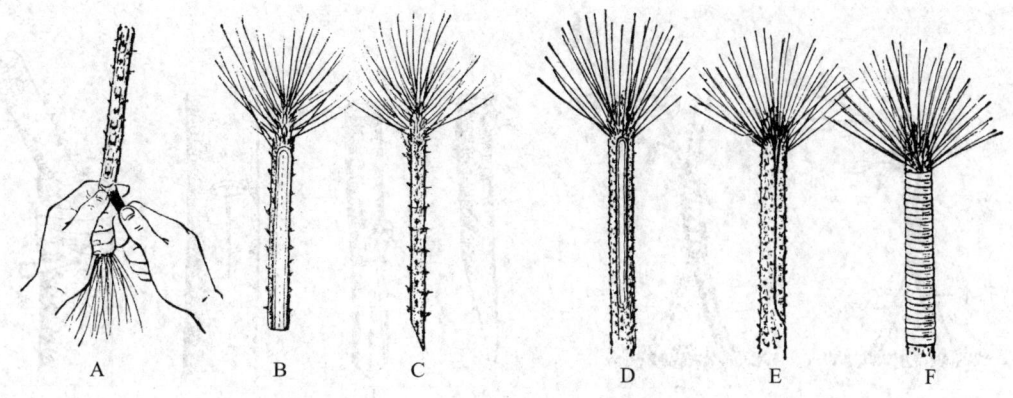

图 7-50 针叶树髓心形成层贴接
A. 削接穗 B. 接穗正面 C. 接穗侧面 D. 切砧木 E. 接穗和砧木贴合 F. 绑缚

应露出髓心，留下的一半带有顶芽和针叶做接穗。

②切砧木　在砧木主枝1年生部分，选择比接穗略粗的一段，除顶端15个左右针叶簇外，摘掉下部针叶，摘叶部分要比接穗长一些，然后用刀从上往下通过韧皮部和木质部之间切下一条树皮，露出形成层。切砧时要深浅合适，切面呈水白色为深浅适度；呈浅绿色是切得较浅，留下了韧皮部；呈暗白色则是切得较深，切到了木质部。砧木切面长度和宽度应同接穗的切面一致。

③贴合和绑缚　把接穗与砧木的切面贴合，上下左右对准，左手托住砧木，用大拇指按着接穗下端和塑料条带的一端，右手执塑料条带的另一端，从下往上缠，缠时要一环压一环，并适当勒紧，缠到上端超过切口以后，再自上往下缠，到下端后，套扣压住塑料条带末端，使塑料条带不松动。

④管理　一个多月嫁接愈合后，在靠近接口上端处剪去砧木主枝，使接穗代替砧木主枝生长，同时剪除或剪短砧木上生长旺盛的侧枝，特别是靠近接穗的大侧枝，以保证接穗枝的主干地位。当年可不全部剪除侧枝，保留其为接穗提供营养的功能；以后随着接穗生长，逐渐将砧木侧枝全部剪除。

松类树木愈合能力弱，愈合过程也长，同时分泌松脂，对嫁接成活不利。为此，松类嫁接要求做到"平"（削面要平，使砧木和接穗切口密接），"准"（砧木、接穗切口长宽要相等，以保证两者对准），"净"（切口要洁净，不能带入杂物），"快"（操作要快，尽量缩短切口在空气中暴露的时间，以防松脂凝固），"紧"（绑缚要紧，不移位、不扭动，使削面紧密贴合，减少松脂分泌，不透雨水，防止砧木、接穗失水和外部污染）。这是松类髓心形成层贴接法嫁接的几个关键。

(8) 靠接

有些树木亲和力较差，用一般嫁接方法不易成活，可采用靠接法（图7-51）。在生长季节（一般在6~8月），将砧木和接穗靠近，在砧木上削出3cm长的削面，露出形成层，同时在接穗上削出对应削面，露出形成层或削到髓心，然后将两者绑缚在一起，即为靠接。也可用舌接法靠接，即在砧木和接穗一侧削相应的切面，再切成舌状，然后相互插入接合。靠接后一个多月，在愈合处上端剪除砧木原枝，下端剪除接穗原枝，即完成嫁接。靠接成活率高，但要求砧木和接穗均有根系，愈合后再剪断，

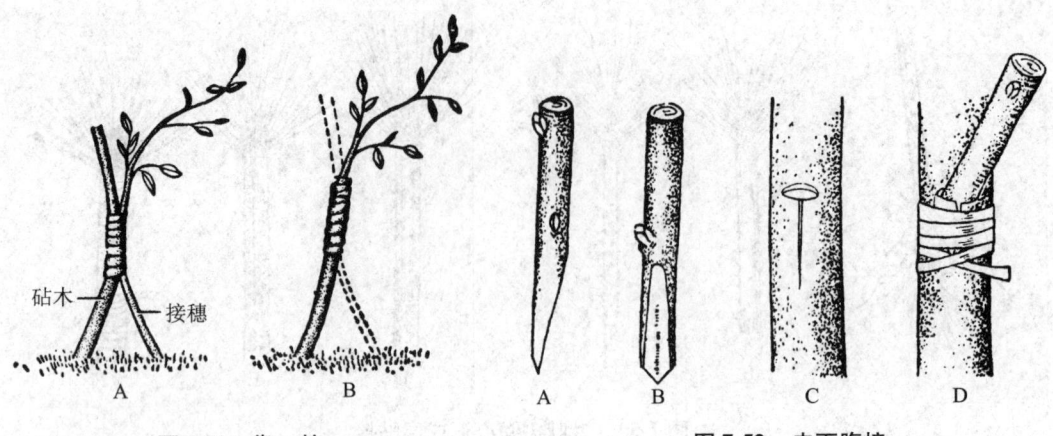

图 7-51　靠　接
A. 绑缚砧木和接穗
B. 剪去砧木上端和接穗下端即成一嫁接树

图 7-52　皮下腹接
A、B. 接穗侧面与正面　C. 砧木开口
D. 插入接穗和绑缚

操作烦琐，又难以大量进行，多在不易嫁接成活的树种上应用。

(9) 腹接

因在树冠的枝干上进行嫁接，并且不剪除砧冠，故称为腹接；待成活后再剪除上部枝条。常用的方法是皮下腹接（图7-52），即在嫁接部位将树皮切一个"T"字形切口，按插皮接削接穗的方法削好接穗，插入"T"字形切口内，然后绑缚。为防止接合部位失水，可用塑料薄膜将其包裹，扎住下口，内填湿土，然后扎好上口。接穗发芽后，要先打开上口，待长成枝条，即可把塑料薄膜和湿土去掉。

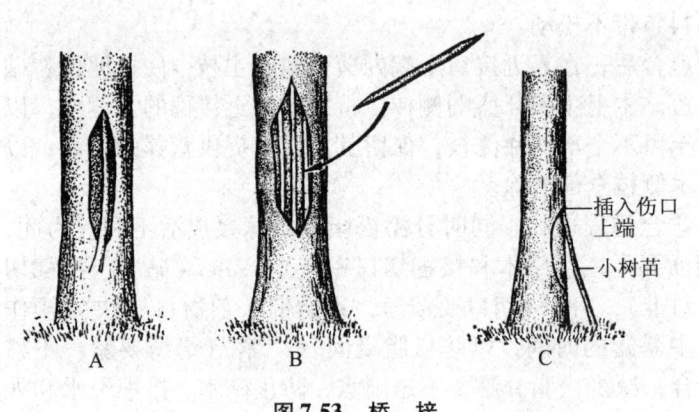

图 7-53　桥　接
A. 萌蘖条桥接　B. 枝条桥接　C. 小树苗桥接

(10) 桥接（图7-53）

树木受到机械损伤，如人畜损伤树皮、切除树木病斑等，出现较大的伤口不易愈合时，用桥接法可使创伤迅速封口。桥接多在发芽前进行，但在生长季节出现伤口，也可及时桥接补救。

桥接时如伤口下方有萌蘖条，可量好伤口长度，将萌蘖条在和伤口长短相同处削成马耳形斜面，插入伤口皮层（图7-53A）；如无萌蘖条，可采1年生枝条，根据伤口长短，将枝条上下两端削成马耳形斜面，插入伤口皮层内，并注意形成层密接（图7-53B）。插好后可用绳绑紧，涂上黄泥或接蜡。如距地面近，可培土保湿，成活后再扒开。接条数量根据伤口大小而定，一般可接2~3个枝条。也可在伤口附近栽植同种树苗，把上端削成马耳形斜面，再插入伤口皮层内完成嫁接（图7-53C）。桥接后要注意保护嫁接部位，防止动摇接穗。加强水肥管理，促使树势尽快恢复。

(11) 其他枝接方法

除上述嫁接方法外,在生产上还有根枝嫁接、二重嫁接等方法。

根枝嫁接 又称为根接,是以难生根的优良品种枝条作为接穗,以亲缘关系相近树种的根做砧木进行嫁接。根据嫁接的方法不同,可分为根枝劈接法(或切接、合接、舌接)(图7-54)、贴枝装根法(图7-55)与简便装根法(图7-56)等。

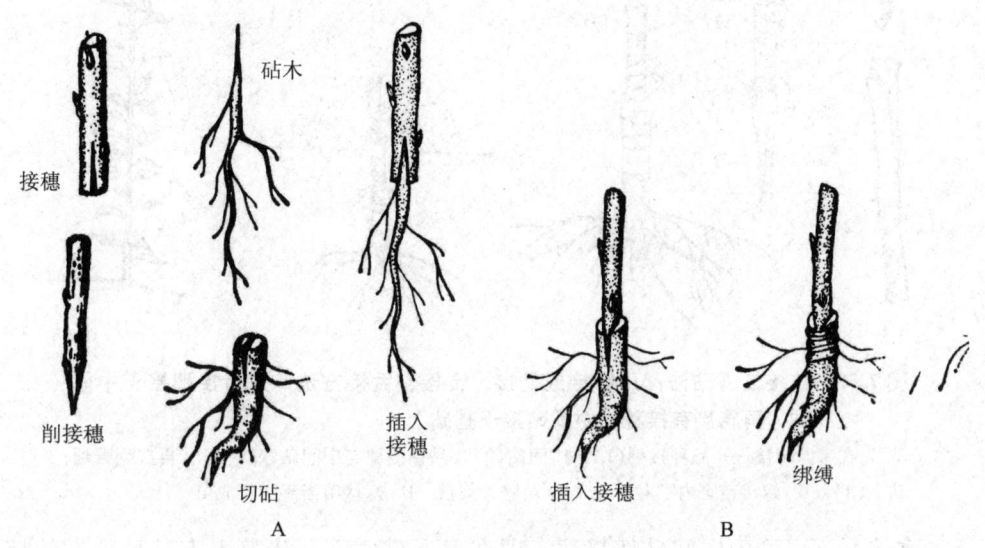

图7-54 根枝劈接法
A. 接穗较砧木粗,将砧木插入接穗中　B. 接穗较砧木粗细接近,接穗接入砧木并绑缚

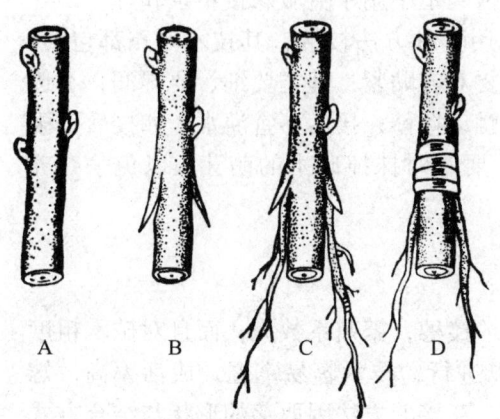

图7-55 贴枝装根法
A、B. 选切接穗并在两侧切口
C、D. 插入砧木并绑缚

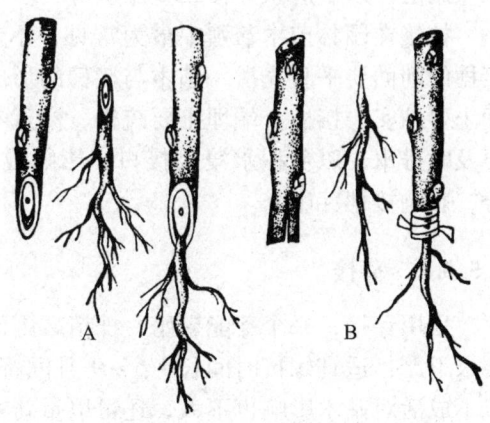

图7-56 简便装根法
A. 袋形装根,切好接穗与砧木,将根砧插入接穗皮层与木质部分离形成的袋内　B. 楔形装根,以切接的方式将根砧插入接穗内并绑缚

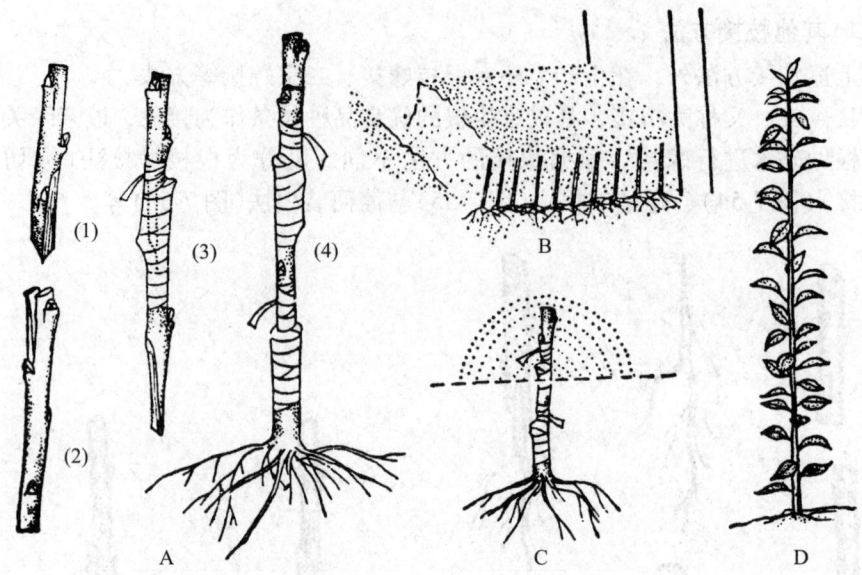

图7-57 枝接二重砧法：用劈接或切接、合接、舌接方法，先将接穗接于中间砧，再将接有接穗的中间砧接于基砧上
A. 先在室内嫁接——品种接穗(1)，中间砧(2)，品种接穗与中间砧嫁接(3)，再接到普通砧上(4) B. 嫁接苗窖内贮藏 C. 嫁接苗露天栽植 D. 嫁接苗当年生长成苗

二重嫁接　也称为中间砧嫁接法，即在普通砧木上，先接上有某种特性的枝条（常称为中间砧，一般具有矮化或抗性强等特性），再在中间砧上接上栽培品种接穗。二重嫁接因嫁接方式不同，可分为枝接二重砧法（图7-57）、芽枝接二重砧法、双芽二重砧法、双重盾状芽接二重砧法等，多在果树繁殖中用于克服嫁接不亲和等。

枝接在园林苗木繁殖中最为常见，不论选用哪种方法枝接，其技术要点都包括：接穗的削面要平直光滑；砧木与接穗的形成层要对齐贴紧；埋土要细、要湿润，下边埋土要结实，接穗上端埋土要疏松，注意不要触动接穗；接后不宜灌水，如接后下雨要及时排水，以免积水浸入接口，影响成活；要及时抹掉砧木的萌芽，以免争夺养分，影响接穗芽生长。

7.5.5.2 芽接

采用芽接，一个芽能繁殖一株苗，因而节约接穗，繁殖系数大；而且对砧木粗度要求不严，适宜嫁接时间长，6~9月间都可以进行；技术容易掌握，成活率高，嫁接不成活对砧木影响也不大，还可以重新补接。芽接的方法因取芽的形状与结合方式不同而异，常见的有以下几种。

(1) 芽片接

芽片接是应用最广的芽接方法，常因芽片形状不同分为普通芽接（又称为T字形芽接）与方块芽接。具体方法如下：

①砧木与接穗选择　一般选用1~2年生苗做砧木，过大则皮层过厚，不便于剥离；接穗应选择树冠外围生长充实、芽体饱满的当年生枝，不宜用徒长枝、弯曲枝、

病害枝，采后剪去叶片、保留叶柄（图7-58）。

②削芽片　先在芽的上方0.3~0.4cm处横切一刀，长约0.8cm，深达木质部，再由芽下1cm处向上削，刀要插入木质部，向上削到横口处为止，削成上宽下窄盾形芽片（图7-59）。方块芽接是在芽的上下左右各切一刀成方块形，取下芽片。

③切砧（图7-60）　在砧木距地面2~5m处，选光滑部位切成"T"字形切口，深度以切断砧皮为度，后用芽接刀刀柄末端的角质片挑开砧皮，插入芽片。采用方块形芽片嫁接时，砧木要切成与芽片大小一致的"口"字形或"工"字形切口。

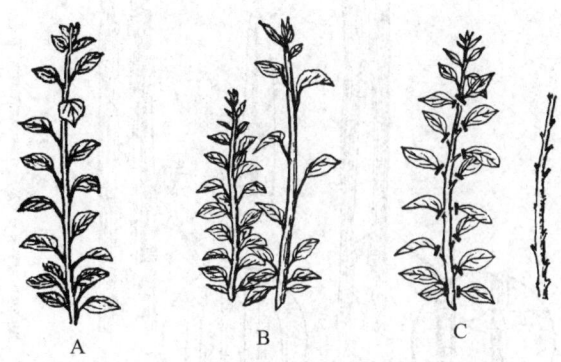

图7-58　芽片接之选接穗
A. 适于做接穗的新梢　B. 不适于做接穗的枝条
C. 剪除叶片，保留叶柄

④插芽与绑缚　把削好的芽片立即插入砧木"T"字形或"工"字形切口内，注意芽片上端和砧木皮层要紧贴，并用塑料条带或其他绑缚材料绑扎严，注意芽和叶柄要留在外边（图7-60）。

采用芽片接繁殖苗木的技术要点包括：在生长季节砧木和接穗树皮可分离时进行；接芽和砧木形成层要密接并绑紧；最好在晴天嫁接，接后在绑缚物外面涂上接蜡，以防止雨水侵入伤口影响愈合；绑缚物要适时解除；要及时抹除砧木萌芽，保证接芽的养分供给。

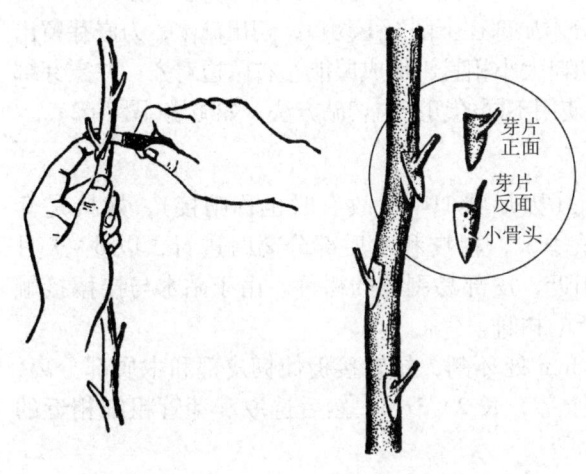

图7-59　芽片接之削芽片
先在芽上方横切，再由芽下向上削切，取下盾形芽片，剥掉木质部分

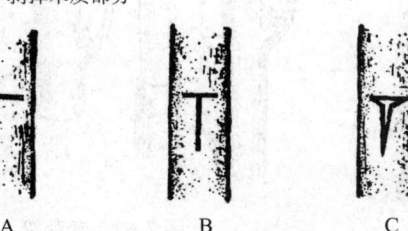  

图7-60　芽片接之切砧、插芽与绑缚
A. 切横口　B. 切"T"形口　C. 挑开砧皮　D. 插芽　E. 绑缚

(2) 嵌芽接

嵌芽接又称为贴皮接，是芽片带木质部的一种芽接，在砧木和接穗树皮和木质部不易分离时使用。适合早春嫁接，其特点是把带木质部的芽片嵌在砧木上，操作简单，成活较好。

嵌芽接的砧木与接穗选择与芽片接相同，接芽要从穗条上自上而下切取，先在芽的上部往下平削一刀，再在芽下部横向斜切一刀，连同木质部一起取下芽片；芽片长2~3cm，其宽度依接穗粗细而定。然后在选好部位切削砧木，先在下部从上向下斜切一刀，深至木质部，作为下切口；再在

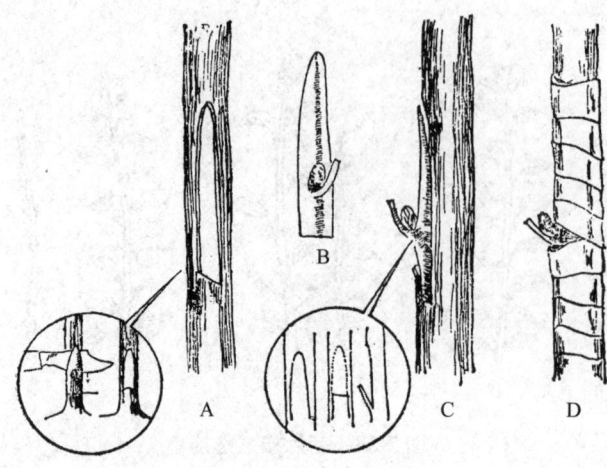

图7-61 嵌芽接

A、B. 先在接芽下部向下斜切一刀，再在上部由上向下切削，使两刀相遇，取下芽片　C、D. 在砧木近地处向下斜切一刀，再在上方向下削切一刀，两刀相遇，切出与接芽等大的切口，嵌入芽片，露芽绑缚

下切口上方约2cm处，由上而下连带部分木质部往下削至下切口，切出砧木，为嵌芽留出位置。最后，将芽片嵌入。尽量使两个切口大小相宜，形成层能左右两边对齐，并露芽绑缚即可（图7-61）。此外，嵌芽接也可以使用不同的切芽与切砧方法，如橄榄（图7-62）。

(3) 套芽接

套芽接又为套接，接芽片呈圆筒形（因形状似哨，故有时也称哨接），嫁接是套在砧木上，故名。在生长旺盛的夏、秋季节，树皮和木质部分离时进行，以6~7月成活率最高。适用于接穗和砧木粗细相近，皮部易剥离的树种。由于砧木与接穗接触面积大，易愈合，可用于较难嫁接成活的树种。

套芽接时首先在接芽上下0.6~0.8cm处环割，扭转接穗使韧皮部和木质部分离，将芽管从上端取下，芽管上可带1~3个芽，长2~3cm；然后选取和芽管粗细相近的

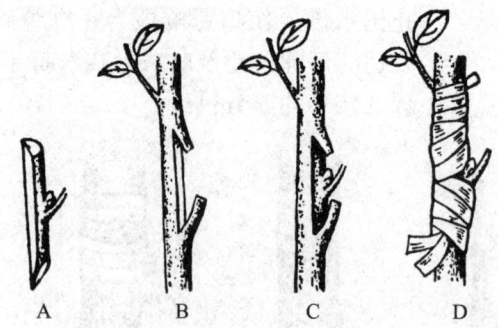

图7-62 橄榄的嵌芽接
A. 取接芽　B. 切砧　C. 嵌入接芽　D. 绑缚

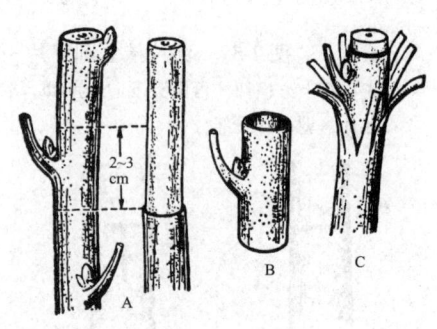

图7-63 套芽接
A. 选取粗细一致的接穗与砧木，采芽的位置与剥去树皮的砧木　B. 采下的芽管　C. 把芽管套在砧木上，完成嫁接

砧干，剪去上端，剥开树皮；再将芽管套在砧木上，从上往下慢慢套紧至不能再往下套为止，一般无需绑缚（图7-63）。套芽接要注意：雨天不能接；芽管要套紧，但要防止破裂；芽管下端必须和砧木皮层相连；要及时抹除砧木萌芽。

（4）环状芽接

环状芽接类似套接，芽片也是取一圈树皮，但是是裂开的，因接穗环状套在砧木之间，故名。于春季树液流动时进行，适用于树皮已剥离的树种，由于砧木与接穗结合面大，易愈合，因此，可用于嫁接较难成活的树种（图7-64）。

首先接穗切削时，在接芽上下方各环切一刀，再从背面纵切一刀后，剥取下环状芽片；然后在砧木上选好位置，上下相距约2cm（与芽片等长）各环割，再纵切一刀后剥离树皮，如砧木粗于接穗，可适当保留一些树皮；最后，把芽片套在砧木上并绑缚严紧即可。

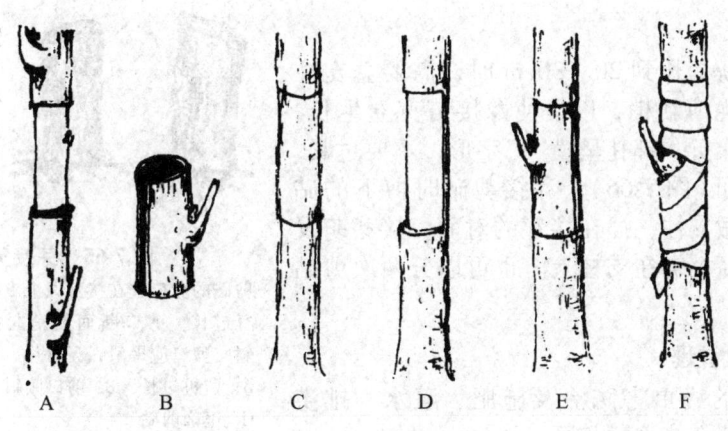

图 7-64　环状芽接

A、B. 在接芽上下各环割，再纵切一刀，剥下芽片　C、D. 在砧木平滑处上下各切一刀，剥去树皮，砧木较粗时保留部分树皮　E、F. 将接芽嵌入砧木切口并绑缚，完成嫁接

7.5.6　嫁接后的管理

嫁接后的管理是嫁接繁殖技术的重要组成部分，直接关系到整个嫁接的结果。虽然枝接与芽接的部位与方法不同，嫁接后的管理各具特色，但大体内容相同。

（1）检查成活

一般枝接在嫁接后20~30d，芽接在7~15d，即可检查成活情况。枝接成活的接穗上，芽体新鲜、饱满，或已经萌发生长；若芽干瘪，接穗皮层失水皱缩，则表明未能接活。芽接成活时，接芽呈新鲜状态，原来保留的叶柄轻触即能脱落；若芽体变黑，叶柄不易掉落，则是未接活。枝接未接活的，可从砧木萌蘖条中选留一个健壮枝进行培养，用于补接，其余的均剪除。芽接未接活的，可在砧木上选择适宜的位置立即进行补接。同时，对接后埋土保湿的枝接，当检查确认接穗成活并萌芽后，应分次逐渐撤除覆盖的土壤。

（2）解除绑缚材料

当确认嫁接已经成活，接口愈合已牢固时，要及时解除绑缚材料，避免因植株增粗使绑缚材料嵌入皮层，影响植株生长。枝接一般在新梢长到2cm以上时解除绑缚材料。若过早解除绑缚，接口仍有失水的危险而影响成活。芽接一般20d左右当接芽已经萌发时即可解除绑缚。但对秋季芽接的，不要过早解除绑缚，这样有利于保护接芽过冬，防止干枯。

（3）剪砧与去蘗

芽接成活后要剪砧，即将接芽以上的砧木枝干剪掉，以保证接穗生长。春、夏季芽接的，可在接芽成活后立即剪砧；夏、秋季芽接成活后，当年不剪砧，以防止接芽当年萌发，难以越冬，要等到翌年春季萌芽前剪砧（图7-65）。同样，在枝接成活后，为集中养分供给接口愈合并促进已接穗新梢的健壮生长，必须及时剪除砧木的萌芽和萌蘗。

（4）扶直

嫁接苗新梢长到20~30cm时，需要立支柱扶直，用绳拢缚新梢，以便使嫁接苗直立生长，并防止被风吹折。绑扎呈横"8"字形，不要过紧，稍稍拢住即可（图7-66）。芽接剪砧时剪下的砧木枝干可用做支柱，插在接芽的对面。接芽萌发新梢后，把新梢绑在支柱上。也可以分两次剪砧（图7-67）。

（5）其他管理

嫁接苗的病虫害防治及施肥、灌水、排涝等，均与其他育苗方法相同。

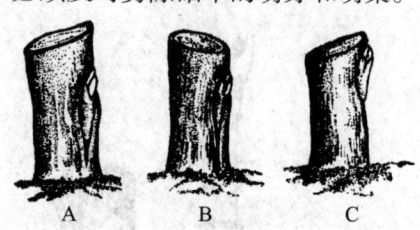

图7-65 芽接剪砧

剪砧的剪口宜在接芽以上1~2cm，留桩不宜过长，剪口断面要稍向接芽的对面倾斜，剪口应平滑，无劈裂

A. 留桩过长　B. 剪口倾斜方向错误
C. 正确剪砧

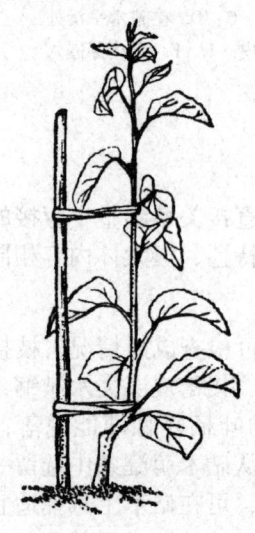

图7-66 立支柱

嫁接成活新梢生长时，立支柱扶直，可促使苗木直立生长，并防止被风吹折

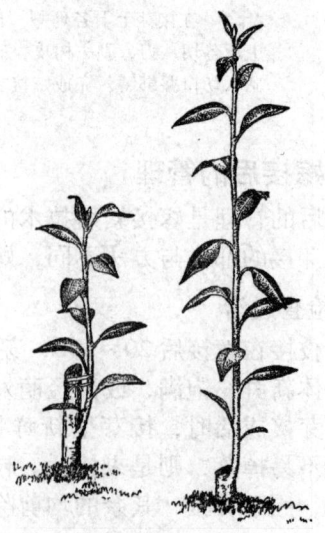

图7-67 二次剪砧

第一次剪砧时，在接口以上留一定长度的砧木枝干，用做活支柱拢缚新梢，待新梢木质化后再进行第二次剪砧，从新梢以上剪断

复习思考题

1. 名词解释：营养繁殖，缢痕，法式压条法，中国压条法，扦插，枝插，根插，先成根原基，黄化处理，电子叶，皮部生根，愈伤组织生根，嫩枝扦插，硬枝扦插，接穗，砧木，嫁接苗，愈伤组织桥，嫁接亲和力，枝接，芽接，剪砧。
2. 营养繁殖主要包括哪几种类型？从营养繁殖的特点分析其在园林苗木生产中的应用价值与意义。
3. 什么是分株与分株苗？简述分株繁殖的方法及其特点。
4. 什么是压条与压条苗？简述压条繁殖的方法及其特点。
5. 了解压条生根的原理以及各种促进压条生根的处理方法。
6. 建立压条繁殖苗床应注意哪些问题？
7. 试述普通压条的方法、类型及其特点。
8. 以堆土压条法为例，说明压条繁殖用于规模化苗木生产的过程与方法。
9. 简述高空压条繁殖的方法、过程及其特点与应用。
10. 如何了解压条从起源上而言是扦插的演进，而从操作技术上而言则是分株的改进？
11. 简述枝条的极性及其在扦插繁殖中的重要性。
12. 什么是嫩枝扦插与硬枝扦插？试述其各自的特点及其应用。
13. 扦插生根的类型及其特点是什么？试述插穗直接生根与间接生根的过程。
14. 简述插穗生根的机理，分析思考插穗生根的复杂性及其原因。
15. 影响扦插成活的内外因素各有哪些？简述它们是如何作用的。
16. 插条选择与插穗剪取需要注意哪些问题？
17. 试述促进插穗生根的方法及其理论依据。
18. 试述插条幼化处理的各种方法。
19. 试述插床增温常用的方法及其促进插穗生根的原理。
20. 分析扦插方法与扦插季节的必然联系，并说明如何采用各种不同栽培设施有效提高扦插成活率。
21. 说明什么是全光自动喷雾扦插技术？简述其工作原理及使用时的注意事项。
22. 试述扦插苗的年生长发育特点及相应的抚育管理措施。
23. 为什么说自然嫁接可能启发了嫁接繁殖技术的发明？
24. 嫁接繁殖的特点与应用领域有哪些？
25. 试述嫁接愈合的过程及其特点。
26. 说明影响嫁接成活的各种内外因素及其相互作用。
27. 为什么说砧木与接穗的选择与培育是嫁接繁殖的基本内容？说明在此过程中需要注意的问题。
28. 简述枝接的特点及各种常用的方法。
29. 简述芽接的特点及各种常用的方法。
30. 嫁接后管理的主要内容与方法是什么？
31. 分析并论述压条、分株、扦插与嫁接等各种营养繁殖方法的区别与联系。

第 8 章
园林苗木移植与大苗培育

【本章提要】园林苗圃要培育生产出达到出圃规格的成品大苗，必须经过 1 至数次的移植栽培并结合整形修剪才能实现，因此，移植是苗圃苗木生产技术的主要内容之一。本章在讲述园林苗木移植与整形修剪的原理与技术的基础上，介绍各类大苗培育的技术。

园林苗木生产过程，从利用各种繁殖技术获得繁殖苗开始，经过移植培养，最终培育出合格的商品苗木出圃销售，是从种子、接穗、插条或外植体等幼小的繁殖体开始，在苗圃地内人为干预下不断地生长、发育，最终形成苗木产品的过程，是一个由繁殖、移植栽培和大苗培育三大环节构成的苗木生产体系（图 8-1）。在这个体系中，苗木的生长伴随着生产、栽培与管理技术与方式的改变而改变，苗木的生产属性也随着生长与生产过程的改变而有所不同，因此，界定不同时期苗木的名称及其含义对生产与管理都是非常必要的。在这里，我们把通过各种繁殖方式获得的幼苗称为繁殖苗，它们是苗木生产的基础。由于植株幼小，只能用于繁殖的种源，称为种苗；繁殖苗经过 1 次或数次移植培养形成的苗木称为移植苗，它们是苗圃栽培的主要部分，包括了各种从苗圃苗向成品苗过渡的中间苗木类型；移植苗经过培育后，生长达到出圃规格的成品苗称为大苗，它们是移植苗出圃前最后一次移植后培育形成的商品苗，是苗圃苗木生产体系的最终产品，出圃前在苗圃内栽培生长时通常又称为保养苗（图 8-2）。

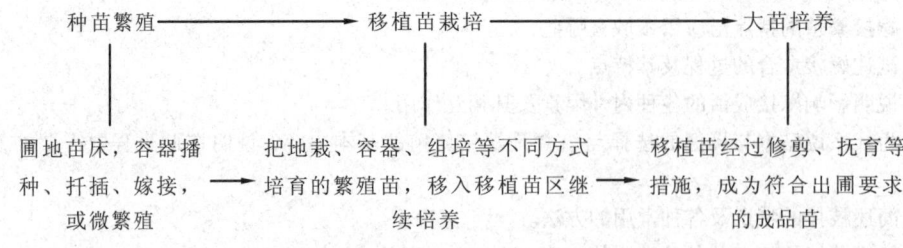

图 8-1　园林苗圃苗木生产体系（Kester 等，2002，有改动）

种苗繁殖可以通过包括容器育苗与组培育苗在内的各种方式进行，移植苗栽培的年限与移植的次数要根据苗木的生长特性与出圃要求确定，大苗培养是把移植苗抚育、培养为可出圃的成品苗，实现苗圃的生产目标

· 250 ·

图8-2　银杏（A）与油松（B）的繁殖苗经过多次移植栽培后生长成为大苗，它们在出圃之前圃地抚育阶段通常称保养苗（原北京市东北旺苗圃）

8.1　苗木移植

8.1.1　苗木移植的目的与作用

移植，有时又称为移栽，是指把繁殖苗或者栽培密度较大的较小规格移植苗，从苗床、圃地或容器中起出，在移植栽培区按一定的株行距栽植培养。它是保证苗木高产和提高定植成活率的重要措施，是苗圃苗木生产的一道必须环节（图8-3）。通过移植培育出符合出圃规格要求的成品大苗，是园林苗圃苗木生产的主要任务与内容，在苗圃生产与管理中所占的比重很大。

苗木移植的目的以及必要性与重要性主要体现在以下几方面。

（1）满足苗木生长习性与培育大苗的需要

园林绿化对树种多样性的要求，客观上决定了苗圃所生产的苗木种类繁多，生态习性各异，栽植方式要做到科学合理。如喜光的苗木，栽植时株行距要大；耐阴的苗木，可适当密植；生长快的苗木，只需1~2次移植就可出圃；生长慢的苗木，需要多次移植。同时，根据树木的生长特点，多数植物幼年期的耐阴性强于成年期，故小苗一般采取密植的方式，促进高生长，随着年龄的增长，通过移植来逐渐加大株行距，有利于培养良好的树冠。所以，根据苗木的生长特性和生态习性，采取科学的移植措施，是苗木培育成败的关键之一。

图8-3 美国俄勒冈州 Sester Farms 苗圃云杉种苗的移植生产
A、B. 播种苗第一次移植及其移植后的生长 C、D. 移植苗机械起苗与收获 E、F. 用于第二次移植的根系发达的移栽苗以及移植后培育的大规格苗

培育大苗是苗圃生产的一项重要任务。众所周知，小苗种植的株行距小，大苗培养则必须通过移植增大株行距来实现。为了培育大苗和节省土地，苗圃一般都采取分阶段移植、调整株行距的方法进行生产，多数苗木需要移植3~4次才能符合大苗的规格要求。如圆柏播种苗留床培养1~2年后移植，按60cm×50cm株行距种植，3~4年后生长高1.5~1.8m，达到作为绿篱苗出圃的规格，如不及时出圃，苗木生长会受到严重的相互干扰，造成大批苗"烧膛"；如再次移植，按1.5m×1.5m株行距种植，3~4年可培养成3~4m高的大苗；或再次移植，以3m×3m株行距种植，可培养为6~8m的大苗（张东林等，2003）。

（2）保证苗木质量

高质量苗木是苗圃在市场竞争中立于不败之地的法宝。高质量的基本标准是根系发达、树干通直、树冠丰满，它们都需要通过移植栽培来实现。这是因为移植扩大了苗木的营养面积，优化了生长环境，使苗木的根系、树干与树冠都能够通过相应栽培

①促进根系发达　具备发达的根系是苗木出圃后成活的关键。在育苗过程中，各种繁殖苗形成的根系简单、稀疏，有效根系少。通过适当移植，可以促进侧根、须根的生长，加大根茎比，使起苗时不易伤根，栽植时成活率高。典型的例子是，从山区直接移栽10多年生、高2~3m的油松、白皮松大苗，由于没有经过移植，与苗圃培养的经过3~4次移植断根的同规格苗木相比，根系不发达，根量少，在绿化中使用时成活率明显偏低，树势恢复缓慢。

②保证树干通直　为了培养树干笔直光滑、分枝点高的园林树木，应在苗圃对小苗进行密植以抑制侧枝的生长，促进顶芽和干梢的发育。密植苗木达到了树干通直的要求后，必须及时进行移植，增加株行距，以提供充足的生长空间，促进树干的增粗生长。否则，苗木会因为光、水、肥的竞争，而出现徒长或萎缩。通过移植，可以进行初步的苗木分级，保证苗木齐头并进，整齐划一地生长。

③实现树冠丰满　丰满的树冠是园林树木提供遮荫、发挥美化功能的先决条件。苗圃生产中，株行距的大小直接影响树冠的发育。落叶树栽植过密，会造成骨干枝发育受阻，出现偏冠现象；常绿树栽植过密，会出现下部和内膛枝叶枯死，影响树形美观。因此，根据苗木的生长特点，适时调整栽植密度，恰当地进行移植，才能培育出枝条发育匀称、树冠圆润整齐的优质苗木。同时，在移植过程中，可对根系与树冠进行必要的合理修剪，人为调节地上与地下部分生长的平衡，为生产规格整齐、枝叶繁茂的优质苗木提供保证。

8.1.2　移植成活的原理与移植的类型

苗木移植要根据树种习性，掌握适宜的移栽时期，尽量减少根系损伤，适当疏剪枝叶，及时灌水，创造条件调节苗木地上部分枝叶与地下部分根系之间的生理平衡，促进根系与枝叶的恢复与生长。如何维持地上部分与地下部分的水分和营养物质供给的平衡，是移植栽培的关键。移植苗木挖掘时根系受到损伤，苗木能带的根系数量，与起苗质量直接关系，一般苗木所带根量只是原来根系的10%~20%，这就打破了原来地上部分与地下部分的平衡关系。为了达到新的平衡，一是进行地上部分的枝叶修剪，减少部分枝叶量，也就是减少了水分和营养物质的消耗，使供给与消耗相互平衡，苗木移植才能成活（图8-4）；相反，苗木就会因缺少水分和营养物质而死亡。二是在地上部分不修剪或少修剪枝叶的情况下，尽量减少地上部分水分和营养物质的蒸腾和消耗，并维持较长时间的平衡，苗木也能移植成活，特别是常绿树种的移植。

在园林苗圃生产中，根据苗木的性质，可将移植分为繁殖苗移植与移植苗移植，前者是指播种苗、扦插苗、嫁接苗或组培苗等各种繁殖幼苗的移栽，后者则是指把已经经过1次或数次移栽的移植苗进行移栽，培育更大规格苗木的过程。根据移植方式的不同，可将移植分为裸根移植、带土球移植与容器苗移植等不同类型。就我国目前最普遍的地栽苗圃而言，移植的技术内容包括起苗、分级、修剪与栽培等，其中通过移植对苗木进行分级栽培，是规范化生产苗木的重要措施，应予以高度重视。

图 8-4　大规格苗木移植栽培(A. 紫花槐　B. 二乔玉兰)

维持地上部分与地下部分的水分供给的平衡，是园林苗木尤其是较大规格的苗木移植的技术关键。通过修剪枝干减少苗木地上部分自身组织的水分蒸发，或通过及时浇水或浇水后覆盖塑料膜来保证水分供给，是两种最常用的管理措施(北京市园林绿化局小汤山苗圃)

8.1.3　移植准备工作

8.1.3.1　移植计划

移植计划是苗圃生产计划的主要内容之一(见本书第 12 章)，具体包括移植苗木的种类、数量、来源、株行距、移植及管理技术，以及用地面积、用工需求等。移植计划要根据苗圃整体生产管理计划的要求来制订，其中根据育苗目标与树种习性，确定适宜的株行距是关键的技术内容。要谋定而后动，移植计划必须在移植前安排周密，以便保证计划的顺利实施。

8.1.3.2　移植地准备

(1) 土地粗整

移植用地一般都是苗木出圃后的空闲地，这些地块由于前茬苗木的生长，养分消耗较大，同时，前茬苗木出圃时，有些带球出圃，造成耕作土层受损，土地坑洼不平。因此，在移植前要用剩下的耕作层土壤填平因出圃挖苗而形成的树坑；或根据缺土数量，有计划地回填质地较好的耕作土，并可根据实际情况进行一定的土壤改良；然后漫灌大水，通过灌水，使回填土紧实，以便于耕种。

(2) 施基肥

为了恢复土壤肥力和保证后期苗木的生长，移植前必须对移植地进行施肥。基肥最好是有机肥，能有效地提高土壤中有机质的含量。

(3) 土壤消毒

土壤消毒可以结合施肥一起进行，即施肥时混入杀虫剂、杀菌剂和除草剂，防止苗木受到病虫害和杂草的危害。

(4) 耕耙整平

在施肥和土壤消毒处理后，要进行土壤深翻。翻耕深度视苗木大小而定，大苗翻深些，小苗可翻浅些；秋耕地或休闲地初耕可深些，春季或二次翻耕可浅些。耕后碎土，然后整平。整平的同时要做好垄、排水沟、作业道，并与苗圃的灌溉系统及道路系统接通，为以后的管理创造良好条件。

(5) 划线定点

根据计划要求，在作业区内划线定点，以保证移植后株行距整齐。需要的工具有测绳、皮尺、标杆、石膏粉等，或可自制一些简易的划线器具（图8-5）。划线时，先选一边为基线，相邻两边应与基线垂直，勾出方方正正的作业区。然后在勾方的基础上，按株行距取点，平均分布。将各点连线，确定定植点，用石膏粉作标记。

图8-5 划线定点

原北京市园林局东北旺苗圃自制的简易划线器，其间距可以进行调整，操作时边线与上次的一条边线重合，单人操作，方便准确

(6) 挖树坑

根据定植点位置挖树坑。树坑大小应根据移植苗的规格和根系大小而定。大土坨苗坑直径应比土坨大30~40cm，以便于摆正土坨在坑内。坑深要与栽植深度相对应，可以适当挖深些，以便在坑内添加一些有机肥或耕作土。但应注意，松类树种的移植苗不能埋得太深，应保证根颈在地表以上。

8.1.3.3 苗木准备

需要移植的苗木，应做好分级和修剪，做到"随起苗、随分级、随运送、随修剪、随栽植"。通过分级（图8-6A），分别栽植不同规格的苗木，以保证苗木的均匀生长，便于后期管理以及出圃和销售。若无法立即栽植，必须假植（图8-6B）或贮藏在背阴潮湿之处，以维持苗木的生命力。尤其要注意保持根系的湿润，切忌暴晒。移植前还需对苗木的根系和枝叶进行适当的修剪，剪去过长或劈裂的根，保持根系长度在12~15cm。侧枝也可适当进行修剪，并除去病枝、枯枝与过密枝等，以防止水分蒸腾，提高成活率。

随着苗木产业的发展与成熟，现在一些苗圃往往从专业的育苗公司（苗圃）或组

图 8-6 长白落叶松移植苗木准备（李国雷提供）
A. 起苗后随即进行苗木分级　B. 不能马上栽植的苗木应假植（辽宁抚顺）

培实验室购进供移植的苗木。这种情况下，在收到后要认真检查苗木的质量，要求做到名称、规格与苗木相符、根系完好无损、无病虫害。

8.1.4　移植密度与次数

移植密度与次数的确定，要考虑育苗目的和育苗年限 2 个因素，同时树种的生长习性也对其有重要影响。

8.1.4.1　移植密度

移植苗的种植密度，即单位面积种植苗木的数量，取决于移植苗的株行距，关系到移植后苗木若干年生长的营养空间，直接影响着苗木的质量以及养护管理与土地利用的成本等。苗木生长速度、气候条件、土壤肥力、苗木年龄与规格、培育目的、管理水平等，均与移植苗木的株行距有关，原则上在保证有足够的营养面积的前提下必须合理密植，以便充分利用土地，提高单位面积的产苗量。

在苗木培育的不同阶段，都应有明确的目的。若以养干为目的，苗木应当适当密植；若以养冠为目的，则需要适当加大株行距，以促进侧枝生长，养好树冠。株行距如果过大，不但浪费土地，产量低，而且容易滋生杂草，增加生产成本；株行距过小，不便于经营管理，更不利于机械化经营。在北京地区，部分园林苗木移植的株行距，可参考表 8-1。

表 8-1　园林苗木移植株行距（张东林等，2003）

苗木类型	第一次移植 (cm × cm)	第二次移植 (cm × cm)	说　　明
常绿大苗	150 × 150	300 × 300	第 1 次移植可培养到 3~4m； 第 2 次移植可培养到 5~8m
常绿小苗	30 × 20（床栽） 或 40 × 30	60 × 40 或 80 × 50	第 1 次移植指油松、白皮松等小苗； 第 2 次移植指培养绿篱苗或白皮松
落叶速生树	110 × 90 或 120 × 80	150 × 150	第 1 次移植培养到干径 4~6cm； 第 2 次移植培养到干径 7~10cm

(续)

苗木类型	第一次移植 (cm × cm)	第二次移植 (cm × cm)	说　明
落叶慢生树	80 × 500 或 100 × 80	120 × 120 或 150 × 150	第 1 次移植密植养干或养至干径 4～6cm； 第 2 次移植养干至干径 7～10cm
花灌木	80 × 80 或 80 × 50		
果树类	120 × 50	120 × 100	
攀缘类	80 × 50 或 60 × 40		

8.1.4.2 移植次数

园林苗圃培养成品大苗所需的移植次数，要视培育苗木的规格和树木生长速度而定（见图 8-3）。培育大规格苗木要经过多年多次移植，培育小苗则移植次数少；生长快的苗木移植次数少，生长慢的苗木移植次数多。一般来说，园林阔叶树种，在播种苗或扦插苗苗龄达 1 年时即进行第 1 次移植，以后根据生长快慢和株行距大小，每隔 2～3 年移植 1 次，并相应扩大株距；普通行道树、庭荫树和花灌木只移植 2 次，在大苗区内生长 2～3 年，苗龄达到 3～4 年时即行出圃；对生长缓慢、根系不发达且移栽后成活较难的树种，如栎类、椴树、七叶树、银杏、白皮松等，可在播种后第 3 年苗龄 2 年时开始移植，以后每隔 3～5 年移植 1 次，在苗龄 8～10 年甚至更大时方可出圃。快长树出圃前移植 1 次，慢长树出圃前需要移植 2 次以上。

北京市地方标准《城市园林绿化用植物材料木本苗》（DB 11/T 211—2003）中规定了大多数乔木树种的移植次数为 2～3 次，花灌木多为 1 次，可作为参考。对一些特殊场所、需要立竿见影达到绿化效果的特大规格苗木的培育，则应另当别论，往往需要培育更长时间，移植更多次数。

8.1.5 移植时间

移植的最佳时间是苗木休眠期，即从秋季 10 月（北方）至翌春 4 月，常绿树种也可在生长期移植。实际上，若环境条件适宜，苗木可以在任何时间进行移植。

(1) 春季移植

春季移植属于休眠期移植。北方地区由于冬季寒冷，春季干旱，故在春季移植较好。移植苗成活在很大程度上取决于苗木体内的水分平衡。从这个意义上而言，北方地区应以早春土地解冻后立即进行移植最为适宜。早春移植，树液刚刚开始流动，枝芽尚未萌发，蒸腾作用很弱，土壤湿度很好。因根系生长温度较低，土温能满足根系生长的要求，所以移植苗木成活率高。春季移植的具体时间，还应根据树种发芽的早晚来安排。一般而言，发芽早者先移、发芽晚者后移，落叶树种先移、常绿树种后移，木本树种先移、宿根草本后移，大苗先移、小苗后移。

(2) 秋季移植

秋季移植也属于休眠期移植，也是苗木移植的适宜季节。秋季移植在苗木地上部分停止生长,落叶树苗木叶柄形成离层脱落或人工脱落时即可开始移植。因此时根系尚未停止活动,移植后有利于根系伤口恢复,移植后成活率高。

(3) 夏季移植

常绿或落叶树种苗木可以在雨季初期进行移植,这是一种生长期移植。移植时要起大土球并包装好,保护好根系。苗木地上部分可进行适当的修剪,移植后要喷水雾保持树冠湿润,还需要遮阴防晒,经过一段时间的过渡,苗木即可成活。

(4) 冬季移植

冬季移植需用石材切割机来切开苗木周围冻土,切成正方体的冻土球,若深处不冻,还要稍微放一夜,让其冻成一块,即可搬运移植。冬季移植成本较高。

容器繁殖苗移入圃地进行大苗培育,原则上可不受季节的限制,但在实际生产中,还是以春、秋两季,苗木休眠期进行为好。

8.1.6　移植方法与技术

移植的方法与技术因移植方式不同而分为裸根移植、带土球移植与容器苗移植3种类型。

8.1.6.1　裸根移植

裸根移植适用于幼小的繁殖苗与大多数休眠期的落叶乔灌木,是国内地栽苗圃最常用的移植方法(图8-7)。移植时根部不带土或带部分"护心土"。其优点是保存根系比较完整,便于操作,节省人力和物力,运输方便。

裸根移植的主要技术要求如下。

①移植苗准备与根系保护　相对完整的根系是保证移植成活的重要条件之一,因此,保证移植苗根系少受损伤与防止失水,是裸根移植的基础。移植繁殖苗及小型花灌木时,要尽量保证根系完整;移植较大规格苗时,根系保留长度是胸径的8~10

图8-7　大叶黄杨裸根移植
A. 待移栽的裸根苗　B. 移植苗抚育圃(原北京市园林局东北旺苗圃)

倍，并保证主侧根不劈不裂。

②防止根系失水是移植成活的关键，在起苗、修剪、分级、包装或运输等移植栽培前的各个环节，以及栽培后的管理环节都要特别注意。繁殖苗因根系幼小细嫩，起苗后必须放置在湿润的器具或环境中，防止根系失水；较大规格的移植苗如不能及时移栽，起苗后必须假植或用保湿材料包扎、覆盖。在栽植前蘸泥浆（也可以根据需要混合使用一些生根剂、保水剂等辅助生根与保水的药剂），提前洇地，缩短起苗到栽植的时间，栽植后及时灌水等，均为苗木移植时常用的技术措施，主要的目的是通过防止根系失水而提高成活率。

②移植苗分级　不论是较小的繁殖苗还是较大的移植苗，移栽时按苗木的高低、粗细进行分级，是苗木移植的重要技术环节，对生产规格一致、整齐的成苗以及生产管理都十分重要。分级往往伴随着在起苗前或起苗后进行适当的修剪，如繁殖小苗可减除嫩枝与过长的须根，花灌木仅保留20~30cm的茬高，乔木可根据树种的特点和苗木的状况结合实施一定的整形措施等。

③栽植技术要领　首先，要掌握合适的栽植深度，一般应以苗木根斑（root flare）或称为茎斑（trunk flare）（指植株茎或干的基部膨大形成根的区域，或者植株茎或干与根系的过渡区域）为准，比原来深植2~5cm为宜；其次，栽培过程要边填土边踏实，同时要保证根系舒展向下，不发生盘根、翘根现象，使土壤与根系密切接触，尤其是根系较大的移植苗，要保证根系内根间空间充实，这是衡量栽培技术水平的重要方面，与成活率关系密切；第三，栽植后及时浇水，可在一定程度上对栽植时造成的损失进行弥补。

8.1.6.2　带土球移植

在裸根移植能够成活的情况下，尽量不用带土球移植。该法适用于一些常绿树、根系再生难的珍贵落叶树以及较大规格的苗木（图8-8）。较大规格的苗木带土球移植时，设法防止散坨是保证成活的关键环节。其特点是栽植成活率高，但施工费用高。带土球移植的主要技术要求如下：

①移植苗修剪与准备　利用本法移植苗木，其土球的规格大小与树木特性、株高、树径等有关，无论如何都会对根系造成一定程度的损伤。因此，对苗木地上部分进行必要的修剪，保持苗木地上部与地下部分的相对平衡，对移植成活具有重要意义。一般落叶乔灌木移植时都要进行必要的短截与疏枝，常绿针叶树在不影响树冠的情况下要适当疏去一些轮生枝，而常绿阔叶树多不进行修剪。

②栽植技术要领　首先，种植深度要合理，原则上应按原根斑为准或略深；其次，土球要包

图8-8　根系完整的云杉裸根土球苗，移栽时可适当剪除过长的根
（美国俄勒冈州Sester Farms苗圃）

扎得当，防止移动运输过程中散坨，并在土球定位后除去包扎材料；最后，填土踏实，做到填土要实、树干要直，保证移植的质量与效果。

8.1.6.3 容器苗移植

容器苗因可移动以及移植方便、成活率高等特点，是苗木生产栽培技术发展的重要趋势之一。把容器苗移入大田，培养大规格成品苗（图8-9），既可发挥容器育苗的优势，又可降低全程容器栽培对技术与设施的要求，因此，把穴盘容器苗移入大田栽培后，苗木成活率高，长势强盛，已成为一种流行的大苗培育方式。有关容器育苗与容器栽培的内容见本书第11章，这里强调的是把容器繁殖苗移入地栽苗圃移植区培养大苗，相对于裸根与带土球移植而言更为简单方便。对使用不可降解的容器培育的

图8-9 '红叶'石楠容器苗移植（钱桦提供）
A. 苗木交易市场销售的商品穴盘苗　B. 根系发达、根团紧凑的穴盘苗　C. 穴盘苗移植后培育为大规格苗

容器苗，移植时应注意去除容器并防止根团散开；而使用可降解容器培育的容器苗，可带容器直接移栽。同时，选择合适的移植时间、移植后及时浇水等都是必须要注意的问题。

上述不同的苗木移植方式，实际上是与移植苗来源、性质与状态直接相关的。具体的栽植作业，在国内主要是人工操作，而国外发达国家则以机械栽植为主，其基本方法可以归纳为穴植法、沟植法与孔植法。使用穴植法栽植时，应根据苗木的大小和设计好的行株距划线定点，然后挖穴，植穴的直径和深度应大于苗木的根系，栽植深度以略深于原苗根根斑为宜。穴植的苗木成活率高，生长恢复较快，适用于较大规格的苗木移植。使用沟植法栽植时，先按株行距开沟，把土放在沟的两侧，以利回填土和苗木定点；然后将苗木按一定的株距放入沟内，最后填土并踏实。此法一般用于移植较小的繁殖苗。孔植法是先按株行距划线定点，然后在点上用打孔器打孔，深度与栽植深度相同或稍深，把苗放入孔中，覆土即可。孔植法应有专门的打孔器，可提高工作效率，适用于容器苗移植。

苗木移植无论属于哪种类型、采用哪种方法，都要使苗木根系舒展，无卷曲与窝根现象；要控制好栽植深度；要踏实土壤，使其与根系紧密接触；要在移植后及时浇水，做好必要的管理。

8.1.7 移植后期管理与移植质量标准

8.1.7.1 移植后期管理

移植后期管理是指从苗木定植后至苗木成活并恢复生长前的管理，属于苗木移植技术工艺的内容。这一时期是移植苗进入正常抚育养护前的特殊阶段，直接关系到移植作业的质量，因此不能忽视。

(1) 灌水

灌水是保证苗木成活的主要措施，特别是北方地区春季干旱、降雨少、蒸发量大，加上移植过程苗木的根系受到了不同程度的损伤，如果供水不足，苗木成活与生长就会受到影响。因此，一般北方在移植后要立即灌水，并要灌足灌透；3~5d后灌第2次水；5~6d后灌第3次，俗称"连三水"。此后即进入正常的养护工作。

(2) 扶苗

第1次灌水后，容易造成土壤松软，苗木极易倒伏，所以应及时扶正苗木，同时进行根际培土，整理苗床。

(3) 遮阴保湿

北方春季干旱对移植苗，尤其是幼小的繁殖苗的缓苗极为不利，通过使用遮阳网或适当喷雾增湿的措施，可有效提高移植成活率，增强苗木的环境适应能力。

(4) 平整苗区

移植后经过连续3次灌水，土壤容易塌陷、坑洼不平，所以要进行平整，为以后的浇水、施肥等抚育工作打好基础。

8.1.7.2 移植质量标准

成活率和整齐度是衡量移植质量的 2 个主要标准。首先，移植苗的成活率是衡量移植质量最主要的标准，直接反映了栽培技术实施的成败。一般而言，大苗移植的成活率应达到 98%，一般苗木不小于 95%。其次，苗木的整齐度，即移植苗木的高矮与长势的一致程度，对苗木的抚育管理与成苗质量有直接影响，是衡量移植质量与移植技术水平的主要指标。因此，苗木移植前要按标准进行分级，然后按规格分区，并严格按照一定的株行距栽植，使其秩序井然，整齐美观，为以后的规范化与机械化管理奠定基础。

8.1.8 移植苗的抚育

移植苗成活并恢复生长后，即进入正常的抚育管理阶段。再次移植或出圃前，管理措施包括中耕除草、灌水、施肥、病虫害防治以及整型修剪等。除了整型修剪将在 8.2 节专门讲述外，其他内容见本书第 4 章的相关部分。

8.2 苗木整形修剪

8.2.1 整形修剪及其目的与意义

整形修剪通常可作一个名词来解释，是指用剪、锯、疏、捆、绑、扎等手段，使苗木长成特定形状的技术措施。但在园林苗圃实践中，整形和修剪有时是两个既有密切关系又有不同含义的过程。所谓整形，一般是对小规格的幼树而言，是对幼树实行一定的措施，使其形成一定的树体结构和形态；而修剪一般是对大规格苗木而言，意味着要去掉植株的一部分枝干，使树体生长健壮，树形美观，能够更好地满足景观建设的要求。整形是完成树体的骨架，而修剪是在整形基础上根据某种目的而实行的。

为了使苗圃中培育的绿化苗木有一个良好的树形，满足城乡绿化的需求，提高苗木的出圃率，在苗木培育过程中，必须适时对苗木进行整形修剪。首先，通过整形修剪，能够培养出理想的树形，使树体圆满、匀称、紧凑、牢固，增加出圃苗木的观赏价值，使苗木按照人们设计好的树形生长发展，为培养符合园林绿化使用要求的树形奠定基础。其次，整形修剪能改善苗木树冠的通风透光条件，能够平衡营养，使苗木生长健壮，减少病虫害的发生，使出圃时苗木质量显著提高。最后，整形修剪是人工矮化的措施之一，园林中有些观赏植物需要重剪并结合其他综合措施，使之矮化，从而使其放入室内、花坛或岩石园中，与空间比例相协调。

园林苗木的生产与培育，少则需要几年，多则需要十几年甚至几十年。整形修剪作为一项重要的生产技术环节，对于培育合格的各类园林苗木是不可缺少的。同时整形修剪必须在其他技术措施(土、肥、水、病虫防治、花果管理等)的基础上，因时、因地、因材(树种、品种)合理运用，才能获得较佳效果。

8.2.2 整形修剪的原理与生理作用

自然条件下正常生长的树木,各部分经常保持一定的生理平衡。修剪使树体原有的平衡被打破,引起地上部分与地下部分、整体与局部之间发生变化。通过生理调整与生长发育,树体会重新建立新的平衡,从而实现使树体按期望变化的目的。

修剪的主要对象是植株局部的枝条,但它产生影响和作用是整体的。如枝条短截修剪,增强了局部的生长势,但对整个植株的生长产生了抑制作用。修剪对局部生长势的增强越显著,对整体生长量的减弱效果也就越明显。因此,了解修剪的原理及由修剪引起的树体的生理变化,对掌握修剪技术,修剪时能够全面考虑是必要的。

(1) 修剪对局部生长的促进作用

修剪使苗木总体的生长点减少,被保留下来的生长点会有更多的营养供应量,从而增强了这个局部的生长势,结果促进了局部的生长。同时,通过修剪也使储存在树体内的营养物质分配利用相对集中,尤其是当剪口芽用高位优势壮芽时,易促其萌发健壮枝条,因而促进了局部的营养生长。如为了培养树木的主干,必须抑制侧枝的生长,使养分集中供应顶芽。

(2) 修剪对局部生长势的调控作用

修剪不仅能促进局部生长势,也能抑制生长势。如轻剪或重剪,配合选取剪口芽进行调控。重剪并选饱满的剪口芽,可增强局部生长势;轻剪并选取弱的剪口芽,可减弱局部生长势。疏剪对其剪口下部枝条有增强生长的作用,而对剪口以上枝条有削弱作用。树木地上部分经过修剪后,会使其总生长量减少,同时也常常影响苗木的生长和开花结果的平衡关系。疏剪部分枝条,必然减少叶片与枝条的数量,使苗木制造的营养物质减少,结果使苗木生长量下降。修剪得越重,生长量下降就越多。

(3) 修剪对整体代谢平衡的调节作用

自然生长条件下,植物整株处于系统平衡状态。一旦遭遇人为的损伤,植株的生长就会失去平衡,树势减弱,甚至导致死亡。例如,移植苗如果根系损伤严重,水分供应就会受阻,而上部枝、芽、叶的呼吸作用、蒸腾作用必须有定量的水分供应,于是代谢系统失去平衡,这种情况下必须通过修剪,削减地上部分枝、芽、叶,减少植株水分、养分的需求,维持整体平衡,进行缓苗保其成活。

(4) 修剪对养分、水分利用效益的调整作用

修剪可使根部吸收的有限的水分、养分在育苗中发挥最大效益。如内膛枝、重叠枝上的叶片受光面小,积累的有效养分少,可能消耗大于积累,通过修剪清理清除这部分枝冠后,水分、养分流向养分积累、利用率更高的枝条,从而生长量增大。又如一些苗木开花后进入结果期,养分与水分主要保障生殖器官的发育,通过修剪摘除花蕾、清除幼果,使其生殖生长过程停止,保证了水分与养分供应树体的营养生长,从而增加了苗木的年生长量。

8.2.3 整形修剪的时期

园林苗木修剪的时期一般可分为冬季(休眠期)及夏季(生长期)2个时期。由于不同树种的生物学特性,尤其是物候期不同,修剪时期可根据树种抗寒性、生长特性及物候期等来确定,具体时间要根据对树种枝芽特性、物候、伤流、风寒、冻寒等各种因素的综合分析来确定。

(1) 冬季修剪

冬季修剪是指自秋冬至早春植物休眠期内进行的修剪。休眠期修剪以整形为主,可稍重剪,视各地气候而异,一般自土地封冻树木休眠后至翌年春季树液开始流动前进行(12月至翌年2月)。抗寒力差的树种最好在早春修剪,以免伤口受风寒之害;而常绿树种既适宜冬剪也适宜夏剪。休眠期修剪是调整树势的最好时机,此时苗木体内各种生理活动处于停顿状态,修剪对其他部分以及整个植株产生的影响不大。一旦解除休眠、开始萌动,树势调整很快到位,对生长势及成活率不会造成大的影响,所以大部分苗木的修剪都集中在冬季进行。

(2) 夏季修剪

夏季修剪是指在夏季植物生长期进行的修剪,以调整树势为主,宜轻剪,一般自萌芽后至新梢或副梢生长停止前进行(4~10月),具体日期也视当地气候条件及树种特性而异。在南方四季不明显时都称为夏剪。常绿树种最好进行夏剪。

8.2.4 整形修剪的方法

(1) 剥芽(抹芽)

苗木发芽生长时,许多芽会同时萌发,水分和养分会分散供给所有正在生长的芽。通过剥芽,保证与促进枝条的发育,对形成理想树形极为有利。剥芽常用于1年生乔木的树干的培养,这些树种萌芽力、成枝力强,春季小苗的芽全部萌发,如若任其全部抽出枝条,长满众多侧枝,则根部供应的水肥营养就会分散,不能集中供给主干生长,影响培育合格的树形。所以应在抽枝初期将下部芽剥掉,仅留上部1/3的芽,从而集中养分、水分,促使上部枝条茁壮发育,培育主干和主枝。嫁接苗要把接口下部的萌芽全部剥除,使养分集中供给接穗,促其成活生长。

(2) 摘心

摘心就是剪除枝端生长点,控制枝条生长的一种技术措施。在苗木生长过程中,枝条生长不平衡会影响树冠形状,因此,在培养多主枝冠形的树种时,应对强枝进行摘心,抑制其生长,以调整树冠各主枝的长势,达到各主枝均衡生长的目的,使树冠匀称丰满。另外,对一些抗寒性差的树种,在入秋后可用摘心方法促其停止生长,控制秋梢徒长,使枝条充实,以利于苗木安全越冬。

(3) 短截

短截是指从枝条上选留合适的芽位后,剪去枝条的一部分,以刺激侧芽萌发。枝条短截后剪口下的芽萌发,从而长出更多的侧枝,使株形丰满圆润。为了使树冠的外围延伸扩大,各级枝条层次分明,剪口应位于一枚朝外侧生长的腋芽上方。一般来说,根据剪去枝条的程度分为轻短截、中短截和重短截。短截的程度和留剪口芽性质不同,修剪后的效果也不同。

轻短截是指剪除枝条长度的1/4,即枝梢部分。如剪口芽如饱满,则发出枝条健壮;如剪口芽为盲芽或瘪芽,剪后萌发的枝条较弱,成为短枝。观花观果树种常用此法促成花芽分化。中短截是指剪除枝条长度的1/3,即取中部饱满芽处剪除,剪后发育的枝条长势旺盛,常用于培养延长枝或骨干枝。重短截是指剪除枝条长度的1/2以上,基部只留少数几个芽,剪后仅1~2个芽发育成强壮枝条,育苗中多用此法培育主干枝。

(4) 疏枝

从基部疏剪过多过密枝条称为疏枝。疏枝可以减少养分争夺,防止养分分散,有利于通风透光,既增加了保留枝的生长势,又可预防病虫害。对于乔木,能促进主干生长;对于花灌木,能促进提早开花。

疏剪的对象是交叉枝、内向枝、病虫枝、徒长枝和衰老枝条。疏枝常用于树干的培养,使养分集中供应主干领导枝,以加速培养好的干型(养干);疏枝用于移植苗的修剪,在移植断根情况下,能平衡上下树势,减少根系供水负担,有利于缓苗,保证移植成活。如银杏移植后修剪,只能疏枝,不能进行枝条短截,否则不利于移植苗树冠的后期恢复。

(5) 疏花和疏果

对大部分观果植物来说,开花数量大多超过结果数量,如不进行疏花,自然落果会耗去大量营养。因此,应在成花期疏除过密花朵,保留预计产果数的2~3倍,待果实坐稳后再把多余的幼果疏除。

(6) 缩剪

缩剪指将较弱的主枝或侧枝回缩修剪,对2年生或者对多年生枝条在适宜芽位短截,压低或抬高其角度或改变其方位,使之复壮,改造整体树形,促其通风透光。其效果和短截相同,常用于花灌木的整形。

(7) 伤枝

凡用各种损伤枝条的方法削弱或缓和枝条生长势的措施都称为伤枝,如刻伤、环剥、拧枝、扭梢、拿枝软化(用手指捏揉枝条)等。它们是通过机械损伤阻碍输导组织,有利于局部枝条营养物质的积累,促进花芽分化,多用于果树修剪和盆景树形培养。

(8) 平茬(截干)

从地表以上5~10cm处,将1~2年生的茎干剪除掉,称为平茬或截干,常用于乔木养干。如杜仲、千头椿(*Ailanthus altissima* 'Umbraculifera')、栾树、槐等,截干后萌生出徒长干,苗壮挺拔,当年就能达到提干高度,养成很好的树形。

图 8-10 截冠修剪后苗木生长情况
结合移植进行截冠,使槐等苗木的分枝点高度一致、树冠均匀,是苗圃中常用的整形修剪手段。

(9) 截冠(抹头)

从苗木主干 2.5~2.8m(分枝点)处将树冠全部剪除的方法称为截冠或抹头。截冠一般在出圃或移植苗木时采用,多用于无主轴、萌发力强的落叶乔木,如槐(图 8-10)、千头椿、栾树、元宝枫、白蜡树等。截冠后分枝点一致,种植后可形成统一的绿化景观。

(10) 修根(断根)

将苗木根系在一定范围内全部切断或部分切断的措施称为修根或断根。珍贵苗木出圃前、大规格苗木移植前常进行断根。修剪时应对过长根进行适当短截,并清理病虫危害根、机械损伤的劈裂根。修根可抑制树冠生长过旺,同时刺激吸收根萌发,有利于移植成活与恢复树势。

8.2.5 苗木整形修剪的要求

苗木修剪方式因树种及培育目的而定,一般以自然树形为主,因树造型,轻量勤修,分枝均匀,冠幅丰满,干冠比例适宜。由于苗木类型决定了苗木园林应用的形式,也反映了对不同修剪技术与抚育目标的要求,因此,了解不同类型苗木的修剪要求与培育标准,方可有的放矢,达到预期目标。中华人民共和国城镇建设行业标准《城市园林苗圃育苗技术规程》(CJ/T 23—1999)对各类苗木的修剪整形标准要求如下。

(1) 乔木类

行道树苗木要求主干通直,主、侧枝分明,分枝点高 1.8~2.0m,并逐年上移,直到规定干高为止;庭园观赏树苗的主干不宜太高,可养成多干型或曲干型等。

(2) 灌木类

枝叶茂密,主枝 5~8 个,并分布匀称。

(3) 针叶树类

养成全冠型或低干型者应保留主枝顶梢;顶梢不明显的树种宜养成多干型或几何型。

(4) 绿篱类

应促其分枝,保持全株枝叶丰满。也可作定型修剪,出圃后拼装成绿篱。

(5) 地被、攀缘类

主蔓 3~5 个,分布均匀。特殊造型苗木应分步骤修剪成型。

8.3 大苗培育技术

8.3.1 落叶乔木

8.3.1.1 落叶乔木树干的培养

落叶乔木常作为行道树或庭荫树使用，其成品大苗的规格标准是：具有高大通直的主干，干高要达到 2.0~3.5m（行道树）或 1.8~2.0m（庭荫树）；胸径达到 5~15cm；具有完整、紧凑、匀称的树冠；具有强大的须根系。落叶乔木大苗培养的关键是培育一定高度的树干。整形或定型培养的方法主要有留干养干法和截干养干法 2 种，具体要根据树种习性与苗木栽培和生长的情况而定。

(1) 播种苗养干法

对于顶端优势强的苗木（如杨树类），为了促进主干生长，应注意及时疏去 1.8m 以下的侧枝及萌蘖枝。以后随着树干的不断增长，逐年疏去定干高度以下的侧枝，定干高度以上的侧枝留作树冠的基础。

柳树类苗木因幼苗阶段叶片较少，对萌生的侧芽可以保留，以促其旺长，待苗高 1~1.5m，下部侧枝渐粗且数量多起来时，可适当疏除一部分；对上部出现的竞争枝应及时疏除，以防止影响主干枝直立生长。至秋季掘苗前可将苗高 1/2 以下的枝条全部剪除。留下的枝条可行短截，以便掘苗假植。

槐、栾树等养干困难的播种苗可留床养干，逐年提干。间苗时留出 20~30cm 株距（行距为 60~70cm）。在播种苗干茎粗壮直立的部位，选取质量好的剪口芽短截，肥水充足时一般可长出比较直立的延长干。如此重复修剪 2~3 年，逐年提干达到 2.5~3m 的分枝点高度。

刺槐、臭椿、泡桐等播种苗，如长势良好，秋季达到 2m 高度以上时，可以带干掘苗，翌春带干移植。如生长较细弱、不足 2m 高度，秋季掘苗时应行截干，翌春移植苗根，再培养树干。

(2) 移植苗养干法

有些乔木树种（如槐、杜仲、栗树等），生长势较弱，腋芽萌发力较强，播种苗 1 年生长高度达不到定干要求，而在第 2 年侧枝又大量萌生且分枝角度较大，很难找到主干延长枝，故自然长成的主干常常矮小而弯曲，不能满行道树和庭荫树的要求，为此常用截干法来培养主干。

截干法是利用人为方法强制改变苗木根茎比，以增加茎干的生长势，在一个生长季中使苗木生长高度达到定干要求，从而获得通直的主干。具体方法是移植后不修剪，尽量保留枝叶，使根系生长旺盛，秋季落叶后将 1 年生的播种苗按 60cm×40cm 株行距进行移植（截干栽或不截干栽）。翌年春加强肥水管理，促进苗木快长，生长季中应加强中耕除草、防治病虫害等措施，养成强大的根系（养根），于秋季当苗高达到 1.5m，基径达到 1.5cm 时进行重截，即在距地面 5~10cm 处把地上部分全部剪除；然后每亩地施有机肥 2500~5000kg，准备越冬。第 3 年继续加强灌水，增加追肥，选留其中最健壮的萌蘖条作为主干，剪除其他多余萌蘖，至秋季可得到高达 2.5~3.0m，通直高大的主干。注意对于一些生长势很弱且萌蘖力也弱的树种，不能采用截干养干法。

对顶芽比较饱满的杨树类苗木，在移植后一般不行剪梢，而柳树类、刺槐和元宝枫等，苗梢上部芽质较差，栽后应行剪梢。一般可自顶端下 20~30cm 处短截，要选饱满芽做剪口芽，对苗高 1/2 以下发出的萌芽都要及时抹掉，以免养分分散，影响主枝生长。

(3) 保养苗养干法

要根据树种生长特性，采取不同的方法。对顶芽比较明显且芽质较好的树种，如杨树类、银杏、白蜡树和香椿等，移植 1 年后进行冬剪，目的是养干，提高分枝点，并注意疏除分枝点以上的竞争枝。对顶芽较弱的乔木，如柳树等，提干与整形都要在冬季休眠期进行，要注意提高分枝点，疏除竞争枝，对主枝和侧枝短截。如移植后长势还弱，可在冬剪时考虑选饱满芽处短截，更换主干延长枝。对枝梢细软与枝条对生的树种，如元宝枫等，树干易弯曲，在繁殖苗第 1 次移植时栽植密度要大，以利于培养直立树干。可在生长季节清除侧生竞争枝，促进主枝生长，经 2~3 年养成直立树干后，再行移植，扩大株行距，以培养树冠。

8.3.1.2 落叶乔木树冠的培养

高大落叶乔木，如杨、白蜡树等，一般按树木自然冠形培养，不多加人为干预，只是要及时疏除上部出现的较强竞争枝，以防出现双干与偏冠现象。为了改善树冠内部的通风透光条件，应疏除过密枝、重叠枝，对病虫枝、创伤枝也应疏去。

槐、元宝枫、馒头柳之类的乔木，待树干养成后，结合第 2 次移植，在 2.0~2.5m 处定干，然后选好向外放射的 3~5 主枝培养成骨干枝。第 2 年在这些骨干枝 30cm 处行短截，促使侧枝生长，以构成基本树形。

龙爪槐等造型树冠的养成，主要以扩大树冠及调整枝条均匀分布为目的。为此，嫁接成活后，首先要建立以 3~5 个主枝为骨干的骨架，平展后向外扩展。常常可附以支架，将萌条放在支架上，使平展向外生长。原则上取外展枝，第一年冬剪进行重短截，剪口留向上饱满芽，同时兼顾左右空间布局。发芽后如有向下芽萌发成枝，要及时疏除，以促使上芽生长形成大树冠。翌年冬剪时再行重短截，留向上剪口芽，疏除向下芽，如此下去即可扩大冠幅，养成理想树形。

8.3.1.3 常见落叶乔木整形修剪技术

(1) 白蜡树

白蜡树萌芽力强，成枝力强，干性较强。常用树形有无主干自然开心形、有主干自然分层形。为达到快速成型成景的目的，建议采用以下修剪方法。

①无主干自然开心形　栽植回缩修剪时，保留 3~5 个方向合适、角度适宜、位

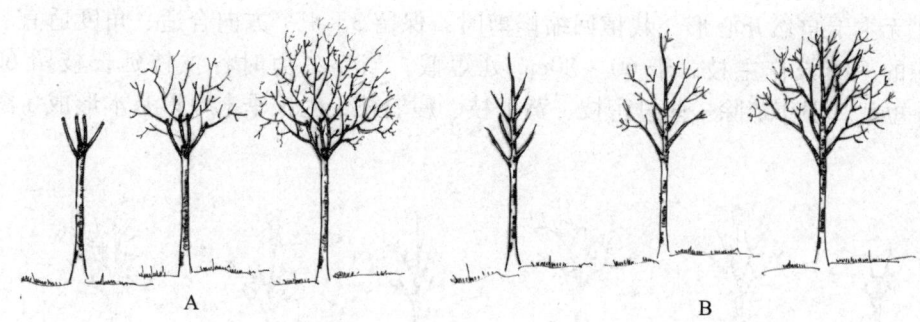

图 8-11　白蜡树修剪与树形成型
A. 开心形　B. 分层形

置理想的枝条作主枝,于 80cm 处短截。当年冬剪时各主枝延长枝继续留 60~80cm 短截。翌年疏除一些过密枝、背上枝、瘦弱枝,生长季末树形基本形成(图 8-11A)。

②有主干自然分层形　栽植回缩修剪时,沿主干保留不同方向分布合理的 5~7 个一级枝作主枝,留 80cm 短截。当年冬剪时延长枝留 60~80cm 轻短截。第二年除了疏除背上枝、过密枝、瘦弱枝,生长季末树形基本形成(图 8-11B)。

(2)栾树

栾树萌芽力、成枝力较强,干性中等,常用树形有无主干自然开心形、有主干自然式冠形。为达到快速成型成景的目的,建议采用以下修剪方法。

①无主干自然开心形　栽植回缩修剪时,保留 3~4 个方向合适、角度适宜、位置理想的一级枝作主枝,于 60~100cm 处短截。当年冬剪时各主枝延长枝留 50~80cm 短截。第 2 年疏除一些过密枝、背上枝、瘦弱枝,生长季末树形基本形成(图 8-12A)。

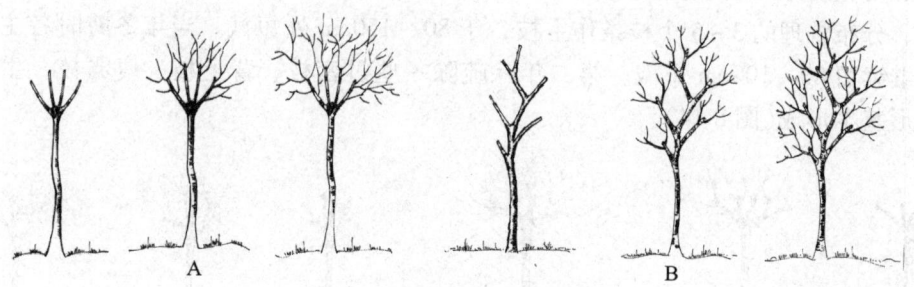

图 8-12　栾树修剪与树形成形
A. 开心形　B. 自然冠型

②有主干自然式冠形　栽植回缩修剪时,基本保留原树形,按照 20~30cm 的间距选留 4~5 个分布合理的枝条作为主枝,下层的主枝留 40~60cm 短截,疏除其余主枝。当年冬剪时各主枝延长枝留 40~60cm 短截。翌年疏除一些过密枝、背上枝、瘦弱枝,生长季末树形基本形成(图 8-12B)。

(3)臭椿

臭椿萌芽力中等,成枝力较强,干性较强。栽植时抹头,易偏冠(主枝可选择的范围小),成型成景慢。适宜树形为无主干自然开心形和有主干疏散分层形。

①无主干自然开心形　栽植回缩修剪时,保留 3~4 个方向合适、角度适宜、位置理想的一级枝作主枝,于 60~80cm 处短截。当年冬剪时各主枝延长枝留 60~100cm 短截。翌年疏除一些过密枝、背上枝、瘦弱枝,生长季末树形基本形成(图 8-13A)。

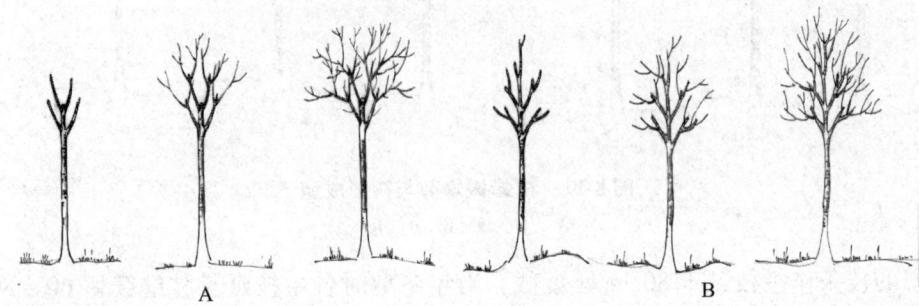

图 8-13　臭椿修剪与树形成型
A. 自然开心形　B. 疏散分层形

②有主干疏散分层形　栽植修剪时,保留不同方向、分布合理的 3 个一级枝作为第 1 层主枝,留 60~80cm 短截;距第 1 层主枝上方 60~80cm 处选留 2~3 个枝条作为第 2 层主枝,留 40~60cm 短截;主干留 100~150cm(从分枝点处计算)短截。当年冬剪时第 1 层主枝延长枝留 50~80cm 轻短截,主干延长枝留 60cm 短截。翌年冬剪疏除背上枝、过密枝、瘦弱枝,生长季末树形基本形成(图 8-13B)。

(4)五角枫

五角枫萌芽力强、成枝力强,树形常为自然开心形。栽植回缩修剪时,保留不同方向、分布合理的 3~5 个枝条作主枝,于 80~150cm 处短截。当年冬剪时各主枝延长枝继续留 80~100cm 短截。第二年除疏除一些过密枝、背上枝、瘦弱枝,生长季末树形基本形成(图 8-14)。

图 8-14　五角枫修剪与树形成型(自然开心形)　　**图 8-15　槐修剪与树形成型**(自然形)

(5)槐

槐萌芽力强,成枝力强,干性中等,多采用无主干自然形。栽植回缩修剪时,保留 3~5 个方向合适、角度适宜、位置理想的枝条作主枝,于 80~120cm 处短截,同时每个主枝上可留 1~2 个永久性侧枝,留 40~60cm 短截。当年冬剪时各主枝延长枝继续留 60~80cm 短截。翌年疏除一些过密枝、背上枝、瘦弱枝,生长季末树形基本形成(图 8-15)。

(6) 悬铃木

悬铃木树形端正，主干直，萌芽力强，成枝力强，耐修剪，修剪树形可采用无主干自然圆头形和有主干自然分层形。

①无主干自然圆头形　栽植回缩修剪时，从分枝点处疏除主干，选择分布均匀、生长一致、角度合适的3~5个枝条作为主枝，留60~100cm短截，其余枝条可疏掉。当年冬剪时对二级枝、主枝留60~80cm短截。翌年剪除树冠内的直立枝、内向枝、密生枝，主侧枝可不进行短截，以甩放为主。翌年冬季树形基本形成。

②有主干自然分层形　栽植修剪时，主干不短截，根据疏密情况疏掉部分过密侧枝，其余侧枝留20~60cm短截，下层侧枝较长，上层较短，呈塔形分布。经过一个生长季基本可成形。

(7) 银杏

银杏主干明显，顶端优势强盛，自然生长植株枝条有一定的分层性，萌芽力极强，但成枝力较弱。通常苗木要求干高2.8~3m，有生长势较强的主干，其上着生大枝9~11个，大枝间距一般为50~70cm，自然分层，疏密排列，互不重叠，树冠丰满，常用树形为多主枝自然形和疏层形（图8-16）。修剪时应多疏枝、少短截或不短截。移植修剪时要先确定分枝点，分枝点以下枝条全部疏除，分枝点以上枝条按设计的树形自下而上疏除一部分。要疏除主干竞争枝，保证中央领导枝的作用。

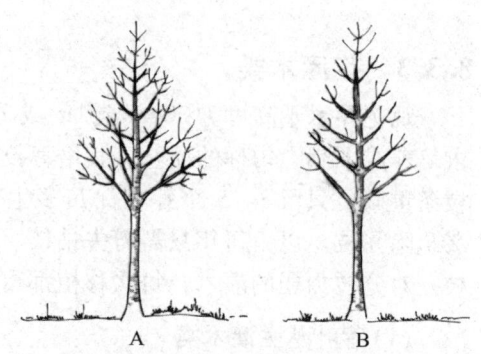

图 8-16　银杏修剪与树形成型
A. 自然形　B. 疏层形

8.3.2　常绿乔木（松柏类）

8.3.2.1　轮生枝明显的常绿乔木大苗培育

针叶树种一般萌芽力弱，生长缓慢，园林绿化应用时一般采用较低的枝下高或保留自然树形。如白皮松、油松、樟子松、黑松等顶端优势较明显，主干容易形成，培育大苗时一般不多修剪，要注意保护好顶芽，及时剪除冠内出现的枯枝、病残枝。由于每年生长一轮主枝，轮生枝过密时可适当疏除，每轮留3~5枝，使其均匀分布。白皮松易形成徒长枝，成为双干形，故要及时疏除一枝，保持单干；冠内出现侧生竞争枝时，应逐年调整主侧枝关系，对有竞争力的侧枝利用短截削弱其生长势，培养主干，直至出圃。

8.3.2.2　轮生枝不明显的常绿乔木大苗培育

这类树种主要有圆柏、侧柏、龙柏、铅笔柏、杜松（*Juniperus rigida*）、雪松等，它们在幼苗期的生长速度比轮生枝明显的常绿树种稍快，因此在培育大苗时有所不同。一般情况下，1 年生播种苗或扦插苗可留床保养 1 年（侧柏等生长快的也可不留床）；在第 3 年苗高 20cm 左右时移植；第 4~5 年苗高迅速生长至 1.5~2.0m；第 6 年进行第 2 次移植，再经过第 7~8 年的快速生长，可培养为高达 3.5~4m 的大苗。修剪主要是要注意从小苗开始，随时清除基部徒长枝、侧生竞争枝，重点培养领导主干，防止双干苗、多干苗的形成。

如要把松柏类树种培育为主干外露、作为行道树或庭荫树使用的苗木，一般在培育至少 5 年以后，每年提高一轮分枝，直到分枝点达到 2m 以上。此外，柏类苗木通过修剪还可培养出各种几何造型和动物造型，提高观赏价值。针叶树顶芽如果受损，应及时扶一侧枝，加强培养以代替主干延长生长。同时还要加强肥水管理，防治病虫害，促进苗木快速生长。

8.3.3 花灌木类

观花乔木干高可为 30cm 至 1m 或 2m，培育技术同庭荫树，不再赘述。花灌木要求培养成丰满、匀称的灌丛，其培育技术要点是：①重截。第一次移植时，对地上部枝条重截，只留 3~5 个芽，促其多生分枝。至秋后行短截，并将多余的枝条疏除。②疏除冗枝。以后每年只需剪去枯枝、过密枝、病虫枝、创伤枝等，适当疏、截徒长枝。对分枝力弱的灌木，每次移植都重剪，促其发枝。

(1) 落叶丛生灌木类

这类大苗的规格要求为每丛分枝 3~5 枝，枝粗 1.5cm 以上，具有丰满的树冠丛和强大的须根系。在培育过程中，注意每丛所留主枝数量，不可留得太多，否则易造成主枝过细，达不到应有的粗度。多余的丛生枝要从基部全部清除。丛生灌木不宜太高，一般 1.2~1.5m 即可。

(2) 丛生灌木单干苗

丛生灌木在一定的栽培管理和整形修剪措施下，可培养成单干苗，观赏价值和经济价值都大大提高，如单干的紫薇、丁香、木槿、连翘、金银木、太平花（*Philadelphus pekinensis*）、榆叶梅、紫斑牡丹（图 8-17）等。培育的方法是：选最粗的一枝作为主干，主干要直立，若主枝易弯曲下垂，可设立柱支撑，将枝干绑在支柱上，将其基部萌生的芽或其他枝条全部剪除。培养单干苗要在整个生长季经常剪除萌生的芽或多余枝条，以便集中养分供给单干或单枝生长发育。

图 8-17 乔状牡丹苗

紫斑牡丹一般为丛生灌木，但在选留一主枝、将基部其他枝条以及萌生枝剪除时，可培育为小乔状的单干苗

8.3.4 藤木类

藤木类苗木的主要质量标准，以苗龄、分枝数、主蔓直径、主蔓长度和移植次数为规定指标。其大苗的主要质量要求是分枝数不少于3个，主蔓直径应在1.5cm以上，主蔓长度应在1.0m以上。园林中常见的藤木有紫藤、地锦、凌霄、猕猴桃、藤本月季、常春藤等，其主干多为匍匐生长，苗木出圃除作地被植物任其生长外，常常依照设计要求有多种整形方式，如棚架式、凉廊式、悬崖式等。

藤木类大苗培育的主要任务是养好根系，并培养1至数条健壮的主蔓。培育方法是：先做支架，按照80cm的行距栽水泥柱，深60cm，上露150cm，桩距300cm，桩之间横拉3道铁丝连接各水泥桩。每行两端用粗铁丝斜拉固定。把1年生苗栽于立柱之下，株距15～20cm。当爬蔓能上架时，全部上架。随着枝蔓生长，再向上到第二层铁丝，最后直至第3层为止，培养3年即成大苗。利用建筑物四周或者围墙栽植藤木类植物小苗来培育大苗，既节约架材又不占地。现有许多利用平床来培育大苗的，由于枝蔓随地表爬生，节间易生根，苗木根茎增粗很慢，需要很长时间才能养成大苗。

8.3.5 绿篱及特殊造型苗木

绿篱使用的灌木类苗木，主要质量标准以主枝数、苗龄、高度或主枝长、基径、移植次数为规定指标，主要质量要求是冠丛丰满，分枝均匀，下部枝叶无光秃，苗龄3年生以上。

用作绿篱（植篱）的灌木要特别注意从基部培养出大量分枝，形成灌丛，以便定植后能进行任何形式的修剪，因此，至少要重剪2次。对经过第三次移植的大型绿篱用苗，需在苗圃内养成一定形状。北方园林中绿篱常用的圆柏、侧柏、大叶黄杨、小叶黄杨等苗木的修剪养护方法基本一致，主要以打梢为主，以促进侧枝萌生，形成丰满的灌丛。

为使园林绿化丰富多彩，除采用自然树形外，还可以利用树木的发枝特点，通过不同的修剪方法，养成各种不同的形状，如梯形、倒梯形、圆球形、象形等。简单的有伞形龙爪槐与垂枝榆、大叶黄杨球、龙柏球、圆柏球、石楠球等；造型复杂的有偃柏高接，再通过人工修剪，可造成苍鹰展翅的姿态；选用分枝紧密的圆柏变种，剪去上部树干，可造成不同高度的截头圆柱形，或剪成方形、球形等；有些苗圃还专门用小叶女贞等培育一些栩栩如生的动物造型苗。这些造型特殊的苗木，可以在苗圃中培育，进一步定植在绿地中后要精细修剪管理，以维持观赏效果。

复习思考题

1. 名词解释：大苗，移植苗，繁殖苗，保养苗，根斑，裸根移植，整形修剪，剪口芽，短截，疏枝，平茬。

2. 什么是移植？为什么说它是大苗培育必须的环节？

3. 移植计划与移植地准备的内容是什么?
4. 苗木移植密度与次数的相互关系及其主要影响因素是什么?
5. 说明落叶乔木截干养干法的具体内容及适用树种的特征。
6. 为什么说苗木移植的最佳时间是苗木休眠期?其他季节移植会受到哪些限制?
7. 苗木移植主要有哪几种方式?说明裸根移植的具体内容与需要注意的问题。
8. 移植后期管理的主要措施及衡量移植质量的标准是什么?
9. 试分析整形修剪对苗木生长的生理作用。
10. 如何确定整形修剪的时期?园林苗木整形修剪的主要措施有哪些?
11. 不同类型苗木对修剪的要求有什么不同?
12. 了解落叶乔木养干与养冠的主要方法以及常见树种的快速整形修剪技术。
13. 试说明大苗培养时截干养干的技术及其原理。
14. 试述松柏类大苗培育的技术特点。
15. 试述花灌木类大苗培育的技术特点。

第 9 章 园林苗木出圃

【本章提要】苗木出圃是苗圃苗木生产的收关环节，其质量控制对苗圃经营与园林绿化都有重要意义。本章讲述与苗木出圃相关的内容，包括出圃前苗木调查统计与准备、起苗、分级、检疫、包装与运输以及假植与贮藏等。

出圃是园林苗圃生产培育苗木的最后一道工序，也是联系苗木生产与苗木应用（苗木销售与园林绿化）的过渡环节，主要包括苗木调查统计、起苗、分级、假植与贮藏、包装与运输等内容。从苗圃经营角度而言，苗木出圃是出售苗木、实现苗圃经营目标的过程，同时，由于园林苗木直接用于园林绿化，出圃苗木的质量控制是城镇绿化建设的重要环节。因此，严格按照相关操作规程以及苗木出圃的规格标准，做好苗木出圃工作，对保证苗木质量与产量，提高园林绿化建设水平以及实现苗圃经营目标都具有重要意义。

9.1 出圃前苗木调查

9.1.1 调查目的、时期与内容

出圃前的苗木调查，一方面是为了掌握苗木生产的产量和质量，以便做好苗木的出圃计划，为科学合理地制订苗木生产、供销计划提供依据；另一方面，通过调查可以进一步掌握各种苗木的生长发育情况，科学地总结育苗经验，为今后的生产提供科学依据。

出圃前的苗木调查，多在秋季苗木地上部分停止生长以后进行。它是以苗圃生产计划为依据，以苗木生长期的观察与记录为基础进行的生产检查与评估，是苗圃管理的重要内容之一。调查要按树（品）种、苗木类型、苗龄对全圃所有苗木进行产量和质量的调查，具体的内容参见表 9-1。

表 9-1 出圃前苗木调查统计的内容

调查日期： 年 月 日；调查人：

生产区	类型	树种	苗龄	面积	质量			株数	备注
					高度	地径	根系		

9.1.2 调查方法

在苗木调查前,首先应查阅育苗技术档案中记载的各种苗木的技术措施,并到各生产区进行踏查,以便划分调查区,确定采用方法。出圃苗木的调查方法要求有90%的可靠性,产量精度达到90%以上,质量精度达到95%以上。

(1) 标准行法

在要调查的苗木生产区中,每隔一定的行数(如5的倍数),选出1行或1垄做标准行。然后在标准行上选出一定长度有代表性的地段,测量出苗高和地际直径,调查其数量,并计算调查地段苗行的总长度和每米苗行的平均苗木数,从而推算出每公顷的苗木产量和质量,进而推算出全生产区的苗木数量和质量(图9-1)。

图9-1 标准地法是调查种植规范、株行距一致的苗木最方便与准确的方法

(2) 标准地法

标准地法适用于苗床育苗。在育苗地上均匀地每隔一段距离选出若干有代表性的面积为 $1m^2$ 的小块标准地,调查苗木的数量和质量(苗高、地径等),计算出每平方米苗木的平均数量和质量指标,然后再推算出单位面积和全生产区的苗木产量和质量。

选标准行和标准地,一定要从数量和质量上选取有代表性的地段进行调查,否则调查结果不能代表全生产区的情况。调查时应按树种、育苗方法、苗木的种类和苗龄等项分别进行调查、记载和计算,并将合格苗和等外不合格苗分别统计,汇总后填入苗木调查统计表。

(3) 计数统计法

对于针叶树大苗和珍贵树种的大苗,为了做到统计数字准确,也常进行逐株点数,并抽样量出苗高、地径、冠幅等,计算出平均值,以掌握苗木的数量和规格。小型苗圃为了精确了解情况，也可采用点数的方法进行苗木调查。

9.2 苗木出圃的要求与质量规格

园林苗木的质量是指苗木的生长发育能力和对环境的适应能力，以及由此产生的在同一年龄、相同培育方式与环境下形成的生物学特性和美观的树姿树形。规格是根据绿化需要，人为制定的各种苗木的形态大小。苗木质量可根据生理、形态和观赏价值的整体水平来评价，其好坏直接影响栽植的成活率、绿化成本、抗逆性以及绿化效果。因此，苗木出圃必须满足必要的条件、符合园林绿化的用苗要求，并按照一定的质量标准，做到"五不出"：品种不对、质量不合格、规格不符、有病虫害、有机械损伤不出圃，以保证苗木出圃的质量。

9.2.1 苗木出圃的基本要求

出圃苗木应符合园林苗木产品标准的各项规定，根据国家行业标准《城市园林绿化用植物材料——木本苗》(CJ/T 34—1991)的规定，苗木出圃前的基本要求为：

①将准备出圃苗木的种类、规格、数量和质量分别调查统计制表。

②出圃苗木应具备生长健壮、枝叶繁茂、冠形完整、色泽正常、根系发达，无病虫害、无机械损伤、无冻害等基本质量要求。凡不符合要求的苗木不得出圃。

③苗木出圃前应经过移植培育，5年生以下的移植培育至少1次，5年(含5年)生以上的移植培育在2次以上。

④野生苗和异地引种驯化苗定植前应经苗圃养护培育1至数年后(按北京市规定为3年以上)，适应当地环境，生长发育正常后才能出圃。

⑤出圃苗木应经过植物检疫。省、自治区、直辖市之间苗木产品出入境应经法定植物检疫主管部门检验，签发检疫合格证书后，方可出圃。具体检疫要求按国家有关规定执行。

9.2.2 苗木出圃的质量要求

(1) 苗木树体完美、生长健壮

出圃的苗木应是生长健壮，树形完整，枝干匀称，枝叶丰满，骨架基础良好的优质苗木。因此，在幼苗培育期应做好树体和骨架基础的培育工作，养好树干、树冠，使之有优美的树形和健壮的树势，这样在城市绿化中才能充分发挥观赏价值和绿化效果。凡是树形不好，生长衰弱的苗木不能出圃。

(2) 苗木无损伤

出圃苗木的根系应发育良好，大小适中，具有完好的根系，起苗时不受机械损伤，按规范进行掘苗，根系长度符合要求；凡是根系不合格，包括土坨散裂的苗木不能出圃。

(3)苗木无病虫害

出圃的苗木必须无病虫害,无被检疫的病虫,包括树体和根系的病虫害。凡是带有明显病虫害及被害严重的苗木不能出圃,尤其对带有危害性极大的病虫害苗木必须严禁出圃。

(4)苗木品种纯正、名实相符

凡是经过嫁接、扦插等营养繁殖生产的园艺品种苗木,不能以实生苗以次充好,如各种品种的玉兰、重瓣榆叶梅(*Prunus triloba* 'Plena')、黄刺玫、牡丹、月季等。

(5)规格符合出圃标准

国家行业标准《城市绿化和园林绿地用植物材料——木本苗》(CJ/T 34—1991)对城市园林绿化常用苗木的标准有明确规定,由于园林苗木出圃后直接用于园林绿化,因此,培育并按国家标准出圃苗木,是对出圃苗木质量的基本要求。

9.2.3 各类苗木产品规格质量标准

苗木出圃规格质量标准随苗木种类不同而异,主要根据绿化任务的要求来确定。如用做行道树、庭荫树或重点绿化的树种,苗木规格要求大;而一般绿化或花灌木的定植规格要求就可小些。随着城市建设的发展,对苗木的规格要求逐渐加大。国家行业标准(CJ/T 34—1991)已经明确了各类园林苗木的规格质量标准,可作为苗木出圃的依据。

(1)乔木类苗木

具主轴的树种应有主干枝,主枝应分布均匀,干径在3.0cm以上。其中阔叶乔木类苗木产品质量以干径、树高、苗龄、分枝点高、冠径和移植次数为规定指标;针叶乔木类苗木产品质量规定标准以树高、苗龄、冠径和移植次数为规定指标;作为行道树使用时,阔叶乔木类应具主枝3~5个,干径不小于4.0cm,分枝点高不小于2.5m;针叶乔木应具主轴,主轴有主梢;分枝点高等具体要求,应根据树种的不同特点和街道车辆交通量而定(表9-2)。

表9-2 乔木类常用苗木主要规格质量标准

树种类别	树种名称	树高 (m)	干径 (cm)	苗龄 (年)	冠径 (m)	分枝点高 (m)	移植次数 (次)
常绿针叶乔木	南洋杉	2.5~3	—	6~7	1.0	—	2
	冷 杉	1.5~2	—	7	0.8	—	2
	雪 松	2.5~3	—	6~7	1.5	—	2
	柳 杉	2.5~3	—	5~6	1.5	—	2
	云 杉	1.5~2	—	7	0.8	—	2
	侧 柏	2~2.5	—	5~7	1.0	—	2
	罗汉松	2~2.5	—	6~7	1.0	—	2
	油 松	1.5~2	—	8	1.0	—	2
	白皮松	1.5~2	—	6~10	1.0	—	2

(续)

树种类别	树种名称	树高（m）	干径（cm）	苗龄（年）	冠径（m）	分枝点高（m）	移植次数（次）
常绿针叶乔木	湿地松	2~2.5	—	3~4	1.5	—	2
	马尾松	2~2.5	—	4~5	1.5	—	2
	黑松	2~2.5	—	6	1.5	—	2
	华山松	1.5~2	—	7~8	1.5	—	2
	圆柏	2.5~3	—	7	1.5	—	2
	龙柏	2~2.5	—	5~8	0.8	—	2
	铅笔柏	2.5~3	—	6~10	0.6	—	3
	粗榧树	1.5~2	—	5~8	0.6	—	2
	水松	3~3.5	—	4~5	1.0	—	2
	水杉	3~3.5	—	4~5	1.0	—	2
	金钱松	3~3.5	—	6~8	1.2	—	2
	池杉	3~3.5	—	4~5	1.0	—	2
	落羽杉	3~3.5	—	4~5	1.0	—	2
常绿阔叶乔木	羊蹄甲	2.5~3	3~4	4~5	1.0	—	2
	榕树	2.5~3	4~6	4~5	1.0	—	2
	女贞	2~2.5	3~4	5~6	1.2	—	1
	广玉兰	3.0	3~4	4~5	1.5	—	2
	白兰花	3~3.5	5~6	4~5	1.0	—	2
	杧果	3~3.5	5~6	5	1.5	—	2
	樟树	2.5~3	3~4	4~5	1.2	—	2
	蚊母树	2	3~4	5	0.5	—	3
	桂花	1.5~2	3~4	5	0.5	—	3
	山茶	1.5~2	3~4	5~6	1.5	—	2
	石楠	1.5~2	3~4	5	1.0	—	2
	枇杷	2~2.5	3~4	3~4	5~6	—	2
落叶阔叶乔木	银杏	2.5~3	2	15~20	1.5	3.0	3
	绒毛白蜡	4~6	4~5	6~7	0.8	5.0	2
	悬铃木	2~2.5	5~7	4~5	1.5	3.0	2
	毛白杨	6	4~5	4	0.8	2.5	1
	臭椿	2~2.5	3~4	3~4	0.8	2.5	1
	三角枫	2.5	2.5	8	0.8	2.0	2
	元宝枫	2.5	3	5	0.8	2.0	2
	刺槐	6	3~4	6	0.8	2.0	2
	合欢	5	3~4	6	0.8	2.5	2

(续)

树种类别	树种名称	树高 (m)	干径 (cm)	苗龄 (年)	冠径 (m)	分枝点高 (m)	移植次数 (次)
落叶阔叶乔木	栾 树	4	5	6	0.8	2.5	2
	七叶树	4	3.5~4	4~5	0.8	2.5	3
	槐	4	5~6	8	0.8	2.5	2
	无患子	3~3.5	3~4	5~6	1.0	3.0	1
	泡 桐	2~2.5	3~4	2~3	0.8	2.5	1
	枫 杨	2~2.5	3~4	3~4	0.8	2.5	1
	梧 桐	2~2.5	3~4	4~5	0.8	2.5	1
	鹅掌楸	3~4	3~4	4~6	0.8	2.5	2
	木 棉	3.5	5~8	5	0.8	2.5	2
	垂 柳	2.5~3	4~5	2~3	0.8	2.5	2
	枫 香	3~3.5	3~4	4~5	0.8	2.5	2
	榆	3~4	3~4	3~4	1.5	2	2
	榔 榆	3~4	3~4	6	1.5	2	3
	朴 树	3~4	3~4	5~6	1.5	2	2
	乌 桕	3~4	3~4	6	2	2	2
	楝 树	3~4	3~4	4~5	2	2	2
	杜 仲	4~5	3~4	6~8	2	2	3
	麻 栎	3~4	3~4	5~6	2	2	2
	榉 树	3~4	3~4	8~10	2	2	2
	重阳木	3~4	3~4	5~6	2	2	2
	梓 树	3~4	2~3	5~6	2	2	2
	白玉兰	2~2.5	1~2	4~5	0.8	0.8	1
	'紫叶'李	1.5~2	1~2	3~4	0.8	0.4	2
	樱 花	2~2.5	1~2	3~4	1	0.8	2
	鸡爪槭	1.5	1~2	4	0.8	1.5	2
	西府海棠	3	1~2	4	1.0	0.4	2
	大花紫薇	1.5~2	1~2	3~4	0.8	1.0	1
	石 榴	1.5~2	1~2	3~4	0.8	0.4~0.5	2
	碧 桃	1.5~2	1~2	3~4	1.0	0.4~0.5	1
	丝绵木	2.5	2	4	1.5	0.8~1	1
	垂枝榆	2.5	4	7	1.5	2.5~3	3
	龙爪槐	2.5	4	10	1.5	2.5~3	3
	毛刺槐	2.5	4	3	1.5	1.5~2	2

(2)灌木类苗木

主要质量标准以苗龄、蓬径、主枝数、灌高或主条长为规定指标(表9-3)。其中丛生型灌木类苗木要求灌丛丰富,主侧枝分布均匀,主枝数不少于5,灌高应有3枝以上的主枝达到规定的标准要求;匍匐型灌木类苗木要求有3枝以上主枝达到规定标准的长度;蔓生型灌木苗木要求分枝均匀,主枝数在5枝以上,主枝径在1.0cm以上;单干型灌木苗木要求具主干,分枝均匀,基径在2.0cm以上;绿篱用灌木类苗木要求灌丛丰满,分枝均匀,干下部枝叶无光秃,干径同级,树龄2年生以上。

表9-3 灌木类常用苗木主要规格质量标准

树种类别		树种名称	树高（m）	苗龄（年）	蓬径（m）	主枝数（个）	移植次数（次）	主枝长（m）	基径（cm）
常绿针叶灌木	匍匐型	铺地柏	—	4	0.6	3	2	1~1.5	1.5~2
		砂地柏	—	4	0.6	3	2	1~1.5	1.5~2
	丛枝型	千头柏	0.8~1.0	5~6	0.5	—	1	—	—
		线柏	0.6~0.8	4~5	0.5	—	1	—	—
常绿阔叶灌木	丛枝型	月桂	1~1.2	4~5	0.5	3	1~2	—	—
		海桐	0.8~1.0	4~5	0.8	3~5	1~2	—	—
		夹竹桃	1~1.5	2~3	0.5	3~5	1~2	—	—
		含笑	0.6~0.8	4~5	0.5	3~5	2	—	—
		米仔兰	0.6~0.8	5~6	0.6	3	2	—	—
		大叶黄杨	0.6~0.8	4~5	0.6	3	2	—	—
		锦熟黄杨	0.3~0.5	3~4	0.3	3	1	—	—
		云锦杜鹃	0.3~0.5	3~4	0.3	5~8	2	—	—
		十大功劳	0.3~0.5	3	0.3	3~5	2	—	—
		栀子	0.3~0.5	2~3	0.3	3~5	2	—	—
		黄蝉	0.6~0.8	3~4	0.5	3~5	2	—	—
		南天竹	0.3~0.5	2~3	0.3	3~5	2	—	—
		九里香	0.6~0.8	4	0.6	3~5	1~2	—	—
		八角金盘	0.5~0.6	3~4	0.5	2	2	—	—
		枸骨	0.6~0.8	5	0.6	3~5	2	—	—
		丝兰	0.3~0.4	3~4	0.5	—	2	—	—
	单干型	高接大叶黄杨	2	—	3	3	2	—	3~4

(续)

树种类别		树种名称	树高(m)	苗龄(年)	蓬径(m)	主枝数(个)	移植次数(次)	主枝长(m)	基径(cm)
落叶阔叶灌木	丛枝型	榆叶梅	1.5	3~5	0.8	5	1	—	—
		珍珠梅	1.5	5	0.8	6	1	—	—
		黄刺玫	1.5~2.0	4~5	0.8~1.0	6~8	1	—	—
		玫瑰	0.8~1.0	4~5	0.5~0.6	5	1	—	—
		贴梗海棠	0.8~1.0	4~5	0.8~1.0	5	1	—	—
		木槿	1.0~1.5	2~3	0.5~0.6	5	1	—	—
		太平花	1.2~1.5	2~3	0.5~0.8	6	1	—	—
		紫叶小檗	0.8~1.0	3~5	0.5	6	1	—	—
		棣棠	1.0~1.5	6	0.8	6	1	—	—
		紫荆	1.0~1.2	6~8	0.8~1.0	5	1	—	—
		锦带花	1.2~1.5	2~3	0.5~0.8	6	1	—	—
		蜡梅	1.5~2.0	5~6	1.0~1.5	8	1	—	—
		溲疏	1.2	3~5	0.6	5	1	—	—
		金银木	1.5	3~5	0.8~1.0	5	1	—	—
		紫薇	1.0~1.5	3~5	0.8~1.0	5	1	—	—
		紫丁香	1.2~1.5	3	0.6	5	1	—	—
		木本绣球	0.8~1.0	4	0.6	5	1	—	—
		麻叶绣线菊	0.8~1.0	4	0.8~1.0	5	1	—	—
		猬实	0.8~1.0	3	0.8~1.0	7	1	—	—
	单干型	红花紫薇	1.5~2.0	3~5	0.8	5	1	3~4	—
		榆叶梅	1.0~1.5	5	0.8	5	1	—	3~4
		白丁香	1.5~2.0	3~5	0.8	5	1	—	3~4
		碧桃	1.5~2.0	4	0.8	5	1	—	3~4
	蔓生型	连翘	0.5~1.0	1~3	0.8	5	—	1.0~1.5	—
		迎春	0.4~1.0	1~2	0.5	5	—	0.6~0.8	—

(3) 藤本类苗木

主要质量标准以苗龄、分枝数、主蔓径和移植次数为规定指标(表9-4)。

表 9-4　藤本类常用苗木主要规格质量标准

树种类别	树种名称	苗龄(年)	分枝数(枝)	主蔓茎(cm)	主蔓长(m)	移植次数(次)
常绿藤本	金银花	3~4	3	0.3	1.0	1
	络石	3~4	3	0.3	1.0	1
	常春藤	3	3	0.3	1.0	1
	鸡血藤	3	2~3	1.0	1.5	1
	扶芳藤	3~4	3	1.0	1.0	1
	三角梅	3~4	4~5	1.0	1~1.5	1
	木香	3	3	0.8	1.2	1
落叶藤本	猕猴桃	3	4~5	0.5	2~3	1
	南蛇藤	3	4~5	0.5	2~3	1
	紫藤	4	3	1	1.5	1
	爬山虎	1~2	3~4	0.5	2~2.5	1
	野蔷薇	1~3	3	1	1.0	1
	凌霄	3	4~5	0.5	1.5	1
	葡萄	3	4~5	1	2~3	1

此外，作为特殊的苗木类型，竹类苗木主要以苗龄、竹叶盘数、竹鞭芽眼数为指标，棕榈类苗木主要以树高、干径、冠径和移植次数为指标，规定相应的规格质量标准。

9.2.4　苗木质量与规格的相关术语

为了了解与掌握有关苗木质量与规格的相关内容，这里选摘部分生产中常用的观测、检验以及描述苗木质量与规格的术语予以介绍。

①苗龄　指苗木的年龄，即苗木从播种、插条或埋根到出圃实际生长的年龄。以经历 1 个年生长周期作为 1 个苗龄单位。

苗龄用阿拉伯数字表示，第 1 个数字表示播种苗或营养繁殖苗在原地的年龄；第 2 个数字表示第 1 次移植后培育的年数；第 3 个数字表示第 2 次移植后培育的年数。数字间用短横线间隔，各数字之和为苗木的年龄，称几年生。括号内的数字表示插条苗、插根苗或嫁接苗在原地(床、垄)根的年龄。如：

1-0　表示 1 年生播种苗，未经移植。

2-0　表示 2 年生播种苗，未经移植。

2-2　表示 4 年生移植苗，移植 1 次，移植后继续培育 2 年。

2-2-2　表示 6 年生移植苗，移植 2 次，每次移植后各培育 2 年。

0.5-0　表示半年生播种苗，未经移植，完成 1/2 年生长周期的苗木。

1(2)-0　表示 1 年干 2 年根未经移植的插条苗、插根苗或嫁接苗。

1(2)-1　表示 2 年干 3 年根移植 1 次的插条、插根或嫁接移植苗。

②干径(或胸径)　指苗木主干距地面 130cm 处的直径，适用于大乔木和中乔木。

③基径　指苗木主干离地表面10cm处基部直径，适用于小乔木和单干型灌木。

④地径　苗木地际直径。播种苗、移植苗为苗干基部土痕处的粗度；插条苗和播根苗为萌发主干基部处的粗度；嫁接苗为接口以上正常粗度处的直径。

⑤树高（或苗高）　指乔木从地表面至树木正常生长顶端的垂直高度。

⑥分枝点高（或枝下高）　指乔木从树冠的最下分枝点到地表面的垂直高度。

⑦分枝数　从苗木根部或主干上直接长出的枝条。

⑧冠径　指乔木树冠垂直投影面的直径。

⑨灌高　指灌木从地表面至灌丛正常生长顶端的垂直高度。

⑩蓬径　指灌木灌丛垂直投影面的直径。

⑪根幅　起苗修根后应保留的以植株为中心的根系的幅度。

⑫Ⅰ级侧根　直接从主根长出的侧根。

⑬移植次数　指苗木在苗圃培育的全过程中移栽的次数。

9.3　苗木出圃前的准备工作

9.3.1　出圃苗木统计造册

园林苗圃尤其是大、中型苗圃生产经营的苗木品种达几十个甚至上百个，再加上各树种规格不同，则出圃苗木的种类项目多达几百个。苗圃售苗不同于商店，大都分布在田间。为了便于销售和提苗，以及掌握出圃各种苗木的进度及销售情况，必须做到对出圃苗木品种、规格、所在位置心中有数。所以在出圃季节到来之前，要进行详细的统计、造表，建立销售台账，有条件的应使用计算机管理。

9.3.2　出圃工具、材料、机械准备

出圃是决定苗圃全年收入、经济效益的重要工作，必须组织全体职工集中全力做好。该项工作也是苗圃面对市场的服务窗口，为了使客户满意和出圃顺利进行，必须提前做好各项物资准备工作，如出圃的工具、机械、各种掘苗农机具、用于起大土坨苗的吊车、苗木包装材料、蒲包草绳等。根据出圃苗木数量、规格做好出圃材料计划，入库备用。

9.3.3　提前掘苗、备苗待售

苗木出圃销售有3种形式：一是苗木随掘随售；二是提前掘苗进行假植，即买即售；三是容器苗出圃。一般大苗尤其是常绿树大苗，用第一种形式；小苗假植比较容易，成活率能得到保证的用第二种形式；容器苗出圃包括桶苗、钵苗（花盆）、软容器苗，国外普遍应用大、小钵苗，以方便顾客、保证成活，但增加了销售成本。

备苗出圃与销售，能缓解出圃季节劳力紧张，调节苗木出圃与销售节奏等诸多优点。首先是可以避免忙乱、提前完成工作量。如果苗木出圃都用现掘苗、现出售的形式，需要准备很多劳动力，出圃工作相对集中在同一时间，必然造成劳力相对紧张。

其次，备苗出圃延长了苗木的休眠期、推迟发芽、延长工程有效期。一般春季出圃同时地温开始回升，有些原地定植的苗木开始萌芽。萌芽展叶后，掘苗出圃会严重影响成活率，而提前掘苗、切断根系进行假植，可适当延长其休眠期，给苗木出圃和绿化栽植争取了一段宝贵的时间。假植如采用冷窖或冷库，则争取的时间会更长些。

9.3.4 提前断根

对一些大规格苗木，为了保证出圃后在园林中栽植的成活率，应提前在苗圃内采取断根措施，断根后可在2年内出圃。

9.4 起苗

起苗又称为掘苗，是指利用人工或机械将苗木从圃地中挖掘出来并妥善包扎，使其适合运输、销售或移植的技术。起苗作业是苗木生产的重要环节之一，其质量好坏直接关系到苗木出圃后的移栽成活率，因此，要做到适时、认真、符合要求、方法科学，否则会功亏一篑，使此前所有的育苗成果毁于一旦。

起苗作业要求在保证苗木成活的前提下尽可能地保留与保护根系，以便苗木在新环境下栽植时能尽快缓苗，恢复生长。由于园林苗木树种繁多，不同树种、不同规格、不同生长期根系发育特点不同，起苗技术要求也随之而异。

9.4.1 起苗季节

生产上常见的起苗季节为春季、秋季和雨季，这主要是根据不同苗木树种的生物学特性确定的。与苗木移植的时间一样，苗木出圃的起苗一般在休眠期进行，具体的起苗日期要考虑当地气候特点、圃地土壤条件、树种特性（如发芽早晚、假植贮藏难易等）和经营管理上的要求（如用户要求的时间、劳动力安排等）。

(1) 春季起苗

春季万物复苏，绝大多数苗木树种，如针叶树、常绿阔叶树以及不适合长期假植的根部含水量较多的落叶阔叶树，都适合在此时起苗。一般起苗后可立即栽植，苗木不需贮藏，便于保持苗木活力（图9-2、图9-3）。在冬季土壤易冻结的地区，当土壤解冻后立即起苗，苗木一般都具有较强的根生长潜力和抗逆性。同时，地温逐渐升高，苗木受冻害的可能性小，如能有水分保证，绿化定植成活率基本有保障。但是，苗圃土壤黏重，含水量较高时，在寒冷地区，常有春季土壤顶浆而圃地起不出苗木的情况，特别是对于萌动较早的树种，土壤冻结未化透，而苗木地上部分已开始萌动，会影响栽植成活率。

园林苗圃中，起苗工作是春季作业的主要任务之一。各类苗木均适于在春季芽萌动前起苗，芽萌动后起苗则影响苗木的栽植成活率，因此，春季起苗要早，最好随起随栽。

图 9-2　圆柏苗出圃（原北京市园林局东北旺苗圃）
A. 按要求带土球起苗，并用草苫、草绳包扎，以防散坨　B. 绑好吊带，挂好吊钩，准备将苗木从圃地吊出
C. 将苗木用吊机直接吊装入车，运出苗圃

图 9-3　银杏大苗出圃
A. 确定土球大小后开始起挖、断根、定坨　B、C. 先用苫席包裹土球，再用草绳绑扎紧实
D. 准备从圃地起出的苗木　E. 吊装上车、运输（原北京市园林局东北旺苗圃）

(2）秋季起苗

多数园林植物均可在秋季起苗。秋季起苗有2种情况：一种是随起苗随栽植，如牡丹、油松、黑松、侧柏等，由于苗木在秋季地上部分已停止生长，但起苗栽植后土壤温度仍然适合根的生长，能使当年秋季根系恢复部分创伤，为苗木成活、翌春生长创造有利条件；另一种是一些春季萌芽早的苗木如水杉、落叶松等，在秋季起苗后要贮藏，等到翌年春天再栽植，以便控制萌动期与施工时间。

秋季起苗可与苗圃秋耕作业结合，有利于土壤改良、病虫害防治；作业时间长，减轻春季作业压力；从经营角度而言，起苗后结合科学的贮藏，还拓展了苗木销售的周期。但有些树种，如油松、樟子松等苗木经越冬贮藏后，无论是低温贮藏还是露天假植均会影响其成活率和生长量；有些树种如泡桐、枫杨等，根系含水量高，不适于较长期贮藏。因此，这些树种苗木不宜秋季起苗，而应以早春起苗后尽快栽植为好。

（3）雨季起苗

由于我国许多季节性干旱严重的地区，春秋两季的降水较少，土壤含水量低，不利于一些园林树种苗木的栽植成活。而采用雨季起苗，土壤墒情好，苗木成活有保证，但是应随起随栽。雨季起苗在我国南北方都有采用，适宜雨季起苗造林的树种有侧柏、油松、圆柏、马尾松、云南松等常绿树种和水曲柳、胡桃楸、樟树等落叶树种。

（4）冬季起苗

冬季起苗很少采用，在我国北方地区，破冻土带土球起苗，费工费力，但为了利用冬闲季节或者赶工期的需要，有时也可为之。

具体起苗时，天气条件是影响起苗质量的重要因素。干旱、大风天气会加快苗木失水，降低苗木活力，因此，最好选在无风的阴天起苗，这样在同样作业条件下，苗木水势较高，失水也较慢。同一天内根据水分状况的日变化情况，从22:00以后到翌日8:00这一时间范围为起苗的较好时间。另外，在土壤水分过多时，既不便于起苗，又容易造成土壤板结；同样在土壤过于干燥时，会形成干硬的土块，既不易挖掘苗木，又易造成根系尤其是须根损伤严重；一般认为，当土壤含水量为其饱和含量的60%时，土壤耕作阻力较小，适宜起苗。因此，在圃地土壤干燥时，应提前适当灌水，使土壤湿润，为起苗做好准备。

9.4.2 起苗方法

园林地栽苗圃中，起苗的方法基本上根据苗木根系带土的情况的不同可分为裸根起苗与带土球起苗2种，其适用的苗木对象与作业要求各有特点。而使用的起苗方式不外乎人工起苗与机械起苗2种。目前，我国绝大多数中小型苗圃使用人工起苗，其机动性强、组织操作简单，但起苗效率低、质量标准不易统一。随着生产的发展，加上市场对苗木质量的要求以及劳动力成本的提高，使用机械起苗的苗圃越来越多。我国许多苗圃使用各种起苗犁，如弓形起苗犁、床式起苗犁、振动井起苗犁等，每天可起苗 $2\sim3hm^2$，大大提高了工作效率，减轻了劳动强度，而且起苗质量也比单纯的人工起苗好。但是我国目前的起苗机具标准化程度很低，多数由苗圃自行改装设计，起苗质量受机械种类的影响较大，因此，随着今后起苗机械的发展与增加，使用效率高、质量有保障的机械起苗，应该是发展的必然选择。

(1) 裸根起苗

裸根起苗是指把苗木从圃地或苗床中不带土壤、裸露掘出的起苗方法，大多数落叶树种和容易成活的针叶树小苗均可采用。起苗时沿苗行方向，在距苗木约为地径的 6～10 倍（或视根系大小

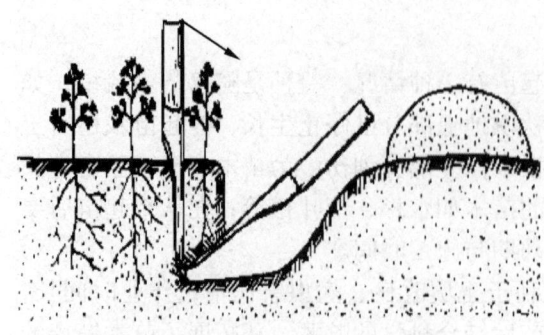

图 9-4　人工裸根起苗示意图

而定）处开沟挖土，在沟壁下侧挖出斜槽，根据根系要求的深度切断苗根，再切断侧根，即可取出苗木（图 9-4）。起苗时切不可用手硬拔苗木，以免损伤苗木根系，苗木起出后也不可用力除去根上的土，以保护根系免受损害。起苗后设法保护根系，勿令其干燥失水，是保障裸根苗质量的关键，必须高度重视。

(2) 带土球起苗

带土球起苗是指将苗木从圃地中掘出时，同时携带一定大小的土球的起苗方法。大苗形成景观较快，能够满足当下我国城乡建设快速绿化的需要。为了保证成活，出圃时必须带土球，但苗大土球也大，为此使用吊车等机械设备协助起苗、装车与运输，是许多大中型苗圃保证大苗出圃质量的必要手段（见图 9-2、图 9-3）。一般针叶树和多数常绿阔叶树以及少数落叶阔叶树的根系不发达，或须根很少，或发须根的能力弱，而蒸腾量却较大，故移植较难成活，应带土球起掘。5～6 年生以上的大苗，起苗时也应带土球以保证成活。土球的大小因苗木大小、树种成活难易、根系分布情况、土壤质地以及运输条件而异。成活较难、根系分布广的苗木，土球应大些，但在土壤砂性或运输条件差时，土球不宜过大，否则容易松散，也不便于运输。一般土球半径以根颈直径的 5～10 倍，高度为土球直径的 2/3 左右为宜。

大苗起掘前应先将苗木的枝叶捆扎，以缩小体积，以便起苗和运输；珍贵大苗还要将主干用草绳包扎，以免运输中损伤。起苗时先铲去土球表面 3～5cm 的浮土，以减轻土球重量，并利于扎紧土球。然后在规定土球大小的外围用铁锹垂直下挖，切断侧根，达到所需深度后，向内斜削，使土球呈坛子形（见图 9-3）。起苗时如遇到较粗的侧根，应用枝剪剪断，或用手锯锯断，防止土球震动而松散。土球直径在 30～50cm 以上的，当土球周围挖好后，应立即用蒲包和草绳进行打包，打包的形式和草绳围捆的密度视土球大小和运输距离而定。土球大、运输距离远的，应采用包扎牢固而较复杂的形式，且要打得密一些；反之可以简单一些，打得稀一些。土球直径在 30～40m 以下者，可不用草绳打包，而仅用蒲包、稻草或麦秆包扎即可。带土球苗木应保证土球完好，表面光滑，包装严密，底部不漏土。常用的土球打包方式有"橘子包""井字包"和"五角包"（图 9-5）。

(3) 起苗注意事项

①保证根系大小　为保证起苗质量，必须特别注意苗根的长度和数量，保证苗木有一定长度和较多的根系。具体要求可参照《城市园林苗圃育苗技术规程》（表 9-5）。

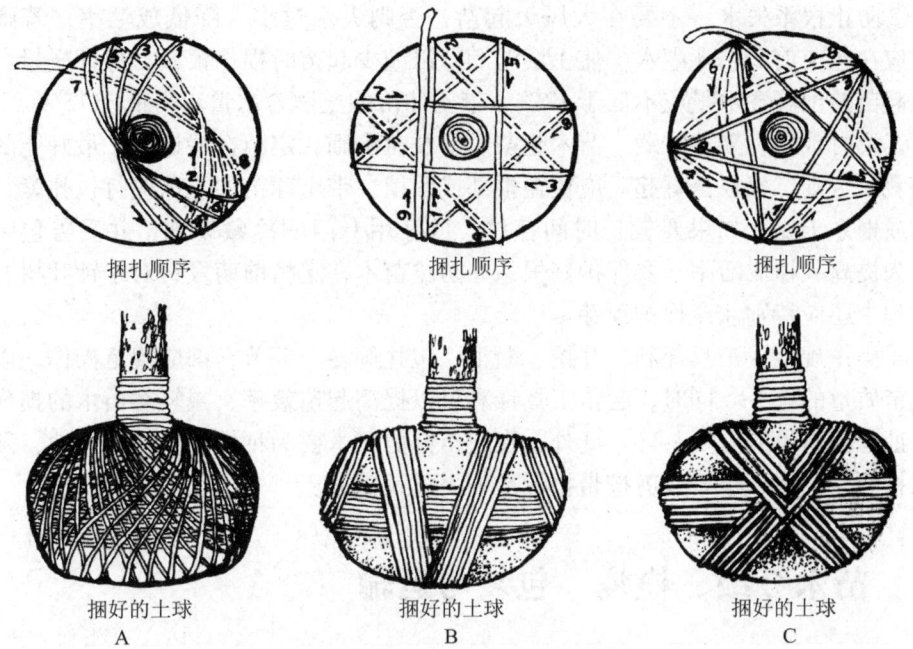

图 9-5　大苗出圃时土球的包扎方式
A. 橘子包包扎法　B. 井字包包扎法　C. 五角包包扎法

表 9-5　掘苗规格（城市园林苗圃育苗技术规程，国家标准 CJ/T 23—1999）

小　苗		
苗木高度（cm）	应留根系长度(cm)	
	侧根（幅度）	直根
<30	12	15
31～100	17	20
101～150	20	20

大、中苗		
苗木胸径（cm）	应留根系长度(cm)	
	侧根（幅度）	直根
3.1～4.0	35～40	25～30
4.1～5.0	45～50	35～40
5.1～6.0	50～60	40～45
6.1～8.0	70～80	45～55
8.1～10.0	85～100	55～65
10.1～12.0	100～120	65～75
<100	30	20
101～200	40～50	30～40
201～300	50～70	40～60
301～400	70～90	60～80
401～500	90～110	80～90

注：以上为一般掘苗规格，对生根慢和深根性树种可适当增大。

②防止根系失水　不要在大风天起苗，否则失水过多，降低成活率；若圃地干旱，应在起苗前2~3d灌水，使土壤湿润，以减少起苗时损伤根系，保证质量。适宜裸根起苗的土壤含水量应不低于17%，带土球苗的土壤含水量不得低于15%。

③及时栽植、妥善贮藏　苗木起苗后要及时出圃，定植在绿地中，最好能随起随运随栽；否则，裸根苗掘起后应覆盖根部或假植，带土球苗的土球应打包扎紧，以防土球或根系干燥；如果要较长时间存放，最好用专门的冷藏设施，并妥善包装。总之，为提高栽植成活率，要保护好根系并防止苗木在定植前萌发；对于针叶树，在起苗过程中还应特别注意保护顶芽。

④操作规范、工具锋利　开挖、断根、包扎等各个环节，都应规范操作，以便实现起苗质量的统一。同时，起苗工具锋利可以提高起苗效率，减轻对苗木的损伤，也是保证起苗质量的重要一环。此外，在起苗修剪时，要为种植修剪留有余地，须剪去病虫枝和冗长枝，根系修剪按带根标准剪去过长部分。

9.5　苗木分级、检疫、包装与运输

9.5.1　苗木分级

苗木分级又称为选苗，即在起苗后按苗木质量规格标准把苗木分成不同等级，并将同级规格的苗木打捆、包装，准备假植、移植或出圃销售。苗木分级是为了提高苗木栽植的成活率，并使栽植后生长整齐一致，更好地满足设计和施工的要求，同时也便于苗木包装运输和出售标准的统一。苗木等级反映苗木质量。

在园林苗圃苗木生产体系中（见图8-1），苗木分级贯穿于自繁殖苗移植开始到最后成品苗出圃的每个生产步骤中，可以区分为以生产为目标的苗圃苗的分级和以出圃销售为目标的成品苗的分级。苗圃苗分级是为了满足培养优质种苗、提高生产管理效率的需要，而成品苗的分级是为了满足出圃销售的需要。成品苗的出圃等级，合格是最基本的条件，即必须达到苗木出圃的质量要求与出圃的规格标准（见表9-2至表9-4），然后在此基础上根据苗木类型与树种特性，结合销售需要，把苗木划分成不同的等级，分别包装、销售。由于园林苗木种类繁多，苗木的生长与产地气候有着密切联系，而且规格要求复杂，即使在同样条件下，同一类苗木也因树种不同而规格有所不同，目前各地尚无统一和标准化的分级标准。

苗木分级指标有形态指标和生理（生长）指标两类，生理指标只是一个控制条件，生产上主要是根据形态指标即苗木的规格进行分级。出圃的苗木规格因树种、地区和用途不同而有差异，除一些特种整形的观赏苗木外，一般优良乔木苗的要求（俞玖，1988）是：根系发达，主根不弯曲，侧根须根多；苗木粗壮、通直、均匀，色泽正常，并有一定高度，枝梢充分木质化，顶芽完整健壮；根颈较粗；没有病虫害和机械损伤。事实上，除这些外观要求外，不同种类的苗木还有不同规格的要求。如行道树要求分枝点有一定的高度；果苗则要求骨架牢固，主枝分枝角度大，接口愈合牢靠，品种优良等。具体各类园林苗木的成品苗分级标准可参照表9-6。

表 9-6　园林苗木成品苗出圃规格与分级标准

苗木类型	代表树种	出圃规格要求	分级标准
常绿乔木	雪松、云杉、油松、白皮松、侧柏等	要求苗木树冠丰满，有全冠和提干两种，有主尖的要主尖苗壮。出圃规格为苗高在 1.5m 以上为合格	苗高每提高 0.5m 即增加 1 个规格级别
大、中型落叶乔木	毛白杨、小叶白蜡、千头椿、槐、栾树、银杏等	要求树形良好，树干通直，分枝点在 2.8m，胸径在 3cm 以上即可出圃	胸径每增加 0.5cm 提高 1 个规格级别
落叶小乔木及乔化灌木	桃叶卫矛、北京丁香、'紫叶'李、西府海棠、垂丝海棠、嫁接品种玉兰、高接碧桃等	要求枝冠丰满，主干通直，以基径达 2.5cm 为最低出圃规格	基径每增加 0.5cm 提高 1 个规格级别
多干式灌木	丁香、金银木、紫荆、紫薇等大型灌木类	要求自地际分枝处有 3 个以上分布均匀的主枝，高度在 80cm 以上	高度每增加 30cm 提高 1 个规格级别
	珍珠梅、黄刺玫、木香、棣棠、鸡麻等中型灌木类	要求出圃高度在 50cm 以上	高度每增加 20cm 提高 1 个规格级别
	月季、郁李、金叶女贞、牡丹、紫叶小檗等小型灌木类	要求出圃高度在 30cm 以上	高度每增加 10cm 提高 1 个规格级别
绿篱类	圆柏、侧柏、大叶黄杨、锦熟黄杨等	要求树势旺盛，全株成丛，基部枝叶丰满，冠丛直径不小于 20cm，苗高 50cm 以上	苗高每增加 20cm 提高 1 个规格级别
攀缘类、藤木类	地锦、美国地锦、紫藤、金银花、小叶扶芳藤等	要求生长旺盛，枝蔓发育充实，腋芽饱满，根系发达，常以苗龄作为出圃标准	苗龄每增加 1 年提高 1 个规格级别
人工造型苗	黄杨球、龙柏球等	经过 3～5 年修剪培育，已经形成球形，球高 1.5m，冠径 1m 可出圃	出圃规格不一，在达到造型标准基础上灵活掌握；艺术造型苗不以规格论级别
	龙爪槐、垂枝榆、垂枝碧桃等	经过 3～5 年造型修剪形成垂枝树冠，冠幅 1m 以上为合格，在此基础上其胸径每增加 0.5cm 提高一个规格级别	

苗木分级应起苗后立即在背阴避风处或运送到室内与包装同时进行（见图 7-10，图 9-6B），并做到随起随分级随假植或包装，以防风吹日晒或损伤根系。在选苗分级过程中，应修剪过长的主根和侧根及受伤部分，并剔除不合格苗木。一般在分级的同时要进行苗木统计，分别统计苗木实际产量与各级苗木的数量及质量。统计时为了提高工作效率，对于小苗可以采用称重的方法，由苗木的重量折算出其总株数；而对较大的苗木，最简便易行的统计方法是计数法。

图 9-6　苗木的出圃与销售（美国俄勒冈州 Sester Farms 苗圃提供）

A. 圃地内机械辅助起苗　B. 苗木从圃地运送到专门车间进行分级、打捆　C. 按出圃规格要求打捆包扎好的商品种苗　D. 苗木在装车运输之前用杀菌液浸泡，进行消毒处理，这对保证跨地区或跨国销售种苗顺利通过检疫十分重要　E. 苗木装车，注意使用保湿材料保护根部　F. 装载苗木冷藏运输车，将商品苗木直接运送到客户手中

9.5.2 苗木检疫和消毒

为了防止危险性病虫害随着苗木的调运传播蔓延,将病虫害限制在最小范围内,对输出输入苗木进行检疫十分必要。尤其随着国际间或国内地区间种苗交换日益频繁,病虫害传播的危险性也越来越大,所以在苗木出圃前要做好出圃苗木的病虫害检疫工作。苗木外运或进行国际交换时,则需专门检疫机关检验,发给检疫证书,才能承运或寄送。带有检疫对象的苗木,一般不能出圃;病虫害严重的苗木应烧毁;即使带有属非检疫对象的病虫也应防止传播。因此,苗木出圃前,需进行严格的消毒,以控制病虫害的蔓延传播。

(1)苗木检疫

苗木检疫是植物检疫的一个重要方面,是为了防止危险性病虫害传播和蔓延而进行的一项重要措施,尤其是在苗木异地交流(包括绿化应用与引种等)中,应严格按照政府有关规定执行检疫程序,将获得检疫证作为苗木进入市场销售的必要条件之一。植物检疫的任务,就是通过植物检疫、检验制度等一系列措施,防止检疫对象,即国家规定的普遍或尚不普遍流行的危险性病虫及杂草传播蔓延,并设法加以消灭。有关检疫部门都有当地检疫对象目录作为检疫依据,苗木检疫与检疫证签发的基本流程如图9-7所示。

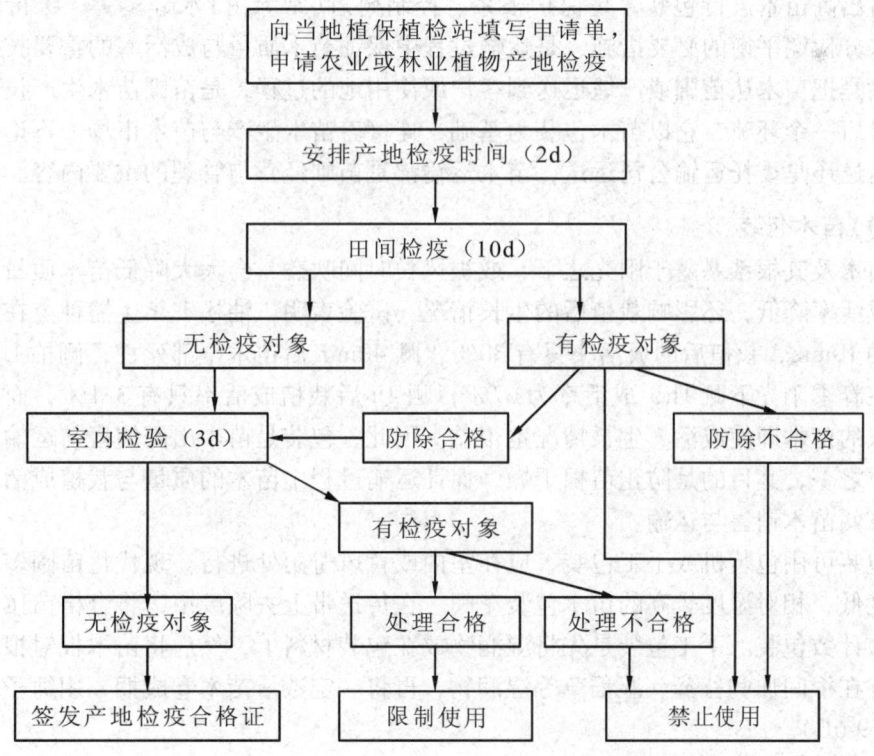

图9-7 种子与苗木等繁殖材料产地检疫流程

(2) 苗木消毒

除了必须对带有检疫对象的苗木进行消毒外，有条件的苗圃对出圃的苗木都应进行消毒。常用的消毒方法有药剂浸渍、喷洒或熏蒸。一般浸渍用的杀菌剂有 4°~5°Be（波美度）的石硫合剂、1% 波尔多液、0.1% 升汞等。消毒时，将苗根在药液内浸 10~20min（见图 9-6 D），同时用药喷洒苗木的地上部分，消毒后用清水冲洗干净。

用氰酸气熏蒸，能有效地杀死各种虫害。熏蒸时先将硫酸倒入水中，然后再倒入氰酸钾，人立即离开并密封熏蒸室门窗，以防漏气，避免中毒。熏后要打开门窗，毒气散尽后，方能入室。熏蒸的时间依树种不同而异（表 9-7）。此外，国外一些苗圃也利用热处理进行苗木消毒，对杀死一些病菌效果也很好，而且容易掌握。

表 9-7　氰酸气熏蒸树苗消毒的剂量与时间（熏蒸面积 100m²）

树　种	药剂处理量			熏蒸时间
	氰酸钾（g）	硫酸（g）	水（mL）	（min）
落叶树	300	450	900	60
常绿树	250	450	700	45

9.5.3　苗木包装与运输

对出圃苗木进行包装，是保护根系、控制树冠（常绿树）水分蒸腾、维持断根后苗木水分代谢平衡的必要措施，是运输过程中保证苗木质量与成活率的重要技术。苗木运输是把苗木从苗圃或产地运送到客户或使用地的过程，是苗圃苗木生产技术体系中的最后一个环节，它以苗木包装为基础，连接着苗木生产与苗木市场。不论是苗圃直接运送还是委托运输公司运送，苗木运输都是苗圃经营与管理的重要内容。

(1) 苗木包装

苗木及其根系暴露于阳光之下，或被风长时间吹袭，会大大降低苗木质量，不仅苗木成活率降低，还影响栽植后的生长情况。试验表明，油松 1 年生播种苗在春季经太阳晒 10min，栽植后的成活率只有 30%，晒 40min 后苗木全部死亡；侧柏 1 年生播种苗在春季阳光下晒 1h，成活率为 67%，晒 4h 后栽植成活率只有 3.1%，而且被太阳晒久的苗木即使成活，生长情况也很差。因此，包装是苗木出圃销售与运输前的必要环节之一，其目的是防止苗根干燥，保证运输过程中苗木的质量与栽植成活率，同时要方便苗木销售与运输。

包装可用包装机或手工包装，应在室内或背风避荫处进行。现代化苗圃多具有一个温度低、相对湿度较高的苗木包装车间。在传送带上去除废苗，将合格苗按重量经验系数计数包装。手工包装是先将湿润物放在包装材料上，然后将苗木根对根放在上面，并在根间加些苔藓、湿稻草等湿润物，再将一定数量苗木卷成捆，用绳子等捆扎（见图 9-6C）。

苗木包装的关键是保护好根系，其措施要根据苗木习性、气候特点、运输距离、假植时间等决定。北京一些苗圃常采用以下苗木包装方法，可资借鉴（张东林等，2003）。

①露根喷水加苫布　主要用于休眠期掘苗出圃、耐旱性较强的树种，在短途运输不超过1~2d时可采取此种方法。敞篷货车运输途中应加盖苫布，防止日晒和风吹造成失水，如使用封闭集装货厢运输更好，途中应对根及枝干喷水补湿。如槐、栾树、柳、杨、臭椿等常用此法。运输露根小型花灌木时，应注意装车堆积不要过紧，避免发热、烂条。

②蘸泥浆或保湿剂护根　在苗木根部浸蘸湿泥糊，可起到很好的保湿效果，再加外包装，保湿效果更持久。保湿期视泥糊含水量确定，泥浆不能太稀或太稠，泥糊干裂时应及时喷水。在泥糊中还可以混入必要的生根剂、杀菌剂等，以提高苗木成活率。对于一些珍贵苗木，还可以使用保水剂，其保水性能比泥糊更强。用于蘸浆的保水剂颗粒以80~100目的细粒效果最好。用蘸泥浆或保水剂处理苗木根系后，再在根外用塑料膜包装保湿最为稳妥。

③卷包保湿　卷包用的传统包装材料有稻草编织袋、蒲包片、麻袋片，现已被保湿性能更好的聚乙烯塑料布或聚丙烯编织布代替。卷包内应放置持水量较高的保湿材料，如锯末、苔藓、蛭石、珍珠岩、草炭等，可较长时间保湿，但必须控制包内温度，不能发热、发生霉烂，应在包装材料上适量打孔通风，以利于通风散热。卷包可以仅包苗木根部，如一些露根落叶乔木，也可以整株全包，如常绿及落叶的小规格苗木。较大规格（1.5m高以上）的常绿苗应用全包方式时，应将根系单独卷包处理后再包全株。

④带土坨出圃　一些常绿树和珍贵落叶树及萌芽恢复生长较慢的树种，应采用带土坨方法移植出圃，带土坨是保护根系的最好方法。一般土坨外包装都用草苫、蒲包片包裹，用草绳绑扎。如运距较远，应注意包装材料的保湿，及时补充水分。大规格土坨苗（苗高2m以上）运输，苗木装车摆放要求树头向后，由车厢后向前依次码放。后车厢板与树干相接处应垫软物，防止破皮。长途运输需加盖苫布。

(2) 苗木运输

苗木包装后，在包装明显处要系固定的标签，注明树种、苗龄、苗木数量、等级、生产苗圃名称、包装日期等资料，并要及时运输。运输途中要注意通风，避免风吹、日晒，防止苗木发热和风干，必要时还要洒水保湿并降温。

长距离运输（如1d以上），要求细致包装，以防苗根干燥。如只需几小时的短距离运输，苗木可散放在篓筐中，先在筐底放一层湿润物，再在其上根对根分层放置苗木，并在根间稍填充些湿润物。将筐装满后，最后在苗木上放一层湿润物即可。国外的许多苗圃，苗木包装的最后一步是把苗木装入印制了苗木名称、数量、等级与苗圃地名称、地址、联系方式，以及苗木运输与栽培注意事项等有关信息的专门包装箱中。

运输苗木时，为了防止苗木干燥，宜用席子、麻袋、草帘、塑料膜等盖在苗木上。在运输期间要勤检查包内的湿度和温度，如果包内温度高，要把包打开通风，并更换湿草以防发热。如发现湿度不够，可适当喷水。为了缩短运输时间，最好选用速度快的运输工具。苗木运到目的地后，要立即进行假植。但如运输时间长，苗根较干，应先将根部用水浸一昼夜后再行假植。在欧美苗木生产发达国家，多用特制的冷藏车运输裸根苗(图9-6 E，F)，车内温度与湿度均可人为控制，保证了在运输尤其是长途运输中，苗木的质量不受影响。许多苗圃在经营销售过程中，苗木的质量保证在苗木装车、离开苗圃时就结束了，如果在运输过程中发生了质量事故，要由负责运输的公司承担后果。

9.6 苗木假植和贮藏

9.6.1 苗木假植

苗木挖掘后正式栽植之前，由于某种原因不能立即栽植，需要将苗木的根系用湿润的土壤或基质进行暂时的埋植处理称为假植。假植是掘苗、移植作业的配套工程，是对已挖掘的苗木进行临时性的保护，以防止根系干燥，保证苗木质量。假植根据时间长短不同，通常分为临时假植和长期假植2种类型。在起苗后或栽植前进行的临时栽植，称为临时假植。因栽植的时间较短，一般不超过5～10d，故也称为短期假植。在秋季起苗后当年不栽植，要通过假植越冬时，称为越冬假植或长期假植。这种假植的时间长，要特别细致。

(1) 临时假植

苗木掘苗后不能及时运出，施工现场不能及时栽植的情况下，应采取临时措施对苗木根系及枝干进行保护。其方法是在不影响作业的情况下，在苗木挖掘现场或者异地挖掘临时假植沟(图9-8)。苗木尤其是不带土球的裸根苗掘出后，要立即因地制宜地采取措施进行临时假植，以防止根系过度失水，影响定植后的成活。选择排水良

图9-8 苗木的临时假植(原北京市园林局东北旺苗圃)
A. 郁李　B. 槐

好、背风雨、背阴的地方,与主风方向垂直挖一条沟,沟的规格因苗木的大小而异。播种苗一般深宽各为30~40cm,迎风面的沟壁做成45°的斜壁,将苗木在斜壁上成束排列,最后在苗木根系及茎基部用湿润土壤或其他覆盖物覆盖,踏紧踩实,使根系与土壤紧密接触即可。

(2)越冬假植

选择地势高燥、排水良好、土壤疏松、背风、便于管理且不影响来年作业的地段开假植沟,沟的规格因苗木大小而异。一般深宽各35~45cm,迎风面的沟壁作成45°的斜壁,顺此斜面将苗木成捆或单株排放,然后填土踏实,使苗干下部和根系与土壤紧密结合。如土壤过干,假植后应适量灌水,但切忌过多,以免苗根腐烂。在寒冷地区为了防寒,可用稻草、秸秆等覆盖苗木地上部分。

为了便于春季起苗和运苗,要在假植地留出道路。苗木假植完成之后,要插标牌,并写明树种、等级和数量等。为了便于统计,假植时应每几百株或几千株做一记号。在风沙危害较重的地区,可在迎风面设置风障。

(3)假植注意事项

假植地要选排水良好,背风背阳的地方;长期假植时,一定要做到深埋、单排、踩实,以防止透风干枯;假植期间要经常检查,发现覆土下沉或吹散要及时培土,如发现覆土过干要适当喷水或灌水保湿;在早春苗木不能及时栽植时,为抑制苗木的发芽,用席子或其他遮盖物遮阴,降低温度,可推迟苗木的发芽日期。

9.6.2 苗木贮藏

贮藏是指在人工控制的环境中对苗木进行控制性贮藏,可掌握出售栽植时间,方便满足不同客户的需求,有效拓展苗木销售。苗木的贮藏能够更好地保存苗木,推迟苗木的发芽期,延长栽植时间,从而为苗木的长期供应创造了条件。

苗木贮藏一般是低温贮藏,其关键是要控制温度、湿度和通气条件,因此,许多苗圃业发达国家的大中型苗圃,都建有冷藏库或冷藏车间(图9-9)来满足这种要求。低温可以减低苗木在贮藏过程中的呼吸消耗,苗木低温贮藏的温度可控制在0~3℃,因为这个温度适于苗木休眠,而不适于腐烂菌的繁殖。空气湿度一般为80%~90%,高湿可减少苗木失水。室内要有通气设备,注意适当通风。在冷库、冷藏室、冰窖、地下室贮藏苗木,只要能控制好上述条件,就能得到良好效果。例如,在低温(0.5~1.1℃)、空气相对湿度为97%~100%的条件下,苗木可贮藏半年以上而不影响成活率。有试验表明,将苗木置于贮藏箱内,根部填充无菌的湿润珍珠岩,再贮存于气调冷库内的贮藏效果非常好。

我国生产上贮藏苗木,多用地窖(图9-10)或者窖洞。例如,东北地区,对落叶松苗采用窖藏,效果很好。窖藏的落叶松苗既可抑制春季萌动过早,又能克服假植干梢的缺点。其方法是选择在排水良好的地方做地窖,窖边略倾斜,窖中央设木柱数根,柱上架横梁,搭木椽,盖上10cm厚的秋秸,上面再覆土。窖顶须留有气孔,孔口有木板或草帘覆盖,经常开闭,调节气温。将苗木每百株一捆,根部朝向窖壁(距

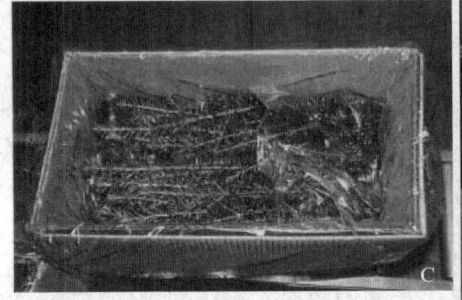

图 9-9　苗木冷藏贮藏

为调节出圃销售(供货)时间,建立低温冷藏库贮藏苗木在苗圃业发达国家非常普遍。裸根苗分级包扎并消毒处理后,可假植于冷藏车间的基质内(A)(需要较大贮藏空间),或分层摆放在贮藏架上 (B)(需要贮藏空间小,贮藏效率高),一些小规格苗木可装入特制的苗箱中(C),然后再整齐码放在贮藏架上(D)

壁 3~5cm),并填入河沙。因根部体积较大,故在留梢的一侧,用秫秸垫高,如此层层放置,直到窖沿为止。

目前,国外批发大量苗木的苗圃,为了保证全年供应,已大规模采用地上冷藏库,并实现了冷链运输。将苗木裸根掘起、分级包装后,放在低温(5℃)保湿的无自然光线条件下,可以延迟发芽达半年以上,出售时用冷藏车运输,至零售商手中再上盆置于露地,待恢复生机后连盆进行销售,形成了一个苗木出圃与销售的链条体系。

图 9-10　东北某苗圃的苗木窖(李国雷提供)

复习思考题

1. 名词解释：苗木出圃，苗龄，干径，基径，地径，苗高，枝下高，冠径，灌高，蓬径，根幅，起苗。
2. 苗木出圃前调查的目的与内容是什么？
3. 苗木出圃的质量要求包括哪些内容？
4. 什么是苗木出圃的质量规格要求？试分析不同类型的园林苗木规格质量的特点。
5. 为什么大规格苗木出圃要提前断根？
6. 试述园林苗木起苗的季节特征与不同起苗方式的技术特点。
7. 园林苗木起苗的注意事项有哪些？
8. 苗木分级的意义与依据是什么？为什么目前各地尚无统一和标准化的分级标准？
9. 为什么苗木出圃时要进行检疫和消毒？
10. 苗木包装的主要目的与关键问题是什么？简述苗木包装的常用方法。
11. 苗木运输要注意哪些问题？
12. 说明苗木假植的类型及应注意的问题。
13. 试分析苗木出圃体系的组成环节与技术管理的关键，以及我国苗圃业在发展中需要重点解决的问题。

第10章
园林苗木的微繁殖（组织培养）与培育

【本章提要】本章首先从技术发展简史开始，介绍植物组织培养与微繁殖的理论依据、基本类型与方法及其特点与应用，接着在讲述组织培养与微繁殖的基本设施设备与培养基的组成成分及其配制的基础上，系统论述了通过微繁殖培育苗木的技术体系，包括不同繁殖阶段的主要内容、技术要点以及需要注意的各种事项。

微繁殖（micropropagation）是在完全人为控制环境下生产苗木的新方式，具体指在控制光照、温度等环境条件下，在培养器皿中的培养基上无菌进行植物营养繁殖的一种方法。由于植株是在培养器皿中繁殖的，其过程常常被定义为离体（in vitro）繁殖。

欧美国家的商业性微繁殖是在20世纪60年代从兰花生产开始的，随后迅速发展为一种世界性的产业，每年生产的植物种苗在5亿株以上。到2001年，全美约有90个商业微繁殖实验室，成为苗圃产业不可缺少的组成部分。在我国，作为微繁殖基础的组织培养研究工作，自20世纪50年代，在大批前辈科学家研究的基础上，得到了迅速发展。据估计，在90年代初，我国从事组织培养工作的单位与小组就有3000多个，主要以农作物研究为主，其中也包括观赏植物，其整体研究水平与国际先进水平同步，但在苗木规模化生产上只在少数木本植物中开展。发达国家的微繁殖技术80%以上是用在观赏植物（包括观赏苗木）的生产中，而在发展中国家，则主要用于食品、纤维、林木、药用作物的生产（Kester等，2002）。

微繁殖建立在组织培养技术之上。植物组织培养（tissue culture）是指在无菌条件下，将植物体的一部分细胞、组织或器官切割下来，接种在某种营养介质即培养基上，使其增殖形成一群新的细胞、组织、器官甚至完整植株的技术方法。可见，组织培养涵盖的内容比较广泛，而在有些情况下，微繁殖与组织培养又常常被等同起来。毫无疑问，组织培养是最令人感兴趣也是最具有实用价值的生物技术领域之一，它可以在除了植物微繁殖之外有更为广泛的应用。

在无菌条件下进行组织培养的各种操作称为无菌操作（aseptic procedure）；从植株上切割下来用作离体培养的植物体的一部分称为外植体（explant）。微繁殖就是利用组织培养技术在无菌条件下进行的营养繁殖，它有别于在有菌条件下进行的扦插和嫁接等营养繁殖。通常把通过微繁殖生产的苗木称为组培苗，它已成为规模化苗木生产的一种形式。

10.1 微繁殖概述

10.1.1 微繁殖(组织培养)技术发展简史

微繁殖技术是植物组织培养技术的一种应用形式,因此,组织培养技术的发展历史同样代表着微繁殖技术的发展历史。

10.1.1.1 植物组织培养技术的早期奠基

植物组织培养技术的早期奠基是从细胞学说与细胞全能性的创始开始的。细胞学说创始人 Schwann 在 1839 年指出,只要提供与机体内相同的外界条件,多细胞有机体的每个生活细胞都能独立生存和发展。1901 年,Morgan 指出能够通过再生作用发育成完整有机体的细胞是全能细胞(totipotent cell);1902 年,德国植物学家 Haberlandt 明确提出植物细胞全能性概念,即任何生活的植物细胞都可以培养形成完整植株。

1937 年,White 用番茄根尖建立了第一个活跃生长的无性繁殖系,其后他发现 B 族维生素对离体根持续生长的作用,并认识到 IAA 对调控植物生长的作用,建立了植物组织培养的合成培养基。1937—1939 年间,Gautheret、Nobecourt 和 White 等几乎同时从烟草茎段和胡萝卜根的形成层细胞得到能长期培养的愈伤组织。他们所确立的植物组织培养的基本方法成为以后各种植物组培的技术基础,因而成为植物组织培养技术的奠基人。White 的专著《植物组织培养手册》(*A Handbook of Plant Tissue Culture*)在 1943 年出版,使组织培养发展成为一门新兴的学科。

10.1.1.2 器官发生激素调控的发现与植物组织培养技术的发展

在 20 世纪 50～60 年代,培养技术的改进、生长调节物质的发现和作用机理的深入研究,促进了植物组织培养的进一步发展。Skoog 与 Miller 根据大量研究,于 1957 年提出了有关植物激素控制器官形成的概念——细胞分裂素与生长素的比值控制器官的分化,即生长素与细胞分裂素之比大时促进生根,比例小时促进芽的分化。之后,Steward 和 Reinert 在 1958 与 1959 年分别从胡萝卜根愈伤组织培养中得到再生植株,第一次用试验证实了植物细胞的全能性。1960 年,法国的 Morel 用组织培养技术快速繁殖兰花,将此技术用于大规模生产。1962 年,Kanta 等取出罂粟未受精胚珠进行离体培养并实现了试管受精。1966—1967 年,Guha 和 Maheshwari 在毛叶曼陀罗花药培养中成功地诱导出花粉单倍体植株,证明了小孢子也具有全能性,掀起了单倍体育种高潮。1960 年,Cocking 用酶解法大量分离出烟草叶肉原生质体,培养成再生植株,由此发展成细胞融合技术,是组织培养技术发展史上的又一重要突破。

10.1.1.3 组织培养作为一种生物技术的发展与微繁殖技术的应用

20 世纪下半叶至今,组织培养作为一种生物技术得到了更为快速的发展与更为广泛的应用。大量的研究工作涉及植物生长、发育与遗传等许多生物学问题,尤其是

图 10-1　Toshio Murashige 发明了著名的 MS 培养基(1962)，提出了植物微繁殖的阶段划分理论(1974)，对植物组织培养与微繁殖技术的发展产生了持久影响(Bhojwani 和 Razdan，1996)

分子生物学向各学科加速渗透，使植物组织培养研究进一步深入，与遗传转化和探讨基因表达相结合。这种趋势一方面表现在与日俱增地采用分子生物学的分析测试技术；另一方面表现在应用分子生物学观点剖析和研究组织培养中遇到的问题，结果使当今植物组织培养已经成为迅速发展的植物生物技术的主要手段之一。

微繁殖技术的发展及应用是与组织培养相伴相生的。1946 年，Ball 第一次用旱金莲和羽扇豆的茎尖(shoot)进行培养获得完整植株，可认为是微繁殖的第一次应用。从 Morel 1960 年用微繁殖技大规模生产兰花，到 1974 年著名植物组织培养专家 Murashige(图 10-1)发展建立了组培苗建成过程中微繁殖发育阶段的概念，使通过组织培养进行微繁殖的技术体系化。事实上，微繁殖的应用始于 20 世纪 60 年代及 70 年代初期，随后逐渐扩展到商业苗圃实验室，在许多国家广泛应用，并在 80 年代得到持续扩展，成为植物繁殖领域最成熟并有效使用的现代生物技术之一。同样在我国，20 世纪 70 年代以后在组织培养的一些领域就已取得了举世瞩目的成就，80~90 年代一些技术在生产中得以成功使用，使许多果树及花卉名优品种的繁殖进入规模化水平，形成了较为完善的工艺流程，为微繁殖在农、林等相关领域的普遍应用奠定了基础。

10.1.2　组织培养的原理

10.1.2.1　细胞全能性学说

组织培养技术得以建立的最重要的依据是植物细胞全能性(totipotency)理论，它是指植物有机体的每个生活细胞具有相同的遗传组成，在适当条件下都能够形成具有繁殖健全下一代的完整植株的能力。细胞全能性的最高表现是受精卵(合子)，在组织培养中形成芽或根(能产生完整植株)也是植物细胞全能性的典型表现。细胞、组织或器官离体培养以后不同程度地脱离了多细胞机体中细胞的相互制约，表现出不同程度的全能性。

一般认为，细胞的孤立也是诱发全能性表达的重要因素。因为处于整体植株中的细胞皆受其周围细胞的影响，妨碍其全能性的表达。由于全能性仅是一种潜在的能力，它的表达需要一定的信号与条件，因此，全能性细胞不一定能进行全能性的表达。细胞全能性的表达要满足两个条件：一是把这些细胞从植物体其余部分的抑制性影响中解脱出来，即使这部分细胞处于离体的条件下；二是要给予它们必要的刺激，如提供一定的营养物质或生长调节物质(激素)等。而这些正是植物组织培养的主要内容。

10.1.2.2 分化、脱分化与再分化

要理解以细胞学说和细胞全能性理论为基础发展起来的植物组织培养技术，弄清与掌握以下几个与植物形态发生相关的基本概念是非常必要的。

(1) 分化

分化(differentiation)是指个体发生中由受精卵产生的、具有相同遗传组成的细胞在形态、结构、化学组成和生理功能等方面产生差异，形成不同类型特化细胞的过程，即由于细胞的分工而导致的细胞结构和功能的改变或发育方式改变的过程。从分子生物学观点看，细胞分化的本质是发生差别基因表达、合成专一性蛋白质，细胞产生稳定的遗传表型。分化是相对的，多细胞植物体内各细胞分化程度不同。根据细胞特化程度和分裂能力可以将植物体的细胞分为3类：第一类如茎尖、根尖和形成层细胞，它们始终保持旺盛的分生能力，从一个细胞周期进入另一个周期；第二类是高度特化的细胞，如筛管、导管和气孔器的保卫细胞，永远失去分生能力；第三类如表皮细胞和各种薄壁组织细胞，在通常情况下不进行 DNA 合成和细胞分裂，但在受到适当的刺激后可以重新开始 DNA 合成和细胞分裂，称为 G_0 期细胞。

(2) 脱分化

脱分化(dedifferentiation)是分化的逆转，指细胞失去已有的分化特征，恢复到相对不分化的分生组织。脱分化也是在基因选择性表达的基础上进行的一系列生理、生化变化，使分化细胞变成胚性细胞的过程。植物学上对于脱分化的概念有不同的理解。从形态学、组织学和生理学上看，已经分化的细胞通过一系列的细胞分裂和细胞内部的改组逐渐失去各种分化特征，因而认为脱分化是渐进的、分阶段的和较长的过程。另一种观点则从细胞周期角度来考虑脱分化问题，认为已经分化的、脱离了细胞周期的 G_0 期细胞在某种刺激下重新回到细胞周期的 G_1 期，开始了新的 DNA 合成时，即完成了脱分化，因此，认为脱分化过程是相当迅速的。

(3) 再分化

再分化(re-differentiation)即经过脱分化的细胞、组织重新获得不同分化程度的特征。一般认为愈伤组织是脱分化的产物，在组织培养实践中可以看到，有的愈伤组织具有产生该种植物各种类型细胞、组织和器官甚至植物体的全部潜能，这是比较彻底的脱分化，差不多恢复到受精卵的状态；但是也有些在不同种类和不同浓度外源激素调控下既能分化出生殖器官，又能再生营养芽的情况，说明这类愈伤组织或外植体细胞只是部分地脱分化，只部分地恢复了细胞的全能性，并在此基础上进行相应的细胞、组织和器官的再分化。所以，再分化的产物可以反映出脱分化也是相对的、分阶段的，而非一次完成的。

脱分化后的细胞进行再分化主要有2种方式：一种是器官发生方式，即茎、芽和根在愈伤组织的不同部位分别独立形成，它们为单极性结构，里面各有维管束与愈伤组织相连，但在不定芽和不定根之间并没有共同的维管束将二者连在一起；另一种是胚胎发生方式，即在愈伤组织表面或内部形成很多胚状体，或称为体细胞胚，它们是

双极性的结构,有共同的维管束贯穿两极,可脱离愈伤组织在无激素培养基上独立萌发,形成完整的植株。事实上,除了器官发生与胚状体发生 2 种主要的再分化方式外,在植物中还可能存在其他的细胞再分化方式,如分生结节就是其中的一种(钟原、成仿云、秦磊,2011)。

10.1.3 组织培养类型及微繁殖的基本方法

在广义的植物组织培养中,根据外植体材料不同,可分为器官培养(外植体为植物离体器官,如茎尖、茎段、叶片、叶柄、花药、花或种子、果实等)、组织培养(外植体为植物离体组织,如茎尖分生组织、表皮组织、薄壁组织等)、愈伤组织培养、细胞及原生质体培养(外植体为少数几个细胞或分离的单个原生质体)等不同类型。它们培养所产生的结果不同,具体培养方法也有所差异,因而应用领域不同。

就微繁殖而言,主要方法包括从腋芽产生的苗端(shoots)的增殖,以及形成不定芽(adventitious shoots)和(或)产生不定体胚(图 10-2)。目前在生产中大多数植物微繁殖是通过前一种方法实现的,而后一种方法仅在少数一些种类中应用。从芽及不定分生组织起源的苗端是微插穗(micro-cuttings),它们有时可直接自发地产生根,或者可以通过在培养基中或扦插基质中通过不同的方式诱导生根(图 10-3),形成称为组培苗的幼小植株(plantlets),最终经过驯化并通过不同的育苗技术体系(见图 11-1),培育为可露地种植栽培的各种苗木。而体细胞胚在理想的条件下,可以生长形成正常的幼苗。

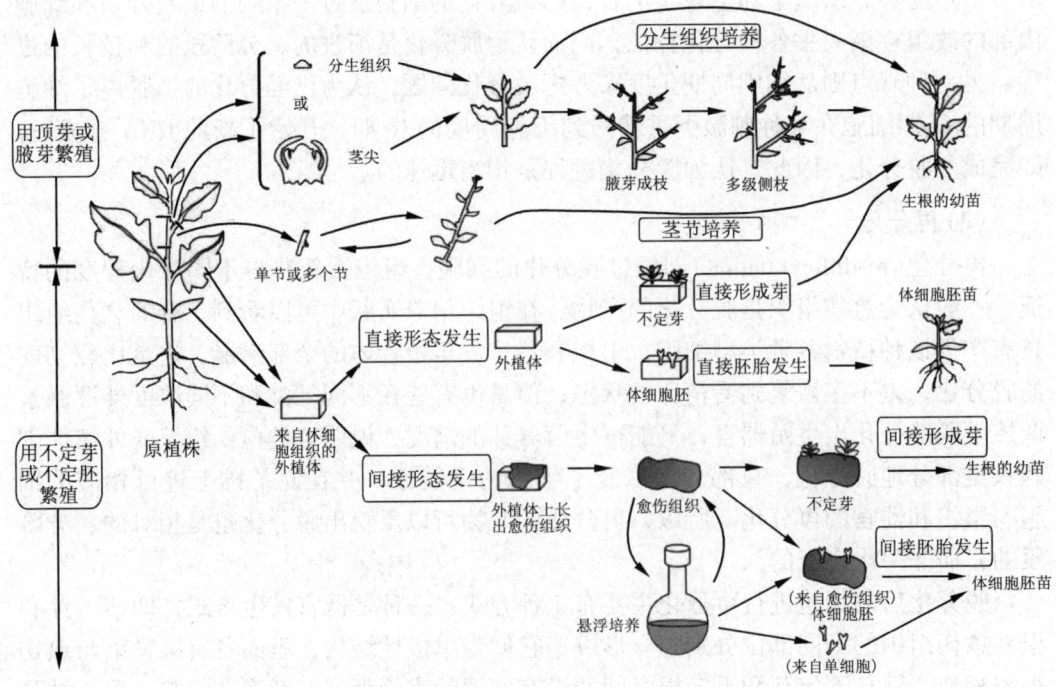

图 10-2 植物微繁殖的方法与途径(George 等,2008)

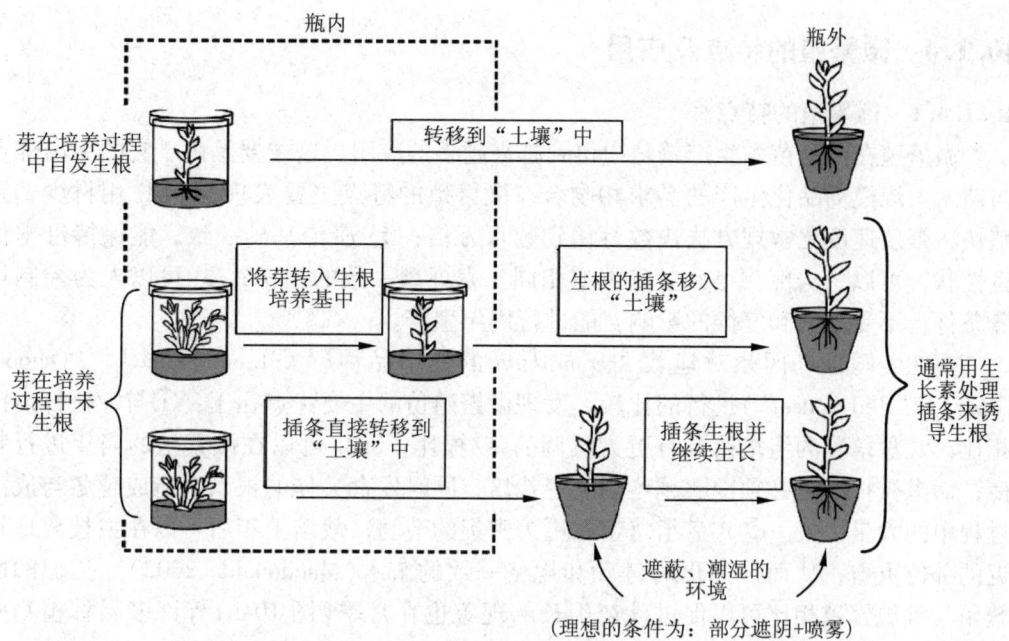

图 10-3　植物微繁殖中微插穗生根的不同方法（George 等，2008）

虽然通过组织培养技术进行植物微繁殖有不同的方法，但目前最常用的是用植物的苗端为外植体，进一步可具体划分为茎尖培养（shoot tip culture）与茎段培养（node culture）。茎尖来源于顶芽或腋芽，它的特有结构使其在微繁殖中还可以将其顶端分生组织作为外植体（长度为 0.2 ~ 1.0mm，仅含顶端分生组织及一两片幼叶）（图 10-4），这又被称为分生组织培养（meristem culture）。茎段培养是目前木本观赏植物微繁殖最成功的方法，可以使用含有单芽或 2 ~ 3 个芽的茎段作为外植体，使腋芽在培养器皿中发育为微插穗，通过继代实现数量增加，最后以类似微扦插的方式形成完整的组培苗（见图 10-3）。

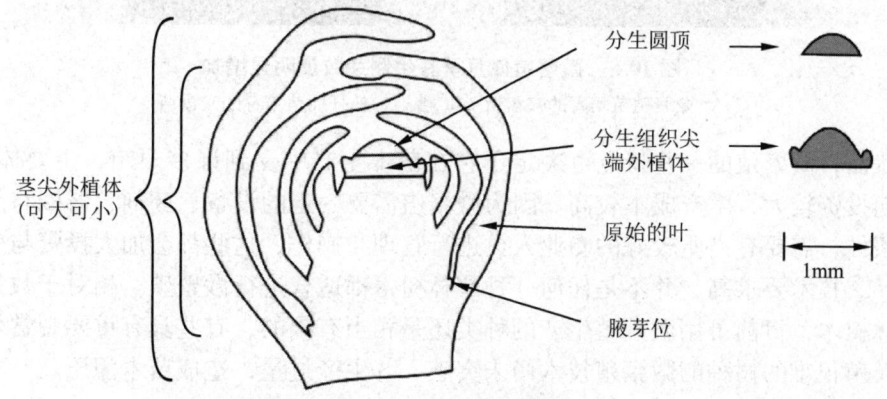

图 10-4　典型双子叶植物茎尖结构示意图（George 等，2008）
分别表示茎尖外植体与分生组织外植体的大小与部位

10.1.4 微繁殖的特点及应用

10.1.4.1 微繁殖的特点

微繁殖在园林苗木生产繁殖中得到越来越多的应用，这主要是由于它的突出优点与苗木大规模商品化生产的需求相吻合。微繁殖的特点主要表现为：① 用材少，繁殖快，繁殖速度比常规方法快数万倍到数百万倍；② 遗传基础一致，能保持母本优良性状，可以一次性获得大量基因型相同、表现型一致的植株；③ 可以人为控制培养条件，不受地区和气候的影响，能进行周年生产。

据在美国俄勒冈州对地栽 *Acer brubum* 的几个品种（'Autumn Flame'，'October Glory'和'Red Sunset'）进行的比较，发现微繁殖苗的主要优点在于：①与嫩枝扦插苗相比，穴盘培养的组培苗具有更为协调的茎/根比，而且可以在微繁殖的当年进行栽植；而嫩枝扦插苗必须冷藏越冬到翌春栽培，同时发育欠佳的根系会造成越冬与成活过程中的大量损失。②穴盘组培苗有更为密集的节间，栽培1年后可以在主枝离地较近的部位重剪，从而成为更为健壮和规格一致的苗木（Macdonald，2002）。类似的微繁殖与常规繁殖相比可以促进幼苗生长的现象也在月季（图10-5）等许多园林植物中存在。

图 10-5　微繁殖使月季基生侧芽数量明显增加
A. 微繁殖苗培育的穴盘苗　B. 普通嫩枝扦插苗培育的穴盘苗

然而，微繁殖的一些特点也决定了它在苗木生产中受到许多限制，主要体现在：①初期投资较大，生产成本较高。因为微繁殖需要一定的设备、药剂、器械与能源及设施条件，需要有素质较好的专业人员进行管理与操作，这些都会加大投资与生产的成本。②技术要求高，并不是任何一种园林树木都适合进行微繁殖。相对于数量繁多的园林树木，目前可用微繁殖生产的种类还是相当有限的，有些具有重要观赏价值但常规繁殖很难的树种的微繁殖技术尚未突破。③生产过量，造成苗木积压。

10.1.4.2 微繁殖的应用

组织培养的不同技术被广泛用来解决相关的生产与研究问题，如良种繁殖、脱毒苗繁殖、种质资源保存、次生代谢产物生产、育种（克服杂交不亲和性及细胞融合）、转基因研究及人工种子研制等，同样在园林树木的微繁殖上也有许多应用，主要体现在以下几个方面。

①作为脱毒的方式　微繁殖脱毒可以作为园林树木克隆植株改良的方式，如把热处理后的顶端分生组织在无菌条件下培养，奠定了如英国、法国及加拿大等国家李属（*Prunus*）和苹果属（*Malus*）植物脱毒工程的基础。在母本观赏植物克隆改良过程中，微繁殖脱毒可以作为一种改良植物克隆的途径。

②作为高效快繁的方式　保持植物材料的"幼态"（juvenile-like）以及选择正确的培养基，是实现这一目的的关键因素，特别是在下列情况下微繁殖非常有用：植株快速增加（bulking-up）；在育种计划中选择单株或突变，使其提前投放市场，如杜鹃花属（*Rhododendron*）；对正常很难生根的植物，如山月桂（*Kalmia latifolia*）和智利风铃花（*Lapageria rosea*）；稀有植物的保护，如英国邱园的保护计划，我国成都生物研究所利用微繁殖培育珍稀植物桫椤，甘肃农业大学用微繁殖技术使仅存1株的鸣山大枣数量迅速增加等。

③作为克服季节限制进行周年繁殖的方式　这一目的可以通过冷藏保存繁殖材料实现。这不仅可以在"克隆库"（clone bank）中保存原始的无性材料，而且可以根据市场供需情况有目的地调节生产。

④作为方便的出口植物的方式　已生根或未生根的微繁殖苗可用来直接培育或进一步增殖苗木，较小的体积与重量大大降低了包装、运输的成本，同时也减轻了种苗出口的检疫风险。

⑤作为大规模减少采穗母树数量以及采穗母树苗床的方式　因为这些繁殖材料能在实验室被离体保存。

⑥作为大量减少实际繁殖面积的措施　最突出的例子是分蘖或压条繁殖需要占用大量的土地，而微繁殖提供了一种把"苗床放入试管中"的模式。

⑦提供高品质产品的机会　无菌状态意味着种苗是没有病虫害的，而穴盘微繁殖苗克服了这个传统生产繁殖中的大难题，而且，它们常常具有发育良好的根系，生长健壮，易于栽植成活。

⑧作为探索传统繁殖新方法的途径　如在嫁接繁殖中，在绑扎鸡爪槭（*Acer palmatum* cvs.）接穗的切口之前，在微繁殖培养基中浸润，可成功地促进细胞分化，改进愈合。

⑨作为用种子育苗的特殊方法　如将未成熟的幼胚繁殖为完整的植株，胚培养可用在种子稀少和（或）有种子休眠问题的植物中来加速育种进程等。

总之，应该把微繁殖技术看成一种与传统繁殖技术相联系的技术，但是在许多多年生灌木，如绣线菊、山梅花、金露梅和猬实等在低成本设施内嫩枝扦插极易生根的种类，或一些用于绿篱的种类，如小檗、枸子和女贞等，或者如欧洲山毛榉和科罗拉多云杉等目前能成功嫁接繁殖，但尚未成功研发出进行商业化微繁殖技术的植物中，使用微繁殖没有太大价值。因此，微繁殖作为一种"工具"，改善了一些高品质作物的生产，生产出了更为健康的植物材料，同时它也是繁殖者发挥聪明才智的一种"工具"(Macdonald, 2002)。

10.2 微繁殖(组织培养)的基本设施设备

10.2.1 基本设施条件

(1) 准备室

要求明亮、通风,主要完成器皿洗涤,培养基配制、分装及高压灭菌等工作,因此,应设置2间或3间,即洗涤间(图10-6)、培养基配制间和消毒间。洗涤间的清洗区应备有各种毛刷、水槽及冷热水源,以及塑料桶、鼓风干燥箱以及防尘橱。在实验室配制好的培养基被分装到培养瓶,以及接种所用的玻璃器皿及解剖工具都要高压灭菌,因此,灭菌室内必备高压灭菌锅。

(2) 无菌操作室

无菌操作室即接种室,是无菌操作的场所,因此要与外界隔离,不能穿行或受其他干扰。接种室最好分更衣间、缓冲间及操作间3部分。更衣间供更换衣服、鞋子或穿戴帽子和口罩;缓冲间位于更衣间与操作间之间,目的是保证操作间的无菌环境,同时可放置恒温箱及某些小型仪器;操作间则用于无菌操作,其大小要适当,且顶部不宜过高,以保证紫外线空气消毒。虽然主要接种操作在超净工作台上进行,但接种室也要干净,并安置一般消毒用的紫外灯以及换气、控温装置。

(3) 培养室

培养室是离体组织和组培苗生长发育的场所,要做到清洁、干燥、保温隔热,保证在培养过程中不受污染,并要满足培养材料生长、繁殖所需要的温度、光照、湿度

图10-6 组培苗圃准备室

大型组培苗圃不同于普通的小型研究组培室,准备室的洗涤间应有宽大明亮的空间以及方便的上下水系统,以满足大量清洗培养瓶、配制培养基的需要(美国俄勒冈州North American Plants组培苗圃)

图10-7 组培苗圃培养室

培养室内整齐摆放的培养架及培养瓶(北京小汤山北方苗木示范基地)

和通风条件。

培养室的温度控制除了保温隔热建造外,最好安装自动控温、控湿设备,以便根据培养物的种类以及不同发育阶段的要求调控温度。

培养室内要有培养架(图10-7),其高低、层数要以充分利用空间为宜。每层培养架都应装40W的日光灯2~3支,间距约20cm,距上层玻璃隔板为4~6cm。每天光照时间为14~16h,安装自动计时器自动控制。

(4)细胞学观察室

细胞学观察室可设置在准备室或培养室旁,放置显微镜、解剖镜及照相设备等,便于对培养材料进行镜检、照相、观察等,也可根据实际工作的需要,配置一些其他的仪器设备,开展与微繁殖技术研究相关的生理或生化试验工作。

(5)贮藏室

对繁殖体(材料)进行低温(5~10℃)贮存,以调节微繁殖生产的节奏,满足市场或生产的需要。贮藏室的容量要根据实际需要确定,贮存量小时可用冰箱代替。

(6)温室

温室是微繁殖育苗驯化移栽阶段的必要设施,要能够较好地控制水、温、光等栽培条件,这是组培苗移植成活的重要保证。

准备室、接种室、培养室和温室,是进行微繁殖生产必需的基本设施,在实际建造过程中,可根据实际情况进行必要的调整。如称量、洗涤和灭菌等可以在准备室进行,观察可在培养室进行,接种室与培养室合并,把超净工作台放入培养室中,不设贮存室等。

10.2.2 主要仪器设备

(1)超净工作台(图10-8)

微繁殖必须进行无菌操作,超净工作台是主要设备之一。超净工作台一般有2种类型:一是侧流式净化工作台,又称为垂直式净化工作台;二是外流式净化工作台,又称为水平层流式工作台。二者的基本原理大致相同,都是将室内空气经粗过滤器初滤,由离心风机压入静压箱,再经高效空气过滤器精滤,由此送出的洁净气流以一均匀的断面风速通过无菌区,从而形成无尘无菌的高洁净度工作环境。

(2)干燥箱

干燥箱用于器械、器皿的烘干,包括玻璃器皿的干热消毒。常用的干燥箱是鼓风式电热干燥箱(图10-9),其优点是温度均匀,但升温过程较慢。使用中要注意不能先升温后鼓风,而应鼓风与升温同时开始,至温度达到100℃时停止鼓风。消毒后不能立即打开箱门,要等温度自然下降后方可打开。

(3)冰箱

普通冰箱是组培室的基本配置设备,用于储存培养液、母液、试剂和药品等培养用物品,以及短期保存组织标本。有时,根据需要还应配备-20℃低温冰箱,用于储

图10-8　超净工作台　　　　　图10-9　鼓风式电热干燥箱

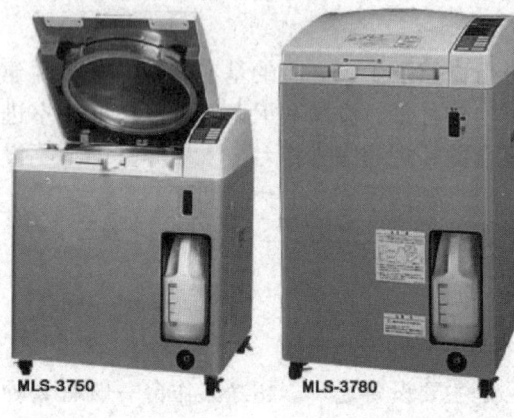

图10-10　高压灭菌锅

存需要冷冻保持生物活性的物质及需要较长时期存放的制剂如酶等。组培室的冰箱应专用，不存放易发挥、易燃的物质。

(4) 天平

天平常用两种精度：一是0.01g，用于大量元素、蔗糖和琼脂等药品和材料的称重，可用电子天平、托盘天平或扭力天平；二是0.0001g，用于微量元素、激素等药品的称重，目前一般用电子天平。

(5) 高压灭菌锅(图10-10)

高压灭菌锅主要用于生物灭菌。目前，全自动高温高压灭菌锅越来越普遍，它由微电脑控温，容量大，使用方便，但价格昂贵。

(6) 过滤灭菌器

由于在组培使用的培养液中，常含有维生素、蛋白质、多肽、生长因子等物质，它们在高温或射线照射下易变性或失去功能，因而多采用过滤消毒除去细菌。目前常用的滤器有Zeiss滤器、玻璃滤器和微孔滤器等。

(7) 培养用器具

供培养和接种、生长等用的器皿，可由透明度好、无毒的中性硬质玻璃或无毒而透明光滑的特制塑料制成。玻璃培养器皿易于清洗、消毒，可反复使用，并且透明而便于观察;缺点是易碎,清洗时费人力;一次性塑料制培养器皿,厂家已消毒灭菌密封包装,打开包装即可用于培养操作,非常方便,但费用较高。此外,组培中还需使用的其他器具,如玻璃瓶(存放或配制各种培养用液体,如培养液和试剂等)、吸管(主要有刻度吸管及尖吸管)、移液器(用于吸取、移动液体或滴加样本)、烧杯和量筒、漏斗以及手术刀或解剖刀、手术剪或解剖剪(主要用于解剖、取材、剪切组织及操作时持取物件)、镊子和解剖针(用于解剖、分离及切剪组织,制备培养的材料)(图10-11)等。

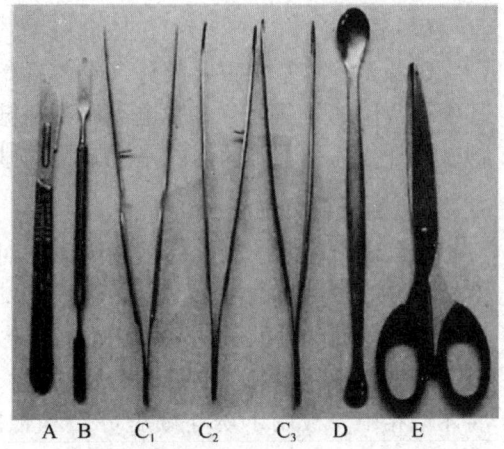

图 10-11　植物组培中常用的接种工具
A. 解剖刀　B. 刮铲　$C_{1\sim3}$. 不同类型的镊子
D. 药勺,用于清除污染　E. 剪刀

10.3　培养基的组成及配制

10.3.1　培养基的成分

在离体培养过程中,培养物生长分化需要的各种营养物质,都是由培养基提供的。一个完善的培养基至少应包括无机营养成分(包括大量元素和微量元素)、有机营养成分(维生素、氨基酸等)、糖类与生长调节物质(各种植物激素),在固体培养时还应包括固化剂(一般为琼脂)。

(1) 无机营养成分

无机营养成分即矿质元素,在植物生长发育中非常重要。在离体条件下,植物进行各种生长发育需要的营养元素,与大田自然生长的植物一样,也包括了大量元素与微量元素(见第4章"苗木营养及其营养诊断"的相关内容),而获得的途径是培养基。其中有些特殊的是铁,在离体培养中为避免其沉淀常以螯合铁(即 $FeSO_4$ 与螯合剂 Na_2-EDTA 的混合物)的形式提供。只含有无机成分,即大量元素与微量元素的培养基常称为基本培养基,它们的配方差异奠定了各种不同类型培养基的基础。

(2) 有机营养成分

为了保证培养物很好地生长发育,在基本培养基的基础上,常常必须加入一些有机物,最常用的是维生素和氨基酸。一般认为硫胺素(V_{B_1})是一种必需的成分,其他各种维生素如吡哆醇(V_{B_6})、烟酸(V_{B_3})、泛酸钙(V_{B_5})和肌醇,也能显著地改善植物组织的生长状况;抗坏血酸(V_C)有很强的还原能力,常常用于防止组织氧化变褐。培养基中最常用的氨基酸是甘氨酸,其次还用精氨酸、谷氨酸、谷酰胺、丙氨酸等,它们都是很好的有机氮源。此外,肌醇、腺嘌呤以及其他一些化学成分不明的复杂营养物,如水解酪蛋白、椰子乳、玉米胚乳、麦芽浸出物、番茄汁与酵母浸出物等,也用来作培养基的有机成分。

(3) 糖类

碳源是培养基的重要成分,在各种培养基配方中都要加入一定量的糖作为碳源,其中最常用的是蔗糖,有时也可用葡萄糖和果糖。碳源除了作为生长发育所需的营养物质以外,另一重要的功能是调节培养基中的渗透压。

(4) 生长调节物质

生长调节物质,又称为植物激素,对组织培养中组织或器官分化、生长及发育等都发挥着不可替代的重要作用。在培养基中加入植物激素的种类或数量,常常是决定植物组织培养成败的关键。常用的植物激素有以下几种。

①生长素 影响植物茎和节间的伸长、向性、顶端优势、叶片脱落和生根等。在离体培养中,被用于诱导细胞分裂和根的分化。常用的有 IAA、IBA、NAA)、NOA(萘氧乙酸)与 2,4-D 等。其中 IBA 和 NAA 广泛用于生根,并能与细胞分裂素合作促进茎的增殖,2,4-D 等对愈伤组织的诱导和生长非常有效。

②细胞分裂素 主要作用是促进细胞分裂,诱导芽分化。由于这类化合物有助于解除顶端优势对腋芽的抑制作用,可用于茎的增殖。常用的细胞分裂素有苄腺嘌呤(BA)、异戊烯腺嘌呤(2-iP)、激动素(KT)和玉米素(ZT)等。

③赤霉素 种类很多,其中组培中常用的是 GA_3。它的主要生理作用是促进生长,尤其是茎的伸长,同时可以代替低温解除有关组织或器官的休眠。

④脱落酸(ABA) 在组培中对培养物有间接的抑制作用,它可抑制外植体形成细胞胚状体,因此,常在植物胚状体培养中应用。

此外,还有叶酸、水杨酸、多胺、黄腐酸等其他生长调节物被用于组织培养中,在不同的植物中取得了较好的效果。

(5) 琼脂

琼脂是组织培养中最常用的支持物(固化剂),一般使用浓度为 0.7% ~ 1.0%,视所需培养基的硬度及气候而定,一般夏季用 0.8% 左右,冬季可用 0.7%。琼脂并非培养基的必需成分,在不加琼脂或其他固体剂时,培养基为液体状,进行的培养称为液体培养,主要用于愈伤组织培养、胚状体培养等。

10.3.2 培养基的配制

配制培养基首先要选择合适的配方,然后按配方要求先配制一系列浓缩储备液(即母液),如大量元素、微量元素、铁盐和除糖之外的有机物质等,再量取定量的各种浓缩液进行稀释、混合,并加入蔗糖、琼脂后加热溶解,经过定容后调节 pH 值,分装入培养器皿中,最后进行高压灭菌,待冷却后贮存使用。

10.3.2.1 培养基配方选择

认真对比各种配方的特点,结合培养植物以及外植体的种类、培养目的等确定合适的培养基配方,是进行微繁殖的关键环节。不同的培养基配方(表 10-1)各有特点,在选用之前要认真查阅相关资料或经过试验后确定。例如,有的矿质元素含量较低,如常用于木本植物培养的 White 培养基；有的矿质元素含量丰富，如 MS 培养基含丰富的铵盐，B5 和 N6 培养基含丰富的硝酸盐；MS 培养基在被子植物中应用最为广泛；B5 培养基最初是为豆科植物培养设计的，现在应用日益广泛；WPM 培养基适用于椴属、杜鹃花属等木本植物；N6 培养基更适用于禾本科植物。

10.3.2.2 母液配制

培养基母液（stock solution）即浓缩储备液，一般包括：大量元素，通常将所需元素按比例配成 10 倍（10×）浓度的溶液；微量元素，通常将所需元素按比例配成 100 倍（100×）浓度的溶液；铁盐，把 5.75g $FeSO_4 \cdot 7H_2O$ 和 7.45g Na_2-EDTA 溶于 1000mL 水中；有机附加物，包括维生素和生长调节物质，分别配成 mg/mL 的母液，贮存于冰箱。

在称量药品时，要注意药品所含结晶水与配方上所列的结晶水是否相同，如不相同需换算。配制母液时应依照配方上先后次序将药品逐一溶解，一种药品完全溶解后再加入另一种药品，或各种药品单独溶解，然后依次相混，否则会产生不可逆沉淀，造成浪费。配制微量元素的母液时，因用量甚微无法称量，可放大千百倍，再经多级稀释获得所需要的量。

植物激素在培养基中使用量很小，但作用巨大。由于各种激素的性质不同，其溶解与配制的方法也有所差异。因此，了解各种植物激素的性质，掌握正确的溶解、配制和保存方法，对发挥其在培养过程中的生理作用十分重要。这里对几种常用的植物激素做简单介绍。

①生长素　IAA 见光分解，要贮存于棕色玻璃瓶并置于冰箱中，它不能经受高温高压，一般经微孔滤膜过滤后加入培养基。IBA、2,4-D、NAA 很稳定，可以高温灭菌。配制这类物质时可用 1~2mL 1mol/L NaOH 溶解，再加蒸馏水稀释至所需浓度。也可用少量 95% 乙醇溶解，然后加水稀释，稀释时用滴管将含生长素的乙醇溶液慢慢地滴入蒸馏水中，边滴边搅拌，否则生长素容易析出，溶解不完全时可稍稍加热。

②细胞分裂素类　ZT 及其类似物 2-iP 为天然产物，BA 及 KT 为人工合成物质，在 120℃ 高温高压下都很稳定。KT 见光易分解，宜存放于 4~5℃ 暗处。这类物质宜先用少量 0.5 或 1mol/L HCl 溶解，然后加水稀释。

③赤霉素　GA_3 受热不稳定，不能高温灭菌，它溶于醇类，在水中迅速分解。使用时先用 95% 乙醇配成母液存放于冰箱。

植物激素一般价格比较贵，易氧化变质，故不宜一次配制得过多，其母液应置于棕色试剂瓶中，保存在低温黑暗处，以免变质和分解。

10.3.2.3 培养基配制方法

培养基配方中化学药品和预先配制的母液种类繁多，数量各异，配制过程中极易遗漏或重复。为防止这种情况发生，宜事先根据培养基配方及需要配制的数量列出配料表，并计算出每种溶液的需用量，然后每加完一种溶液划一记号（√），这样就不至于出错，如表 10-2 所列。

表 10-1　几种常用培养基的配方　　　　　　　　　　　　　mg/L

成分	White	MS	LS	WPM	B5	SH
$(NH_4)_2SO_4$					134	
NH_4NO_3		1650	1650	400		
KNO_3	80	1900	1900		3000	2500
$Ca(NO_3)_2 \cdot 4H_2O$	200			556		
$CaCl_2 \cdot 2H_2O$		440	440	96	150	200
$MgSO_4 \cdot 7H_2O$	720	370	370		500	400
$MgSO_4$				370		
Na_2SO_4	200					
KH_2PO_4		170	170	170		
K_2SO_4				990		
$NaH_2PO_4 \cdot H_2O$	16.5					
NaH_2PO_4					150	
$NH_4H_2PO_4$						300
KCl	65					
$FeSO_4 \cdot 7H_2O$		27.8	27.8	27.8		15
Na_2EDTA		37.3	37.3	37.3		20
$Fe_2(SO_4)_3$	2.5					
$FeNa_2EDTA$					28	
$MnSO_4 \cdot 4H_2O$	7	22.3	22.3		10	
$MnSO_4 \cdot H_2O$				22.5		10
$ZnSO_4 \cdot 7H_2O$	3	8.6	8.6	8.6	2	1
H_3BO_3	1.5	6.2	6.2	6.2	3	5
KI	0.75	0.83	0.83		0.75	1
$Na_2MoO_4 \cdot 2H_2O$		0.25	0.25	0.25	0.25	0.1
$CuSO_4 \cdot 5H_2O$		0.025	0.025	0.25	0.025	0.2
$CoCl_2$						0.1
$CoCl_2 \cdot 6H_2O$		0.025	0.025		0.025	
肌醇		100	100	100	100	1000
烟酸	0.3	0.5	0.5		1	5
盐酸吡哆醇	0.1	0.5	0.5		1	0.5
盐酸硫胺素	0.1	0.1	0.4	1	10	5
甘氨酸	3.0	2.0		2		
蔗糖	20 000	30 000	30 000	20 000	20 000	30 000
琼脂	10 000	8000	8000	10 000	10 000	10 000
pH值	5.6	5.8	5.8	5.8	5.5	5.8

表 10-2　配制 1.5L B5 培养基各种成分用量（√表示该成分已添加）

成　　分	用　　量	成　　分	用　　量
大量元素	150mL√	烟酸	1.5mL
蒸馏水	700~1000 mL√	盐酸吡多醇	1.5mL
微量元素	15mL√	盐酸硫胺素	1.5mL
铁盐	7.5mL√	蔗糖	30g
肌醇	150mL√		
定容至1500mL		pH 值 5.5	
琼脂	10.5~15g		

大量元素和微量元素的母液都是高浓度的，为防止两种高浓度母液混合在一起发生沉淀，建议加完大量元素后先加适量蒸馏水（占所配培养基总体积的 2/3~3/4），然后再加微量元素。培养基中的糖和琼脂要随配随用，无需配制储藏液。

由于培养基的酸碱度直接影响外植体对离子的吸收，进而影响外植体的分化与发育，因此，pH 值的调整是培养基配制过程中的必要环节。一般用 1N 的 HCl 与 1N 的 NaOH 调节 pH 值，偏碱时滴加 HCl，偏酸时滴加 NaOH。pH 值测定可用酸度计或 pH 试纸。高压灭菌后通常培养基酸度会增加 0.2 左右，在调节 pH 值时应予以考虑。如计划培养基的 pH 值是 5.6，经高压灭菌后会降到 5.4，所以在高压灭菌前要把 pH 值调至 5.8。由于琼脂也能引起 pH 值的变化，pH 值的调节要在全部成分加入、琼脂加热熔化并定容后进行。

培养基的 pH 值也影响琼脂的凝固程度，有时培养基经过高温灭菌，冷却后不凝固，可能是因为调节 pH 值时搅拌不够，pH 值太低，或者高温处理时间过长。当培养基 pH 值要求为弱酸性时，可适当多加一些琼脂粉。

10.3.2.4　培养基灭菌

培养基灭菌可采用湿热灭菌法。瓶装溶液容积在 1000mL 以下者，在 $1.1kg/cm^2$，120℃条件下维持 15~20min 可达到灭菌效果。超过 20min，高温会使某些有机物（糖和维生素等）的分解增加，对培养不利。IAA、GA_3 等应使用微孔滤膜过滤除菌，并在培养基温度降低但尚未凝固前加入其中，并摇匀。

10.3.2.5　培养基存放

培养基应存放于背阴处。若含 IAA、KT，则需放在暗处。刚配制的培养基凝固后表面会出现积水，最好过 2~3d，当表面的积水被吸收后再接种。若急需接种，则需用无菌吸管吸去表面流动的积水以免污染源随水流扩散。灭菌后的培养基应该在 15d 内用完，最多不得超过 30d。

综上所述，配制培养基就是按配方要求，把所有成分按量依次混合并加热溶解后定容，调节 pH 值后分装入干净的培养器皿中进行高压灭菌，待冷却凝固后存放使用。目前，已有一些市售的培养基干粉，其中含有无机盐、维生素和氨基酸等成分，配制时先将其溶解在蒸馏水中，再加入蔗糖、琼脂和其他必要的添加物，定容、调节pH值、高压灭菌即成，使培养基配制更加简便化。

10.4　微繁殖（组织培养）技术及其流程

通过组织培养技术进行微繁殖的过程，即外植体在无菌培养条件下分化、生长、发育形成完整幼苗，并在自然环境（有菌条件）下成活生长的过程，常被划分为无菌培养建立（阶段Ⅰ）、增殖培养（阶段Ⅱ）、生根（阶段Ⅲ）与驯化移植（阶段Ⅳ）4个连续阶段（图10-12）（Murashige，1974），有时可以省去阶段Ⅲ，将其与阶段Ⅳ合并在一起，即将生根与驯化移植同步完成。目前，国内外园林苗木最成功与经常使用的是茎段培养，其每个培养阶段的内容、特点与要求不同，共同构成了通过微繁殖进行苗木生产的技术体系，下面简要介绍其主要内容。

10.4.1　无菌培养的建立（阶段Ⅰ）

无菌培养的建立（establishing an aseptic culture）是外植体能否在离体条件下成功生长发育的前提，包括了培养前的各种准备工作，是整个组织培养程序中非常复杂的基础环节。

10.4.1.1　外植体选取与清洗

植物组织培养与微繁殖中，在培养或繁殖的物种或品种确定后，具体外植体的选择，包括植株长势、选材的部位、季节、大小等均对结果有不同程度的影响。因此，在培养之前要认真查阅资料或做试验研究，确定外植体采集方案。一般要从生长健壮、健康的植株上选择外植体，通常是幼嫩的部位比较容易培养成功。用自来水（加几滴洗涤剂）将植物材料冲洗几遍，必要时用软毛刷子轻轻刷洗，除去表面污垢后转入洗净的烧杯中。对裸露而没有保护结构的植物材料如叶片和正在伸展的幼芽，刷洗时要多加小心，避免损伤表皮。为了提高成活率，在取材之前，对正常生长的植物材料或生长环境进行杀菌消毒，即对植物材料进行预培养或预处理，是值得推荐的措施。

10.4.1.2　外植体的消毒灭菌

（1）消毒杀菌剂的配制

消毒灭菌是要将附着于外植体表面的微生物杀死，同时又要尽量不伤害植物材料中的活细胞。常用的消毒剂有乙醇、次氯酸钠、升汞等。70%~75%（V/V）乙醇的杀菌力和穿透力强，但处理时间要短，控制在30~60s以内，否则容易杀死植物细胞。常用的次氯酸盐杀菌剂有漂白粉及次氯酸钙[$Ca(ClO)_2$]，使用浓度为20%（m/V）纯净水溶液。也可用次氯酸钠水溶液，一般市售商品漂白剂含5.25%次氯酸钠，加水稀释至10倍（约0.5%）用作消毒液。0.1%（m/V）升汞消毒液杀菌力比次氯酸钠强，但附着在外植体上的汞离子不易洗脱，消毒后的外植体材料必须用无菌水多洗几次。

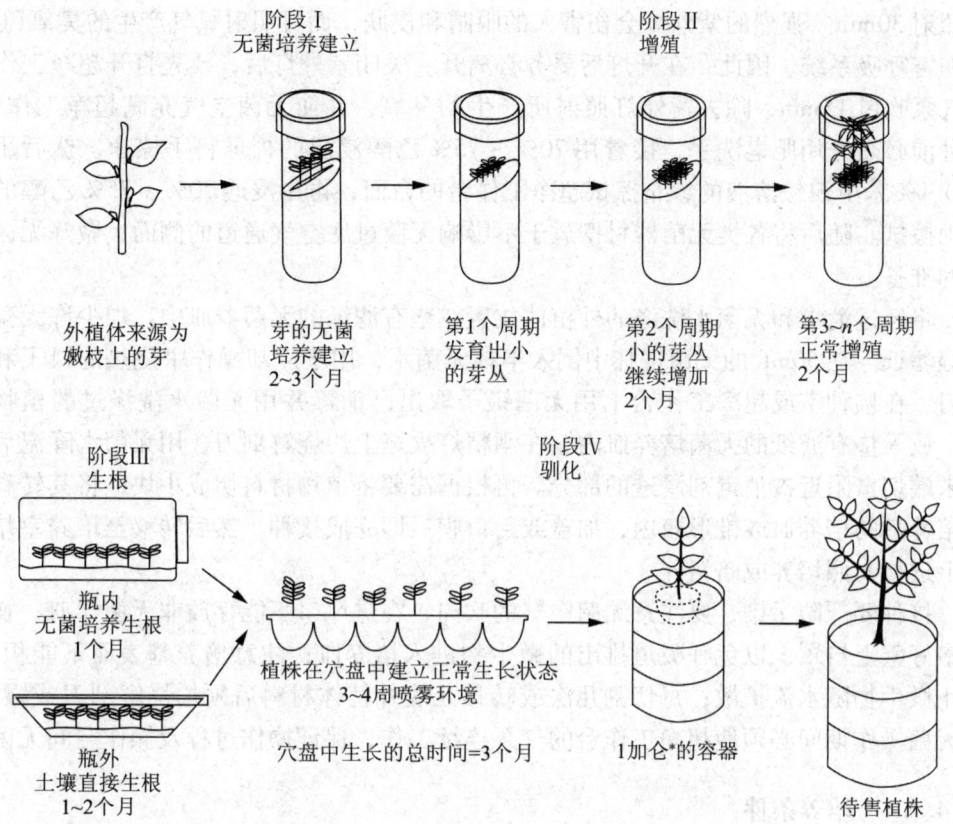

图 10-12 植物微繁殖生产体系示意图(以杜鹃花生产为例)(Kester 等,2002)

另外,升汞有剧毒,消毒后的废液容易污染环境,若非必须应尽量少用。在植物材料器官表面表皮毛浓密或者表面有脂类物质或蜡质时,要在水溶性消毒液中加几滴洗涤剂,减少表面张力,以利于浸湿材料表面,便于进一步消毒灭菌。

(2) 外植体消毒

使用消毒液的种类和处理时间因植物种类、器官类型和生长状况而异。一般在烧杯内倒入 70%~75% 乙醇,放入洗净的外植体材料并浸没,时间在 1min 之内,然后倒掉乙醇,换上次氯酸钠水溶液消毒(要将外植体材料连同消毒液转移至无菌烧杯中,并放进超净工作台内操作)15~20min 后,倒掉消毒液并用无菌水洗 3 次,每次 2min。对于污染严重的植物材料,可选用 0.1% 升汞消毒,也可连续 2 次使用次氯酸钠消毒,或用次氯酸钠消毒 1 次后再用升汞消毒(可灵活掌握,适当缩短灭菌时间)。用升汞消毒后,需经无菌水洗涤 5 次。要注意防止消毒过度损伤植物组织。

10.4.1.3 接种

接种必须在无菌环境中进行,在接种前 1h 要打开接种室或超净工作台内的紫外

---

* 1 加仑 = 3.785L。

灯照射 30min。强烈的紫外灯会伤害人的眼睛和皮肤，而且照射氧气产生的臭氧（O_3）会伤害呼吸系统，因此，在开灯后要务必离开。关闭紫外灯后，要先打开超净工作台的气泵吹风 15min，除去紫外灯照射所产生的臭氧，并使无菌空气充满超净工作台。接种前必须先用肥皂洗手，接着用 70%～75% 乙醇浸湿的棉球将手擦净，然后用浸透 0.1% 苯甲溴铵溶液的纱布擦拭超净工作台的台面，再用浸透 70%～75% 乙醇的脱脂棉擦拭。随后将各类无菌器材摆放于不影响无菌过滤空气通道的侧面，做好无菌操作的准备。

将经过消毒和无菌水洗涤的外植体放置在垫有滤纸的无菌器皿中，加少许无菌水润湿滤纸。在 50mL 的无菌烧杯中倒入半杯无菌水，用于冷却操作中烧热的镊子和解剖刀。在接种室或超净工作台上用无菌镊子取出已消毒并用无菌水洗涤过的植物材料，放入垫有滤纸的无菌培养皿内。在酒精灯火焰上灼烧解剖刀，用无菌水降温后切去末端切口附近被消毒剂浸透的部分。再根据需要将植物材料切成小块，将其转移到含培养基的培养皿或锥形瓶内，加盖或封口膜后即完成接种，然后转移至培养室培养架上进行光照培养或暗培养。

接种要严防污染，要注意无菌空气的吹向，在进风口不能存放非无菌器皿；操作者最好戴上口罩，以免呼吸道排出的微生物进入培养皿；注意培养基表面不能积水，防止微生物随水流扩散；每切割几次或转移几块外植体材料后须灼烧解剖刀或镊子；在无菌操作期间必须使超净工作台的气泵连续工作，保证操作过程及操作空间无菌。

10.4.1.4　培养条件

温度、光照、氧气与水分都是影响植物离体发育的主要因子，需要通过调节来满足。大多数植物组织的最适培养温度为 25～28℃，最高不超过 32℃，最低不低于 20℃。要注意通气，一般固体培养时，培养皿或锥形瓶上方的空气已满足培养物呼吸的需要；液体深层培养时需要振荡或旋转。大多数植物外植体生长的光照强度为 300～3000lx，一般 1000lx 即可。一般情况下，培养室的湿度不必严格调控，因为培养皿或锥形瓶有封口膜或加盖后，可以保住容器内的湿度。但培养室也不能太干或湿度过大，湿度过低会加快培养容器内的水分蒸发而影响生长，湿度过高则会增加污染机会。

10.4.1.5　发现并清除污染

组培中的污染可能由 3 种原因造成：①由灭菌不彻底的外植体带入；②接种时由周围空气或接种工具带入；③接种后由封口膜或瓶盖边缘生长进入培养瓶内。接种后要勤于观察，接种后 7d 内是发现污染的关键时期。污染可由细菌或真菌引起，前者主要是在外植体周围形成菌斑，只要培养基没有积水，细菌污染扩展较慢，挖去污染部分即可保护未受污染的材料。后者一般 3d 左右可以见到最初征兆，借着放射光可见到刚刚生长的少量菌丝，这时挖去受污染的部分和延伸的菌丝可以挽救瓶内其余的材料。真菌污染扩展很快，特别是形成孢子以后，整个培养瓶的材料无可挽救。通常微生物污染 3～7d 内可以见到，不过半月甚至 1～2 个月以后还可以发现少量污染。

这可能是由侵入器官或组织内部的微生物所致,也可能是由培养瓶口附近残留的微生物孢子得到适合温度、湿度和培养基中的养分后萌发的菌丝向下生长进入培养基造成的。

污染是建立无菌培养的主要障碍,在同样的条件下,首次接种应使用小容器、多数量,尽量分散,以便互相隔离。忌在较大的容器内一次接种较多的外植体,这样一旦污染就会事倍功半,这一点初学者一定要重视。

10.4.2 增殖与继代培养(阶段Ⅱ)

通过阶段Ⅰ的培养,外植体已经在无菌条件下正常生长,在从基部分化形成芽丛后,可以进行分割、分离,接种到新的培养基中进行培养,这个过程称之为继代培养(subculture),2次继代培养之间的时间常称为继代周期。继代时新接种的植物材料被称为繁殖体(propagules)或微茎段(micro-shoots),每经过4~8周可以重复继代一次,从而使繁殖体数量大增,实现了繁殖体增殖(multiplication),奠定了培育大量组培苗的基础(见图10-12)。

增殖培养基的种类因培养的植物种、品种及类型而定,基本培养基常常与阶段Ⅰ相同,但是要增加细胞分裂素与矿质供应,具体的调整要通过试验来确定。繁殖体或微茎段的最佳大小及切取方法因种而异。一般来说,要在以后的继代培养中获得均一而迅速的增殖,外植体必须达到一定大小。从原培养中切取已伸长的茎段继代培养继代的外植体长度为2~4节。剪除叶片,将它们垂直插入培养基中或水平放置在培养基表面。垂直插入时,要避免茎段不要插得太深和淹没节;而放置在培养基表面的茎段,就如典型的压条一样,会刺激侧芽发育。

产生微茎段的数量因植物种类和培养环境(如继代周期)而异,一般为5~25个。增殖可以重复几次,以便增加充足的材料,为以后生根与移植奠定基础。但继代太多,微茎段的生活力会下降,坏死率上升,生根能力下降。

10.4.3 生根诱导与培养(阶段Ⅲ)

在繁殖体或微茎段增殖到一定数量后,要考虑及时转入阶段Ⅲ,进行生根诱导与培养,以便顺利获得完整的植株。除了少数情况,在增殖阶段生长的茎段一般是没有生根的,因此,茎段(微插穗)必须移到一种培养基或适当的环境中诱导生根(见图10-3)。阶段Ⅲ的目的是使微繁殖苗适应从组织培养的试管环境转移到温室生长,以及最终在自然环境中生长培养(图10-12、图10-13)。这不仅涉及生根,而且涉及要创造条件提高微繁殖苗驯化与移栽成活的潜力,即壮苗培养。

在生根及壮苗阶段,一般认为矿质元素浓度较高有利于茎叶发育,而较低则有利于生根,因此,经常采用1/2或1/4 MS培养基。同时,由于低细胞分裂素、高生长素有利于根的分化,因此,培养基中要去除或用很少的细胞分裂素,适量加入生长素如NAA,IBA与IAA等。随着植物种类不同,微茎段在生根培养2~4周后,能产生根,成为可移植的完整的微植株。对一些生根难的植物,可先在含激素的(生根)诱

第 10 章 园林苗木的微繁殖(组织培养)与培育

图 10-13 组培苗生根诱导与生根苗移植(即驯化)

A、B. 诱导生根的微茎段，即早期的组培苗，刚从培养瓶内的培养基上取出　C. 组培苗移植到穴盘的栽培基质中　D. 穴盘组培苗首先在温室内的小塑料拱棚中过渡性驯化，要注意保湿与保温　E. 穴盘苗在温室中驯化培养(美国俄勒冈州 North American Plants 组培苗圃)

导培养基中诱导 1~5d，然后再转接到不含激素的培养基中生根，即通过诱导与生根两个步骤达到生根的目的。或者在一些植物中，把微茎段直接用生长素（生根）溶液浸泡处理后，插在不含生长素的培养基上培养生长。有些植物可以用生长素处理结合暗培养来促进生根。

在杜鹃花等一些园林植物的微繁殖中，在阶段Ⅲ把微茎段直接作为微插穗进行试管外（ex vitro）扦插生根，是一项降低成本、减少无菌操作工时、能源及材料消耗的有效途径。其方法是把分割获得的微插穗用生长素处理后，直接插在用蛭石、泥炭等组成的扦插基质中，提供适合的温、湿条件，促进其生根、成苗。

10.4.4 驯化与移栽（阶段Ⅳ）

微繁殖苗生根后，必须经过驯化移植到正常的温室环境，并最后到自然环境中生长。由于微繁殖苗在离体培养中，是在无菌、有营养供给、温度与光照适宜以及100%相对湿度环境中生长发育的，移出培养瓶后，生长环境发生了十分强烈的变化。因此，设法从水、温、光及环境介质、管理措施等多方面满足微繁殖苗生长的需要，让其逐渐适应新的生长环境并健康生长，是关系到微繁殖成败的最后一个重要环节，需要注意以下几个方面的问题。

(1) 保持微繁殖苗水分平衡

在试管或培养瓶内高湿环境中生长的幼苗，其茎叶表面的角质层欠发育或没有发育，根系也不是很发达，这使它们在移栽到瓶外环境时，保持自身的水分平衡变得十分重要。因此，通过喷雾、淋水、覆盖塑料薄膜或玻璃罩等不同方法，增加幼苗生长环境中的空气湿度，减少蒸腾，保持幼苗的水分平衡，是驯化移植首先要解决的问题。

(2) 合理选择栽培基质

栽培基质完全不同于培养基，主要要求疏松通气并有很好的保水性，同时容易灭菌处理，常用的有蛭石、珍珠岩、河沙、泥炭等。在实际使用中，往往为了满足不同植物生长的需要，把不同的基质按一定比例混合成混合基质（具体配方需经过试验研究确定）后，经过灭菌、消毒后才能使用。

(3) 防病菌滋生

微繁殖苗从原来无菌环境中移植到有菌环境后，由于其抗病及适应能力弱，加之出苗时可能附着培养基等，使其容易滋生病菌，导致死亡。因此，在移植时清洗干净培养基，用一定浓度的杀菌剂（如百菌清、多菌灵等）处理，并尽量防止损伤幼株，可减少与防止污染，有效提高成活率。

(4) 适宜的光照与温度条件

微繁殖苗移植后，需完成从原来从培养基吸收营养的异养生长变为自己进行光合作用的自养生长，因此，光照对于生长是必需的。但是，由于幼苗的适应性较差，光照最好为漫射光，并能够随着幼苗生长的强弱以及植物的喜光或耐阴的习性进行调

图 10-14 组培苗的包装与装箱销售
A. 商品穴盘苗用多层推车从温室中运到包装车间　B. 商品组培苗装箱　C. 包装好待运走的商品种苗，包装箱上印有公司商标、种苗名称与数量以及注意事项等，运输要使用冷藏车（美国俄勒冈州 North American Plants 组培苗圃）

节，一般在 1500~4000lx 之间，甚至 10 000lx，同样，利用良好的温室设施配合适宜的移植季节，为微繁殖苗提供适宜的温度条件，是促进其健壮生长的重要因素之一。对大多数园林植物来说，温度以 25℃ 左右较为适宜。控制温度时还涉及水分平衡、病菌滋生等问题，要与其他措施结合综合考虑。

　　微繁殖苗的驯化与移植以及进一步培养，都是在设施条件下进行的，一般是先培养为健壮的穴盘苗或容器苗移植后，便可作为商品组培苗出圃、销售（图 10-14），进一步由其他苗圃培育为大规格容器苗或裸根苗。因此，园林苗木的微繁殖，就是在离体条件下从很小的外植体开始，到穴盘或露地栽培的生根苗成活结束，由无菌培养建立（阶段Ⅰ）、增殖（阶段Ⅱ）、生根（阶段Ⅲ）与驯化和移植（阶段Ⅳ）4 个不同阶段构成的一种现代化的营养繁殖苗木的技术体系。一个商业化组培实验室，即组培苗苗圃，都具备完成一个完整的微繁殖周期的设备与设施条件（图 10-15）。由于繁殖苗木种类（种或品种）不同，从外植体采取到生根苗移植的技术细节有可能存在巨大差别，表 10-3 提供了 2 种园林苗木微繁殖技术的要点，供参考。

表10-3　两种园林苗木繁殖技术及其程序介绍（Kester 等，2002）

	甜樱桃（*Prunus*）：代表有时很难繁殖的木本植物	杜鹃花（*Rhododendren*）：代表用微繁殖技术规模化商业生产的木本观赏植物
阶段Ⅰ： 无菌培养建立	春季采集 7~10cm 的茎段，用 10% 的漂白粉溶液冲洗 10min，流水冲洗 2min。10%~20% 漂白粉溶液消毒 20min，无菌水冲洗 3 次。在节上方与下方切下茎段，垂直接种到琼脂培养基上。培养基为 1/2 MS 加 0.5~1.0 mg/L BA	在 10%~20% 漂白粉溶液中冲洗 5cm 长的茎尖，剪去叶片与顶芽；在 70% 乙醇中浸蘸 10s，然后在 10% 漂白液中浸泡 20min。从基部剪去 1cm，留下 2~4cm 长的外植体，水平放置在琼脂斜面上。典型的程序包括：Anderon 培养基加 2-iP（5.0mg/L）、IAA（1.0 mg/L）和 adenine 80 mg/L；每两周转接到新的培养基上，直到开始生长；然后每 5 周转接一次，直到茎端（芽）发育良好时才继代培养
阶段Ⅱ： 增殖	把 1 或 2 个节的微茎段放在含有 BA（0.5~2.5mg/L）和 IBA（0.01mg/L）的 1/2 MS 培养基上培养，每 6~8 周继代一次	在含有 2-iP 的 Anderson 培养基上继代培养单芽
阶段Ⅲ： 生根	在含有 0.2mg/L IBA，没有细胞分裂素的 1/2 MS 培养基上生根	微插穗在含有 2~7 mg/L IBA 并添加了活性炭的 1/2 MS 培养基上离体生根，或在用 IBA 处理后在泥炭：珍珠岩的基质中扦插生根
阶段Ⅳ： 驯化移植	当根发育良好时，移入温室盆栽基质在高湿环境下栽培，然后逐渐减小湿度，使其驯化、适应	在幼苗具有良好根系时降低湿度

图 10-15　商业化微繁殖实验室（组培苗苗圃）（Beyl 与 Trigiano，2008）
A. 接种室的超净工作台是维持无菌操作必需的设施　B. 准备室具备进行培养基消毒灭菌的条件　C. 木本材料培养室要培养与维持培养物在遗传上的一致稳定　D. 生产性培养是在人工控制光照与温度的条件下完成
E. 阶段Ⅱ或阶段Ⅲ未生根或已生根的微插穗或微茎段，在移入温室生长前先移栽到穴盘的基质中　F. 自动移植设备常常用来移植组培苗，以提高移栽效率、降低人工成本　G. 阶段Ⅵ的组培苗在大型智能温室中驯化栽培
H. 已近驯化完成可进行市场销售的组培苗

复习思考题

1. 名词解释：微繁殖，组织培养，外植体，离体繁殖，细胞全能性，分化，脱分化，再分化，组培苗，微插穗，超净工作台，基本培养基，茎尖培养，茎段培养，继代培养，组培苗苗圃。
2. 简述植物组织培养技术的早期奠基以及作为微繁殖技术的发展与应用。
3. 为什么说植物细胞全能性学说奠定了植物组织培养的理论基础？
4. 简述植物组织培养的类型和微繁殖的主要方法与途径。
5. 为什么说微繁殖是一种营养繁殖方式？试述其技术特点与应用。
6. 设计一个小型植物微繁殖(组培)实验室，具体说明基本设施与设备要求，并从网上查找资料，做出初步的投资预算。
7. 一个完善的培养基至少应包括哪些主要成分？了解 MS、WPM 与 White 等常用培养基的主要特点。
8. 简述培养基配制的过程及注意事项，并说明常用的几种植物生长调节物质(PGRs)是如何添加到培养基中的。
9. 一个完整的微繁殖技术流程包括哪些阶段？分述每个阶段的主要内容与技术要领。
10. 组织培养驯化移栽过程中应注意哪些问题？
11. 建立一个商业组培实验室即组培苗苗圃，应该注意哪些问题？需要具备哪些条件？
12. 分析微繁殖技术在我国园林苗木生产中应用中存在的问题与发展前景。

第 11 章
园林苗木的容器育苗与栽培

【本章提要】利用容器育苗与栽培技术进行容器苗生产,是苗木生产方式的一种改变,引起了苗圃建设、苗木生产与苗圃经营等一系列相关观念与技术的重大变革。本章在介绍容器苗生产技术发展的历史、现状与趋势以及容器苗特点的基础上,系统论述了容器苗苗圃的圃地选择与区划、容器育苗与栽培的生产资料与辅助设施、容器育苗技术、容器栽培技术以及容器苗规格及销售等内容。

利用各种容器装入营养土或培养基质,采用播种、扦插或移植幼苗等方式,通过水肥管理等措施培育苗木,称为容器育苗。通过容器育苗,即使用育苗容器繁殖培育而成的苗木,统称为容器苗(container plants)。事实上,由于所谓的育苗容器在材料、性状、结构与规格等方面的差异与多样化,因此有各种各样的育苗形式,如穴盘育苗、营养杯育苗、网袋育苗等,它们在育苗技术上有时表现出巨大的差异,但习惯上统称为容器育苗。作为园林苗圃苗木生产的一种工艺或技术体系(nursery production system),容器育苗生产过程,可以显著地分为繁殖(propagation)、容器育苗(liner production)与容器栽培(container production)等连续的生产栽培阶段(图 11-1)。繁殖就是利用播种、扦插、嫁接以及组织培养等繁殖手段,获得大量的可供继续培养的种源;然后将其移入各种容器中培育成方便移动与移植的穴盘苗(liner),即容器育苗;

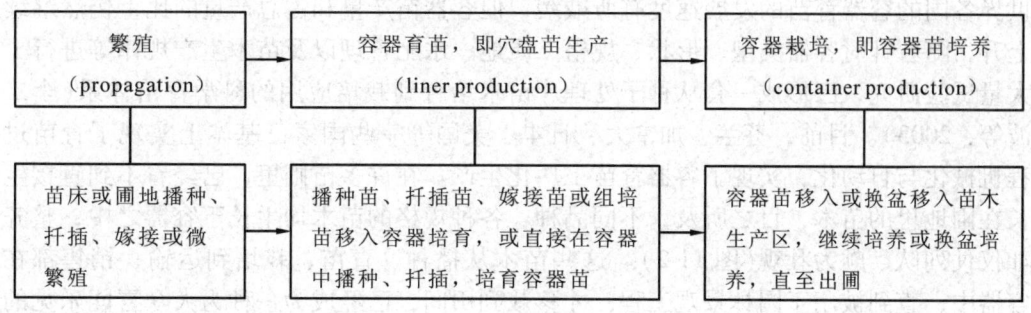

图 11-1 园林苗圃容器苗生产体系(Kester 等,2002,有改动)

包括繁殖、容器育苗与容器栽培 3 个步骤,有时繁殖与容器育苗合并成一步完成;与林业容器苗不同的是,园林容器苗一般要经过容器栽培即容器大苗培养后,才能出圃

最后，把穴盘苗移入大规格容器中继续养护栽培，生产出可用于园林绿化的容器苗，即容器栽培。在这样的生产技术体系中，有时繁殖与容器育苗是合并在一起进行的，即在育苗容器中直接进行各种繁殖，直接培育穴盘苗。在林业苗圃中，在完成容器育苗的阶段后，各种容器苗即被应用于造林，成为苗圃生产的最终产品；而在园林苗圃中，利用容器大规模繁殖出来的容器苗，还必须经过换盆或移植，在较大规格的容器内或大田中继续培养，才能最终生长为符合出圃要求的苗木产品。这样就构成了园林苗圃与林业苗圃不同的容器苗生产体系，但显然二者并没有本质上的不同，只不过由于对苗圃最终产品的要求不同，即园林容器苗的生产，在容器育苗的基础上还有一个容器栽培即容器大苗培育的过程。

与传统的大田地栽育苗(field production)相比，容器育苗与容器栽培技术是一种生产栽培方式的改变(图11-2)，它引起了与此相关的苗圃建设、苗木生产、管理技术、应用手段、经营观念等的重大变革。容器苗便于集约化管理、机械化作业，便于销售和运输，体现了更为商业化的经营观念，是苗木产业现代化的产物。在全球苗木产业迅速发展的新形势下，容器育苗与栽培技术的种种优点，使其成为苗木生产发展的主要趋势之一。目前，容器苗生产在发达国家应用十分广泛，在我国园林绿化建设中也开始崭露头角，相信会得到越来越迅速的发展。

11.1 容器育苗发展历史与现状

11.1.1 国外容器育苗发展简史

容器育苗是在20世纪50年代中期以后，首先在瑞典、芬兰、丹麦、挪威等北欧国家林业苗圃中发展起来的，60~70年代以来，随育苗容器生产工业化、容器育苗工厂化、容器苗造林机械化的新技术推广，在不同国家得到了高速发展。例如，1974—1979年间，瑞典的容器苗产量已从占全国苗木产量的40%升至59%，加拿大由24%上升至36.6%，巴西、泰国、尼日利亚已上升至70%~92%。瑞典1987年全年产苗量的80%为容器苗；芬兰1985年容器苗已占全年产苗量的50%；南非1986年占全年产苗量的90%；巴西容器苗占全年总产苗量的90%。20世纪90年代以来，世界各国的容器育苗的发展速度有所减缓，但容器苗产量和占总产量的比重仍然继续上升，随着针对容器类型、形状、规格、质地、水肥管理以及苗木生产规律等进行了大量试验研究，已形成一套从种子处理、苗木培育到栽培应用的科学育苗体系(李二波等，2003)。目前，芬兰、加拿大、日本、美国等一些国家已基本上实现了育苗过程机械化与自动化，实现了容器育苗工厂化生产。在许多苗圃里，已经看不到直接生长在圃地里的苗木，目之所及，不同品种、各种规格的苗木均生长于容器之中，整齐如仪仗列队，颇为壮观(图11-2)。这些苗木从播种、育苗、栽培到运输、销售都在容器中，直到被用于园林景观工程，才移栽到田间，已经成为一种为大众喜闻乐见的园艺商品。

图 11-2　美国俄勒冈州容器栽培

A. 容器苗置于地表，苗行间通道可容许管理机械通过；苗区周围架设立柱，苗木间横向用铁丝等固定，以防倒伏　B. 容器苗部分置于地下，周围设立柱，并用铁丝或绳索固定苗木，使抗风灾倒伏能力增强　C. 容器苗置于地表，无任何固定，可根据生长情况随时调整株行距　D. 容器苗按品种与规格摆放，注意苗木标签不可缺少

11.1.2　国内容器育苗发展简史

我国早在古代就开始利用花盆(即容器)培育木本观赏植物,因此,从某种意义上而言,我国容器栽培有着十分悠久的历史。但是,把容器栽培作为一种苗木的生产方式,大规模用于苗木生产,在我国是从 20 世纪造林育苗开始的。20 世纪 30 年代,广西大青山一带有人将已抽台的马尾松苗床苗在起苗时用手将苗根抓成土团上山造林,结果比不带土的裸根苗造林成活率高得多。从而得到启发,接着制作土团点播马尾松种子,培育百日苗上山造林,这是最早最简单的营养杯苗造林。到 20 世纪 50 年代,我国开始进行容器苗生产,但发展较缓慢。直到 80 年代后期,容器育苗的技术才得以不断改进和提高,研制和使用了多种类型的育苗容器,基质配制和培育容器苗技术也逐步趋于完善,容器苗生产在有些地区和特定树种已占相当比重,并逐年增加。有关单位根据我国的特点,学习国外先进经验,先后研制出蜂窝纸杯、横格式蜂窝纸容器和隔膜式纸容器、聚苯乙烯泡沫塑料盘、组装式水滴形硬塑料育苗盘、草炭杯、筒式蜂窝纸容器、塑料薄膜育苗容器、牛粪杯、塑料卷容器等容器。同时,广西、山西和吉林等地的林业科研部门研制出容器育苗装播作业生产线,使容器育苗的技术水平得到了大幅提升。随着我国塑料工业发展,方便且效果很好的塑料薄膜袋育苗得到了迅速应用。近十多年来,以农林废弃物为主要原料的轻基质网袋容器育苗技术(张建国等,2007),在林业与园林苗木培育中得到了广泛推广与应用。

11.1.3　容器育苗技术的发展历程

容器育苗生产技术的发展,大致经历了大田容器育苗、大棚容器育苗和容器苗工厂化生产 3 个阶段(李二波等,2003),其生产主要以造林苗圃培育为主线,并越来越多地应用于园林苗木生产中。大田容器育苗阶段是容器苗生产技术的最初阶段,主要研究育苗容器类型、规格、育苗基质配方与施肥方法等。采用某种容器手工填充基质,将种子点播或培育幼苗移植于容器,并在露天苗床陈列,在自然条件下培育,适当地加以遮阴及施肥管理,进行除草、松土、间苗与补苗,其栽培管理比大田裸根苗精细。大棚容器育苗(包括温室容器育苗)阶段是容器育苗技术的发展阶段,主要是研究探索容器育苗各个环节的关键技术及设计、建立大型钢架式或混凝土结构的塑料大棚与玻璃温室,常年作业,辅以温度、湿度与光照调节,使容器育苗技术发展成为一种完善的苗木生产技术体系,奠定了工厂化发展的基础。容器苗工厂化生产阶段是容器育苗技术发展的最高级阶段,是将现代的环境调控技术与一定的育苗工艺流程结合,建立育苗工厂,分别在不同育苗车间完成育苗流程中的不同环节,进行工厂化、规模化培育苗木。工厂化容器育苗是苗木生产集约化经营的一种新发展,也是各国容器育苗的发展方向。目前,我国容器育苗主要以露地大田容器育苗和塑料大棚容器育苗为主,部分花卉、蔬菜种苗及林木种苗示范基地实现了温室容器育苗和育苗作业工厂化。但是,机械化设备至今没有形成规模化和商品化生产,从而限制了我国容器苗的机械化和自动化,很多地方的容器育苗生产还停留在手工作业上。近 20 年来,随着我国苗木产业的快速发展，容器育苗从造林开始向园林苗木生产转移，逐渐在园林苗木生产中显现出强劲发展的势头。

11.2 容器苗栽培管理的特点

容器苗与地栽苗的培育是两种完全不同的方式。容器苗是在容器中装入各种人工配制的基质进行栽培，其生长整齐一致，且可随时移动，可以一年四季用于园林绿化，而不影响成活与生长，绿化及形成的景观效果好；但是，对苗木生产而言，容器育苗又有投资成本高、技术与管理要求高等特点，成为其发展的限制因素。但作为一种先进的现代苗木生产技术，与传统的地栽大田育苗相比，容器育苗有着明显的优越性。

①容器苗的根系发育良好，移植时不伤根，减少了苗木因起苗、运输、假植等作业对根系的损伤和水分的损失，不仅终年可以随时移栽，而且即使在高温、干旱季节移栽也不会影响成活率与正常生长，从而提高苗木的移栽成活率。而地栽苗起苗时，苗木仅带有全部根系的5%~20%，大部分根系留在田间，苗木根系损伤严重，致使移植成活率较低。

②容器育苗可提早播种，延长苗木生长期，有利于培育壮苗。同时，容器育苗所用的培养基质经过认真选择和人工配制，基质中具有按某一特定树种需要而配制的营养物质供苗木生长，而且有良好的保水、通气性能，水肥管理精细，苗木生长迅速。容器育苗和保护地育苗设施结合，可以满足苗木对温度、湿度、光照的要求，有利于苗木的迅速生长，使育苗周期大为缩短。有关试验观察表明，容器苗培育周期比裸根苗培育周期缩短1/2。

③容器育苗与容器栽培对圃地的土壤要求不太严格，不必进行大面积的土壤改良，只需考虑充填容器的材料，因此，不需占用肥力较好的土地，节约土地。同时，容器苗的种植密度高，土地空间闲置率低，单位面积苗木产量明显较地栽苗高。

④容器育苗所用的种子，一般都经过检验、精选和消毒，品质较高，经过浸种、催芽、露白之后，手工点播的种子，每个容器只需播1粒种子；不催芽的种子，机械播种或手工播种，则每个容器播2~3粒种子。因此，容器育苗节约种子，降低育苗成本。

⑤容器育苗的全过程，从容器制作、培养基质调配、装填基质、播种、覆土、传送到在温室或大棚内培育苗木，都可以实现机械化和自动化，有利于实现育苗标准化与工厂化，减轻劳动强度，提高生产效率。培育的容器苗生长整齐，合格率高，有利于园林应用与市场销售。

尽管容器育苗有许多优点，但从不同国家和地区发展容器苗的过程可以发现，容器苗存在比地栽裸根苗成本高出30%~70%，运输费用高出2倍左右，以及容器育苗技术比较复杂而不容易普及三大问题。但从苗圃经营发展目标而言，这些问题可以通过科学管理和有效经营予以克服，重要的是在决定进行容器苗生产之前，要对容器苗及其容器苗苗圃的特点及栽培管理要求有全面的认识（表11-1）。

表 11-1　容器苗与地栽苗生产管理的特点及比较

比较项目	容器苗与容器栽培苗圃	地栽苗与地栽苗圃
占地与土质要求	种植密度高，土地闲置率低，利用率高，占地较少；使用栽培基质种植，圃地土质无关紧要	种植密度低，土地利用率不高，占地较大；土壤理化性质与肥力非常重要
启动资金需求	土地投入少，但设施设备投入巨大，土壤无需改造。总体资金投入较大	土地投入较多（有时需要土壤改良），设备费用因机械化程度不同而差异很大
水肥管理与水质要求	必须日常浇灌，高峰月份需水大；需要经常追肥，劳动强度较大。水质一定要好	喷灌次数根据土壤墒情与季节而定，水肥管理简便。需水量大，但对水质要求相对较低
劳动力与季节性活动	周年生产、管理，需要人工稳定，相对较少	周期性起苗、移栽、修剪等生产活动需要人工较多，尤其是季节性用工需求大
生产效益	亩产苗木较多，价格较高，生产周期较短，生产效益高	亩产苗木少，价格较低，生产周期较长，生产效益低
生产成本	生产区域建设、容器、基质、水肥及人工投资较大	整地、人工和苗木维持费用较低
管理强度	需要日常浇水、除草、病虫害防治和温度控制	需要较少的肥水管理和中耕除草
苗木的类型和大小	生产小型灌木、草本或宿根花卉效率高；生产大型苗木需及时更换较大容器进行栽培	可生产较大规格的乔木，起挖后可以短期在苗圃内留存
生长区维护	需要经常整理苗床用地，如给排水、用碎石或塑料覆盖苗床	很少需要，除非带土球苗木起挖后需要整地或换土
除草	栽培基质和浇水可传播杂草，因苗木密集除草较为困难，可人工除草和化学除草相结合	机械除草、耕作或人工除草，辅之以化学除草
病虫害防治	苗木密度大，通风不良，增加了病虫害防治的难度	病虫害一般较少，大树需特殊设备喷施杀虫剂和杀菌剂
越夏与越冬管理	苗木根系区域温度控制较难，夏季需增加喷灌降温或遮阴设施；冬季宜集中苗木，覆盖保温材料，或移入温室内越冬	苗木耐热调节能力强，通过喷灌避免干旱，降低高温胁迫，管理简单。一般越冬很少防护
起苗、出圃与销售	不受季节限制，可周年栽植，随时运输，不影响苗木的外形与成活	季节性强；带土球或裸根起苗，起苗和包扎的质量与苗木成活直接相关
设施与设备	对设施与设备要求较高，高效率生产需要有基质混合机械、装盆机械、容器及基质运输机械等设备	要求不高，但随着劳动力成本的提高，配置各种起苗设备和灌溉设备等，可显著提高育苗效率与效益

11.3　容器育苗与栽培苗圃的规划设计

　　设计与建设一个设施与功能齐全、生产区配置合理的容器栽培苗圃，是实现科学管理与提高生产效率及效益的基础。由于容器苗生产是完全不同于地栽苗的一种生产方式，因此其设计、建设的内容和要求也与地栽苗圃不同，下面主要从圃地选择与功能区区划2个方面予以阐述。

11.3.1 圃地选择

(1) 水源

容器栽培苗圃最好选择在有缓坡、排水良好的地方，同时具有充足的水源，以保证生产用水。在美国，一般容器栽培苗圃的用水量为每天 0.25~0.5cm（1cm 深的水，每平方米大约为 10L），可作为国内苗圃参考的标准。另外，水质直接影响苗木的生长，而改良水质的投资成本很大，因此，在建立苗圃之时，选择合适的水源、水质对苗圃生产与经营十分重要。水中盐含量过高会使苗木生长缓慢，并引发其他营养成分缺乏，甚至导致植株死亡。一般认为水源的含盐量应小于 535 $\mu L/L$，此外，还要注意其他元素如硼、钠含量是否过高等，pH 值以微酸性为佳。

(2) 环境因素

在影响容器苗生产的环境因素中，除了要避免苗圃设在温度过低的地区外，风是一个很重要的考虑因素。在夏季，风可以去热降温，增加二氧化碳的流动，但是会造成失水过多，增加冬季冻害，传播病虫害，增加水土流失，改变喷水规律，传送灰尘与污染物等。因此，容器苗繁殖区应避免直接风吹，或可用挡风墙、植物或建筑物来遮风。

(3) 土壤

由于容器苗是使用栽培基质生产，因此，容器栽培苗圃建设可不考虑圃地的土壤，可充分利用废弃地甚至不适宜地栽种植的地块。虽然对土壤肥力和质地要求不高，但要避免选用有病虫害的土地。

(4) 其他因素

交通、水、电与通信要基本满足建圃的需要。由于运输方便在容器苗圃经营中扮演着很重要的角色，因此，苗圃地点要离目标市场尽量近些，尤其是把目标客户定位为零售客户类型时。但就国内目前状况而言，就近销售的比例不会占到很大，只要保证交通畅通，苗圃离市场的距离并不是重要制约因素。另外，由于各地产业发展的规划不同，政府支持苗木产业发展的政策因地而异，在选择圃地时，了解当地政府的政策是不得不做的功课。

此外，与其他苗圃较近虽然会增加竞争，但客源会较多。因为苗圃相对集中时，客户可以在不同的苗圃选择自己需要的苗木产品。距离近的苗圃，在苗木品种结构与类型上，要相互补充、各有特色，切忌完全雷同，避免恶性竞争。苗圃距离较远时，可以减少竞争，但客源会相对减少。这对生产大量苗木种类的大型苗圃来说没有太大影响，但对产品种类少的苗圃来说，最好还是"抱团"发展。我国一些地方逐渐形成集中的苗圃产区，对当地中小苗圃苗木销售有非常积极的促进作用。

11.3.2 功能区规划设计

对容器栽培苗圃进行科学、合理的功能区配置，要考虑生产管理技术实施的便利与提高工作效率，节省空间、水及农药，缩短生产时间，移动植物、农机件方便，并尽量减少移动的距离，能高度利用地块的特性，把相同工作性质的地区结合好，设计灵活，使高新科技容易应用到苗圃生产与销售中。

一个典型的园林容器栽培苗圃，不论大小与规模，可划分为生产区与非生产区两大功能区，具体可进一步划分为以下不同的基本区域：容器苗木生长区，即苗木栽培区，是培育苗木及容器栽培的主要作业区，占地面积大，可按不同的苗木种类与规格要求设置，包括大苗培养区；育苗温室，即容器苗繁育区，主要在温室或设施条件较好的大棚内，要求环境条件如温度、湿度与光照等可人工调节，可满足穴盘播种、扦插或嫁接苗等规模化繁殖育苗的需要，可保障容器苗生产过程中容器育苗的完成；遮阳网区，即炼苗过渡区，是温室中繁育的苗木进入生长区之前的过渡区，主要是为了让苗木逐渐适应自然环境，尤其是光照；道路与排水道；排水区；水源区；基质准备区；苗木集结区；办公停车区。其各区配置的比例可参照表11-2，具体在设计建设时要因地制宜，充分考虑各种生产与经营条件，做出必要的调整。图11-3是一个美国大型容器苗圃的规划示意，可以反映出容器苗圃区划的基本特征。在我国现有条件下，育苗区常常并不是必须建成温室栽培区，而是在生产管理条件优越的露天圃地中，规划出播种苗生产区与扦插苗生产区，两部分的面积可视育苗情况而定，多数情况下播种苗区较大，扦插苗区较小，但也有全部是扦插苗区的（如一些与容器育苗结合的全光喷雾扦插苗床）。

表11-2　容器栽培苗圃功能区区划比例（占圃地总面积的百分比）（江胜德等，2004）

生产区 82.5%	容器苗生长区 65%	非生产区 17.5%	办公室、停车场 2.5%
	容器苗繁殖区（温室）2.5%		储藏区、工具房 5.0%
	炼苗过渡区（遮阳网）7.5%		栽培基质储藏与准备区 2.5%
	道路与排灌水系统 7.5%		苗木集结与运输区 5.0%
			其他边缘区 2.5%

除了苗圃的大小、规模、地势、地形与设施建设等生产条件外，经营方式及目标客户的类型，也必须在苗木设计与建设中考虑。如容器苗的客户一般为园林工程公司、零售客户和批发客户3种类型，工程公司又有自己取货或要求送货上门2种情况，对此宜安排好运输和送取货的时间等，因此，要有灵活的苗木集结场所；接待零售客户较为麻烦，需要较大的停车场以及漂亮的苗木展示区，但它带来的每株植物的利润较高；对于批发客户，一般由苗圃送货上门，因此，对取货、集结、运输设备、运送路程等要有很好的规划。

以零售为主的容器栽培苗圃，在设计与建设中要更加重视景观与商业设施，为吸引顾客、方便营销服务。苗圃设计的关键元素是景观、给排水、设施与生产区（Mason，2004）：①景观（landscaping），着重是烘托苗圃的氛围，也是宣传苗木的一种有用途径，因此非常值得重视。②良好的给排水系统（drainage）是苗圃必需的组成要素，尤其是良好的排水可为前来购苗的客户以及工作人员创造良好的环境，避免道路湿滑等带来麻烦以及积水等引起病虫害滋生与传播。③设施（facilities），包括办公区，位

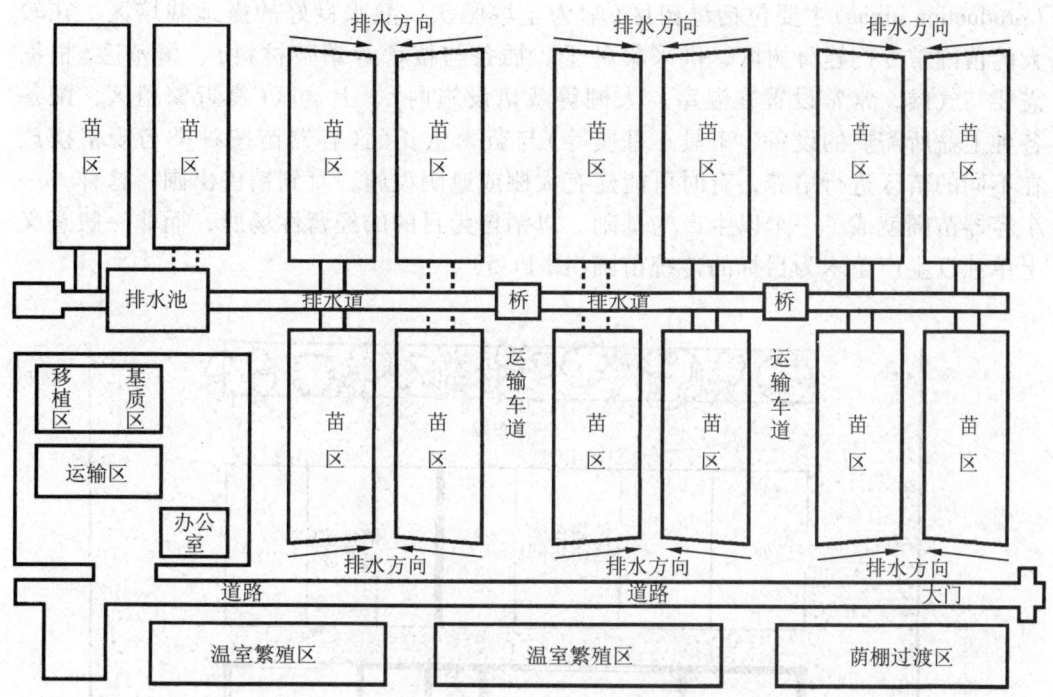

图 11-3　美国 Flowerwood Nursery 大型容器栽培苗圃（120hm²）规划示意图（江胜德等，2004）

于苗圃中央，负责管理生产、销售、接收与发送苗木等；环路与停车区应方便停放车辆，这对零售苗圃尤为重要，应设置清晰的车行指示牌，标明停车位，装卸苗木的车辆需要较大的回旋空间以及方便装卸的码头，换盆栽培、接货发货等均需要畅通的道路保障；职工设施，如停车场、餐厅、厕所等，这些应该与公共区明确分开；公共区主要包括销售区、展示园与厕所等，现在越来越多的零售苗圃，除了苗木外，还准备了肥料、容器等其他相关园艺资材商品，以及平板推车、轮椅、婴儿车等，建有咖啡屋（图 11-4）、厕所、儿童游玩区、坐凳、工艺品与园林展示等，最大限度地满足和方便顾客的需要；设备保存与库房区，各种生产设备与工具要保存在方便生产的地方，各种化学药品要辟专区专门存放，以保证按劳保条例安全使用。④生产区

图 11-4　苗圃咖啡屋（Mason，2004）

为顾客提供了观赏植物苗木、景观以及放松心情的地方，是整个苗圃经营体系中的一环

(production areas)主要包括母树区(常为土壤肥沃、灌水良好的露地栽培区,在较大的苗圃常专门建母树区,供采集种子、插条与接穗等繁殖材料)、繁殖区(根据需要与气候,常常设置在温室、大棚等栽培设施内)、上盆区(靠近繁殖区,配备各种上盆所需要的设备、工具、基质等)与苗木生长区(容器苗按种类与规格摆放在不同的苗区进行培养,有时可能建有大棚或遮阴设施,直到销售出圃。这样,一个容器苗圃就成了一个以生产为基础、以销售为目的的经营性场所,而非一般意义上单独以生产苗木为目标的传统苗圃(图 11-5)。

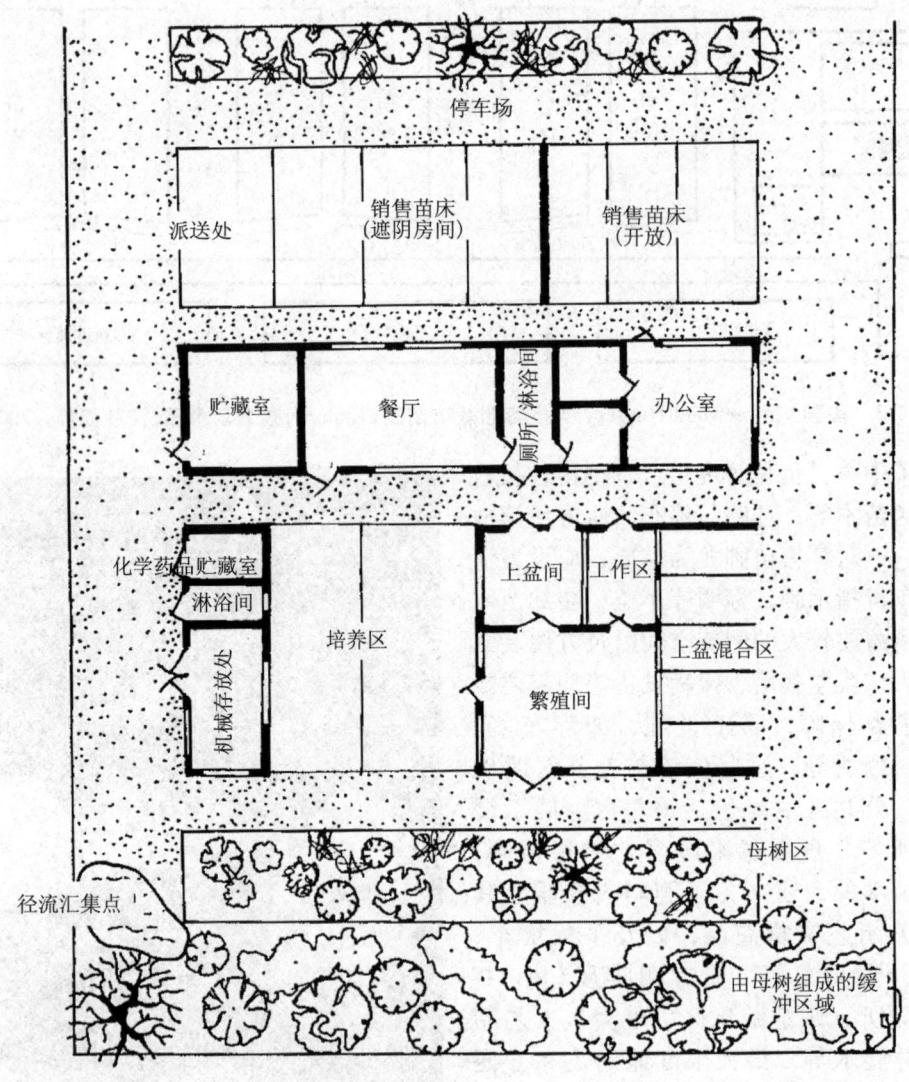

图 11-5　一个销售普通容器苗的苗圃规划设计(Mason,2004)

11.4 容器育苗与栽培的生产资材与设施

11.4.1 容器

育苗容器(seedling container)是指装填育苗基质培育容器苗的各种器具,可以使用不同的材料制成,具有各种不同的形状与规格,是容器育苗的基本生产资料与核心技术之一。

11.4.1.1 容器的类型

育苗容器的选择在国内外都经历了一个从简单到完善、从小容器到大容器,容器材料由硬质到软质的过程。国外使用的育苗容器,最早是装奶粉的旧铁皮罐,后来基本上都采用塑料制的硬质容器,也就是现在的加仑盆。在大规格的苗木生产上,采用美植袋、木箱等容器。容器的需求量非常大,既有通用型的容器,也有一些企业采用加印自己品牌的定制容器。国内目前多采用寿命短的营养钵,较大规格的容器苗则采用加仑盆或者美植袋,也有采用控根容器的。育苗容器根据其划分的标准不同而有不同的类型。

(1)根据栽植特点划分

根据栽植使用的特点不同,容器可分为两类(图11-6)。一是可回收循环使用的容器,它们栽植时必须将苗木从容器中取出,能多次反复使用。主要以多孔聚苯乙烯

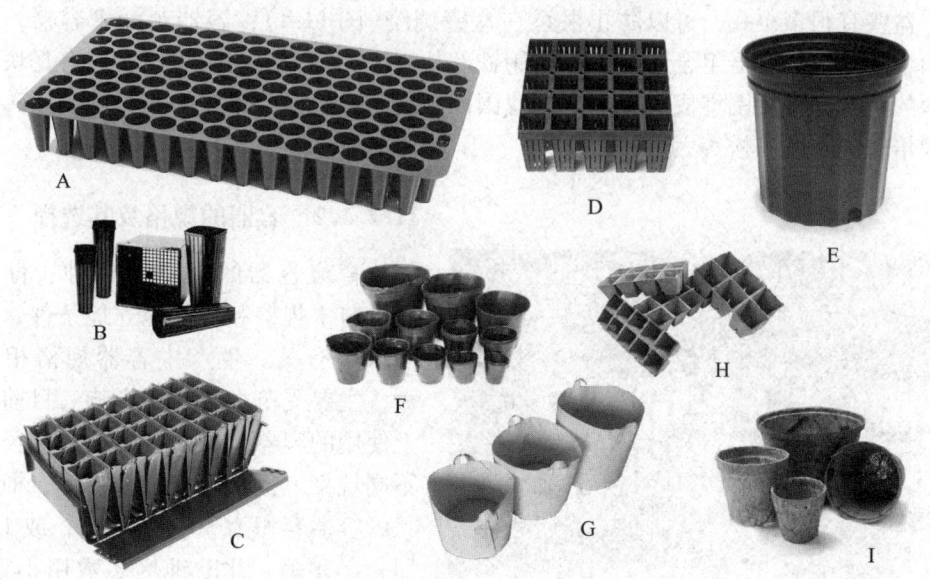

图 11-6 几种常用的育苗容器

A~G. 不可降解但可回收利用的塑料制容器,其中 A~D 为各种结构与用途的穴盘,E 为硬质塑料独立容器,F 为软质塑料独立容器,G 为无纺布软质育苗袋,H、I 为用可降解的纤维材料制作的容器

泡沫塑料营养杯、多孔硬质聚苯乙烯营养杯及其他用聚苯乙烯、聚乙烯、木材、竹类、陶瓷、金属等制成的硬质容器。二是不可回收的一次性容器,它们是用有机材料、自然纤维、土壤等材料制成的,在土中可被水、植物根系分解或被微生物分解,栽植时不需取出苗木,一次性使用。如泥炭容器、黏土营养杯、蜂窝式纸杯、细毡纸营养杯、纸质容器,采用牛粪、锯末、黄泥土或草浆制作的容器,也包括采用蜂窝状地膜制成的容器。

(2) 根据容器形状划分

生产中一般根据容器材料特点、育苗目的和要求来选择容器形状。容器的形状多种多样,有圆柱形、圆锥形、圆台状、杯状、方形、六角形、四棱柱形、六棱柱形、袋状、网状、块状以及蜂窝塑料薄膜容器和无浆砖砌圆圈式容器等。

(3) 根据制作容器的材料与生产阶段和用途划分

目前生产上使用的容器,主要由以下材料构成:软塑料、硬塑料、纸浆、合成纤维、泥炭、黏土、特制纸、厚纸板、无纺布、木板、竹篾、陶瓷、混凝土等。如果按照生产阶段和用途划分,一般可分为育苗用容器、周转用容器、成品苗容器、大苗容器、水培用容器、盆栽式容器等。

(4) 其他类型的容器

由于不同的容器对苗木生产的影响不同,为满足不同栽培条件下特殊育苗要求,不断研制与使用了各种新型的容器类型。如盆套盆系统(pot-in-pot, PIP)(图11-7),把种植有苗木的容器放置于田间的固定容器(holder pot)中栽培,结合了田间露地栽培和容器栽培两种栽培模式的优点,防风、防冻,在较寒冷地区效果良好;控根容器,盆壁有很多小孔,可以防止根系在盆壁缠绕(图11-8);容器苗涵管容器,一般由两个半圆形的容器组合而成,外面用铁丝扎起来,销售时起苗方便;还有瓦块油毡围堰的容器和砖块围堆成的容器,在我国江浙与华南地区,常见一些苗圃使用砖砌容器栽培桂花、罗汉松等大苗(图11-9)。

11.4.1.2 容器的规格及其选择

育苗容器的规格与树种、育苗期限、苗木规格和育苗地立地条件、市场需求等有关。生产中容器规格相差很大,主要受苗木大小的影响。目前生产上使用的容器,可以按容积和直径分成不同规格。例如,盆、杯、钵、桶等形状的容器容积为 30~100cm^3,或 1~50加仑。北美、北欧地区多数用小型的,直径 2~3cm,高 9~20cm,容积 40~50cm^3。在亚热带、热带,苗木较大,容器也较大,容积可达 100cm^3。塑料

图 11-7　苗木的盆套盆栽培

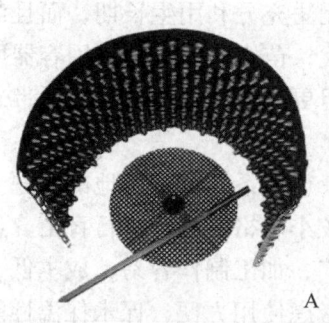 

图 11-8　控根容器——由底、围边和插杆 3 个部件组成，其围边凸凹相间，外测顶端有小孔，既扩大围面积，又为侧根"气剪"提供了条件
　A. 组装前控根容器的底、围边和插杆　B. 栽培使用中的控根容器

图 11-9　园林大苗的砖砌容器栽培
　A. 桂花（浙江金华）　B. 罗汉松（广州陈村）

容器的容积一般在 7 加仑以内，国外的花灌木容器规格一般是 3 加仑，而美植袋、木箱的容积可达 100 加仑以上。另外，按直径大小划分容器规格，也在生产中经常使用，又如无纺布美植袋容器的规格直径分 25cm、30cm、35cm、40cm、45cm、53cm、60cm、80cm 等。在我国华南沿海地区松类、桉树类一般为直径 5～6cm，高 10～12cm；西北地区油松、侧柏等针叶树容器育苗一般选用直径 4～5cm，高 12～15cm 的容器；阔叶树容器育苗一般选用直径 10cm 以上、高 20cm 以上的容器。总之，根据种植品种和育苗规格的不同，容器直径从 3cm～1m 均有使用。

容器对苗木生长的影响，主要体现在对根系的抑制作用上，即苗木根系会由于容器的限制而出现"窝根"或生长不良现象。为了避免根系生长受容器大小的限制，应该适时地将容器苗移栽到较大的容器之中。但是，移栽不仅需要耗费大量劳动力，而且时间较难把握，实施不及时会使其在移栽后出现缓苗期。容器的大小会影响苗木在确定的时间内所能达到的规格和质量。如果容器太小，苗木在生长季末会出现根系生长受阻现象，严重时甚至停止生长，结果不仅无法充分利用生长期，而且苗木在规格与质量方面也无法完全发挥潜力；如果容器太大，苗木不能充分利用容器所提供的空间和生长基质，虽然提高了苗木的观赏价值，但更会提高生产费用，所带来的回报不及耗费，是生产中应该避免的。

容器的规格影响到单位面积的产量及质量，也关系到节约用地的问题。在保证苗木质量和移植成活率的前提下，应尽可能采用较小规格的容器进行育苗。选用容器应本着经济、适用的原则，即选择制作材料来源广，加工制作容易，成本低，并经过生产实践证明有利于苗木生长的容器；并尽可能考虑使用方便，保水保温性能好，在起苗、搬运过程中均不易破碎，有完整根团移植的容器。

11.4.1.3 育苗容器的发展趋势

我国苗圃业正孕育现代化产业升级，主要方向之一是生产形态的升级，即全程容器化容器苗生产，园林一次成型。在此过程中，育苗容器将扮演十分重要的角色，并不断发展、创新，成为容器栽培技术进步的重要标志。

(1) 环保型容器

环保型容器包括不同类型的一次性使用容器，不对环境造成污染。主要包括环保型育苗桶种类。其桶体材料来源于土壤、对土壤和植物无害的有机结构材料和黏结材料，以黏土、胶泥土和砂土、胶泥土和砂壤土、黏土和砂土或黏土和砂壤土为佳。因其结构简单，机械强度高，方便搬运和移植，原料来源广，易于制造，成本低，可以随幼苗一起埋入土壤中，没有降解负担，不会污染土壤和环境，与土壤的相融性好，移植前后种苗根系的土壤环境不发生变化，种苗成活率高，生长快，无缓苗期，而且还可以掺入有利于植物生长和改善土壤性能的有机质、肥料和农药。此外，环保型容器还包括再生塑料容器、可降解塑料容器以及生物塑料容器等采用不同材料与工艺制造的各种容器类型。

(2) 育苗营养大砖

育苗营养大砖(nutrition cube)选用土与肥料混合制成，在砖上育苗，种植时连砖一起栽植。制作方法为：根据植物对养分的要求特点，用砂壤土、黏土与肥料(有机肥与化肥)混合，加适量的水拌成糨糊状，再与植物纤维(如作物茎秆、灌木枝条等)在一定容器中加工成砖块，砖体大小根据实际需要而定，有向大尺寸发展的趋势。

(3) 轻基质网袋容器

轻基质以农林生产废弃物(秸秆、谷壳、种皮、果壳、林地枯枝落叶、锯末等)和食品、轻、化工业的下脚料为主，经简单加工处理，再加入一定量的固体废料(煤灰、炉渣等)配制而成，经工厂化处理制成网袋容器，疏松透气，富含有机质，有优良的气相、液相、固相结构。这种轻基质网袋容器育苗技术解决了目前塑料膜容器苗窝根严重、根系少、苗木质量差、污染环境等问题，是目前我国替代裸根苗、塑料膜容器苗的最先进、最科学的方法，发展潜力巨大(图11-10)。

图 11-10　轻基质网袋容器
A、B. 网袋容器的制作，机械切割与人工切割　C、D. 网袋容器栽培苗床，C 为温室苗床，
D 为露地遮阴苗床　E. 苗床局部放大（浙江森禾种业）

（4）无纺布袋控根容器

无纺布袋控根容器相对于塑料控根容器更具环保性，使用年限长，价格实惠。与塑料控根容器（见图 11-8）一样，无纺布袋控根容器同样也由底、围边和插杆 3 个部件组成，底具有防止根腐病和控制主根盘绕的功能；围边凸凹相间，外测顶端有小孔，既可扩大围表面积，又为侧根气剪提供了条件；插杆拆卸方便，而且对固定、拉紧有独特的效果。无纺布袋控根容器育苗的一个重要特点，是根系的穿伸无阻碍，不会造成缠根现象，苗木在栽植后无蹲苗期，这是其他类型的容器苗所不及的。

（5）地埋纤维微孔容器

地埋纤维微孔容器是用多小孔合成纤维做成，可以保证容器内土壤和周围土壤进行湿度交换，同时防止部分或全部根系在容器外生长。随着织物质量的提高，小孔织物、涂抹铜剂以及除草剂喷洒系统的应用，以及纤维容器易于搬迁的特性，使之成为育容器的发展方向之一。

（6）矮扁型容器

矮扁型容器是铺有塑料或波纹状布匹的无底容器（图 11-11）。与普通容器相比，

图 11-11 矮扁型容器栽培

矮扁型容器为大苗根系生长提供了更多空间（A，B），能有效防止容器苗出现"窝根"现象（C），有利于苗木移栽成活与快速生长

它的直径更宽、深度更浅，更加符合自然根系肤浅宽广的生长特性，也适应园林植物注重横向生长和树形的培育要求。在矮扁型容器中，容器壁上打孔，根系会因为碰到容器壁或塑料苗床覆盖物界面而被空气修根，从而使根系盘旋的情况有所减弱，达到控制苗木纵向生长，促进横向生长，培育优良树形的目的。

11.4.2 基质

11.4.2.1 基质的种类与选择

(1) 基质的种类

目前，国内外将育苗基质分为土壤基质和无土基质两大类。一般将用天然土壤与其他物质、肥料配制的基质称为土壤基质，有时又可称为营养土；将不含天然土壤，而用泥炭、蛭石、珍珠岩、树皮等人工或天然的材料配制的基质称为无土基质。

自然土壤是配制土壤基质的主要原料，其选择直接关系到容器苗的质量和成本。自然土壤可以分为在自然植被下形成的未受人为干扰的土壤，以及人为耕作、管理条件下稳定种植作物的耕作土壤2部分，后者在园艺栽培与苗木生产中常称为园土。选择进行容器育苗的自然土壤应有一定的肥力，团粒结构较理想，透气透水良好，一般取20cm以下的土壤作育苗基质，即可减少杂草种子的90%以上，同时也减少病虫害的发生。自然土壤应就近选取，以免长途运输，增加成本。

无土基质是用物理性状较稳定的材料代替土壤来固定与支持植物，为苗木根际提供良好的水肥条件，包括无机基质（如河沙、蛭石、珍珠岩、岩棉、陶粒、膨化土等）与有机基质（如泥炭、草炭土、树皮粉、锯末、枯枝落叶等）。无土基质材料的种类繁多，性质各异，要根据苗木生长需要与不同基质种类的理化性质进行选择，其质地要均匀致密，能固定苗木根系，并能提供良好的生长环境。

（2）基质的选择

基质对容器苗成品的质量与市场销售都有着直接的影响，它的理化学特性（如容重、比重、总空隙度、pH值等）决定了对苗木水分和营养的供给状况，影响着苗木的生长发育。良好的基质要能为苗木生长提供稳定、协调的水、肥、气、热等根际环境条件，具有支持、固定植物，保持水分与透气的作用。因此，基质的理化性质是栽培基质选择与配制的主要参考指标，同时必须本着因地制宜、就地取材的原则，选用来源充裕，成本较低的材料。具体在选择基质时，可参考以下原则与标准（江胜德，2006）：适用于种植众多种类植物，适用于植物各个生长阶段，甚至包括组织苗出瓶种植；容重轻，便于大中型盆栽花木的搬运，在屋顶绿化时可减轻屋顶的承重荷载；总孔隙度大，达到饱和吸收量后，尚能保持大量空气孔隙，有利于植物根系的贯通和扩展；吸水率大，持水力强，有利于盆花租摆和高架桥、高速公路绿化时减少浇水次数；同时，过多的水分容易疏泄，不致发生湿害；具有一定的弹性和伸长性，既能支持植物地上部分不发生倾倒，又能不妨碍植物地下部分生长；水少时不开裂以致扯断并损伤根系，水多时不会过黏而妨碍根系的呼吸作用；绝热性较好，不会因夏季过热、冬季过冷而损伤植物根系；不携带土传性病虫草害，外来病虫害也不易在其中滋生；无令人难闻的气味和难看的色彩，不会招诱昆虫和鸟兽；不会因高温、熏蒸、冷冻而变形变质，便于重复使用时进行灭菌灭害；具有一定的肥力，不会与化肥、农药发生化学反用，不会对营养液的配制和pH值产生干扰，pH值容易调节；本身是土壤改良剂，不污染土壤，在土壤中含量达到50%时也不会出现有害作用；黏在手上、衣服上、地面上极易清洗；不受地区性资源限制，便于工厂批量生产；日常管理简便；价格不高昂，用户在经济上能够承受。

11.4.2.2 基质配方与配制

（1）基质配方

基质可以单独使用，也可以与其他基质配比使用。容器育苗的实践证明，使用不同基质按一定配方配制基质，是保证育苗质量的关键技术之一。基质调制总的要求是降低基质的容重，使其比较疏松，增加孔隙度，增加透气透水性能。基质的混合，以2~3种混合比较适宜，如泥炭与蛭石各占50%，是目前国内外应用较广的一种配方。泥炭与锯末或炭化物与蛭石各占50%混合的基质，育苗效果也很好。泥炭、蛭石、锯末或土壤、炭化物、蛭石或土壤、锯末、蛭石各占1/3的混合基质，育苗都较好。无论是有机基质或无机基质均可混合使用，其效果可以从基质的性质、经济成本与对苗木生长影响3个方面进行比较判断(表11-3)。育苗效果较好的基质应适宜多树种的使用,不能仅适用于1个树种。我国目前林业容器育苗与栽培的规模要远远大于园林容器育苗与栽培,各地在育苗基质方面研究与总结了很多行之有效的配方(表11-4),使用的材料主要有泥炭、森林土、塘泥、炉渣、蛭石、火烧土、腐殖土等。从国内外栽培基质发展的过程来看,出于经济与环保的考虑,价廉而又能循环使用且不

表11-3 不同基质的综合比较分析(侯红波等,2003)

基 质	通气性	保水性	成本[1] (元/kg)	生长状况[2]	阳离子代换量 (mmol/kg)
蛭石	好	很好	4.2	3.2	12
珍珠岩	很好	适中	6.0	3.0	<1.5
浮石	很好	适中	3.6	3.1	8
沙	好	差	0.03		
炉渣	好	好	0.50		60
锯末	适中	很好	0.01		
沙+陶粒	好	差		2.6	45~150
泥炭	好	很好	1.0	3.4	250
沙+炉渣	好	适中		2.3	45~50
沙+泥炭	很好	好		3.0	150~220
珍珠岩+泥炭	很好	好		3.4	180
炉渣+泥炭	很好	好		3.0	240
陶粒+珍珠岩	很好	一般		3.1	160
蛭石+珍珠岩	好	好		3.6	7.5
蛭石+泥炭	一般	一般		2.8	200
泥炭+浮石	一般	适中		3.8	245
锯末+陶粒	好	适中		3.3	160~210
锯末+珍珠岩	好	好		3.2	30

注:[1]两种基质混合使用时,其成本可按比例计算。
[2]生长状况综合评价等级:1为苗木枯黄,无生气;2为生长正常,开花少;3为生长良好,开花中等;4为生长健壮,结构紧凑,冠幅大,开花多,叶色浓绿。

表11-4 国内常用无土基质配方(李二波等,2003)

基质配方	培育树种
锯末50%+蛭石50%;腐熟锯末50%+蛭石50%	柠檬桉、尾叶桉、马尾松、湿地松
树皮粉50%+蛭石50%;松针70%+珍珠岩30%	尾叶桉、窿缘桉、柠檬桉、火炬松、湿地松、马尾松
泥炭藓50%+蛭石25%+树皮25%	油松
泥炭藓50%+蛭石25%+核桃核25%(或炉渣25%)	香椿、侧柏
泥炭藓50%+蛭石50%	日本落叶松、侧柏、油松
泥炭70%+厩肥(猪粪)28%+过磷酸钙2%	樟子松
泥炭76%+厩肥(猪粪)14%+人粪尿8%+过磷酸钙2%	樟子松
草炭100%+磷酸二氢铵	油松、兴安落叶松
腐熟锯末100%	油松
腐烂锯末100%;草炭土(堆放2~3年)100%	兴安落叶松

污染环境的农林有机废弃物的利用，已逐渐成为栽培基质发展与应用的主要方向。需要说明的是，苗木生长本身是生命活动的过程，不同的树种、不同的生长阶段以及不同的栽培方式、管理条件等，均会对栽培基质的适用性产生影响，因此，对基质配方的选择与应用，应该针对培育对象结合栽培方式与栽培条件进行必要的试验，然后再大规模使用，才可能保证育苗效果，达到预期的生产目标。

（2）基质配制

基质配制是将已选择的基质材料粉碎过筛，按照基质配方配制，并调至一定的湿润状态，供填装容器进行育苗或栽培使用。基质配制一般可采用机械调配和手工调配2 种方法，大规模或工厂化的容器苗生产，均采用专门的基质处理机，可以同时控制2 种或 3 种基质的定量比例粉碎、过筛、混合，并可加入化肥或有机肥料搅拌均匀，一次性完成基质的混合配制。而小规模的容器育苗，则用移动式小型粉碎机或人工打碎过筛，加入肥料混合拌匀。

人工配制基质的基本步骤包括：①根据基质配方准备好所需材料；②按比例将不同基质混合；③配制好的基质再放置 4~5d，使土肥进一步腐熟；④进行基质消毒，把消毒剂（如3%硫酸亚铁溶液，每立方米施用30L）与基质均匀搅拌，或者在 50~80℃温度下熏蒸或火烧，保持 20~40min；⑤按比例放入复合肥或氮、磷肥；⑥配制好的基质，应及时装填容器使用，不立即使用时应归堆贮存，用防水布、塑料薄膜等覆盖起来，以免雨水淋湿及草籽随风飘入。

不同苗木的生长，对基质的酸碱度要求不同。一般针叶树种要求的 pH 值为4.5~5.5，阔叶树种为 5.7~6.5。因此，调配好的基质应及时测定其 pH 值，并对照培育树种的要求进行调整，使其对苗木生长发育有利。调整 pH 值的方法是：基质偏酸可用氢氧化钠调整，偏碱可用磷酸或过磷酸钙水溶液调整。另外，基质的 pH 值随着苗木的生长而变化，同时也受到施肥的影响。当施肥使基质的 pH 值下降时，一般加入硝酸钙；当 pH 值上升时，加入硫酸铵予以调节。或者在灌溉水中加入磷肥，将水的 pH 值调整到适合育苗树种的要求。在育苗过程中，为了不使基质 pH 值变化过大，通常在偏酸的基质中加入石灰石粉末，在碱性基质中加入石膏粉以消除基质碱性。在中性或酸性基质中，施用石膏粉的直接作用是供应苗木钙和硫元素，通过钙离子的拮抗作用，减少铝、锰、氯等离子的危害，通过代换作用，使基质中的有效钾增加。

11.4.2.3 基质填装

基质填装是指将配制好的基质装入特定容器中的过程，以便为播种、扦插、嫁接或移植等育苗技术的实施做好准备，或者在填装基质的同时完成播种、扦插、嫁接或移植等，是容器育苗与栽培的重要技术环节之一。填装基质有机械作业和手工装填两种方式。前者是采用装播作业生产线及基质处理机配套进行作业，它们是工厂化育苗的主要机械设备与重要条件之一，一般是在苗圃专门的填装车间完成的；而对于普通（相对于大规模生产的育苗工厂而言）苗圃来说，一般是在一些基质混合与装运机械帮助下，人工进行基质填装，可在基质堆放场地完成。

(1) 育苗装播作业生产线

育苗装播作业生产线是应用传送带将多功能基质处理机即时或早已配制好的基质送到装播作业线填土机构的基质贮存箱内,同时将种子置于播种机构种子贮存箱内;将育苗容器放入育苗盘内,然后一盘一盘地放在装播作业生产线的输送带上,输送带将育苗盘输送到各作业机构,在自动控制系统的控制下,自动地完成基质的装填、振实、冲穴、播种和覆土等作业(图11-12);将已装播好的育苗盘放于运输工具上运至摆放的位置,排列整齐,做好喷水等育苗管理工作。

装播作业生产线具有一次性完成育苗盘传送、容器装填基质、振实、冲穴、播种、覆土等工序的功能。每个容器播种1~3粒,容器有种率达98.5%以上。工作效率高,只需3~5人操作,每小时可装填播种1万~2万个容器,为手工作业的10倍以上,其成本仅为手工作业的1/3,并且减轻了劳动强度,改善了工作条件。然而,在我国目前苗圃产业发展链条尚不十分完善的条件下,装播作业线高效率的生产,会造成严重的生产积压,结果往往无法正常投入运行。国内一些苗圃的装播作业生产线常作为参观或展示先进技术的摆设,并没有真正投入生产,反过来使其苗圃生产投入与成本增加,最后又不得不采用传统的人工作业进行生产。因此,在设计与建设时,一定要从需要出发,有的放矢,避免盲从。

(2) 容器基质的人工装填

人工装填容器基质,为我国目前绝大多数苗圃采用,是符合我国苗木生产水平的

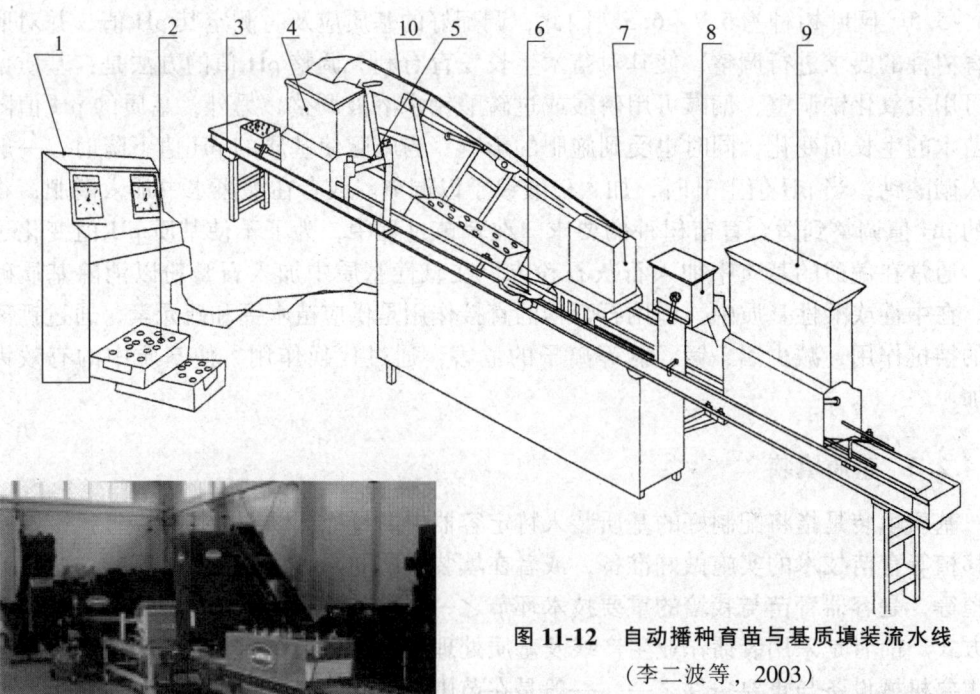

图 11-12 自动播种育苗与基质填装流水线
(李二波等,2003)
1. 电器控制器 2. 育苗托盘 3. 输送带 4. 基质装填机构 5. 混压辊 6. 振动台 7. 冲穴机构 8. 播种机构 9. 覆土机构 10. 基质传送带

技。人工装填虽然简单易行，但要装得又快又好，仍然必须掌握装填技术。

①蜂窝状容器的基质装填　一般都是将育苗容器拉开排列在苗床上，用铲或泥箕把基质填入容器，填满后刮平，用水将基质淋透到底部，如果发现个别容器的基质下沉超过 2cm，应立即取基质补填至满，再淋水，使所有容器填入的基质至容器口 1～2cm，此时可播种或移植幼苗、芽苗。不及时播种、移植幼苗的，应填满容器袋后刮平，覆盖薄膜，防雨水淋湿基质而板结，当播种和移苗时再淋水。

②塑料薄膜袋的基质装填　塑料薄膜袋由于袋壁软，袋口难打开，不适宜机械作业，必须手工操作，将一个个塑料薄膜袋打开袋口装入基质。多数人双手才能把袋口打开，然后左手张开袋口，右手抓基质填入袋中，一直至满，并需用手振动 2～3 次，振实并补填基质。基质装填时可用一些简易的工具，如用竹筒、罐头瓶、塑料饮料瓶等制作的斜口专用筒。

③硬质塑料容器的基质填装　在园林苗木容器苗栽培中常用较大规格的硬质塑料容器，基质填装与苗木上盆往往同时进行，在国外早已是机械化作业，但在我国仍然以人工作业为主。基质填装的关键是要一边装入基质、一边晃动容器，使基质充实，因此，在实际生产中常是 2 人一组操作，效率较高；1 人独立操作时，应一手铲装基质，另一只手晃动容器或随时压实基质。

11.4.3　苗床

容器苗的摆放和地栽苗木一样，其苗床的宽度由整形修剪方式、除草、病虫害防治、施肥和喷灌方式决定。为了方便整形修剪，一般容器小灌木苗床的宽度为 1～1.5m。但容器大苗，尤其是干径在 5cm 以上的大苗，其株行距都很大，苗木间可以进行各种整形修剪或其他操作，所以苗床的宽度可适当大些，有的苗床宽可达 3m。目前，欧美国家大都采用横断面起伏有坡的宽苗床，坡脊线为路，谷沟处为排水沟。实践证明，这种苗床具有很大的优势，并大大提高了土地的利用效率。

在北美苗圃中，苗床上曾多铺盖碎石或木器加工厂废弃的破碎木屑，现在大多加铺园艺地布。这在我国的温室及较先进的苗圃中也已大量采用。在铺盖覆盖物之前，

图 11-13　美国纽约州 Rochest 公园工厂的苗床铺盖碎石产品（A）与美国新泽西州 Blue Sterling 苗圃碎石苗床（B）

要对土壤进行彻底除草。铺盖石子和木屑既利于排水，又利于防止杂草的滋生，减少管理费用。一般碎石的厚度在 10cm 左右，废木屑的厚度在 10~20cm。碎石加工与销售，是苗圃产业生产资材的组成部分(图 11-13)。

我国因废木屑很少，可以因地制宜，采用碎石、煤渣进行覆盖；遮阳网价格低廉，通气透水性好，也是一种好的覆盖材料。2~3 层废旧的遮阳网也可抵作园艺地布用。但作为地面覆盖，最理想的材料还是园艺地布(ground cover)。这是用一种经特殊化学抗紫外线处理的、既耐摩擦又抗老化的黑色塑料材料高密度编织而成的膜状地面覆盖材料。用园艺地布覆盖，不仅不破坏土壤就可以达到类似水泥地的效果，而且经覆盖后的苗床无法长出杂草，生产操作、浇水管理更为方便易行。高质量地布使用寿命可长达 10~15 年，与人工除草成本或其他地面处理材料相比，可谓物美价廉。

11.4.4 肥料

苗木生长离不开肥料，容器苗同样也不例外。在 20 世纪 60 年代容器木本苗栽培的初期，种植者在进行肥料配方试验时发现，种子发芽后或扦插苗移栽后即停止生长，每施用一次肥料植物就长一点，肥料一停，植株生长随之停止。后来，经过对木本植物用肥的不断试验，总结出如下经验：①苗木栽培可用水溶性肥料和缓释肥，但最好用缓释肥；②缓释肥在木本苗发芽基质内(或扦插基质内)，对发芽与发根无太大影响，但将大大促进小苗的初期生长；③施用量要控制好，过量会阻碍有些植物的生长；④若肥料与基质都合适，容器苗生长会比地栽苗快得多；⑤苗木生长一旦受阻，若移植到大田上，即使追施很多肥料，其生长仍然不正常；⑥苗木生长需要足够的微量元素供应，每立方米基质施用 0.9kg 的微量元素混合肥为最好。通常采用水溶性肥料和缓释肥一起施用，苗木生长快速，而且发芽、分枝正常。

11.4.5 其他

围绕容器育苗与栽培生产的需要，容器栽培苗圃的生产除了上述必需的最基本的生产资料外，其他一些辅助设施也是苗圃的有机组成部分，是保障苗木生产必需的准备与建设的内容，可因地制宜，根据资金确定设备、基建及生产方式，并随着生产发展而不断完善。

(1) 办公用房及库房

办公用房主要包括办公室、工人休息室等。库房主要用来存放设备、工具、农药、肥料和种子。肥料和农药最好单独存放在一个库房中，以免腐蚀农具、设备及危害人畜安全。有条件的还需要建造车库和农机库，以防农机具长期不用而锈蚀。

(2) 排灌系统

小的容器苗可用喷灌，而较大的容器苗就需用滴灌，大型容器苗则最好采用扇形滴灌，这样既有利于节约用水，又有利于植物的生长。同时，还需要有与之配套的水泵房、水处理设备及供排水系统，保证植物的水分供应和过多水分的排出。

(3) 辅助生产资料、生产工具堆放场地

大型容器栽培苗圃都要有一个较大的装盆(容器基质填装)场地，栽培基质堆放在装盆设备旁边。装盆设备有多种类型，常见的是圆形或长形装盆设备，另外还应有一个带有装土铲的拖拉机和带有多个平板车的拖车，以大大加快装盆速度和盆栽苗的运输速度。在大规模工厂化容器苗生产时，常常还要兴建专门的育苗装播车间，这在大型林业苗圃中较常见。

11.5 容器育苗技术

根据容器苗生产方式与环境条件不同，可将目前国内外常用的容器育苗技术归纳为大田容器育苗技术、大棚及温室容器育苗技术以及工厂化容器育苗技术三大类型。

11.5.1 大田容器育苗技术

大田容器育苗是指在露地自然环境条件下进行的容器苗生产，可用于播种苗、扦插苗与嫁接苗的繁殖，基本的育苗过程即育苗技术环节与地栽苗培育相似，其中以播种和扦插繁殖最常见，已经形成了较为成熟的生产技术工艺。

11.5.1.1 容器播种育苗

(1) 选择容器苗育苗地

容器育苗由于使用基质栽培，摆脱了圃地土壤条件对育苗的限制，因而对土壤要求不严，扩大了育苗地选择的范围。小规模容器育苗可根据地形和经营条件选择，以便于管理为原则，无一定的形式；大规模容器育苗最好选择地势平坦，排水良好，有灌溉条件，便于管理的地方。切忌在地势低洼，排水不良，雨季积水和易被水冲、沙压以及风口处育苗。如必须在风较大或有风害的地方育苗，则应设立防风障。

(2) 整地与苗床准备

选好育苗地后要翻地耙平，进行土壤消毒，预防病虫害和除草。做到地平，土碎，无草根和石块。然后作平床或低床(畦)。根据地形地势选择做床方向，一般以东西向为好。床的规格可根据具体条件而定，通常床长 5~10m，床宽 1m 左右，步道宽约 0.5m。干旱地区宜作低床(畦)，床(畦)面低于床(畦)埂 13~16cm。深度以容器放入后略低于步道为宜。

(3) 基质装填与容器摆置

根据繁殖树木的育苗要求，把按配方配制的栽培基质或营养土，填装入选择使用的育苗容器中，然后把容器排放在苗床上，为播种或移栽做好准备。容器要在苗床上摆放整齐，成行成列，既要相互紧靠，也要高低一致，保持容器上口平整。容器之间的空隙，用细沙土填实，以利保湿保温，避免风干。苗床边缘位置上的容器，易被碰倒且与空气接触面较大，需要将四围用土或石将容器挤实。一般情况下，每平方米可无间隙摆放直径为7cm的容器196个，直径为8cm的容器114个，直径10cm的容器100个。

(4) 播种和移栽

容器中播种与裸根苗播种过程相似，但是由于容器苗一般育苗时间短，对于苗木的整齐度和苗木质量要求更高，因此，要选用经过精选、检验的优质种子，并严格把握播种的各个技术环节。

①播种量　对于稀有珍贵树种的少量种子，容器育苗能够确保种子得到充分利用。可首先在育苗槽里播种，然后再移栽到容器里，或者直接在容器里播种，每个容器里播一粒种子。当种子量多时，要保证95%以上的容器有苗成活，可根据发芽率试验的结果确定每个容器内播种的数量。如种子发芽率为95%时，每个容器播种1粒即可；当种子发芽率为75%时，每个容器内播种2粒；发芽率为50%时，每个容器内播种3粒。

②播种技术　播种前几天透水浇灌已填装的容器，待水完全下渗后再播。播种方法最好采用点播，要选用发芽率不低于50%的种子。在播种前进行种子消毒和催芽，等种子裂嘴以后再播下，以保证出苗整齐和较高的出苗率。播种的深度要一致，覆土厚度因种子的大小而定，一般不超过种子直径的2倍，最深不超过1cm；极小粒种子，以不见种子为度。播种后要及时用疏松的营养土或经过消毒的沙、泥炭、锯末等进行覆盖，并适量浇水。

③芽苗移植和幼苗移植　将经过消毒催芽的种子均匀撒播于沙床上，等幼芽出土后刚脱去种壳时，将芽苗逐一轻轻拔起，再移到容器中培育称为芽苗移植。采用芽苗移植，可以节约良种，苗木生长整齐，便于管理，特别是园林绿化和珍贵树种育苗的效果好。沙床育苗用干净的河沙，使用前最好先消毒再用清水洗净，这样可以避免不必要的烂根死苗。芽苗移植的最佳时间是苗高为3~4cm，有1~2片真叶的幼苗期。芽苗移植时要垂直拔起，立即放入清水中，防止芽苗生理缺水。要边起苗边栽入容器，减少芽苗积压。移苗时用筷子在容器正中插一小孔，其深度以稍长于苗根为宜；移植后立即浇透水，以保证根系和土壤的密切接触。

幼苗移植是指先将种子播于苗床或育苗槽、育苗盘内，待幼苗长出2~3片真叶时再将其移植于容器进行育苗的方法。其移植步骤为：首先在容器底部装填1/3的基质；将已经修好根的小苗摆在容器中央，深度掌握在小苗茎上埋痕低于容器口1~1.5cm；一手持苗，一手将剩余的2/3基质填入，同时不断敲击容器，使土与苗根紧密接触。注意持苗时要捏着叶子，而不是苗茎；填满土后轻提小苗，使根系舒展开；从上面压实，基质面应略微低于容器口。移植完成后及时浇定根水，使根系与基质充分结合。

(5) 出苗前的管理

①覆盖　目的是提高基质温度，并防止水分蒸发或太阳暴晒。覆盖材料选用易于挪动的草帘、塑料薄膜等，并注意在出苗后要及时撤掉，以免妨碍幼苗的正常生长。草帘等遮蔽式覆盖的时间分为几个阶段，从10:00~16:00，覆盖的目的是防太阳直

晒和保湿；19:00 至第二天 7:00，覆盖目的是保温；从 7:00~10:00，16:00~19:00，要掀开覆盖，目的是提高地温。用塑料薄膜覆盖或用拱棚时，中午前后要掀开拱棚的两端通风，夜间要盖上草帘保温。

②浇水　水分供给是出苗前容器育苗成败的关键，必须经常保持基质湿润，创造种子萌发的适宜条件。浇水最好使用喷雾器或喷灌，水流要柔缓，防止将容器中的种子和基质冲出。

(6) 出苗后的管理

①覆盖和遮阴　随着幼苗的不断出土，覆盖或遮阴的时间要逐渐减少，尤其草帘等覆盖物压在容器上，如不及时揭除，会影响幼苗向上正常生长。薄膜拱棚保留的时间可根据苗木耐低温和日灼的程度适当延长。

②浇水　出苗后，浇水或喷灌的次数应适当减少，使土壤干湿交替，以促进侧根生长，增强幼苗适应环境的能力。但要防止长时间的干旱和潮湿，过干会造成幼苗死亡；过湿时基质中缺少空气，霉菌易大量发生，使幼苗染病。浇水的次数受天气、降雨以及气温等因素影响，干旱时每日喷 1~3 次，湿润时每 4~5d 喷 1 次，要避免在中午气温最高时浇水。

③间苗和补苗　在 2~4 片真叶时进行间苗和补苗。每个容器内保留 1 株健壮苗，其余苗要及时拔除。间苗和补苗同时进行，此时小苗根系刚刚长出侧根，起苗比较容易。补苗时在容器内先刨出 1 个小穴，深度与小苗根系一致，然后将小苗埋在穴内压实。间出的壮苗在移植前要先泡在清水内，防止失水死亡或移栽成活率下降。作业前适时浇水，有利于间苗和补苗，不致伤根；补苗后再浇水，有利于幼苗恢复生长，浇水量不宜过大。

④松土除草　松土除草是育苗的经常性工作，在育苗前减少草种混入基质，可大大减轻除草的工作量。容器苗生长在小的容器内，由于根系密集，基质板结时，松土会伤根系，所以要通过适时的水分管理，防止容器内基质干燥与板结，尽量不松土。

⑤施肥　容器育苗施肥以追肥为主，前期追肥是关键。追肥可与浇水同时进行，施用液体速效肥料效果明显，但要防止烧苗。如果使用叶肥，其浓度为 0.1%~0.05%。由于追肥的施肥量与苗木的生长期和需水量有关，因此，应该遵循薄施勤施肥的原则，并注意适宜的间隔期，施肥后及时浇水。在施用尿素等颗粒肥料时，要防止肥料黏在苗木上引起烧苗。

⑥防治病虫害　针叶树容器育苗要严防猝倒病，除加强基质与种子的消毒外，在出苗过程中，每隔 3~5d 用 0.5% $FeSO_4$ 喷洒 1 次。发病后要将感病幼苗铲除，以防病情蔓延。据报道，每隔 1 周喷洒 1 次 0.5%~1% 的波尔多液，可预防猝倒病；一旦发病，可用药用青霉粉剂 1 瓶（80 万单位），加清水 150g 稀释均匀后喷施，防治效果显著。另外，在高温高湿条件下，容易发生灰霉病，应加强通风，进行预防。

⑦驯化炼苗　炼苗是容器育苗对容器苗进行的最后一项管理技术。炼苗主要是把在人工喷水保湿、施肥、遮阴的适宜生长条件下生长的苗木，用减少或停止喷水、施肥，除去遮盖物等措施，使苗木减缓或停止生长，促进木质化，以提高容器苗适应自然生长环境的能力与抗逆性，促进幼苗根团的形成，以便于起苗、运输与栽植。一般在出圃前 10~15d 要减少喷水，停止施肥，以避免幼苗生长过快并增加木质化程度。

在实际生产中要根据苗木的特性与育苗的环境条件，认真观察，细心管理，逐渐完成，确保幼苗的质量与栽植成活率。

11.5.1.2 容器扦插育苗

以前容器扦插育苗多数先在砂质的或其他基质的苗床内扦插生根，然后移植于容器内培育，现在已发展为直接将插穗扦插于容器内，直接生根、发芽，培育成容器苗，从而减少了苗床扦插及移植的工序，节约劳力、物力，降低苗木生产成本。

(1) 育苗容器的选择

扦插育苗容器的选择较培育实生苗要求严格。因为插穗扦插后往往需要一段时间才能生根，有些不能成活的插穗，需及时将容器带基质以及枯死的插穗一起取出，以免发生或传染病害。所以，扦插用的容器应选单个容器为好，而且要具有保水保温、透水透气性能。目前常见的扦插育苗容器有塑料薄膜袋和硬塑料管形容器，前者的袋壁打6~20个孔，每个孔径0.5cm，并剪去袋底部两角各0.5cm，这样既保水保温又透水透气；后者在设计制作过程中，容器壁有凸起棱，底部有渗水孔，实行空气剪根育苗，是较理想的扦插育苗的容器。

(2) 扦插基质的选择

扦插生根与树种的遗传特性有直接关系，不同树种对扦插基质要求也不尽相同，同时也要结合具体的栽培管理条件选择。国内过去经常使用土壤基质进行容器扦插，而在国外则多用无土基质。使用无土基质时，管理工作较土壤基质更为精细，主要是对水、肥调节的要求较高，特别是由于无土基质不具肥力，合理追肥显得尤为重要。

(3) 插条选取与处理

容器扦插的插条选取与扦插前的处理要求及注意的问题与一般扦插繁殖相同，可参阅本书第7章的相关内容。

(4) 扦插

在扦插前1~2d，完成容器基质装填，并用0.1%~0.2%高锰酸钾溶液消毒30min以上，用清水浇透基质；将剪好并经过激素或其他生根处理后的插条插入容器基质内，插后及时浇透水，使插穗与基质紧密接触。浇水时最好使用喷淋或喷灌，注意不要把基质从容器中冲出。

(5) 扦插苗管理

扦插苗管理是指插条生根和抽芽之前的管理，包括喷雾保湿、遮阴、根外追肥和防治病虫害等技术措施。不同树种扦插苗管理技术有较大差别，利用喷雾与遮阴手段调节容器苗的水、温与光照条件，以满足不同树种插条生根的要求，是扦插苗管理技术的关键，关系到扦插的成败。如桉树嫩枝扦插苗的湿度为85%~95%，透光度为30%~50%；大叶相思扦插苗的湿度不低于75%，透光度为60%~80%；马尾松扦插苗的湿度不低于70%，透光度为60%~70%。根外追肥也因树种而异，阔叶树种带幼叶扦插7~10d喷施1次营养液（磷酸二氢钾加硝酸铵或尿素0.05%~0.10%水溶液），对促进光合作用以及生根与抽芽有益。针叶树种一般不需根外追肥。容器扦插育苗全过程，以喷施多菌灵、氧化乐果等药剂防治病虫害。如果发现死株应及时清除，将容器、基质、插穗一起取出烧掉或深埋，并在其穴位及邻株喷药消毒，以免病菌传染给其他苗木。如果扦插成活率较低，空白容器较多，应将成活的扦插苗集中摆放，进行管理，腾出的旧苗床消毒后，可重新进行扦插；而插穗没有成活的容器及基质不能再直接用于扦插育苗。

11.5.2 大棚及温室容器育苗技术

容器育苗大田生产技术也可与塑料大棚及温室结合起来，进行塑料大棚与温室容器育苗。自然条件优越的地方，把工厂化育苗形式和露地容器育苗形式相结合，自然条件恶劣的地方多采用塑料大棚与温室容器育苗形式。

11.5.2.1 空气剪根育苗技术

空气剪根育苗又称为气切根育苗法，简称为气剪，是将容器苗放置在大棚或温室内离地面一定距离的育苗架上，使伸出容器排水孔或底部的苗根，由于空气湿度低而自动干枯，达到剪根的目的（图11-14）。有研究表明，容器底面与其放置支架间有1.5cm的空隙，就可有效地自动断根。通过气剪培育的容器苗，根团发育良好，便于移栽成活，已被广泛使用。

空气剪根培育容器苗在温室、塑料大棚或大田均可进行。其设备有育苗架（支架）、育苗盘（或网筛）和喷灌系统。育苗架有固定的和活动的，永久性的和临时性的。也有的不用育苗架，而是排放一些砖块、木条、水管等均可将育苗盘或网筛垫高2cm，达到空气剪根育苗的目的。永久性的育苗架可用钢材制作，目前国内外均有育苗架成品，可供选用。

11.5.2.2 容器育苗防根深生长技术

容器苗生产面大量广，不可能全部实行空气剪根法育苗，大量的容器苗还是摆放在地面上培育。由于容器底面接触地面，经常浇水，地面潮湿，苗木生长到一定程度时，其根系便伸出容器底部扎入地下。因此，为了使容器苗根扎入地下少一些、浅一

图 11-14　空气剪根育苗
A. 指管容器苗床离开地面，使底孔中伸出的苗根自然干枯　B. 容器苗形成良好的根团
（浙江省林科院）

些,起苗时不至于过分伤根及根团散落,确保容器苗的根团,以提高栽植成活率,已经研究应用了各种容器育苗防根深生长的技术,作为在没有采用空气剪根育苗设施的情况下的另一种剪根措施。

(1) 移动容器苗法

这是最简单的防止根扎入地下的方法,人工定期移动容器,扯断伸出容器底面根系,防止根系扎入地下过深而影响起苗,促进根团的形成。人工定期移动容器,在使用苗盘育苗时,可逐盘移动位置,十分方便;单个容器陈列在苗床面上的,可用偏平、薄而锋利的铁铲,插入容器和苗床之间,切断入土的苗根,可节省劳力及时间。凡是人工移动容器或铁铲切断扎入地下苗根后,都要用水淋容器苗,使苗木的水分保持平衡,不至于因伤根而缺水萎蔫。

(2) 物块铺垫容器法

物块铺垫容器法是指用苗根穿不透的物料铺垫于苗床床面上,再陈列容器进行育苗的方法。用塑料薄膜块铺垫是国内应用较多的一种方法。塑料薄膜轻便,便宜,适用,操作简便。其他物料如薄砖块、木板、薄铁皮、篷布等都可以使用。应用物块铺垫容器时,应注意在铺垫物与容器之间放 1~2cm 厚的细沙,预防床面不平整积水。这样苗根穿过容器底面在沙内生长,不扎入土。起苗时根系不受到伤害,根团不散,根系完整,不影响栽植成活率。如果在铺垫物与容器之间不铺沙,苗根穿出容器在铺垫物上生长,容易互相绕,起苗时会因扯断根系而影响根团完整,进而影响移栽成活率。

图 11-15 容器苗化学断根(Kester 等,2002)

化学剪根涉及用氢氧化铜等生长抑制化合物处理容器内壁,使苗木的侧根得以修剪,发育出分支良好的根系,以利移植成活[A. 氢氧化铜处理的容器 B. 氢氧化铜处理的狗尾红(*Acalypha hiapida*)(注意箭头),容器苗没有明显可见的表面根 C. 没有处理(左)与化学剪根处理(右)容器播种苗根系的比较示意]

(3) 化学断根法

化学断根法主要利用铜离子既无害又能阻滞根生长的特点,在容器内壁涂一层铜化合物,以使苗木根系触及容器内壁时停止生长(图11-15)。如加拿大把碳酸铜与丙烯乳液油漆混合后涂在容器壁上,可阻止根的生长,而这种阻止生长的作用是可逆的,一旦根系脱离涂有碳酸铜的容器内壁,停止生长的根尖又恢复生长;荷兰用硫化铜浸渍牛皮纸容器,对松树苗木进行化学修根,可以阻止邻近容器内壁的根系相互盘结;国内有关单位也分别在碳酸铜容器苗化学修根和硫化铜容器苗化学修根方面进行了试验研究,均取得了明显的化学修根效果(李二波等,2003)。

11.5.2.3 大棚及温室容器育苗的环境控制

大棚及温室育苗与露地不同,如温度、光照和湿度等因子控制得当,就能加速苗木生长,提高苗木质量;相反,则事倍功半,育苗失败。

(1)温度的调节

温度控制是大棚及温室容器育苗成败的关键。在塑料薄膜覆盖的大棚内,白天由于吸收太阳辐射热较多,温度明显增强,夜间散热时,薄膜具有一定的保温性能,所以大棚内的温度总是高于露地,为苗木生长提供了比露地较为优越的温度条件。通风是目前调解温室内温度的主要手段。根据室内外温差的大小,可打开一定数量的顶部通风孔和肩部通风孔;在外界气温较高时,可打开前窗底部通风以降低室内温度。覆盖草帘则起到保温的作用。在冬季较冷时可通过烟管加温、热水加温和热气加温等形式提高温室的昼夜温度。有条件的地方,也可利用地热水和工厂余热进行加温。据国外对20多个主要树种在大棚中的育苗试验发现,白天最适温度为20~25℃,允许幅度在17~30℃;夜间最适温度为15~25℃,允许幅度在13~26℃。

(2)光照的调节

温室及大棚的光照强度除了在设计时重点考虑外,在日常管理过程中也需要经常调节。科学地确定大棚草帘揭盖时间,可以延长进光时间;利用高压汞灯照明可补充温室内光照时间和光照强度;也可在温室的北墙设置镀铝聚酯镜面反光幕。

在夏季光照较强时,可用遮阳网遮光。炎热的夏季,日平均气温常达25~30℃以上,最高温度有时可达39~40℃,同时湿度下降到45%~50%,这种环境对苗木生长极为不利。采用遮阳网遮阴,由于透光度减少,大棚内温度明显下降,透光度为5%时,温度保持在25~30℃,湿度保持在50%~90%,有利于苗木生长。

(3)湿度的调节

通风可以起到降低湿度的作用。控制浇水次数可调节空气湿度和土壤湿度。改变浇水方式,如采用滴灌,可有效控制空气湿度。

11.5.2.4 大棚及温室容器育苗炼苗技术

由于塑料大棚及温室的生长环境与自然条件大不相同,因此,在塑料大棚及温室容器育苗中,炼苗极为重要。炼苗可分为两个阶段:第一阶段在苗木出圃前1个月,将棚膜、遮阳网全部卷起,或者将容器苗移到露地进行炼苗,最晚在出圃前15~20d开始全光照炼苗。炼苗开始阶段每天全光照2~3h,以后每天增加2~4h,至全天全光照。如果在炼苗的前几天发现苗木有萎蔫现象,应适当把全光照的时间缩短一些,待苗木适应后再增加全光照时间,直至全天全光照炼苗为止。第二阶段在全光照炼苗后,在苗木出圃前10~15d适当控制水分及停止施肥,防止容器苗徒长,促进苗木木质化，以利于提高容器苗根团的形成，提高栽植成活率。控制浇水次数及数量，最简便的方法是在停止浇水后的几天，观察苗木缺水情况，当苗木顶芽及嫩叶出现萎蔫时，立刻浇水使苗木恢复正常状态，然后又停止浇水，当再出现苗木顶芽及嫩叶萎蔫时再浇水，这样反复2~3次，容器苗的根团完好率可达99%，并能够较好地适应移植栽培的环境。

11.5.3 工厂化容器育苗技术

工厂化容器育苗是发达国家苗木生产集约经营的一种先进模式，是容器育苗的发展方向。苗圃按照工厂建成不同的车间（或称为作业场或作业室），把苗木繁殖与培育的过程分解成不同的工艺，使育苗过程及其技术标准化，实现高效率生产。这样的工厂化容器育苗苗圃，通常也由两大部分组成，即容器苗生产作业部分和附属设施部分：作业部分由育苗全过程分成的几个车间组成，附属设施由仓库、办公室、生活设施组成。

11.5.3.1 工厂化容器苗生产及其设施

根据育苗与生产的实际需要，按一定的生产工艺流程把育苗全过程分解为几个部分，分别在不同的车间内完成，一般为3~5个车间。

(1) 种子检验和处理车间

该车间的工作内容是对种子品质进行检验，筛选出符合育苗标准的种子，并对种子进行播种前处理。设备设施包括种子精选机、种子裹衣机（又称为包衣机）、种子数粒机、天平、干燥箱、发芽箱、冰箱、电炉以及测定种子品质和发芽的小器具等。需厂房3~5间，每间面积为8~25m^2，其中种子精选机房最小为15m^2，种子裹衣机房最小25m^2，天平室8m^2，发芽室25m^2以及药品室8~10m^2，总建筑面积80m^2以上。其作业程序为：种子翻晒—精选机精选种子—种子品质检验（包括千粒重、纯度、发芽率、发芽势、病菌检测）—单机裹衣机裹衣（包括农药、催芽激素、肥料等）—烘干过筛—包装或播种。

(2) 装播作业生产车间

该车间担负育苗容器与苗盘的组合、基质调配、容器装填基质、振实、冲穴、播种、覆土等作业。设备设施包括基质粉碎机、基质调配混合机、传送带、装播作业生产线、育苗盘、小推车，有条件的还设置降尘器。需要厂房3~4间，每间20~100m^2，其中基质原料库100m^2，粉碎机房20m^2，基质调配房30~50m^2，装播作业生产线车间40~60m^2，总面积最小在200m^2左右。其作业程序为：基质原料（包括肥料）—传送—粉碎过筛搅拌—传送—装播作业生产线（容器与苗盘手工组合后放置生产线）自动进行容器基质装填—振实—冲穴—播种—覆土—传送—小推车送入育苗车间。

(3) 塑料大棚或温室育苗车间

该车间是将合格播种的容器，施以水和肥料，调节光、温、湿，防治病虫害和间补苗，并对苗木进行质量检查和成品苗鉴定。设备设施包括塑料大棚或温室，育苗架或水泥地板、硬块地板、遮阴保温保湿或降温增湿的设施，以及喷灌施肥机具设备等。作业程序为：播了种子的容器苗盘摆放整齐—消毒—淋水—光、温、湿的调整—追肥、喷水保湿—防治病虫害—间补苗—水肥管理—苗木质量检验—成品苗合格鉴定。

(4) 炼苗车间

炼苗车间是对苗木进行全天候的锻炼，以便适应自然环境条件。炼苗车间应设在育苗车间附近，最好在一侧相连，以缩短运苗路程。炼苗车间是炼苗场，相当于大田育苗的设备设施，要有道路以及喷灌系统。

(5) 苗木贮运车间

该车间用于因寒冷或栽植季节来临，暂时把容器苗贮存起来，并抑制其生长，或把苗木置于冷库贮存，控制其生长。设备设施为冷库或暗房。

上述工厂化育苗车间的建设，在我国可根据实际情况进行调整。一般育苗塑料大棚为拱形的单栋棚，设有可随时揭盖的棚膜和遮阴网。可以把育苗车间与炼苗车间合并，即育苗车间也是苗木后期的炼苗车间。如果育苗塑料大棚或玻璃温室是固定的育苗车间，则炼苗车间须分开设置。在我国目前苗木产业发展条件下，还不必设置苗木贮运车间，这样，多数育苗工厂常设置3个或4个车间即可。

(6) 附属设施部分

容器育苗工厂的附属设施(或称为基建区)一般常设有办公室，农药、化肥、工具等贮藏室，育苗容器和育苗盘贮备库，车库，停车场，配电房和工作人员生活区的房屋建筑。这些建筑面积占育苗工厂总面积的8%~10%。附属设施还应包括扦插床，种子催芽床，道路，水、电设施等。用于控制育苗环境因子的计算机控制系统等设备设施。

11.5.3.2 工厂化容器苗的生产流程

应用育苗树种的生物学特性与机械设备相结合的育苗配套技术原理，把露地(大田)育苗转变为塑料大棚与温室)内的空气剪根法育苗；把苗木生长所需的基质、水肥、温度、湿度、光照与二氧化碳等，通过人为调节成为最适合苗木生长的状态；从种子到苗木出圃的各个生产环节，在一系列设备设施控制下，生产出优质容器苗，最大限度地提高生产率与苗木移植成活率。反映了容器育苗技术的发展水平与应用状态，其技术工艺流程可归纳为图11-16。通过该流程生产的容器苗在园林苗木生产体系中，还要经过多次换盆(容器栽培)或移栽(大田栽培)，才培育为大苗出圃，用来绿化造景。

11.6 容器栽培技术

在容器苗生产中，园林苗圃与林业苗圃最大的不同，就在于园林苗圃生产是要在容器育苗的基础上，继续把幼苗(容器移植苗)移入大规格容器中进行栽培养护，最终生产出符合出圃规格、能够满足园林造景需要的容器苗。在容器苗每次被移植到较大容器中时，由于根球内的根几乎不受任何干扰，幼嫩的侧根并不暴露出来，因而可

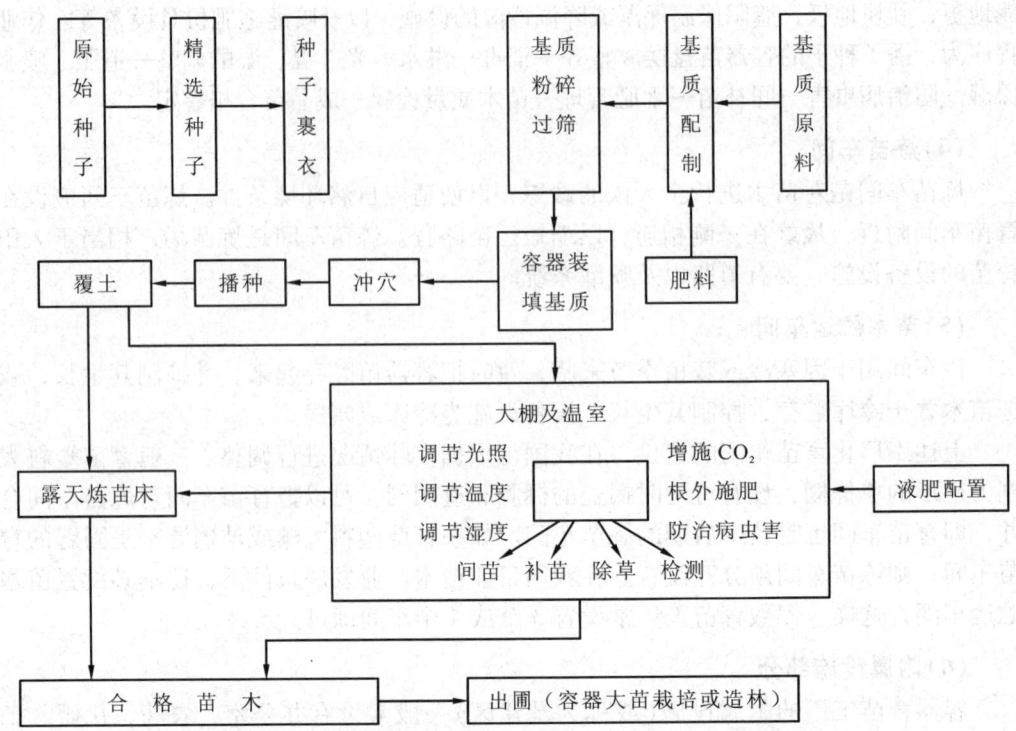

图 11-16　工厂化容器苗的生产流程(李二波等，2003，有改动)

以避免对将来可能发育成结构根的小侧根的损伤，导致形成大量不定根，在容器内近基质或土壤表面形成了更多的侧根(图11-17)，这是容器苗有别于地栽苗的特点。

在容器苗生产技术体系中，从生产方式上而言，容器栽培技术包括了把容器育苗的幼苗或者圃地苗床培育的裸根苗移入容器中继续栽培的技术，前者为容器苗移植栽培，后者为裸根容器苗移植栽培。

图 11-17　具有发达的根系是容器苗移栽易成活、生长旺盛的基础
A. 容器苗发达的根系与栽培基质在一起形成紧密根团或根球　B. 洗除栽培基质后根球内根系的特点，可见经移植栽培的容器苗根系发达，在近基质表面形成了大量侧根

11.6.1 容器苗移植栽培

11.6.1.1 上盆(或换盆)与摆放

在容器栽培中,苗木上盆(或换盆)是指把通过容器育苗生产的容器移植苗(liner)移入大规格容器中继续培养的技术环节(图11-18)。移植苗可以由苗圃自己培育,也可以通过商业购买,从其他的专业育苗苗圃获得。对一些中、小型苗圃而言,后者是非常有效地获得容器移植苗的途径,这样使苗木生产的育苗繁殖与栽培抚育在不同苗圃内完成,促进了苗圃间的分工与协作,是苗圃产业市场化发展的重要特点。在我国,苗木上盆工作主要是人工操作,费工费时;在国外基本上是机械化作业或在机械化条件下人工辅助作业,工作效率较高(图11-19)。在美国,用于容器苗上盆或换盆的机械种类很多,但操作过程基本上是一样的,一般是拖拉机通过装土铲将基质装入装盆设备的进料箱中,装盆机内的搅拌装置不断搅动,使基质从出料口排出,工人只需准备好苗木和容器,放到出料口的下边装盆,然后通过传送带把上盆或换盆后的容器苗传送到一定区域,由专人装车和运输,并运到圃地即苗木区摆放,大大加快了装盆、运输及摆放速度。随着我国劳动力成本的增加,在容器苗生产中实现机械化操作是必然的发展方向。

图11-18 换盆移植是园林苗木容器栽培的主要内容(图示'金森'女贞容器苗换盆栽培)
A. 穴盘扦插苗放置在准备好的容器苗床上准备上盆,容器内提前装入基质并按苗床摆放,穴盘苗在温室生产中生产并经过驯化炼苗 B. 第1次上盆后苗木的生长 C. 第2次换盆后苗木生长,后排苗床为第一次换盆苗(浙江森禾种业)

容器苗的摆放直接关系到管理措施的实施，因此，按容器苗的类型、规格、植物种类进行科学摆放，类似于大田生产中苗木移植，是容器栽培苗木的主要技术内容。摆放时一般按容器苗的类型对苗圃进行分区，如乔木区、灌木区、标本区等；在各大区按区内苗木的特点（以种或品种为基础的生物学特点），如按苗木对水分的需求及酸碱度的不同分成不同的小区摆放。对环境条件要求相同的苗木放置于同一区内，采用相同的管理措施，既便于管理，又有利于苗木生长发育。如果不是采取一次上盆定植，待容器苗上盆后长到容器不再能满足根系生长要求的时候，就需要换更大的容器了。每次上盆即换盆，类似于大田生产中的移植，其移植的次数是由苗木的生长特点与出圃苗木的规格决定的。

11.6.1.2 灌溉

由于容器内基质的容量有限，直接影响水分的供给、调节与缓冲，因此，保障水分供给，满足容器苗生长需要，就成了容器栽培技术管理的重要内容，灌溉设施的系统建设也就成了容器苗圃建设的基础内容与前提条件。灌溉使用的水源水质、灌溉方式、灌水量和灌水次数等都会对容器栽培产生影响，是决定容器苗生产的重要因素。

首先，好的水源与水质，是培育高质量苗木的基本条件之一。一般来说，中性或微酸性的可溶性盐含量低的水有利于苗木的生长，水中不含病菌、藻类、杂草种子更为理想。其次，灌溉方式（喷灌或滴灌）的选择要合理。一般来说，灌木和株高低于1m 的苗木多采用喷灌，而摆放较稀的大苗则以滴灌为主。采用计算机自动控制喷灌，不仅可以节约用水用工，喷灌均匀，还可以兼作施肥，省工省力，且施肥均匀，效果好。从长远来看，劳动力成本远高于喷灌设备投入，而且自动控制喷灌效果要优于人工喷灌，特别对容器栽培，自动滴灌的节水效果更为明显。因此，采用先进的灌溉技术是发展趋势。对大规格容器苗培育而言，自动滴灌技术将浇水与施肥结合，能够有效满足苗木生长的水肥需要，而且管理方便，节省劳力，是美国许多苗圃容器大苗培育技术的有机组成部分。但滴灌投入大、技术要求高，是其在国内使用的两大障碍。

最后，灌水量和灌水次数是容器栽培管理技术最基本的内容，一定要根据苗木与基质的需水特点科学管理。对容器苗按对水的需求特性进行合理分区，把需水量相同或相近的苗木分在同一区或组，并在喷灌时保证所有容器都能获得基本等量的水。容器苗的用水量一般要大于地栽苗，通常大的容器1~2周浇1次水，小的容器也要3~6d 浇1次水，其灌溉的次数随着季节的不同而调节。

11.6.1.3 施肥

有效的容器苗施肥要考虑两个方面：一是要最大限度地减少肥料从生产区的流失；二是增加

图 11-19　人工控制的自动上盆系统

各种类似设备在美国许多生产规模不是很大的中小型容器苗圃生产中常见

肥料被苗木利用或吸收的量（Kester 等，2002）。由于容器苗不同于地栽苗，主要靠人工施肥来补充营养需要，在生产中可使用的肥料包括水溶性肥（soluble fertilizers）（或称为液肥，liquid fertilizers）与控释肥（controlled-release fertilizers）（或称为缓释肥，slow-release fertilizers）。

（1）水溶性肥料

水溶性肥料可结合喷灌直接施入，这种方式对于小苗和小灌木较为合理。也可以在给苗木浇水的时候通过自动肥料配比机，随浇水一起完成。容器苗面对有限的根系生长空间和经常性的浇水，没有新的营养来源，还随浇水流失很多营养，这就需要经常补充肥料。然而如经常性使用速效的肥料，不但容易引起烧苗，而且还会增加容器苗的生产管理成本，频繁记录施肥的时间，增加管理难度。因此，对较大规模的园林容器苗栽培，使用速效的液肥并不是一种很好的选择。

（2）控释肥

控释肥可在较长时间内为苗木提供营养，减少了反复施肥给植株带来的伤害以及管理上的不便，适于园林绿化大苗的生产。控释肥可以在上盆或换盆时，直接将肥料拌到基质中，这样使用效果最好，根系生长分布均匀；也可以在追肥时，直接将肥料施在容器内基质的表面，这样使用肥料的利用率会相对降低。控释肥的种类很多，其原理是利用不同厚度、不同材料的包膜材料控制肥料养分释放速度，使肥料养分释放速度与作物生长周期需肥速度相吻合。施用这种由包膜包裹的控释肥颗粒以后，基质中的水分使膜内颗粒吸水膨胀，并缓慢溶解，扩散到膜外，将在 2~9 个月的时间里持续不断地释放养分。因此，一年只需施肥 1~2 次，大大地节省了人工，其在园林容器苗栽培中的使用越来越普遍。

11.6.1.4 病虫害及杂草防治

（1）病虫害防治

病虫害防治是苗圃生产管理的重要环节，容器栽培也不例外。容器苗病害主要有炭疽病、白粉病、叶斑病、枝枯病、枯萎病、幼苗猝倒病等，虫害主要有蚜虫、蛾类幼虫、蝗虫等，如防治不力，会给生产带来巨大损失。尤其在苗期阶段的立枯病和猝倒病，严重时可导致幼苗全部死亡。

病虫害的防治应以"预防为主、综合防治"为基本原则。防止幼苗病害的主要方法是基质消毒。可采用溴甲烷或福尔马林熏蒸，具体操作是将拌好的基质放在密封的室内或用塑料薄膜把基质盖严、密封，酌情加入一定量的溴甲烷或福尔马林。熏蒸的时间随温度的升高而缩短，一般气温高于 18℃时，需 10~12d；5~8℃时，需 35~40d。在熏蒸时如基质中有机质含量高要适当增加药剂量。溴甲烷熏蒸效果最佳，可杀死基质中所有生物，如病菌、虫、杂草的幼苗及种子。熏蒸时一定要注意安全，消毒的场所要离居住区 80~100m 以外。除了熏蒸还可在发病期采用喷药防治。可选用的药剂有 50% 多菌灵 500 倍液、75% 百菌清 500~800 倍液、50% 托布津粉剂 800~1000 倍液。每隔 7~10d 喷药 1 次，连续喷 3~4 次。根部病害可以用地敌克 800~1000 倍液灌根。通常要在修剪之后及时喷药，防治伤口侵染。虫害采用周期性喷药防治。可选用的药剂有吡虫啉800倍液、90%敌百虫1000倍液和50%杀螟松1000倍液,或菊酯类药剂。生产管理人员要经常巡视苗区,注意观察,及早发现病虫害并及时喷药,以便最大限度地减少损失。

(2)杂草防除

杂草防除是园林植物容器栽培生产技术中的重要环节之一。当年换盆的容器内一般杂草相对较少,但随着苗木留在容器内的时间延长,杂草会越来越多,尤其是苔藓类会布满盆面,影响苗木的生长,这时就要及时清除。如果苗床上碎石铺得薄或铺的时间过长,也会生长杂草。因此,在大苗区,可喷施灭生性除草剂彻底清除杂草;而在灌木区或小苗区,要在苗木售出后苗床清理干净时彻底清除。

11.6.1.5　容器苗的固定绑扎

由于容器苗初期摆放较密,植株生长较快,茎较软弱,一般需要用立柱支撑,用塑料带或绳索绑定,以保证树苗直立(图11-20A、B)。对较大规格的容器苗,一般在

图11-20　容器苗的固定与绑扎
A. 容器先用特制支架固定后用立柱固定苗木　B. 竹竿作立柱固定苗木　C. 在大规格苗木苗行两端架设固定支柱,苗木之间设置水平钢丝固定　D. 容器紧密相靠,并用铁丝横压固定

苗行两端修建坚固立柱并架设横向铁丝或钢丝固定苗木(图11-20A、B、C)。在北美苗圃中,苗木的固定使用一种小型工具,类似于订书机,使苗木的固定工作变得非常简单、迅速。用于苗木固定的支柱多是来自我国的竹竿,短小的竹竿只有1m,长的有2~3m。对容器苗的固定,在不同苗圃可根据其采用的栽培方式与栽培苗木的种类采取不同的措施,但基本上是从固定容器(图11-20A,D)与固定苗木(图11-20C)两个方面进行的,有的进行滴灌的苗圃直接用滴灌设备相互牵制进行固定。

11.6.1.6 容器苗整形与修剪

树冠紧凑、树形优美,是对优质园林苗木的基本要求,整形与修剪则是达到这种要求的基本方法。一株苗木整体形成的姿态叫株形,由树干发生的枝条集中形成的部分叫树冠。各种树种在自然状态下有大致固定的株形,如圆锥形、圆筒形、椭圆形、球形、伞形、杯形、扫帚形等。而根据园林景观配置的要求,对苗木株形进行修剪加工、定向培养叫做造型,大致可分为尽可能表现自然株形的自然造型和按目标株形整形的人工造型,我国传统的盆景培养就是一种典型的容器苗定型过程。

容器苗的株形及其造型方法,与地栽苗木相似。相对于地栽苗木,容器苗一般要轻剪,除非树形变化太大(树形弯曲太大也可通过绑扎来解决),才能重剪。灌木的修剪,尤其是绿篱类灌木的修剪,可通过类似草坪修剪机械的工具进行。这样既可以保证灌木高度的一致,又可以提高修剪的速度,是国外很多大的容器苗苗圃常采用的修剪方式。但是,利用人工进行修剪,可以根据不同苗木树种的生长习性与特点以及在不同培育阶段的不同要求,灵活采取修剪措施,获得理想的培育效果(图11-21)。经过修剪、造型后的容器苗,形状和大小一致,在苗圃中摆放整齐,远看似良田麦浪,近瞧如仪仗列队,构成了容器苗圃独特的景观。

图11-21 修剪是培育树形优美、规格一致的优质容器苗的主要技术措施之一
A. 矮生针叶树容器苗修剪 B. 落叶乔木容器苗修剪

11.6.1.7 越冬管理

越冬是容器栽培的重要一环,尤其在冬季气温较低的地区。有一部分树种的根系对低温反应敏感,在长江中下游地区,冬季气温低于-5℃,如果不加保护,容器苗根系会因冻伤而影响次年生长甚至死亡,因此,需积极采取越冬保温措施。一般可以采用以下2种方法预防冻害:一是把苗木移入温室或塑料棚中,为了节省空间,移入温室的容器苗应紧密摆放，有些甚至可以摆放几层，这种方式适合于小型容器苗；二是可采用锯木屑、稻秸、麦秸及稻壳覆盖根部或壅埋容器，以保证苗木的正常越冬，大苗越冬宜采用这种方法。翌春将秸秆收集堆积起来，经过一年腐烂，又成为优良的栽培基质。

11.6.2 裸根容器苗移植栽培

裸根容器苗(江胜德等，2004)是指将经过优选修剪根系后的原床裸根苗移植到容器内培育的苗木，因此又称为移植容器苗(彭祚登，1998)。这种容器苗采取地栽方式培育苗木，再将地栽苗木起掘植入容器，用基质继续进行培育。从本质上说，移植容器苗是一种将移植苗和容器苗融为一体的苗木，其特点也综合了这两种苗木类型的特性。该方法的优点在于：①裸根苗培育阶段相对于容器栽培来说，节约原材料成本，工作量也较少，因此，裸根苗容器栽培法培育出来的苗木成本相对较低；②经过后期的容器栽培，进一步培养好的根系和株形，同时解决了裸根苗在运输和移栽时的问题。因此，移植容器苗栽培在国内外都经常使用。

将裸根苗移植到容器中继续培育成移植容器苗有多种形式，主要反映在移植用苗的年龄、类型以及所用容器的差异上，从而使这种苗木的适用范围多样化。一般来说，根据移植苗木的年龄(即苗木在用于移植前所培育的时间)不同可分为以下3类。

(1) 芽苗移植

芽苗移植是将经过消毒催芽的种子均匀撒播于育苗沙床上，待芽苗出土后移植到容器中进行培育。一般要求芽苗出土后4~7d种壳大部分脱落，侧根尚未形成时进行移植。芽苗移植由于移植时苗木很小，不能修剪根系，所以培育成的移植容器苗达不到移植苗的效果。这种方式一般多用于组培苗的分移。

(2) 幼苗移植

幼苗移植是指在苗木生长季节内，将圃地培育的裸根幼苗移植到容器内继续进行培育的方式。用这种方式培育移植容器苗，一般多结合播种苗管理的间苗进行，应用十分广泛，尤其是在热带、亚热带地区培育容器苗多采用此法。我国林业行业标准规定，相思树、桉树在苗高3~8cm时，木麻黄等阔叶树种在苗高8~10cm时可进行幼苗移植。

(3) 成苗移植

成苗移植是指裸根苗在经过了1个或几个生长季的生长后，再移植到容器内继续培育一段时间后出圃的方式。用这种方式培育的移植容器苗应该最能体现移植容器苗的优越性，是园林移植容器苗栽培的主要形式。成苗移植一般要求在早春或晚秋苗木处于休眠期时进行，移植所用苗木也要求分级挑选，选择苗干粗壮、根系发达、顶芽饱满、无多头、无病虫害、色泽正常、木质化程度好的壮苗，移植前还要求进行修剪分级。这样就保证了苗木质量与规格的一致，使裸根培养阶段造成的苗木异质状况得到很大改善。

裸根苗移植容器栽培技术，除了移植环节的特殊性外，移植上盆后的栽培管理措施与上节所述容器苗移植栽培的技术与要求相同。

11.7 容器苗规格及销售

11.7.1 容器苗的规格

出圃规格是衡量容器苗质量与商品性的主要标准,我国林业行业标准《容器育苗技术》(LY 1000—1991)规定,林业苗圃容器苗出圃规格根据树种、培育年限及造林立地条件等确定,并对部分树种容器苗出圃规格做了规定,要求容器苗必须根系发达,已形成良好根团,容器不破碎,苗木长势好,苗干直,色泽正常,无机械损伤,无病虫害(中华人民共和国林业部,1991)。表 11-5 列举了几种常见园林植物作为造林植物使用时,容器苗出圃的标准。当它们要在园林绿化中使用时,还必须经过容器栽培,才能达到作为园林苗木出圃的要求。显然,园林苗圃生产的园林容器苗与造林容器苗的出圃规格与要求有很大不同,但目前我国园林苗木的出圃标准仍然限于地栽苗,而对园林容器苗的出圃质量尚未建立相关标准,这与容器苗栽培发展滞后有关。

表 11-5　几种造林树种容器苗出圃规格(中华人民共和国行业标准《容器育苗技术》)

树　种	苗　龄 (年)	合格苗(≥cm)		合格苗百分率 (≥%)	适用地区
		苗高	地径		
油松(*Pinus taabuli-formis*)	0.5～0	5	—	90	辽、京、津、冀、晋、蒙、鲁、陕、甘
	1～0	7	0.2	85	
	1.5～0	12	0.3	85	
	1～0.5	12	0.3	80	辽
侧柏(*Platycladus orientalis*)	0.5～0	10	—	90	辽、京、津、冀、晋、蒙、鲁、陕、甘
	1～0	15	0.3	90	
	1.5～0	25	0.4	90	京、津、冀、晋、蒙、鲁、陕、甘
	1～0.5	25	0.4	85	辽、鲁
相思树(*Acacia* spp.)	0.5～0	15	—	90	粤、桂、琼、闽
	1～0	30	0.4	90	川、滇干热河谷

注:苗龄的第一个数字表示播种苗或营养繁殖苗在容器中的年龄,第 2 个数字表示第 1 次移植后的年数。

按美国苗木标准(ANSI Z60.1—2004),容器栽培生产的园林容器苗规格包括苗木的规格与容器规格,二者要一致。北美苗圃容器栽培使用的容器以塑料盆钵为主,按其容积大小(以加仑为单位)分为不同的等级,大多用于扦插苗、1～2 年生苗木、矮小灌木、中等苗木与多年生草本植物栽培,而较大的乔木用较大的塑料容器、木质容器、纤维袋等各种容器栽培。不同规格的容器内种植相应高度或冠径的苗木,并要求销售时苗圃必须移植到容器内栽培 3 个月以上。所有的容器苗都要生长健壮、根系发达,根系已经在容器中达到容器壁但无盘根现象,并形成坚实的根球,在容器移动过程中不受影响(American Association of Nurserymen,1996;Canada Nursery Trades Association,1994)。

园林树木种类繁多,不同树种具有不同的生物学习性,因此,容器苗规格除了与容器规格一致外,其株高、株幅等还应该与一定的树种类型一致。下面简单介绍几种主要园林树种类型的容器苗标准。

有研究表明,容器底面与其放置支架间有 1.5cm 的空隙就可有效地自动断根。在美国与加拿大等国的苗木标准中,包括了一系列不同类型容器栽培苗的标准,可资借鉴。

11.7.1.1 松柏类(常绿和落叶)容器苗标准

(1)松柏类容器苗木的标准

主要根据苗木的高度或冠径和直径来确定(表 11-6)。但同时要求苗木必须健壮,无病虫害。同田间栽培的苗木一样,松柏类苗木要在容器内栽植 3 个月以上,或苗木的根系伸展到盆缘,形成完整的根球。容器苗木根据松柏类苗木的形态特征不同可分为矮生或中等大小的苗木、高大呈柱状的苗木和高大呈阔圆形的苗木。

表 11-6　常绿和落叶松柏类容器苗木的标准(韩玉林,2008)

矮生或中等大小的苗木		高大呈柱状的苗木和高大呈阔圆形的苗木	
苗木高度或冠径(cm)	容器规格	苗木高度(cm)	容器规格
15~30	#1	15~40	#1
25~40	#2	30~60	#2
30~45	#3	50~100	#3
40~60	#5	90~150	#5
50~90	#7~#10	140~200	#7~#10

(2)栽植于田间的纤维容器中的松柏类苗木标准

这类容器包括麻袋包装、编织袋包装、塑料筒包装的苗木栽植于土壤中,增加了起苗时根球中的须根数量,可有效地提高苗木的成活率和生长势。表 11-7 表示种植于田间的纤维容器的苗木的最小土球直径和高度,同时要求这类苗木应在田间种植 2 个生长季节以上,但不能超过 6 年。因为超过 6 年,纤维容器多已腐烂或风化,起不到保护根球的作用,而且时间过长,纤维包装中的根系多已粗壮,包装材料内的根球起苗时苗木须根少,移栽成活率与生长势都会降低。

表 11-7　栽植于田间的松柏类纤维容器苗木的标准(韩玉林,2008)

苗木高度(cm)	土球直径(cm)	土球高度(cm)	估计土球重量(kg)
100~125	30	25	25
125~150	30	25	25
150~175	30	25	25
175~200	45	30	40
200~250	45	30	40
250~300	60	30	50

11.7.1.2 花灌木(常绿或落叶)容器苗标准

花灌木容器苗木的标准主要根据苗木的高度和冠径确定(表11-8),要求苗木要在容器内栽植3个月以上,或苗木的根系伸展到盆缘,形成完整的根球。

表11-8 花灌木(常绿或落叶)容器苗木的标准(韩玉林,2008)

植物规格(cm)	容器规格	植物规格(cm)	容器规格
15~30	#1	40~80	#3
25~50	#2	60~100	#5

11.7.1.3 乔木(常绿或落叶)容器苗标准

乔木类苗木包括用于街道绿化的行道树、庭荫树、孤赏树,有时也可作为绿化带树种。行道树和庭荫树要求有直立的树干,有非常好的分枝和均衡的树冠。

(1)乔木类容器苗木标准

乔木类容器苗木标准主要根据苗木的高度或冠径确定(表11-9)。常绿或落叶乔木主要在容器内栽植一定的时间,使苗木形成新的须根,或苗木的根系能够形成完整的根球,在运输过程中保持根球的完整。容器苗在容器内栽培3年后要换大一号的容器。

表11-9 乔木类(常绿或落叶)容器苗木的标准(韩玉林,2008)

苗木高度范围(cm)	苗木的胸径(cm)	栽培容器上口直径(cm)	容器的规格
50~80	8	15~19	#1
80~125	10	19~23	#2
100~150	15	23~26	#3
150~250	20~30	25~31	#5
200~300	30~35	31~36	#7
250~350	35~40	38~40	#10
300~400	40~45	38~44	#15
350~450	45~50	43~45	#20
400~500	50~60	50~60	#25

(2)栽植于田间的纤维容器乔木标准

常绿或落叶类乔木除了各种容器苗之外,也同松柏类苗木一样,用各种软材料包装根球,然后再全部或部分栽植于土壤中。表11-10 表示种植于田间的纤维容器乔木的最小土球直径和高度,同时要求这类容器苗木应在田间生长2个季节以上,但不能超过4年。

表11-10 栽植于田间的乔木类纤维容器苗木的标准(韩玉林,2008)

苗木高度(cm)	苗木胸径(mm)	包装根球直径(cm)	根球高度(cm)	估计根球重量(kg)
300~425	40	40	30	30
300~425	45	40	30	35
350~500	50	50	40	50
350~500	60	50	40	50
425~550	70	50	40	55
450~575	80	50	40	55
475~600	90	60	40	60
500~625	100	60	40	60

11.7.2 容器苗的销售与运输

容器苗移植与运输不伤根系，成活率高，理论上可以周年销售，但事实上也有销售旺季与淡季之分，即在春秋适宜种植的季节是容器苗销售的旺季。在欧美许多国家，园林容器苗可以在花园中心(garden center)、花园工厂(garden factory)(图 11-22)以及园艺、建材超市进行销售，也可以在圃地上销售。由于园艺爱好的流行与居家环境条件优越，在欧美国家，私人植物收藏与居家园林绿化对园林苗木的需求相当大，容器苗由于很好地克服了移植成活的难题，在很大程度上成为许多家庭的消费品之一，因而支持与推动了苗木市场的持续繁荣。就销售与供货(即运输)形式而言，基本上可以归纳为 2 种情况：一是有客户直接在超市或苗圃选购苗木，与在超市购买其他商品没有多大区别；二是客户通过苗圃或超市的苗木广告，选择所需苗木后，投递苗木订单并先付款，由苗圃或超市的销售人员按照客户的订单，把各种苗木收集到一起进行包装，然后将其通过邮局快递给客户，或集中存放(一般是有制冷控制的冷藏库)起来，再由专门的运输公司送货。对单位消费或大客户订单，销售人员在接受订单后，会与生产部门联系，将所需的各品种、各规格容器苗从栽培区运往圃地集结区，进行清点确认，然后搭配组装上车运输。

图 11-22 美国纽约州 Rochester 花园工厂
A. 卖场内供货苗圃信息展示牌　B. 苗木卖场一角

由于容器苗都是带盆销售，而车厢容量空间有限，为了保证容器苗在运输途中无损伤(特别是长途运输)，应将容器小心码放，进行必要的包装，既要注意不损伤苗木，又要尽量利用空间，减少运输成本。一些较大的苗木或专门速递苗木的公司，配备专门设计的容器苗运输车，车内不仅有分层的架层结构，可以有效防止运输过程中苗木的损伤，方便装车与卸车，而且还常常有制冷系统，使苗木在运输过程中，仍然能够有适宜的温度环境，保证了销售苗木的质量。对大规格容器苗的运输，一般都是在起重机械帮助下，直接在苗圃装载运输到施工场所。这种开敞式的运输，不仅要注意苗木装载整齐、防止互相挤压，而且在运输过程中要注意缓行与避开大风下雨的天气(图 11-23)。

我国目前容器苗仍然主要是用于市政工程建设与单位绿化，苗木的销售与运输有

图 11-23　容器大苗出圃与运输
A. 装车　B. 运输途中

其现实的特点。一般是使用单位或相关人员，直接到现场订购苗木，然后由苗圃人员将其集中在专门的苗木集结区或运输区，再装车运输。由于车辆在运输途中行驶可能较快，风速很大，所以装车时应注意不要装的高度超出车厢太多。若是长途运输，为防止遭遇恶劣天气（如酷暑、大雪或霜雪天气）的危害，最好是装好车后在车厢上覆盖一层油布，但要注意通风换气，途中应定期揭开通风。

名实相符（true to name）是苗木质量与商品属性的重要内容，在国外普遍受到生产者与消费者的重视。换言之，就是在苗圃苗木生产与销售运输的过程中，每株苗木始终都有标签相伴，有关苗木名称、规格、批号、时间以及对苗木特征的描述，甚至生产商（苗圃）的信息等均要一目了然（图 11-24）。标签错误是苗木质量混杂的一种表现，应尽量避免。为此，美国国家标准对苗圃使用的标签以及标签制造都有专门的规定。新品种是苗木产业发展的重要助推器之一，《国际栽培植物命名法规》就特别提倡新品种拥有者与生产者，应注意通过正确使用标签来推广与保护新品种，以防其名称被错误使用。

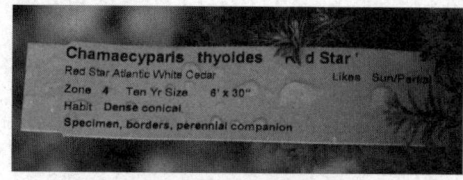

图 11-24　苗木标签
正确冠名并使用标签，是园林苗木作为商品销售以及维护生产商品牌与知识产权的必要举措。图示两种不同风格的容器苗标签

复习思考题

1. 名词解释：容器育苗，容器栽培，容器苗，育苗容器，基质，土壤基质，营养土，无土基质，苗木集结，基质填装，大田容器育苗，空气剪根育苗，化学断根育苗，工厂化育苗，裸根容器苗，控根容器。
2. 容器苗生长及栽培管理的特点是什么？为什么说容器苗生产是苗木生产方式的变革？
3. 容器苗苗圃地选择主要考虑哪些因素？为什么？

4. 简述园林容器栽培苗圃区划的主要内容以及功能区配置,说明国外苗圃还要设置咖啡屋、孩童游玩区等与生产并不直接相关的设施的意义。
5. 分析容器苗生产技术的主要发展阶段及特点。
6. 育苗容器主要包括哪两种应用类型?选用育苗容器的原则是什么?
7. 土壤基质与无土基质的主要区别及特点是什么?
8. 为什么说基质配置是保证容器育苗的关键技术之一?列举常见的基质与基质配方。
9. 人工配制基质的步骤是什么?如何调节基质的 pH 值?
10. 试述大田容器育苗的主要类型与技术内容。
11. 试述容器苗防根深生长的技术及措施。
12. 试述大棚及温室育苗的环境控制与炼苗技术。
13. 试述工厂化容器育苗的设施、技术特点及基本流程。
14. 容器苗移植栽培主要包括哪些内容与技术环节?
15. 试述园林容器大苗培育的过程及栽培管理的主要技术内容?
16. 容器苗出圃的质量要求是什么?为什么容器苗规格包括苗木规格与容器规格?
17. 容器苗销售与运输需要注意哪些问题?
18. 试分析并说明苗木标签的内容及其重要性。
19. 试为自己熟悉的地区设计一个容器栽培苗圃,并说明设计的理念、原则和依据以及要达到的目标。

第 12 章
园林苗圃经营管理

【本章提要】 管理出效益，园林苗圃的生存与发展取决于它的管理水平，其中生产管理尤为重要。本章在介绍园林苗圃经营管理目标、管理机构配置的基础上，重点阐述园林苗圃生产管理、成本管理、档案管理与销售管理的基本内容。

从本质上而言，园林苗圃是从事园林苗木培育与生产经营的实体企业，虽然我国有许多苗圃被定性为事业单位，但基本上是实行企业化管理。有些中、小型国有苗圃实行灵活的承包经营，而集体与个体（民营）苗圃的企业性质是十分明确的。园林苗圃的管理是管理者通过他人，使他人和自己一起努力实现苗圃企业发展目标所进行的一切活动。因此，作为苗圃实际经营人的管理者（具有决策权利的苗圃经理或主任），对苗圃企业成员的工作绩效或工作成败负有最终责任。管理者要善于利用苗圃的各种资源，尤其是人力资源，通过科学、合理、高效的配置与使用，使其充分发挥作用，实现苗圃的发展目标。

管理是企业经营活动的中心环节。在市场经济环境中，苗圃就是要通过经营与管理活动，实现其发展目标，其中主要是经济目标。经营主要是指苗圃如何选择生产适销对路的苗木，并将其卖出去获得收益。侧重于市场决策与把握方向，要跟踪市场、发现机会，不断调整发展策略。管理则主要是做好苗圃内部的各项工作，要低成本生产高质量的苗木，侧重的是内部资源整合与提升工作效率，要把计划制定好、实施好。因此，经营与管理是密不可分的两个方面，是决定苗圃成败的两个最重要的关键因素。

一个园林苗圃企业的生存与发展取决于它的管理水平，尤其是生产管理水平。由于苗木生产与苗木质量均易受自然气候因素的影响，在我国苗圃产业发展尚处于初始阶段的情况下，苗圃的管理、技术以及设施条件还达不到现代化苗圃的生产管理要求，因此，园林苗圃的管理远比一般工业企业的管理困难。一方面要充分了解与掌握园林苗木生长与生产的特点与规律；另一方面要懂得现代企业管理与市场经济的基本原则与规律。

12.1 园林苗圃经营管理的目标

企业经营管理目标，是在分析企业外部环境与内部条件的基础上，确定的企业各项经济活动的发展方向和奋斗目标，是企业经营管理思想的具体化。企业经营管理目标既有经济目标,又有非经济目标;既有主要目标,又有从属目标。它们之间相互联系,形成一个目标体系。园林苗圃作为企业或企业化管理单位,其经营管理目标也是如此。园林苗圃的主要产品是苗木,苗木作为商品具有一般商品的属性,同时又是一种特殊的商品,是一种生长着的并且具有公益性的商品,所以园林苗圃的经营管理目标有其自身的特殊性。

每个园林苗圃都应有其特定的发展目标,它是苗圃努力的方向与一切活动的导向。园林苗圃经营管理目标,可以综合概括为:苗木培育技术专业化、苗木质量调控优质化、苗木结构动态合理化、苗木销售市场化、客户需求至上化、苗圃管理信息化、苗圃利润合理化、员工利益满意化、社会效益最大化。其中,苗圃利润和职工利益属于经济目标,其他为非经济目标;苗圃利润、职工利益和社会效益是主要目标,其他是从属目标,是为主要目标的实现提供保障的目标。

(1) 苗木培育技术专业化

园林苗木种类多样、习性各异,生长规律及繁殖的技术与工艺因树种(或品种)、生产条件、栽培技术等不同而有较大差异。因此,园林苗木培育工作是一项科技含量很高的知识和技术密集型产业,专业性非常强,是目前园林绿化行业中知识和技术密集、集约化程度最高的部分。专业化生产的要求为新技术、新工艺、新方法的应用提供了可能,也对苗木培育工作提出了更高的要求。园林苗圃要不断通过技术创新提高苗木品种的独创性,形成以本企业核心技术能力为核心的核心竞争力,因此,要比其他造林绿化行业更重视专业技术人才的培养和使用,重视传统、基本、成熟的苗木培育技术的应用,投入人力与物力开发和应用新品种、新技术、新工艺与新方法,实现苗木培育专业化。

(2) 苗木质量调控优质化

产品质量是一个企业的生命线。对园林苗圃而言,培育出优质苗木产品是实现其他经营管理目标的基础,因此,必须采取各种有效的苗木培育和质量调控措施,使出圃的苗木质量能够满足市场需求,最大限度地适应复杂的园林绿化场地条件的变化,获得合乎要求的成活率和生长量,较快达到应有的绿化美化效果。这是实现苗圃经济目标和主要目标的基础条件和基本要求。

(3) 苗木结构动态合理化

苗木结构是指苗圃的产品结构或种植结构,包括苗圃生产苗木的种类与规格两方面的内容。园林苗木是具有生命的活的有机体,是不断生长的,规格、大小及活力等质量指标都在不断发展变化的产品。与其他一些工业产品最大的不同点在于,即使满足各种条件、具备各种生产物资,也不能随时就可以生产出需要的产品,它需要一个培育的过程,有时还相当漫长,需要数十年甚至更长的时间。但是城市园林绿化建设对苗木的种类和规格的要求是与时俱进、不断发展变化的。这要求苗圃经营要有预见性,在建立苗圃或育苗之初,就要对产品结构要有明确的定位与计划,绝对不能盲目发展。要对市场,对苗木品种、规格、质量的要求与动态变化有清醒的、准确的认识,不能只重视目前的品种和市场热门品种,要不断开发和培养新品种,以满足市场不断发展变化的要求。

(4) 苗木销售市场化与客户需求至上化

园林苗圃生产的苗木产品,要通过交易实现其价值,因此,市场销售是带动苗圃企业发展的龙头。苗木的生产要以满足客户需求为上,要根据市场对苗木品种、规格、质量的不同需求去生产和经营苗木。苗圃经营者要克服急躁心态,在重视眼前市场销售的同时,更要重视长远市场的培育与开拓,要根据市场现状和发展趋势、客户需求、国家与城市生态环境建设的需要,以及苗圃自身的地缘、经济、技术、人才和设施优势,制订苗圃产品生产计划,长线短线产品结合,突出特色和优势,最大限度地满足市场上不同客户在不同时期对苗木的不同需求。

(5) 苗圃管理信息化

在现代社会,信息已经成为生产力的一部分。苗圃的经营管理,从外部环境而言,必须充分重视各类信息(国家经济发展和生态环境建设信息、造林绿化状况、苗木市场信息、苗木需求预测、科学技术信息、苗木培育和销售网站等)的收集、分析和利用,做到经营管理的信息化;要注意利用行业协会和苗圃协作组织,互通信息,以利用各自优势培育特色苗木,要避免无谓的竞争,达到互利共赢。同时,苗圃内部管理,如对生产过程、生产计划、经营活动,包括生产与技术档案、人员与财务管理等,都有必要建立信息化管理系统提高管理效率与效益。

(6) 苗圃利润合理化

园林苗圃的经营管理,作为一种企业行为,正如一切经济活动一样要追求利润(经济利益)最大化,即以最小的成本产出最大的收益,因此,要尽量降低苗木培育和苗圃运行的成本,努力提高苗木产品的收益水平。苗木作为一种特殊商品,其质量是第一位的,只有满足质量的要求,才能保证绿化景观效果,所以苗圃经营管理不能不顾苗木质量而一味追求低成本,这样会适得其反。通过有效的投入和管理过程的优化,不断开发新品种、应用新技术,提高苗木质量与生产效率,降低管理成本,实现合理的利润目标,是园林苗圃经营管理走上良性循环的必由之路。

(7) 员工利益满意化与社会效益最大化

企业的持续发展与员工队伍的稳定是分不开的,因此,建立合理的收入分配制度和民主管理制度,保证员工的生活与工作条件,使他们的各种利益得到保障,是园林苗圃管理的重要方面。同时,由于园林苗圃具有为城市绿化与生态建设服务的职能,因此,在正常的经营活动中,要把社会效益和生态效益的最大化作为苗圃经营管理的主要目标之一常抓不懈,这一点对大型国有苗圃更为重要。

12.2 园林苗圃经营管理机构配置

合理的组织机构与人员设置,是园林苗圃经营管理中责任分配和完成各种工作的组织与人员保障。对于一般小型苗圃,人员配置与分工并不严格,但对具有一定规模的大、中型苗圃,机构分工明确、人员配置得当,才能保证苗圃生产与经营顺利进行。

12.2.1 经营管理机构的组成

(1) 经营决策机构

负责苗圃经营、生产、投资等重大经营发展策略与制度的制订与决定，如股份制企业的董事会等。不论苗圃的发展战略如何决策，苗圃经营者即苗圃经理都应是经营决策机构的主要或重要参与者。

(2) 生产及其管理机构

负责苗木培育的各种日常工作，即苗圃生产计划的具体实施，是苗圃最重要的机构之一。苗圃内涉及生产的工作十分复杂，如种质资源的管理与维护，种子与种条的采集、调制、贮藏、检验，繁殖前的准备与处理，繁殖技术工艺的应用，苗木繁殖与田间管理，病虫害防治，设施管理，苗木出圃与贮藏和运输，以及相关生产试验、技术研发与科学研究等。这些内容是苗圃经营管理工作中最基础、也是最重要的部分，不同的苗圃会根据苗圃规模和各类苗木及其生产活动的情况分成多个执行机构，或者一个总的机构下设多个分支机构。一般而言，可以包括生产部与技术部，生产部直接负责生产技术实施、质量控制与生产安排等，可配置生产主管(队长)1~2名，下属不同的作业班组(组长1名，生产个人若干)；技术部则负责生产技术指导、监督以及新技术研发、新品种引进等，人员规模可根据实际需要配备。

(3) 设施设备管理机构

负责苗圃中各种设施与设备的正常运行和维修、更新等。苗圃规模和类型不同，这部分的规模大小也不同，可能没有专门的设置，也可能有1至数人。由于现代苗木培育使用的设备设施的专业化水平越来越高，而社会提供专业化服务的机构越来越多，即使大型苗圃，这方面也可能只设置少数几个监理人员，负责监督检查设备设施运行状态，并负责在出现问题时联系专门机构进行维修和更新。

(4) 市场营销机构

市场化经营要求苗圃设立专门的市场营销机构来收集供求信息、招揽客户和苗木订单，为客户配送苗木和提供其他顾客所需要的服务；根据市场供求信息和国民经济与生态环境建设发展趋势分析苗木需求趋势，为苗圃经营管理决策提供基础资料；根据生产机构的要求，购置各种苗木培育生产资料和设备等。由于销售是苗圃经营的核心环节，因此，销售机构的负责人一般应由苗圃经营者兼任，并配置1至多名销售经理和若干销售员，直接负责苗木销售、销售计划与客户服务，以及具体的销售、接单、出货、接待等工作。

(5) 事务管理机构

现代苗圃经营管理对各类信息的收集、记载、整理、分析的要求很高，是苗圃经营管理过程中准确发现问题、明确各种责任、更好地解决问题的有力手段。所以苗圃要重视保存管理好事物明细单、记账本、票据、货单、病虫害和杂草发生情况报告单、苗木物候和生长发育节律资料、苗圃作业日记、苗圃生产计划书、气候资料、仪器设备名录和使用运行状态等各种信息，并能加以充分利用。同时，苗圃作为一个法人实体,开展各项经营活动,必然涉及苗圃内、外部的各种复杂事务,都需要进行协调与解决,因此,应设置综合部或办公室等事务管理机构,根据苗圃规模与实际需要配置人员,负责人事、财务、仓管、车务、对外联络、宣传接待、参观安排等。

12.2.2 苗圃经营者及其素质要求

这里所说的苗圃经营者是指苗圃经营管理的主要实施者,通常为苗圃经理或苗圃主任。对于小型苗圃或零售苗圃来说,经营者可能也是所有者(董事)或其代理人,应该是苗木培育方面的专业技术人员,身兼经理(主任)、苗木培育工程师(园艺师)、生产工头、采购员、销售员、事务管理员、会计、工程管理员等数职。对于大一些的中型苗圃,经营者不一定是苗圃的所有者,但仍要求是苗木培育方面,至少是相关方面的专业技术人员。大型苗圃则组织结构复杂、分工细致明确,经营者一般不是所有者,不一定是苗木培育相关的专业技术人员,而更应该是企业管理相关的专业技术人员,具有系统管理现代化企业的能力和水平。对与苗木培育相关的专业管理,则由其属下的生产部门经理来实施。

苗圃经营者是苗圃经营管理的核心与关键人物,其个人的素质与素养对苗圃经营起着决定性作用。一个能胜任岗位职责的优秀苗圃经营者,应该具备以下的才能与素质。

(1) 良好的人文素质与组织才能

优秀的苗圃经营者要对苗圃发展前景有深远的洞察力,要能调动管理层不断提出新点子、新思路、新创意来发展企业。苗圃经营者应该是一个组织者、计划员、工作能人、决策者、外交家、问题专家;应该是自信、具有良好判断力的人;是诚实、头脑清晰、有预见能力、敢于面对挑战的人;是以身作则、尊重他人、关心员工的人。苗圃经营者不仅要善于合作(对内与下属和员工合作,对外与客户和相关部门合作),而且要善于学习,不断接受新生事物,能够树立良好的工作作风,创造一个良好的企业文化、凝聚力量,带领大家实现经营管理的目标。

(2) 过硬的专业素质与技术竞争力

许多苗圃经营者出身于林学、园林或园艺专业,但好的经营者不一定非得是林学家、园艺师或植物学家,重要的是要懂得苗圃培育优质苗木的常规操作与技术工艺,懂得栽培措施对苗木生长的影响(图 12-1),具备独立完成或指导完成特定苗木繁殖与培育任务的专业知识与技能。

图 12-1 苗圃经营者必须能够"像一株苗一样思考",知道苗木生长与市场最需要什么

(3) 清晰的经营管理目标

优质苗木是苗圃全面实现经营管理目标的基础,苗圃经营者的主要精力应该放在培育苗木上,要从苗木的生物学特性即苗木生长的需求考虑问题,懂得日常工作以及苗圃环境控制对苗木生长、生产的影响。同时,苗圃建立要通过教育与培训,让员工了解苗圃经营管理的目标、苗圃的组织管理机构、管理部门的领导与职责范围、自己的岗位职责、业绩评价与奖励制度等。

(4) 全身心投入经营管理

业精于勤,苗圃经营者对工作的高度负责与投入,将为所有员工树立榜样。苗圃经营者的责任心与工作风格,将成为一个苗圃企业的管理风格和企业文化的组成部分,对苗圃经营管理和长期发展尤为重要。

12.3 园林苗圃生产管理

12.3.1 生产管理的任务与内容

生产管理是苗圃经营管理的基础,必须坚持以追求经济效益为目标、以市场为导向,进行科学化管理,实现苗圃生产的均衡化发展。园林苗圃生产管理的主要任务包括苗圃的生产管理、生产要素管理、生产过程管理以及反馈管理。生产管理主要是对苗圃生产苗木的品种、数量、质量、规格、成本等苗木要素的管理过程,目的是以低成本生产出市场需要的高质量的苗木产品。生产要素管理是指要对苗圃的人、财、物、信息等与生产相关的要素进行合理调配,充分利用,实现苗圃效益的最大化。生产过程管理是指培育园林苗木的过程管理,包括生产计划制订、生产资料采购、苗木繁殖以及扩大再生产等。反馈管理是指在苗圃生产计划实施过程中,要不断根据出现的问题制订解决方案,及时调整或完善生产计划,保证顺利实现既定的生产目标。因此,现代园林苗圃的生产管理,实际上就包括了苗圃生产资料准备、生产计划制订以及生产过程管理3个方面的内容(图12-2),可以通过生产计划管理与生产指标管理予以实现。

12.3.2 生产计划管理

苗木生产计划是园林苗圃管理的核心内容。苗木生产涉及面广泛,既要熟悉气候、土壤等环境条件,又要懂得苗木繁殖、栽培与抚育等方面的知识,还要掌握不同苗木种类生长发育的特点以及对栽培条件的适应,再加上苗木生长周期长,价格随市场行情变化大,品种推陈出新愿望强烈等,使生产计划对苗圃的整体经营管理来说,显得非常重要。

在生产计划制订之前,要研究掌握苗木市场的行情与走向,通过分析各项原始的生产记录与统计数据总结经验,制订如劳动定额、生产资料消耗定额、固定资产使用定额、资金占用定额以及各项管理定额等相应的定额,最后制订出切实可行的生产计划指标,具体计划的内容体系见表12-1。

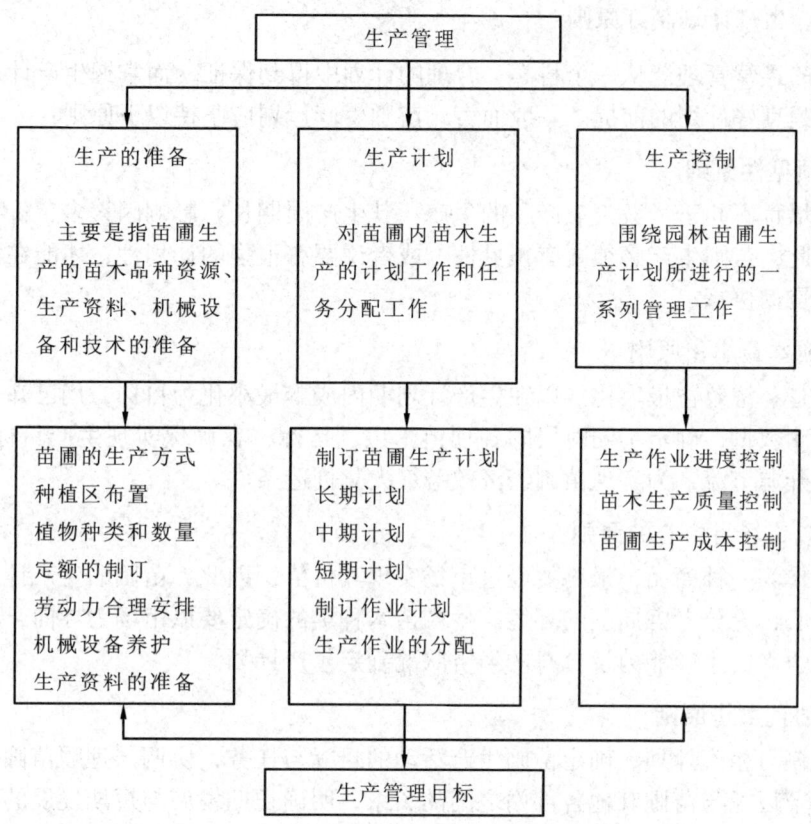

图 12-2　现代园林苗圃生产管理内容

表 12-1　苗圃生产计划指标体系

性　质	范　围				
	生产指标	劳动指标	物资指标	成本指标	财务指标
数量指标	苗木品种数 苗木产量 苗木产值 总产值 净产值	职工总数 生产工人数 技术人员数 管理人员数 工资总额	物资需求量 物资储备量 物资供应量	生产费用总额 苗圃经营管理费 部门管理经费 苗木生产总成本	流动资金总额 财务收支总额 利润总额
质量指标	苗木质量合格率 废品率 设备利用率	职工平均工资 劳动生产率 工时利用率 出勤率 定额完成率	单位苗木物资 消耗定额 物料利用率 废品回收率	单位苗木成本	百元产值流动资金额 流动资金周转速度 资金利用率

12.3.2.1 生产计划制订原则

苗圃的经营管理能从一个科学、合理的计划中得到保证，而掌握生产计划制订的原则，则是良好计划的前提。一般而言，苗圃生产计划应坚持以下原则：

(1) 预见性原则

苗木培育不同于一般工业产品的生产，其生产周期长，影响因素多，价格变化不确定，因此，苗圃生产必须要有预见性，或者说要有很强的计划性，才能在实践中得到很好的贯彻执行。

(2) 成本最小化原则

也就是经济效益最大化。以在生产计划期内成本最小化为目标，用已知每个时段的需求预测数量，确定不同时段的各项苗木生产指标，在确保实现生产目标的同时，尽量做到开源节流，为实现苗圃经济效益最大化创造条件。

(3) 以市场为中心的原则

苗木作为一种商品，最终要经过市场实现其价值，因此，苗圃的生产计划必须以市场为中心，充分考虑周围的环境。生产苗木种类的确定要以市场为导向，根据市场需求、竞争者的生产能力及自身的经济状况确定生产计划。

(4) 协调共进原则

通过制订生产计划，确定苗圃生产活动的目标与任务，协调与理顺苗圃生产各部门、各环节以及与苗圃其他各部门之间的关系，明确长期发展与短期发展的关系，使生产效率提高，苗圃得到可持续、有计划的发展。

(5) 计划实施与调控的原则

生产计划是苗圃生产的指导性文件，通过苗圃内部各级管理部门的协调与控制，才能最终得以实现。苗圃生产计划并不是一成不变的，在实施过程中，应根据具体情况进行必要的调整，如引进新品种或应用新技术，更新机械或设施设备，计划补漏等。通过对执行情况分析、反馈与及时纠偏，对计划进行调整，是苗圃生产计划完善与补充的必要手段。

12.3.2.2 生产计划的类型

在一定规模的苗圃企业中，生产计划可由不同类别的计划组成，一般按计划期不同可分为长期、中期与短期计划3个层次。

(1) 苗圃的长期计划

指在苗木生产、繁殖栽培技术、设备设施建设与更新以及财务等方面重大问题的规划，属于苗圃发展的战略规划。苗圃的主要利润来自苗木生产，而苗木生长周期性长的特点，决定了苗圃长期生产计划对苗圃发展的重要性。苗圃的长期计划一般为5~10年，可以制订不同的计划表（表12-2至表12-5），对各项计划内容进行详细说明。

表 12-2 _____苗圃_____年苗木(大乔木)生产计划表

　　　　　　　　　　　　　　　　　　　　　　　　　　　年　　月　　日编制

苗木名称	规格胸径（cm）	预计单价（元）	年		年		年		年		年	
			数量（株）	金额（元）	数量（株）	金额（元）	数量（株）	金额（元）	数量（株）	金额（元）	数量（株）	金额（元）
合计产值(元)												

填表：　　　审核：

表 12-3 _____苗圃_____年苗木新品种引种繁殖计划表

　　　　　　　　　　　　　　　　　　　　　　　　　　　年　　月　　日编制

苗木名称	预计单价（元）	年		年		年		年		年	
		数量（株）	金额（元）	数量（株）	金额（元）	数量（株）	金额（元）	数量（株）	金额（元）	数量（株）	金额（元）
合计产值(元)											

填表：　　　审核：

表 12-4 _____苗圃_____年苗木生产成本预算

　　　　　　　　　　　　　　　　　　　　　　　　　　　年　　月　　日编制

苗木名称及规格	生产数量（株）	直接材料（元）		直接人工（元）		生产费用（元）			预算苗木成本（元）	
		每株定额	预算金额	每株定额	预算金额	分配比例	单位成本	总成本	单位成本	总成本
合计										

填表：　　　审核：

表 12-5　　　　　　苗圃　　　　　　年机械更新计划

年　　月　　日编制

序号	机械设备名称	型号规格	预计价格（元）	购买数量（台）	合价(元)	购买时间	购买原因
	合计						

填表：　　　审核：

(2) 苗圃的中期计划

通常指年度生产计划,是把长期计划目标分解到每个年生产周期中分步实施。中期计划要规定苗圃1年内生产苗木的种类、数量与质量、苗圃的产值等要达到的目标与要求,年生产资料需求,以及达到目标的具体进度安排。一般包括生产计划大纲与生产进度计划两大项,前者要用具体指标规定苗圃在计划年度内的生产目标,后者则是把生产计划大纲具体化为按苗木种类、生产工艺流程来划分的年度分月的计划,也就是实现生产大纲的月进度安排,具体可包括年度苗木需求预测(表12-6)、年度各部门生产计划(表12-7)、生产计划进度(表12-8)、特定苗木品种的栽培繁殖计划(表12-9)、不同部门生产资料使用计划(表12-10)、苗圃资源及劳动力需求计划等(表12-11)。

表 12-6　　　　　　苗圃　　　　　　年度苗木需求预测

年　　月　　日编制

苗木名称	时间	预计单价(元)	需求数量(株)	金额(元)	需求原因
合计					

填表：　　　审核：

表 12-7 _____部_____年度生产计划安排表

年　月　日编制

生产项目	生产数量(株)	用工(人天)	起止日期	用工(人天)	起止日期	用工(人天)	起止日期

填表：　　审核：

表 12-8 _____(生产)部_____年度生产进度计划表

年　月　日编制

生产项目	种类	数量(株)	实施时间(月)											
			1	2	3	4	5	6	7	8	9	10	11	12
育　苗														
苗木扦插														
苗木移植														
苗木修剪														
水肥管理														
病虫害防治														
田间除草														
苗木出圃														

填表：　　审核：

表 12-9 _____年度_____栽培繁殖计划表

年　月　日编制

生产项目	数量(株)	实施时间(月)											
		1	2	3	4	5	6	7	8	9	10	11	12
育　苗													
苗木扦插													
苗木移植													
苗木修剪													
水肥管理													
病虫害防治													
田间除草													
苗木出圃													

填表：　　审核：

表 12-10 ＿＿＿＿部生产资料使用计划

年　　月　　日编制

生产资料名称	月		月		月		月		月	
	数量（株）	金额（元）	数量（株）	金额（元）	数量（株）	金额（元）	数量（株）	金额（元）	数量（株）	金额（元）

填表：　　　　审核：

表 12-11 苗圃＿＿＿＿年用工计划表

年　　月　　日编制

地号	树种	育苗方法	施业面积	合计用工（人天）		每公顷劳动定额（人天）												
				每公顷人工工数	总用工工数	种子处理	整地作床人工工数	播种覆盖	扦插移植	松土除草		间苗抹芽		开工培土抗旱遮阴	病虫防治		施肥		起苗时间	其他人工
										次数	工数	次数	工数		次数	工数	次数	工数		

(3) 苗圃的短期计划

短期计划是在长期与中期计划确定后，为了保证年度计划与季节计划的实现而编制的生产作业计划，是根据苗木生产的季节性与特殊性，把相应的生产工作进行量化，并制订相应的工时定额，来预计各工作单元在时间周期中的生产数量与质量。短期计划的时间应在 6 个月以下，一般为月或跨月计划，主要内容体现在各部门协调计划、月份生产计划安排总表（表 12-12）、月份生产进度计划、作业计划表（表 12-13）、生产资料使用汇总表（表 12-14）等。同时，在作业计划制订过程中，要考虑到各种生产作业的排序，如繁殖（播种、扦插、嫁接等）计划、移植或换盆计划、抚育计划以及新品种引种与繁殖计划等。

表 12-12 ＿＿＿＿月安排生产计划总表（　　年度）

月　　日

部门	生产项目	生产数量	起止日期		用工安排		执行情况分析
			自	至	人力	起止日期	

填表：　　　　审核：

表12-13　_____部_____月生产作业计划安排表(　　年度)

　　　　　　　　　　　　　　　　　　　　　　　　　　　　　　　　　　　　月　　日

生产项目	生产数量	起止日期		用工安排		执行情况分析
		自	至	人力	起止日期	

　　　　　　　　　　　　　　　　　　　　　　　　　　　　　填表：　　　审核：

表12-14　_____月生产资料使用汇总表(　　年度)

　　　　　　　　　　　　　　　　　　　　　　　　　　　　　　　　　　　　月　　日

生产资料名称	单位	单价	原料用量计划	上月结余	本月使用	本月结余

　　　　　　　　　　　　　　　　　　　　　　　　　　　　　填表：　　　审核：

园林苗圃的不同生产计划类型所反映的是不同层次要解决的问题,它们的特点(表12-15)及相互关系(图12-3)表明这是一个十分复杂的体系,但总体而言,短期计划是为了实现中期计划的目标,而中期计划是为了实现长期计划的目标,也就是园林苗圃的发展目标。

表12-15　园林苗圃不同类别计划的特点(韩玉林,2008)

比较指标	类别		
	长期计划(战略层)	中期计划(管理层)	短期计划(作业层)
计划总任务	制订总目标获取所需资源	有效利用现有资源满足市场需求	适当配置生产能力执行制订的作业计划
计划时间	5~10年或更长	1~2年	小于6个月
详细程度	指导性计划,高度概括	概略	具体、详细
决策变量	苗木种及品种 苗木的数量及规格 生产资料供应 农机具的选择 职工培训 苗木生产 销售管理 系统类型选择	苗圃生产作业时间 投入的劳动力数量 苗木的繁殖与生产 水肥管理 病虫害防治 生产作业的协调	生产苗木品种 作业数量 作业顺序 生产操作地点 作业时间安排 生产资料供应 机械使用与维修 控制系统

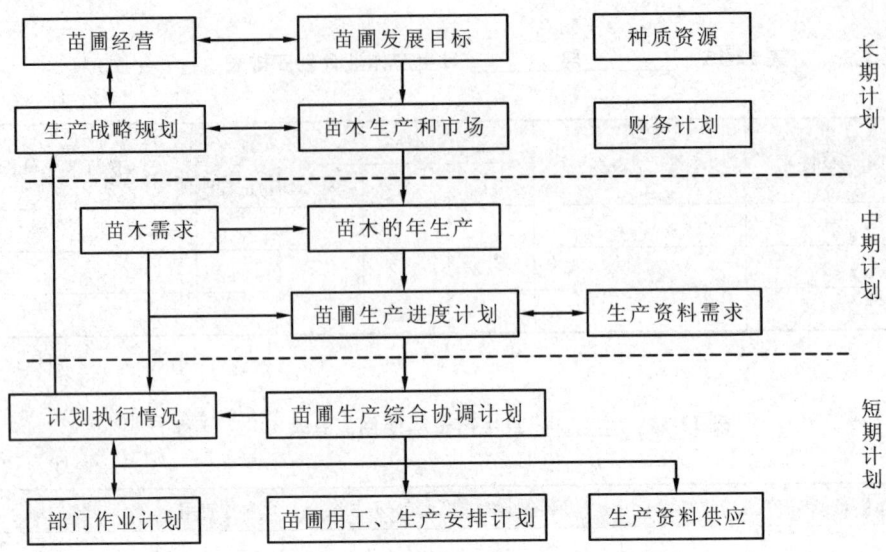

图 12-3　园林苗圃的生产计划关系（韩玉林，2008）

12.3.3　生产指标管理

园林苗圃生产计划的完成，可以通过细致的指标管理来实现。指标管理意味着把园林苗圃的各项生产与作业标准进行量化，衡量生产管理水平，便于指导与检查苗木生产，实现苗圃发展目标。

12.3.3.1　生产数量指标

苗木生产计划、产品产量计划的数量指标包括苗木出圃量、苗木繁殖量、苗木生长量和苗木在圃量。通过这"四量"可以有目的、有计划地控制生产规模与产品结构，控制生产各阶段有序地、可持续地发展。四量的关系是出圃量与在圃量比例大致为 $1:8\sim10$，移植量和出圃量大致比例是 $1:0.8$，繁殖量和移植量的大致比例是 $1.6:1$（张东林等，2003）。

（1）苗木出圃量

出圃量是体现苗圃苗木生产能力的一个重要指标，用以衡量苗圃的经营规模、生产技术及管理水平。它取决于土地规模与利用率，出圃苗木品种与规格，同时苗木生产技术和管理水平也起着十分关键的作用。因出圃苗木品种与规格不同，出圃量与经济效益并不成正比，在常绿树、大规格苗木、新优品种所占比例大时，经济效益会较高。

（2）苗木繁殖量

繁殖量是苗木生产的基础，繁殖总量扣除繁殖苗的成品率、移植苗的成活率、保养苗的保存率的损失后的部分，才能完成出圃量计划。因此，苗木繁殖量应以最后繁殖成活量为准，不能依据繁殖计划量计算，是由总出圃量倒算得出的。繁殖量分为繁殖品种的数量和各品种的繁殖量,这两个因子数量的确定要以苗木市场为依据,同时还要结合本圃生产条件和技术能力。本圃生产条件繁殖困难的品种可以考虑外引,以取得较低的成本。

(3) 苗木生长量

苗木生长量是检验苗木养护管理,即苗木抚育水平的标准。水、肥、病虫害防治、修剪等管理水平高,苗木生长量就大,就能达到育苗规范制订的生长量指标。反之,苗木生长量小,达不到销售出圃规格,就会延长出圃年限,加大生产成本。

(4) 苗木在圃量

苗木在圃量一般是在秋季进行统计,是指苗圃实际种植栽培的苗木数量。在圃量由树种或品种量,各品种不同规格的数量,各树种、品种之间数量比例3因子组成。通过在圃量统计与分析,可以明确近年内每年可以出圃苗木的品种及数量,预算出年经济效益,分析出苗木品种结构是否合理,是否符合苗木市场的需求,是否需要调整和如何进行调整。大、中型的园林苗圃经营的苗木品种,一般都在100~200种以上。

12.3.3.2 生产技术工艺指标

生产技术工艺指标包括繁殖苗木的成品率、移植苗木的成活率和保养苗木的保存率,以检查各项作业质量的优劣。

(1) 繁殖苗的成品率

繁殖苗的成品率是衡量繁育小苗技术管理水平的一项重要量化指标。播种繁殖和营养繁殖是园林苗圃苗木生产的两大主要技术工艺,无论采取哪种繁殖技术生产,苗木的生长量必须有一定规格(量化标准),以此判断其是否为一株合格的成品苗。生长量指标一般包括株高与干(地)径两个可量化的因子。成品苗木数量占繁殖苗木总量的比例称为成品率。成品苗又分为一级、二级、三级,其余列入等外苗。一般要求一级苗占30%,二级苗占50%,三级苗占20%,等外苗不在成品苗之中。

(2) 移植苗的成活率

移植苗的成活率是检查苗木移植作业技术管理的一项重要指标。移植作业是将繁殖苗或养护、外引的苗木,按一定株行距定植于大田中,继续进行养护达到出圃规格。苗木移植在整个育苗生产过程中所占的工作量比例较大,是较关键的一项作业内容,质量控制事关重大。对容器苗大苗的培育,要通过换盆实现,换盆的时间要根据树种或品种的生长特性,结合生产经验来确定。

(3) 保养苗木的保存率

苗木保养的保存率是经过一段时间的养护管理后,保存下来的实有苗木数量和年初某苗木品种的在圃量之比。保存率的高低体现了苗圃全年养护管理水平的优劣。只有苗木的保存率高,年生长量大,苗木生产的经济效益才会有保证。

12.3.3.3 苗木质量指标

除去树种或品种固有的遗传特性外,还应该检验苗木经繁育、精心培育而成的优质苗木属性，这个属性就是苗木产品的质量指标。具体要求是：品种纯正、树形规整美观、长势旺盛、无病虫害和机械损伤。出圃苗经修剪整理，要求落叶乔木苗木枝干分枝点规范，常绿乔木树干和枝冠比例适当，树姿美观。地栽苗木的出圃苗木根系大小、土球大小、包装保护必须符合规范要求。容器苗出圃需植株健壮、树形整齐美观、根系发育良好、叶色正常光洁、无病虫害。

新优品种和新技术工艺是苗木生产可持续发展的重要保证。在苗木市场的竞争中，新优品种具有强大的生命力和竞争力。品种贮备、技术贮备对一个园林苗圃的发展是必不可少的。不断推出新优品种的苗木产品，既是对园林绿化事业的贡献，也是苗圃实现经济效益的增长点。如果能不断改善与创新苗木繁殖和养护技术工艺，育苗技术水平会不断提高，生产效率和效益自然会不断增长。

12.4　园林苗圃成本管理

苗木成本是指生产一定种类与数量的苗木所消耗的生产资料费用和劳动工资的总和。苗木成本是苗圃资金消耗形成的，是直接影响苗木价值的重要因素。当同品种、同规格的苗木、质量基本相同时，决定苗木市场竞争力的主要因素就是价格，而决定价格高低的主要因素就是成本。因此，加强成本管理，实现有效的成本控制是苗圃经营管理的核心内容。

成本管理是指苗圃生产部门在苗木生产全过程中，为控制人工、生产资料、机械等各种相关费用支出，降低成本，达到预期生产成本目标，所进行的成本预测、计划、实施、检查、分析、核算及考评等一系列活动。在成本管理过程中，要制订相应的成本控制目标，以利于成本控制的具体实施，其中苗木生产成本核算是成本管理中最基础、也是最重要的内容。

12.4.1　成本核算的目的与意义

传统的苗木生产中，很多成本项目无法量化，使生产成本很难估算。现代园林苗木尤其是容器育苗，由于所有的生产资料如种子、介质、水、电、肥料等，都是商业化采购，加之生产的规模化和专业化，使得各成本项目比较确定，从而使苗木生产成本的测算方便又可行。苗木生产成本预算是苗圃成本管理的基础工作，其目的与意义主要体现在：①苗圃通过生产成本的核算明确各成本项目，以便对生产进行管理。②通过生产成本预测量和实际发生量之间的比较，了解各成本项目的开支是否合理，便于成本控制。③合理分摊成本。如果不进行成本核算，在产品出来前就无法对项目成本进行分摊，而到产品销售的当月，才结算全部成本，又会使财务数据不能反映相对真实的成本和利润。④生产成本的核算，可以使制订的销售价更趋合理。根据《企业会计准则》规定，苗木产品成本可靠计量是确定苗木资产与苗木销售的必备条件。

12.4.2　成本项目的构成

生产型园林苗圃企业的成本费用项目主要有生产成本、销售费用和管理费用。生产成本是直接用于生产产品的料工费的总和,包括直接指导生产的生产部经理的费用;销售费用是指生产部门以外的管理人员在工作管理过程中所发生的费用;管理费用是指生产部门和销售部门以外的管理人员在工作管理过程中所发生的费用集合,包括设施设备、土地租金等期间费用等。所以苗木生产的成本项目就是料、工、费中的各具体项目。由于生产成本计算的期间为育苗至苗木售出,因此,苗木生产过程中的成本项目有:种子或其他繁殖材料、容器、介质等材料项目;育苗、生产管理、储运等过程中发生的人工工资;生产过程中所使用的水、电、农药、化肥等费用;苗木生产所用工具费用;为生产联系所发生的交通通信费,为苗木出圃必须使用的包装以及其他费用项目,如标签等。至于生产用温室,设备的折旧,土地租用费,管理费,经营费用如宣传、差旅、展览费用等均不在苗木生产成本内核算。

12.4.3 项目成本的核算

各项目成本的测算应考虑如下问题。

①核算与苗木生产相关的各项目成本,首先要考虑的是种子或其他繁殖材料的成本。树种不同,种子或繁殖材料的价格不同,发芽率或成活率也不同。种子或其他繁殖材料的种类和质量直接影响苗木的成本。

②苗木生产相关的各项目,包括:种子或其他繁殖材料、容器、介质、水、电、农药、化肥、工人工资、工具费用、交通通信费用、包装箱及其他费用项目等。

③生产操作过程中不可避免会有一些材料浪费和重复劳动,因此,各个项目成本测算中均应考虑增加10%的额外消耗。

④不同树种苗木的生长周期或达到销售规格的时间长短不一,各个项目成本的测算系数会有所不同,如劳动成本、水电费、农药化肥费用等。

⑤因客户和市场需要,生产不同规格的苗木,如容器苗,会牵涉不同的育苗容器和介质等,因此,成本也存在很大的差异。

总之,成本核算是一个非常复杂的过程,要有丰富的专业技术知识与经验,才能做到准确合理、符合实际(齐守荣、汪清锐,2009)。

12.4.4 成本控制的过程

苗圃成本控制要贯穿于生产经营的全过程,具体包括前期成本控制与过程成本控制。

12.4.4.1 前期成本控制

前期成本控制是指生产计划阶段的成本控制,主要是要根据生产经营目标,制定好标准成本与成本计划。

(1)制定标准成本

标准成本是在一定生产与技术条件下,各项成本(直接生产经营材料与人工费用,以及各种间接费)的预定或预期额度,是实事求是、充分考虑生产与技术应用需求与效率，制定通过一定努力可以实现的标准，它是由直接材料标准成本、直接用工标准成本与间接标准成本构成的。

直接材料标准成本是生产单位面积苗木所需各种直接材料的标准用量与正常情况下的价格的乘积之和；直接用工标准是生产单位面积苗木所需用的用工量与相应的标准工资的乘积之和；间接标准成本是苗圃的固定资产折旧费、行政管理费等间接费用综合分摊到单位育苗面积上的费用（汪尼，2015）。

（2）制定成本计划

成本计划应该是苗木生产（育苗）计划的组成部分，要在标准成本的基础上确定目标成本，并按目标成本要求对生产环节进行设计，并经过科学分析与论证，尽量避免无效成本的发生，在保证高质量的前提下实现低成本。只有计划（设计）成本不超过目标成本的设计方案才是可行的，而且要把计划成本作为责任成本落实到相关责任人。

12.4.4.2 过程成本控制

过程成本控制是指由财务部门（人员）参与，协同相关人员对生产全过程的每个成本形成环节进行控制，是苗圃降低成本的关键举措。建立检查与监督机制，是过程成本控制的有效保证。

（1）直接材料成本控制

直接材料成本由材料数量与价格两方面的内容构成，是生产成本的主要组成部分，是进行成本控制的重点。

严格按照计划用量对材料消耗数量进行控制，可避免不必要的浪费。如单位面积的播种量要按计划执行，避免多播或少播；单位面积移植苗木量，也要按种植计划准确移植或引进苗木，避免引进或掘苗太多或太少，造成生产成本增加。

材料价格的控制主要是从采购环节入手，了解市场行情，在确保质量的同时尽量低成本购进。但是必须注意，不能完全以低价格为唯一标准，保证材料（尤其是用于苗木培育的繁殖材料，如种子、砧木或移植苗）的质量是前提，不然出苗率、生长势或成苗率下降，反而会使生产效益下降，造成成本上升。

（2）直接用工成本控制

用工成本已经成为苗圃生产的主要成本之一，如何消除无效劳动，减少低效劳动；如何科学设计工作流程，提高劳动效率；如何合理用人、科学安排并提高劳动积极性；如何利用机械与智能设施设备代替人工等，都是苗圃直接用工成本控制要面对的问题。

（3）间接成本控制与偏差纠正

间接成本控制是苗圃管理层的责任，要减少非生产人员，充分利用先进生产技术与管理模式降低管理成本。同时，针对实际成本超出计划责任成本的情况，要通过查找原因、提出解决方案、及时解决问题，使偏差得到及时纠正。

12.5　苗圃技术档案的建立

育苗技术规程规定，苗圃要建立基本情况、技术管理与科学试验各项档案，积累生产与科研数据，为提高育苗技术与经营管理水平提供科学依据。对苗圃的土地、劳力、机具、物料、药料、肥料、种子等的利用情况，各项育苗技术措施应用情况，各种苗木生长发育状况以及苗圃其他经营活动等，连续不断地进行记录整理、统计分析和总结，并建立档案资料，能及时准确、全面地掌握培育苗木的种类、数量和质量数据及苗木的生长发育规律，分析总结育苗技术经验；也是探索土地、劳力、机具和物料、药料、肥料、种子合理使用的主要依据；又是实行劳动组织管理、制订生产定额和实行科学管理的依据。这些档案是建立在苗圃生产经营活动的真实记录、观察与研究的基础上的，其中的技术档案是苗圃档案的中心内容，是确保苗圃技术进步与创新的一项基础工作。

12.5.1　苗圃技术档案的内容

12.5.1.1　苗圃地利用档案

主要记录苗圃地的利用和土壤耕作、施肥等情况，以便从中分析圃地土壤肥力的变化与耕作、施肥之间的关系，为实行合理的轮作和科学施肥、改良土壤等提供依据。苗圃地利用档案对地栽苗木尤其重要，通常采用表格形式，记载各作业面积、土壤结构、质地，育苗方法，作业方式，整地方法，施肥种类、数量、方法和时间，灌溉数量、次数和时间，施用除草剂的种类、剂量、方法和时期，病虫害的种类，苗木的产量、质量等（表12-16），逐年记载，归档保存。

表12-16　苗圃土地利用表

作业区号_____　　作业区面积_____　　土壤质量_____　　填表人_____

年度	树种	育苗方法	作业方式	整地情况	施肥情况	除草剂情况	灌水情况	病虫害情况	苗木质量	备注

为了便于工作和以后查阅，在建立这种档案的同时，应当每年绘制一张苗圃土地利用情况平面图，并注明圃地总面积、各作业区面积、育苗树种、育苗面积和休闲面积等。容器苗生产苗圃也要记录圃地各功能分区的位置和各品种的分布，以便在生产中发现这样分区是否方便生产、管理和销售出圃，及时调整。

12.5.1.2　技术措施档案

主要是把每年苗圃内各种苗木的整个培育过程，即从种子、种条和接穗等处理开始，地栽苗圃直到起苗、包装或假植、贮藏为止，容器栽培苗圃直到换盆养护或销售出圃为止，所采取的一切技术措施用表格形式分别记载下来（表 12-17）。

表 12-17 育苗技术措施

树种_____ 苗龄_____ 育苗年度_____ 填表人_____

		育苗面积（公顷数、畦数）前茬			
繁殖方法	实生苗	种子来源_____ 播种方法_____ 覆盖情况_____ 起止日期_____	贮藏方法_____ 播种量（kg/hm²）____ 间苗时间_____	贮藏时间_____ 覆土厚度_____ 留苗密度_____	催芽方法_____ 覆盖物_____
	扦插苗	插条来源_____ 插条密度_____	贮藏方法_____ 成活率_____	扦插方法_____	
	嫁接苗	砧木名称_____ 嫁接日期_____ 解缚日期_____	来源_____ 嫁接方法_____ 成活率_____	接穗名称_____ 绑扎材料_____	来源_____
	移植苗	移植时间_____ 苗木来源_____	移植时的苗龄_____	移植次数_____	株行距_____
整地	耕地日期_____	耕地深度_____	作畦日期_____		
施肥	基肥_____	施肥日期_____	肥料种类_____	用量_____	方法_____
	追肥_____	追肥日期_____	肥料种类_____	用量_____	方法_____
灌水	次数_____	时间_____	遮阴时间_____		
中耕	次数_____	时间_____	深度(cm)_____		
病虫害防治		名称	发生时间	防治日期	药剂名称	浓度	方法	效果
	病害							
	虫害							
出圃		日期	总公顷数	每公顷产量（株）	合格苗（%）	起苗与包装
	实生苗					
	扦插苗					
	嫁接苗					
新技术应用效果及问题					
存在问题和改进意见					

12.5.1.3 气象观测档案

气象变化与苗木生长、生产的关系密切。记载各种气象因子，从中分析它们之间的相互关系，可以确定适宜的技术措施及实施时间，利用有利气象因素，避免和防止自然灾害，确保苗木优质高产。一般情况下，气象资料可以从附近气象台站抄录，有条件的苗圃，可建立自己的气象观测站进行观测。可按气象记载的表格(表12-18)统一记录与苗木生长关系十分密切的气象因子，如气温、地温、降水量、蒸发量、相对湿度、日照、早霜、晚霜等。

表12-18　气象记录表

年份：　　　　　　　填表人：

月份	平均气温(℃)				平均地表温(℃)				蒸发量(mm)				降水量(mm)				相对湿度(%)				日照			
	平均	上旬	中旬	下旬	平均	上旬	中旬	下旬	平均	上旬	中旬	下旬	平均	上旬	中旬	下旬	平均	上旬	中旬	下旬	平均	上旬	中旬	下旬
全年																								
1月																								
……																								
12月																								

全年霜日＿＿＿d，初霜出现＿＿月＿＿日，晚霜出现＿＿月＿＿日；冰日＿＿天，冰日出现＿＿月＿＿日，终冰出现＿＿月＿＿日；全年极端高温＿＿＿℃，出现＿＿月＿＿日，地表温＿＿＿℃，出现＿＿月＿＿日；极端低温＿＿＿℃，出现＿＿月＿＿日，地表温＿＿＿℃，出现＿＿月＿＿日；全年气温稳定通过10℃初期＿＿月＿＿日，终期＿＿月＿＿日，大于10℃的年积温为＿＿＿℃；通过15℃初期＿＿月＿＿日，终期＿＿月＿＿日；通过20℃初期＿＿月＿＿日，终期＿＿月＿＿日。

12.5.1.4　苗木生长调查档案

主要是对各种苗木的生长发育情况进行定期观测，并用表格形式记载各种苗木的整个生长发育过程，以便掌握其生长发育周期以及自然条件和培育管理对苗木生长发育的影响，确定适时而有效的培育技术措施(表12-19，表12-20)。

表12-19　苗木生长总表(＿＿＿＿年度)

树种＿＿＿＿＿＿；播种(扦插、嫁接、移植)期＿＿＿＿＿＿；播种量(kg/hm²，粒/m²)＿＿＿＿　种子催芽方法＿＿＿＿；发芽日期：自＿＿月＿＿日至＿＿月＿＿日；发芽最盛期：自＿＿月＿＿日至＿＿月＿＿日；耕作方式＿＿＿＿　土壤＿＿＿＿　酸碱度＿＿＿＿　厚度＿＿＿＿　坡向＿＿＿＿　坡度＿＿＿＿　施肥种类＿＿＿＿　施肥量(kg/hm²)＿＿＿＿　施肥时间＿＿＿＿

调查次序	调查月日	标准地			前次调查各点合计株数	损失株数				现存株数	生长情况									灾害发展情况摘记
		行数	标准地	合计面积		病虫	虫害	间苗	作业损失		苗高		苗高				苗根	冠幅		
											较高	一般	较粗	较粗	较细	株根长	根幅	较窄	一般	较窄	

表 12-20　苗木生长调查表

育苗年度_____　　填表人_____

树　种		苗　龄				繁殖方法				移植次数		
开始出苗						大量出苗						
芽膨大						芽展开						
顶芽形成						叶变色						
开始落叶						完全落叶						

项　目	生长量(cm)											
	日/月	日/月	日/月	日/月	日/月	日/月	日/月	日/月	日/月	日/月	日/月	日/月
苗高												
地径												
根系												

	级别	分级标准	每公顷产量(株)	总产量(株)
出圃	一级	高度(cm)		
		地径(cm)		
		根系		
		冠幅(cm)		
	二级	高度(cm)		
		地径(cm)		
		根系		
		冠幅(cm)		
	三级	高度(cm)		
		地径(cm)		
		根系		
		冠幅(cm)		
	等外苗			
	其他	备注		

苗木生长发育的观察，应选择具有代表性的地段设置标准样方定期进行。对播种苗应详细记载开始出苗、大量出苗、真叶出现、顶芽形成、叶变色、开始落叶、完全落叶等物候期。对其他苗木也按不同物候期加以详细描述。在播种苗的真叶出现前和扦插苗的叶片展开前，要每隔 1d 观察 1 次，其他各物候期可每隔 5d 观察 1 次。除了观察记载苗木的生育期外，还应在苗木生长期中，对具有代表性的苗木进行苗高、地径、根系生长量的调查，每隔 10d 进行 1 次。在苗木速生期中，每隔 5d 调查 1 次。调查株数可根据具体情况而定，一般为 10 株。但苗木生长停止后的最后一次调查株数，应为 100 株左右，其平均值即为当年苗木的年生长量。

12.5.1.5 苗圃作业日记

通过作业日记，不仅可以了解每天所作的工作，便于查阅总结，而且还可以根据作业日记统计各树种的用工量，机具的利用和物料、药料、肥料的使用情况（表12-21），核算成本，制订合理定额，加强计划管理，更好地组织生产。

表 12-21 苗圃作业日记

年　　月　　日　星期　　填表人

树种	作业区号	育苗方法	作业方式	作业项目	人工	机工	作业量		物料使用量			工作质量说明	备注
							单位	数量	名称	单位	数量		
总计													
记事													

此外，苗圃还应该建立苗木销售档案、育苗合同档案、科学研究档案等，真实记录苗圃生产与经营活动的各种资料，为制订相关的管理制度与苗圃持续发展计划提供依据。

12.5.2　建立苗圃技术档案的要求

苗圃技术档案是园林苗圃生产和科学实验的真实反映和历史记载。它出自生产和科学实验的实践，对促进生产、推动育苗技术发展和提高苗圃经营管理水平都有重要作用。要充分发挥苗圃技术档案的作用，必须按要求建立苗圃技术档案。

①技术档案是一项十分重要的基础工作，要认真落实，长期坚持，不能间断，以保持其连续性、完整性。

②根据苗圃情况，设专职或兼职管理人员负责。一般可由苗圃技术人员兼管，以直接把管理与使用结合起来，便于管理，也有利于指导生产。

③观察记载要认真负责，实事求是，及时准确。要做到边观察，边记载，力求文字简练，字迹清晰。

④一个生产周期结束时，必须对全部观测记载的材料进行汇总、整理、统计和分析，以便揭示苗圃生产的规律性，及时地提供准确、可靠的科学数据和经验总结，指导今后苗圃生产及其技术改进。

⑤按照材料形成的时间先后顺序和重要程度，连同总结材料等分类整理装订，登记造册，长期妥善保管。

⑥技术档案管理人员要保持相对稳定。一旦工作调动，要做好交接工作，以免造成资料散失和间断。

此外，随着网络与电脑技术的普及，苗圃技术档案要满足标准化与信息化的要求。标准化就是规范化，即按一定的模式与标准建立技术档案材料；信息化就是要建立档案的信息管理系统,把各种数据资料全部实现电子化,实现联网、检索,提高档案使用功效。

12.6 园林苗圃销售管理

销售是带动园林苗圃企业发展的龙头,苗圃培育的苗木产品,只有经过销售环节,才能实现其商品属性,使苗圃企业获得经济利益。园林苗圃的生存和发展,固然受宏观环境、国家政策、经济体制、市场竞争、技术进步、制度管理、人力资源等多种因素的影响和制约,但能否成功地开展营销活动,也是影响其生存和不断发展的重要因素之一。

随着苗圃产业的蓬勃发展,"酒好不怕巷子深"的时代已不复存在。现代苗木市场,可谓行情瞬息万变,关系错综复杂,竞争异常激烈,风险变化多端。面对这种态势,要想提高苗木在市场中的占有率,必须以现代市场营销的基本理论为指导,注意分析营销环境并灵活运用各种营销策略。

12.6.1 销售管理的原则

苗木销售是实现苗圃经营目标的重要环节,也是苗圃经营活动的一项重要内容。

(1) 诚实守信原则

苗木销售的本质是一个商品交易的过程,由于苗木商品的特殊性,使其在商品名称、规格、质量等商品属性上很难像工业产品那样,能够有即时的、可检测的、准确定量的质量标准,因此,在苗木销售与交易过程中,坚持诚实守信是做好销售工作的首先要坚持并遵守的原则。在苗木销售中,除了要保证苗木品种纯正、质量达标,严格履行合同责任、信守承诺之外,非常重要的如实向用户提供苗木及其培育过程的基本资料,以及正确合理的售后栽培技术咨询与指导,要为用户着想,保证苗木售出后能移栽活长好。

(2) 制度管理原则

苗木销售工作比较复杂,建立规章制度,是销售管理的基础。用制度来约束苗木销售过程及其销售人员在苗木销售过程中的行为,使销售管理制度化,使销售工作有章可循,从而保证销售业务高效运转、取得良好业绩。

(3) 简单合理原则

管理制度并不是越多越好,越复杂越好,而应该遵循简单化原则,避免为了管理而管理。简单化可以节约资源,可以提高效率,而且容易执行到位。管理者要根据市场、生产、技术的不断变化,经常思考并通过理念、模式、技术手段与方法的创新,把复杂的销售流程运作变为简单方便;同时要不断调整不合理的管理环节,使其更符合苗圃的实际情况,确保销售目标,实现苗圃效益。

12.6.2 销售管理的内容

(1)确定销售目标

一个正确合理的销售目标,能够为苗木销售提供明确的工作努力方向,对实现苗圃经营目标具有重要意义。因此,制定销售目标是苗圃销售管理的重要内容。销售目标应该主要包括要实现销售苗木的种类与数量、销售收入与支出,以及建立长期用户、挖掘临时即潜在用户等;销售目标应该具体、可以衡量、现实可行并可以实现的,而且要有时效限制。

(2)制订销售计划

销售计划则是有计划地组织苗木销售工作的必要条件,也是苗圃制订生产计划和财务收支计划的重要依据。

制订销售计划一是要依据市场调查资料,主要是依据苗木的需求、苗木生产情况(苗木存量),尤其是市场对本苗圃苗木的需求状况;二是要依据本苗圃的生产状况,包括苗木生长状况和圃地利用规划;三是要依据本苗圃的经营目标,特别是苗木的销售利润指标;四是依据其他有关资料,如苗木销售价格、市场变动与政策变化等因素。

制订苗木销售计划,首先要根据苗圃生产计划与经营目标,确定计划期销售苗木的树种(品种)、规格和数量,并调查、检查和分析在圃苗木的实际情况;接着进行财务可行性分析,计算生产成本(可变成本和固定成本),确定最低销售价格和利润;然后确定各种苗木(品种、规格)销售的时间和数量,以及销售方式、渠道,推销策略和措施等,最后形成一个合理可行的苗木销售计划。

(3)合理确定价格

苗木价格直接关系着销售量和利润,因此制定一个市场接受的合理价格至关重要。在影响价格制定的各种因素中,首要因素是成本,它是定价的基础,也是定价的下限;其次是市场和需求,它们是制定价格的上限,定价要合理反映苗木价格与苗木市场需求之间的关系;其三是竞争,苗圃在制定价格时,必须考虑竞争者(生产相同树种、品种、规格苗木的苗圃)的成本、价格和对苗圃本身价格变动可能做出的反应。

(4)客户分类管理

对客户进行分类,建立客户数据库(如客户资料卡、客户策略卡、客户评价卡等)进行科学管理,是苗圃苗木销售管理的重要内容。有关统计分析表明,60%的新客户来自老客户的推荐。客户管理就是确保留住老客户,吸纳新客户。因此,客户持有率和客户更新的统计数据应当成为销售管理工作的尺度。

(5)销售合同管理

苗木销售合同是具有法律效率的文件,为供求双方在苗木交易过程中的责权利提供了法律保证。作为苗圃,签订苗木销售合同就是接受了客户的订单,就必须按照合同组织生产，严格、准时、准确地兑现合同内容。因此，在苗木销售合同签订后，苗圃要明确专人负责，确保毫无差错。

12.6.3 销售策略与促销

12.6.3.1 产品策略

苗木产品的生产与销售是园林苗圃经营与发展的两大基石。由于产品是销售的基础，因此，一个园林苗圃的产品策略，在很大程度上就决定了它的销售策略。在苗圃产业链与市场经济环境中，以经营产品、经营规格、经营方向、经营条件、经营方式、生产技术等为标志，结合苗木生产特点，在我国已经实际形成了以不同的产品策略为基础的各种经营方式，如大苗经营苗圃（培育与销售大树或大苗）、小苗经营苗圃（以播种、扦插或嫁接为主，繁殖、生产与销售各种小规格繁殖苗）、大小苗混合经营苗圃、地方特色苗木兼顾其他品种经营苗圃（如宁波奉化地区许多苗圃以红枫、樱花为主，江苏徐州地区以银杏为主等），或单一树种经营苗圃（如浙江、湖南与江苏等地，许多苗圃专一生产红叶石楠、红花檵木、红枫、银杏、杜鹃花等，种植面积大、数量多、规格全）与多树种经营苗圃（通常以2~3个树种为主，各种树种的面积与苗木规格各异）；如果按苗木培育方式讲，则有裸根苗经营苗圃、容器苗经营苗圃与组培苗经营苗圃等。其实，园林苗圃要生产的苗木类型或苗木品种，主要取决于苗圃的发展战略目标与绿化市场的需求状况。早在1979年，国家城建总局《关于加强城市园林绿化工作的意见》指出："苗圃要逐渐走向专业化、工厂化，实行科学育苗，要积极采用新技术、新设备，以较短的时间多育苗、育好苗。城市绿化树种，要考虑多方面功能，注意选用乡土树种作为骨干树种；常绿树与落叶树、观赏树与经济树、一般树与名贵树要兼顾搭配，合理育苗。"近年来，随着生态园林以及宜居城市建设的不断深入，苗木市场对新品种的需求量呈逐渐扩大的趋势，对某些老品种的需求也是有增无减。苗圃生产者应按照"人无我有，人有我优，人优我精"的原则生产苗木，努力创建自己的品牌，才能在市场竞争中立于不败之地。

12.6.3.2 价格策略

苗圃的产品是苗木，它在市场经济条件下是一种商品，因此，具有一般商品的属性，其价格遵循价值规律，随着市场供求情况的变化而变化，在市场供应充足或过量时，价格会下降甚至滞销；相反，在供应不足时，价格就会上升，特殊稀缺品种可能会很高。但是，由于苗木又是可以不断生长变化的有机体，属于一种特殊的商品，具有在使用上的时效性、地域上的局限性、价值上的隐蔽性与效益上的社会公益性等特征，因此，园林苗木产品的定价，有别于一般工业产品定价，既是一门科学，也是一门艺术。一般在给苗木定价时，除需考虑国家政策、成本、竞争、市场供求、预期利润等基本因素外，还应明确定价目标。研究定价方法，采取定价策略，使销售价格在保证苗圃自身利益的同时，也能为市场上实际使用者乐于接受。具体而言，苗木价格策略主要包括基本价格、折让价格、分期付款等方面的策略。园林苗圃可根据市场变化和价格浮动，进行适度调整，使价格和价值相适应，确实起到促进生产、保证需要的杠杆作用。如果可能，以每年制订一次基本价格为好。

12.6.3.3　销售渠道策略

销售渠道策略主要包括渠道选择，确立中间商，建立销售网点，以及苗木贮存、运输、供货保证等方面的策略。必须多方拓宽苗木销售渠道，选择合理的营销路线，配备有效的营销机构，将苗木产品及时、方便、经济地提供给消费者，借以扩大苗木产品的营销，加速苗木资金周转，节约流通费用，提高经济效益，并进一步促使苗圃与外界发生经济联系，收集商情和反馈信息，不断为苗圃注入经济活力。目前，我国一些大城市与大企业，正在实践建立类似发达国家园林或园艺中心的苗木大卖场，这种综合超市性质的苗木销售平台，应该成为许多小型或专业苗圃苗木销售的主要渠道之一。

12.6.3.4　促销策略

促销，即促进销售，是苗圃通过人员或非人员的手法，传递苗木信息，帮助或说服消费者购买某种苗木产品，并使他们通过购买，对该苗圃产生好感和信任，进而达到实现销售的目的。它具有传递信息、引导需求、突出特点、稳定销售和提高声誉的作用。

促销策略主要包括人员推销、广告、营业推广、公共关系等方面的策略。园林苗圃为了实现有效的促销，必须充分了解现实的和潜在的顾客对象，开辟双向的信息反馈。促销的方法通常有下列几种。

(1) 参加苗木展览会、苗木信息研讨会等

目前，全国各地的各种花卉、苗木展览和信息交流会越来越多，举办的规模也越来越大。如《中国花卉报》从1987年开始每年在北京举办一次园林花木信息交流会，已经成为国内花木方面最成熟的信息交流发布性会议。另外，全国各省、自治区、直辖市的政府部门或行业协会，定期或不定期组织举办的各种形式与规格、规模的苗木交流与交易会，为不同地区广大苗木业者促销、交流搭建了良好的平台。

(2) 广告宣传

选择媒体安排适当的广告，是成功销售的有效手段。目前国内可供选择的专业媒体包括《中国花卉报》《中国绿色时报》《中花园艺》《中国花卉园艺》《园林》《中国园林》等，在苗木销售季节，各地的地方报纸也是刊登苗木销售广告、促进销售的有效方法。

(3) 建立专业的产品信息网站或在专业网站上发布产品信息

随着网络技术的迅速发展，网络已被大多数人所接受。通过网络发布产品信息，快捷方便，经济实惠，因此，越来越多的园圃开始重视自己的网站建设，将其作为宣传与销售产品的主渠道之一。

另外，园林苗木的促销还可以结合优化服务、推销、代销、折让优惠等，用一般商品销售中屡试不爽的措施来进行。根据目前我国苗木生产绝大部分是农户经营这一特征，有关业者还提出了这样一种销售理念，即实行苗木的标准化管理，创办"苗木银行"这一新的营销思路，以改变传统的销售方式，使"公司+农户"模式的外延得以扩展，真正解决农户苗木生产的后顾之忧。这是现代苗木销售从传统的自由销售向订单销售转变的一种思路，它将从根本上改变分散销售状况，缓解各苗圃的销售压力，促进形成中国特色的苗木生产与销售模式。同时，花木经纪人队伍的成长与壮大，已成为我国一些苗木主产区一支富有生机的销售团队，在促进苗木生产及行业发展中的重要作用不可小窥。

复习思考题

1. 名词解释：园林苗圃经营管理，苗圃经营者，生产计划管理，生产指标管理，苗圃长期计划，苗圃中期计划，苗圃短期计划，苗圃技术档案，价格策略，产品策略，花木经纪人，苗木展览会。
2. 分析与论述园林苗圃经营管理的基本含义与目标。
3. 了解园林苗圃经营管理机构的设置与各部门的职责。
4. 为什么说苗圃经理是苗圃经营者管理的核心与关键？一个优秀的苗圃经营者应该具备什么样的素质？
5. 园林苗圃生产管理的主要任务与内容是什么？为什么说生产管理是苗圃经营管理的基础？
6. 园林苗圃生产计划的主要内容与制订原则是什么？
7. 园林苗圃生产计划的类型、特点与相关关系是什么？
8. 什么是园林苗圃的生产指标管理？它主要包括哪些内容？
9. 园林苗圃为什么要进行成本核算？了解成本核算的主要项目以及项目成本核算要注意的问题。
10. 了解苗圃技术档案建立的目的、意义及主要内容与要求。
11. 苗圃苗木销售管理的主要内容有哪些？你认为如何才能做好苗木销售工作？
12. 苗圃销售管理的主要策略有哪些？试述如何通过产品策略提高苗圃的销售能力与竞争力。
13. 园林苗木作为商品的特殊性是什么？试述如何根据苗木的特殊商品属性拓展苗木销售的渠道与创新苗木促销的策略。
14. "苗木银行"与"公司+农户"分别指什么？
15. 你对苗圃效益最大化与苗圃利润合理化的看法与理解是什么？

第 13 章
常见园林苗木繁殖方法

【本章提要】本章主要按园林苗木的类型，对传统地栽苗圃中，我国常见园林树木的繁殖方法进行了列表介绍，构成简明的"各论"，并为本书前面各章的有关论述与举证提供依据。

园林树木的种类繁多、生物学习性也千差万别，其繁殖方法要根据具体繁殖对象（种或品种）的生长、繁殖习性，结合各种繁殖技术措施等繁殖条件来确定。在我国传统的地栽苗圃中，播种繁殖与扦插、嫁接、分株、压条等不同营养繁殖的方法，在不同苗木与不同地区的繁殖生产中，都被经常使用，但具体的技术细节有时差异很大，需要在认真调研的基础上试验总结。这里，我们主要参考《园林苗圃》（孙锦等，1982）、《园林苗圃学》（俞玖，1988）、《园林苗圃育苗手册》（张东林等，2005）、《中国主要树种造林技术》（中国树木志编委会，1981）、《园林绿化植物的选择与栽培》（董保华、龙雅宜，2007）与《中国农业百科全书（观赏园艺卷）》（陈俊愉等，1996）等书籍，对我国常见园林苗木的繁殖方法简要总结为表 13-1，其中各种苗木树种的拉丁学名以《Flora of China》为准。

表 13-1　常见园林苗木的繁殖方法

编号	树　种	繁殖方法
（一）针叶树		
1	辽东冷杉（*Abies holophylla*）	播种（温水浸种或沙藏催芽）
2	南洋杉（*Araucaria cunninghamii*）	播种（随采随播）
3	雪松（*Cedrus deodara*）	播种（冷水浸种）、嫩枝扦插
4	粗榧（*Cephalotaxus sinensis*）	播种
5	日本花柏（*Chamaecyparis pisifera*）	播种、嫩枝扦插；线柏、绒柏、凤尾柏等变种用嫁接繁殖，砧木为花柏
6	柳杉（*Cryptomeria fortunei*）	播种（早春）、扦插（春夏季进行）
7	杉木（*Cunninghamia lanceolata*）	播种（冬播在12月至翌年1月上旬，春播在3月下旬之前）、扦插（用萌蘖条最好）
8	柏木（*Cupressus funebris*）	播种（温水浸种、催芽）

(续)

编号	树　种	繁殖方法
9	苏铁（*Cycas revoluta*）	播种（随采随播）
10	福建柏（*Fokienia hodginsii*）	播种（惊蛰前 3~5d）
11	杜松（*Juniperus rigida*）	播种
12	华北落叶松（*Larix principis-rupprechtii*）	播种（4月中旬~5月上旬为宜，雪藏、沙藏或温水浸种）
13	水杉（*Metasequoia glyptostroboides*）	播种（3~4月，土温12℃以上为宜）、扦插（春、秋季均可）
14	云杉（*Picea asperata*）	播种
15	红皮云杉（*P. koraiensis*）	播种（雪藏或温水浸种催芽）
16	青扦（*P. wilsonii*）	播种
17	华山松（*Pinus armandii*）	播种（发芽慢，宜早播，播前浸种或混沙层积催芽）
18	白皮松（*P. bungeana*）	播种（种子需沙藏处理，土壤解冻后10d内播种为宜）
19	马尾松（*P. massoniana*）	播种（2月上旬~3月上旬为宜，也可冬播）
20	日本五针松（*P. parviflora*）	播种、嫁接（以黑松为砧木）
21	樟子松（*P. sylvestris* var. *mongolica*）	播种（温水浸种后混沙催芽）
22	油松（*P. tabuliformis*）	播种（温水浸种或混沙催芽）
23	黑松（*P. thunbergii*）	播种（种子沙藏处理）
24	乔松（*P. wallichiana*）	播种、嫩枝扦插、嫁接（以华山松为砧木）
25	云南松（*P. yunnanensis*）	播种
26	侧柏（*Platycladus orientalis*）	播种（播前温水浸种或催芽处理）
27	'金塔'侧柏（*P. orientalis* 'Beverleyensis'）	播种（播后要株选）、嫩枝扦插、嫁接（以侧柏为砧木）
28	罗汉松（*Podocarpus macrophyllus*）	播种、扦插
29	竹柏（*P. nagi*）	播种（随采随播，春播以2月为宜）
30	金钱松（*Pseudolarix amabilis*）	播种（3月播种，温水浸种；无菌根的苗圃宜用菌根土接种）
31	圆柏（*Sabina chinensis*）	播种（种子隔年发芽，必须沙藏处理）
32	'金叶'桧（*S. chinensis* 'Aurea'）	扦插（以5月最适）、嫁接（以圆柏为砧木）
33	'龙柏'（*S. chinensis* 'Kaizuca'）	扦插（以5月下旬~6月中旬）、嫁接（以圆柏或侧柏为砧木）
34	'塔柏'（*S. chinensis* 'Pyramidalis'）	扦插（其他圆柏的变种也多用扦插繁殖）
35	铺地柏（*S. procumbens*）	扦插、嫁接（以圆柏或侧柏为砧木）
36	'翠蓝'柏（*S. squamata* 'Meyeri'）	扦插（5月下旬~6月中旬）、嫁接（以圆柏或侧柏为砧木）
37	砂地柏（*S. vulgalis*）	播种（种子沙藏处理）、嫩枝扦插
38	紫杉（*Taxus cuspidata*）	扦插（5~6月最适）
39	矮紫杉（*T. cuspidata* var. *umbraculifera*）	扦插（5~6月最适）
40	池杉（*Taxodium ascendens*）	播种（12月间冬播，春播宜在2月中下旬）、扦插
(二)常绿乔灌木		
1	米仔兰（*Aglaia odorata*）	高枝压条、扦插

(续)

编号	树　种	繁殖方法
2	石栗(Aleurites moluccana)	播种
3	假槟榔(Archontophoenix alexandrae)	播种
4	朱砂根(Ardisia crenata)	播种、扦插、压条、地下根茎分株
5	槟榔(Areca catechu)	播种(混沙层积催芽)
6	木菠萝(Artocarpus heterophyllus)	播种(随采随播)、高枝压条、嫁接、扦插
7	阳桃(Averrhoa carambola)	播种、嫁接
8	桃叶珊瑚(Aucuba chinensis)	扦插、播种、分蘖
9	孝顺竹(Bambusa multiplex)	分兜栽植,也可埋兜、埋秆、埋节繁殖
10	红花羊蹄甲(Bauhinia blakeana)	扦插、嫁接
11	黄杨(Buxus sinica)	播种、扦插
12	红千层(Callistemon rigidus)	播种、扦插
13	山茶花(Camellia japonica)	扦插为主、播种、压条(高压)、嫁接(多靠接)
14	金花茶(C. nitidissima)	播种、嫁接、扦插、高压
15	鱼尾葵(Caryota ochlandra)	播种
16	苦槠(Castanopsis sclerophylla)	播种
17	散尾葵(Chrysalidocarpus lutescens)	播种、分株
18	樟(Cinnamomum camphora)	播种(采后即播)
19	天竺桂(C. japonicum)	播种(随采随播)、萌蘖促根、高压、扦插
20	柑橘(Citrus reticulata)	嫁接为主(以枸橘、枳橙、酸橘等为砧木)
21	椰子(Cocos nucifera)	播种
22	变叶木(Codiaeum variegatum)	扦插
23	朱蕉(Cordyline fruticosa)	分根、扦插、播种
24	平枝枸子(Cotoneaster horizontalis)	播种、压条、扦插
25	山楂(Crataegus pinnatifida)	播种(种子沙藏)、嫁接(以实生苗为砧木)
26	青冈栎(Cyclobalanopsis glauca)	播种
27	瑞香(Daphne odora)	扦插、播种、压条
28	龙眼(Dimocarpus longan)	播种、高压、嫁接
29	蚊母树(Distylium racemosum)	扦插、播种
30	香龙血树(Dracaena fragrans)	扦插、压条、播种
31	富贵竹(D. sanderiana)	扦插
32	假连翘(Duranta repens)	播种、扦插、分株、压条
33	胡颓子(Elaeagnus pungens)	扦插、嫁接
34	杜英(Elaeocarpus decipiens)	播种、扦插
35	吊钟花(Enkianthus quinqueflorus)	播种、分株、扦插、压条
36	枇杷(Eriobotrya japonica)	播种、嫁接(以实生苗为砧木)

(续)

编号	树　种	繁殖方法
37	大叶桉（*Eucalyptus rubusta*）	播种（2～3月春播为主，秋播多在9月）
38	柠檬桉（*E. citriodora*）	播种（除冬季外均可）
39	大叶黄杨（*Euonymus japonicus*）	扦插为主、播种、压条
40	虎刺梅（*Euphorbia milii*）	扦插
41	红背桂（*Excoecaria cochinchinensis*）	扦插
42	箭竹（*Fargesia spathacea*）	带母竹繁殖、移鞭繁殖、播种
43	八角金盘（*Fatsia japonica*）	扦插为主
44	榕树（*Ficus microcarpa*）	扦插
45	栀子花（*Gardenia jasminoides*）	扦插为主、压条、分株、播种
46	银桦（*Grevillea robusta*）	播种（当年7～8月为好）
47	扶桑（*Hibiscus rosa-sinensis*）	扦插（春季）
48	酒瓶椰子（*Hyophorbe lagenicaulis*）	播种
49	金丝桃（*Hypericum monogynum*）	播种、扦插、分株
50	冬青（*Ilex chinensis*）	播种（沙藏一年）
51	枸骨（*I. cornuta*）	播种为主、扦插
52	龙船花（*Ixora chinensis*）	播种、扦插、分株、压条
53	茉莉（*Jasminum sambac*）	扦插、压条、分株
54	月桂（*Laurus nobilis*）	扦插
55	女贞（*Ligustrum lucidum*）	播种为主
56	小叶女贞（*L. quihoui*）	播种为主、扦插、分株
57	荔枝（*Litchi chinensis*）	播种（随采随播）、高压、嫁接
58	石栎（*Lithocarpus glaber*）	播种（采后立即秋播）
59	蒲葵（*Livistona chinensis*）	播种（混沙层积催芽）
60	红花檵木（*Loropetalum chinense* var. *rubrum*）	扦插、压条、分蘖、播种
61	阔叶十大功劳（*Mahonia bealei*）	播种、扦插、分株
62	十大功劳（*M. fortunei*）	播种、扦插、分株
63	杧果（*Mangifera indica*）	播种、嫁接
64	木莲（*Manglietia fordiana*）	播种
65	广玉兰（*Magnolia grandiflora*）	播种（采后即播）、嫁接（以木笔、天目木兰等为砧木）
66	白千层（*Melaleuca leucadendron*）	播种
67	白兰花（*Michelia alba*）	高枝压条、嫁接
68	含笑（*M. figo*）	分株、压条、扦插
69	杨梅（*Myrica rubra*）	播种、压条、嫁接（以实生苗为砧木）
70	南天竹（*Nandina domesdica*）	播种、扦插、分株
71	夹竹桃（*Nerium indicum*）	扦插为主、压条

(续)

编号	树　种	繁殖方法
72	油橄榄(木犀榄)(*Olea europaea*)	扦插为主、播种、嫁接、压条
73	红豆树(*Ormosia hosiei*)	播种(2～3月间，温水浸种)
74	桂花(*Osmanthus fragrans*)	扦插和压条为主、播种、嫁接(以小叶女贞为砧木)
75	楠木(*Phoebe zhennan*)	播种(混沙层积贮藏、催芽)
76	长叶刺葵(加拿利海枣)(*Phoenix canariensis*)	播种
77	石楠(*Photinia serrulata*)	播种为主、扦插、压条
78	刚竹(*Phyllostachys sulphurea* var. *viridis*)	埋鞭
79	毛竹(*P. edulis*)	播种、分株、埋鞭、压条、起苗留鞭
80	早园竹(*P. propinqua*)	带母竹繁殖、移鞭繁殖、播种
81	海桐(*Pittosporum tobira*)	播种、扦插
82	鸡蛋花(*Plumeria rubra*)	扦插
83	火棘(*Pyracantha fortuneana*)	播种、扦插
84	棕竹(*Rhapis excelsa*)	播种、分株
85	杜鹃花(*Rhododendron simsii*)	扦插、播种、嫁接(以野生杜鹃花为砧木)
86	王棕(*Roystonea regia*)	播种
87	鹅掌柴(*Schefflera heptaphylla*)	播种
88	木荷(*Schima superba*)	播种(2月上旬，最迟不超过3月)
89	六月雪(*Serissa japonica*)	扦插、分株、播种
90	蒲桃(*Syzygium jambos*)	播种
91	厚皮香(*Ternstroemia gymnanthera*)	播种、扦插
92	'香榧'(*Torreya grandis* 'Merrilii')	播种(混沙层积催芽)、嫁接(以实生苗或粗榧为砧木)、扦插
93	棕榈(*Trachycarpus fortunei*)	播种(需沙藏或去蜡)
94	珊瑚树(*Viburnum odoratissimum*)	扦插为主、播种
95	皱叶荚蒾(*V. rhytidophyllum*)	播种、扦插
96	凤尾兰(*Yucca gloriosa*)	播种、扦插、分株、分根
(三)落叶乔灌木		
1	糯米条(*Abelia chinensis*)	播种、扦插、分株
2	槭树类(*Acer* spp.)	播种(温水浸种或混沙层积催芽)、嫁接(用于各变种繁殖)
3	猕猴桃(*Actinidia chinensis*)	播种、嫁接
4	七叶树(*Aesulus chinensis*)	播种(采下即播)、扦插、高压
5	臭椿(*Ailanthus altissima*)	播种(春、夏、秋均可，温水浸种催芽)
6	八角枫(*Alangium chinense*)	播种
7	合欢(*Albizia julibrissin*)	播种
8	山麻杆(*Alchornea davidii*)	播种、扦插、分株

(续)

编号	树　　种	繁殖方法
9	紫穗槐(*Amorpha fruticosa*)	播种、插条
10	楤木(*Aralia chinensis*)	播种、分蘖
11	'紫叶'小檗(*Berberis thunbergii* 'Atropurpurea')	播种、扦插、分株
12	重阳木(*Bischofia polycarpa*)	播种、扦插
13	木棉(*Bombax malabaricum*)	播种、分蘖、扦插
14	构树(*Broussonetia papyrifera*)	播种、分蘖、扦插
15	大叶醉鱼草(*Buddleja davidii*)	播种、分株、扦插、压条
16	夏蜡梅(*Sinocalycanthus chinensis*)	播种、分株
17	喜树(*Camptotheca acuminata*)	播种(立春~雨水播种，播前催芽)
18	锦鸡儿(*Caragana sinica*)	播种、分株
19	鹅耳枥(*Carpinus turczaninowii*)	播种
20	薄壳山核桃(*Carya illinoinensis*)	播种(冬播，或沙藏后春播)、嫁接、根插、分蘖、压条
21	板栗(*Castanea mollissima*)	播种(春播或秋播)、嫁接(实生苗或野板栗为砧木)
22	锥栗(*C. henryi*)	播种(冬播或春播)、嫁接(小毛榛为砧木)
23	楸树(*Catalpa bungei*)	春季播种、埋根，扦插(3~4月)、嫁接(梓树为砧木)
24	梓树(*C. ovata*)	播种
25	小叶朴(*Celtis bungeana*)	播种
26	珊瑚朴(*C. julianae*)	播种
27	朴树(*C. sinensis*)	播种
28	紫荆(*Cercis chinensis*)	播种
39	木瓜(*Chaenomeles sinensis*)	播种、扦插、嫁接
30	贴梗海棠(*C. speciosa*)	播种、扦插、嫁接
31	蜡梅(*Chimonanthus praecox*)	嫁接(以狗牙蜡梅野生种或实生苗为砧木)、分株
32	流苏树(*Chionanthus retusus*)	播种、嫁接
33	南酸枣(*Choerospondias axillaris*)	播种
34	红瑞木(*Cornus alba*)	扦插、压条、分根
35	灯台树(*C. controversa*)	播种、扦插
36	毛梾木(*C. walteri*)	播种(沙藏催芽)、插根、嫁接
37	黄栌(*Cotinus coggygria*)	播种(沙藏处理)
38	匍匐栒子(*Cotoneaster adpressus*)	播种、压条、扦插
39	多花栒子(*C. multiflorus*)	播种、压条、扦插
40	柘树(*Cudrania tricuspidata*)	分根、扦插
41	黄檀(*Dalbergia hupeana*)	播种
42	珙桐(*Davidia involucrata*)	播种、扦插

(续)

编号	树 种	繁殖方法
43	凤凰木(*Delonix regia*)	播种
44	四照花(*Dendrobenthamia japonica*)	播种
45	溲疏(*Deutzia scabra*)	播种、分株、压条、扦插
46	柿树(*Diospyros kaki*)	嫁接(以君迁子、野柿、油饰为砧木)
47	君迁子(*D. lotus*)	播种
48	结香(*Edgeworthia chrysantha*)	分株、压条、扦插
49	香果树(*Emmenopterys henryi*)	播种、扦插
50	刺桐(*Erythrina variegata*)	播种、扦插
51	杜仲(*Eucommia ulmoides*)	播种为主(随采随播或沙藏催芽春播)、扦插
52	卫矛(*Euonymus alatus*)	播种、扦插、压条、分株
53	丝棉木(*E. maackii*)	播种
54	野鸭椿(*Euscaphis japonica*)	播种、分蘖
55	白鹃梅(*Exochorda racemosa*)	播种、扦插
56	无花果(*Ficus carica*)	扦插为主、播种、压条、分蘖
57	黄葛树(*F. virens*)	播种、扦插
58	梧桐(*Firmiana simplex*)	播种
59	雪柳(*Fontanesia fortunei*)	播种
60	连翘(*Forsythia suspensa*)	播种、扦插
61	白蜡树(*Fraxinus chinensis*)	播种
62	水曲柳(*F. mandschurica*)	播种(春播,需催芽)
63	洋白蜡(*F. pennsylvanica*)	播种
64	银杏(*Ginkgo biloba*)	播种为主(需混沙催芽)、分蘖、扦插、嫁接(实生苗为砧木)
65	皂荚(*Gleditsia sinensis*)	播种(换水浸种1月以上或沙藏数月催芽)
66	木槿(*Hibiscus syriacus*)	扦插
67	沙棘(*Hippophae rhamnoides*)	播种为主(春播,温水浸种催芽)、插条(春秋两季)
68	枳椇(*Hovenia acerba*)	播种
69	东陵八仙花(*Hydrangea bretschneideri*)	播种(需沙藏处理)
70	阴绣球(绣球花)(*H. macrophylla*)	分株、压条、扦插
71	山桐子(*Idesia polycarpa*)	播种、嫁接
72	花木蓝(*Indigofera kirilowii*)	播种、分株
73	迎春(*Jasminum nudiflorum*)	扦插、分株、压条
74	核桃楸(*Juglans mandshurica*)	播种(混沙层积、水浸催芽)
75	胡桃(*J. regia*)	播种(浸种或沙藏催芽)、嫁接(野核桃、核桃楸、枫杨为砧木)
76	刺楸(*Kalopanax septemlobus*)	播种、根插
77	棣棠(*Kerria japonica*)	扦插、分株

(续)

编号	树　种	繁殖方法
78	栾树(*Koelreuteria paniculata*)	播种(种子隔年发芽,要经沙藏处理)
79	全缘叶栾树(*K. bipinnata* var. *integrifoliola*)	播种
80	猬实(*Kolkwitzia amabilis*)	播种(需沙藏处理)
81	金链花(*Laburnum anagyroides*)	播种
82	紫薇(*Lagerstroemia indica*)	播种
83	胡枝子(*Lespedeza bicolor*)	播种
84	水蜡(*Ligustrum obtusifolium*)	播种、扦插
85	枫香(*Liquidambar formosana*)	播种
86	鹅掌楸(*Liriodendron chinense*)	播种(3月上旬)、扦插(落叶后至翌年3月中上旬)
87	金银木(*Lonicera maackii*)	播种、分株、扦插
88	鞑靼忍冬(*L. tatarica*)	扦插
89	垂丝海棠(*Malus halliana*)	嫁接(以海棠、西府海棠为砧木)
90	苹果(*M. pumila*)	嫁接(以海棠等为砧木)
91	海棠花(*M. spectabilis*)	嫁接(以海棠、山荆子等为砧木)
92	玉兰(*Magnolia denudata*)	嫁接(紫玉兰为砧木)、压条、扦插、播种
93	紫玉兰(*M. liliflora*)	压条、分株
94	厚朴(*M. officinalis*)	播种(温水浸种,搓掉假种皮)、分蘖、压条、插条
95	楝树(*Melia azedarach*)	播种(冬播或早春播)
96	桑树(*Morus alba*)	播种(随采随播)、嫁接、压条
97	'龙桑'(*M. alba* 'Tortuosa')	嫁接(以桑为砧木)
98	牡丹(*Paeonia suffruticosa*)	分株、嫁接、播种
99	紫斑牡丹(*P. rockii*)	分株、嫁接、播种
100	泡桐(白花泡桐)(*Paulownia fortunei*)	埋根为主(2月下旬到3月中旬)、播种(温水浸种催芽)
101	紫花泡桐(毛泡桐)(*P. tomentosa*)	埋根为主(2月下旬到4月中旬)、播种(温水浸种催芽)
102	黄连木(*Pistacia chinensis*)	播种(秋季随采随播或沙藏后春播)
103	黄波罗(*Phellodendron amurense*)	播种为主(秋播,春播需催芽)、分蘖
104	太平花(*Philadelphus pekinensis*)	播种
105	风箱果(*Physocarpus amurensis*)	播种、分株、扦插
106	二球悬铃木(*Platanus × acerifolia*)	扦插为主、播种(3月下旬至5月上旬)
107	枸橘(枳)(*Poncirus trifoliata*)	播种
108	加杨(*Populus × canadensis*)	扦插(枝条中部的插穗为好)
109	新疆杨(*Populus bolleana*)	扦插、嫁接(胡杨为砧木)
110	河北杨(*Populus hopeiensis*)	埋条、分割萌生苗
111	小叶杨(*Populus simonii*)	播种(随采随播)、扦插
112	毛白杨(*Populus tomentosa*)	扦插、埋条、留根、嫁接(以加杨为砧木)

（续）

编号	树　种	繁殖方法
113	金露梅(*Potentilla fruticosa*)	播种、分株、扦插
114	杏(*Prunus armeniaca*)	嫁接(以山杏为砧木)
115	'紫叶'李(*P. cerasifera* 'Atropurpurea')	嫁接(以山桃、山杏为砧木)
116	山桃(*P. davidiana*)	播种、嫁接
117	麦李(*P. glandulosa*)	播种
118	郁李(*P. japonica*)	播种
119	日本晚樱(*P. lannesiana*)	嫁接
120	梅(*P. mume*)	播种、嫁接(以实生苗或山桃、山杏为砧)、压条、扦插
121	稠李(*P. padus*)	播种
122	桃(*P. persica*)	嫁接(以山桃、毛桃为砧木)
123	樱桃(*P. pseudocerasus*)	嫁接(以樱桃实生苗、青肤樱等为砧木)
124	李(*P. salicina*)	嫁接(以山杏为砧木)
125	樱花(*P. serrulata*)	嫁接
126	榆叶梅(*P. triloba*)	嫁接(以山桃或榆叶梅实生苗为砧木)
127	毛樱桃(*P. tomentosa*)	播种
128	'紫叶'稠李(*P. virginiana* 'Canada Red')	嫁接(稠李为砧木)、扦插
129	枫杨(*Pterocarya stenoptera*)	播种(秋播为好，也可春播)
130	青檀(*Pteroceltis tatarinowii*)	播种
131	石榴(*Punica granatum*)	扦插为主、播种、分株、压条、嫁接
132	白梨(*Pyrus bretschneideri*)	嫁接(以秋子梨、杜梨为砧木)
133	栓皮栎(*Quercus variabilis*)	播种(长江流域11~12月冬播，黄河流域宜秋播)
134	槲树(*Q. dentata*)	播种
135	鼠李(*Rhamnus davurica*)	播种
136	鸡麻(*Rhodotypos scandens*)	播种、扦插
137	火炬树(*Rhus typhina*)	播种、根插
138	香茶藨子(*Ribes odoratum*)	播种、分株
139	毛刺槐(*Robinia hispida*)	多高接(以刺槐为砧木)
140	刺槐(*R. pseudoacacia*)	播种(温水浸种催芽，春播为主)
141	月季(*Rosa chinensis*)	扦插、嫁接、压条、分株
142	现代月季(*R.* cvs)	扦插、嫁接
143	玫瑰(*R. rugosa*)	分株、压条、扦插、埋根
144	黄刺玫(*R. xanthina*)	分株为主、扦插、压条
145	垂柳(*Salix babylonica*)	扦插、播种(随采随播)
146	旱柳(*S. matsudana*)	扦插、播种(随采随播)
147	'馒头'柳(*S. matsudana* 'Umbraculifera')	扦插

(续)

编号	树 种	繁殖方法
148	接骨木(*Sambucus williamsii*)	播种、扦插、分株
149	无患子(*Sapindus mukorossi*)	播种
150	乌桕(*Sapium sebiferum*)	播种(早春播或冬播,播前热水浸种去蜡)、嫁接
151	槐树(*Sophora japonica*)	播种(春播,80℃热水浸种后沙藏催芽)
152	'龙爪'槐(*S. japonica* 'Pendula')	高接(以国槐为砧木)
153	珍珠梅(*Sorbaria sorbifolia*)	分株
154	绒毛绣线菊(*Spiraea dasyantha*)	播种
155	笑靥花(*S. prunifolia*)	播种、压条、分株、扦插
156	珍珠花(*S. thunbergii*)	播种、压条、分株、扦插
157	三桠绣球(*S. trilobata*)	播种、压条、分株、扦插
158	紫丁香(*Syringa oblata*)	播种为主、分株、压条、扦插
159	柽柳(*Tamarix chinensis*)	扦插为主、播种(早采早播)
160	紫椴(*Tilia amurensis*)	播种(混沙催芽或高温处理催芽)
161	糠椴(*T. mandshurica*)	播种(种子需沙藏处理)
162	香椿(*Toona sinensis*)	播种(3~4月,浸种催芽)、埋根、留根、扦插
163	漆树(*Toxicodendron vernicifluum*)	播种(开水烫种,碱水退蜡,温水催芽)、埋根、嫁接
164	榔榆(*Ulmus parvifolia*)	播种
165	榆树(*U. pumila*)	播种为主、分蘖
166	油桐(*Vernica fordii*)	播种(随采随播或翌年春播)
167	木本绣球(*Viburnum macrocephalum*)	扦插
168	欧洲琼花(*V. opulus*)	扦插
169	海仙花(*Weigela coraeensis*)	播种、扦插、压条、分株
170	锦带花(*W. florida*)	播种、扦插、分株
171	文冠果(*Xanthoceras sorbifolia*)	播种(沙藏或温水浸种催芽)、嫁接、根插
172	大叶榉树(*Zelkova schneideriana*)	播种(随采随播,或翌春雨水至惊蛰播种)
173	榉树(*Z. serrata*)	播种(随采随播,或翌春雨水至惊蛰播种)
174	枣(*Ziziphus jujuba*)	分株为主、嫁接、播种、扦插
(四)藤本与攀缘灌木		
1	三叶木通(*Akebia trifoliata*)	播种、压条、分株、扦插
2	软枝黄蝉(*Allamanda cathartica*)	扦插
3	叶子花(*Bougainvillea spectabilis*)	扦插
4	美国凌霄(*Campsis radicans*)	扦插、压条、分株
5	南蛇藤(*Celastrus orbiculatus*)	播种、扦插、压条
6	铁线莲(*Clematis florida*)	扦插、压条、播种
7	熊掌木(*Fatshedera* × *lizei*)	扦插

(续)

编号	树　　种	繁殖方法
8	薜荔(*Ficus pumila*)	扦插、播种
9	中华常春藤(*Hedera nepalensis* var. *sinensis*)	扦插、压条
10	素方花(*Jasminum officinale*)	播种、扦插
11	南五味子(*Kadsura longipedunculata*)	播种、扦插(5月)
12	五色梅(马缨丹)(*Lantana camara*)	播种、扦插、分株
13	布朗忍冬(*Lonicera* × *brownii*)	扦插
14	金银花(*L. japonica*)	扦插、压条
15	蝙蝠葛(*Menispermum dauricum*)	播种、扦插、根茎分割
16	鸡血藤(*Millettia reticulata*)	播种、扦插
17	常春油麻藤(*Mucuna sempervirens*)	播种
18	爬山虎(*Parthenocissus tricuspidata*)	扦插为主、播种
19	山荞麦(*Polygonum aubertii*)	扦插、播种
20	葛(藤)(*Pueraria lobata*)	播种、扦插、压条
21	炮仗花(*Pyrostegia venusta*)	扦插
22	木香(*Rosa banksiae*)	扦插、嫁接、压条
23	藤本月季(*R.* cvs)	扦插、压条、嫁接
24	雀梅藤(*Sageretia thea*)	播种、扦插、分株、压条
25	五味子(*Schisandra chinensis*)	播种、压条、扦插
26	络石(*Trachelospermum jasminoides*)	压条为主、播种、扦插
27	粉背雷公藤(*Tripterygium hypoglaucum*)	播种、压条、扦插
28	长春蔓(*Vinca major*)	分株、扦插、播种
29	葡萄(*Vitis vinifera*)	扦插
30	紫藤(*Wisteria sinensis*)	播种、分株、压条、扦插、根插、嫁接

复习思考题

1. 播种、分株、压条、扦插与嫁接等主要繁殖方法的基本内容是什么？
2. 为什么不同的园林树木要使用不同的方法繁殖？
3. 为什么有些树木种类可用多种方法繁殖，而有些只能用某一种方法繁殖？
4. 举例说明园林苗木繁殖方法是固定不变的，还是会随着科学技术的发展而发生变化？

参考文献

北京市质量技术监督局,2003. 北京市地方标准 DB11/T 211—2003：城市园林绿化用植物材料——木本苗[S].

蔡以欣,1957. 植物嫁接的理论与实践[M]. 上海：上海科学技术出版社.

曹慧娟,1992. 植物学[M]. 2版. 北京：中国林业出版社.

陈俊愉,1996. 中国农业百科全书(观赏园艺卷)[M]. 北京：中国农业出版社.

陈俊愉,2010. 中国梅花品种图志[M]. 北京：中国林业出版社.

陈俊愉,2001. 中国花卉品种分类学[M]. 北京：中国林业出版社.

陈有民,2011. 园林树木学[M]. 2版. 北京：中国林业出版社.

陈植,1984. 观赏树木学[M]. 北京：中国林业出版社.

成仿云,王友平,1993. 牡丹的嫩枝繁殖及嫩枝生根的细胞组织学观察[J]. 园艺学报,20(2)：176-180.

成仿云,等,2005. 中国紫斑牡丹[M]. 北京：中国林业出版社.

程金水,2000. 园林植物遗传育种学[M]. 北京：中国林业出版社.

董保华,龙雅宜,2007. 园林绿化植物的选择与栽培[M]. 北京：中国建筑工业出版社.

范亚奇,1983. 樟子松球果烘裂取种生产工艺的试验研究[J]. 东北林业大学学报,11(3)：108-114.

费砚良,刘青林,赵惠恩,2005. 中国观赏植物遗传资源本底现状与保护对策[A]// 薛达元. 中国生物遗传资源现状与保护[C]. 北京：中国环境出版社,193-237.

傅家瑞,1985. 种子生理[M]. 北京：科学出版社.

高光民,G. Kuchelmeister,1997. 中小型苗圃林果苗木繁育实用技术手册[M]. 北京：中国林业出版社.

高新一,王玉英,2018. 植物无性繁殖实用技术[M]. 2版. 北京：金盾出版社.

顾万春,2005. 中国林木遗传资源本底现状与保护对策[A]// 薛达元. 中国生物遗传资源现状与保护[C]. 北京：中国环境出版社,132-192.

顾正平,沈瑞珍,刘毅,2002. 园林绿化机械与设备[M]. 北京：机械工业出版社.

国家林业局国有林场和林木种苗工作总站,2000. 中国木本植物种子[M]. 北京：中国林业出版社.

韩玉林,2008. 现代园林苗圃生产与管理研究[M]. 北京：中国农业出版社.

侯红波,陈明皋,郭天峰,2003. 无土栽培之不同基质比较[J]. 湖南林业科技,30(4)：73-75.

江胜德,2006. 现代园艺栽培介质[M]. 北京：中国林业出版社.

江胜德,包志毅,2004. 园林苗木生产[M]. 北京：中国林业出版社.

李二波,奚福生,颜慕勤,等,2003. 林木工厂化育苗技术[M]. 北京：中国林业出版社.

梁玉堂,1995. 种苗学[M]. 北京：中国林业出版社.

缪启愉,缪桂龙,2006. 齐民要术译注[M]. 上海：上海古籍出版社.

潘瑞炽,董愚得,1984. 植物生理学[M]. 2版. 北京：高等教育出版社.

彭祚登,1998. 移植容器苗及其研究与应用现状[J]. 世界林业研究(5)：12-17.

齐守荣,汪清锐,2009. 国有苗圃苗木成本核算方法浅议[J]. 绿色财会(9)：20-22.

沈海龙,2009. 苗木培育学[M]. 北京：中国林业出版社.

沈联民，陈相强，2005. 园林绿化苗木生产与标准[M]. 杭州：浙江科学技术出版社.
盛诚桂，1954. 我国古代文献中有关接木的记载[J]. 生物学通报(4)：6-9.
史玉群，2001. 全光喷雾嫩枝扦插技术[M]. 北京：中国林业出版社.
舒迎澜，1993. 古代花卉[M]. 北京：农业出版社.
苏金乐，2003. 园林苗圃学[M]. 北京：中国农业出版社.
孙锦，等，1982. 园林苗圃[M]. 北京：中国建筑工业出版社.
孙时轩，1992. 造林学[M]. 2版. 北京：中国林业出版社.
谭文澄，戴策刚，1991. 观赏植物组织培养[M]. 北京：中国林业出版社.
陶泽文，2008. 花木经纪指南[M]. 长沙：湖南科学技术出版社.
托比·马斯格雷夫，等，2005. 植物猎人[M]. 杨春丽，袁瑀，译. 广州：希望出版社.
王明庥，2001. 林木遗传育种学[M]. 北京：中国林业出版社.
王秋玉，找丽惠，王福来，等，1997. 红皮云杉扦插繁殖中的年龄效应及其生理机制[J]. 植物研究，17(7)：338-343.
王涛，1989. 植物扦插繁殖技术[M]. 北京：北京科学技术出版社.
王奎玲，牟少华，刘庆超，等，2011. 部分耐冬山茶栽培品种的AFLP分析[J]. 中国农业科学，44(3)：651-656.
王文章，1979. 红松种子抑制物的初步研究[J]. 植物生理学报，4：343-351.
王印政，覃海宁，傅德志，2004. 中国植物采集简史[A]// 中国科学院植物志编纂委员会. 中国植物志[M]. 第一卷. 北京：科学出版社，658-732.
汪民，2015. 苗圃经营与管理[M]. 北京：中国林业出版社.
乌丽雅斯，刘勇，李瑞生，2004. 容器育苗质量调控技术研究评述[J]. 世界林业研究(17)：9-13.
吴国芳，1992. 植物学[M]（下册）. 北京：高等教育出版社.
徐斌芬，章银柯，2007. 园林苗木容器栽培中的基质选择研究[J]. 现代化农业(1)：10-13.
徐淑杰，刘青林，2008. 我国园林苗圃及苗木种类网上调查初报[J]. 现代园林(5)：58-63.
许启德，2010. 我国园林容器育苗的容器应用进展[J]. 中国园艺文摘(8)：115-117.
颜启传，2001. 种子学[M]. 北京：中国农业出版社.
杨期和，叶万辉，宋松泉，2003. 植物种子休眠的原因及休眠的多形性[J]. 西北植物学报，23(5)：837-843.
杨子琦，曹华国，2002. 园林植物病虫害防治图鉴[M]. 北京：中国林业出版社.
伊钦恒，1962. 花镜（清·陈淏子）[M]. 北京：中国农业出版社.
尤瑞麟，2008. 植物学实验技术手册教程——组织培养、细胞化学和染色体技术[M]. 北京：北京大学出版社.
俞德浚，1962. 中国植物对世界园艺的贡献[J]. 园艺学报，1(2)：99-108.
俞玖，1988. 园林苗圃学[M]. 北京：中国林业出版社.
张东林，束永志，陈薇，2003. 园林苗圃育苗手册[M]. 北京：中国农业出版社.
张福墁，2000. 设施园艺学[M]. 北京：中国农业大学出版社.
张建国，王军辉，2007. 网袋容器育苗新技术[M]. 北京：科学出版社.
张天麟，2000. 园林树木1200种[M]. 北京：中国建筑工业出版社.
张秀英，2001. 观赏花木整形修剪[M]. 北京：中国农业出版社.
章银柯，包志毅，2005. 园林苗木容器栽培及容器类型演变[J]. 中国园林(4)：55-58.
郑光华，史忠礼，赵同芳，1990. 实用种子生理学[M]. 北京：中国农业出版社.
中国树木志编委会，1981. 中国主要树种造林技术[M]. 北京：中国林业出版社.
中华人民共和国建设部，1991. 中华人民共和国行业标准 GJ/T 34—1991：城市绿化和园林绿地用植物材料——木本苗[S].

参考文献

中华人民共和国建设部,1999. 中华人民共和国行业标准 CJ/T 23—1999：城市园林苗圃育苗技术规程[S].

中华人民共和国林业部,1991. 中华人民共和国行业标准 LY 1000—1991：容器育苗技术[S].

中华人民共和国植物新品种保护条例. 中华人民共和国国务院令第213号(自1997年10月1日起施行).

周肇基,1998. 中国植物生理学史[M]. 广州：广东高等教育出版社.

朱天辉,2002. 苗圃植物病虫害防治[M]. 北京：中国林业出版社.

祝志勇,2005. 园林苗圃经营类型及分析[J]. 江苏林业科技,32(2)：30-33.

钟原,成仿云,秦磊,2011. 分生结节：一种有价值的植株再生途径[J]. 植物学报,46(3)：350-360.

American Association of Nurserymen, 1996. American Standard for Nursery Stock.

BEYL C A, R N TRIGIANO, 2008. Plant propagation concepts and laboratory excercises[M]. CRC Press, Taylor & Frances Group, Boca Raton, USA.

BHOJWANI S S, M K RAZDAN, 1996. Plant tissue culture：Theory and Practice[M]. a Revised Edition. Elsevier Science B. V., Amsterdam, The Netherlands.

Canada Nursery Trades Association, 1994. Canadaiana Standard for Nursery Stock.

KESTER D E, F T DAVIES, R L GENEVE, 2002. Hartmann and Kester's plant propagation：principles and practices[M]. 7th edition. Prentice Hall, Upper Saddle River, New Jersey 07458, USA.

LANG ALLAN, 2007. 美国苗圃苗木的生产方式[J]. 苗圃视窗(1)：4-5.

MACDONALD B, 2002. Practical Woody Plant Propagation for Nursery Growers[M]. Timber Press, Portland, Oregon 97204, USA.

MASON J. 2004, Nursery Management[M]. 2nd ed. Landlinks Press, Collingtwood VIC 3066, Australia.

MURASHIGE T, 1974. Plant propagation through tissue cultures[M]. Ann. Rev. Plant Physiol. 25：135-136.

SNIR I, 1982. *In vitro* micropropagation of sweet cherry cultivars[J]. HortScience, 15：597-598.

STRODE R A, P A TRAVERS, R P OGLESY, 1979. Commercial micropropagation of rhododendron[M]. Comb. Proc. Intel. Plant Prop. Soc., 29：439-443.

TOOGOOD A E, 1999. Plant Propagation[M]. American Horticultural Society, 95 Madison Avenue, New York 10016, USA.

TREHANE P, 2009. International Code of nomenclature for cultivated plants (9th)[M]. International Society for Horticultural Science (ISHS).

http://www.plantexplorers.com.

http://www.eFloras.org

http://www.cvh.org.cn/cms/

http://frps.plantphoto.cm/

跋——圃园同根，园圃相济

面对我国园林行业发展的现状，虽然大家对"园林苗木是园林发展的物质基础与保证"有基本共识，但重设计效果、轻植物应用的"流行病"蔓延，企业不重视苗圃与苗木的生产，学生不重视苗圃学的学习。随着经济社会的不断发展，我国园林建设正在发生着转变，开始步入大众化发展时期，市场对各种新技术、新品种、新产品的旺盛需求，使苗圃及苗木生产逐渐成为一个朝阳产业，在园林行业发展中的基础作用显著加强。因此，在园林与风景园林学科中，加强对学生园林苗圃学知识与技能的培养，应该得到应有的重视，其中，一本好的教材能够发挥其独特的重要作用。

我国苗圃早就随着园、圃等古代园林的出现而得到发展，到秦汉时期，已经随着园林规模与苗木栽培技术的发展而变得普遍；再经过唐宋明清的发展与继承，园林植物种植栽培已经成为社会生活的重要内容之一，我国传统园林苗木种植技艺更臻于完善，形成了独具中华文化特征的园林植物及其栽培与应用的传统。然而，当我们在努力搜集资料，试图编写一本能够反映中国特色的《园林苗圃学》时，才发现难以成书。因为先贤们在农业文明时代积累的技术成就，虽然作为中华悠久文化的组成部分被传承与保留了下来，但在市场经济环境下，苗圃业发展需要的是规范化、标准化、专业化与规模化的生产技术知识，而这些都是伴随着现代科学技术进步而不断发展的，它们正是目前我国园林行业发展的薄弱环节。科研投入少、技术落后与人才缺乏，使我国的苗圃管理与苗木生产与发达国家存在明显差距，可以说苗圃业发展滞后，已成为我国园林绿化业发展的主要限制因素之一。

在我国发展史上，"园圃之兴废"是国家治乱兴衰的晴雨表。当前，在建设生态文明与美丽中国的大背景下，城乡环境建设与园林绿化行业的发展，对园林植物的需求持续增加，为苗圃业的可持续发展奠定了基础，同时，也对培养具备专业知识与技能的苗圃生产与管理人才提出了新的要求。在园林专业的各门课程中，园林苗圃学是非常接地气的一门课程，不仅需要系统的理论讲述，更需要深入到苗木繁殖与生产的实践中，通过实训操作来掌握技术、理解原理。因此，在课程建设中，要加强实验、实习基地建设，为学生创造更多的学习和实践操作机会。

"圃园同根、园圃相济"，这既是发展历史，又是发展规律。如果没有一个发达的苗圃业支撑，难以想象我国园林事业发展将会受到何等的影响与限制。因此，我们期待着园林行业对园林苗圃与苗木生产的重视与投入，同时，也期待着更多的业内有识之士能够认识到苗圃业对促进园林事业发展所起的重要基础作用，认识到在园林专业教育中加强苗圃学教学的必要性与重要性。有道是：

有圃有苗有花看，有园有树有景观。

适逢瑶台降雨露，始有圃人不枉然！

在《园林苗圃学》重印之际，特叙数语，是为跋。同时，也对陈俊愉先生深表怀念，感谢他生前对苗圃学的重视以及对本人的鼓励。

成仿云
2011.7 于北京林业大学学研中心